Anna Turner

Ausgebucht!

Erfolgreiches Online-Marketing für Selbstständige

Liebe Leserin, lieber Leser,

willkommen zu einem Buch, das mehr als nur Seiten und Worte bietet – es ist ein Leitfaden für Ihre Reise in die erfolgreiche Selbstständigkeit. Hier finden Sie alles, um diesen Weg zu meistern: von der Entwicklung einer smarten Businessidee bis hin zum Aufbau einer nachhaltigen Kundenbeziehung.

Erfolgreiche Marketing-Methoden zu vereinfachen, herunterzubrechen und neu zu definieren, sodass sie auch von einer einzelnen Person umgesetzt werden können, das ist die Mission von Anna Turner. Egal ob Sie noch am Anfang Ihrer Selbstständigkeit sind oder Sie sich bereits ein erfolgreiches Business aufgebaut haben: Mit ihrer Anleitung finden auch Marketing-Profis noch neue Impulse. Fundierte Methoden und inspirierende Beispiele helfen Ihnen, die für Sie passende Strategie zu finden und typische Fallstricke zu vermeiden.

Das Buch wurde mit großer Sorgfalt lektoriert und produziert. Sollten Sie dennoch Fehler finden oder inhaltliche Anregungen haben, scheuen Sie nicht, mit uns Kontakt aufzunehmen. Ihre Fragen und Änderungswünsche sind uns jederzeit willkommen.

Viel Vergnügen beim Lesen!

Ihr Stephan Matteschek
Lektorat Rheinwerk Computing

stephan.matteschek@rheinwerk-verlag.de
www.rheinwerk-verlag.de
Rheinwerk Verlag · Rheinwerkallee 4 · 53227 Bonn

Auf einen Blick

1 **Start in die Selbstständigkeit** ... 19

2 **Erste Schritte zu deiner Marketing-Strategie** ... 41

3 **Selbst zur Marke werden** ... 93

4 **Deine erste Kundin gewinnen** ... 135

5 **Dein digitales Schaufenster: deine Website** ... 171

6 **Social Media für Selbstständige** ... 241

7 **Veröffentliche deine ersten Inhalte** ... 283

8 **Erfolgshebel E-Mail-Marketing** ... 367

9 **Selbstbewusst verkaufen** ... 391

10 **Ads als Sales-Booster** ... 407

11 **Zeitmanagement und Produktivitätstipps** ... 427

12 **So skalierst du dein Solo-Business** ... 441

Wir hoffen, dass Sie Freude an diesem Buch haben und sich Ihre Erwartungen erfüllen. Ihre Anregungen und Kommentare sind uns jederzeit willkommen. Bitte bewerten Sie doch das Buch auf unserer Website unter **www.rheinwerk-verlag.de/feedback**.

An diesem Buch haben viele mitgewirkt, insbesondere:

Lektorat Stephan Mattescheck
Korrektorat Isolde Kommer, Großerlach
Herstellung Stefanie Meyer
Typografie und Layout Vera Brauner, Maxi Beithe
Einbandgestaltung Lisa Kirsch
Satz III-Satz, Kiel
Druck mediaprint solutions, Paderborn

Dieses Buch wurde gesetzt aus der Linotype Syntax (9,25/13,25 pt) in FrameMaker.

Gedruckt wurde es mit mineralölfreien Farben auf chlorfrei gebleichtem, PEFC®-zertifiziertem Offsetpapier (90 g/m²).

Hergestellt in Deutschland.

Bibliografische Information der Deutschen Nationalbibliothek:
Die Deutsche Nationalbibliothek verzeichnet diese Publikation in der Deutschen Nationalbibliografie; detaillierte bibliografische Daten sind im Internet über *http://dnb.dnb.de* abrufbar.

ISBN 978-3-8362-9584-0

1. Auflage 2024

Informationen zu unserem Verlag und Kontaktmöglichkeiten finden Sie auf unserer Verlagswebsite **www.rheinwerk-verlag.de**. Dort können Sie sich auch umfassend über unser aktuelles Programm informieren und unsere Bücher und E-Books bestellen.

Inhalt

Vorwort 15

1 Start in die Selbstständigkeit 19

1.1 Ein smartes Geschäftskonzept entwickeln 20
1.1.1 Beginne, wie ein Solopreneur zu denken 21
1.1.2 5 Solopreneur-Typen 24
1.1.3 Beginne bei dir selbst 25
1.1.4 Geschäftskonzept, aber verständlich: die Produkt-Treppe 25
1.1.5 Verschiedene Solopreneur-Typen, verschiedene Treppen 27
1.1.6 Übung: Erstelle deine Produkt-Treppe 29
1.1.7 Berechne deine Profitabilität 30
1.1.8 Genug gerechnet: Dein Geschäftskonzept braucht einen Markt 32

1.2 Tools und Softwares für ein smartes Business 33
1.2.1 Business und CRM-Tools 33
1.2.2 Projekt- und Zeitmanagement-Tools 34
1.2.3 Automatisierungs-Tools 35
1.2.4 Digitale Datenbanken 36
1.2.5 KI-Tools 38
1.2.6 Tools zur Content-Erstellung 39

2 Erste Schritte zu deiner Marketing-Strategie 41

2.1 Was genau ist eigentlich Marketing? 42
2.1.1 Der Unterschied zwischen Taktiken und einer Strategie 42
2.1.2 Wozu brauchst du überhaupt Marketing? 43
2.1.3 Wenn Ort, Preis und Qualität kein Wettbewerbsvorteil sind 44

2.2 Wen möchtest du erreichen? 46
2.2.1 Für Selbstständige gilt: je nischiger, desto besser 47
2.2.2 Nische finden, leicht gemacht 48
2.2.3 4 Komponenten einer profitablen Nische 49
2.2.4 Die richtige Balance finden: Wie nischig ist zu nischig? 50
2.2.5 Wie dir deine Nische dabei hilft, deine Zielgruppe zu erreichen 51

2.3 **Deine Wunschkundin verstehen lernen** 52
2.3.1 Was genau will eigentlich deine Wunschkundin? 53
2.3.2 Du solltest konkrete Probleme lösen 55
2.3.3 Verkaufe keine Produkte, verkaufe Transformationen 55

2.4 **Lerne deine Wunschkundin kennen** 56
2.4.1 Deine Wunschkundin finden 57
2.4.2 Deine Wunschkundin befragen 59
2.4.3 Entwickle deinen Fragenkatalog 65
2.4.4 Erstelle Persona-Steckbriefe 67
2.4.5 Deine dynamische Kunden-Datenbank 68

2.5 **Wie Leute von dir kaufen – die Customer Journey** 69
2.5.1 Ein Stück in drei Akten 69
2.5.2 Die Reiseroute: Entwickle deine Customer Journey Map 71

2.6 **Dich von deiner Konkurrenz abheben** 74

2.7 **Deine Marketing-Ziele definieren** 79
2.7.1 Viral gehen ist nicht alles, oder doch? 79
2.7.2 Es gibt nicht den einen Weg, die eine Strategie 81
2.7.3 Erfolgreiches Marketing ist Experimentieren 81
2.7.4 Sei SMART, beginne klein 83
2.7.5 So gestaltest du dein Marketing-Experiment 84
2.7.6 SMARTe Business-Ziele festlegen 85
2.7.7 Definiere deine Marketing-Ziele mit der OKR-Methode 86
2.7.8 Die Kennzahlen zur Auswertung deiner Taktiken festlegen 87
2.7.9 Baue dein eigenes Analyse-Dashboard 90

2.8 **Deine Marketing-Strategie in einem Satz** 91

3 Selbst zur Marke werden 93

3.1 **Ohne Marke kein Marketing – von Katja Hatvan** 94

3.2 **Wirksamkeit von (Personal) Branding** 96
3.2.1 Finde dein Warum 98
3.2.2 Deine Vision, dein Zweck, dein Purpose 98
3.2.3 Kenne deine Werte 100

3.3 **Deine Markenpersönlichkeit** 101
3.3.1 Wie möchtest du wahrgenommen werden? 102
3.3.2 Die 12 Marken-Archetypen 107
3.3.3 Finde deine Positionierung 110

3.4 Vom Warum ins Wie 112
3.4.1 Dein Positionierungsstatement 113
3.4.2 Erstelle ein Moodboard für dein visuelles Branding 115
3.4.3 Bildsprache: ein Ausdruck deiner Marke 117
3.4.4 Markenfarben: Warum sie wichtig sind und wie du sie zusammenstellst 118
3.4.5 Typografie: So baust du dir eine Schriftenpalette 121
3.4.6 Logo: Brauchst du eines als Personal Brand? 124
3.4.7 Markenelemente: Illustrationen, Muster, Collagen, Formen, Texturen 125
3.4.8 Design-Regeln, die du beachten solltest 128
3.4.9 Erstelle einen Brand-Guide 132

3.5 Leg deinen Perfektionismus ab 133

4 Deine erste Kundin gewinnen 135

4.1 Marketing muss kundenzentriert sein 135

4.2 Deinen wichtigsten Marketing-Kanal bestimmen 136
4.2.1 Empfehlungsmarketing/virales Marketing 138
4.2.2 Public Relations 140
4.2.3 Unconventional PR 141
4.2.4 Gastartikel in Blogs 142
4.2.5 Search Engine Optimization (SEO) 143
4.2.6 Search Engine Advertising (SEA) 143
4.2.7 Social & Display Ads 144
4.2.8 Offline-Werbung 145
4.2.9 Content-Marketing 146
4.2.10 E-Mail-Marketing 147
4.2.11 Engineering as Marketing 147
4.2.12 Business-Partnerschaft 148
4.2.13 Direkter Vertrieb 149
4.2.14 Affiliate-Marketing 150
4.2.15 Existing Platforms/Influencer-Marketing 151
4.2.16 Messen/Märkte 152
4.2.17 Events 153
4.2.18 Vorträge 154
4.2.19 Community-Building 154
4.2.20 Wie du den wirksamsten Channel für dich findest 154

4.3 Marketing-Taktiken entlang der Customer Journey 156
4.3.1 Awareness – deine Wunschkundin auf dich aufmerksam machen 157
4.3.2 Consideration – das Vertrauen gewinnen 160
4.3.3 Purchase – den Kaufabschluss begleiten 162
4.3.4 Retention – was passiert nach dem Kauf? 164
4.3.5 Loyalty – wenn Kund*innen zu Fans werden 166
4.3.6 Übung: Ergänze deine Customer Journey Map 167
4.3.7 Erfolge entlang der Customer Journey messen 168

4.4 Geld verdienen über digitale Jobportale 169

5 Dein digitales Schaufenster: deine Website 171

5.1 Das Technische zuerst 171
5.1.1 Den passenden Domainnamen finden 171
5.1.2 Server und Hosting 173

5.2 Alles mit Struktur – auch deine Website 173
5.2.1 Was soll deine Website alles können? 173
5.2.2 Entscheidungshilfe: Onepager oder mehrere Unterseiten? ... 174
5.2.3 Deine Navigationsstruktur 174
5.2.4 Dein Website-Menü 176
5.2.5 Weitere Navigationselemente 180

5.3 Diese Informationen gehören auf deine Website 180
5.3.1 Das Layout deiner Website 181
5.3.2 Header 182
5.3.3 Footer 183
5.3.4 Wireframes erstellen 184
5.3.5 Startseite 185
5.3.6 Über mich 197
5.3.7 Kontaktseite 202
5.3.8 Angebotsseite 204
5.3.9 Portfolio oder Case Studies 206
5.3.10 Blog 207
5.3.11 Impressum und Datenschutzerklärung 211
5.3.12 404 – Fehlerseite 213
5.3.13 Banner und Pop-ups 213

5.4 Website-Design: Selber machen oder machen lassen? 214

5.5 Website-Baukastensysteme im Vergleich 215
5.5.1 WordPress Elementor 215

5.5.2 Squarespace ... 216
5.5.3 Showit ... 217
5.5.4 Wix ... 218
5.5.5 Webflow ... 219

5.6 Tipps zur Gestaltung deiner Website ... 220
5.6.1 Don't make me think! ... 220
5.6.2 Gestaltregeln für Websites ... 221
5.6.3 Optimiere deine Website für alle Formate ... 222
5.6.4 Barrierefreiheit im Web ... 222
5.6.5 Mach deine Marke spürbar ... 224

5.7 Gefunden werden: Suchmaschinenoptimierung ... 227
5.7.1 Wie funktioniert Google? ... 228
5.7.2 Mit SEO starten als Anfängerin ... 229
5.7.3 Mehr Content, mehr Chancen ... 230
5.7.4 Passende Keywords finden ... 230
5.7.5 Organisiere deine Keywords ... 233
5.7.6 Verlinke zwischen deinen Seiten ... 234
5.7.7 Sammle Backlinks ... 235
5.7.8 Anleitung: Google Search Console einrichten ... 236

5.8 Für immer ein »Work in Progress« ... 238

5.9 Website Analytics: die wichtigsten Kennzahlen ... 238

6 Social Media für Selbstständige ... 241

6.1 Die Bedürfnisse von Social-Media-Nutzern ... 242

6.2 Die wichtigsten Social-Media-Plattformen im Schnelldurchlauf ... 242
6.2.1 Facebook – die Mutter aller sozialen Netzwerke ... 243
6.2.2 Instagram – mehr als nur schöne Fotos ... 246
6.2.3 B2B-Marketing auf LinkedIn ... 248
6.2.4 YouTube – der Video-Gigant ... 251
6.2.5 Schnell, schneller, TikTok ... 254
6.2.6 Inspiration finden auf Pinterest ... 257
6.2.7 Mikroblogging auf X (ehemals Twitter) ... 259
6.2.8 Weitere Kanäle ... 260

6.3 Wo soll ich aktiv werden? ... 261
6.3.1 Den passenden Kanal finden ... 261
6.3.2 Dein Profil einrichten ... 264

6.4 Tipps zum Umgang mit Social Media ... 269
6.4.1 Zuerst konsumieren, dann kreieren ... 269

6.4.2 Keine Angst, dich selbst zu zeigen 269
6.4.3 Persönlich vs. privat 271
6.4.4 Wie oft sollst du posten? 272
6.4.5 Beiträge vorplanen oder selbst posten? 272
6.4.6 Hashtags und wenn ja, wie viele? 273
6.4.7 Hasst dich der Algorithmus? 274
6.4.8 Umgang mit Trollen, Bots und Hasskommentaren 278
6.4.9 Deine Social-Media-Erfolge messen 279
6.4.10 Warum Likes und Follower nicht alles sind 281
6.4.11 Social-Media-No-Gos 281

7 Veröffentliche deine ersten Inhalte 283

7.1 Content als Marketing-Wunderwaffe 283
7.1.1 Content, der Aufmerksamkeit schafft 284
7.1.2 Content zum Vertrauensaufbau 288
7.1.3 Content für den Kaufabschluss 288
7.1.4 Content für Bestandskund*innen 289
7.1.5 Übung: Bedürfnisse und Content-Ideen entlang der Customer Journey 289

7.2 So erschaffst du Content, der Menschen begeistert 297
7.2.1 Verstehen, was deine Wunschkundin antreibt 297
7.2.2 Welche Marke passt zu welchem Limbic Type? 301
7.2.3 Themen finden, die deine Wunschkundin bewegen 304
7.2.4 Zuerst brainstormen, dann bewerten 305
7.2.5 Übung: die Themencluster-Methode 305

7.3 Von der Idee zum Plan 307
7.3.1 Welche Ideen werden umgesetzt? 307
7.3.2 Die vier Content-Säulen 308
7.3.3 Die vier Content-Säulen entlang der Customer Journey 309
7.3.4 Übung: ein Thema, vier Inhalte 310
7.3.5 Entwickle Content-Kategorien 311
7.3.6 Content-Kategorien als Bausteine 315
7.3.7 Du musst das Rad nicht ständig neu erfinden 316
7.3.8 Erstelle einen Monatsplan 318
7.3.9 Um zu verkaufen, plane Kampagnen 319
7.3.10 Evergreen-Content: Inhalte, die immer passen 325

7.4 Texten lernen 325
7.4.1 Die Angst vorm leeren Blatt überwinden 326
7.4.2 Der Schreibprozess: Ein toller Text fällt nicht vom Himmel ... 326

7.4.3 Was überzeugende Texte ausmacht ... 328
7.4.4 3 Arten von Marketing-Texten, die du meistern solltest ... 333

7.5 Werde zum Geschichtenerzähler ... 338
7.5.1 Geschichten gehören zu unserer Psychologie ... 338
7.5.2 Deine Kundin ist die Protagonistin deiner Geschichte ... 339
7.5.3 Übung: Arbeite deine Kunden-Story aus ... 340
7.5.4 Storys schaffen Transformationen ... 342
7.5.5 Wir brauchen keine Geschichten von Held*innen mehr ... 343

7.6 Visual Storytelling ... 345
7.6.1 Porträtfotos, die etwas aussagen ... 346
7.6.2 Dein Produkt gekonnt in Szene setzen ... 351
7.6.3 Visueller Content entlang der Customer Journey ... 352
7.6.4 Stock-Content ohne Stock im 354

7.7 Wissen vermitteln ... 355
7.7.1 Informiere, ohne zu langweilen ... 355
7.7.2 Wissen unterhaltsam verpacken ... 356
7.7.3 Das Blogging-1×1 ... 356
7.7.4 Visualisiere mit Infografiken, Slideshows und Karussell-Posts ... 359
7.7.5 Video-Learning, worauf es ankommt ... 362

7.8 Content darf auch Spaß machen ... 364

7.9 Finde deinen Content-Mix ... 365

8 Erfolgshebel E-Mail-Marketing ... 367

8.1 Der erste Schritt: das passende Tool wählen ... 367

8.2 Deine E-Mail-Liste aufbauen ... 368

8.3 Die wichtigsten E-Mail-Arten im Überblick ... 371
8.3.1 Willkommens-E-Mails ... 371
8.3.2 Transaktionsmails ... 372
8.3.3 Mehrwert-E-Mails oder Newsletter ... 374
8.3.4 Promo-E-Mails ... 375
8.3.5 Bewertungsmails ... 375
8.3.6 Retargeting-E-Mails ... 376
8.3.7 Re-Subscribtion-E-Mails ... 378
8.3.8 Marktforschungsmails ... 379

8.4 Tipps zur Segmentierung ... 380

8.5 So erstellst du E-Mails, die gelesen werden ... 382

8.6 3 E-Mail-Kampagnen, die du kennen solltest 384
8.6.1 Willkommenskampagne 385
8.6.2 Engagement-Kampagne 386
8.6.3 Sales-Kampagne 387
8.7 E-Mail-Erfolge auswerten 389

9 Selbstbewusst verkaufen 391

9.1 Dein Sales-Mindset 391
9.2 Verfasse deine Sales-Botschaft 392
9.2.1 Übung: Feature, Ergebnis und emotionaler Benefit 393
9.2.2 Übung: pro und kontra 394
9.3 Platziere deine Sales-Botschaft 395
9.3.1 Hero Section: Headline, Versprechen und Call-to-Action 395
9.3.2 Die aktuellen Herausforderungen beschreiben 396
9.3.3 Den Wunschzustand aufzeigen 397
9.3.4 Ergebnisse und Benefits deines Angebots 398
9.3.5 Eine Aufzählung der Features 398
9.3.6 FAQ-Bereich 399
9.3.7 Dein Angebot auf einen Blick 400
9.4 Den Verkauf beschleunigen: 9 psychologische Trigger 401
9.4.1 Autorität und Expertise 401
9.4.2 Reziprozität 402
9.4.3 Vertrauen 402
9.4.4 Vorfreude 403
9.4.5 Sympathie 403
9.4.6 Events und Rituale 404
9.4.7 Community 404
9.4.8 Verknappung 404
9.4.9 Social Proof 406

10 Ads als Sales-Booster 407

10.1 Wann es Sinn macht, Ads zu schalten 407
10.2 Wo kannst du Ads schalten? 409
10.2.1 Meta-Ads: Facebook und Instagram 409
10.2.2 Google Ads 410
10.2.3 Weitere Plattformen 410

10.3 Kampagne, Budget, Zielgruppe – was du beim Aufsetzen deiner Ads beachten musst 411
10.3.1 Meta-Ads: deine Werbeanzeige einrichten 411
10.3.2 Google Ads: deine Werbeanzeige einrichten 419

10.4 Funktioniert deine Werbeanzeige? 426

11 Zeitmanagement und Produktivitätstipps 427

11.1 Radikal digital ausmisten 427
11.1.1 Digitaler Audit 428
11.1.2 Miste aus, was nicht sinnvoll ist 428

11.2 Feste Systeme schaffen 428
11.2.1 SOP für deine Tools 429
11.2.2 SOP für deine Arbeitsprozesse 429

11.3 Zeit sparen dank automatisierter Workflows 430

11.4 Weg mit der To-do-Liste: Tipps zur besseren Aufgabenplanung 432
11.4.1 »Work Smarter not Harder« mit dem Full-Focus-System 432

11.5 Effektive Zeitmanagement-Methoden im Überblick 435
11.5.1 Fokuszeiten festlegen 435
11.5.2 Die Pomodoro-Methode 436
11.5.3 Die Batching-Methode 437
11.5.4 Die Get-it-Done-Later-Methode 437

11.6 Erschaffe deine Life-Life-Balance 437
11.6.1 Plane deine ideale Woche 438
11.6.2 Gesunde Routinen und Rituale 439

12 So skalierst du dein Solo-Business 441

12.1 Vom Service zum standardisierten Produkt – von Lisa Koch 441
12.1.1 Funktionsweise – wie können Angebote standardisiert werden? 442
12.1.2 Inhaltsebene – Standardisierung durch einen festen Inhalt 443
12.1.3 Prozessebene – Standardisierung durch einen festen Ablauf 446
12.1.4 Zeitebene – Standardisierung durch einen festen zeitlichen Rahmen 449
12.1.5 Preisebene – Standardisierung durch einen festen Preis 451
12.1.6 Fallbeispiele für Productized Services 452

12.1.7 Productized Services als Anschlussprodukte an klassische Dienstleistungen 453
12.1.8 Vorteile von Productized Services im Marketing nutzen 454
12.1.9 Entwickle Productized Services nach und nach 457

12.2 Digitale Produkte als Umsatzbooster 458
12.2.1 Wann macht ein digitales Produkt Sinn? 458
12.2.2 Das passende Produkt entwickeln 460
12.2.3 Tipps und Ideen für digitale Produkte 462

12.3 Warum du lernen musst, Dinge abzugeben 470
12.3.1 Finde deine Zone of Genius 470
12.3.2 Automatisiere alles, was du automatisieren kannst 471
12.3.3 Tipps zur Arbeit mit Freelancer*innen 472
12.3.4 Entscheidungshilfe: Erster Mitarbeiter oder staying solo? 473

12.4 Erfolgreich selbstständig: Was bedeutet das für dich? 473

Biografie Katja Hatvan 475

Biografie Lisa Koch 476

Index 477

Vorwort

Im Marketing wird gerne groß gedacht. Die Krux dabei, gängige Strategien und Taktiken sind meist nur auf große Unternehmen mit mehrköpfigen Teams und x-stelligen Budgets ausgelegt. Im Rahmen meiner Ausbildungen habe ich viele spannende Methoden, Frameworks und Fallbeispiele kennengelernt. Aber jedes Mal aufs Neue stellte ich mir die Frage: wie soll ich das als Selbstständige anwenden?

So entstand meine Mission, erfolgreiche Marketing-Methoden zu vereinfachen, herunterzubrechen und neu zu definieren, sodass sie auch von einer einzelnen Person umgesetzt werden können. Idealerweise noch dazu von jemandem, der selbst nichts mit Marketing am Hut hat. Denn als Selbstständige tragen wir sowieso schon so viele Hüte gleichzeitig.

Dieses Buch ist für dich, wenn du, so wie ich, Einzelunternehmer oder Solopreneurin bist.[1] Egal ob du noch ganz am Anfang deiner Selbstständigkeit stehst oder dir schon über die Jahre hinweg ein erfolgreiches Business aufgebaut hast, meine Anleitungen sind so gestaltet, dass sie in jeder Phase Anwendung finden können. Sogar Marketing-Profis werden vielleicht den einen oder anderen neuen Impuls entdecken.

Bevor du gleich tief in die Lektüre eintauchst, ist mir wichtig, dich vorzuwarnen: du bekommst hier keine Schritt-für-Schritt Anleitung zum Business-Erfolg. Denn, wie du noch öfter lesen wirst, gleicht kein Unternehmen und keine Strategie der anderen. Was für andere ganz großartig funktioniert, kann für dich ordentlich in die Hose gehen. Dieses Risiko nehme ich nicht in Kauf.

Viel eher bekommst du eine Anleitung zum »Selberdenken«, fundierte Methoden und inspirierende Fallbeispiele anhand derer du deine individuelle Marketing-Strategie ausarbeiten kannst. Auch das soll betont werden: es handelt sich hier um ein Arbeitsbuch. Nur wenn du wirklich in die Umsetzung kommst, werden meine vielen Anleitungen und Impulse auch Früchte tragen.

Neben der Motivation, das Gelernte anzuwenden, solltest du vor allem Neugierde mitbringen. Denn sie ist es, die uns dazu anregt, Neues unvoreingenommen auszuprobieren. Meine nicht zu sättigende Neugierde mache ich dafür verantwortlich,

1 Da ich sprachlich niemanden ausschließen möchte, wird in diesem Buch gegendert. Allerdings so, dass dein Lesefluss nicht eingeschränkt wird. Deshalb findest du eine bunte Mischung aus Gendersternchen, der weiblichen sowie männlichen Form. Du kannst aber jederzeit davon ausgehen, dass alle Personen, unabhängig ihres Geschlechts, ihrer Herkunft und Ethnie mitgemeint sind.

dass ich mir über die Jahre hinweg eine erfolgreiche Selbstständigkeit aufgebaut habe. Ich hinterfrage alles, höre nie auf zu lernen und scheue nicht davor, zu experimentieren. Schließlich möchte ich wissen, was für mich funktioniert und was eben nicht – sowohl im Marketing als auch im Business.

Dass diese beiden Bereiche gar nicht getrennt voneinander gedacht werden können, ist übrigens eines meiner Grundprinzipien als Marketing-Strategin. Zu oft habe ich die Erfahrung gemacht, dass Kampagnen in die Hose gingen oder viel Geld und Zeit verschwendet wurde, weil die angewendeten Marketing-Taktiken nicht auf ein klares Business-Ziel ausgerichtet waren. Du bekommst deshalb in Kapitel 1, »Start in die Selbstständigkeit«, und Kapitel 12, »So skalierst du dein Solo-Business«, Anregungen, deine Produkte oder Dienstleistungen so zu gestalten, dass sie sich beinahe von selbst vermarkten. Immer mit dem übergeordneten Ziel, dir mehr Umsatz zu erwirtschaften.

Dabei besinnst du dich nicht nur auf deine eigenen Stärken und Interessen, sondern immer auch auf die Bedürfnisse des Marktes. Wir alle wissen, dass wir unsere Zielgruppe definieren müssen, aber die wenigsten verstehen, was das wirklich bedeutet. Noch immer höre ich von meinen Kund*innen Sätze wie »Ich bin Coachin für Frauen Mitte 30.« Sorry, aber das ist keine Zielgruppendefinition. Wie du deine Wunschkundin wirklich verstehen lernst, um deine Angebote und Marketing-Taktiken passgenau auf sie zuzuschneiden, erfährst du in Kapitel 2, »Erste Schritte zu deiner Marketing-Strategie«.

Dieses bildet neben Kapitel 3, »Selbst zur Marke werden«, und Kapitel 4, »Deine erste Kundin gewinnen«, das Fundament für die erfolgreiche Umsetzung deiner Strategie. Du solltest die ersten vier Kapitel also genau in dieser Reihenfolge lesen und durcharbeiten.

Danach bist du aber völlig flexibel und darfst dich auf diejenigen Kapitel konzentrieren, die dich gerade am besten unterstützen. Bastelst du aktuell an deiner Website, wirf einen Blick auf Kapitel 5, »Dein digitales Schaufenster: deine Website«. Bist du dir unsicher, ob du nicht doch auf TikTok aktiv werden sollst, oder ob Instagram wirklich die richtige Plattform für dich darstellt, findest du hilfreiche Ratschläge in Kapitel 6, »Social Media für Selbstständige«. Die übrigen Kapitel beschäftigen sich mit weiteren Taktiken wie Content- und E-Mail-Marketing, dem Formulieren von Verkaufsbotschaften, dem Aufsetzen von Werbeanzeigen und dem Zeitmanagement als Selbstständige. Denn nur wenn du strukturiert und effizient arbeitest, wirst du die vielen Anleitungen und Impulse aus diesem Buch auch umsetzen können.

Du solltest aber nicht den Anspruch haben, dieses Buch von vorne bis hinten durchzuarbeiten. Betrachte es lieber als Nachschlagewerk, als treuen Begleiter auf deiner Reise ins Abenteuer Selbstständigkeit, den du jederzeit wieder zur Hand nehmen kannst, wenn du vom Weg abgekommen bist oder dich verrannt hast.

Danksagung

Ein Buch entsteht keinesfalls im Alleingang. Auch wenn die Idee ein Marketing-Buch für Soloselbstständige zu schreiben von mir stammt, waren bis zum finalen Produkt, das du in den Händen hältst, zahlreiche großartige Menschen beteiligt. Allen voran danke ich meinem Lektor Stephan Mattescheck und dem Team vom Rheinwerk Verlag. Danke, dass ihr einer Gruppe Gehör verschafft, die sonst im Marketing gerne übersehen wird.

Ich bin selbst treue Rheinwerk-Leserin und fühle mich geehrt nun neben hochkarätigen Autor*innen wie Andreas Berens, Anne Grabs, Bianca Fritz, Carsten Bolk, Daniela Rorig, Irene Michl, Miriam Löffler und Thomas Herzberger in die Rheinwerk-Bibliothek einzuziehen. Sie alle haben mein Denken und Arbeiten beeinflusst und ohne sie wäre dieses Buch nicht das, was es ist.

Danke Robert Weller für den fachlichen Input und die hilfreichen Frameworks, die ich im Rahmen deines Content-Marketing-Kurses im Masterstudiengang Content-Strategie an der FH Joanneum kennenlernen durfte, die auch Einzug in dieses Buch gefunden haben. Danke auch für den Anstoß, in meiner Masterarbeit die Zusammenhänge zwischen Marketing- und Business-Strategie zu analysieren. Ich selbst hätte mir dieses Thema nicht zugetraut, obwohl es mir so am Herzen liegt.

An meine Co-Autorinnen Katja Hatvan und Lisa Koch: ohne euch wäre dieses Buch nicht möglich gewesen. Euer Wissen, eure Erfahrungen und Sichtweisen sind eine Bereicherung für die Marketing-Welt. Auch den weiteren Expertinnen, die in diesem Buch zu Wort kommen, Juristin Marie Micheel, Onlineunternehmerin Victoria Weber, Web-Designerin Steffi Friedel, Markenstrategin Isabel Reinhard und systemische Coachin Valerie Junger sowie allen Unternehmer*innen, die spannende Geschichten und Beispiele beigetragen haben, gebührt mein großer Dank.

Für das ehrliche Feedback und den unermüdlichen Einsatz danke ich meinen beiden Testleserinnen Steffi Friedel und Nadja Wolf-Fischer. Manchmal ist es gar nicht so einfach, seine Expertenbrille abzulegen. Danke, dass ihr mit eurem scharfen Blick dazu beigetragen habt, dieses Buch zugänglicher und verständlicher zu machen.

Das größte Dankeschön gebührt meiner Familie für die Unterstützung in diesem – doch manchmal nervenaufreibenden – Prozess. Danke Brandon, dass du mich so liebevoll umsorgt hast, wenn ich wieder einmal im Schreibtunnel war. Ohne dich hätte ich mich wahrscheinlich monatelang nur von Nudeln und Brot ernährt. Danke auch, dass du so viele Tage und Nächte auf mich verzichtet hast, ohne ein einziges Wort darüber zu verlieren. Nur mit deiner Hilfe konnte ich meinen Traum, ein eigenes Buch zu schreiben, in Erfüllung bringen.

Dass ich diesen Traum überhaupt hege, verdanke ich meiner Mama. Danke, dass du mir Wissbegierde und Freude am Lernen schon in die Wiege gelegt hast. Danke fürs viele Vorlesen und die sprachliche Förderung von klein auf. Denn würde ich nicht so gerne schreiben, gäbe es dieses Buch nicht.

An Emily, die kurz nach diesem Buch das Licht der Welt erblicken wird: du stellst schon jetzt mein Leben auf den Kopf. Auch wenn ich meine Arbeit liebe, gibt es nichts mehr Wichtigeres als dich. Ich kann es kaum erwarten, dich kennenzulernen.

Und zum Schluss danke ich dir, liebe Leserin und lieber Leser. Ich weiß es zu schätzen, dass du mir dein Vertrauen schenkst und ich dir mit Rat und Tat zur Seite stehen darf. In einer Zeit, in der wir Wissen am liebsten häppchenweise unterhaltsam aufbereitet bekommen, bedeutet es so viel, dass du dir die Zeit nimmst, mein Buch zu lesen. Da Bücher jedoch eine sehr einseitige Form der Kommunikation darstellen, würde ich mich freuen, persönlich mit dir in Verbindung zu treten. Wir alle haben so spannende Geschichten zu erzählen, auch du. Teile sie gerne mit mir. Du findest mich auf

- meiner Website: *anna-turner.com*
- Instagram: *instagram.com/annaturnersocial*
- und LinkedIn: *linkedin.com/in/annaturnersocial*

Jetzt aber viel Freude beim Lesen von »Ausgebucht!«.

Alles Liebe und pass auf dich auf

Kapitel 1

Start in die Selbstständigkeit

Vielleicht hast du schon immer davon geträumt, dich selbstständig zu machen, stammst aus einer Unternehmerfamilie oder bist eher durch Zufall hineingerutscht. Fakt ist: Selbstständigkeit verlangt Mut. Ich hoffe, dass dir dieses Buch Mut macht, stolz mit deinem Thema und deinen Angeboten nach draußen zu gehen. Denn die Welt braucht mehr mutige Menschen!

Ich hätte nie im Leben gedacht, dass ich einmal selbstständig sein würde. Als Tochter von zwei Lehrer*innen wuchs ich mit der Sicherheit des Beamtentums auf und beschloss – wenig überraschend –, später selbst Lehramt zu studieren. Aber wie ist es so schön im Leben? Es kommt immer anders, als man denkt. So begann ich schon während der Studienzeit, meine Erfahrungen und Gedanken rund ums Reisen auf einem Instagram-Account festzuhalten. Und auch wenn ich zu dieser Zeit noch keine Ahnung von Content-Creation, Storytelling und Influencer-Marketing hatte, schien ich doch etwas richtig zu machen. Denn schon bald wurden meine Posts nicht mehr nur von Freund*innen und Verwandten gelesen, sondern auch von völlig fremden Menschen. Und nicht gerade von wenigen. Zum Schluss erreichte mein Account *@ardentwanderess* knapp 30.000 Follower, und ich durfte mit Hotels und Lifestyle-Marken wie Brody House, Robinson Club, Pela Cases und SeeMe kollaborieren. Ein Traum für viele, für mich war es jedoch eher eine Belastung. Denn plötzlich wurde mein heiß geliebtes Hobby Reisen zum Job. Ständig musste ich posieren, mich selbst darstellen und möglichst inspirierend sein. Während mich die kreative Arbeit, das Texten, Gestalten und Fotografieren, erfüllte, war schnell klar: Aus mir wird keine Influencerin.

Kurz vor Abschluss meines Studiums beschloss ich also, nicht nur meinen Reiseblog zu löschen, sondern auch, den sicheren Lehrerjob an den Nagel zu hängen. Ich hatte weder einen Businessplan noch eine Marketing-Strategie, und doch vertraute ich darauf, dass am Ende alles gut gehen würde. Denn mit meinem Blog hatte ich zumindest schon einmal bewiesen: Menschen interessiert, was ich zu sagen habe. So machte ich mich kurzerhand als Texterin und Social-Media-Managerin selbstständig. Und bin es bis heute geblieben.

Über die Jahre hinweg habe ich viel ausprobiert, Fehler gemacht und Erfolge gefeiert. Und genau diese möchte ich mit dir teilen. Das hier ist kein trockenes Marketing-Buch, in dem du ein Konzept nach dem anderen aufgeschlüsselt bekommst. Es ist auch kein Fahrplan, dem du blind folgen kannst, mit Erfolgsgarantie. Viel eher ist es eine Anleitung zum Experimentieren, zum »Selberdenken« und Ausprobieren. Denn jeder Mensch, jedes Business und somit auch jede Strategie ist anders. Die Anleitungen und Impulse, die du in diesem Buch bekommst, sind fortan dein Werkzeug. Was genau du damit zusammenbaust, ist deine Sache. Ich finde, du kannst stolz sein, dass du dich auf dieses Abenteuer einlässt. Ich bin es auf jeden Fall und bin dankbar, dich ein kleines Stück auf deinem Weg begleiten zu dürfen. Also, schnapp dir deinen Koffer und schnall dich an, denn die Reise beginnt!

1.1 Ein smartes Geschäftskonzept entwickeln

Unser erster Stopp: Marketingland (siehe Abbildung 1.1), ein Ort, an dem smarte Geschäftskonzepte entwickelt werden. Warte, warum beginnt ein Marketing-Buch mit deinem Geschäftskonzept? Ganz einfach: weil Marketing- und Business-Strategie nie getrennt voneinander betrachtet werden können.

Abbildung 1.1 Das Marketingland von The Proper Marketing Club (thepropermarketing.club)

Ich kenne es aus meiner eigenen Selbstständigkeit nur zu gut. Die meisten Unternehmer*innen, mit denen ich zusammengearbeitet habe, hatten keine Strategie. Sie haben zwar tolle Angebote[1], die auch gekauft werden, aber warum und von wem ist den wenigsten klar. Wie du in Abbildung 1.1 sehen kannst, beginnt der Großteil der Unternehmen mit einer Angebotsidee. Danach wird mehr oder weniger strategisch ausgearbeitet, wie dieses Angebot vermarktet werden soll. Sie bewegen sich also irgendwo zwischen *Product* und *Promotion*. Das mag vielleicht in manchen Fällen gut gehen, richtig durchdacht wirkt das Ganze aber nicht.

Smarte Unternehmer*innen hingegen beginnen ihre Reise ganz weit hinten im Wald der *Market Orientation* (Marktorientierung). Sie nehmen sich Zeit, den Markt rund um ihre Angebotsidee zu verstehen. Sie beschäftigen sich mit Kundenbedürfnissen genauso wie mit schon vorhandenen Angeboten der Konkurrenz, um zu verstehen: Wo genau ordne ich mich ein?

1.1.1 Beginne, wie ein Solopreneur zu denken

Mindestens genauso wichtig, wie den Markt zu verstehen, ist jedoch ein tiefes Wissen über das eigene Unternehmen und die eigene Positionierung. Keine Angst, das alles wirst du noch im Laufe dieses Buchs ausarbeiten. Zunächst möchte ich dir aber einmal den Unterschied zwischen klassischen Selbstständigen oder Freelancern und *Solopreneuren* erklären. Was wie ein Modewort klingt, ist tatsächlich eine eigenständige Art, sein Unternehmen zu führen.

Der Begriff Solopreneur setzt sich aus den beiden Wörtern »solo« (allein) und »Entrepreneur« (Unternehmer*in) zusammen. Er bezeichnet also eine Person, die unternehmerisch handelt, aber nicht im klassischen Sinne mit großem Team und noch größeren finanziellen Ressourcen, sondern ganz alleine. Statt »Think big!« arbeitet sie nach dem Prinzip »Think smart!«. Im Vergleich zu klassischen Selbstständigen, die zwar auch alleine arbeiten, aber Zeit gegen Geld tauschen, denken Solopreneure unternehmerisch. Sie verbinden Dienstleistungen mit Produkten und schlanken Prozessen, um ihr Einzelunternehmen nachhaltig zu skalieren. In Tabelle 1.1 bekommst du einen Überblick über die Unterschiede dieser verschiedenen Formen des Unternehmertums.

Vielleicht hilft dir ein Beispiel, den Unterschied noch besser zu veranschaulichen. Dieses stammt übrigens nicht von mir, sondern aus dem vorhin verlinkten Artikel von Gründer Plattform. Da ich es selbst nicht besser hätte schreiben können, war ich so frei, mich daran zu bedienen.

---

1 Darunter verstehe ich sowohl Produkte als auch Dienstleistungen.

Klassische Selbstständige	Solopreneure	Entrepreneure
▪ verkaufen ihre Arbeitszeit ▪ arbeiten an Kundenprojekten ▪ akquirieren Aufträge ▪ arbeiten ohne Team ▪ flexible Strukturen	▪ verkaufen Ergebnisse ▪ verfolgen eigene Projekte ▪ gewinnen Kundschaft ▪ arbeiten ohne Team ▪ flexible Strukturen	▪ verkaufen Ergebnisse ▪ verfolgen eigene Projekte ▪ gewinnen Kundschaft ▪ arbeiten mit Team ▪ größeres Team = weniger Flexibilität

Tabelle 1.1 Der Unterschied zwischen Selbstständigen, Solopreneuren und Entrepreneuren (gruenderplattform.de/entrepreneur/solopreneur)

Stell dir vor, du hast gemeinsam mit zwei Freund*innen eine Ausbildung zur Yogalehrerin bzw. zum Yogalehrer absolviert. Ihr drei könnt es kaum erwarten, mit frischer Energie in die Selbstständigkeit zu starten. Eure Ideen, wie diese gestaltet werden soll, gehen jedoch weit auseinander:

- Lisa mietet sich stundenweise in einem bekannten Yogastudio ein, um dort ihre Klassen zu halten. Sie erstellt Flyer und wirbt im Bekanntenkreis für ihr Angebot, sodass sich ihre Kurse nach und nach füllen. Gleichzeitig hält Lisa zwei Klassen pro Woche in einem lokalen Unternehmen als Teil des internen Gesundheitsprogramms.
- Sebastian hat schon lange davon geträumt, mit zwei Freunden ein eigenes Studio in seinem Heimatort zu eröffnen. Gemeinsam gründen sie ein großes Fitness- und Gesundheitscenter, in dem verschiedenste Sportarten sowie Physiotherapie, Massagen und Wellness-Behandlungen angeboten werden. Über die gemeinsam gegründete GmbH nehmen die drei Freunde einen Kredit auf, um den Studioausbau zu finanzieren. Neben den täglichen Yogaeinheiten kümmert sich Sebastian vor allem um das Studio-Marketing und die Einschulung von Angestellten.
- Schon während deiner Ausbildung hast du immer wieder probeweise Videos von Yogaflows gedreht und auf YouTube gepostet. Du merkst, dass diese gut ankommen, und beschließt, einmal wöchentlich eine komplette Yogaklasse online zu stellen. Gleichzeitig gestaltest du eine Website, um alle deine Videos an einem Ort zu sammeln. Um deine Videos zu monetarisieren, richtest du nach einiger Zeit ein Monatsabo ein, über das Interessent*innen auf deine komplette Videoplattform zugreifen können. Zusätzlich beginnst du damit, kurze Ausschnitte aus deinen Videos auf Instagram zu teilen und so Leute auf deine Website zu locken.

Jetzt bist du gefragt: Wie würdest du diese drei Geschäftsformen bezeichnen? Wer ist Selbstständige*r, Solo- oder Entrepreneur?[2]

Die Vorteile von Solopreneurship

Natürlich ist kein Modell besser oder schlechter als das andere. Jedoch gibt es einige gravierende Vorteile, die Solopreneurship mit sich bringt:

- *Du brauchst kaum Startkapital.* Im Vergleich zu Sebastian können Lisa und du sofort und ohne großes Investment loslegen.
- *Du gehst wenige Risiken ein.* Ohne Kapital sinkt auch dein Risiko. Du kannst ganz unbeschwert starten. Denn im Vergleich zu Sebastian bist du nur für dich selbst verantwortlich, nicht für Angestellte oder ein Team.
- *Dein Angebot ist skalierbar.* Lisa kann jeden Tag maximal 2 Klassen halten, da mehr nicht zumutbar wäre. Außerdem passt immer nur eine bestimmte Anzahl an Personen in ihren Kursraum. Irgendwann erreicht sie also einen Punkt, an dem sie nicht mehr verdienen kann. Deine Videos können jedoch von unendlich vielen Personen angeschaut werden.
- *Du bist flexibel.* Sebastian muss jeden Tag im Studio sein, damit alles weiterhin reibungslos läuft. Auch Lisa ist zeitlich an ihre Kurstermine gebunden. Wann du deine Videos filmst, ist hingegen völlig egal. Ob du sie einmal im Monat vorproduzierst und dann nach und nach hochlädst oder dich täglich vor die Kamera stellst, bleibt ganz dir selbst überlassen.
- *Du bist unabhängig.* Durch die große Flexibilität kannst du deine Selbstständigkeit (und dein Leben) ganz nach deinen Vorlieben gestalten. Möchtest du drei Monate im Jahr auf Bali verbringen, dann filmst du deine Videos einfach dort. Bist du Mama von zwei Kindern, nutzt du die Kita-Zeiten und verbringst den restlichen Tag zu Hause. Du hast also absolute Freiheit.

Nun möchte ich dich bei Gott nicht dazu überreden, deine Arbeit hinzuschmeißen und irgendwelche Videos zu drehen. Solopreneurship kann zahlreiche Formen annehmen und ergänzt, gerade am Anfang, idealerweise deine 1:1-Arbeit mit Kund*innen. So könnte sich Lisa am Beginn ihrer Selbstständigkeit über die Studioklassen finanzieren und zwei Tage pro Monat für ihr Online-Business einplanen. Sobald sie beginnt, Geld mit ihren Videos zu verdienen, steigert sie die Frequenz auf zwei Tage pro Woche, bis sie nach einigen Jahren vorwiegend online und zeitlich flexibel arbeitet.

Natürlich muss nicht jede Form von Solopreneurship auf einem digitalen Geschäftsmodell basieren. Jedoch bieten digitale Tools zahlreiche Möglichkeiten, auch ohne großes technisches Know-how aktiv zu werden. Beratungsgespräche und Work-

2 Die Auflösung: Lisa gilt als klassische Selbstständige, Sebastian ist Entrepreneur und du darfst dich als Solopreneur*in bezeichnen.

shops können genauso gut über Zoom stattfinden, das wissen wir spätestens seit Corona. Ein Video zu filmen und auf YouTube, Instagram oder TikTok hochladen kann heute jeder, der ein Smartphone hat. Auch ein E-Book zu gestalten, ist dank Canva nicht mehr schwer. Und da du dieses Buch liest, nehme ich an, dass du bereits Interesse an digitalen Tools und digitalem Marketing mitbringst. Deshalb möchte ich dich einladen, zumindest mit dem Gedanken zu spielen, dein aktuelles Geschäftsmodell smart zu erweitern.

1.1.2 5 Solopreneur-Typen

Das Konzept von Solopreneurship stammt ursprünglich aus den USA, wird aber seit Jahren auch im DACH-Raum propagiert. Zwei der federführenden Kräfte dahinter sind die Eheleute Brigitte und Ehrenfried Conta Gromberg, die sich mit ihrem Unternehmen *Smart Business Concepts* auf Solopreneure spezialisiert haben. Die beiden haben diesem Thema sogar ein ganzes Buch gewidmet (*smartbusinessconcepts.de/solopreneur*), das ich dir sehr ans Herz legen kann. In diesem Buch beschreiben sie fünf Arten von Solopreneuren, die ich dir in Tabelle 1.2 kurz vorstellen möchte, damit du dich selbst besser einordnen kannst.

Solopreneur-Typ	Beschreibung	Angebotsbeispiele
Produzent*in	stellt ein Produkt selbst her (oder lässt es herstellen)	Selbst produzierte Uhren, Food, Keramik, Geräte etc. (Sonderfall Software)
Händler*in	handelt mit einem Sortiment, stellt dieses nicht selbst her	Die Waren, die du verkaufst, sortiert nach den großen Warengruppen
Expert*in	baut das Business rund um das eigene Fachwissen auf	Wissensprodukte von Büchern über Seminaren und Onlinekursen
Services	bietet eine smarte Dienstleistung und liefert eine Lösung	Problemlösungen aller Art, in Form von Servicepaketen oder Abomodellen
Kreative	schafft ein besonderes Erlebnis	Musik, Kunst, Reisen, Events, Selbsterfahrung

Tabelle 1.2 Die 5 Solopreneur-Typen nach Brigitte & Ehrenfried Conta Gromberg (smartbusinessconcepts.de)

1.1.3 Beginne bei dir selbst

Noch bevor du dich mit deinem Markt beschäftigst, darfst du noch einmal tief in dich hineinhören. Wie möchtest du dein Leben gestalten? Welche Art von Business ermöglicht dir dieses Leben? Und was möchtest du in deiner Selbstständigkeit erreichen? Solopreneurship entsteht nicht dadurch, dass du dich in ein Korsett zwängst und versuchst, möglichst innovativ zu sein, wenn das gar nicht deiner Art entspricht. Richte dein Business nach dir aus, nicht umgekehrt. Für die Conta Grombergs gehört zu einem smarten Solo-Business[3]:

- ein Geschäftskonzept, das es dir ermöglicht, zu skalieren
- eine Tätigkeit, bei der du eine hohe Eigenmotivation mitbringst
- die Nutzung von smarter Technik
- ein gewisses Maß an Disziplin und Selbstorganisation, um deine Arbeit gut (und idealerweise leicht) zu schaffen
- stabile Einkommensströme, die dir einen Lebensstil ermöglichen, der dich glücklich macht
- ein Vermögenskonzept, das dich Stück für Stück absichert

Einige dieser Bereiche lernst du im Laufe dieses Buchs umzusetzen. Ich möchte dir aber schon jetzt mitgeben, dass du nicht jeden Impuls und jeden Tipp annehmen musst. Du weißt am besten, was du brauchst und wie du dein Business voranbringen kannst. Nimm also an, was dir dabei hilft, und ignoriere, was sich falsch anfühlt. Vertrau auf dich und dein Bauchgefühl!

1.1.4 Geschäftskonzept, aber verständlich: die Produkt-Treppe

Wir haben jetzt schon mehrmals davon gesprochen, dass du ein smartes Geschäftskonzept benötigst, aber wie sieht das eigentlich aus? Wenn du den Begriff »Geschäftskonzept« googelst, bekommst du vor allem Wirtschafts-Blabla ausgespuckt. Da geht es um Finanzpläne, Wettbewerbsanalysen und Vertriebsstrukturen. Ich weiß nicht, wie es dir geht, aber für mich klingt das alles unglaublich langweilig. Als ich in meine Selbstständigkeit gestartet bin, hatte ich keine Ahnung von Business-Themen. Ich wusste noch nicht einmal, wie man richtig Rechnungen schreibt. Und ehrlich gesagt habe ich mich viel zu lange von all diesen hochgestochenen Begriffen und Konzepten verunsichern lassen. Ich hatte keinen Finanzplan. Ich wusste nicht, wer mein Wettbewerb ist. Und wie genau Vertrieb funktionieren soll, ist mir bis heute nicht schlüssig. Trotzdem habe ich es geschafft, mir über die Jahre ein lukratives Solo-Unternehmen aufzubauen.

3 Brigitte & Ehrenfried Conta Gromberg, Solopreneur, 2014, S. 64

Mittlerweile weiß ich, dass nicht ich plan- und ahnungslos war. Ich hatte nur versucht, eine Art von Selbstständigkeit zu leben, die von normalen Business-Modellen nicht abgedeckt wird. Umso glücklicher bin ich heute, dass ich stur meinem Weg treu geblieben bin. Denn sonst wäre ich vielleicht nie auf dieses Modell gestoßen, mit ich zum ersten Mal das Gefühl hatte, ein Geschäftskonzept zu haben. Die Rede ist von der Produkt-Treppe, die – wie könnte es anders sein – von Brigitte und Ehrenfried Conta Gromberg entwickelt wurde.[4]

Anders als die meisten gängigen Geschäftskonzepte, die Finanzpläne, Konkurrenzanalysen und Vertriebsstrukturen beinhalten, basiert die Produkt-Treppe rein auf deinem Angebotsportfolio. Dabei werden deine Produkte und Dienstleistungen in aufsteigender Logik angeordnet. Gehen wir einmal Stufe für Stufe durch (siehe Tabelle 1.3).

Schicht	Stufe	Beschreibung
Reichweite	0	Am Fuß oder Anfahrtsweg deiner Treppe befinden sich deine Marketing-Kanäle und -Taktiken.
	1	Hier befindet sich ein erstes konkretes Angebot (meist kostenfrei), über das du gezielt die Kontaktdaten deiner Interessent*innen sammelst.
	2	Auf dieser Stufe befinden sich niedrigpreisige Angebote, die du ohne viel Überzeugungsarbeit verkaufen kannst.
Tragschicht	3	Die beiden Tragschicht-Stufen beinhalten mittelpreisige Angebote, die typischerweise den Großteil deines Umsatzes generieren.
	4	
Superuser	5	Am oberen Ende deiner Treppe liegen hochpreisige Angebote, die nur für einen Teil deiner Kundschaft relevant sind.
	6	

Tabelle 1.3 Der Aufbau der Produkt-Treppe

Dein Angebotsportfolio setzt sich also aus einem Mix an niedrig-, mittel- und hochpreisigen Produkten oder Dienstleistungen zusammen. Um die ungefähre Preisspanne für die jeweiligen Schichten zu kalkulieren, stütze dich auf dein Hauptangebot, das sich meistens auf der dritten Stufe befindet. Nehmen wir einmal an, dieses Angebot kostet circa 100 €. Dividiere durch 10, um den passenden Preis für Angebote der Reichweiten-Schicht zu berechnen. Multipliziere mit 10, um den passenden Preis für Angebote der Superuser-Schicht zu berechnen (siehe Abbildung 1.2).

4 Auch zu diesem Thema gibt es ein Buch der beiden, das in keinem Solo-Business-Bücherregal fehlen darf: *smartbusinessconcepts.de/business-model-produkt-treppe*

Das sind natürlich nur Ungefähr-Werte, und der genaue Preis kann, je nach Angebotsart, innerhalb dieser Preisspanne flexibel variieren. Außerdem bist du nicht an einen Preis von 100 € für die Tragschicht gebunden, aber mehr dazu gleich.

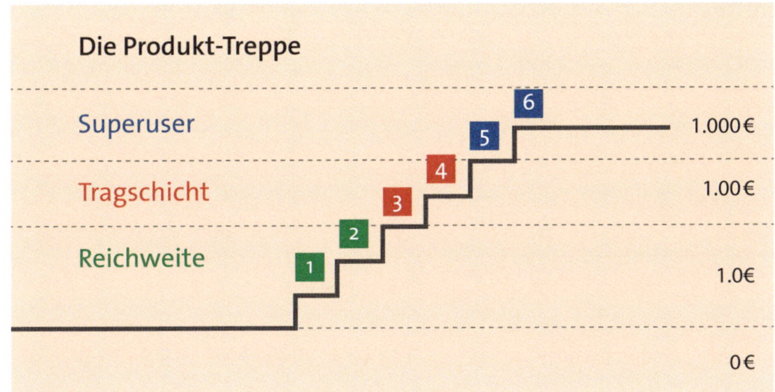

Abbildung 1.2 Die Produkt-Treppe von Smart Business Concepts (smartbusinessconcepts.de/produkt-treppe) basiert auf sechs Stufen.

Die Produkt-Treppe aus der Sicht einer Marketing-Strategin

Das Besondere an dieser Art von Angebotsgestaltung ist, dass sie zahlreiche verschiedene Einstiegsmöglichkeiten bietet, um mit deinem Unternehmen in Berührung zu kommen. Je niedriger die Stufe, desto leichter ist es, Interessent*innen von deinem Angebot zu überzeugen. Denn nicht jeder ist sofort bereit, Tausende von Euros in dich zu investieren. Gleichzeitig werden weder die Angebotsart noch die Preisspanne irgendwie begrenzt, und Kund*innen können – bei Interesse – nach und nach neue Stufen erklimmen oder sofort ganz oben beginnen. Die Produkt-Treppe bietet also unglaubliche Flexibilität, dein Business an deine Bedürfnisse (und die des Marktes) anzupassen.

1.1.5 Verschiedene Solopreneur-Typen, verschiedene Treppen

Je nachdem, zu welchem der fünf Solopreneur-Typen du gehörst, wirst du deine Produkt-Treppe völlig unterschiedlich gestalten. In Tabelle 1.4 findest du drei fiktive Beispiele zur Inspiration.

Stufe	Kerzenproduzentin	Einschlafberater	Google-Ads-Service
0	Marktstände, PR, Offline-Werbung	SEO, Social Media, Vorträge	Business-Partnerschaften, Vertrieb
1	Produktprobe, Teelichter-Set	Newsletter	kostenloses Erstgespräch

Tabelle 1.4 Deine Produkt-Treppe kann flexibel gestaltet werden.

Stufe	Kerzenproduzentin	Einschlafberater	Google-Ads-Service
2	Kerzen-Accessoires	E-Book	DIY-Anleitung
3	Standard-Kerzen	Masterclass	1:1-Beratung, kurz
4	individuelle Kerzen	Onlinekurs	1:1-Beratung, lang
5	DIY-Kit inklusive Onlinekurs	Online-Workshops	Done-For-You-Service Basic
6	Kerzen-Workshop für Gruppen	1:1-Beratung, mehrwöchig	Done-For-You-Service Premium

Tabelle 1.4 Deine Produkt-Treppe kann flexibel gestaltet werden. (Forts.)

Wie du sehen kannst, bauen in jeder Variante die verschiedenen Stufen aufeinander auf. Die Kerzenproduzentin setzt vorwiegend auf Offline-Maßnahmen, um ihre Produkte zu bewerben. Einmal pro Woche betreibt sie einen Marktstand, weil sie weiß, dass sich ihre Kerzen am besten verkaufen, wenn Leute diese anfassen und riechen können. Gleichzeitig inseriert sie in lokalen Zeitungen und Magazinen, um ihre Workshops zu bewerben. Diese werden gerne für Geburtstage oder Business-Events gebucht. Als smarte Unternehmerin setzt sie aber nicht ausschließlich auf Offline-Events, sondern bietet auf der fünften Stufe ihrer Treppe ein skalierbares digitales Produkt an. In jede Kerzenverpackung legt sie einen Gutschein mit QR-Code, der Käufer*innen auf das DIY-Kit aufmerksam machen soll.

Im Gegensatz dazu arbeitet der Einschlafberater vollständig digital. Bei den Marketing-Kanälen setzt er auf Suchmaschinen-Optimierung (SEO) und Social Media, um zu seinem Thema online gefunden zu werden. Gleichzeitig ist er als Speaker sowohl on- als auch offline aktiv. In seinem monatlichen Newsletter bekommen Interessent*innen spannende wissenschaftliche Erkenntnisse rund um Babyschlaf von ihm aufbereitet. Darüber sammelt er E-Mail-Adressen, die er schließlich dazu verwendet, seine weiteren Angebote zu bewerben. Da er selbst Vater von drei Kindern ist, ist seine Arbeitszeit begrenzt. Deshalb setzt er vorwiegend auf digitale Produkte wie E-Books und aufgezeichnete Masterclasses sowie Onlinekurse. Nur für seine Premium-Kund*innen bietet er Möglichkeiten zum Live-Austausch, als Gruppe in Online-Workshops und alleine in mehrwöchigen Beratungen.

Die Google-Ads-Expertin ist klassische Dienstleisterin, möchte ihr Business aber nach und nach zu einem Experten-Business ausbauen. Aktuell gewinnt sie noch den Großteil ihrer Kundschaft über Business-Partnerschaften mit anderen Freelancern und Agenturen[5]. Außerdem hat sie damit begonnen, potenzielle Kund*innen

5 Einen detaillierten Überblick über diese verschiedenen Marketing-Taktiken bekommst du übrigens in Kapitel 4, »Deine erste Kundin gewinnen«.

aktiv über LinkedIn zu akquirieren. Auf der ersten Stufe ihrer Produkt-Treppe bietet sie ein kostenloses Erstgespräch an, um zu klären, ob und wie eine Zusammenarbeit mit ihr aussehen könnte. Danach entscheiden sich Interessent*innen entweder für eines ihrer Beratungspakete, wenn sie ihre Werbeanzeigen weiterhin selbst aufsetzen wollen, oder ihre Done-For-You Services, bei denen sie die komplette Erstellung, Wartung und Auswertung der Anzeigen übernimmt. Ihr erster Schritt in Richtung smartem Unternehmen war die Erstellung einer DIY-Anleitung zum Einrichten des Google-Ads Managers. Denn diese Arbeit kostet sie und ihre Kundschaft viel Zeit und unnötiges Geld. Die Anleitung verschickt sie automatisch an alle 1:1-Kund*innen und bietet sie auch über ihren Onlineshop zum Download an.

Auch mehrere Angebote pro Stufe sind möglich

Du musst keinesfalls nur ein einziges Produkt pro Stufe anbieten. Die Kerzenproduzentin hat 20 verschiedene Standard-Kerzen, während der Einschlafberater zwei verschiedene Onlinekurse verkauft: einen zur Entwicklung von Schlafroutinen für Neugeborene und einen anderen zur Übersiedelung ins eigene Kinderzimmer. Pro Stufe kann also auch eine gesamte Produktlinie stehen, die ein ähnliches Format und einen ähnlichen Preis aufweist.

1.1.6 Übung: Erstelle deine Produkt-Treppe

Jetzt bist du dran! Schnapp dir ein Blatt Papier und einen Stift oder lade dir das Worksheet zur Produkt-Treppe unter *smartbusinessconcepts.de/material* herunter. Nun versuche, deine aktuellen Angebote einer der Stufen zuzuordnen. Zur Erinnerung: Stufe 1 und 2 beinhalten Angebote, deren Ziel es ist, viel Reichweite zu generieren. Sie sollten also möglichst günstig und attraktiv sein. Auf den mittleren Stufen befinden sich deine Standardangebote, über die du den Großteil deiner Einnahmen generierst. Und an der Spitze deiner Treppe platzierst du Premium-Angebote, die besonders lukrativ sind, jedoch nur von einer kleinen Gruppe Kund*innen gekauft werden. Hier einige Tipps zum Ausarbeiten deiner Treppe:

- *Starte mit Stufe 3*. Brigitte und Ehrenfried Conta Gromberg empfehlen, zuerst mit dem Standardangebot innerhalb der Tragschicht zu starten. Dieses ist noch immer relativ kostengünstig, generiert aber Umsätze, von denen du schon gut leben kannst.
- *Danach arbeite von unten nach oben*. Damit du dein Standardangebot auch wirklich regelmäßig verkaufst, solltest du dich zunächst mit deinen Marketing-Kanälen am Fuß deiner Treppe beschäftigen. Denn irgendwie musst du ja potenzielle Käufer*innen auf dich aufmerksam machen. Zum Glück bist du mit diesem Buch gut aufgehoben, was Marketing betrifft.

- *Biete eine Kostprobe auf den unteren Stufen*. Über 0-€-, Tripwire-Produkte oder Tiny Offer bietest du einen ersten Einblick in deine Arbeitsweise oder eine erste Kostprobe deiner Angebote. Ich vergleiche das gerne mit einem Restaurant, vor dem ein Mitarbeiter mit einem Tablett voller Häppchen steht, die er an Passant*innen verfüttert. Das Häppchen bietet einen Vorgeschmack auf das, was man im Restaurant bekommt. Genau so funktionieren Mini-Angebote auf Stufe 1 und 2.
- *Verlasse dich nie auf ein einziges Angebot*. Stehst du gerade erst am Anfang deiner Selbstständigkeit, ist es natürlich in Ordnung, wenn du nur ein Angebot auf Stufe 3 stehen hast. Auf Dauer solltest du jedoch deine gesamte Treppe befüllen. Denn unterschiedliche Kundentypen haben unterschiedliche Bedürfnisse. Ein smartes Business setzt auf diverse Einkommensströme und weiß diese geschickt miteinander zu kombinieren.
- *Lass deine Treppe nicht verstauben*. Arbeite regelmäßig an deinen Produktideen, um diese frisch zu halten.

0-€-, Tripwire-Produkte und Tiny Offer – was genau ist das alles?

Diese vielen verschiedenen Marketing-Begriffe sorgen gerne für Verwirrung. Lass mich für Klarheit sorgen:

- *0-€-Produkt*: Dabei handelt es sich um ein kostenfreies Angebot, über das Kontaktdaten von potenziellen Interessent*innen gesammelt werden sollen, an die später ein bezahltes Angebot beworben wird. Früher war diese Kategorie auch als Freebie bekannt. Da jedoch mit Daten statt Geld bezahlt wird, ist diese Bezeichnung nicht mehr zulässig.
- *Tripwire-Produkt*: Diese Art von Angebot funktioniert ganz ähnlich, denn es geht vorwiegend darum, Kontaktdaten zu sammeln. Allerdings sind Tripwire-Produkte nicht kostenfrei, sondern meist um wenige Euro erhältlich. Der genaue Preis berechnet sich aus deiner restlichen Produkt-Treppe, denn er sollte bei ca. 10 % deines Standardprodukts liegen und dennoch so günstig sein, dass ein*e Interessent*in zuschlägt, ohne mit der Wimper zu zucken. Nach dem Kauf wird wie beim 0-€-Produkt ein weiteres, höherpreisiges Angebot beworben.
- *Tiny Offer*: Auch hierbei handelt es sich um ein günstiges Mini-Produkt, das aber für sich alleine steht. Das heißt, hier herrscht nicht unbedingt die Absicht, direkt im Anschluss ein weiteres, höherpreisiges Angebot zu bewerben.

1.1.7 Berechne deine Profitabilität

Nun ist die Produkt-Treppe nicht nur ein Modell zur Angebotsentwicklung, sondern ein visuelles Geschäftskonzept. Ein wesentlicher Teil davon ist Profitabilität. Immerhin möchtest du nicht nur schöne Ideen niederschreiben, sondern vor allem Geld damit verdienen. Bleiben wir noch einmal beim Bild vom Restaurant. Im Grunde genommen funktioniert deine Treppe wie eine Speisekarte, wobei jedes Angebot einem bestimmten Gericht entspricht. Die Kostprobe, die draußen verteilt wurde, lockt Kund*innen in dein Restaurant. Danach haben sie die Auswahl: Reicht ihnen ein Häppchen, dann blicken sie in die Vorspeisenkarte. Bei normalem Hunger werden die Hauptgerichte ins Auge genommen, und wer nicht genug kriegen kann, bestellt noch ein Dessert obendrauf. In Tabelle 1.5 wird der Zusammenhang mit der Produkt-Treppe noch einmal veranschaulicht.

Speisekarte	Schicht	Eigenschaft der Kund*innen
Kostprobe	*Marketing*	kennen deine Angebote gar nicht
Vorspeise	*Reichweite*	kennen deine Angebote noch wenig
Hauptspeise	*Tragschicht*	haben normalen Bedarf
Nachtisch	*Superuser*	haben anspruchsvollen Bedarf

Tabelle 1.5 Die Schichten der Produkt-Treppe funktionieren ähnlich wie die Mahlzeiten auf einer Speisekarte.[6]

Ich führe zwar kein Restaurant, aber ich kann mir vorstellen, dass der Großteil der Einnahmen über Hauptspeisen generiert wird (abgesehen von den Getränken). Um deine Profitabilität auszuloten, solltest du also berechnen, wie viele Kund*innen du in der Tragschicht und den beiden anderen Schichten benötigst, um dein Umsatzziel zu erreichen.

Die Kundenverteilung nach dem Pareto-Effekt

Der Pareto-Effekt – auch bekannt als 80/20-Regel – wird für die Produkt-Treppe ein wenig umgemodelt. So lautet die Faustregel:

- 70 % der Kund*innen befinden sich in der *Reichweiten-Schicht.*
- 20 % der Kund*innen befinden sich in der *Tragschicht.*
- 10 % der Kund*innen befinden sich in der *Superuser-Schicht.*

Da mit jeder Schicht die Angebotspreise steigen, ergibt sich ungefähr folgende Aufteilung für deine Einnahmen:

- 10 % deiner Einnahmen stammen aus der *Reichweiten-Schicht.*
- 40 % deiner Einnahmen stammen aus der *Tragschicht.*
- 50 % deiner Einnahmen stammen aus der *Superuser-Schicht.*

6 Quelle: Brigitte & Ehrenfried Conta Gromberg, Business Model Produkt-Treppe, 2021, S. 104–105

Das sind natürlich nur Richtwerte, und die genaue Aufteilung kann je nach Business-Struktur variieren. Allerdings helfen diese Richtwerte zu berechnen, wie viele Kund*innen du pro Schicht benötigst, um profitabel zu sein. Gehen wir der Einfachheit halber von einem geplanten Jahresumsatz von 100.000 € aus.[7] In Tabelle 1.6 siehst du, wie viele Verkäufe du pro Schicht benötigen würdest, um dieses Ziel zu erreichen.

Schicht	Angebotspreis	benötigte Anzahl an Verkäufen	Gesamtumsatz pro Schicht
Reichweite	10 €	1000	10.000 €
Tragschicht	100 €	400	40.000 €
Superuser	1000 €	50	50.000 €

Tabelle 1.6 Mögliche Umsatzverteilung anhand der drei Schichten

Natürlich wurden in dieser Rechnung noch nicht deine Ausgaben berücksichtigt. Außerdem handelt es sich, wie gesagt, nur um eine Faustformel. Trotzdem bietet sie einen guten und einfachen Start, dir Umsatzziele zu setzen, vor allem wenn du noch keine eigenen Erfahrungswerte hast. Also, probiere es einmal aus. Wie viele Verkäufe benötigst du pro Angebot, um dein Umsatzziel zu erreichen?

1.1.8 Genug gerechnet: Dein Geschäftskonzept braucht einen Markt

Ich bin dafür, dass wir uns als Selbstständige auch mit unseren Finanzen beschäftigen. Spätestens am Jahresende, wenn die nächste Steuererklärung ansteht, müssen wir das sowieso. Ich möchte dir aber nahelegen, dein Geschäftskonzept nicht nur anhand von Zahlen und Rechnungen auszuarbeiten, sondern wirklich Schritt für Schritt so vorzugehen, wie es in der Abbildung 1.1 des Marketinglands gezeigt wird. Natürlich beginnt alles mit einer Angebotsidee. Doch noch bevor du dieses entwickelst, solltest du dir Gedanken zur passenden Zielgruppe, dem Wettbewerb und deiner Position im Markt machen. Und wie immer gilt: vertraue auch auf dein Gefühl. Sprechen dich deine Angebotsideen an? Spürst du ein Kribbeln, wenn du daran denkst, diese auszuarbeiten? Wie geht es dir beim Gedanken, auch einmal mehr oder weniger zu verlangen? Die Produkt-Treppe ist zwar ein smartes, aber nicht das einzige Business-Modell, nach dem du dich ausrichten kannst. Studiere deinen Markt und vertraue immer auch auf dein Bauchgefühl. Wie du am besten dabei vorgehst, lernst du im nächsten Kapitel (Kapitel 2, »Erste Schritte zu deiner Marketing-Strategie«).

7 Auch dies ist nur ein Richtwert, um die Rechnung möglichst einfach zu gestalten, und stellt nicht das von mir empfohlene Umsatzziel für Selbstständige dar.

1.2 Tools und Softwares für ein smartes Business

Davor widmen wir uns aber noch einem Thema, das zwar nicht sehr spannend zu lesen, aber unglaublich hilfreich für dich ist. Diese Seite solltest du also mit einem Lesezeichen oder Eselsohr markieren, damit du immer wieder darauf zurückgreifen kannst. Wie du bereits weißt, nutzen erfolgreiche Solopreneure smarte Technik, die ihnen Zeit spart und den Arbeitsalltag erleichtert. Im folgenden Abschnitt möchte ich dir deshalb spannende Apps und Programme für verschiedenste Aufgabenbereiche vorstellen. Außerdem bekommst du im Laufe des Buchs immer wieder hilfreiche Tool-Tipps für die einzelnen Marketing-Taktiken, die ich dir näherbringen möchte. Denn warum sollst du die ganze Arbeit selbst erledigen, wenn du sie dir auch abnehmen lassen kannst?

1.2.1 Business und CRM-Tools

Der wohl wichtigste Helfer für alle, die vorhaben, ihr Business zu skalieren, ist ein *CRM* (»Customer Relationship Management«), eine Software zur Kundenpflege und -gewinnung. Normalerweise wird darin alles festgehalten, was im Laufe einer Kundenbeziehung passiert, z. B. wie viele Termine oder Calls stattfinden, wie oft und zu welchem Preis ein Kunde gekauft hat oder wo im Kaufprozess jemand gerade steht.

Klar kannst du solche Informationen auch weiterhin in einem Excel-Sheet notieren, aber richtig übersichtlich ist das nicht. Bisher waren CRMs allerdings vorwiegend für größere Unternehmen ausgelegt. Wir Selbstständigen konnten entweder nichts damit anfangen oder sie uns nicht leisten. Zum Glück haben smarte Software-Entwickler*innen mittlerweile diese Nische für sich entdeckt und bieten intuitive Lösungen auch für kleine Budgets, zum Beispiel:

- *Hubspot* (*hubspot.de/products/crm*) bietet eine eingeschränkte kostenfreie CRM-Suite mit Funktionen wie Lead Management, E-Mail-Tracking und Terminplanung. Um wirklich alle Funktionen in ihrem vollen Umfang zu nutzen, zahlst du ab 20 €/Monat.
- *1CRM* (*1crm-system.de*) ist eine deutsche Open-Source-Plattform, die eine kostenfreie CRM-Software für Soloselbstständige anbietet. Allerdings musst du sie herunterladen und auf einem eigenen Webserver hosten. Die Cloud-Version, die du ganz ohne manuelle Installation nutzen kannst, ist ab 17 €/Monat verfügbar.
- *Zoho* (*zoho.com/crm*) ist neben Hubspot einer der bekanntesten CRM-Anbieter und besticht vor allem durch seine mobile App. Zwei Wochen lang kann Zoho kostenfrei getestet werden, danach kostet das Tool im Standard-Paket 14 €/Monat.

- *Dubsado* (*dubsado.com*) ist eine umfassende Business-Management-Software, mit der du alle Schritte vom ersten Kontakt einer Interessentin übers Erstgespräch, die Angebotserstellung und das Verfassen einer Honorarnote abdecken und mit dem Premier-Abo sogar teilweise automatisieren kannst. Erhältlich ab 20 US-$/Monat.
- *Calendly* (*calendly.com*) und *Dotcal* (*dotcal.co*) sind zwar keine CRMs, gehören für mich jedoch auch in die Kategorie »Business-Tool«, denn darüber lassen sich Terminbuchungen schnell und einfach abwickeln. Smarte Solopreneure wissen nämlich, dass ihre Zeit zu kostbar ist, um 20 E-Mails zur Terminfindung hin und her zu schreiben. Mit diesen beiden Tools können Coaches und Dienstleister*innen Kalenderlinks für ihre wichtigsten Angebote erstellen, über die sich Kund*innen ganz easy einbuchen können.

Wie nutze ich ein CRM?

Sobald dich jemand kontaktiert, sollte diese Person in deinem CRM landen. Dort wird sie fortan als *Lead* bezeichnet, als jemand, der Interesse an deinen Angeboten bekundet hat. Bis zum Kaufabschluss (und darüber hinaus) durchläuft dein Lead verschiedenste Phasen, die du unter anderem in deinem CRM festhalten kannst. So könnte auf den ersten Kontakt ein Erstgespräch folgen, bevor dein Angebot versendet wird. Sobald deine AGB unterzeichnet sind, bekommt der Lead einen neuen Status: Kunde oder Kundin. In Abbildung 1.3 siehst du, welche Phasen ich in meinem CRM Dubsado abgebildet habe.

Abbildung 1.3 Diese Stationen durchläuft eine Kundin bei mir.

1.2.2 Projekt- und Zeitmanagement-Tools

Zu smartem Unternehmertum gehört auch, deine Zeit sinnvoll zu nutzen. Möchtest du nicht auch den größtmöglichen Umsatz mit dem geringsten Zeitinvest erwirtschaften? Um diesen Sweet Spot zu finden und dich gut zu organisieren, helfen folgende Tools:

- *Clickup* (*clickup.com*) ist eines der beliebten Projektmanagement-Tools für Selbstständige, da es vielfältige Funktionen von der Erstellung von Projekten und To-dos bis zum Verfassen von Dokumenten bietet. Ein weiterer Vorteil ist, dass du Clickup ganz einfach mit deinem Kalender verbinden und so deine wichtigsten To-dos auch dort ansehen kannst. Je nach gewähltem Plan stehen dir sogar Automatisierungen zur Verfügung, aber mehr dazu gleich. In der Basisversion ist Clickup kostenfrei. Um alle Funktionen freizuschalten, zahlst du ab 7 US-$/Monat.

- *Asana* (*asana.com*) funktioniert ähnlich wie Clickup und empfiehlt sich vor allem, wenn du im Team arbeitest (z. B. mit anderen Selbstständigen). Vom Interface unterscheiden sich die beiden Tools leicht, deshalb würde ich an deiner Stelle beide kostenlos testen, um zu sehen, welches Tool sich für dich intuitiver anfühlt. Auch Asana ist in der Basisversion kostenfrei. Der Premium-Plan ist ab 10,99 €/Monat erhältlich.
- Während Clickup und Asana To-dos standardmäßig als Liste sortieren, arbeitet *Trello* (*trello.com*) mit der Kanban-Methode[8]. Dabei werden sogenannte Boards erstellt, die den aktuellen Status einer Aufgabe abbilden. Diese wandern dann von links nach rechts, ähnlich wie ein Lead in Abbildung 1.3. Für bis zu 10 Projekte ist Trello kostenfrei, danach ab 5 US-$/Monat erhältlich.

Was hat es mit Automatisierungen auf sich?

Die meisten Tools bieten heute die Möglichkeit, bestimmte Prozesse zu automatisieren. So könntest du dein Projektmanagement-Tool mit deinem CRM verknüpfen, um neue Leads automatisch als Projekt anzulegen. Sind deine weiteren Schritte und Abläufe standardisiert (mehr dazu in Kapitel 11, »Zeitmanagement und Produktivitätstipps«), kannst du direkt in deinem Projektmanagement-Tool Aufgabenvorlagen erstellen, die dem neuen Lead zugeordnet werden. So weißt du sofort, was du wann erledigen musst, und sparst dir unglaublich viel Zeit.[9]

1.2.3 Automatisierungs-Tools

Bleiben wir beim Thema Automatisierungen. Auch wenn die meisten Tools diese innerhalb ihres Systems anbieten, gestaltet es sich oft schwierig, verschiedene Tools miteinander zu verknüpfen, damit Informationen automatisch und vor allem sicher übertragen werden. Genau darauf haben sich folgende Programme spezialisiert:

- *Zapier* (*zapier.com*) ist der Platzhirsch unter den Automatisierungs-Tools und wird mittlerweile von 1,8 Milliarden Unternehmen weltweit verwendet. Es gibt kaum noch Apps, die sich nicht mit Zapier integrieren lassen. So könntest du die vorhin vorgeschlagene Verknüpfung zwischen deinem CRM und Projektmanagement-Tool über Zapier aufsetzen. Bis zu 5 Zaps (so nennen sich einzelne

8 Übrigens bieten auch beide anderen Tools eine Kanban-Option, du musst sie nur einstellen.

9 Auf meinem Blog bekommst du immer wieder hilfreiche Anleitungen, um Tools und Automatisierungen aufzusetzen. Schau gerne vorbei: *anna-turner.com/blog*.

Automatisierungen) mit einem einzigen Schritt können kostenfrei erstellt werden. Danach zahlst du ab 19,39 €/Monat.

- *Make* (*make.com*) bietet ähnliche Funktionen wie Zapier. Als europäischen Anbieter, der Wert auf DSGVO-konforme Datenverarbeitung legt, kannst du Make aktuell auch problemlos zur Übertragung von Kundendaten nutzen. Auch hier gibt es eine bestimmte Anzahl an Automatisierungen kostenfrei. Für den Core-Plan, der sich vor allem an Selbstständige richtet, zahlst du 9 US-$/Monat.
- Mit *Airtable* (*airtable.com*) lassen sich zwar keine weiteren Tools miteinander verknüpfen, jedoch bietet Airtable eine vollautomatisierte Alternative zu den klassischen Projektmanagement-Tools, die ich dir im vorherigen Abschnitt vorgestellt habe. Außerdem bietet Airtable hunderte Vorlagen für dein Projektmanagement, Content-Kalender oder sogar zur Planung eines eigenen Buchs. Für bis zu 1000 Zeilen ist Airtable kostenfrei nutzbar, danach zahlst du ab 20 US-$/Monat.

1.2.4 Digitale Datenbanken

Beginnst du damit, dein Business digital zu vermarkten, wirst du früher oder später vor folgendem Problem stehen: Deine gesamten Fotos und Videos sind am Handy gespeichert, Worksheets und Grafiken liegen in irgendeinem Laptop-Ordner, und überhaupt braucht es mindestens 10 Minuten, bis du das findest, was du brauchst. Die Zeit, die du damit verbringst, nach Dokumenten und Inhalten zu suchen, kannst du wirklich besser nutzen. Effizient geht anders. Deshalb rate ich dir, von Anfang an eine übersichtliche und logische Ordnerstruktur für deine Dateien zu schaffen. Diese Tools helfen dir dabei:

- *Notion* (*notion.so*) ist ein absolutes Alleskönner-Tool, mit dem du im Grunde genommen dein gesamtes Business (und Leben) organisieren kannst. Früher habe ich meine Content-Pläne mit Airtable, meine To-dos mit Asana und meine Angebote und Dateien über Google Drive organisiert. Heute decke ich das alles mit nur einem Programm ab – Notion. Auf Anfänger*innen wirkt dieses Tool aufgrund seiner vielen Funktionen manchmal abschreckend. Ich sage aber: Es lohnt sich, sich damit zu beschäftigen. Vor allem für Selbstständige deckt Notion alles ab, was du brauchst, und das zu einem unschlagbaren Preis (ab 8 US-$/Monat). Für 16 US-$/Monat hast du sogar eine eigene künstliche Intelligenz integriert, die u. a. Texte zusammenfassen und generieren kann.
- Ist dir Notion zu komplex, gibt es noch immer *Google Drive* (*drive.google.com*), *Dropbox* (*dropbox.com*) oder zahlreiche weitere Cloud-Speicher, um deine Dateien zu organisieren. Gerade wenn du digital arbeitest, macht es immer mehr Sinn, auch deine Dokumente und Inhalte digital zu speichern. Achte jedoch bei der Auswahl deines Cloud-Anbieters darauf, dass du Dateien nicht nur in Ordnern ablegen, sondern gegebenenfalls auch über Labels organisieren kannst.

Zeit sparen dank smarter Ordnerstrukturen

Um dich innerhalb deines Datenchaos besser zurechtzufinden, erstelle eine digitale Ablage im Pyramidensystem. An der Spitze steht ein Hauptordner, der ein großes Thema abdeckt (z. B. Angebote, Datenschutz, Content). Innerhalb dieses Hauptordners erstellst du mehrere Unterordner (z. B. Angebote > Angebot 1, Angebot 2, Angebot 3) und innerhalb dieser wiederum weitere Unterordner (Angebote > Angebot 2 > Vorlagen, Kund*innen, Statistik). In Abbildung 1.4 siehst du genau diese Struktur in meiner Notion-Datenbank nachgebildet. Wenn du möchtest, kannst du deine Übersichtsordner auch nach den Stufen deiner Produkt-Treppe benennen. Weitere Tipps, um Chaos zu vermeiden:

- *Benenne deine Dateien mit Keywords*. Damit du wichtige Dateien auch über die Suchfunktion finden kannst, nutze Keywords (z. B. Name der Kundin, Projektname, Projektzeitraum).
- *Lege einen Archivordner an*. Sind Projekte abgeschlossen, ziehe sie in einen eigenen Unterordner. Dort werden sie weiterhin gespeichert, lenken dich aber nicht von deinen aktuellen (und wichtigsten) Projekten ab.
- *Nutze Labels, um ähnliche Inhalte zu gruppieren*. Datenbanken wie Google Drive bieten die Möglichkeit, eigene Labels oder Tags zu erstellen. Darüber können Dateien, die zwar in verschiedenen Ordnern gesammelt sind, aber zusammengehören, leichter gefunden werden. Ein Fallbeispiel dafür sind die Vorher/Nachher-Fotos, die ich im Rahmen meiner Arbeit als Marketing-Managerin für ein Wellness-Center erstellt habe. In der Google Drive Datenbank wurden die Bilder innerhalb von eigens angelegten Kundenordnern organisiert, also Kund*innen > Kundenname > Datum der Behandlung > Bilder. Allerdings wollte ich nicht nur wissen, welche Kundin welche Behandlung bekommen hatte, sondern die Bilder auch über den Namen der Behandlung finden können. Also beschloss ich nicht nur, jede Datei entsprechend zu benennen (z. B. Kundenname_Datum_Name der Behandlung_Vorher), sondern auch mit einem passenden Label zu versehen, das den Namen der Behandlung beinhaltete.
- *Nummeriere Ordner*. Damit die wichtigsten Ordner immer zuerst gereiht werden, versieh sie mit der entsprechenden Ziffer vor dem Ordnernamen (z. B. 1 Angebote). Auch Emojis oder Ordnerfarben können dabei helfen, dich besser zurechtzufinden. Das ist aber persönliche Präferenz.

Abbildung 1.4 Eine gute Ordnerstruktur hilft dabei, Sachen wiederzufinden.

1.2.5 KI-Tools

Was für eine großartige Zeit, um selbstständig zu sein. Denn künstliche Intelligenzen (KI) können dir heutzutage einiges an Arbeit abnehmen, vor allem im Bereich der Content-Erstellung. Texte, Bilder, Videos, Tonspuren – beinahe jedes Format lässt sich mittlerweile durch KI generieren. Allerdings würde ich dir davon abraten, deine Inhalte ausschließlich von ChatGPT und Co. erstellen zu lassen. Warum das so ist und wie du KI einsetzt, um deine Inhalte zu verbessern, lernst du in Kapitel 7, »Veröffentliche deine ersten Inhalte«. Hier aber schon einmal ein Überblick über die wichtigsten Tools:

- *ChatGPT* (*chat.openai.com*) hat seit seiner Veröffentlichung im November 2022 die Welt im Sturm erobert und die KI-Revolution so richtig in Gang gesetzt. ChatGPT wurde dafür trainiert, menschliche Konversationen zu simulieren, und kann zur Generierung aller möglichen Arten von Texten genutzt werden. In der Basisversion ist ChatGPT kostenfrei. Um das neueste Sprachmodell GPT-4 zu nutzen, zahlst du 20 US-$/Monat oder nutzt die Suchmaschine *Bing* (bing.com) in die die neueste Version ChatGPT integriert wurde.
- *Neuroflash* (neuroflash.com) ist eine deutsche Alternative zu ChatGPT, die neben Texten auch Bilder generieren kann und besonderen Wert auf Datenschutz legt. Im Gegensatz zu ChatGPT, wo du diese in Prompts[10] selbst kommunizieren musst, bietet Neuroflash sogar eigene Textkategorien wie Betreffzeilen, Anzeigentexte oder Produktbeschreibungen. Außerdem lassen sich in Neuroflash Markenwerte sowie Informationen zu deiner Positionierung hinterlegen, die deine Texte mehr nach dir klingen lassen sollen. Solche Funktionen kosten natürlich. Im vollen Umfang ist Neuroflash ab 30 €/Monat erhältlich, bis zu 2000 Wörter und 5 Bilder im Monat können aber komplett kostenfrei generiert werden.
- Mithilfe von *Midjourney* (*midjourney.com*) lassen sich täuschend echte Bilder generieren. Allerdings befindet sich das Tool noch in der Beta-Phase, es wird also erst getestet. Um am Test teilzunehmen, musst du dir aktuell noch ein *Discord*-Konto (*discord.com*) erstellen und dem Server von Midjourney beitreten. Dort kannst du dann völlig kostenfrei so viele Bilder generieren, wie dein Herz begehrt.
- *Dall-E* (*openai.com/dall-e-2*) ist ein weiterer Bildgenerator, der vom ChatGPT-Betreiber OpenAI stammt und sich vor allem auf Kunst spezialisiert hat. Spannende Einsatzbereiche für Selbstständige wären das Generieren von kreativen Hintergrundbildern sowie Illustrationen für deine Social-Media-Grafiken oder Website-Abschnitte. Nutzt du Bing oder besitzt ein ChatGPT-Abonnement, ist Dall-E kostenfrei integriert. Ansonsten kannst du für jeden Befehl sogenannte Credits kaufen (115 Credits für 15 US-$).

---

10 die Texteingaben bzw. Anleitungen, die du dem Chatbot lieferst

1.2.6 Tools zur Content-Erstellung

Dass dein Content nicht nur von KI-Tools erstellt werden sollte, habe ich ja schon erwähnt. Außerdem bieten Content-Creation-Tools wie Canva oder Adobe Photoshop mittlerweile eigene KI-Funktionen an, die teilweise die oben genannten Tools ersetzen. Es ist wirklich unglaublich, was sich im Laufe der letzten Jahre in diesem Bereich getan hat. Ich erinnere mich noch, als ich Canva 2015 zum ersten Mal genutzt habe, um Bilder für meinen Reiseblog zu gestalten. Dessen Tools und Funktionen konnte man damals noch an einer Hand abzählen.

- Wahrscheinlich muss ich auch dir nicht viel über *Canva* (*canva.com*) erzählen, denn es ist das Grafik-Tool schlechthin für Selbstständige. Mit Canva lässt sich wirklich alles gestalten, von Instagram-Posts bis hin zu Worksheets, E-Mail-Bannern und kleinen Animationen. Außerdem ist Canva im Vergleich zu anderen Grafikdesign-Programmen irrsinnig intuitiv. Mit Magic Design bietet das Tool mittlerweile auch eine eigene KI, die dich beim Erstellen deiner Grafiken unterstützt, die sogar im kostenfreien Plan genutzt werden kann. Um auf sämtliche Funktionen zuzugreifen, zahlst du 11,99 €/Monat.
- Technikbegeisterten wird *Figma* (*figma.com*) ein Begriff sein, ein weiteres Grafikdesign-Tool, das vorwiegend von UI/UX-Designern und Programmiererinnen genutzt wird. Doch auch einfache Grafiken wie Social-Media-Posts, Vortragsfolien und kollaborative Whiteboards lassen sich mit Figma gestalten. Das Tool kann für bis zu drei Dateien kostenfrei getestet werden, danach zahlst du ab 12 €/Monat.
- Nun möchtest du vielleicht nicht nur Grafiken erstellen, sondern auch Videos bearbeiten. *CapCut* (*capcut.com*) ist eine Video-Editing-Software, die sowohl als App am Handy als auch am Desktop genutzt werden kann. Es gibt beinahe nichts, was CapCut nicht kann. Die Funktionen reichen vom einfachen Trimmen und Kürzen bis zur Generierung von Untertiteln, dem Ausschneiden einzelner Elemente innerhalb deiner Videos und sogar einem kostenlosen KI-Song-Generator. Du kannst die App für 7 Tage kostenfrei testen. Danach zahlst du ab 9,49 €/Monat.
- Fortgeschrittene Content Creator sind aber nach wie vor mit der *Adobe Creative Cloud* (*adobe.com*) am besten beraten. Sie umfasst Programme zum Bearbeiten von Fotos (Lightroom, Photoshop), Videos (Premiere Rush und Pro), Grafiken (Illustrator) und vielem mehr – inklusive eigener generativer KI. Das Gesamtpaket aus allen Adobe-Tools ist ab 62,47 €/Monat erhältlich, einzelne Tools können ab 11,99 €/Monat abonniert werden.

Kapitel 2

Erste Schritte zu deiner Marketing-Strategie

»Wir müssen akzeptieren, dass wir nicht immer die richtigen Entscheidungen treffen werden, dass wir es manchmal gründlich vermasseln – und verstehen, dass Scheitern nicht das Gegenteil von Erfolg ist, sondern ein Teil dessen.« – Ariana Huffington

Es ist kein Zufall, dass die bekanntesten Marketing-Expert*innen und die erfolgreichsten Marketing-Strategien ihren Ursprung in den USA haben. Denn dort wird etwas gelebt, was in Österreich und Deutschland fast als Fremdwort gilt: Fehlerkultur. Was glaubst du, haben die größten Unternehmer*innen unserer Zeit, Elon Musk, Steve Jobs oder Oprah Winfrey gemeinsam? Richtig, sie sind alle gescheitert.

Eines von Elon Musks ersten Unternehmen, X.com, das später zu PayPal wurde, wurde 1999 zur schlechtesten Business-Idee des Jahres gewählt. Steve Jobs wurde 1985 von seiner eigenen Firma gefeuert, und Oprah Winfrey gab öffentlich zu, kiloweise Mac'n'Cheese in sich reingefuttert zu haben, nachdem der Film *Beloved*, in dem sie als Produzentin und Schauspielerin mitgewirkt hatte, 1998 an den Kinokassen floppte. Ich bin sonst mit solchen Vergleichen eher vorsichtig, denn Fakt ist: Du und ich, wir sind keine Musks oder Jobs oder Winfreys. Wir führen keine milliardenschweren Start-ups oder prestigeträchtigen Großkonzerne. Wir sind Selbstständige, die in der Arbeit tagein, tagaus auf sich alleine gestellt sind. Wir tragen Verantwortung für unsere Kundschaft, Partner*innen oder Kinder, schmeißen nebenbei noch den Haushalt, machen Sport und bilden uns weiter. Unsere Tage sind zu kurz, die Zeit zu kostbar, um Fehler zu machen. Wir müssen funktionieren. Unser Business muss funktionieren.

Wenn du nur eine Sache aus diesem Kapitel, nein, aus diesem Buch mitnimmst, dann bitte Folgendes: Denk so nicht. Hab keine Angst davor, Fehler zu machen, sie gehören dazu. Jeder Fehler ist nur eine weitere Stufe auf deiner Treppe zum Erfolg. Das gilt für die Selbstständigkeit und ganz besonders fürs Marketing. Nimm chaotische Projekte an, setz 100 € mit Ads in den Sand, schick E-Mails ohne Betreffzeilen raus, positioniere dich um, erfinde dich neu, poste schlechte Tanz-Reels, sei peinlich berührt und vergiss bei alledem nicht eines: Ein Fehler ist nur dann falsch, wenn du nichts daraus lernst.

Ich hoffe, dass dir dieses Kapitel aufzeigt, was erfolgreiches Marketing ausmacht: die Bereitschaft, Dinge auszuprobieren, zu experimentieren. Denn wer im Marketing keine Fehler macht, betreibt kein Marketing.

2.1 Was genau ist eigentlich Marketing?

Definitionen von Marketing gibt es beinahe genauso viele, wie es Leute gibt, die dir ihre Marketing-Tricks und -Techniken verkaufen wollen. Meine liebste Erklärung stammt vom US-amerikanischen Marketing-Experten Allan Dib. In seinem Buch *The 1-Page Marketing Plan* beschreibt er folgende Situation:

Du bist Zirkusdirektorin und bereist eine neue Stadt. Um deinen Zirkus zu bewerben, erstellst du ein Plakat, auf dem steht: »Zirkus in Stadt XY, diesen Samstag«. Das nennt man *Advertising*. Wenn du dein Plakat auf einem Sattel am Rücken eines Elefanten befestigst und mit diesem durch die Stadt läufst, ist das *Promotion*. Wenn dein Elefant dann das Blumenbeet des Bürgermeisters zertrampelt und die Lokalnachrichten darüber berichten, ist das *Publicity*.[1] Wenn du es schaffst, dass der Bürgermeister darüber lacht, dann ist das *Public Relations* (Öffentlichkeitsarbeit). Nehmen wir nun an, einige Bewohner*innen der Stadt zeigen Interesse an deinem Zirkus. Du unterhältst dich persönlich mit ihnen, beantwortest ihre Fragen und verkaufst ihnen im Anschluss ein Ticket. Das ist *Sales* (Vertrieb). Und wenn du alles, was bis jetzt passiert ist, im Vorfeld geplant hast, ist das *Marketing*. Advertising, Promotion, Publicity, Öffentlichkeitsarbeit und Vertrieb sind alles Taktiken, die zum Einsatz kommen können, wenn du dein Angebot erfolgreich verkaufen möchtest. Marketing ist die Strategie dahinter.

2.1.1 Der Unterschied zwischen Taktiken und einer Strategie

Folgst du, so wie ich, einigen selbst ernannten Marketing-Gurus auf Instagram oder LinkedIn, dann kennst du folgende Sätze bestimmt:

- »Mit diesem psychologischen Trick bekommst du 10x mehr Umsatz.«
- »100 neue Follower mit diesem einfachen Hack.«
- »3 Tipps, wie du mit Storytelling mehr Kund*innen gewinnst.«

1 Auf Deutsch werden leider alle drei Begriffe als Werbung übersetzt und sind nicht so klar voneinander abgegrenzt wie im Englischen.

Ich geb's zu, auch ich poste ab und an ähnliche Aussagen. Das Problem dabei ist, dass es sich hierbei um Taktiken handelt, die ohne übergeordnete Strategie kaum zielführend sein werden.

Nehmen wir an, du baust ein Haus. Würdest du damit beginnen, wahllos Ziegel aufeinanderzustapeln? Vielleicht hast du zuvor YouTube-Tutorials gesehen, wie du die Ziegel noch schöner in Form bringen oder mit weniger Mörtel zum selben Ergebnis kommst. Ob so am Ende ein Gebäude entsteht, in dem du auch wohnen kannst, wage ich zu bezweifeln. Wäre es nicht doch sinnvoller, einen erfahrenen Architekten und eine Bauherrin zurate zu ziehen, die das Ganze von Anfang an nach deinem Geschmack und den Gegebenheiten deines Grundstückes planen? Noch bevor ein einziges Loch gegraben wird, werden Grundrisse gezeichnet, Baupläne erstellt und Zulassungen eingeholt. Das ist eine *Strategie*.

Diese alleine reicht jedoch nicht aus, um zu deinem fertigen Haus zu kommen. Was nutzt der Bauplan, wenn die Baustelle leer bleibt? Deine Strategie darf nicht in irgendeiner Schublade verstauben, sie muss umgesetzt werden. Hier kommen deine *Taktiken* zum Einsatz. Sie sind die Spengler, die Elektrikerinnen und Tischler, die das geplante Haus aufstellen. Kurz gesagt: Eine Strategie ohne Taktiken kommt nie in die Umsetzung, und Taktiken ohne Strategie wissen nicht genau, was sie denn eigentlich umsetzen sollen. Für erfolgreiches Marketing reicht also weder das eine noch das andere, du brauchst beides.

2.1.2 Wozu brauchst du überhaupt Marketing?

Nehmen wir noch einmal das Zirkus-Beispiel zur Hand. Würden einige Plakate mit der Aufschrift »Zirkus in Stadt XY, diesen Samstag« nicht ausreichen, um genügend Besucher*innen anzulocken? Ich bin in einer Kleinstadt im Süden Österreichs aufgewachsen und kann mich sehr gut an die bunten Zirkus-Plakate erinnern, die einmal im Jahr aufpoppten. Als Kind liebte ich die Bilder vom rot-weiß gestreiften Zirkuszelt. In einer Stadt, in der sonst nicht viel passiert, haben diese auf jeden Fall meine Aufmerksamkeit gewonnen und mich davon überzeugt, den Zirkus zu besuchen. Die Plakatkampagne als Taktik war also zielführend.

Wenn dein Zirkus eine Kleinstadt nach der anderen bereist, in denen sonst nicht viel los ist, brauchst du wahrscheinlich keine ausgeklügelte Marketing-Strategie. Das Problem beginnt, wenn plötzlich ein zweiter Zirkus auftaucht, der dieselbe Route ins Auge gefasst hat wie du. Wie sollen sich die Stadtbewohnerinnen und -bewohner nun entscheiden, welchen Zirkus sie eher besuchen? Beide haben tolle, bunte Plakate und versprechen unterhaltsame Darstellungen, Spaß und gute Laune. Welcher der beiden Zirkusse gewinnt das Rennen? Oder was ist, wenn du mit deinem Zirkus auch größere Städte bereisen möchtest, die schon vollgeklebt sind mit Plakaten? Plötzlich kann sich deine Zielgruppe, die Stadtbewohner*innen, zwischen einem

Abend im Zirkus, im Musical, der Oper oder einem Theater entscheiden. Alle vier versprechen Spaß und Unterhaltung. Wofür entscheiden sie sich also?

Genau an dieser Stelle kommt deine Marketing-Strategie zum Einsatz. Sie hilft dir unter anderem dabei,

- *den einzigartigen Nutzen deines Angebots* klar herauszuarbeiten (Was bekommst du an einem Abend in meinem Zirkus, das du woanders nicht bekommst?),
- zu verstehen, *wen du mit deinem Angebot abholst* (Was haben Menschen, die lieber in den Zirkus gehen als in die Oper, gemeinsam?),
- zu kommunizieren, *was dich von Mitbewerber*innen unterscheidet* (Warum du besser meinen Zirkus besuchst als die anderen),
- in einer *reizüberfluteten Welt hervorzustechen* (Wenn neun Plakate an einer Wand kleben, hänge ich kein zehntes auf).

Kurze Entstehungsgeschichte der Marketing-Praxis

Mit dem Wandel von der kriegsbedingten Mangelwirtschaft (die Nachfrage ist größer als das Angebot) hin zur Überflussgesellschaft (das Angebot ist größer als die Nachfrage) in den 1950er-Jahren entstand das Bedürfnis nach Marketing. In einer Gesellschaft, in der alles frei zur Verfügung steht, sind Unternehmen gezwungen, sich einen *Wettbewerbsvorteil* zu verschaffen, um zu überleben.

2.1.3 Wenn Ort, Preis und Qualität kein Wettbewerbsvorteil sind

Mein erster Job als Marketing-Managerin war in einem Wellness-Center in Scottsdale, Arizona. Neben Sand und Kakteen gibt es dort vor allem eines: Beauty- und Wellness-Kliniken. An jedem zweiten Eck kann man sich piksen, zupfen und lasern lassen, um lästige Alterserscheinungen rückgängig zu machen. Dabei geht es nicht vordergründig darum, wie man aussieht, sondern wie man sich fühlt. *»We help you look and feel your best«*, singen alle gemeinsam im Chor, wie du weiter unten in Abbildung 2.1 sehen kannst. Der Unterscheidungsfaktor gleich null.

Für viele kleinere Unternehmen und Selbstständige, gerade auf dem Land, bietet der eigene Standort den größten Wettbewerbsvorteil. In der Kleinstadt, in der ich aufgewachsen bin, gibt es nur einen Kosmetiksalon, der nächste ist fast 40 Kilometer entfernt. Besteht also das Interesse an einer bestimmten kosmetischen Behandlung, stellt sich die Frage: Nehme ich die 60 Minuten Autofahrt hin und zurück in Kauf, oder besuche ich doch den Salon ums Eck? In 99 % der Fälle tritt Letzteres ein. Es sei denn, der Salon aus der Nachbarstadt bietet dieselben Leistungen um ein Vielfaches günstiger an. Dann wird der Taschenrechner zur Hand genommen und gerechnet. Beim aktuellen Spritpreis und 60 Minuten Fahrtzeit, wenn ich dann noch ein paar weitere Besorgungen mache, kommt mich der Besuch im entfernten Salon vielleicht sogar günstiger.

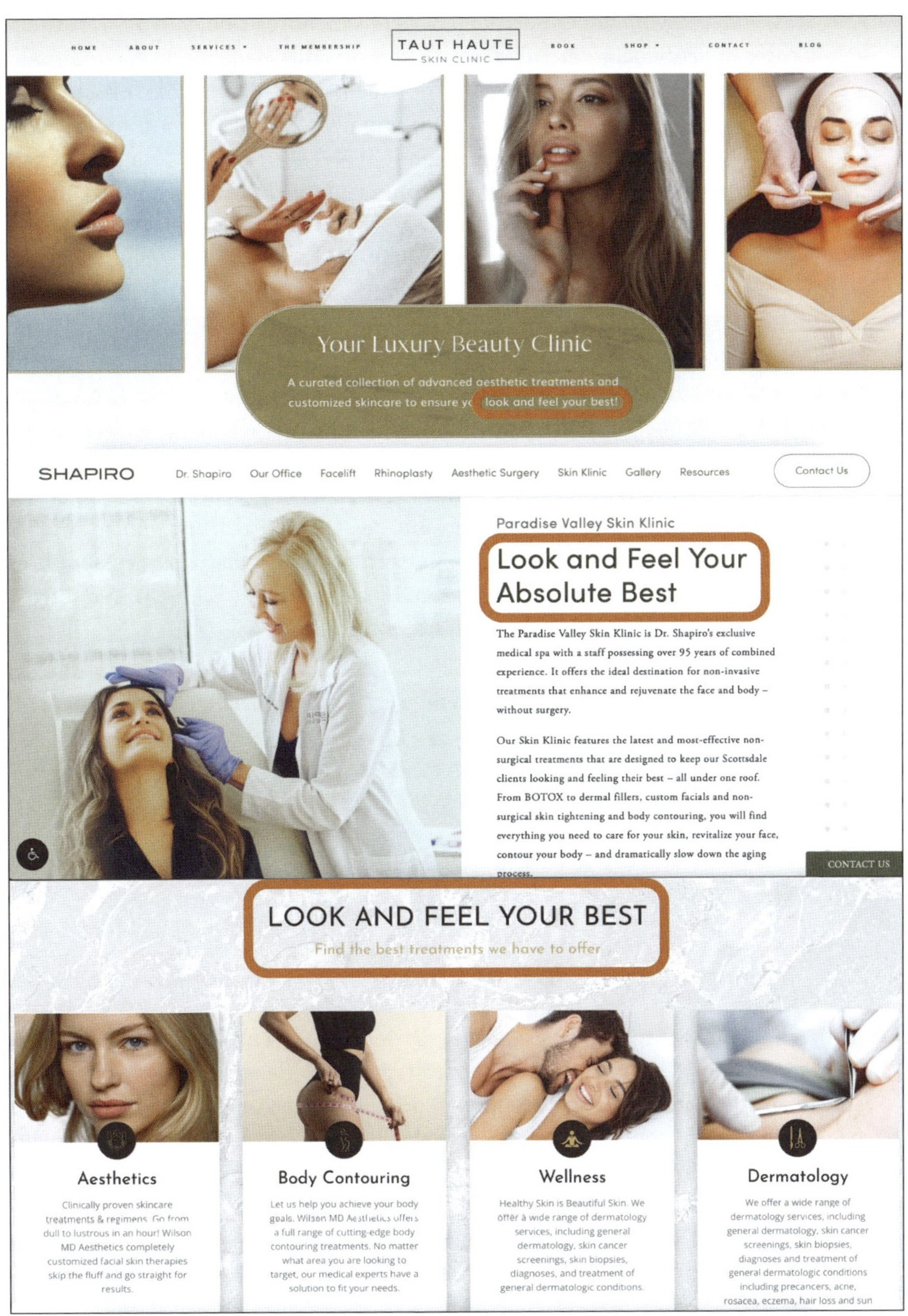

Abbildung 2.1 Die Websites von drei Wellness-Kliniken in Scottsdale nutzen alle denselben Slogan.

Aber was, wenn sowohl der Ort als auch der Preis identisch sind, wie das fürs Wellness-Center in Scottsdale der Fall war? An dieser Stelle begehen viele Unternehmer*innen den Fehler, zu glauben, dass die Qualität ihres Angebots ausschlaggebend wäre. »Unser Laser ist aber viel neuer und besser als der von Konkurrenz A, und die Ergebnisse von Konkurrenz B sehen ja schrecklich aus. Unsere Kundschaft sieht doch, dass wir bessere Qualität bieten«, lautete das Credo meiner Chefin. Obwohl sie damit grundsätzlich recht hatte, hat sie einen wichtigen Punkt vergessen: Deine Zielgruppe erfährt erst dann, wie gut dein Angebot ist, wenn diese von dir kauft. Wie Allan Dib beschreibt: »a good product or service is a customer retention tool.«[2] Die Qualität deines Produktes oder deiner Dienstleistung ist erst dann wirklich entscheidend, wenn jemand dieses schon einmal konsumiert oder erlebt hat. Ein gutes Produkt überzeugt bestehende Kund*innen davon, erneut zu kaufen. Damit ist Produktqualität vorwiegend eine Taktik zur *Kundenbindung*. Wie oft ist es dir schon passiert, dass du ein Restaurant besucht hast und nach dem Essen beschließt, nie wieder dorthin zu gehen, weil es dir nicht geschmeckt hat oder der Service mies war? Du warst unzufrieden mit der Qualität des Angebots, deshalb konsumierst du dort kein weiteres Mal. Tatsache ist aber, dass das Restaurant es geschafft hat, dich zumindest einmal als Kundin zu gewinnen. Qualität ist also kein ausschlaggebendes Merkmal für die *Kundengewinnung*.

Gute Qualität ist eine Voraussetzung, kein Wettbewerbsvorteil

Das heißt natürlich nicht, dass du komplett auf die Qualität deiner Angebote pfeifen kannst. Im Gegenteil. Gerade in übersättigten Märkten ist gute Qualität eine Voraussetzung und nicht etwas, was dich einzigartig macht. Apple- und Samsung-Smartphones unterscheiden sich mittlerweile kaum in puncto Qualität, und trotzdem schaffen es beide, ihre jeweiligen Zielgruppen zu überzeugen.

2.2 Wen möchtest du erreichen?

Bleiben wir beim Stichwort *Zielgruppe*. Einer der größten Fehler, den kleine Unternehmerinnen und Selbstständige machen, ist, dass sie jeden und alle erreichen wollen. Ich verstehe auch, warum. Wenn man dringend mehr Umsatz braucht, möchte man jedes Bedürfnis abdecken, um möglichst viele potenzielle Kund*innen anzusprechen. Eine breite Angebotspalette ist ja grundsätzlich nicht falsch (wie du schon in Kapitel 1, »Start in die Selbstständigkeit«, gelernt hast), allerdings empfehle ich dir nicht, diesen Ansatz auch für dein Marketing zu wählen. Ein beliebtes

2 Allan Dib, The 1-Page Marketing Plan, 2018, S.19

Zitat unter Marketing-Expert*innen lautet: »Sprichst du alle an, sprichst du niemanden an.« Und der Grund dafür liegt eigentlich auf der Hand.

2.2.1 Für Selbstständige gilt: je nischiger, desto besser

Eine der faszinierendsten Erfahrungen während meiner Zeit in den USA war der Besuch unseres örtlichen Walmart. Natürlich kenne ich große Supermärkte auch aus Österreich, aber noch nie war ich in einem Laden, in dem ich gleichzeitig Brokkoli, eine Playstation, ein Sommerkleid und ein Fahrrad kaufen kann. Vor dem Shopping holt man sich noch schnell die neue Covid-Impfung und zur Belohnung gibt es dann einen Burger vom McDonalds direkt beim Ausgang. Klingt praktisch? Ist es auch, aber marketingtechnisch und vor allem finanziell irrsinnig herausfordernd.

Großkonzerne wie Walmart setzen auf *Massenmarketing*, bei dem es darum geht, so viele potenzielle Käufer*innen wie möglich zu erreichen. Hier werden große Verkaufsmengen zu niedrigen Preisen, meist für Produkte des täglichen Bedarfs, erzielt. Um diese Art von Marketing erfolgreich zu betreiben, ist die Massenproduktion der eigenen Produkte essenziell. Nur so können die Produktionskosten gering genug gehalten werden, um wettbewerbsfähige Preise anbieten zu können. Damit wären wir auch schon beim ersten Problem. Die meisten Solopreneure verfügen nicht über die finanziellen Ressourcen für Massenproduktion. Ein höherer Produktionsaufwand gepaart mit niedrigem Verkaufspreis führt zu einer geringeren Gewinnmarge, die nur ausgeglichen werden kann, indem ein hohes Volumen an Produkten verkauft wird.

Wie berechne ich meine Gewinnmarge?[3]

Deine *Gewinnmarge* ist der prozentuale Anteil deines Gewinns am Gesamtumsatz. Sie misst also, was beim Verkauf deines Angebots übrig bleibt, nachdem Herstellungs-, Material- und weitere Kosten wie Steuern oder Arbeitszeit abgezogen werden. Die Gewinnmarge kann natürlich je nach Branche oder Produkt völlig unterschiedlich ausfallen. Für Dienstleister*innen ist sie meist deutlich höher, da keine Materialkosten anfallen, während sie z. B. für Unternehmen im Pharma- oder Nachhaltigkeitsbereich sogar negativ ausfallen kann. Um deine Gewinnmarge für einzelne Angebote auszurechnen, nutzt du folgende Formel:

(Verkaufspreis – Kosten) : Verkaufspreis × 100

Ein Beispiel: Frau Stanić stellt eigene Seifen her und verkauft diese um 7 € pro Stück. Die Materialien für einen Block Seife kosten sie ungefähr 1 €. Das entspricht einer Gewinnmarge von 85 %.

3 Hier findest du eine detaillierte Anleitung zum Berechnen deiner Gewinnmarge: gruenderplattform.de/ratgeber/kalkuliere-dein-geschaeft

Im Massenmarketing wird also viel Geld eingesetzt, um eine möglichst breite Kundschaft anzusprechen und trotz relativ niedriger Gewinnmargen Profit zu schlagen. Allan Dib vergleicht diesen Ansatz mit einem Bogenschützen, der wild Pfeile auf verschiedenste Ziele schießt, in der Hoffnung, dass irgendwann einer trifft. Als Solopreneur hast du aber nicht dieselbe Anzahl an Pfeilen (also Geld und Energie) zur Verfügung wie ein Großkonzern. Schießt du deinen Pfeil auf drei Ziele gleichzeitig, wirst du wahrscheinlich keines davon treffen. Die bessere Strategie für dich ist es, dich auf ein einziges Ziel zu konzentrieren, eine bestimmte Nische zu definieren (siehe Abbildung 2.2).

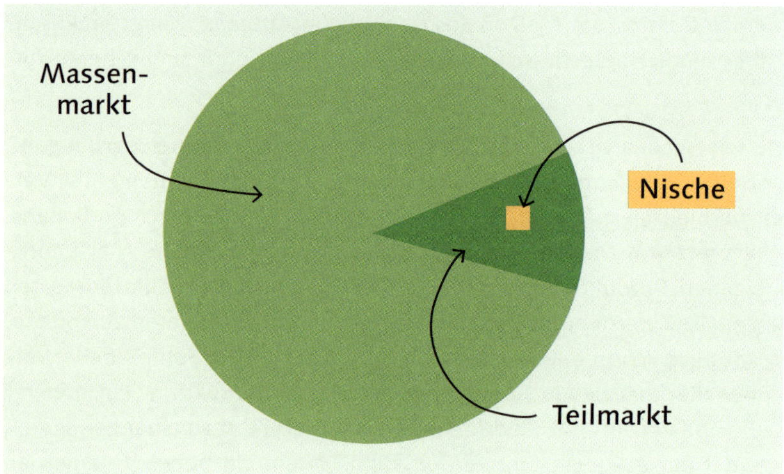

Abbildung 2.2 Ein Massenmarkt kann in kleinere Teilmärkte und sogenannte Nischen heruntergebrochen werden.

2.2.2 Nische finden, leicht gemacht

Als *Nische* (oder Marktnische) wird im Marketing ein Teil des Gesamtmarkts, also ein Marktsegment, bezeichnet. Im Nischenmarketing geht es darum, kleinere Bereiche eines Markts möglichst vollständig abzudecken. Vor allem in Märkten mit hohem Wettbewerb hilft es dir, eine Nische zu definieren, um so eine ganz bestimmte Zielgruppe zu erreichen.

Als ich nach meinen drei Jahren in den USA wieder in Österreich Fuß fassen wollte, wusste ich, dass ich gerne Beratungen rund um Marketing-Strategie anbieten würde. Leider ist dieses Feld unglaublich breit und für eine Einzelperson schwer abzudecken. Deshalb beschloss ich zunächst, mich auf einen speziellen Kanal und eine bestimmte Zielgruppe zu konzentrieren: Soloselbstständige, die auf Instagram sichtbar werden wollen. Nun ist es aber so, dass ich mit dieser Idee nicht alleine war. Es gibt neben mir noch zig andere Berater*innen im deutschsprachigen Raum, die sich in dieser Nische tummeln. Darum ging ich noch einen Schritt weiter und überlegte mir, mit welcher Art von Solopreneuren ich gerne zusammenarbeiten möchte. Denn auch unter Selbstständigen gibt es unterschiedliche Bedürfnisse. Es gibt solche Leute, die am liebsten über Nacht reich werden wollen, und solche, die ihr Marketing lieber achtsam und nachhaltig betreiben. Ich konnte mich mit letzterer Gruppe besser identifizieren und war so bei meiner Nische angekommen: Soloselbstständige, die achtsam und authentisch auf Instagram sichtbar werden wollen.

2.2.3 4 Komponenten einer profitablen Nische

Eine Nische, die nicht nur zu dir passt, sondern auch profitabel genug ist, besteht aus einem Zusammenspiel von vier Komponenten. Bevor wir diese durchgehen, ist es wichtig, dass du verstehst, dass eine Nische zu definieren nicht heißt, deine Angebote extrem einzuschränken oder nur noch mit bestimmten Kund*innen zu arbeiten. Zu meiner Kundschaft gehören bis heute nicht nur Soloselbstständige, sondern auch kleine und mittlere Unternehmen, Start-ups oder Non-Profits. Außerdem gehen meine Fähigkeiten über Instagram als Marketing-Kanal hinaus, und ich habe auch schon erfolgreiche plattformübergreifende Marketing-Strategien entwickelt. Ich unterscheide aber bewusst zwischen Kund*innen und Projekten, die ich *anziehen* möchte, und solchen, die ich dann am Ende *umsetze*. Ersteres sollte klar definiert sein, Letzteres kannst du dir gerne offenhalten.

1. *Deine Branche und dein Thema:* Der erste Bestandteil einer profitablen Nische ist eigentlich ganz logisch: Es handelt sich dabei um deine Branche und dein Thema (z. B. Gesundheit und Yoga). Viele denken, ihre Branche wäre schon eine Nische. Dabei ist diese meist viel zu allgemein. Sei mal ehrlich, wie viele Yogastudios gibt es in deinem Umkreis? Alleine im 7. Bezirk in Wien im Umkreis von 10 Gehminuten kann ich schon mehr als eine Handvoll aufzählen.
2. *Dein Markt (Größe + Konkurrenz):* Das bringt uns gleich zur zweiten Komponente. Wie groß ist dein potenzieller Markt? In einer 2-Millionen-Stadt wie Wien können durchaus mehrere Yogastudios profitabel betrieben werden, während ein 500-Einwohner-Dorf wahrscheinlich nicht einmal drei Wochenstunden voll bekommt. Gibst du vorwiegend Onlineklassen, ist dein Markt automatisch größer, jedoch gibt es dort auch weit mehr Konkurrenz. Wenn du deine Nische definierst, setze dich also damit auseinander, wo deine Produkte und Dienstleistungen angeboten werden sollen und wer das neben dir noch tut.
3. *Deine Leidenschaft und deine größte Stärke:* Möchtest du dich in einem größeren oder übersättigten Markt etablieren, frag dich als Nächstes: Welcher Aspekt deines Themas begeistert dich am meisten? Wofür brennst du so richtig? Oder was liegt dir besonders gut? Unser Yogastudio in Wien könnte sich zum Beispiel

auf bestimmte Yogaformen spezialisieren und vorwiegend Hot Yoga, Schwangerschaftsyoga oder Yin-Yoga anbieten, um unter den vielen Mitbewerbern hervorzustechen.

4. *Deine Zielgruppe und deren Bedürfnisse:* Zum Schluss wägst du ab, ob du eine bestimmte Zielgruppe innerhalb deines Marktes ansprechen möchtest. Konzentriere dich dabei weniger auf demografische Eigenschaften (z. B. Geschlecht oder Alter), sondern überlege, ob bestimmte Zielgruppen wirklich unterschiedliche Bedürfnisse haben. In meiner Zeit als selbstständige Social-Media-Strategin habe ich zum Beispiel gelernt, dass Großkonzerne ganz andere Strategien verfolgen als Soloselbstständige. Das ist aber nicht bei jedem Thema der Fall. Viele meiner Kundinnen fokussieren sich zum Beispiel vorwiegend auf andere Frauen oder Mütter. Daran ist natürlich nichts falsch, jedoch stellt sich die Frage, ob deine Themen und Angebote wirklich nur für weiblich gelesene Personen relevant sind? Anhand welcher Merkmale du deine Zielgruppe stattdessen definieren solltest, erfährst du übrigens in Abschnitt 2.3.

2.2.4 Die richtige Balance finden: Wie nischig ist zu nischig?

In welchem Verhältnis sich nun diese vier Komponenten zusammensetzen, ist völlig individuell. So sollte sich ein Yogastudio auf dem Land, wo der Markt sowieso schon sehr klein ist, eher nicht thematisch einschränken, sondern möglichst viele verschiedene Yogaformen abdecken. Sonst wäre es vielleicht sogar zu nischig, würde nicht genug Menschen ansprechen und hätte so kaum langfristigen wirtschaftlichen Erfolg. Auch eine Beschränkung der Zielgruppe spielt bei diesem Yogastudio keine sonderlich große Rolle. Ein Yogastudio in einer Großstadt hingegen wird sich genau auf diese beiden Komponenten, Zielgruppe und Stärke beziehungsweise thematische Einschränkung, konzentrieren. Denn es bedient einen schon übersättigten Markt und muss sich deshalb klar positionieren.

Für die Entscheidung, wie klein oder groß du deine Nische definieren solltest, gibt es keinen pauschalen Richtwert, denn sie hängt stark von deiner Angebotspalette und deren Preisspanne ab. Ein Hersteller von Hightech-Lasern zur Haarentfernung deckt zum Beispiel eine äußerst kleine Nische ab: Wellness-Center oder Arztpraxen, die solche Laser bedienen dürfen und sich diese auch leisten können. Bei einem Verkaufspreis von ca. 250.000 € pro Laser kann sich dieses Unternehmen aber auch erlauben, nur einen kleinen Markt zu bedienen. Schon mit vier verkauften Lasern pro Jahr kann 1 Million Umsatz erreicht werden. Je nach Höhe der Gewinnmarge könnte das durchaus profitabel sein. Um die passende Größe deiner Nische als Solopreneur zu kalkulieren, überlege dir also im ersten Schritt, wie oft du dein Produkt oder deine Dienstleistung verkaufen musst, um davon gut leben zu können.

Berechne deinen Break-Even-Point

Neben der Gewinnmarge bietet der *Break-Even-Point* (kurz: BEP) eine weitere aussagekräftige Kennzahl zur Erfolgsmessung, gerade wenn du noch ganz am Anfang stehst. Er beschreibt nämlich den Punkt, an dem dein Umsatz deine Kosten komplett abdeckt. Wenn du noch überhaupt keine Erfahrungswerte hast, wie gut sich dein Angebot verkauft, kann dir dein Break-Even-Point dabei helfen, dein erstes Verkaufsziel zu definieren. Auf *fuer-gruender.de/wissen/existenzgruendung-planen/finanzen/break-even-point* bekommst du eine detaillierte Anleitung zur Berechnung sowie einen kostenfreien BEP-Rechner als Excel-Tabelle zum Download.

Wichtig! Gerade für selbstständige Dienstleister*innen, die keine Herstellungs- oder Materialkosten begleichen müssen, kann der Break-Even-Point schon mit geringem Umsatz erreicht werden. Deshalb empfehle ich, in diesem Fall auch deine persönlichen Fixkosten (Miete, Versicherungen, Kreditrückzahlungen usw.) in die Berechnung mit einfließen zu lassen. Denn am Ende des Tages geht es ja darum, dass du von deiner Selbstständigkeit leben kannst.

Du siehst also, dass das Festlegen einer profitablen Nische gar nicht so einfach ist. Ich weiß nicht, wie es dir geht, aber bei mir lösen solche komplexen Berechnungen und Formeln schnell Verzweiflung aus. Ich bin doch nur eine selbstständige Marketing-Beraterin, kein Wirtschaftsgenie. Wie viele andere Methoden, die dir im Laufe dieses Buchs begegnen werden, ist deine Nische nicht etwas, das du nur am Papier mit irgendwelchen Formeln ausarbeitest. Natürlich solltest du dir im Rahmen deiner Marketing-Strategie Gedanken darüber machen, aber wie so vieles entsteht deine Nische letztendlich im Tun, im Ausprobieren, Beobachten und Experimentieren, und sie darf sich auch im Laufe deiner Selbstständigkeit verändern und weiterentwickeln.

2.2.5 Wie dir deine Nische dabei hilft, deine Zielgruppe zu erreichen

Richten wir nun den Blick weg von dir und deinem Business hin zu deinen Kundinnen und Kunden. Eine Nische hilft dir nämlich nicht nur dabei, Kosten zu sparen, sondern auch, deine Kommunikation exakt auf die Bedürfnisse deiner Zielgruppe auszurichten. Die Business-Mentorin und Gründerin der Online-Plattform she-preneur Tanja Lenke formuliert es so:

> *»Menschen wollen spezifische Antworten, die auf ihre Situation abgestimmt sind. Wenn du mit deinem Angebot zu generisch bist, dann sprichst du schlussendlich niemanden an. Denn dein Angebot umfasst zu viele potenzielle Interessent*innen,*

auf deren Bedürfnisse du in der Gesamtheit nicht eingehen kannst. Niemand kauft, weil sie sich nicht persönlich angesprochen fühlen.«[4]

Erinnerst du dich noch an das Wellness-Center in Scottsdale, von dem ich dir zu Beginn dieses Kapitels erzählt habe? Was denkst du, wäre passiert, wenn dieses Wellness-Center dieselbe nichtssagende Botschaft wie alle anderen gewählt hätte? Was heißt denn eigentlich »to look and feel your best«? Fühlst du dich davon angesprochen? Die Schwierigkeit mit solchen generischen Aussagen ist, dass sie keine wirklichen Probleme lösen. Natürlich möchte sich jede und jeder von uns im eigenen Körper wohlfühlen. Aber die Bedeutung davon unterscheidet sich mitunter sehr stark. Während der eine hart daran arbeitet, noch die hartnäckigsten Fettpölsterchen wegzuschmelzen, fühlt sich der andere mit ein paar Kilos mehr pudelwohl. Für manche Frauen sind Falten und graue Haare ein kleiner Weltuntergang, während andere nicht einmal einen einzigen Gedanken daran verschwenden. Jede Person hat ein eigenes, konkretes Bild davon, was es bedeutet, sich schön, selbstbewusst und gesund zu fühlen. Die Aufgabe des Wellness-Centers ist es, genau eines dieser konkreten Bilder zu replizieren.

2.3 Deine Wunschkundin verstehen lernen

Egal ob du schon länger selbstständig bist oder erst darauf hinarbeitest, die Wahrscheinlichkeit ist groß, dass du dich schon des Öfteren mit deiner *Zielgruppe* beschäftigt hast. Ich muss gestehen, ich hege seit geraumer Zeit eine Abneigung gegen dieses Wort, da die meisten Zielgruppendefinitionen, die mir untergekommen sind, in etwa so aussehen: *»Frauen zwischen 30 und 55, die verheiratet sind, mindestens ein Kind haben und in der Stadt leben«*.

Sei ehrlich, fällt dir ein Angebot ein, das alle Frauen mit diesen Eigenschaften interessieren würde, abgesehen von absoluten Alltagsgegenständen? Haben alle diese Frauen dieselben Bedürfnisse, Ziele, Ängste und Herausforderungen? Viel zu oft werden ausschließlich *demografische Faktoren* zur Definition der eigenen Zielgruppe herangezogen, die niemals ein brauchbares Gesamtbild darstellen. Für erfolgreiches Marketing solltest du deine Wunschkundin in- und auswendig kennen, inklusive Werten, Interessen und Standpunkten. In Tabelle 2.1 bekommst du einen Überblick über relevante Merkmale, die du in Erfahrung bringen solltest. Wie du das genau machst, erkläre ich dir im Laufe dieses Abschnitts.

4 Tanja Lenke, Nische finden: So findest du die richtige Nische für dein Online-Business in fünf Schritten, 2022. *she-preneur.de/blog/nische-finden-im-online-business*

demografisch	sozioökonomisch	psychografisch	Kaufverhalten
▪ Alter ▪ Geschlecht ▪ Familienstand ▪ Wohnort ▪ Haushaltsgröße	▪ Bildungsstand ▪ Beruf ▪ beruflicher Werdegang ▪ Einkommen ▪ Besitz	▪ Motivation ▪ Standpunkte ▪ Wünsche ▪ Werte ▪ Bedürfnisse ▪ Ängste ▪ Herausforderungen ▪ Lebensstil ▪ Interessen ▪ Hobbys	▪ Kaufmotive ▪ Kaufprozess ▪ Preissensibilität ▪ Markentreue ▪ Kaufhäufigkeit ▪ Mediennutzung

Tabelle 2.1 Die wichtigsten Merkmale zur Definition deiner Wunschkundin

2.3.1 Was genau will eigentlich deine Wunschkundin?

Einer der wichtigsten Sätze, die mir im Laufe meiner Marketing-Tätigkeiten untergekommen sind, stammt vom US-amerikanischen Marketing-Strategen und Bestseller-Autor David Meerman Scott:

> *»Nobody cares about your products and services except you and the others in your organization. What your buyers do care about are themselves.«*[5]

Niemand interessiert sich für dich und dein Angebot. Ich weiß, das klingt im ersten Moment hart und entspricht auch nicht zu 100 % der Realität. Es gibt durchaus Situationen, in denen sich jemand für Details rund um deine Produkte und Dienstleistungen interessieren könnte. Aber das grundlegende Bedürfnis dahinter ist immer eigennützig. Denn was Leute eigentlich wissen wollen, ist, welches Problem du für sie löst oder welche Wünsche du ihnen erfüllst. Und diese sind nicht immer auf den ersten Blick erkennbar.

Stell dir vor, jemand betritt dein Uhrengeschäft. Die einfachste Annahme wäre, dass diese Person gerne die Zeit am eigenen Handgelenk ablesen würde und deshalb eine Uhr kaufen möchte. Aber deckt das wirklich schon alle kaufrelevanten Bedürfnisse ab? Warum geben manche Leute dann mehrere Tausend Euro für eine Rolex oder Longines aus, wenn es auch die einfache Casio tut? Warum fliegen manche Menschen First Class, wenn sie auch in der Economy von A nach B kommen?

5 David Meerman Scott, Nobody cares about your products and services (except you), 2008. *davidmeermanscott.com/blog/2008/08/nobody-cares-ab.html*

Um diese Fragen zu beantworten, hilft ein kleiner Ausflug zu einem Konzept, das ich in meinen ersten Psychologie-Vorlesungen an der Uni gelernt habe: Die *Maslowsche Bedürfnispyramide* (siehe Abbildung 2.3). Entwickelt von Abraham Maslow, einem der einflussreichsten Psychologen des 20. Jahrhunderts, beschreibt sie fünf grundlegende Bedürfnisse und Motivationen des Menschen als Hierarchie.

Abbildung 2.3 Die 5 Ebenen der menschlichen Bedürfnisse nach Maslow

Die fünf Bedürfnisse bauen der Reihe nach aufeinander auf, beginnend mit den Grundbedürfnissen ganz unten. Laut Maslow beeinflusst ein Bedürfnis so lange das menschliche Verhalten, bis es gestillt wird. Erst wenn physiologische Grundbedürfnisse wie Nahrung, Schlaf und körperliches Wohlbefinden erfüllt sind, wandern wir eine Ebene weiter nach oben. Auf die Sicherheitsbedürfnisse folgen soziale Bedürfnisse wie Liebe und Zuneigung, dann Individualbedürfnisse wie Anerkennung und Status und zum Schluss: das Bedürfnis nach Selbstverwirklichung.

Dass dieses Modell, trotz aller Kritik[6], auch heute noch relevant ist, durften wir spätestens 2020 mit dem Ausbruch der Covid-Pandemie erfahren, als wir alle plötzlich vor leer geräumten Klopapier- und Lebensmittelregalen standen. Befanden wir uns vor der Krise vorwiegend auf den höheren Stufen der Pyramide, waren plötzlich wieder unsere Grund- und Sicherheitsbedürfnisse relevant, und Marken in Luxus-, Event- oder Reisebranchen verzeichneten teils drastische Umsatzrückgänge. Einem Rolex-Träger geht es eben nicht darum, sicher und verlässlich die Zeit abzulesen. Es geht um Status, Wohlstand, Prestige und Anerkennung, also Individualbedürfnisse der vierten Ebene. Wenn du langfristig erfolgreich werden möchtest, solltest du dich nicht nur damit beschäftigen, *was* deine Kund*innen kaufen, sondern vor allem, *warum* sie das tun, welche Bedürfnisse sie haben.

---

6 Ein Kritikpunkt ist, dass die Bedürfnispyramide eine Sozialisierung in der westlichen Welt voraussetzt. Auch dass negative Bedürfnisse wie Macht, Dominanz und Aggression in der Maslowschen Bedürfnispyramide außen vor gelassen werden, wird kritisiert.

2.3.2 Du solltest konkrete Probleme lösen

Nun habe ich dir ja schon zu Beginn dieses Kapitels erklärt, dass Großkonzerne und Luxusmarken wie Rolex andere Strategien verfolgen als du und ich. Solche Unternehmen haben nicht nur mehrköpfige Marketing-Teams und millionenschwere Budgets, sondern auch den Luxus, sich darauf konzentrieren zu können, die Bekanntheit oder das Image der eigenen Marke zu steigern. Sogenanntes *Brand-Marketing*, wie es von Rolex, Apple oder Nike betrieben wird, funktioniert für Solopreneure nicht, weil wir nicht dieselben Voraussetzungen erfüllen. Wie Allan Dib beschreibt:

> *»Rather than ›getting your name out there‹, you'll fare much better by concentrating on getting the name of your prospects in here.«*[7]

Anstatt deine Markenbekanntheit zu steigern, damit jeder deinen Namen kennt, bist du besser beraten, die Namen deiner potenziellen Kundschaft herauszufinden, ihr Interesse an deinem Angebot zu wecken und sie dazu zu animieren, ihre Kontaktdaten mit dir zu teilen. Und das klappt am besten, indem du dein Angebot als absolute Lösung für ihre Probleme positionierst.

2.3.3 Verkaufe keine Produkte, verkaufe Transformationen

Egal ob du Physiotherapeutin oder Einrichtungsberater bist, deine Kund*innen kaufen weder dein Produkt noch deine Dienstleistung, sie kaufen eine Transformation. Um dieses Konzept besser zu verstehen, hilft die Gegenüberstellung zwischen Ist-Zustand und Wunsch-Zustand, wie sie in Abbildung 2.4 dargestellt wird. Der Ist-Zustand einer potenziellen Kundin ist meistens von einem Problem oder Mangel geprägt, der sich physisch oder psychisch manifestiert. Der Patient einer Physiotherapeutin klagt in letzter Zeit vermehrt über Nackenschmerzen, während die Kundin eines Einrichtungsberaters ihre alten Möbel nicht mehr ausstehen kann. Beide stehen also vor einem Problem, das sie alleine nicht lösen können oder wollen. Zusätzlich schwebt ihnen ein bestimmter Wunschzustand vor (»schmerzfrei sein« oder »mich in meinem Zuhause wohlfühlen«), in dem der Mangel aufgelöst wurde. Er stellt das Ziel deiner Kund*innen dar. Wie du bestimmt erahnen kannst, bildet dein Angebot die Brücke zwischen diesen beiden Zuständen. Deine Produkte und Dienstleistungen helfen Menschen aus dem Ist-Zustand in den Wunsch-Zustand, in dem sie erfüllt und zufrieden leben können. So lautet zumindest die Theorie. In der Realität gibt es natürlich auch Produkte, die zu keiner großen Transformation verhelfen. Oder hast du ohne deinen Schuhlöffel und Küchenschwamm kein erfülltes Leben?

7 Allan Dib, The 1-Page Marketing Plan, 2018, S.84

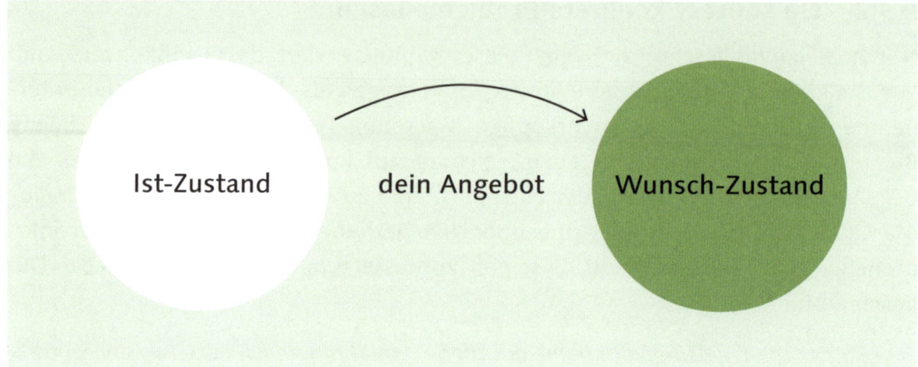

Abbildung 2.4 Dein Angebot als Brücke vom Ist- zum Wunsch-Zustand

Megatrend: TikTok Made Me Buy it

Nur weil ein Produkt keine lebensverändernde Transformation herbeiführt, heißt das noch lange nicht, dass es keine Probleme löst. Das zeigen Trend-Hashtags wie #AmazonFinds oder #TikTokMadeMeBuyIt, unter denen Tausende kleine Alltagshelfer wie USB-Feuerzeuge (nachhaltiger als normale Feuerzeuge), tragbare Türschlösser (für ein Gefühl von Sicherheit) und transparente Thermostrumpfhosen (um auch im Winter Röcke und Kleider tragen zu können) vorgestellt und von begeisterten TikTok-Usern nachgekauft werden.

2.4 Lerne deine Wunschkundin kennen

Egal wie groß oder klein die Probleme sind, die du mit deinem Angebot lösen möchtest, wichtig ist, dass diese nicht aus der Luft gegriffen werden, sondern im Rahmen einer *Zielgruppenanalyse* erarbeitet werden. Ich hatte es schon einmal erwähnt: Du solltest deine Wunschkundin in- und auswendig kennen.

Warum Leute Milchshakes konsumieren[8]

In seinen Seminaren an der Harvard Business School erzählte der US-amerikanische Wirtschaftswissenschaftler Clayton Christensen gerne die Geschichte einer Fast-Food-Kette, die ihre Milchshake-Verkäufe steigern wollte. Ein Marktforscher wurde beauftragt, der einen kompletten Tag damit verbrachte, zu beobachten, wer Milchshakes kaufte, wann diese gekauft und wie sie konsumiert wurden. Der Forscher fand heraus, dass 40 % aller Milchshake-Verkäufe am Morgen passierten. Die Konsument*innen waren vorwiegend Leute, die zur Arbeit pendelten. Am nächsten Morgen befragte er

8 Carmen Nobel, Clay Christensen's Milkshake Marketing, 2011. hbswk.hbs.edu/item/clay-christensens-milkshake-marketing

also alle Kundinnen und Kunden, die das Restaurant mit einem Milchshake in der Hand verließen, um herauszufinden, welchen Job der Milchshake für sie erfüllen sollte, was sie davon hatten, ihn zu trinken.

Es stellte sich heraus, dass ein Großteil der Konsument*innen einen Milchshake kaufte, um die langweilige Autofahrt zur Arbeit interessanter zu gestalten. Sie waren aktuell noch nicht hungrig, aber wussten, dass spätestens gegen 10:00 Uhr der erste Hunger eintreten würde. Deshalb wollten sie etwas konsumieren, das ihnen dabei half, bis zur Mittagspause durchzuhalten. Alternativen zum Milchshake wie Bagels oder Donuts würden zwar den Hunger stillen, sie konnten aber nicht so einfach mit einer Hand neben dem Autofahren gegessen werden. Und ein Apfel oder eine Banane waren nicht sättigend genug. Der Milchshake war also das perfekte Produkt, um ihre »Probleme« (Langeweile + Hunger) in dieser Situation zu lösen.

Sobald die Fast-Food-Kette verstand, welchen Job ein Milchshake erfüllen sollte, konnte sie ihr Produkt auch dahin gehend verbessern und die Shakes noch dickflüssiger gestalten, damit sie auch die ganze Autofahrt zur Arbeit anhielten. Das dahinterliegende Konzept, das von Christensen geprägt wurde, wird als *Jobs to be done* bezeichnet. Jedes Angebot erfüllt einen bestimmten Job, einen bestimmten Zweck für seine Kund*innen. Genau diesen gilt es, herauszufinden.

2.4.1 Deine Wunschkundin finden

Bevor du deine Wunschkundin kennenlernen und deren Jobs to be done identifizieren kannst, musst du diese erst einmal ausfindig machen. Am besten beginnst du deine Zielgruppenanalyse mit Daten und Informationen, die dir schon zur Verfügung stehen. Was kannst du anhand deiner Social-Media-Insights über deine Follower in Erfahrung bringen? Welche Gemeinsamkeiten entdeckst du unter bestehenden Kundinnen? Um zu verstehen, welche Daten du über deine Zielgruppe in Erfahrung bringen kannst, wirf noch einmal einen Blick in Tabelle 2.1. Erstelle dann ein erstes grobes Bild, eine Art Rohgerüst deiner Wunschkundin. Je mehr Datenquellen du dafür heranziehen kannst, desto besser. Spannende Informationen zu deiner Zielgruppe findest du unter anderem hier:

- *Deine Social-Media-Insights:* Bist du beruflich auf sozialen Netzwerken aktiv, kannst du zahlreiche quantitative Daten zu deiner Zielgruppe erheben. So kannst du zum Beispiel auf Instagram Infos zum Alter, Standort sowie dem Geschlecht deiner aktuellen Follower und sogar der von dir erreichten Accounts herausfinden. Eine Anleitung, wie du deine Social-Media-Insights sinnvoll auswertest, bekommst du übrigens in Abschnitt 6.4.9, »Deine Social-Media-Erfolge messen«. Darüber hinaus bieten soziale Netzwerke auch eine qualitative Dimension. So kannst du anhand von Kommentaren und Nachrichten sowie der eigenen Posts deiner Follower Wissenswertes über deren Interessen, Lebensstil und Hobbys erfahren.

- *Deine Website-Analytics:* Hast du deine Website mit einem Analysetool wie *Google Analytics* oder *Matomo* verbunden oder kannst eigene Berichte über deinen Websiteanbieter (z. B. *Squarespace* oder *Wix*) erstellen, kannst du dort relevante Informationen zum Verhalten deiner Website-Besucher*innen ablesen. Wie oft wird deine Website angeklickt? Bekommst du mehr Traffic über Suchmaschinen oder Social Media? Und wie lange bleiben User auf deiner Website? Keine Angst, falls du aktuell noch keine Antwort auf diese Fragen hast. In Abschnitt 5.9 »Website Analytics: Die wichtigsten Kennzahlen« zeige ich dir, wie du solche Metriken für deine Website auswertest.
- *Dein CRM-System:* In deinem CRM tummeln sich zahlreiche spannende Informationen zu deinen Bestandskunden und deren Kaufverhalten. Welche deiner Angebote sind besonders beliebt und welche weniger? Wie oft musstest du mit einer Person in Kontakt treten, bevor diese bei dir gebucht hat? Welche deiner Angebote werden besonders oft miteinander kombiniert? Informationen wie diese sind essenziell für eine gut durchdachte Marketing-Strategie.
- *Externe Statistiken:* Liegen dir keine der oben genannten Datenquellen vor, hast du noch immer die Möglichkeit, allgemeine Statistiken zurate zu ziehen. *Statista (de.statista.com)*, das *Statistische Bundesamt (destatis.de)* oder *Statistik Austria (statistik.at)* bieten spannende Studien, Fakten und Insights für hunderte Branchen und Themen. Leider ist die Einsicht vieler Statistiken kostenpflichtig.
- *Rezensionen und Kommentare:* Ein besonders cleverer und noch dazu kostenfreier Weg, um mehr über die Bedürfnisse potenzieller Kundinnen und Kunden zu erfahren, ist das Studieren von Bewertungsplattformen und Kommentarspalten auf Amazon, Google Reviews, Trustpilot oder den Onlineshops deiner Konkurrenz. Worauf achten Konsument*innen ganz besonders? Was verärgert sie (siehe Abbildung 2.5)? Welche Wünsche und Bedürfnisse äußern sie?

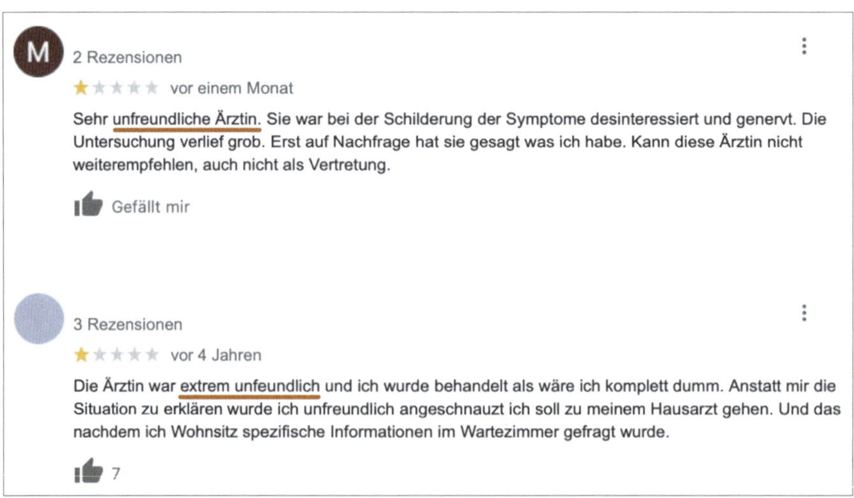

Abbildung 2.5 Die Patient*innen einer allgemeinen Ärztin legen Wert auf Freundlichkeit.

2.4.2 Deine Wunschkundin befragen

Nachdem du erste wichtige Insights über deine Wunschkundin gesammelt hast, ist es an der Zeit, diese ausfindig zu machen und besser kennenzulernen. Die meisten überspringen diesen Schritt, dabei ist er einer der wichtigsten für deine Marketing-Strategie. Oder glaubst du, hätte der Forscher im Milchshake-Beispiel herausgefunden, dass diese vorwiegend für den Weg zur Arbeit gekauft werden, wenn er die Konsument*innen nur still und heimlich beobachtet hätte, statt sie direkt anzusprechen? Ein direktes Gespräch ist eine von vielen hilfreichen Methoden, um mehr über deine Wunschkundin in Erfahrung zu bringen. Im folgenden Abschnitt werden sowohl qualitative als auch quantitative Methoden in der Zielgruppenanalyse kurz erläutert.

Quantitative Zielgruppenanalysen (Umfragen, Fragebögen)

Quantitative Methoden wie Umfragen und Fragebögen werden gerne eingesetzt, um möglichst viele messbare Informationen zur Zielgruppe zu sammeln. Zur Vorbereitung auf meine Beratungsgespräche schicke ich zum Beispiel jeder meiner Kundinnen einen detaillierten Fragebogen, in dem ich Themen rund um deren Unternehmen, Angebote und Werte sowie Wünsche und Herausforderungen im Marketing abfrage. Als Beraterin habe ich natürlich den Vorteil, dass eine Beantwortung dieser Fragen eine Voraussetzung für die Durchführbarkeit meines Angebots darstellt. Wenn ich nichts über meine Kundin weiß, wie soll ich sie dann gut beraten? Bist du Dienstleisterin oder Coach, solltest du dir überlegen, wie du Fragebögen als Teil deines Onboarding-Prozesses nutzen könntest, um darüber möglichst viele relevante Informationen zu deiner Zielgruppe in Erfahrung zu bringen. Tools wie *Dubsado* oder *Calendly*, die ich dir in Kapitel 1, »Start in die Selbstständigkeit«, vorgestellt habe, erlauben es dir, den gesamten Onboarding-Prozess zu automatisieren, wie du in Abbildung 2.6 sehen kannst.

Abbildung 2.6 Der Onboarding-Workflow für eines meiner ehemaligen Angebote enthielt einen detaillierten Fragebogen, der automatisch an meine Kund*innen verschickt wurde.

Nachdem meine Kundin die AGB für mein Angebot unterzeichnet hat, bekommt sie automatisch einen Fragebogen zugeschickt. Erst wenn dieser beantwortet wurde, beginne ich mit meiner Arbeit.

Jetzt stell dir vor, ein Onlineshop würde dich bitten, dir vor dem Kaufabschluss 10 Minuten Zeit zu nehmen, um Fragen rund um deine Bedürfnisse und Werte zu beantworten. Ich persönlich würde dort nicht kaufen. Geht es dir so ähnlich, kannst du deinen Fragebogen als Teil einer allgemeinen Umfrage punktuell oder automatisiert direkt nach der Kaufabwicklung versenden. Oder du erstellst ein Pop-up-Banner auf deiner Website, das Besucher*innen dazu einlädt, an deiner Umfrage teilzunehmen. Gerade Unternehmen, die Produkte verkaufen, scheuen sich oft davor, ihre Kundschaft um Hilfe zu bitten. Dabei habe ich die Erfahrung gemacht, dass Kund*innen gerne helfen, vor allem wenn diese schon von vornherein eine positive Verbindung mit deiner Marke aufgebaut haben. Wenn du möchtest, kannst du sogar ein kleines Goodie als Entschädigung für den Zeitaufwand verschenken. Ein spannendes E-Book zu deinem Thema, ein Gewinnspiel oder ein 10%-Gutschein für deinen Shop bieten einen attraktiven Anreiz, an deiner Umfrage teilzunehmen. Solltest du noch kein eigenes Produkt oder keine Dienstleistung zur Verfügung haben, könntest du auch einen 5-€-Gutschein für ein Buchgeschäft oder einen Coffeeshop deiner Wahl herschenken. Es geht nur darum, zu zeigen, dass du die Zeit der Teilnehmenden zu schätzen weißt.

Tool-Tipps zur Erstellung von Online-Umfragen

Sobald du festgelegt hast, wie und wann deine Umfrage abgeschickt werden soll, geht es daran, diese zu erstellen. Folgende Tools eignen sich dafür besonders gut:

- Mit *UmfrageOnline* (*umfrageonline.com*) lassen sich Fragebögen ganz einfach per Drag-and-drop-Editor erstellen und anhand automatisch generierter Berichte auswerten. Das kostenfreie Basis-Paket beinhaltet bis zu 10 Fragen und 100 Beantwortungen pro Umfrage. Premium-Pakete beginnen bei 21 €/Monat.
- *Typeform* (*typeform.com*) besticht vor allem durch sein cleanes Design und die zahlreichen Verknüpfungsmöglichkeiten mit Apps wie Google Sheets und Notion. In der kostenlosen Basis-Version bietet Typeform unbegrenzte Fragen sowie 100 Beantwortungen pro Umfrage. Premium-Pakete beginnen bei 21 €/Monat.
- Mit *Google Forms* (*google.de/intl/de/forms/about*) können kostenfreie Umfragen per Drag-and-drop-Editor erstellt werden. Da Googles Server im Vergleich zu den anderen beiden Tools nicht in Europa liegen, müssen hier unbedingt DSGVO-Aspekte beachtet werden.

Noch wichtiger als die Wahl deines Umfrage-Tools ist der Aufbau deines Fragebogens. Beachte dabei Folgendes:[9]

9 Weitere hilfreiche Tipps zur Erstellung von Fragebögen bekommst du hier: *appinio.com/de/blog/marktforschung/fragebogen-guide*

- *Bevor der Fragebogen beginnt, erkläre, wie der Prozess abläuft* (z. B. ob die Antworten anonym sind oder welches Ziel du mit deiner Umfrage verfolgst). Gib auch unbedingt an, wie viel Zeit das Ausfüllen in Anspruch nimmt, damit sich die Teilnehmenden darauf einstellen können (siehe Abbildung 2.7).
- *Stelle hauptsächlich konkrete, geschlossene Fragen,* bei denen die Antwortmöglichkeiten schon vorgegeben sind, damit du diese später leichter auswerten kannst. Ungenaue und schwammige Formulierungen führen zu ungenauen Antworten. Noch schlimmer: Zu viele offene Fragen können dazu führen, dass die Beantwortung frühzeitig abgebrochen wird, da solche Fragen mit größerem Zeitaufwand für die Teilnehmenden verbunden sind.
- *Formuliere deine Fragen möglichst neutral, und decke alle Eventualitäten ab.* Der größte Nachteil an Umfragen mit vorgegebenen Antwortmöglichkeiten ist, dass bestimmte Fragestellungen die Antworten beeinflussen können. Weitere Vor- und Nachteile findest du in Tabelle 2.2 zusammengefasst.
- *Vermeide Doppelfragen* (z. B. wie stehst du zu A und B). Fragst du zwei Themen gleichzeitig ab, zwingst du Teilnehmende dazu, beide Themen gleich zu bewerten, und erhältst kein aussagekräftiges Ergebnis.
- Wenn es sich anbietet (z. B. um Stimmungen einzufangen), *lass Teilnehmende einen Punkt auf einer Skala auswählen.* Vergiss dabei nicht, zu beschreiben, wofür die Anfangs- und Endpunkte stehen. Eine Skala von 1 bis 5 könnte zum Beispiel nach dem Schulnotensystem bewertet sein (1 = sehr gut, 5 = sehr schlecht) oder aufsteigend (1 = sehr schlecht, 5 = sehr gut). Nicht jede Person hat davon dasselbe Verständnis.
- *Gib den Teilnehmenden zum Schluss die Möglichkeit, dir persönliches Feedback zu geben*, ganz ohne Vorgabe. Offene Fragen sollten zwar in Umfragen sparsam eingesetzt werden, aber können die eine oder andere spannende Erkenntnis hervorbringen.
- *Vergiss nicht, den Teilnehmenden am Ende für ihre Zeit zu danken* und dein Goodie zu verlinken, wenn du eines hast.

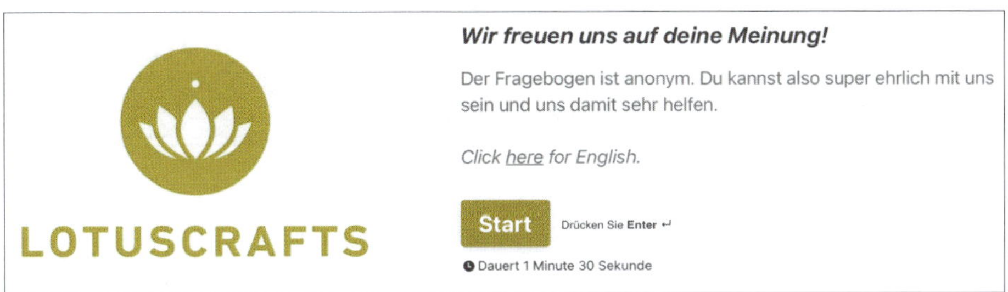

Abbildung 2.7 Die Einleitung zur Umfrage eines Online-Shops

(+) Vorteile	(–) Nachteile
■ relativ wenig Aufwand ■ können anonym durchgeführt werden ■ einfach auszuwerten ■ statistische Aussagekraft bei entsprechender Teilnehmerzahl	■ große Teilnehmerzahl (100+) erforderlich, um relevante Ergebnisse zu bekommen ■ vorgegebene Antworten können das Ergebnis beeinflussen

Tabelle 2.2 Die Vor- und Nachteile quantitativer Zielgruppenanalysen

Umfragen über Social Media durchführen

Dank ihrer interaktiven Sticker bieten Social-Media-Kanäle wie Instagram eine tolle Möglichkeit, deine vorhandene Zielgruppe zu befragen, um schnell und einfach Stimmungen rund um dein Thema oder dein Angebot einzufangen. Über Direktnachrichten kann dann bei einzelnen Umfrageteilnehmern noch einmal nachgehakt werden. Ich frage meine Follower*innen zum Beispiel gerne, wie es ihnen gerade mit Instagram geht (siehe Abbildung 2.8). Wichtig ist natürlich auch hier, dass genug Leute mitmachen. Hast du weniger als 100 Story Views, eignen sich andere Methoden besser für dich.

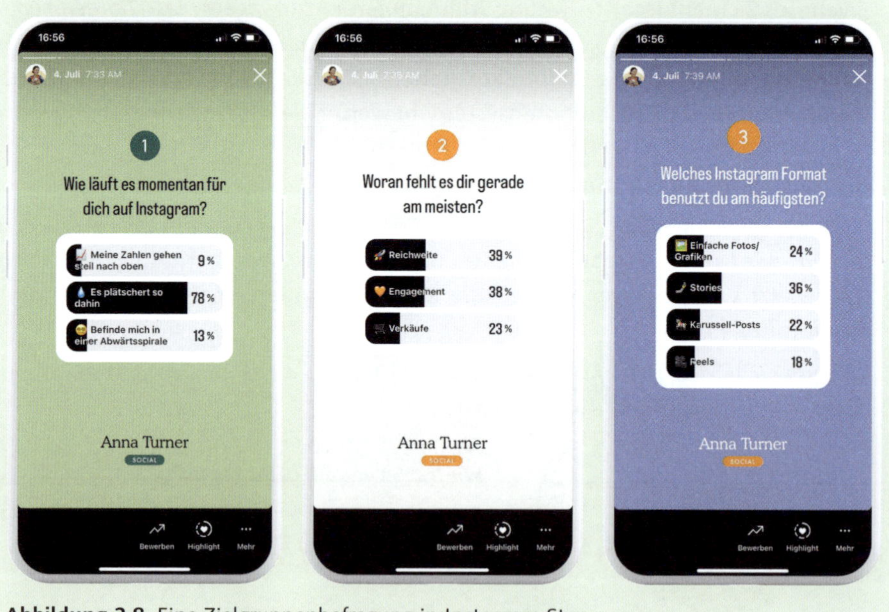

Abbildung 2.8 Eine Zielgruppenbefragung in Instagram Storys

Qualitative Zielgruppenanalysen (Interviews, Fokusgruppen)

Qualitative Methoden wie Interviews oder Fokusgruppen eignen sich vor allem dann, wenn du tief in die Gedankenwelt deiner Wunschkundin eintauchen möchtest. Im Vergleich zu quantitativen Methoden werden hier keine allgemeinen Trends, sondern individuelle Geschichten, Bedürfnisse und Herausforderungen eingefangen. Auch hier haben Dienstleister und Coaches wieder einen kleinen Vorteil, sie stehen nämlich oft im direkten Austausch mit ihrer Zielgruppe. Ein Beratungsgespräch ist zwar kein Kunden-Interview, dennoch können die Themen, die in Beratungen angesprochen werden, einen Einblick in die Gefühls- und Gedankenwelt deines Gegenübers geben. Gewöhne dir also an, immer gut zuzuhören und dir Fragen sowie Themen, die im Rahmen deiner Kundentermine vorkommen, zu notieren.

Bist du normalerweise nicht im direkten Austausch mit deiner Kundschaft, planst du am besten in regelmäßigen Abständen Termine für Interviews oder Fokusgruppen. Der Unterschied zwischen diesen beiden Methoden ist, dass du beim Interview mit einer Person alleine sprichst, während bei einer Fokusgruppe gleich mehrere Teilnehmende zu einem Thema befragt werden. Ich finde, jede Selbstständige sollte zumindest 4 bis 5 Kundeninterviews durchführen, da diese wirklich viele Vorteile mit sich bringen (siehe Tabelle 2.3). Und so gehst du dabei vor:

- *Frage schon vorhandene Kund*innen*, Interessent*innen oder Menschen aus deiner Umgebung, ob sie Zeit für ein Gespräch mit dir hätten. Biete ihnen als Dankeschön für ihre Zeit ein Goodie an, wie bei der Umfrage.
- *Plane, wie du deine Interviews durchführen möchtest.* Wirst du dich persönlich mit den Teilnehmenden treffen, oder führst du deine Interviews online, zum Beispiel via *Zoom* (*zoom.us*)? Überlege auch, wie du die Interviews aufzeichnen wirst. Tools wie Zoom übernehmen das für dich, und auch dein Handy bietet eine Aufnahmefunktion.
- *Lege 2–4 Themenbereiche fest,* die du im Interview abfragen möchtest (z. B. Informationen zur Person, Mediennutzung und Fragen zu deinem Angebot oder Business-Thema).
- *Erstelle einen Fragenkatalog* mit 6–8 Fragen pro Themenbereich, die du im Interview der Reihe nach durchgehst.
- *Stell dich zu Beginn kurz vor,* und erkläre, was der Zweck dieses Interviews ist. Sei ruhig transparent, denn das schafft Vertrauen. In Interviews können sehr intime Details abgefragt werden. Wenn dein Gegenüber nicht weiß, warum du bestimmte Fragen stellst, oder sich unwohl fühlt, wird es sich dir nicht öffnen.
- *Stelle hauptsächlich offene Fragen,* um deinem Gegenüber möglichst viel Spielraum zu geben. Anders als bei vorgefertigten Umfragen hast du ja im Interview die Möglichkeit, an bestimmten Stellen nachzuhaken. Nutze diese während des Interviews.

(+) Vorteile	(–) Nachteile
▪ Geschichten und Einblicke in individuelle Erfahrungen ▪ durch aktives Nachfragen kannst du mehr in die Tiefe gehen ▪ geringere Teilnehmerzahl (5–10) ausreichend	▪ zeitintensiv ▪ schwieriger auszuwerten ▪ Vertrauensverhältnis zwischen Teilnehmenden und Interview-Leiter*in ist wichtig

Tabelle 2.3 Die Vor- und Nachteile qualitativer Zielgruppenanalysen

Auch wenn ich mich damit bei einigen Kolleginnen und Kollegen unbeliebt mache, empfehle ich dir die Zeit, die es benötigt, Interviews zu transkribieren, zu sparen. Du schreibst hier keine wissenschaftliche Arbeit, sondern möchtest mehr über deine Wunschkundin in Erfahrung bringen, und du hast sicher Wichtigeres zu tun, als stundenlang Audio-Aufnahmen zu transkribieren. Zum Glück gibt es smarte Tools, die dir diese Arbeit abnehmen können.

Tool-Tipps zum Transkribieren von Interviews

Musste man früher Interviews mühsam manuell transkribieren, wird diese Sisyphusarbeit heute von künstlichen Intelligenzen übernommen.

- *GoSpeech* (*gospeech.com*) ist in Deutschland ansässig und bietet verlässliche Transkriptionen auch für deutschsprachige Interviews. Du kannst bis zu 3 Gespräche mit jeweils 10 Minuten Länge kostenfrei transkribieren lassen. Alles Weitere kostet von 9,80 €/Monat aufwärts.
- *Amberscript* (*amberscript.com/de*) ist der Marktführer unter den Transkriptions-Tools und arbeitet mit einer Kombination aus menschlicher und künstlicher Intelligenz. Hier wird nach Stunde abgerechnet. 1 Stunde Audiomaterial mit reinen KI-Transkripten kostet 20 €.
- *Descript* (*descript.com*) bietet Transkriptionen in 23 Sprachen für bis zu 8 verschiedene Sprecher*innen und eignet sich deshalb besonders gut zur Auswertung von Fokusgruppen. Bis zu eine Stunde im Monat ist kostenfrei. 10 Stunden/Monat gibt es ab 12 €.

Wichtiger als ein vollständiges Transkript ist auf jeden Fall, dass du die Kernbotschaften aus deinen Interviews festhältst und thematisch gruppierst. Gibt es bestimmte Herausforderungen, die alle deine Interview-Teilnehmenden gemeinsam haben? Gibt es Kritikpunkte an deinem Angebot, die besonders häufig genannt wurden? Erstelle dir dazu eine Tabelle, in der du die wichtigsten Konzepte aus einzelnen Textpassagen stichwortartig hervorhebst (siehe Abbildung 2.9). Dieser Prozess nennt sich *Kodieren* und hilft dir dabei, Gemeinsamkeiten deiner Interview-Teilnehmenden ans Licht zu bringen.

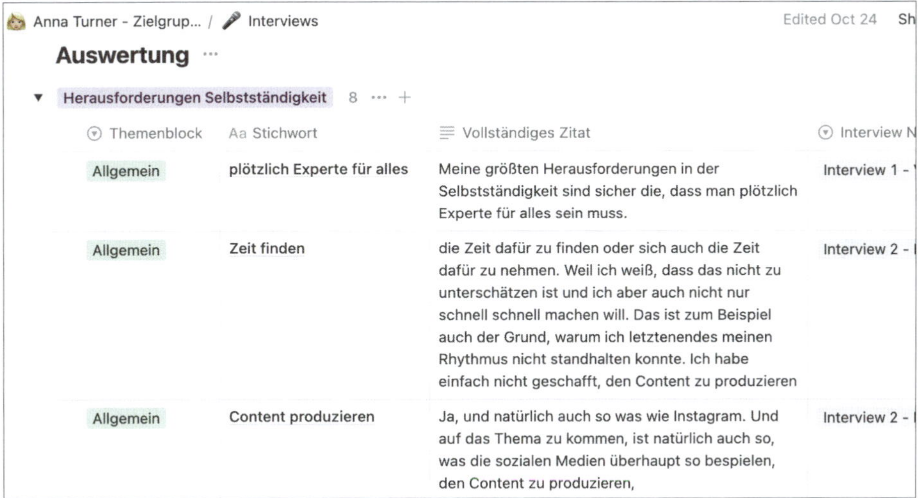

Abbildung 2.9 Auswertung von Kundeninterviews in Notion

2.4.3 Entwickle deinen Fragenkatalog

Du weißt jetzt zwar, wie man Umfragen und Interviews durchführt, aber welche Fragen solltest du den Teilnehmenden eigentlich stellen? Überlege im Vorfeld genau, welche Themen für dich besonders relevant sind. Selbstständige im B2B werden zum Beispiel erforschen wollen, welchem Beruf ihre Zielgruppe nachgeht, während dieses Thema im B2C-Bereich weniger relevant ist. Hier findest du eine Auswahl an Fragen von denen du dich inspirieren lassen kannst. Vergiss bitte nicht, dass du bei Umfragen die Antwortmöglichkeiten vorgeben solltest. Du musst also einige Fragen leicht umformulieren, während du sie in Interviews so ähnlich stellen darfst.

Fragen zur Person:

- demografische Fragen, die für dich und dein Angebot relevant sind, z. B. zum Alter, Wohnort, Familienstand, Ausbildung, Einkommen etc.
- Was sind deine Interessen/Hobbys? Womit verbringst du deine Zeit?
- Welche Themen bewegen dich? Welche Werte sind dir wichtig?
- Was sind deine Ziele/Wünsche/Träume rund um *[dein Thema]*?
- Was hält dich davon ab, diese Ziele/Wünsche/Träume zu verwirklichen?
- Wovor hast du Angst?
- Was ist gerade dein größtes Problem, für das du keine Lösung findest?
- Was hält dich davon ab, eine Lösung für dieses Problem zu finden?
- Wie wirkt sich dieses Problem auf deinen Alltag aus?

Fragen zu deinem Angebot:

- Wie würdest du *[dein Angebot]* beschreiben?
- Warum interessierst du dich für *[dein Angebot]*? Warum nicht?
- Warum ist *[dein Angebot]* wichtig für dich?
- Was erhoffst du dir von *[dein Angebot]*?
- Hast du schon einmal Geld für *[dein Angebot]* ausgegeben? Wie viel?
- Welches Angebot wäre interessanter für dich: *[2 Angebote zum Vergleich]?* Warum?
- Was gefällt dir gar nicht an *[dein Angebot]*?
- Gibt es etwas, das du an *[dein Angebot]* verändern würdest? Warum?
- Wie bist du auf *[dein Angebot]* aufmerksam geworden?
- Wie lange hast du gewartet, bis du *[dein Angebot]* gekauft hast? Warum?
- Warum hast du *[dein Angebot]* nicht gekauft?

Fragen zum Medienverhalten:

- Welche Medien nutzt du regelmäßig (on- und offline)?
- Welche Medien nutzt du nie (on- und offline)?
- Wie viele Stunden am Tag verbringst du mit *[Medium]*?
- Wie hast du zuletzt mit *[Medium]* deine Zeit verbracht?
- Was gefällt dir am besten an *[Medium]*? Was gar nicht?
- Hast du über *[Medium]* schon einmal etwas gekauft? Wenn ja, was?
- Was hat dich dazu bewegt, [Angebot] über [Medium] zu kaufen?

Stell Fragen, die dir ehrliche Antworten bringen

Führst du zum ersten Mal Zielgruppeninterviews, wirst du vielleicht merken, dass es gar nicht so einfach ist, ehrliche Antworten zu bekommen. Gerade wenn du Menschen aus deinem Bekanntenkreis befragst, weil du noch keine bestehenden Kund*innen hast und dir sonst niemand zur Verfügung steht, könnte Feedback rund um dein Angebot positiver ausfallen, als es eigentlich ist. Genau dieses Phänomen beschreibt der amerikanische Entrepreneur Rob Fitzpatrick in seinem Buch *The Mom Test*.[10] Er erklärt, dass es eigentlich wenig Sinn macht, Fragen rund um dein Angebot zu stellen. Stattdessen solltest du solche Fragen stellen, bei denen dich nicht einmal deine Mutter anlügen kann.

10 Auf dieses Buch wurde ich von einer Instagram-Followerin (@*iam_nataliebruene*) aufmerksam gemacht. Danke für die Empfehlung, Natalie.

Damit deine Fragen also den Mom Test bestehen, formuliere sie so, dass deine Interview-Partner*innen

- von ihrem eigenen Leben erzählen, statt deine Idee zu bewerten
- spezifische Erfahrungen aus der Vergangenheit teilen statt fiktive Prognosen über Zukünftiges abzugeben
- frei sprechen können. Du solltest vorwiegend mit Zuhören beschäftigt sein.

2.4.4 Erstelle Persona-Steckbriefe

Um die Ergebnisse aus deinen Umfragen oder Interviews anschaulich zusammenzufassen, erstelle einen Persona-Steckbrief. Als *Buyer Persona* wird im Marketing ein fiktiver Stellvertreter deiner Wunschkundin bezeichnet. Im Gegensatz zur Zielgruppe, die meistens reine Marktsegmente nach soziodemografischen Kriterien darstellt (also »Frauen zwischen 30 und 55 ...«), haben Personas einen Namen, Eigenschaften, Vorlieben und eine Geschichte. Sie sind also anschaulicher und lebendiger. Ein Persona-Steckbrief ist ein bisschen wie eine Seite in den Freundschaftsbüchern aus unserer Kindheit. Du hältst darin alles fest, was ein abgerundetes Bild von diesem Menschen zeigt, inklusive Namen, Aussehen, Hobbys, Wünsche und Herausforderungen. In *Canva* gibt es tolle Persona-Vorlagen, an denen du dich orientieren kannst (*canva.com/templates/?query=persona*), und *Hubspot* bietet sogar ein eigenes interaktives Tool zur Persona-Erstellung (*hubspot.de/make-my-persona*). Ich notiere meine Persona-Informationen am liebsten dort, wo ich auch meine Angebote und Inhalte plane, in *Notion* (siehe Abbildung 2.10). Somit habe ich alles an einem Ort gesammelt und kann die Informationen zu meinen Personas jederzeit aufrufen.

Name	Alter	Beruf	Kurzbeschreibung
Hannah	28	Yogalehrerin	Hannah ist Yogalehrerin und möchte mit Instagram Kund:innen für ihre Online-Yogaklassen gewinnen.
Valerie	34	Fotografin	Als junge Mama hat Valerie kaum Zeit für Instagram. Sie hofft, wieder mehr Reichweite und Sichtbarkeit für ihre Arbeit als Fotografin zu bekommen.
Lilli	38	Business Coach	Lilli hat sich schon einen erfolgreichen Instagram-Kanal als Business Coachin aufgebaut, ist aber bereit für den nächsten Schritt.

Abbildung 2.10 Ich halte meine Buyer Personas in Notion fest.

Warum Personas, nicht Persona?

Die meisten Unternehmen können sich nicht auf eine einzige Buyer Persona festlegen. Deshalb erstellen sie gleich mehrere Kundenavatare, die jeweils unterschiedliche Interessen und Eigenschaften haben. Wie viele Personas du entwickeln solltest, ist individuell. Es gibt dafür keinen Richtwert.

Wichtig ist nur, dass du deine Personas nicht rein nach demografischen Faktoren trennst (eine Persona ist weiblich, die andere männlich), sondern dich eher an deren Bedürfnissen orientierst. Eine meiner Personas, Lilli, ist zum Beispiel schon erfolgreich mit Instagram und braucht eher Unterstützung dabei, ihre Workflows zu optimieren. Hannah hingegen steht ganz am Anfang und hat bis jetzt noch keine Kundin über Instagram gewonnen. Sie möchte an die Hand genommen werden und lernen, wie sie eine nachhaltige Marketing-Strategie für Instagram entwickeln kann, die ihren Werten entspricht. Du siehst, die beiden trennt mehr als nur der Altersunterschied von 10 Jahren.

2.4.5 Deine dynamische Kunden-Datenbank

Der Grund, warum ich Notion zur Aufbereitung deiner Persona-Steckbriefe empfehle, ist, dass du dir dort eine komplette Kunden-Datenbank aufbauen kannst. In dieser hältst du nicht nur deine Interview-Ergebnisse und Personas fest, sondern speicherst am besten auch Rezensionen und Testimonials, die du laufend ergänzt. In Abbildung 2.11 siehst du Screenshots mit Feedback meiner Onlinekurs-Teilnehmer*innen nach Themen sortiert und mit Sternchen versehen, welche die Relevanz und Wirksamkeit des jeweiligen Zitats bewerten. Wenn ich dann meinen Kurs weiterentwickele oder das nächste Mal bewerbe, habe ich das wichtigste Feedback meiner Bestandskunden gleich schön sortiert und kann meine weitere Strategie darauf ausrichten.

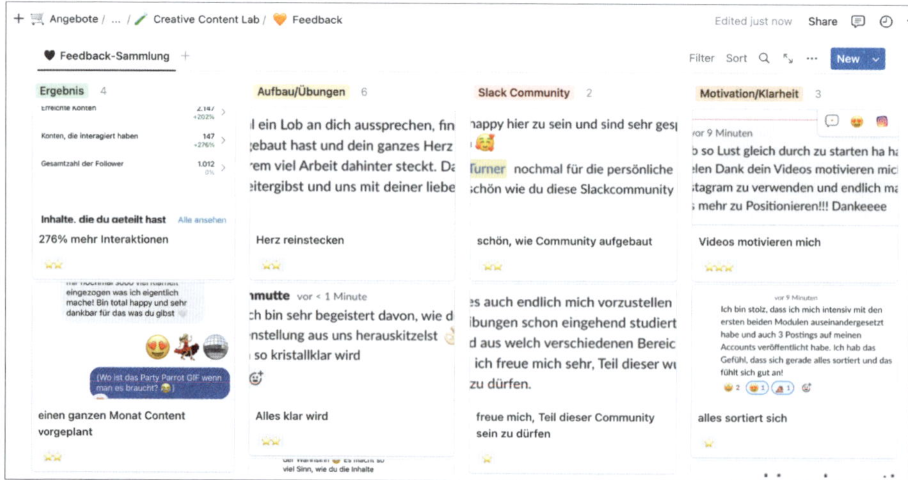

Abbildung 2.11 Feedback zu meinem Onlinekurs, sortiert nach Thema

2.5 Wie Leute von dir kaufen – die Customer Journey

Vielleicht hast du das schon einmal gehört: Jede deiner Kundinnen durchläuft eine Reise vom ersten Mal, wo sie auf dich aufmerksam wird, bis zum Kaufabschluss und darüber hinaus. Diese Reise wird als *Customer Journey* bezeichnet und bildet einen wichtigen Teil deiner Marketing-Strategie. Schließlich möchtest du nicht nur wissen, *wer* deine Wunschkundin ist, sondern auch, *wie* diese von dir kauft. Bevor wir voll und ganz in die Welt der Kundenreisen eintauchen, ein kleiner Hinweis: Die Customer Journey ist ein theoretisches Konstrukt, das wir ausarbeiten, um deine Marketing-Strategie zu optimieren. In der Realität sind Customer Journeys so differenziert und divers wie auch wir Menschen. Keine gleicht der anderen.

2.5.1 Ein Stück in drei Akten

Eine Customer Journey kann in drei Hauptphasen eingeteilt werden: *vor, während* und *nach dem Kauf.* Wie du bestimmt erahnen kannst, unterscheiden sich die Ziele und Bedürfnisse deiner Kund*innen in diesen drei Phasen gravierend. Gehen wir sie einmal der Reihe nach durch.

Vor dem Kauf

Erinnerst du dich noch an das Zirkusbeispiel, das ich zu Beginn dieses Kapitels mit dir geteilt habe? Alle Taktiken, die in diesem Beispiel angewendet werden, vom Plakat bis zum Elefanten, der durchs Blumenbeet trampelt, haben ein Ziel: Besucher*innen davon zu überzeugen, ein Ticket zu kaufen. Zu Beginn der Customer Journey dreht sich also alles darum, auf den Kauf hinzuführen. Diese Zeit vor dem Kauf kann noch einmal in zwei Phasen unterteilt werden: *Awareness* (Aufmerksamkeit) und *Consideration* (Abwägung).

Awareness

Diese Phase beschreibt den Moment, in dem eine Person zum ersten Mal von dir oder deinem Angebot hört. Zu Beginn dieser Phase bist du ihr noch völlig unbekannt, sie ist also eine Fremde. Wie du dir bestimmt vorstellen kannst, geht es in dieser Phase vorwiegend darum, diese Person auf dich aufmerksam zu machen.

Consideration

Nachdem die Person auf dich aufmerksam geworden ist, ist sie dem Kauf schon einen Schritt näher, sie hat Interesse an dir. Noch ist sie aber skeptisch und weiß nicht, ob du wirklich der beste Match für ihre Bedürfnisse bist. In dieser Phase musst du sie also von dir und deinem Angebot überzeugen.

Während des Kaufs

Mit der ersten Kontaktaufnahme (zum Beispiel durch die Eintragung in deinen Newsletter) wird diese Interessentin zum sogenannten Lead. Jetzt darfst du sie mit Fingerspitzengefühl zum Kaufabschluss führen sowie durch den Kauf-Prozess begleiten.

Nach dem Kauf

Unsere Customer Journey ist mit dem Kauf noch nicht abgeschlossen. Du willst doch eine Kundin nicht nur einmal für dich gewinnen. Auch in der Zeit nach dem Kauf gibt es wieder zwei Phasen: *Retention* (Kundenbindung) und *Loyalty* (Loyalität). In Tabelle 2.4 findest du alle fünf Phasen noch einmal zusammengefasst.

Retention

In dieser Phase geht es vor allem darum, bestehende Kundschaft erneut zum Kauf zu animieren. Du musst sie nicht mehr ganz neu von dir überzeugen, wie das in den Awareness- und Consideration-Phasen der Fall ist. Ein nachhaltiges Business-Modell investiert jedoch mindestens genauso viel in seine Bestandskunden wie in Neukundengewinnung.

Loyalty

Einige deiner Bestandskunden sind so stark von dir und deinen Angeboten überzeugt, dass sie zu wahren Fans werden. Sie sind es, die allen Freund*innen, Bekannten und Verwandten von dir vorschwärmen und jedes neue Produkt von dir in ihrer Instagram-Story posten.

Kauf	Phase	Status	Ziel
Vor	Awareness	Fremde	deine Wunschkundin auf dich aufmerksam machen
	Consideration	Interessentin	sie von dir überzeugen
Während	Purchase	Lead	den Kauf begleiten
Nach	Retention	Kundin	Kundenzufriedenheit, weitere Angebote verkaufen
	Loyalty	Fan	Weiterempfehlungen

Tabelle 2.4 Die 5 Phasen der Customer Journey

2.5.2 Die Reiseroute: Entwickle deine Customer Journey Map

Im Laufe der Customer Journey kommt jede Kundin anhand zahlreicher Kontaktpunkte, sogenannter *Touchpoints*, mit dir und deinem Unternehmen in Berührung. Diese können sowohl on- und offline stattfinden und umfassen Telefongespräche, Website-Besuche und Social-Media-Aktivitäten. Aufgabe deiner Marketing-Strategie ist es, jeden einzelnen Touchpoint zielgerichtet einzusetzen. Wie du dir vorstellen kannst, setzt das einiges an Planung voraus. Diese Planung wird in einer *Customer Journey Map* (siehe Abbildung 2.12), einer Art Reiseroute deiner Kund*innen, dokumentiert, in der du festhältst, in welcher Phase welche Marketingkanäle zum Einsatz kommen. Darüber hinaus überlegst du dir, vor welchen Herausforderungen deine Wunschkundin in jeder Phase steht, wie sie sich fühlt und welche Gedanken ihr durch den Kopf gehen. Du siehst, auch hier geht es wieder darum, deine Zielgruppe so gut wie möglich kennenzulernen.

Das Entwickeln einer Customer Journey Map lässt sich gut mit der Arbeit in einem Reisebüro vergleichen, denn es geht nicht nur darum, zu planen, wie jemand am besten von A nach B kommt. Um deine Kundschaft wirklich zufriedenzustellen, musst du auch auf individuelle Bedürfnisse und Wünsche eingehen können. Während eine Person ihren Urlaub ausschließlich im All-inclusive-Club verbringt, wo man in 10 Schritten vom Hotel am Privatstrand steht, sucht sich die andere lieber die abgelegensten, unversehrtesten Strände, die erst nach einer 30-minütigen Wanderung erreicht werden können. Strandurlaub ist also nicht gleich Strandurlaub.

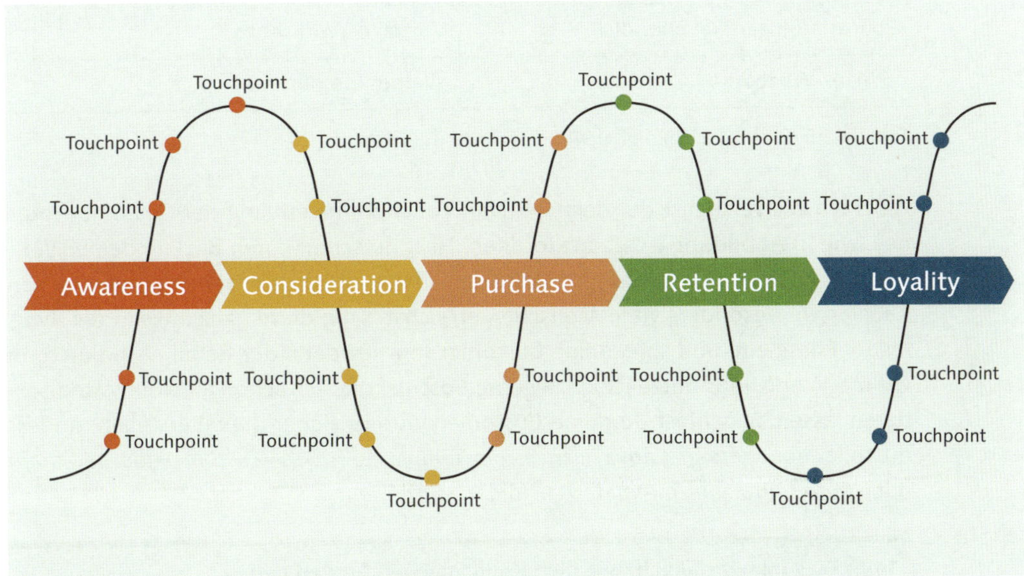

Abbildung 2.12 In einer Customer Journey Map werden die verschiedenen Touchpoints zwischen Kunden und Unternehmen festgehalten.

Im Rahmen deiner Zielgruppenanalyse solltest du schon einige wichtige Informationen zu den verschiedenen Touchpoints deiner Kundenreise gesammelt haben. Schreib diese zunächst in eine Tabelle und ergänze alle weiteren Kontaktpunkte, die dir in den Sinn kommen. Denk dabei daran, dass manche Touchpoints gar nicht von dir beeinflusst werden können. Führt deine Kundin ein Gespräch mit ihrer Freundin und erwähnt dabei dein neuestes Angebot, zählt das auch als Touchpoint. In Tabelle 2.5 findest du eine Auswahl möglicher digitaler sowie analoger Kontaktpunkte, die du vielleicht schon bedienst. Gibt es Touchpoints, die für dich nicht relevant sind, zum Beispiel wenn du noch nie in einem Podcast zu Gast warst, musst du diese nicht auflisten.

Digitale Touchpoints	Analoge Touchpoints
deine Website	Weiterempfehlungen/Gespräche
deine Social-Media-Kanäle	TV/Print/Radiowerbung
Werbung, z. B. auf Facebook	Plakate
Display Ads	Veranstaltungen/Messen
Google-Suche/Google Maps	Telefongespräche
Rezensionen	Schaufenster
Verlinkungen auf anderen Websites	Besuch in deinem Laden
Podcasts/Blogartikel über dich	Vorträge/Workshops
E-Mails/WhatsApp	Werbebroschüre

Tabelle 2.5 Eine Auswahl digitaler und analoger Touchpoints

Als Nächstes versuchst du, deine aktiven Touchpoints entlang der Customer Journey, wie in Abbildung 2.12, anzuordnen. Hast du schon einen Blick in deine Website- oder Social-Media-Insights geworfen, dann weißt du vielleicht, auf welchen Kanälen du besonders viele Menschen erreichst. Trag diese ganz links in die *Awareness*-Phase ein, und spiel deine Customer Journey dann der Reihe nach durch. In Offline-Workshops nutze ich dazu gerne Post-its, die sich schön an einer Wand sortieren lassen. Möchtest du deine Customer Journey lieber digital erstellen, findest du tolle Vorlagen in *Canva* (*canva.com/templates/?query=customer-journey-map*) oder *Miro* (*miro.com/templates/customer-journey-map/*).

Tipp: Frag immer danach, wie dich Kund*innen gefunden haben

Damit dir ausreichend Daten zum Erstellen deiner Customer Journey Map zur Verfügung stehen, frag beim Kaufabschluss immer nach, wie jemand auf dich aufmerksam geworden ist. Je nachdem, welches CRM- oder Buchungssystem du benutzt, kannst du diese Frage mit einem Klick zu deinem Kontaktformular hinzufügen. Solltest du kein CRM-System verwenden, frag selbst nach, und halte das Ergebnis in einer Tabelle fest.

Jeder einzelne Kontaktpunkt hat mehr oder weniger Einfluss darauf, ob eine Interessentin zur Kundin wird oder nicht. Dein Ziel ist es also, jeden Touchpoint zu optimieren. Dafür gehen wir noch einen Schritt weiter und ergänzen die Customer Journey Map um folgende Details:

- *einzelne Aktivitäten* innerhalb eines Touchpoints (Newsletter-Anmeldung ausfüllen, Paket auswählen, auf FAQ klicken)
- *Bedürfnisse*, die diesen Aktivitäten zugrunde liegen (etwas möglichst schnell erledigen; genügend Informationen über ein Angebot finden, um eine sichere Kaufentscheidung zu treffen)
- *mögliche Gedanken der Kundin* bei einzelnen Aktivitäten (»Wow, dieses E-Book brauche ich!« oder »Welches Paket ist das beste für mich?«)
- *mögliche Emotionen der Kundin* bei einzelnen Aktivitäten (Frustration, weil ich keine Infos zum Preis bekomme; Freude, ein Angebot gefunden zu haben, das meinen Bedürfnissen entspricht)
- *Lösungsansätze* für jeden Touchpoint (Wie könntest du diesen noch optimieren und Frustrationen oder Herausforderungen eliminieren?)

Du musst deine Customer Journey Map übrigens nicht alleine erstellen, sondern kannst sie auch im Rahmen deiner Zielgruppenanalyse in einem Workshop gemeinsam mit Kund*innen ausarbeiten. So hast du die Möglichkeit, an verschiedenen Stellen nachzuhaken und ein noch besseres Gespür für die Bedürfnisse deiner Wunschkundin zu entwickeln. Am Ende entsteht dann ein visueller Fahrplan deiner Kundenreise, wie in Abbildung 2.13, den du als Grundlage für deine weiteren Marketing-Schritte immer wieder zur Hand nehmen kannst. Auf meiner Website (*annaturner.com/ausgebucht-worksheets*) kannst du dir eine Canva-Vorlage und ein Workbook zur Ausarbeitung deiner Customer Journey herunterladen.

Wie auch alles andere im Marketing ist deine Customer Journey Map nicht in Stein gemeißelt und wird sich im Laufe deiner Tätigkeiten bestimmt noch verändern. Neue Touchpoints kommen hinzu, andere werden optimiert und manche vielleicht komplett weggelassen. Im weiteren Verlauf dieses Buchs lernst du genau diese Prozesse kennen und wirst deine Customer Journey noch einmal detailliert in Kapitel 4, »Deine erste Kundin gewinnen«, ausarbeiten und mit den Inputs aus Kapitel 7, »Veröffentliche deine ersten Inhalte«, ergänzen. Betrachte also das, was du aktuell vor dir liegen hast, als Ist-Zustand, als guten Startpunkt, aber noch nicht als finale Destination. Wir haben nämlich noch einiges an Arbeit vor uns.

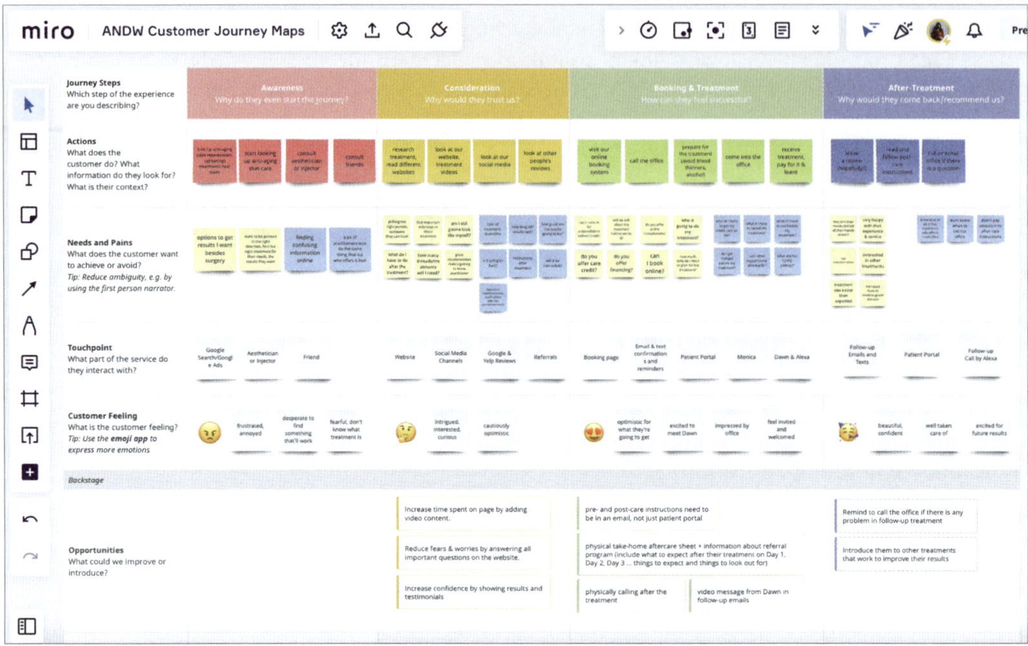

Abbildung 2.13 Customer Journey Map für ein Wellness-Center

> **Ein kleiner Motivations-Boost**
>
> Falls du dich noch nie zuvor mit deiner Marketing-Strategie beschäftigt hast, überfordern dich die Inhalte aus diesem Kapitel vielleicht. Du musst aber wirklich nicht alles auf einmal ausarbeiten, und schon gar nicht perfekt. Studiere ein Konzept nach dem anderen, und führe sie nach und nach aus, so wie du es schaffst. Jeder noch so kleine Schritt führt dich näher an dein Ziel.

2.6 Dich von deiner Konkurrenz abheben

Genauso wichtig wie das Wissen über deine Zielgruppe ist ein Verständnis darüber, was deine Wettbewerber machen. Schließlich möchtest du nicht dieselbe Nische erobern wie zehn andere. Im Rahmen einer *Konkurrenzanalyse* versuchst du nicht nur, deine Wettbewerbslandschaft besser zu verstehen, sie hilft dir auch dabei, deine Einzigartigkeit hervorzuheben. Im Marketing ist oft vom *USP* (Unique Selling Proposition) die Rede, deinem Alleinstellungsmerkmal. Kommunizierst du deinen USP richtig, wissen deine Kund*innen genau, was du ihnen bietest, was sie von Mitbewerber*innen nicht bekommen (siehe Abbildung 2.14).

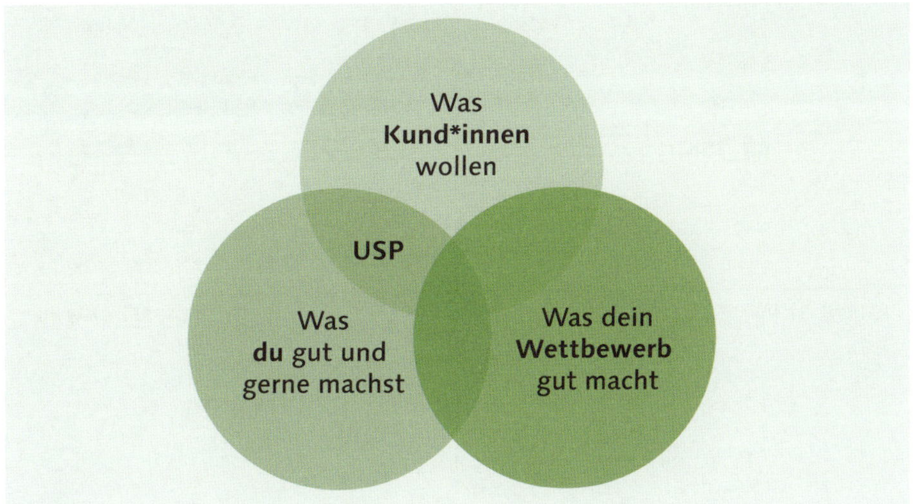

Abbildung 2.14 Dein USP verbindet das, was Kunden wollen und nur du, nicht dein Wettbewerb, abdecken kannst.

Damit du deinen USP im Rahmen deiner Marken-Strategie in Kapitel 3, »Selbst zur Marke werden«, ausarbeiten kannst, solltest du schon jetzt den ersten Grundstein dafür legen und eine Konkurrenzanalyse durchführen. Ich weiß, das klingt erst einmal sehr trocken, aber es kann sogar richtig Spaß machen. Im Laufe meiner Tätigkeit als Marketing-Managerin habe ich zum Beispiel eine detaillierte Konkurrenzanalyse durchgeführt, um die kürzlich erarbeiteten Markenwerte des Wellness-Centers mit denen der unmittelbaren Konkurrenz zu vergleichen. Erinnere dich: Der Großteil der Beauty-Kliniken in Scottsdale klingt gleich, wie du in Abbildung 2.1 sehen konntest. Wir wollten unbedingt aus diesem Einheitsbrei herausstechen.

Im Rahmen der Konkurrenzanalyse habe ich eine Matrix erstellt, die vier Mitbewerber aus dem unmittelbaren Umfeld im Vergleich zu meiner Arbeitgeberin positioniert. Auf der horizontalen Achse wird die Beziehung zu den einzelnen Kund*innen gemessen. Wellness-Center, die sich auf der linken Seite befinden, behandeln ihre Kundschaft eher wie eine Nummer, während diejenigen auf der rechten Seite eine sehr enge Beziehung zur Kundschaft pflegen. Auf der vertikalen Achse wird die Qualität der Behandlungen visualisiert. Je höher die Platzierung, desto besser das Ergebnis und die Kundenzufriedenheit. Wie du in Abbildung 2.15 sehen kannst, liegt meine ehemalige Arbeitgeberin im oberen rechten Quadranten. Diese Erkenntnis nutzten wir dann als Ausgangslage, um unsere Website- und Social-Media-Inhalte noch weiter anzupassen und Punkte wie Qualität und Kundenbeziehung mehr in den Vordergrund zu rücken.

Abbildung 2.15 Ergebnisse der Konkurrenzanalyse für ein Wellness-Center

Um deine eigene Konkurrenzanalyse durchzuführen, befolge diese Schritte:[11]

1. *Definiere ein klares Ziel.* Lege fest, welche Informationen über deinen Wettbewerb für dich wertvoll sind. Interessierst du dich eher für deren Angebote oder den Markenauftritt? Wirst du nur die Websites heranziehen oder auch Social-Media-Kanäle studieren? Leg die Rahmenbedingungen für deine Konkurrenzanalyse genau fest.
2. *Wähle aus, welche Konkurrent*innen du analysieren möchtest.* Deine Zeit ist zu schade, um jede einzelne andere Yogalehrerin oder jeden einzelnen Business-Coach zu evaluieren. Wähle 4–5 Mitbewerber aus, die dir am ähnlichsten sind. Hast du ein lokales Business, wie das Wellness-Center, für das ich gearbeitet habe, schau dich in deiner unmittelbaren Nähe um. Bietest du Onlineprodukte oder -Dienstleistungen an, suche dir Leute aus, deren Angebote deinen am ähnlichsten sind. Außerdem kann es hilfreich sein, einmal die ganz Großen in deiner Branche genauer unter die Lupe zu nehmen. Wer hat es geschafft, sich mit deinem Thema erfolgreich selbstständig zu machen, und vor allem wie?
3. *Lege fest, auf welche Schwerpunkte du achtest.* In deiner Zielsetzung hast du vielleicht schon einige Schwerpunkte wie Angebotsgestaltung oder Markenauftritt festgelegt. Jetzt gehst du noch einen Schritt weiter und überlegst dir genau,

11 Eine detaillierte Anleitung, wie du eine Konkurrenzanalyse durchführen kannst, bekommst du hier: *gruenderplattform.de/businessplan/wettbewerbsanalyse*

welche Punkte du miteinander vergleichen möchtest. Eine Liste an möglichen Schwerpunkten bekommst du in Tabelle 2.6.

4. *Recherchiere.* Jetzt führst du die vorher geplanten Schritte durch und analysierst die Angebote, Websites oder Social-Media-Kanäle deiner Konkurrenz anhand deiner Schwerpunkte. Trag deine Ergebnisse am besten gleich in eine Tabelle, deine Scorecard, ein. Dazu erstellst du jeweils eine Spalte pro Schwerpunkt wie in Abbildung 2.16. Vergiss nicht, eine Spalte für Notizen freizulassen. Deine Konkurrenz sowie dich selbst listest du dann in den ersten Zeilen direkt untereinander auf. Jetzt gehst du Spalte für Spalte für alle Mitbewerber durch und bewertest diese auf einer Skala: gut – mittelgut – schlecht. Bestimmte Informationen (zum Beispiel deren Angebote) notierst du einfach so, ohne sie zu bewerten.
5. *Werte deine Daten aus und leite Schlussfolgerungen daraus ab.* Zum Schluss nimmst du dir genug Zeit, deine Ergebnisse miteinander zu vergleichen. Wenn du möchtest, kannst du sie anhand eines Diagramms oder einer Matrix wie in Abbildung 2.15 visuell aufbereiten. Am wichtigsten ist, dass du mit deiner Auswertung arbeiten kannst und sie für dich Sinn macht, egal in welcher Form.

Bereich	Schwerpunkt	Beschreibung
Business	Angebotspalette	Was bietet deine Konkurrenz an?
	Angebotsumfang	Was beinhalten einzelne Angebote?
	beliebteste Angebote	Welche Angebote sind bei Käufer*innen besonders beliebt?
	Preisstruktur	Gibt es Pakete, Ratenzahlungen, ...?
Marke	Markenwerte	Wofür steht deine Konkurrenz?
	visuelle Identität	Welche Bildsprache verwendet sie?
	Sprache/Tonalität	Wie spricht sie?
Marketing-Strategie	Personas	Fühlen sich deine Personas von deren Angeboten angesprochen?
	aktive Kanäle	Auf welchen Kanälen sind sie aktiv?
	Follower-Zahlen	Wie viele Follower haben sie?
	Werbeanzeigen	Welche Werbeanzeigen sind aktiv?
	Customer Journey	Welche Touchpoints gibt es entlang deren Customer Journey?

Tabelle 2.6 Auf diese Schwerpunkte könntest du im Rahmen deiner Konkurrenzanalyse achten.

Bereich	Schwerpunkt	Beschreibung
Content-Qualität	Relevanz	Sind die Inhalte zielgerichtet?
	Einzigartigkeit	Sind sie individuell oder 0815?
	Conversion-Optimierung	Wie ist die Verkaufsseite aufgebaut? Gibt es genug Calls-to-Action?
	Barrierefreiheit	Sind die Inhalte von Menschen mit Beeinträchtigungen nutzbar?

Tabelle 2.6 Auf diese Schwerpunkte könntest du im Rahmen deiner Konkurrenzanalyse achten. (Forts.)

	A	B	C	D	E	F	G	H	I	J
1	Business	Homepage URL	Relevant	Appropriate	Business Purpose	Discoverability	Skillful	Trustworthy	Caring	High-quality
2	A New Dawn Wellness Center	https://www.anewdawnwellness.com	Good	Fair	Good	Fair	Fair	Good	Poor	Good
3	MD Skin Lounge	https://www.mdskinlounge.com	Good	Fair	Good	Good	Fair	Fair	Poor	Good
4	Institute of Aesthetics	https://instituteofaesthetics.com	Fair	Poor	Fair	Fair	Poor	Poor	Poor	Fair
5	Glo Medspa	https://glomedspas.com	Good	Poor	Good	Fair	Poor	Fair	Poor	Poor
6	Arcadia Wellness Center	https://arcadiawellnesscenter.com	Good	Fair	Good	Good	Poor	Good	Fair	Good
7										
8										
9										
10	A New Dawn Wellness Center	https://www.anewdawnwellness.com/botox-dysport-scottsdale	Good	Fair	Good	Good	Good	Good	Fair	Fair
11	MD Skin Lounge	https://www.mdskinlounge.com/treatments/injectables/botox/	Good	Fair	Fair	Good	Poor	Fair	Poor	Poor
12	Institute of Aesthetics	https://instituteofaesthetics.com/treatments/	Fair	Poor	Fair	Poor	Poor	Poor	Poor	Fair
13		https://glomedspas.com/services/injecti								

+ ≡ Overview ▾ | Home ▾ | Treatment ▾ | Competitive Audit ▾

Abbildung 2.16 Erstelle eine Scorecard für deine Konkurrenzanalyse.

Best Practice: Elly Magpie – »Fitness for every body«

Wie ein Unternehmen aussieht, das sich ganz deutlich von seiner Konkurrenz abhebt, zeigt Elly Magpie (*ellymagpie.fitness*). Die Wienerin hat ein Alleinstellungsmerkmal ausgearbeitet, das wirklich keines der gängigen Fitness-Studios in Wien abdeckt. Sie bietet Workouts für alle Körperformen, ganz ohne Vorurteile und Bodyshaming. Auf ihrer Website sowie auf Instagram (*@ellymagpie*) ist dieser USP auf jedem einzelnen Bild und in jeder einzelnen Text-Passage spürbar. So schafft sie es, in einem schon übersättigten Markt trotzdem noch hervorzustechen.

2.7 Deine Marketing-Ziele definieren

Dass Marketing und Business Hand in Hand gehen, ist dir mittlerweile hoffentlich bewusst. Falls nicht, dann erkennst du es spätestens beim Festlegen deiner Marketing-Ziele. Denn nur wenn du dein übergeordnetes Business-Ziel kennst, kannst du auswerten, welche Marketing-Taktiken sinnvoll für dich sind und welche eben nicht.

2.7.1 Viral gehen ist nicht alles, oder doch?

Ein beliebter Satz von Instagram-Berater*innen lautet: »Virale Reels helfen dir nicht dabei, mehr Umsatz zu generieren.« Viral gehen sei also eine Taktik, die angeblich nicht aufs Business-Ziel *mehr Umsatz* einzahlt. Nehmen wir dieses Argument einmal genauer unter die Lupe.[12]

Wenn du zum Ziel hast, mehr Umsatz zu erwirtschaften, hast du im Grunde genommen zwei Möglichkeiten: Zum einen könntest du versuchen, deinen Umsatz pro Kundin zu steigern, zum Beispiel über Cross-Sells oder indem du deine Kundschaft zum erneuten Kauf anregst (deine Repurchase-Rate erhöhst). Da du aber aktuell keine passenden Produkte dafür im Angebot hast, entscheidest du dich, zu versuchen, deine Kundenanzahl zu erhöhen, also mehr Kund*innen zu gewinnen. Auch hierfür gibt es natürlich zahlreiche verschiedene Möglichkeiten. Wenn deine Verkäufe über eine Sales-Page auf deiner Website laufen, könntest du versuchen, diese zu überarbeiten, um die Anzahl der Verkäufe bei gleichbleibender Besucherzahl zu erhöhen (deine Conversion-Rate zu erhöhen). Du weißt aber, dass deine Conversion-Rate durchaus dem Standard entspricht, also versuchst du es mit einer anderen Taktik: Du möchtest mehr Besucher*innen auf deine Website locken.

Beim Ausarbeiten deiner Customer Journey Map hast du herausgefunden, dass dein Website-Traffic vor allem über Google Ads und Instagram kommt. Da du aktuell dein Werbebudget nicht erhöhen kannst, um weitere Kampagnen zu schalten, entscheidest du dich, alles auf Instagram zu setzen. Dein neues, kleineres Ziel ist es also, so viele Website-Klicks wie möglich über Instagram zu generieren. Auch hier gibt es wieder verschiedene Einflussfaktoren. Die Anzahl deiner Profilbesuche könnte eine Auswirkung darauf haben, wie oft der Link in deiner Bio geklickt wird. Je mehr Profilbesuche, desto mehr Link-Klicks, so lautet deine These. Außerdem hast du die Möglichkeit, Links zu deiner Sales-Page in deinen Storys zu posten. Aktuell sind deine Story-Views aber leider sehr niedrig, deshalb möchtest du versuchen, den Link in deiner Bio mehr hervorzuheben. Zum einen möchtest du in Zukunft mehr Calls-to-Action (CTAs) in deinen Posts platzieren, in denen du auf

12 In diesem Beispiel werden einige Begriffe verwendet, die im Laufe dieses Kapitels noch genauer erklärt werden. In Abschnitt 2.7.8 bekommst du eine Auflistung all dieser Begriffe und deren Definition.

den Link in deiner Bio verweist. Dadurch erhoffst du dir einen raschen Zuwachs an Profilbesuchen.

Da du auch langfristig denkst, weißt du, dass du zusätzlich dein Follower-Wachstum antreiben musst. Denn je mehr Follower du hast, desto mehr Leute klicken auf dein Profil. Um also mehr Leute auf dich aufmerksam zu machen und in Follower zu verwandeln, musst du reichweitenstarke Inhalte posten. Denn je größer deine Reichweite, desto höher die Chance, neue Follower zu gewinnen. Verfolgst du jetzt diesen langen Weg in Abbildung 2.17 von links nach rechts, erkennst du, dass viraler Content durchaus einen Einfluss auf deinen Umsatz haben kann.

Natürlich bringen dir hohe Reichweiten nur dann etwas, wenn du die erreichten Nutzer auch wirklich in Follower und diese wiederum in Profil- und Website-Besucher verwandeln kannst. Fällt dir etwas auf? Wir haben gerade einmal die ersten 3 Phasen der Customer Journey durchgespielt.

Was bedeutet KPI?

KPI bedeutet *Key Performance Indicator* und steht für eine Kennzahl in der Wirtschaft oder im Marketing, anhand derer die Leistung einer bestimmten Aktivität gemessen werden kann. Weiter unten in diesem Abschnitt bekommst du eine Liste an relevanten KPIs inklusive Erklärung der einzelnen Kennzahlen.

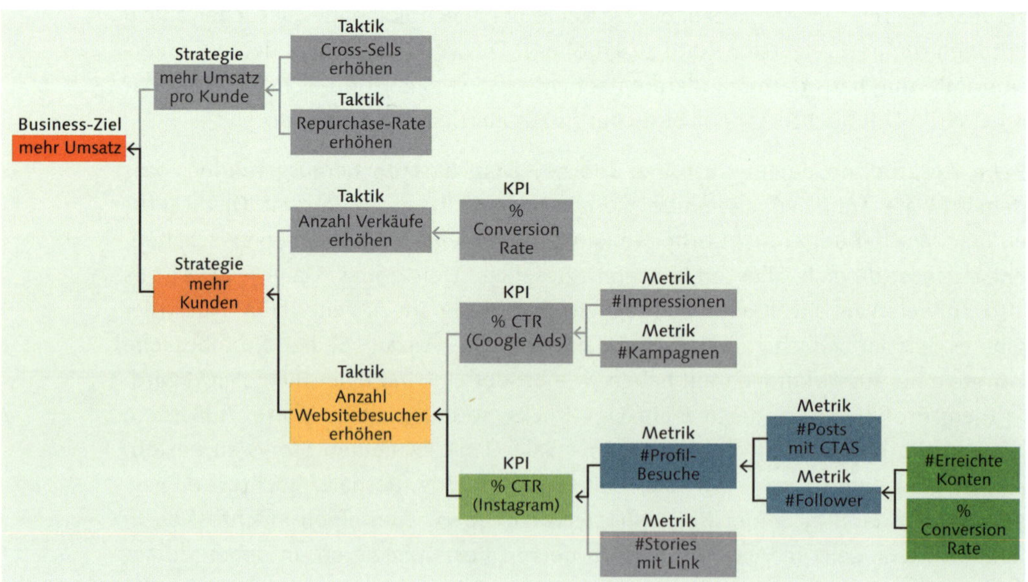

Abbildung 2.17 Ein KPI-Baum zeigt, dass die Zahl der erreichten Konten durchaus Einfluss auf den Umsatz haben kann.

2.7.2 Es gibt nicht den einen Weg, die eine Strategie

In diesem Beispiel verbergen sich gleich drei wichtige Marketing-Learnings:

1. Es gibt nicht die eine Strategie, die garantiert ans Ziel führt.
2. Jeder einzelne Touchpoint der Customer Journey kann deinen Business-Erfolg beeinflussen.
3. Wer im Marketing erfolgreich sein will, muss experimentieren.

Ein großer Fehler, den viele Selbstständige machen, ist, dass sie blind Taktiken übernehmen, die ihnen von irgendwelchen Möchtegern-Gurus aufgeschwatzt werden. Dabei kannst du nie von einem Business aufs andere schließen. Überspitzt gesagt: was dem einen Erfolg bringt, treibt die andere fast in den Ruin. Denn jedes Unternehmen, jede Zielgruppe und jede Strategie ist anders. Sag dir das immer wieder vor.

2.7.3 Erfolgreiches Marketing ist Experimentieren

»Eines meiner *First Principles*[13] ist: Ich weiß nicht, was funktioniert«, erzählt mir Content-Marketing-Stratege Robert Weller im Gespräch. Er weiß aktuell noch nicht, ob sein neuer Podcast *Taking care of content*[14], der gemeinsam mit Kollege Stefan von Gagern gestartet wurde, funktionieren wird. Was er aber weiß, ist, dass kein Podcast von heute auf morgen erfolgreich geworden ist. »Also lasse ich ihn jetzt einfach mit Minimalaufwand laufen, bis wir 30, 40 Folgen haben. Und dann schaue ich mir an: Hat das Ding schon *Traction*[15] gewonnen? Ist schon irgendetwas daraus geworden? Hat der Podcast irgendeinen Wert für einen von uns? Erst daraus ergibt sich die Frage: Sollen wir ihn weiterführen oder nicht?« Roberts wichtigster Ratschlag für Selbstständige lautet also:

> *»Denke wie ein Wissenschaftler. Was weiß ich, was ist Fakt? Und wo gründe ich vielleicht meine Arbeit nur auf Vermutungen, die sich auch als falsch herausstellen können?«*

Eine erfolgreiche Marketing-Strategie wird entwickelt, umsetzt, dann ausgewertet und immer wieder angepasst. Und genau darin liegt deine große Chance als Selbstständige. Denn du hast beim Experiment Marketing nicht viel zu verlieren. Stell dir einmal vor, eine weltbekannte Marke wie Apple würde einen Podcast mit Robert Wellers Ansatz angehen. Denkst du, dass Apple die Dinge einfach einmal laufen

13 First Principle Thinking beschreibt einen Denkansatz, bei dem Probleme von Grund auf neu gedacht werden. Ein First Principle ist ein Grundsatz, der als bewiesen gilt, auf den man seine weiteren Hypothesen aufbauen kann.

14 *toushenne.de/taking-care-of-content-podcast.html*

15 Traction bedeutet so viel wie Schwung, Dynamik, Momentum.

lassen kann, um zu sehen, was passiert? Natürlich nicht. Ein großes Unternehmen kann irrsinnigen Schaden nehmen, wenn der neue Podcast floppt oder ein Social-Media-Post einmal den falschen Ton trifft (Stichwort: Shitstorm). Aber was ist das Schlimmste, was dir passieren kann? Was passiert, wenn deine neuen TikToks weniger Views bekommen? Welche Konsequenzen hat es für dich, wenn du deinen Blog ein paar Monate lang bespielst und dann merkst, es ist doch nichts für dich? Wie schlimm ist es, wenn sich einmal 30 Leute aus deinem Newsletter austragen, weil du zu viele E-Mails rausgeschickt hast? Gerade als Soloselbstständige bist du niemandem Rechenschaft schuldig und hast im Grunde genommen nichts zu verlieren, außer deine eigene Zeit.

Was du aber gewinnen kannst, ist Erfahrung. Wenn dein Podcast floppt, hast du noch immer gelernt, wie man Audioaufnahmen tätigt, diese schneidet und hochlädt. Du hast nun Übung darin, Ideen zu finden, Skripte zu schreiben, und hast vielleicht sogar deine Sprechkompetenz verbessert. Und du weißt jetzt, dass ein Podcast für dich einfach nicht funktioniert. Dieser Ansatz gilt im Übrigen nicht nur für dein Marketing, sondern für dein komplettes Business.

Über das Scheitern als Selbstständige

2020 gründete ich in den USA gemeinsam mit meinem Mann eine kleine Content-Marketing-Agentur, *White Fern Marketing*. Eigentlich hatte ich damals eine Festanstellung als Marketing-Managerin im Wellness-Center, aber ich bekam immer wieder Anfragen von Kund*innen meiner Arbeitgeberin, die selbst kleine Unternehmen führten und Hilfe mit ihrem Social-Media-Auftritt oder ihrer Website benötigten. Im ersten Jahr lehnte ich alle Anfragen ab, da ich ja einen Vollzeit-Job hatte. Erst als mein Mann seine Ausbildung am Digital Marketing Institute abgeschlossen hatte, kam der Gedanke auf, zusammenzuarbeiten. Gesagt, getan. In den darauffolgenden Jahren entwickelten wir Content-Strategien für verschiedenste Unternehmen aus der Gesundheits- und Wellness-Branche, vom Yogastudio bis zur Hautpflegemarke. Gemeinsam mit anderen Freelancern verfassten wir Blogartikel, betreuten Social-Media-Kanäle und gestalteten Websites. Wie eine ganz normale Agentur eben.

Das einzige Problem dabei: Es machte mir keinen Spaß. Auch wenn das Experiment Marketing-Agentur zwar im Grunde genommen erfolgreich war, denn wir konnten beide davon leben, war es einfach nicht das Richtige für mich. Wir bekamen dauernd neue Anfragen, sodass wir bald weitere Mitarbeiter einstellen oder Freelancer*innen dazuholen hätten müssen. Dabei sah ich mich nie als Chefin und meinen Mann genauso nicht. So beschloss ich Anfang 2023, *White Fern Marketing* aufzulösen und mich wieder voll und ganz auf meine Soloselbstständigkeit zu konzentrieren. Heute bin ich trotzdem unglaublich dankbar für unsere Agentur-Zeit. Denn nur durchs Experimentieren, durchs Ausprobieren, wie es denn ist, eine Agentur zu führen, kann ich mit Sicherheit sagen: Das ist nichts für mich.

2.7.4 Sei SMART, beginne klein

Meistens scheitern Selbstständige daran, dass sie zu viel auf einmal versuchen. Du kannst nicht neben deinen Kundenprojekten noch wöchentliche Newsletter versenden, einen Blog aufrechterhalten und täglich LinkedIn, Instagram und TikTok bespielen. Unter solchen Aktionen leidet nicht nur die Qualität deiner Inhalte, sondern auch deine mentale Gesundheit. Beginne lieber klein, mit maximal zwei, drei Taktiken, die dir besonders sinnvoll erscheinen.

Das Bullseye-Framework

Ein großartiges Tool, um herauszufinden, welche Taktiken das sind, ist das *Bullseye-Framework*, das von den beiden Gründern der Suchmaschine DuckDuckGo, Gabriel Weinberg und Justin Mares entwickelt wurde. Es funktioniert ein wenig wie eine Dartscheibe und besteht aus drei Ringen:

- *Im äußeren Ring* werden möglichst viele Ideen für verschiedene Marketing-Taktiken festgehalten. Dabei ist es wichtig, sich zu jedem der 19 Kanäle, die von Weinberg und Mares identifiziert wurden, mindestens eine Taktik zu überlegen. Einen detaillierten Überblick über die 19 Channel bekommst du in Abschnitt 4.2, »Deinen wichtigsten Marketing-Kanal bestimmen«.
- Die 2–5 spannendsten Ideen werden dann in den *mittleren Ring* geschoben und aktiv getestet. Folgende Fragen helfen dir dabei, vielversprechende Ideen zu identifizieren, und sind übrigens auch bei der weiteren Lektüre dieses Buchs sinnvoll:
  - Welche Taktiken kann ich mit meinen schon vorhandenen Ressourcen am ehesten umsetzen?
  - Welche Taktiken scheinen mir am sinnvollsten, um mein Marketing- oder Business-Ziel zu erreichen? Hier darfst du dich am Anfang gerne auf dein Bauchgefühl verlassen, falls du noch keine relevanten Daten zur Verfügung hast. Nach einem ersten Testlauf solltest du deine Annahme aber unbedingt verifizieren. Nutze auch die Insights aus deiner Zielgruppenanalyse, um erste Empfehlungen daraus abzuleiten (z. B. »Im Schnitt haben mich 7 von 10 befragten Kund*innen auf Instagram entdeckt, also setze ich auf Instagram«).
  - Wie hoch schätze ich den Aufwand ein, um diese Taktik umzusetzen oder diesen Kanal langfristig zu bespielen?
  - Welche Taktiken machen mir am meisten Spaß? Wo kann ich meine Stärken und Talente am besten einsetzen?
- Je nach Ressourcen solltest du, wie oben erwähnt, maximal fünf Taktiken gleichzeitig testen und diese über einen ausreichend langen Zeitraum auswerten (3–6 Monate). Danach verschiebst du die Taktik, die am besten abgeschnitten hat, in die Mitte deiner Dartscheibe, ins *Bullseye*.

Ziel ist es also, mindestens eine Taktik zu finden, die für dich funktioniert. Erinnerst du dich an den Vergleich mit dem Bogenschützen am Beginn dieses Kapitels? Als Solopreneur hast du nur eine geringe Anzahl an Pfeilen zur Verfügung. Mit dem Bullseye-Framework garantierst du, dass jeder Schuss ins Schwarze trifft (siehe Abbildung 2.18).

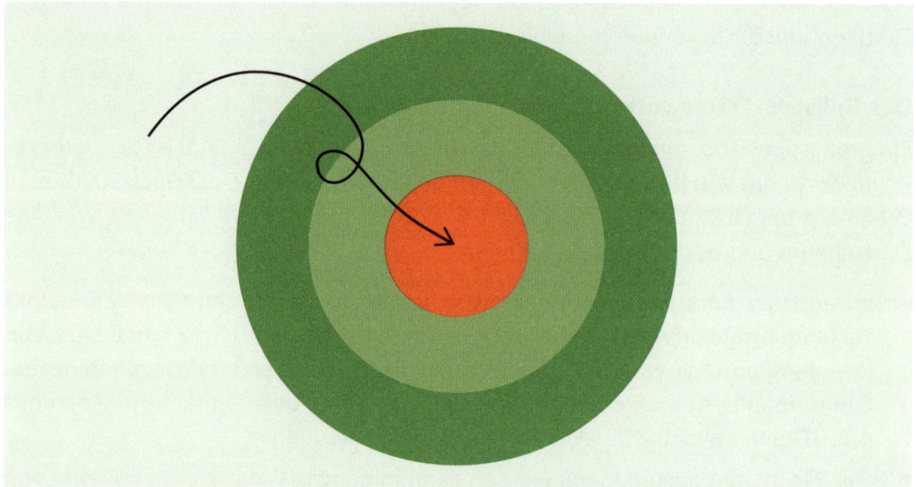

Abbildung 2.18 Deine Pfeile treffen idealerweise ins Bullseye.

2.7.5 So gestaltest du dein Marketing-Experiment

Um zu entscheiden, welche Ideen du vom äußeren in den mittleren Ring verschiebst, wende First Principle Thinking an. Was ist etwas, das du garantiert weißt? Eine allgemeine Ärztin weiß zum Beispiel, dass Patient*innen Wert auf Freundlichkeit legen, weil sie die Rezensionen ihrer Kollegen studiert hat (siehe Abbildung 2.5). Ich weiß, dass meine Kundinnen Probleme damit haben, auf Instagram zu verkaufen, weil ich eine Zielgruppenbefragung durchgeführt habe, in der 60 % der Teilnehmenden genau das als größte Herausforderung angegeben haben. Du weißt vielleicht, dass dir Schreiben mehr Spaß macht als Videos filmen. All das sind First Principles, also Annahmen, die du als gegeben, als verifiziert, betrachten kannst. Genau auf diese Annahmen baust du auf.

Wenn du weißt, dass du nicht gerne Videos filmst, kannst du Social-Media-Kanäle wie TikTok oder YouTube schon einmal aus deinem Marketing-Mix streichen. Auch Instagram könnte schwierig werden, so ganz ohne Reels, aber immer noch möglich. Lass dich dabei nicht zu sehr von Trends und Hypes rund um ein Format oder eine bestimmte Plattform aus der Bahn werfen. Wie du mittlerweile hoffentlich weißt: Nur weil etwas für andere funktioniert, heißt das noch lange nicht, dass es auch für dich klappt.

2.7.6 SMARTe Business-Ziele festlegen

Neben deinen First Principles solltest du natürlich auch festlegen, was du überhaupt mit deinen Marketing-Taktiken erreichen möchtest. Wie genau sieht das Bullseye aus, in das du treffen möchtest? Je detaillierter du dein Ziel und die dazugehörigen Strategien und Taktiken im Vorfeld ausarbeitest, desto leichter triffst du später ins Schwarze. Denn zur Erinnerung: Jeder Touchpoint deiner Customer Journey hat einen Einfluss auf deinen Business-Erfolg.

Online-Marketing-Expertin Lisa-Marie Grabner denkt die Metapher des Bogenschützen noch weiter und erklärt:

> *»Damit dein Pfeil auch wirklich die Mitte der Zielscheibe trifft, braucht es eine Reihe an richtigen Bewegungen. Du musst den Bogen spannen, du musst zielen, darfst dabei nicht zittern, nicht ins Hohlkreuz fallen, die Hand an dein Kinn legen, beide Arme parallel halten und im richtigen Moment die Sehne loslassen.*
>
> *Das Problem dabei? Jeder Millimeter deiner Bewegungen macht sich auf der Scheibe bemerkbar. Zielst du einen Millimeter zu weit nach links, wird dein Pfeil auf einer Scheiben-Distanz von 30 Meter stolze 20 Zentimeter zu weit links landen. Hast du nicht nur zu weit nach links gezielt, sondern auch deinen Arm um ein paar Millimeter verrissen, landet dein Pfeil im Nirgendwo.«*[16]

Um deine Marketingziele festzulegen, musst du zunächst ein übergeordnetes Business-Ziel definieren. Als Selbstständige ist dieses eigentlich selbsterklärend: Du möchtest mit deinen Dienstleistungen oder Produkten Geld verdienen. Erinnere dich an das Zitat von Allan Dib aus Abschnitt 2.3: Du bist besser beraten, die Namen deiner potenziellen Kundschaft zu sammeln, also Leads zu generieren, als nur deine Markenbekanntheit zu steigern.

Das Ziel *mehr Umsatz* ist aber noch zu schwammig, um deine Marketing-Strategie darauf auszurichten. Deshalb gilt es, dieses klar und messbar zu machen, ein SMARTes Ziel zu entwickeln. Das Akronym SMART ist dir bestimmt schon einmal untergekommen. Es steht für:

- **S**pezifisch: Dein Ziel sollte präzise formuliert sein.
- **M**essbar: Dein Ziel sollte bestimmten Kennzahlen zugeordnet sein.
- **A**ttraktiv: Dein Ziel sollte positiv formuliert sein, damit du auch Spaß daran hast, darauf hinzuarbeiten.
- **R**ealistisch: Dein Ziel sollte erreichbar sein.
- **T**erminiert: Dein Ziel sollte ein fixes Zeitfenster oder eine Deadline haben.

16 Lisa-Marie Grabner, 2022. *lima.rocks/mehr-sales*

Ein SMARTes Umsatzziel könnte zum Beispiel lauten: »meinen Break-Even-Point in den ersten 12 Monaten meiner Selbstständigkeit erreichen« oder »meinen Umsatz im Kalenderjahr 2024 um 25 % steigern.«[17]

2.7.7 Definiere deine Marketing-Ziele mit der OKR-Methode

Um jetzt aus diesem Business-Ziel verschiedene Marketing-Ziele abzuleiten, empfehle ich die OKR-Methode, die von Google, Netflix oder Spotify eingesetzt wird. OKR steht für *Objectives* (qualitative Ziele) und *Key-Results* (messbaren Ergebniszahlen, die den Objectives zugeordnet sind).

Deine Marketing-Objectives unterliegen immer einem übergeordneten Business-Ziel. Dadurch wird ein großes Ziel wie »meinen Umsatz im Kalenderjahr 2024 um 25 % steigern« in kleinere Teilziele heruntergebrochen und so realisierbarer gemacht. In Abbildung 2.19 wird das Ganze noch einmal visualisiert, um es verständlicher zu machen.

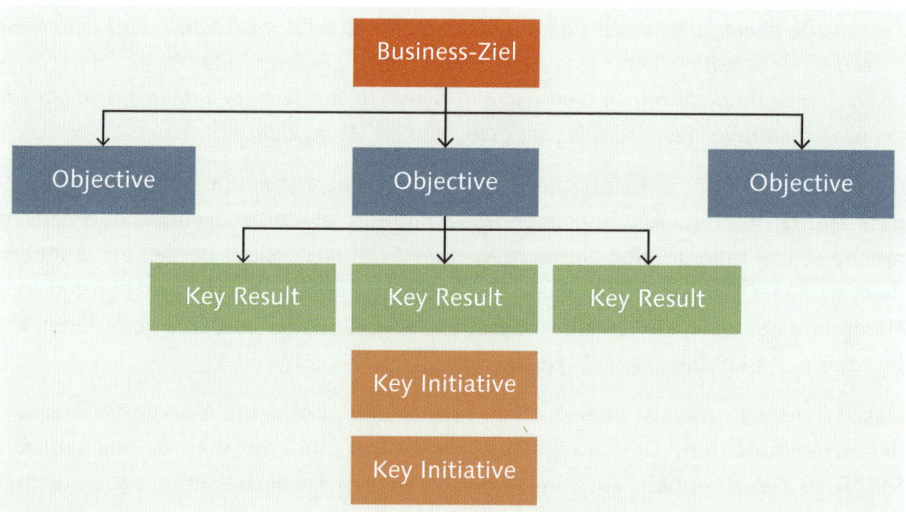

Abbildung 2.19 Das Verhältnis von OKRs zu deinem Business-Ziel

Um zu messen, ob du deine Teilziele wirklich erreicht hast, ordnest du ihnen mehrere messbare Key-Results zu, die du nach der SMART-Methode definierst. Ich rate dir außerdem, deine OKRs noch um sogenannte *Key-Initiatives* zu erweitern. Dabei handelt es sich um konkrete Maßnahmen, die du triffst, um deine Objectives zu erreichen. Das Besondere an der OKR-Methode ist, dass deine Ziele immer für einen bestimmten Zeitraum, nämlich für ein Quartal, festgelegt werden. Wenn du

17 Weitere Tipps zum Festlegen von SMARTen Business-Zielen bekommst du hier: *fuer-gruender.de/wissen/existenzgruendung-planen/ziele/kurz-mittelfristige-ziele*

also im Laufe dieses Buchs zu hören bekommst, dass du deine Taktiken für mindestens 3 Monate testen solltest, weißt du jetzt, warum das so ist.

So sehen OKRs in der Anwendung aus

Um das Ganze anschaulicher zu machen, betrachten wir zwei konkrete OKRs zum oben genannten Business-Ziel fürs erste Quartal 2024.

Objective 1: mehr Kunden gewinnen

Key Results:

- Anzahl der Neukunden um 15 % steigern
- Anzahl der Besuche auf der Angebotsseite über Instagram verdoppeln

Key Initiatives:

- die Angebotsseite um aussagekräftige Video-Testimonials erweitern
- einen direkten Link zur Angebotsseite in der Instagram-Bio platzieren; den Linkbaum zwischenzeitlich entfernen
- 2× wöchentlich einen direkten Link zur Angebotsseite in der Story posten

Objective 2: mehr Umsatz pro Kunde erreichen

Key Results:

- die Repurchase-Rate bei Bestandskunden um 5 % erhöhen
- die Zahl der Cross-Sells auf 8 pro Monat steigern

Key Initiatives:

- eine E-Mail-Kampagne, die sich an Bestandskunden richtet, testen
- einen Gutscheincode für ein neues Angebot für deine 10 kaufkräftigsten Kunden erstellen
- Ein E-Book als Order Bump auf der Zahlungsseite platzieren

2.7.8 Die Kennzahlen zur Auswertung deiner Taktiken festlegen

Der wahrscheinlich wichtigste Aspekt deiner Marketing-Strategie ist die Auswertung deiner Taktiken. Gerade zu Beginn deines Experiments bist du als Bogenschütze noch umgeben von Nebel. Du kannst beeinflussen, wie du deine Pfeile schießt, und hast auch dein Ziel im Visier. Aber ohne selbst nachzusehen, ob dein Pfeil wirklich in der Scheibe steckt, kannst du dir nie zu hundert Prozent sicher sein.

Wie dir die OKR-Methode gezeigt hat, sind die Kennzahlen, die KPIs, die du zur Auswertung deiner Marketing-Erfolge heranziehen kannst, abhängig von deinen gewählten Taktiken. Deshalb ist es unmöglich, dir eine vollständige Liste vorzulegen. In Tabelle 2.7 werden einige wichtige KPIs, die im Laufe des Buchs zum Einsatz kommen, anhand verschiedener Bereiche aufgelistet. Hier kannst du also jederzeit deine Erinnerung auffrischen.

Bereich	Kennzahl	Beschreibung
Business & Sales	Umsatzziel	wie viel Umsatz erreicht werden soll (in €)
	Gewinnmarge	der Anteil deines Gewinns am Gesamtumsatz (in %)
	Break-Even-Point	der Punkt, an dem dein Umsatz deine Kosten komplett abdeckt (in €)
	Customer Acquisition Cost (CAC)	der Betrag, den du ausgibst, um einen neuen Kunden zu gewinnen (in €)
	Average Order Value (AOV)	= durchschnittlicher Bestellwert der Betrag, den ein Kunde im Schnitt bei einer Bestellung ausgibt (in €)
	Customer Lifetime Value (CLV)	= Kundenwert, Kundenertragswert wie viele Einnahmen du im Durchschnitt mit einem Kunden im Laufe der Zusammenarbeit hast (in €)
	Repurchase-Rate	= Wiederkaufsrate wie viele Kunden wiederholt deine Angebote kaufen (in %)
	Churn-Rate	= Abwanderungsrate wie viele Kunden du über einen Zeitraum verlierst (in %)
	Net Promoter Score (NPS)	wie zufrieden deine Kunden sind (auf einer Skala)
	Up-, Down- und Cross-Selling-Rate	wie viele Kunden ein weiteres Angebot gekauft haben (in %)
Marketing	Cost-per-Lead (CPL)	der Betrag, den du ausgibst, um einen neuen Lead zu gewinnen (in €)
	Conversion-Rate	wie viele Besucher eine konkrete Handlung vornehmen, z. B. sich in deinen Newsletter eintragen oder dein Angebot buchen (in %)
	Return on Investment (ROI)	wie viel Gewinn du aus Marketing-Kampagnen schöpfen konntest (in €)

Tabelle 2.7 Die wichtigsten KPIs für deine Marketing-Strategie

Bereich	Kennzahl	Beschreibung
Website	Anzahl der Besuche	wie viele User deine Website insgesamt besucht haben
	einzelne Besucher	Anzahl der User, die deine Website zum ersten Mal besucht haben
	wiederkehrende Besucher	Anzahl der User, die deine Website mehr als einmal besucht haben
	Verweildauer	wie lange sich User auf deiner Website aufhalten
	Page Depth	= Seitentiefe wie viele Seiten User in einer Sitzung auf deiner Seite besuchen
	Bounce-Rate	= Absprungrate wie viele User deine Website verlassen, nachdem sie nur eine einzige Seite besucht haben (in %)
	Traffic-Quellen	woher die Besucher deiner Website kommen, z. B. Suchmaschinen, Social Media, E-Mails usw.
Social Media	Reach-Rate	wie viele deiner Follower deine Posts oder Storys sehen (in %)
	Follower-Growth-Rate	wie viele neue Follower du gewonnen hast (in %)
	Engagement-Rate	wie viele der erreichten Nutzer mit deinem Beitrag interagieren (in %)
	Retention-Rate	wie oft deine Videos oder Storys bis zum Ende geschaut werden (in %)
Ads	Cost-per-Click (CPC)	wie viel du für einen Klick auf deine Werbeanzeige zahlst (in €)
	Click-Through-Rate (CTR)	wie viele User auf deine Werbeanzeige klicken (in %)

Tabelle 2.7 Die wichtigsten KPIs für deine Marketing-Strategie (Forts.)

Bereich	Kennzahl	Beschreibung
E-Mails	Zustellrate	wie viele Empfänger deine E-Mail erhalten haben (in %)
	Öffnungsrate	wie viele Empfänger deine E-Mail geöffnet haben (in %)
	Click-To-Open-Rate (CTO)	wie viele der Empfänger, die deine E-Mail geöffnet haben, auch auf einen Link geklickt haben (in %)
	Unsubscribe-Rate	wie viele Empfänger sich aus deiner E-Mail-Liste abgemeldet haben (in %)
	Double-Opt-in-Rate	wie viele deiner Newsletter-Anmeldungen auch das Double-Opt-in akzeptiert haben (in %)

Tabelle 2.7 Die wichtigsten KPIs für deine Marketing-Strategie (Forts.)

Best Practice: quantitative und qualitative KPI gleichwertig betrachten

Das Fair-Fashion Label dariadéh (*dariadeh.com*) verfolgt beim Auswerten seiner Marketing-Erfolge einen ganz eigenen Weg. Quantitative KPIs, wie die oben gelisteten, werden zwar auch gemessen, sind jedoch alleine nicht aussagekräftig. Das Team rund um die Gründerin Madeleine Alizadeh und Geschäftsführerin Sophie Meisinger lenkt deshalb den Blick vermehrt auf qualitative Parameter. So wird nicht nur die Anzahl an positiven und negativen Bewertungen zu einem Kleidungsstück regelmäßig ausgewertet, sondern auch deren Inhalt. Einzelnes Feedback zur Passform kann sogar darüber entscheiden, ob ein Kleidungsstück oder Schnitt noch einmal überarbeitet wird.

2.7.9 Baue dein eigenes Analyse-Dashboard

Die Schwierigkeit bei der Auswertung deiner Marketing-Taktiken ist es, dir einen echten Überblick zu verschaffen. Denn jedes Tool hat eigene Bereiche, aus denen du die oben genannten Kennzahlen sammeln und zusammenführen musst. Deshalb empfehle ich dir, eine Art Dashboard zu erstellen, in dem du die wichtigsten KPIs einmal im Monat sammelst. So kannst du deine Ergebnisse direkt miteinander vergleichen und bestimmte Zusammenhänge oder Trends ablesen.

Im Grunde genommen reicht eine einfache Excel-Tabelle zur Auswertung. Bist du eher ein visueller Mensch, kannst du damit auch direkt Diagramme erstellen, um deine Zahlen zu visualisieren. Ich bevorzuge, alles an einer Stelle abzubilden, und habe mir deshalb eine umfangreiche Analyse-Tabelle in Notion angelegt. In verschiedenen Tabs notiere ich die Ergebnisse für jede meiner Marketing-Taktiken sowie die wichtigsten Business-Kennzahlen. Durch die vielfältigen Funktionen zum Filtern und Sortieren der einzelnen Elemente konnte ich so ein schönes Dashboard für mich gestalten.[18]

Analytics

Email | Instagram | Website | Business

Aa Monat	# Kampagnen	# Emails gesendet	# Geöffnet	∑ Geöffnet (%)
März 2023	9	505	408	80.7920792079%
Februar 2023	1	76	60	78.9473684211%
Jänner 2023	2	140	114	81.4285714286%
Dezember 2022	17	4234	2601	61.431270666%
November 2022	11	1035	786	75.9420289855%

Abbildung 2.20 Sammle deine Auswertungen am besten an einem Ort.

2.8 Deine Marketing-Strategie in einem Satz

Falls dir jetzt der Kopf raucht, bist du damit sicher nicht alleine. Die Methoden, die ich dir bis jetzt beigebracht habe, sind komplex und nichts für Marketing-Anfänger*innen. Sei jedoch beruhigt, du musst sie nicht alle sofort umsetzen können, um erfolgreich zu sein. Wichtig ist, dass du sie einmal kennengelernt hast, damit du zum richtigen Zeitpunkt wieder darauf zurückgreifen kannst. Genau wie mit deinen Marketing-Taktiken im Bullseye-Framework frag dich bei jeder neuen Methode, ob diese für dich relevant ist und du gerade die Ressourcen dafür hast, sie anzuwenden.

Zum Abschluss dieses Kapitels bringen wir alles, was du bis jetzt ausgearbeitet hast, in einen Satz – dein *Marketing-Strategie-Statement*. Wie Content-Strategin Irene Michl in *Think Content* beschreibt: »Es macht keinen Sinn, ein dickes Strategiepapier zu verfassen, das dann keiner mehr durchlesen möchte. Eine Strategie soll gelebt werden.«[19] Das Marketing-Strategie-Statement ist an Irenes Konzept des Content-Strategie-Statements angelehnt, ergänzt dieses jedoch noch um zwei weitere Punkte. Es beinhaltet

- deine Business-Ziele,
- deine Wunschkundin,
- deine Marketing-Taktiken,

18 Unter *anna-turner.com/ausgebucht-worksheets* kannst du dir mein Notion-Dashboard als Vorlage herunterladen.

19 Miriam Löffler & Irene Michl, Think Content!, 2020, S. 135

- deinen USP und
- die Bedürfnisse deiner Wunschkundin.

Du glaubst mir nicht, dass das alles in einem Satz Platz findet? Dann wirf einen Blick auf mein Marketing-Strategie-Statement:

> *Um meine Leidenschaften Marketing und Unterrichten zu kombinieren und entspannt von meiner Selbstständigkeit leben zu können* **(Business-Ziele)**, *unterstütze ich andere Solopreneure* **(Wunschkundin)** *mit hilfreichem Instagram-Content, Blogartikeln und kostenfreien Vorlagen* **(Marketing-Taktiken)** *dabei, achtsam und authentisch* **(USP)** *ihre Wunschkund*innen anzuziehen* **(Bedürfnis)**.

Jetzt bist du dran: Verfasse dein Marketing-Strategie-Statement!

Um _________ (Business-Ziel) und _________ (Business-Ziel) zu erreichen, unterstütze ich _________ (Wunschkundin) mit _________ (USP, Adjektiv) _________ (Taktik), _________ (Taktik) und _________ (Taktik) dabei, _________ (Bedürfnis).

Mit deinen Personas, der Konkurrenzanalyse, dem Bullseye-Framework und deinem Strategie-Statement im Gepäck bist du jetzt bereit für die nächsten Schritte deiner Marketing-Reise. Du hast die wichtigsten Grundlagen deiner Marketing-Strategie ausgearbeitet und kannst jetzt Schritt für Schritt beginnen, diese umzusetzen. Nimm gerne die Tools und Frameworks aus diesem Kapitel auch auf deinem weiteren Weg immer wieder zur Hand, um zu sehen, ob deine Pfeile noch auf Kurs sind. Und vergiss nicht, die Zielscheibe am Ende auch immer zu kontrollieren.

Kapitel 3

Selbst zur Marke werden

»Branding ist der Prozess, gute Strategie mit guter Kreativität zu verbinden.« – Marty Neumeier

Der nächste Stopp auf deiner Reise durchs Marketing-Land: Brand Beach, wo du dich gleich nackig machst. Keine Angst, hier geschieht nichts Obszönes oder Unanständiges. Aber genauso wie am Strand legst du zur Ausarbeitung deiner Markenstrategie erst einmal alles ab, was von dir und deinem eigentlichen Wesen ablenkt. Viel zu oft verbinden wir mit Branding nur das Visuelle: schillernde Farben, auffällige Logos und bolde Claims. Dabei ist das nur ein winzig kleiner Bestandteil deiner Marke, das, was man von außen zu sehen bekommt – die Pailletten auf deinem Badeanzug. Der eigentliche Kern geht viel tiefer.

Entgegen der gängigen Meinung ist Branding nicht nur etwas für große Unternehmen. Ja, du betreibst vielleicht kein Brand-Marketing, aber eine Marke hast du trotzdem, auch als Solopreneur. Für mich bedeutet Branding vor allem Klarheit. Zu erkennen, wer du bist, wofür du stehst und inwiefern dich das von anderen unterscheidet. Und noch viel wichtiger: eine Schnittstelle zwischen Selbst- und Fremdwahrnehmung. Denn auch wenn du selbst weißt, wofür du stehst, gilt das noch lange nicht für deine Wunschkundin. Ich halte es mit dem amerikanischen Marken-Strategen Marty Neumeier, der sagt: »A brand is not what you say it is, it's what they say it is«.[1] Erst wenn du das, was du bist und was du nach außen kommunizierst, in Einklang bringst, entsteht eine stimmige Personenmarke. Erst dann bist du authentisch. Erst dann spüren auch andere: Das bist wirklich du.

Um dich durch diesen spannenden Prozess zu führen, habe ich eine weitere Reiseleiterin eingeladen. Katja Hatvan ist erfahrene Markenstrategin, meine Freundin und auch mein Vorbild. Sie schafft es wie keine andere, einzigartige Marken zu erschaffen, die emotional berühren. Du bekommst im Laufe dieses Kapitels zahlreiche Beispiele aus ihrer Arbeit zu sehen, kannst dir also gleich selbst ein Bild davon machen. Bitte studiere dieses Kapitel gewissenhaft, und überspringe die einzelnen Übungen auf keinen Fall. Denn alles Weitere, was du im Rahmen dieses Buchs ausarbeitest, baut auf das hier auf. Ohne Marke gibt es kein Marketing.

1 Marty Neumeier, The Brand Gap, 2006, S. 2

3.1 Ohne Marke kein Marketing – von Katja Hatvan

Wenn du diesen Satz hier liest und verinnerlichst, bist du ganz vielen Unternehmer*innen einen großen Schritt voraus. Das sind doch mal gute Nachrichten. Und das meine ich wirklich so. So viele Menschen, die Marketing betreiben, wissen nicht, wie viel leichter sie sich das Leben machen würden, wenn sie sich intensiv ihrer Marke widmen würden.

Bis ich vor einigen Jahren tief ins Thema Branding getaucht bin, ging es mir genauso. Du wirst es nicht glauben: Obwohl ich Online-Marketing studiert habe und für das Marketing in einem Unternehmen zuständig war, hatte ich keine Ahnung, welchen Einfluss die Marke wirklich hat. Den meisten Menschen geht es so wie mir damals. Sie beginnen am falschen Punkt mit dem Marketing: nämlich beim Marketing.

Lass uns das mit einem typisch österreichischen Hobby verbildlichen: dem Wandern. Es gibt zwei Wanderwege. Es gibt einen längeren, aber sicheren und lohnenswerten Weg über den Berg der Strategie und den Berg der Kreation auf den Gipfel der Veröffentlichung (siehe Abbildung 3.1).

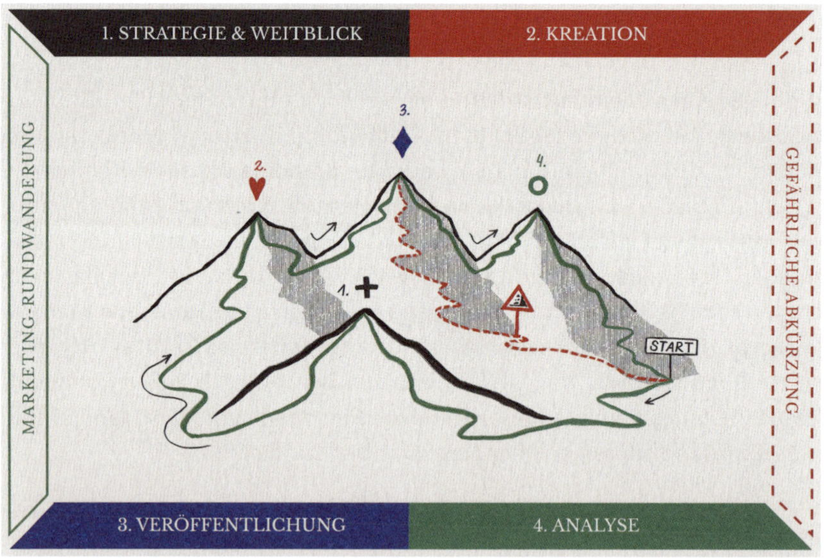

Abbildung 3.1 Für welchen Weg entscheidest du dich? (Grafik von Elisabeth Haberschrick, marketingtrumpf.at)

Die gefährliche Abkürzung hingegen führt direkt auf den Berg der Veröffentlichung. Und die nehmen die meisten Unternehmer*innen. Sie beginnen, wild drauflos zu posten, Flyer zu drucken, vielleicht sogar Ads zu schalten, ohne sich davor grundlegende Gedanken zu machen, was sie überhaupt aussagen wollen und welchen Eindruck ihr Unternehmen im Kopf von Menschen hinterlassen soll. Das kann theoretisch gut ausgehen, es kann aber auch sein, dass ihnen ein Stein auf den Schädel knallt.

Eine Marke entsteht nicht auf der gefährlichen Abkürzung, sondern auf der lohnenswerten Wanderung über den Berg der Strategie und Kreation. Denn die Marketing-Kanäle auf dem Berg der Veröffentlichung werden Menschen zwar zu dir bringen, die Marke aber ist es, die entscheidet, ob diese Menschen dann bleiben, kaufen oder wiederkommen – oder eben schnell wieder weg sind. Was mich damals am meisten überrascht hat, und jetzt wird's spannend: Das Unterbewusstsein, also die emotionale Ebene, trifft diese Entscheidungen. Laut Harvard-Professor Gerald Zaltman sogar zu 95 %.[2] Wir kaufen, womit wir uns emotional und unterbewusst verbunden fühlen. In Kapitel 2 »Erste Schritte zu deiner Marketing-Strategie« hast du ja schon gelesen, dass wir als Menschen emotionale Transformationen kaufen, also Dinge, die unsere gewünschte Identität unterstützen. Durch Marken, die wir kaufen, unterstreichen wir die Vorstellung, die wir von uns selbst haben, oder wollen ganz einfach dazugehören. Dein Branding schafft diese emotionale Verbindung und lenkt die Entscheidung, ob dich potenzielle Kund*innen in ihrem Leben haben möchten – oder nicht.

Lass mich das wieder mit einem Beispiel veranschaulichen: Unter dem Motto »Murder your thirst« verkauft Liquid Death Wasser in der Dose, das mehr an Bier als an Wasser erinnert (siehe Abbildung 3.2). Und bricht mit seinem Branding alles, was bisher gemacht wurde, denn die meisten Wasser-Marken treten eher auf wie das Beispiel von Vöslauer Mineralwasser. Dadurch hat Liquid Death nicht nur eine Nische gefunden, sondern lenkt durch den Auftritt präzise die Positionierung und vor allem, welche Menschen sich angezogen oder abgestoßen fühlen sollen.

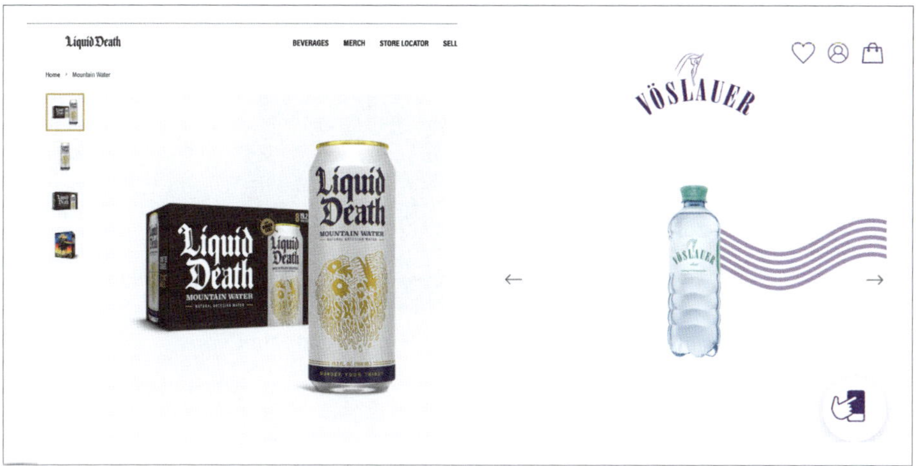

Abbildung 3.2 Liquid Death (liquiddeath.com) sieht eher aus wie eine Bier- als eine Wassermarke, Vöslauer wirkt dagegen wie das, was man erwarten würde (voeslauer.com).

2 Quelle: *hbr.org/2002/06/hidden-minds*

Was ist dein Branding – oder deine Marke – jetzt aber genau? Dein Logo? Dein Markendesign? Dein Wording, deine Strategie, deine Bildsprache, dein Marketing? Nicht ganz. Meine persönliche Definition ist: Deine Marke ist alles, was man von deinem Unternehmen sehen – und vor allem fühlen – kann. Es ist ein Gefühl, das bei anderen Menschen entsteht. Und das ergibt sich aus einem gesamten Markenerlebnis.

Wie du in Abbildung 3.3 sehen kannst, kommt das, was man an der Oberfläche von deiner Marke sieht, eigentlich tief aus deinem Inneren. Durch Branding wollen wir dein Unternehmen nicht nur von außen schön anstreichen, sondern ihm wirklich tief im Inneren eine Seele einhauchen. Bevor du also beginnst, willkürlich Farben, Formen und Co. zusammenzubasteln, ist es wichtig zu erarbeiten, was du überhaupt aussagen willst. Sonst wirkt deine Kommunikation vielleicht gar nicht – oder du wirfst schnell wieder alles über den Haufen. Mein Ziel ist es, dass du durch dieses Kapitel zu spüren bekommst, was Branding Gründer*innen wirklich bringt, und das ist: Selbstverwirklichung in deinem Unternehmen zu finden.

Abbildung 3.3 Deine Marke ist mehr als nur Logos, Farben und Schriften.

3.2 Wirksamkeit von (Personal) Branding

Vielleicht denkst du dir gerade: »Ich bin ja kein Unternehmen wie Apple oder Nike – oder keine Personal Brand wie Beyoncé – warum brauche ich das?« Und hier kommen endlich die guten News: Wie im Beispiel von Liquid Death kannst du ausschlaggebend beeinflussen, wer sich von deinem Auftritt angezogen fühlen soll.

Indem du festlegst, wie du nach außen wirken willst, schaffst du es, bestimmte Menschen anzuziehen und andere abzustoßen. Win-Win.

Und im besten Fall kommen dann Menschen zu dir, mit denen du auf einer Wellenlänge bist, die du einfach und unkompliziert von deinem Unternehmen überzeugst und die begeistert über dein Produkt oder deine Dienstleistung sprechen. Weil ihr ein »perfect match« seid. Wie bei Tinder, Herzblatt oder Love is blind. Ich gehe sogar so weit und sage: Dein Branding bestimmt, wie viel Freude, Freiheit und Selbstverwirklichung dein Unternehmen dir bringt. Denn gutes Branding löst einen Domino-Effekt aus:

- Du bist klar, selbstbewusst und einzigartig ausgerichtet.
- Du weißt, was, wie, wo und mit wem du kommunizierst.
- Deine Werte kommen an.
- Du hebst dich vom Wettbewerb ab.
- Du wirst unaustauschbar.
- Du bleibst im Gedächtnis.
- Die richtigen Menschen fühlen sich angesprochen.
- Du kannst höhere Preise verlangen.
- Die richtigen Menschen sprechen über dich.
- Sie bringen wiederum neue, ähnliche Menschen zu dir.
- Du sparst langfristig Zeit und Geld, weil deine Marke für dich arbeitet.

Sobald du mit deinem Unternehmen nach außen gehst, wirst du also, ob du es willst oder nicht, zu einer Marke. Menschen bilden sich ein Bild von dir, und es macht Sinn, dass du dieses Bild nicht dem Zufall überlässt.

Menschen wünschen sich Menschlichkeit und Persönlichkeit, auch bei Unternehmen. Das bringt das Gefühl, dein Unternehmen zu kennen, und auf längere Sicht schaffst du genau dadurch eine starke, emotionale Verbindung. Für dich heißt das: Zeige, wer du bist, wofür du stehst, warum du's tust, wie du's tust und was dir gegen den Strich geht. Zeige, was dich anders macht. Hast du bunte Fingernägel und fährst du Motorrad? Teile Bilder oder Geschichten davon. Hörst du am liebsten Deutschrap? Dann bau das in deine Reels ein. Bist du eine sanfte und zurückhaltende Person? Dann kommuniziere auch so. Du willst dich von deiner Konkurrenz abheben, damit du im Gedächtnis bleibst? Trau dich!

Du passt nicht in eine Box.

Und das ist genau richtig. Du darfst du selbst sein. Orientiere dich nicht so sehr daran, was alle anderen machen. Deine Marke gehört dir, und du willst damit Verwirklichung und Identifikation für dich selbst finden. Die Essenz dafür steckt in dir und nicht in dem, was deine Konkurrenz oder der Rest deiner Branche macht.

Ja, der Branding-Prozess kann sich wie ein kleiner Eat-Pray-Love-Selbstfindungstrip anfühlen. Am Ende lohnt er sich aber auf jeden Fall. Wie tief du dabei gehst, wie viel zeitliches oder finanzielles Investment du dafür aufbringst, ist davon abhängig, wo du hinmöchtest: Willst du nach den Sternen greifen und dein Produkt im Supermarkt platzieren oder erst mal testen, wie sich die Selbstständigkeit für dich anfühlt und ob dein Angebot überhaupt funktioniert?

Als Markenentwicklerin ist mein Ratschlag natürlich in den meisten Fällen, deine Marke gemeinsam mit jemandem zu entwickeln, der dich neutral von außen betrachtet und weiß, worauf es bei starken Marken ankommt. Aber: Gerade in den ersten Jahren deiner Selbstständigkeit entwickelst du dich selbst als Unternehmer*in schnell und stark weiter. Manchmal ist es besser, mit beschränkten finanziellen Ressourcen selbst anzufangen und dich dann später im Wachstumsprozess von einem Profi begleiten zu lassen. Überlege dir also gut, zu welchem Zeitpunkt es Sinn für dich macht, professionelle Hilfe hinzuzuziehen.

3.2.1 Finde dein Warum

Du erinnerst dich: Menschen kaufen zum Großteil auf unterbewusster, emotionaler Ebene. Für dich als Unternehmer*in bedeutet das: Um die richtigen Menschen für dich zu gewinnen, ist es wichtig, dass du emotional kommunizierst. Und nicht rein rational. Denn leider – und hier kommt die traurige Wahrheit – interessiert sich niemand für dein Unternehmen, bis du gute Gründe dafür gibst. Dein Produkt oder deine Expertise können noch so gut sein, aber wenn dein Gegenüber nicht versteht, warum er es in seinem Leben haben muss, kommt es nicht an.

3.2.2 Deine Vision, dein Zweck, dein Purpose

Kannst du dich noch an den Moment erinnern, der dich zu deiner Entscheidung gebracht hat, dich selbstständig zu machen? Wahrscheinlich war es ein hochemotionaler. Vielleicht hast du endlich dein Talent gefunden, eine lebensverändernde Erfahrung gemacht oder eine neue innovative Herangehensweise gefunden, um ein Problem zu lösen? Egal, aus welchem Grund du dein Unternehmen gegründet hast, tieferliegend gibt es immer ein Warum. Dein Warum – oder auch Vision genannt – ist deine Bedeutung, dein Purpose und der Grund, wieso dein Unternehmen existiert. Es ist das große Ganze, das du dir für die Welt und deine Kundschaft wünschst und worauf du Tag für Tag hinarbeitest. Über lang oder kurz beeinflusst es alles, was dein Unternehmen tut, also

- dein Markendesign, deine Bildsprache, deine Texte, dein Marketing
- und deswegen, wie die Marke wahrgenommen wird,
- warum jemand bei dir kaufen oder arbeiten will,
- deine Unternehmensentscheidungen.

Simon Sinek, ein Unternehmensberater aus den USA, sagt: »People don't buy what you do, they buy why you do it.«[3] Die meisten Unternehmen sind sehr stark darin, zu kommunizieren, was sie tun, wenige aber können artikulieren, warum sie tun, was sie tun. Dabei ist das Warum der emotionale Faktor, und was wir ja wollen, ist, emotionale Resultate zu kommunizieren. Sinek sagt: »Start with why.« Beginne deine Kommunikation nicht rational mit Produktdetails, sondern emotional. Für dich bedeutet das: Sprich über dein Warum und verkaufe deine Vision.

Ich unterscheide zwischen *Vision* und *Why-Statement*. Deine Vision ist ein ausformulierter zukunftsorientierter Absatz, der beschreibt, welche Welt du dir als Unternehmen wünschst. Dein Why-Statement ist deine Vision, heruntergebrochen auf einen kurzen, knackigen Satz, auch Kernbotschaft oder Claim genannt, den du immer und immer wieder in deine Kommunikation einfließen lässt. Dein Why-Statement ist der Grund, warum deine Kundschaft dich in ihrem Leben braucht, und das soll Menschen im Gedächtnis bleiben. In Tabelle 3.1 bekommst du einige Beispiele.

Große Marken	**Ihr Why-Statement**
TOMS	In business to improve lives.
IKEA	To create a better everyday life for many people.
Nike	If you have a body, you're an athlete.
Meine Kund*innen	**Ihr Why-Statement**
Pina Babic	Awaken your pleasure, power and play.
Sarah Vobr	Für eine spürbar tiefe Verbindung zu dir.
Aponcho	Ein Stück Freiheit für deinen Alltag.
YOGA DEALEREI	Für dich, nicht dagegen.

Tabelle 3.1 Die Why-Statements verschiedener Unternehmer*innen

Jetzt bist du dran: Verfasse deine Vision.

Beantworte dafür zuerst die folgenden Fragen. Lass alles aus dir fließen.

1. Warum hast du dein Unternehmen gestartet? Was hat dich an diesen Punkt gebracht?
2. Grabe tiefer: Warum ist es dir wichtig, das in die Welt zu bringen? Warum wirklich? Warum für diese Menschen?
3. Was möchtest du Menschen unterm Strich für einen positiven Effekt in ihrem Leben bringen?

3 Simon Sinek, *Start with Why*, 2011

Anschließend schaust du, was hier besonders hervorsticht, und formulierst einen Absatz aus, von welcher Welt du träumst und wofür oder wogegen du antrittst. Formuliere dein Why anschließend in einem Satz aus. Reduziere die Vision auf ein Statement, das du leicht in deine Kommunikation einfließen lassen kannst. Dieses kann mit »für/damit/weil« beginnen. Falls dir das schwerfällt, versuch verschiedene Formulierungen und lass dein Why-Statement auch einmal ein paar Tage liegen. Deine Vision legst du nicht an einem Tag mit Stift und Papier fest, sie darf sich mit dir weiterentwickeln.

3.2.3 Kenne deine Werte

Deine Markenwerte sind dein Anker, deine Orientierung für Entscheidungen und das Verhalten deiner Marke, genauso wie du als Mensch auch private Werte hast. Idealerweise lebt deine Marke konsequent nach ihnen – und du sagst nicht heute A und machst morgen B. Dabei müssen deine Markenwerte allerdings nicht mit deinen persönlichen Werten übereinstimmen. Es kann sein, dass du privat nicht immer die reflektiertesten, umweltbewusstesten Entscheidungen triffst, im Unternehmen aber trotzdem Nachhaltigkeit als wichtigen Markenwert hast und dementsprechend handelst. Nachdem Personal Brands aber oft sehr stark mit ihrem Unternehmen verbunden sind, ist es meist so, dass privat gelebte Werte nahe an den Markenwerten liegen.

Wie findest du jetzt deine Markenwerte? Ich gehe da etwas anders vor als die klassischen Übungen, die vorschlagen, aufzuschreiben, wofür du stehst, und das dann mit den Werten deiner Idealkundschaft zu decken. Denn damit bleibst du oft an der Oberfläche und wirst austauschbar. Ich ziehe Markenwerte aus der Markenpersönlichkeit; wie genau du das machst, zeige ich dir im nächsten Abschnitt. Das kann dann, wie in einem Beispiel meines Kunden Mooja Studio, eines Schmucklabels, wie folgt aussehen (siehe Abbildung 3.4).

Abbildung 3.4 Die Markenwerte von Mooja Studio (moojastudio.com) entstanden in Zusammenarbeit mit studio sesenta.

Wichtig ist es mir hier immer, auch Werte zu definieren, die in der Branche unüblich sind und die Marke deswegen mit einem einzigartigen Charakter lebendig machen, darauf werde ich im nächsten Abschnitt aber genauer eingehen. Jedes Unternehmen will schließlich Qualität, Vertrauen oder Innovation liefern. Was dann passiert, ist, dass wir uns erst recht wieder einordnen, anstatt uns abzuheben. Vermeide es, generisch zu sein, und schau, dass du Werte findest, die weniger besetzt sind, sodass deine Persönlichkeit spürbar wird.

Übrigens: Auch Authentizität als Markenwert festzulegen, finde ich schwierig. Heutzutage ist ein authentisches Auftreten nicht mehr nur ein Nice-to-have. Potenzielle Kundschaft, vor allem Generation Z, sieht Authentizität mittlerweile als Muss. Der Trend geht – Gott sei Dank! – weg von Photoshop, krassen Filtern, super inszenierten Szenen und steifer Marketing-Sprache und, je nach Branche, immer mehr zu alltäglichen Shots, niederschwelliger Kommunikation und random Feeds. Gute Nachrichten: Deine Marke wird automatisch authentisch, wenn du deine Markenwerte und -persönlichkeit lebst. Was machst du also mit den Markenwerten, sobald du sie definiert hast? Lass sie nicht auf einem Papier verstauben, sondern wende sie an. Und das kannst du so machen:

Durch dein Verhalten und deine Unternehmensentscheidungen wie:

- Angebotsentwicklung
- Customer Service
- Beschwerdemanagement
- Corporate Social Responsibility
- Auswahl der Kooperationspartner*innen

Durch deine Kommunikation – in allen Touchpoints:

- deine Sprache (Ton, persönliche Ansprache, Wortwahl)
- Bildsprache (Video + Foto)
- Farben, Schriften, Design generell
- Animationen

3.3 Deine Markenpersönlichkeit

Wir wollen deine Marke menschlich machen. Und was macht Menschen menschlich und einzigartig? Richtig, ihre Persönlichkeit. Also wollen wir deiner Marke Persönlichkeit einhauchen. Und wie bei einem Menschen beeinflusst sie alles, was du tust: Wie verhältst du dich, wie sprichst du, mit welchem Stil umgibst du dich, und welchen Vibe strahlst du aus?

3.3.1 Wie möchtest du wahrgenommen werden?

Betrachte deine Marke so wie einen Charakter in einem Buch, dem du ganz spezifische Eigenschaften und Verhalten zuordnest. Dein Unternehmen wird dadurch nahbar, unaustauschbar und hebt sich ab. Ganz wichtig: Niemand stülpt dir eine Markenpersönlichkeit über, du kannst komplett selbst bestimmen, wie du auftreten willst. Sie kommt tief aus dir. Unabhängig von der Branche. Nur weil alle in deiner Branche das Gleiche machen, heißt das nicht, dass du das auch so machen musst. Um Welten besser: Trau dich, Dinge anders zu machen.

Ein gutes Beispiel dafür ist meine Kundin, die YOGA DEALEREI (siehe Abbildung 3.5). Nach einem Blick auf die Konkurrenz, die Gründerinnen-Persönlichkeit und die Menschen, die das Yoga-Studio in Zukunft anziehen wollte, wurde in der Zusammenarbeit schnell klar: Wir müssen Dinge anders machen. Was wir wollten, war eine 180-Grad-Drehung, bewusst zu polarisieren und den Status quo in der Branche, in der oft sehr ähnlich kommuniziert wird, zu brechen. Raus aus der Anpassung, damit die Gründerin die Marke führen kann, mit der sie sich zu 100 % identifizieren kann.

Abbildung 3.5 Der Instagram-Feed der YOGA DEALEREI (instagram.com/yogadealerei) vor und nach dem Re-Branding mit studio sesenta

Wie du in Abbildung 3.6 sehen kannst, zieht sich die neue Markenpersönlichkeit wirklich durch alle Kontaktpunkte: Sprache, Fotos, Design, Grafiken, Studioeinrichtung, Merchandising.

Abbildung 3.6 Verschiedene Kontaktpunkte mit der Markenpersönlichkeit der YOGA DEALEREI nach dem Re-Branding mit studio sesenta, Fotos © YOGA DEALEREI und studio sesenta

Mit frechen Claims, Neon-Farben, Diversität in der Bildsprache (verschiedenen Geschlechtern, Ethnien, Körperformen und Tattoos, bunten Nägeln etc.) haben wir es geschafft, die YOGA DEALEREI genau so zu positionieren wie geplant: wie Yoga, nur anders. Und siehe da, das hat gewirkt. Schon kurz nach dem Re-Branding haben wir einen deutlichen Wandel in der Kund*innenstruktur erkennen können. Es kommen laut der Gründerin Corli genau jene Menschen, die wir in der Markenstrategie-Phase definiert hatten. Was außerdem folgte, war jede Menge positives Feedback, ein treuer Kund*innenstamm und eine Vergrößerung der YOGA DEALEREI in allen Hinsichten.

An dem Beispiel sieht man gut, was ein authentischer Markenkern bewirken kann: Was du ausstrahlst, ziehst du an. Wir kaufen, was unsere gewünschte Identität unterstützt. Du solltest dir, was deine Markenpersönlichkeit betrifft, also immer die beiden Fragen stellen: Was will ich aussagen? Wen will ich damit anziehen?

Aus deiner Markenpersönlichkeit entsteht auch deine Markentonalität, also wie deine Marke klingt. Wie klingt es, wenn man deine Texte liest? Casual, freundschaftlich, distanziert, sanft, rebellierend? Kommunizierst du per Du, per Sie, im Slang, in Mundart oder Hochdeutsch? Deine Markenpersönlichkeit sollte man also nicht nur visuell sehen können, sondern durch deine Texte zu spüren bekommen. Texte sind übrigens ein Element im Branding, das sehr häufig unterschätzt wird, obwohl durch Worte so viel Emotion übermittelt werden kann.

Schauen wir uns ein Beispiel zweier gegensätzlicher Markenauftritte an. Meine Kundin Katharina Reimann will in die Persönlichkeit ihrer Schmuckmarke kreative, individualistische, coole Vibes bringen. Und zwar für Menschen, die wild, hedonistisch, sozial, extrovertiert und individuell sind. Wir haben ein Pinterest-Board erstellt, wie ihre Idealkundschaft wohl ihren Tag verbringt, wie du in Abbildung 3.7 sehen kannst. Dieses Pinterest-Board haben wir uns dann ganz genau angeschaut und basierend darauf mögliche Elemente in ihrem Auftritt festgelegt, wie sie ihre Markenpersönlichkeit so in die Umsetzung bringen kann, um ihre Idealkundin anzusprechen. Das waren zum Beispiel:

- Stilbrüche in der Farbwelt: schwarz mit zartrosa
- junge Sprache
- Techno in Videos
- Stilbrüche in Bildsprache
- Bildsprache mit Händen beim Tanzen, mit Tattoos oder außergewöhnlichen Nägeln, Drinks oder Zigaretten
- Untergründe wie Stein, Latex, Asphalt, Industrie im Schaufenster und in der Bildsprache
- Neon, Glitzer, Discokugel, Nebel im Schaufenster und in der Bildsprache

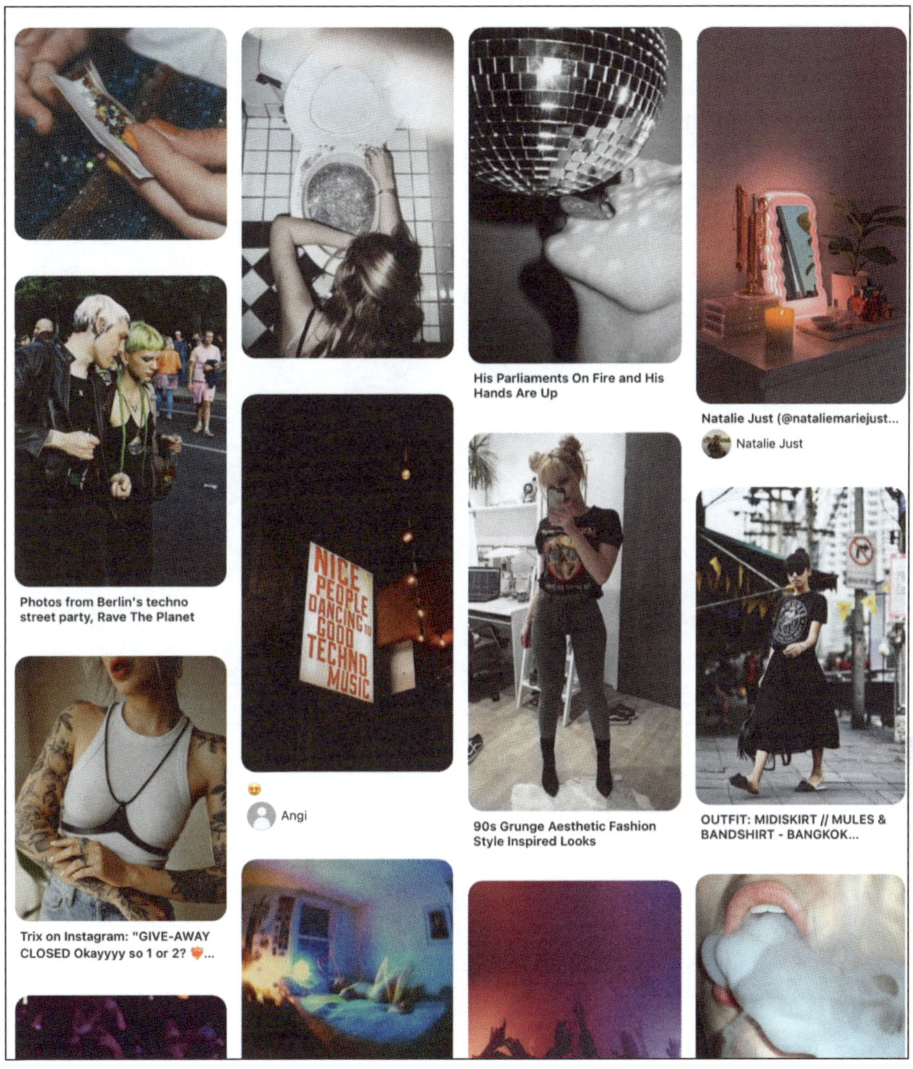

Abbildung 3.7 Pinterest-Board der Idealkundschaft von Katharina Reimann

Katharina Reimann kommuniziert ihr Angebot dementsprechend auch klipp und klar: individuelle Schmuckstücke für wilde Herzen, die ihre Verbundenheit zeigen wollen.

Als absolut gegensätzliches Beispiel dazu nehmen wir meine Kundin Agnes, die für ihr Schmucklabel Mooja Studio gemeinsam mit mir im 1:1 gearbeitet hat. Ihre Markenpersönlichkeit soll zeitlos-klassisch, wertschätzend und hochwertig mit einem Augenzwinkern sein. Für Menschen, die herzlich, bewusst, stilvoll und High-Achiever sind. Ihre Markenwelt soll wie folgt aussehen (siehe Abbildung 3.8).

Abbildung 3.8 Pinterest-Board der Markenwelt von Mooja Studio

Als Why-Statement für Mooja Studio haben wir »Eternally reminding you how precious you are.« festgelegt. Die Marke soll also dafür auf der Welt sein, die potenzielle Kundin immer und immer wieder daran zu erinnern, wie wertvoll sie ist, ohne erst das nächste To-do erledigen zu müssen. Auch hier haben wir uns Gedanken dazu gemacht, wie Mooja Studio den wertschätzenden, hochwertigen, zeitlos-eleganten Vibe in die Umsetzung bekommt:

- handgeschriebene Reminder-Grafiken mit Statements wie »You've done enough. Pour yourself that freaking glass of wine.«
- elegante Serifen-Schriften, gemischt mit modernen serifenlosen Schriften
- Goldakzente im Packaging und in der Bildsprache
- elegante Bildsprache, die Momente des Entschleunigens zeigen
- Sprüche mit Augenzwinkern an allen möglichen Kontaktpunkten
- satte, moody Farben

Du siehst also, wie zwei Marken mit dem gleichen Produkt eine absolut voneinander gegensätzliche Markenpersönlichkeit haben können.

Wie legst du deine Markenpersönlichkeit fest?

Ich habe eine meiner Lieblingsübungen für dich vorbereitet, mit der du deine Markenpersönlichkeit und deine Markenwerte findest und erarbeitest. Diese Übung stellt dir die richtigen Fragen, um genau dort hinzugelangen. Du kannst sie unter *studiosesenta.com/ausgebucht* aufrufen. Wie du deine Markenpersönlichkeit dann umsetzt und kommunizierst, erfährst du im Abschnitt 3.4.

3.3.2 Die 12 Marken-Archetypen

Unser Gehirn liebt Schubladen. Oder Archetypen. Weil sie ihm helfen, Informationen besser einzuordnen oder zu verknüpfen. Carl Gustav Jung entwickelte Archetypen ursprünglich für die Psychoanalyse. Sie sind eine Beschreibung von weltweiten Urbildern, die mit bestimmten Eigenschaften und Zielen verbunden sind.[4] In der Markenentwicklung wurden 12 Archetypen übernommen und werden nun für die Entwicklung von starken Marken genutzt. Sie sind deswegen so spannend, weil sie Emotionen wecken und Assoziationen auslösen.

Welcher Archetyp auf dein Unternehmen zutrifft, entsteht in der Regel aus der Markenpersönlichkeit heraus. Dein persönlicher Marken-Archetyp kann auch eine Fusion aus zwei Archetypen sein, aber je stärker ausgeprägt ein Archetyp ist, desto besser. Der Archetyp hat jeweils ein Bedürfnis und ein Ziel, das er verfolgt, und spricht deswegen jene Menschen an, die sich dasselbe wünschen. Auch hier fühlen sich Konsument*innen angezogen davon, was ihre gewünschte Identität oder ihren gewünschten Zustand unterstützt. Margaret Mark und Carol Pearson haben die folgenden Kategorisierungen aufgestellt, die du in Tabelle 3.2 sehen kannst.

Marken-Archetyp	Eigenschaften	(Kunden-)Bedürfnis	(Kunden-)Ziel
der Narr *z. B. M&M, Media-Markt*	▪ humorvoll ▪ unterhaltsam ▪ sympathisch	Vergnügen	▪ Verbindung ▪ Beziehung zu anderen pflegen
der Jedermann *z. B. IKEA, Aldi*	▪ bodenständig, traditionell, bescheiden	Zugehörigkeit	
der Liebende *z. B. MonCherie, Chanel*	▪ leidenschaftlich ▪ verführerisch ▪ sinnlich ▪ vermittelt Geborgenheit	Nähe	

Tabelle 3.2 Die 12 Markenarchetypen[5]

4 C.G. Jung, Archetypen: Urbilder und Wirkkräfte des Kollektiven Unterbewussten, 2022

5 Margaret Mark, Carol Pearson, The Hero and the Outlaw, 2001

Marken-Archetyp	Eigenschaften	(Kunden-)Bedürfnis	(Kunden-)Ziel
der Betreuer *z. B. Nivea, ADAC*	■ fürsorglich ■ selbstlos ■ mitfühlend	Fürsorge	■ Ordnung ■ Struktur verleihen
der Herrscher *z. B. Rolex, Mercedes*	■ dominant ■ kontrolliert ■ verantwortungsvoll	Kontrolle	
der Schöpfer *z. B. Adobe, OBI*	■ kreativ ■ erfinderisch ■ proaktiv	Innovation	
der Unschuldige *z. B. Hipp, Kinder*	■ optimistisch ■ verlässlich ■ moralisch	Sicherheit	■ Erfüllung ■ Sehnsucht nach dem Paradies
der Weise *z. B. Oprah Winfrey, National Geographic*	■ nachdenklich ■ analytisch ■ vertrauenswürdig	Wissen	
der Entdecker *z. B. Jeep, The North Face*	■ abenteuerlustig ■ unabhängig ■ individualistisch	Freiheit	
der Rebell *z. B. Saturn, Harley Davidson*	■ bricht Regeln ■ gegen den Mainstream ■ schockiert	Befreiung	■ Veränderung ■ Spuren hinterlassen
der Zauberer *z. B. Disney, Dyson*	■ visionär ■ idealistisch ■ verwirklicht Träume	Macht	
der Held *z. B. Nike, Adidas*	■ stark ■ mutig ■ hilfsbereit ■ kämpft für das Gute	Herrschaft	

Tabelle 3.2 Die 12 Markenarchetypen[5] (Forts.)

Meistens fühlen wir uns automatisch zu einem Archetyp hingezogen. Ansonsten gibt es online auch Tests, mit denen du deinen Markenarchetyp herausfinden kannst, zum Beispiel 12 Brand Archetypes (*12brandarchetypes.com*). In deiner Kommunikation kannst du dich dann an die Eigenschaften deines Marken-Archetyps anlehnen. Eine Rebellen-Marke kommuniziert dementsprechend komplett anders (provokative, laute Sprache, knallige Farben, ausdrucksstarke Bildsprache etc.) als es eine unschuldige Marke tun würde (ehrliche, vertrauensvolle Sprache, reine, natürliche Farben, unaufgeregte Bildsprache). Schauen wir uns dazu zwei Marken aus dem deutschsprachigen Raum an (siehe Abbildung 3.9).

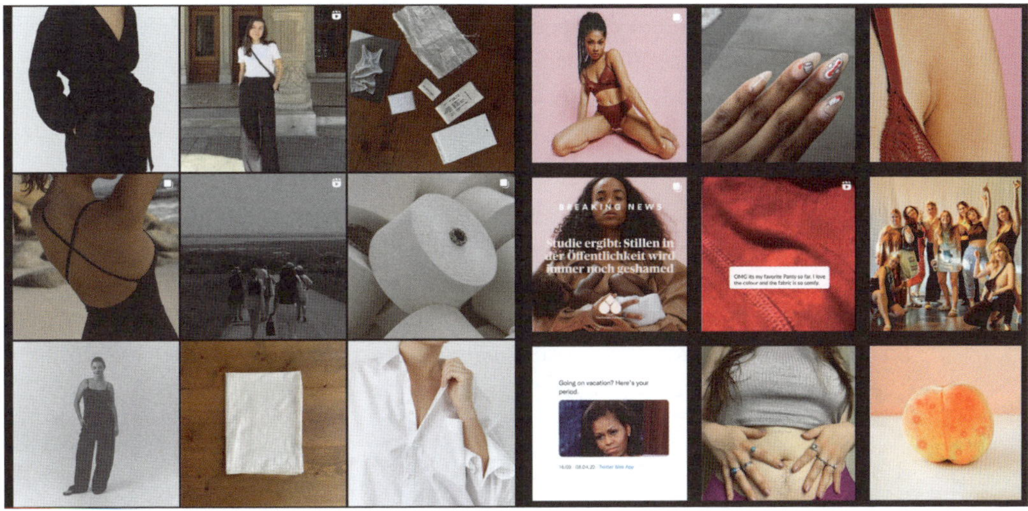

Abbildung 3.9 Die Instagram-Feeds von The Slow Label (instagram.com/theslowlabel) und The Female Company (instagram.com/thefemalecompany)

The Slow Label ist eine Modemarke aus Österreich, The Female Company produziert Periodenprodukte in Deutschland. Die beiden Marken unterscheiden sich nicht nur durch ihr Produkt, sondern vor allem durch ihren Markenauftritt ganz klar voneinander.

The Slow Label tritt clean und ehrlich auf und kommuniziert immer wieder die Markenwerte »Sustainability, Social Responsibility, Transparency« und »Created to last. Made in Europe«. Die Bildsprache ist natürlich und unaufgeregt. Das Vertrauen potenzieller Kundschaft wird geweckt mit Sätzen wie »Our aim is to slow down the fast-paced fashion industry by approaching things with an honest and improvement-oriented mindset«. Viele helle und natürliche Elemente im Design und in der Bildsprache wirken clean und unaufgeregt. Damit fällt The Slow Label meiner Einschätzung nach in den Marken-Archetyp »Der Unschuldige«.

Ganz andere Emotionen hingegen weckt der Auftritt von The Female Company, eine Marke, die sich sehr sicher als »Rebellen«-Marke definiert. Und das kann man an allen Kontaktpunkten spüren. Schon durch das Statement »FemCare for those who break the rules.« positioniert sich die Marke als Rule-Breaker. Auch der restliche Auftritt ist laut, frech und empowernd. Diverse Bildsprache, Models mit unterschiedlichen Körperformen, Hautfarben, Körperbehaarung, Speckrollen, Dehnstreifen, bunten Haaren, crazy Fingernägeln – vieles fällt bewusst aus der Norm – und das ist gut so. Claims wie »Your Body. Your Choice. Choose wisely.« und »No Taboos.« spielen auf das Ziel von The Female Company an, Veränderung zu schaffen. Hier gibt es Merchandise-Produkte wie Kaffeetassen mit der Aufschrift »I am not on my period, you're just annoying« und Schokolade mit »Bring chocolate and no one gets hurt«. Du siehst also, hier zeigen sich zwei komplett unterschiedliche Herangehensweisen, die Menschen mit unterschiedlichen Bedürfnissen ansprechen. Was allerdings nicht bedeutet, dass sich nicht ein und dieselbe Person trotzdem von beiden Marken angesprochen fühlen kann.

Zurück zu unserem vorherigen Beispiel der YOGA DEALEREI. Wir haben uns bewusst dagegen entschieden, wie die meisten Yogastudios als »Betreuer«-Marke aufzutreten, sondern den Status quo zu brechen und uns am »Rebellen« zu orientieren. Ich persönlich finde Marken umso spannender, je mehr sie sich aus dem Standard in ihrer Branche herausbewegen. Das schauen wir uns gleich auch beim Thema Positionierung an.

3.3.3 Finde deine Positionierung

In Kapitel 2 »Erste Schritte zu deiner Marketing-Strategie« hast du bereits über deine Nische lesen können. Die Nische, die du bedienst, sollte dir vor allem Freude bereiten und natürlich zu deinen Fähigkeiten passen. In einer bestimmten Nische möchtest du dich positionieren. Und dabei bedeutet Positionierung ganz bildlich dargestellt: dein Revier markieren. Deine Positionierung ist, wofür du stehst. Und womit andere Menschen dich in Verbindung bringen. Es ist der Sweet Spot zwischen deiner Marke, deiner Idealkundschaft und deinem Wettbewerb.

Am besten ist es natürlich, eine Lücke zu finden, die bis jetzt noch niemand besetzt hat. Also eine ganz klare Unterscheidung vom Wettbewerb. Je eher du dich traust, anders zu sein, desto besser. Was du vermeiden willst, ist, »in the sea of same« unterzugehen. Stress dich damit aber nicht, deine Positionierung kann auch mit der Zeit entstehen, indem du immer mehr lernst, wo deine Genie-Zone liegt, welchen Menschen du am besten helfen kannst und wie du auftreten willst. Dafür fragst du dich:

- Was macht dich anders?
- Was macht dich zu dir?
- Wofür willst du bekannt sein?

- Wie profitiert deine Idealkundschaft davon?
- Was machst du, was andere nicht machen?

Deine Positionierung kann aus unterschiedlichen Komponenten bestehen, oft aus mehreren:

- *Preis* (z. B. Diskonter-Supermarkt)
- *Branche + Zielgruppe* (Ernährungsberatung für schwangere Frauen)
- *Arbeitsweise oder Stil* (Schmuckhersteller mit Labgrown Diamonds oder Fotografiestil Vintage Shots)
- *Innovation* (Produkteigenschaften, Design, Funktionalität wie Insektenprotein-Hundefutter)
- *Angebotssetting* (VIP Days, Design Sprints, mehr dazu in Abschnitt 12.1 »Vom Service zum standardisierten Produkt«)
- *Lokalität* (einziges Eisgeschäft im Ort)
- *dein Branding*

Beachte hierbei, dass dein Branding immer eine Rolle spielt. Denn es ist das, womit du deine Positionierung visuell und in Worten kommunizierst. Und schließlich auch das, was dein Unternehmen unaustauschbar macht. Es ist leicht, ein Produkt wie ein Insektenprotein-Hundefutter zu kopieren oder noch ein Eisgeschäft aufzusperren. Deine Marke 1:1 zu kopieren, ist allerdings schwierig und, vor allem, wenn sie geschützt ist, illegal.

Wenn du an deiner Positionierung feilst, wirf auch einen Blick auf deinen Wettbewerb. Vergleiche dich einmal, und dann fokussiere dich auf dich selbst. Dich zu oft zu vergleichen, ist erstens ungesund und kann zweitens auch dazu führen, dass du dich erst recht wieder im Wettbewerb einordnest. Schreib dir also auf:

- Was machen deine Mitbewerber untereinander ähnlich? *Mach's anders.*
- Was machen die anderen gut? *Mach's auch – aber besser.*
- Was machen die anderen noch nicht oder nicht gut? *Mach's (besser).*
- Wen sprechen die anderen an? *Finde deine eigene Nische oder sprich noch direkter an.*

Du kannst deine Positionierung auch mit dem Positionierungskreuz verbildlichen. Nimm dazu deinen direkten Wettbewerb und relevante Kriterien wie

- Preis,
- Produktbeschaffenheit,
- Verwendungssituationen,
- Markentonalität,
- Stil.

Dadurch visualisierst du, wo es Lücken am Markt gibt, die du möglicherweise besetzen kannst, oder mit wem du dich im engen Wettbewerb befindest, aber auch, wie du Unterscheidungsmerkmale stärker kommunizieren kannst. Auch hier nehme ich wieder die YOGA DEALEREI als Beispiel. In Abbildung 3.10 siehst du, dass sie im Vergleich zum Wettbewerb eine Lücke besetzt.

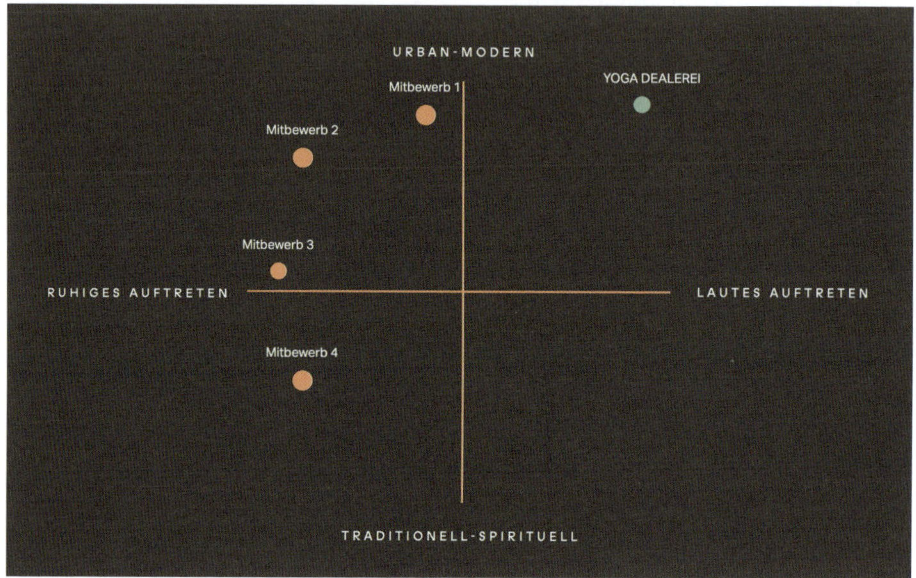

Abbildung 3.10 So ähnlich könnte dein Positionierungskreuz aussehen.

3.4 Vom Warum ins Wie

Wow, ganze 20 Seiten haben wir uns schon mit dem strategischen Kern deiner Marke beschäftigt. Ich hoffe, das hat dir gezeigt, dass das, was man im Außen von deiner Marke sieht, eigentlich tief aus dem Inneren kommt.

Jetzt wollen wir der Seele deines Unternehmens, deiner Markenstrategie, Ausdruck verleihen und sie vom Inneren ins Außen bringen. Ob du den visuellen Auftritt deiner Marke in Eigenregie zusammenbastelst oder dir professionelle Hilfe holst, hängt von deinen Zielen, deinem Budget und deinen Fähigkeiten ab. Was hierbei viele aber nicht beachten, ist, dass schlecht gestaltetes Design auch seinen Preis hat, weil Menschen unterbewusst entscheiden, ob sie deinen Auftritt gut finden oder eben nicht. Außerdem kann es wahnsinnig schwer sein, für sich selbst zu gestalten. Auch für mich als Designerin ist das die größte Herausforderung, weil der neutrale und professionelle Blick von außen fehlt. So oder so: Dein Markenauftritt besteht aus einzelnen Puzzle-Teilen, die zusammengesetzt deine visuelle Markenidentität bilden.

Die große Frage ist, wie du deine Markenpersönlichkeit jetzt ansprechend für deine Idealkundschaft in dein Design bekommst. Und das ist gar nicht so leicht, weil deine Marke bis jetzt etwas sehr Abstraktes ist. Hier gebe ich dir ein paar willkürliche Beispiele, die dir einen Einblick geben sollen, auf welche unterschiedlichen Arten deine Eigenschaften visualisiert werden können:

- *Natürlichkeit:* natürliche Farben, Naturmaterialien als Hintergründe, wenig bearbeitete und gefilterte Fotos, natürliches Licht in der Bildsprache, Naturpapiere in Drucksorten
- *Sanftheit:* sanfte Sprache, softe, gedeckte Farben, weiche Textilien oder Linien, Rundungen, Soft-Touch-Haptik auf Drucksorten
- *Spaß:* aktivierende, fröhliche Sprache, Illustrationen, die das Gesamtbild auflockern, fröhliche Farben, unerwartete Animationen, frische Bildsprache, unerwartete, lustige Sprüche
- *Struktur:* viel Weißraum im Design mit Platz zum Atmen, Linien, die das Auge lenken
- *Heimatgefühl:* Slang, Worte und Sprichwörter aus der Heimat, Texturen oder Muster aus der Heimat wie z. B. kariertes Tischtuch, Gravuren, Holz etc., Fotos im Vintage-Look
- *Rebellion:* auffallende, kräftige Sprache, Bildsprache und Elemente, die aus der Norm fallen, Schrift, die zum Beispiel wie Graffiti-Spray oder Edding wirkt

Lass uns die einzelnen Elemente im Folgenden Schritt für Schritt anschauen.

3.4.1 Dein Positionierungsstatement

Kennst du das? Du landest irgendwie auf einer Unternehmens-Website oder einem Instagram-Profil, aber bis du verstehst, worum es überhaupt geht, dauert es ... lange? Das willst du bei deinem eigenen Auftritt unbedingt vermeiden. Schließlich sind User ganz schnell wieder weg, wenn sie nicht verstehen, was für einen Nutzen sie selbst aus etwas ziehen können.

Mach's besser: Mit einem knackigen Positionierungsstatement willst du Menschen schnell klar machen, ob sie bei dir richtig sind und bei dir bekommen, was sie sich tief im Inneren wünschen. Es beinhaltet idealerweise, warum, was, wie, für wen und welches emotionale Resultat es hier gibt. Dieses Statement platzierst du dann überall, wo es Sinn macht, dass Menschen schnell verstehen, was es bei dir gibt. Zum Beispiel:

- in der Hero Section oder im Footer deiner Website (siehe Abschnitt 5.3 »Diese Informationen gehören auf deine Website«)
- in deiner Social-Media-Bio
- in deinem *Google My Business*-Account
- in deiner E-Mail-Signatur
- auf deiner Visitenkarte

Und auch hier gilt es, nicht nur rational zu kommunizieren, sondern emotionale Resultate verständlich zu machen und dem Leser oder der Leserin dein Angebot schmackhaft zu machen. Erinnerst du dich an Abschnitt 3.2.1, wo du gelernt hast, dass du deine Kommunikation idealerweise emotional beginnst? Das Positionierungsstatement ist der perfekte Ort dafür. Du musst beim Positionierungsstatement keiner Formel folgen, du kannst es auch locker und natürlich in deine eigene Sprache fassen. Baue dabei auch deine Markentonalität ein. Hast du in deiner Markenpersönlichkeit definiert, dass du urban, jung und inklusiv sprichst? Lass es im Positionierungsstatement durchscheinen, wie das bei der YOGA DEALEREI der Fall ist:

> *Für dich, nicht dagegen: Yoga-Sessions für alle, die ihre Selbstzweifel droppen und ihre*n innere*n Babo*lina feiern wollen.*

Oder ist deine Markentonalität stattdessen erfüllend, empowernd und inspirierend?

> *Because life is for living: kreative, inspirierende Workshops für neugierige Frauen, die ihr Leben erfüllender gestalten wollen, aber noch nicht wissen, wie.*

Oder liebevoll, sanft und wohlig-warm?

> *Ein Zuhause, das sich wie eine Umarmung fühlt: liebevolle Interior-Design-Konzepte, die Persönlichkeit, Geborgenheit und Freude nach Hause bringen.*

Wenn dir eine Formel beim Schreiben hilft, kannst du gerne meine nutzen (siehe Tabelle 3.3). Die Positionierungsstatements, die ich normalerweise für und mit meiner Kundschaft ausarbeite, beginnen immer mit dem Why-Statement. Wenn du gute Vorarbeit geleistet hast, ist dein Positionierungsstatement wie Malen nach Zahlen. Hast du die Übung zur Markenpersönlichkeitsübung aus 3.3.1 gemacht? Dann schau dir die Keywords an und setze sie zusammen, wie es sich für dich stimmig anfühlt.

Formel	**Beispiel 1**	**Beispiel 2**
dein Why-Statement	Because life is for living:	Ein Zuhause, das sich wie eine Umarmung fühlt:

Tabelle 3.3 Formel für dein Positionierungsstatement

Formel	Beispiel 1	Beispiel 2
Vibe-Keyword + dein Produkt	Kreative, inspirierende Workshops	Liebevolle Interior-Design-Konzepte,
ggf. für wen – Audience-Keyword	für neugierige Frauen	
gewünschtes Outcome – Impact-Keyword	die ihr Leben erfüllender gestalten wollen,	die Persönlichkeit, Geborgenheit und Freude nach Hause bringen.
ggf. was ist besonders daran – Magnetic Keyword	aber noch nicht wissen, wie.	

Tabelle 3.3 Formel für dein Positionierungsstatement (Forts.)

3.4.2 Erstelle ein Moodboard für dein visuelles Branding

Endlich geht's ans Visuelle. Der erste Schritt, um die Markenstrategie ins Markendesign zu übersetzen, ist das Sammeln von Inspiration. Hier kommt der meiner Meinung nach spaßigste Teil im Branding-Prozess: dein Moodboard, auch Creative Direction genannt. Der Vibe deiner Marke drückt sich erstmals nicht nur in Worten, sondern auch in Bildern aus. Durch die Markenstrategie-Phase wissen wir, welche Emotionen und Persönlichkeit deine Marke vermitteln soll. Diese wollen wir jetzt verbildlichen.

So erstellst du ein Moodboard

Schau dir deine Markenpersönlichkeit noch einmal genau an. Wie kannst du Bilder dazu finden? In deinem Moodboard sammelst du in erster Linie alles, was für dich das Gefühl, das du ausstrahlen willst, repräsentiert: Interior, Illustrationen, Designs, Muster, Menschen, Mode, Kunst, Orte, Stoffe, Pflanzen, Formen, Texturen und typografische Elemente.

Du darfst hier ruhig intuitiv vorgehen. Spür tief in dich hinein. Welche Bild- oder Design-Elemente repräsentieren für dich zum Beispiel Wärme? Oder Sanftheit? Oder Coolness? Lies noch einmal meine Beispiele aus Abschnitt 3.4 durch.

Anhand der folgenden Gegenüberstellung kannst du ganz gut erkennen, wie unterschiedlich Moodboards, abhängig von Markenpersönlichkeit und Idealkundschaft, aussehen können. In Abbildung 3.11 siehst du das Pinterest-Board der YOGA DEALEREI. Hier waren die Keywords: Humor, Selbstannahme, Menschlichkeit, Reflektion, Rebellion, Urbanität. Im Moodboard dargestellt siehst du das an grellen, bunten Farben, Smileys, handgezeichneten Elementen und grundsätzlich im Design sehr modernen, auffälligen, lauten Elementen.

Abbildung 3.11 Moodboard für die YOGA DEALEREI

Bei Studio Mirna waren die Haupt-Keywords: kreativ, warm, empathisch, freundlich, Wohlgefühl. Dargestellt siehst du das im Moodboard in Abbildung 3.12 durch feminine, warme Farben wie Beige-, Rot-, Orange- und Rosa-Töne, runde Elemente, sanfte, flowy Linien, weiche Stoffe, warme Lichter und Schriften mit weichen Rundungen.

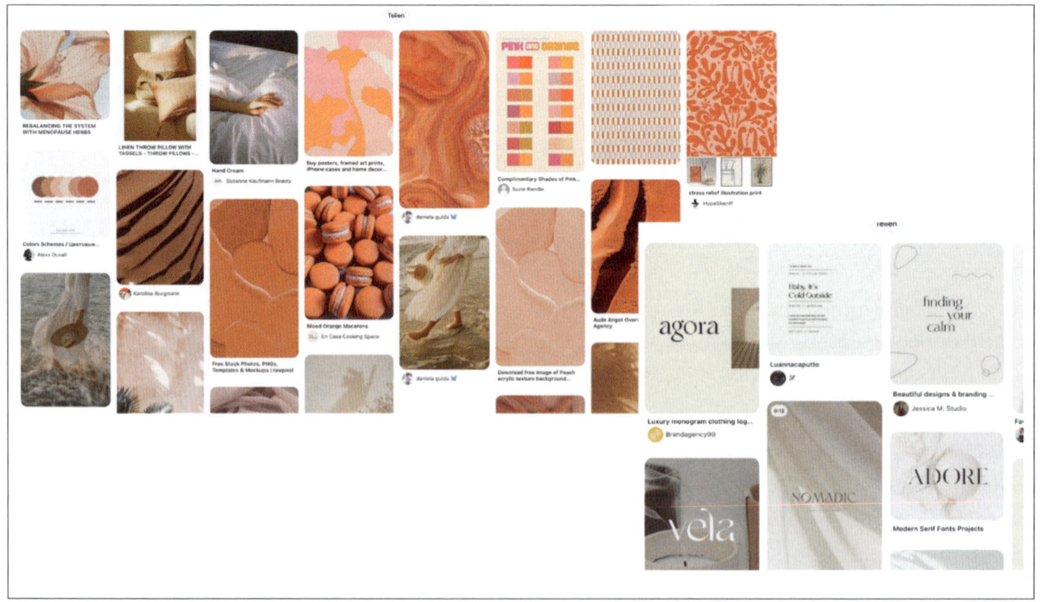

Abbildung 3.12 Moodboard für Studio Mirna

Überspringe diesen Schritt auf keinen Fall, denn dein Moodboard gibt dir anschließend die Richtung, auf die dein Markendesign mit vielen unterschiedlichen Markenelementen aufbauen kann.

3.4.3 Bildsprache: ein Ausdruck deiner Marke

Ein wichtiger Teil einer starken Marke ist deine Bildsprache, also Foto- und Videomaterial. Wenn du als professionelles Unternehmen wahrgenommen werden möchtest, nutze bitte unbedingt professionell fotografiertes Bildmaterial auf deiner Website. Wähle jemanden, der Fotos oder Videos von dir oder deinen Produkten macht, in dem Vibe, den du vermitteln willst. Denke auch hier wieder daran: Wie kannst du deine Markengeschichte erzählen und dich dabei vielleicht vom Wettbewerb abheben? Nur weil viele Selbstständige ihre Porträts mit Laptop aufnehmen, heißt das nicht, dass du das auch machen musst. Welche Requisiten unterstreichen deinen Vibe? Bei meinem Branding-Studio studio sesenta sind das: Sonnenbrillen, Drinks, Wasser im Pool oder See, Sonnencreme, Popcorn, Zitronen, Kirschen (siehe Abbildung 3.13).

Abbildung 3.13 Bildsprache und Markenelemente von studio sesenta © Vandi Angga

Warum? Mein Vibe entspricht meiner Persönlichkeit. Weil ich gerne Zeit am Wasser verbringe – und das bisher so kein anderes Branding-Studio macht. Und weil ich mir für meine Kundschaft außerdem wünsche, dass diese entspannt von ihrer Leidenschaft leben kann. Wie an einem warmen Badetag im Sommer.

Du kannst natürlich auch auf lizenzfreie Stockfotos zurückgreifen, zum Beispiel über Plattformen wie *Pexels* (*pexels.com*) oder *Unsplash* (*unsplash.com*) oder dir mittlerweile auch über KI-Tools wie *Midjourney* (*midjourney.com*) oder *Dall-E* (*openai.com/dall-e-2*) Fotos generieren lassen. Es gibt auch selbstständige Fotograf*innen, die sich aufs Herstellen von Stockfotos spezialisiert haben, z. B. Darlingstock (*darlingstock.de*) oder Editorial Stock Images (*editorialstockimages.com*). Sei auch bei deiner Bildsprache authentisch, und vermeide generische, unrealistische Bildwelten. In Abbildung 3.14 siehst du Beispiel-Guidelines, die ich für eine Kundin erstellt habe.

Abbildung 3.14 Guidelines für die Bildsprache in einem Kundenprojekt

3.4.4 Markenfarben: Warum sie wichtig sind und wie du sie zusammenstellst

Wenn wir ein Design betrachten, springt uns Farbe schnell ins Auge, weil sie großflächig angewendet wird und Akzente setzt. Farbe hat den größten visuellen Impact und Wiedererkennungswert und vor allem: Sie hat Bedeutung und weckt Emotionen.

Es gibt warme und kühle Farben, beruhigende und aktivierende Farben, freundliche und seriöse Farben. Sonnengelb wird zum Beispiel als allgemein sympathische und warme Farbe wahrgenommen, ein dunkles Blau wirkt hingegen distanziert und seriös. In verschiedenen Kulturen oder durch persönliche Einflüsse können Farben aber auch unterschiedlich interpretiert werden.[6] So ist Rot in der westlichen Welt auf der einen Seite eine Signalfarbe, steht aber auch für Liebe, Leidenschaft, Energie und Wut. In asiatischen Ländern ist es eine Farbe des Glücks, in einigen afrikanischen Ländern hingegen steht Rot für den Tod.

Farbpsychologie kommt uns in der Markenentwicklung sehr gelegen, weil wir unsere emotional definierte Markenpersönlichkeit mit Farben hervorheben und unterstreichen können. Die klassische Farbpsychologie ordnet nämlich Farben bestimmte Emotionen zu (siehe Abbildung 3.15).

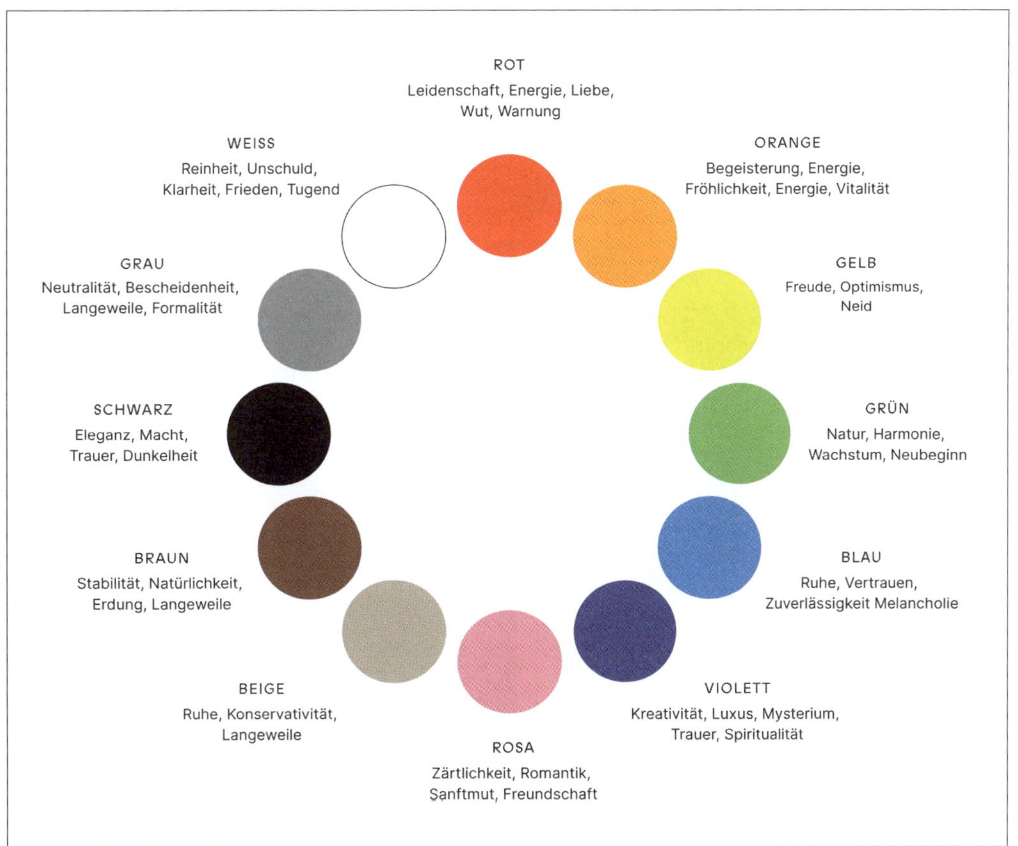

Abbildung 3.15 Die emotionale Wirkung verschiedener Farben nach der klassischen Farbpsychologie

6 Eva Heller, Wie Farben wirken (7. Auflage), 2004

Aber hier muss man ein bisschen vorsichtig sein. Eine Farbpalette zusammenzustellen, beinhaltet mehr, als die Farben einfach nach Emotion zu wählen. Schließlich gibt es innerhalb einer Farbe auch noch Schattierungen, und so hat Pastellrosa eine ganz andere Wirkung als Neon-Pink (siehe Abbildung 3.16). Während Pastellrosa sanft, ruhig und zurückhaltend wirkt, ist Neon-Pink kräftig, auffällig und aktivierend. Grundsätzlich wirken gedämpfte Farben ruhiger und erdender als grelle.

Abbildung 3.16 Pastellrosa wirkt anders als Neon-Pink.

Deine gewählten Farben sollten nicht nur untereinander harmonisch einsetzbar sein, sondern auch deine Idealkundschaft ansprechen, anders als die Farben des Mitbewerbs sein und dir dabei helfen, die Geschichte deiner Marke zu erzählen. Annas Farbwelt vor unserem Re-Branding ist ein gutes Beispiel dafür. Sie hatte sich zuvor primär an den Farben, die sie gerne als Kleidung trägt, orientiert. Aber herbstliche Rost- und Brauntöne können schwer und langweilig wirken. In Annas Markenstrategie-Phase wurde klar: Eigentlich will sie mit ihrem Angebot Spaß und Leichtigkeit ins Leben ihrer Idealkundschaft bringen. Wir tauschten ihre aktuellen Farben also gegen eine bunte, frische Farbpalette ein, was den Auftritt gemeinsam mit einer überarbeiteten Schriftenpalette viel freudiger und lockerer wirken lässt (siehe Abbildung 3.17).

Abbildung 3.17 Anna Turners Instagram-Feed vor und nach dem Re-Branding mit studio sesenta

So findest du deine Marken-Farbpalette

Überlege dir, welche Farbwelt gut zu deiner festgelegten Markenpersönlichkeit passen könnte. Wähle zwischen 5 und 8 Farben. Ob du eine Farbe wählst, die dominiert und mit der man deine Marke in Verbindung bringt (wie Lila bei Milka) oder mehrere Farben ausgeglichen anwenden möchtest, bleibt dir überlassen. Es gibt unzählige Theorien, zusammenpassende Farben zu finden. Einige davon werden dir von *Canva* vorgestellt (*canva.com/colors/color-wheel*).

Wähle aber auf jeden Fall auch eine helle und eine dunkle Farbe, die du als Hintergrund- und Schriftfarbe einsetzen kannst. Ich rate dir außerdem, eine hervorstechende Farbe für Calls-to-Action festzulegen. Und ganz wichtig: bedenke, ob deine Farben miteinander funktionieren. Sind sie auch langfristig anwendbar? Unterscheiden sie sich vom Wettbewerb? Und fühlst du dich wohl damit?

Wenn du möchtest, kannst du auch vorgefertigte Farbpaletten via *Pinterest* (*pinterest.com*) recherchieren oder dir selbst Farbpaletten mithilfe eines Tools wie *Coolors* (*coolors.co*) zusammenstellen.

3.4.5 Typografie: So baust du dir eine Schriftenpalette

Wie Farben haben auch Schriften Psychologie, es wird nur viel weniger darüber gesprochen. Schriften haben je nach Design einen Charakter – und auch hiermit kannst du deine Markenpersönlichkeit unterstreichen. Verschiedene Schriften harmonisch miteinander zu kombinieren, ist allerdings eine Kunst, die ein bisschen Übung verlangt. Ich würde sogar sagen, hier passieren die meisten Designfehler. Du kannst dir deswegen auch einfach vorgefertigte Schriftenpaletten via Pinterest unter »Font Pairings« anschauen. Schriften kannst du bei unterschiedlichen Typefoundries kaufen, meistens um 15 € bis 50 € pro Lizenz. Via *Google Fonts* (*fonts.google.com*) oder *Canva* (*canva.com*) bekommst du Schriften kostenlos, beachte aber, dass alles, was kostenlos ist, sehr viele andere Unternehmen auch verwenden.

Je nach Schriftschnitt bekommt eine Schrift eine bestimmte Persönlichkeit. Serifenschriften (siehe Abbildung 3.18)

- können klassisch, hochwertig, traditionell, formell, vertrauenswürdig, editorial, raffiniert wirken,
- sind gut für längere Texte geeignet, geben allerdings einen eher klassischen Vibe,
- sind gut für Überschriften.

Ich bin eine Serifenschrift. Ich bin eine Serifenschrift.

Abbildung 3.18 Beispiele für Serifenschriften

Serifenlose Schriften (siehe Abbildung 3.19)

- können clean, modern, chic, neutral, geometrisch wirken,
- sind gut für Überschriften,
- sind gut für Calls-to-Action,
- sind gut für längere Texte geeignet.

Ich bin eine serifenlose Schrift. Ich bin eine serifenlose Schrift.

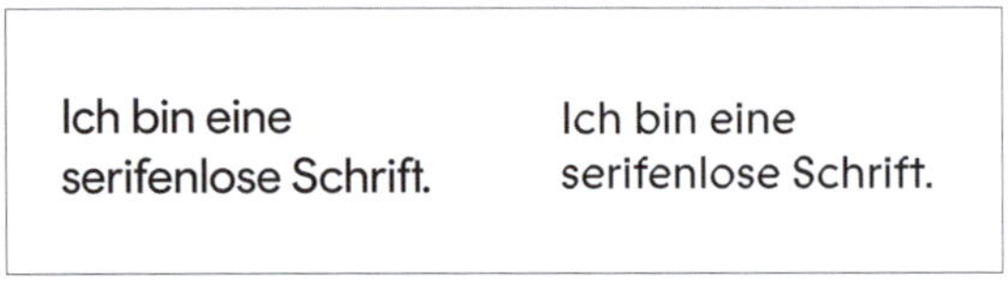

Abbildung 3.19 Beispiele für serifenlose Schriften

Display-Schriften (siehe Abbildung 3.20)

- können je nach Stil ausgefallen, kreativ, mutig, kurios, besonders wirken,
- sind gut für Überschriften oder Akzente,
- sind nicht für längere Texte geeignet,
- sind dezent einzusetzen.

Ich bin eine Display-Schrift. Ich bin eine Display-Schrift.

Abbildung 3.20 Beispiele für Display-Schriften

Schreibschriften (siehe Abbildung 3.21)

- können je nach Stil persönlich, feminin, maskulin, zugänglich, historisch, kreativ wirken,
- sind gut für Akzente wie Zitate oder einzelne Worte,
- sind nicht für längere Texte geeignet,
- sind dezent einzusetzen.
- *Achtung:* diese Art von Schriften wurden in den letzten zehn Jahren sehr viel benutzt, der Trend geht aktuell aber eher weg von dem Stil.

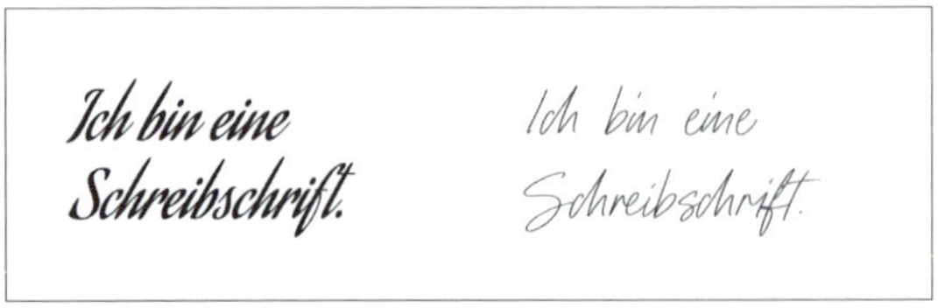

Ich bin eine Schreibschrift. Ich bin eine Schreibschrift.

Abbildung 3.21 Beispiele für Schreibschriften

Handgeschriebene Schriften (siehe Abbildung 3.22)

- können je nach Stil persönlich, kreativ, kindlich, maskulin oder feminin wirken,
- sind gut für Akzente,
- sind nicht für längere Texte geeignet,
- sind dezent einzusetzen.

ICH BIN EINE HANDSCHRIFT.

ICH BIN EINE HANDSCHRIFT.

Abbildung 3.22 Beispiele für Handschriften

So stellst du deine Schriftenpalette zusammen

Für deine Schriftenpalette brauchst du jeweils eine Schrift für deine Über-Überschrift, die Überschrift, Absätze und Calls-to-Action (siehe Abbildung 3.23). Bei der Zusammenstellung deiner Schriften beachte Folgendes:

- Verwende nicht zu viele Schriften auf einmal, das wirkt schnell unordentlich. Weniger ist mehr.
- Gib nie Zeichenabstand zwischen Kleinbuchstaben.
- Gib nie Zeichenabstand zwischen Schreibschriften.
- Aber gib Zeichenabstand zwischen Großbuchstaben – das sorgt für bessere Lesbarkeit –, verwende diese nur für Überschriften.
- Längere Absätze schreibst du hingegen am besten in Groß-Kleinbuchstaben.
- Vermeide zu ausgefallene, trendy Schriften. Trends werden oft von vielen Unternehmen aufgegriffen, sind aber schnell »over-used« und gehen wieder vorbei. Je simpler du deine Schriftenpalette gestaltest, desto besser.

HIER KOMMT EIN ÜBERÜBERTITEL

Hier kommt ein Haupttitel

Hier kommt ein Fließtext. Lorem ipsum dolor sit amet, consectetuer adipiscing elit, sed diam nonummy nibh euismod tincidunt ut laoreet dolore magna aliquam.

CALL-TO ACTION

Abbildung 3.23 Die Schriftenpalette von studio sesenta

3.4.6 Logo: Brauchst du eines als Personal Brand?

Meiner Meinung nach sind Logos im Kopf von Unternehmer*innen ein bisschen überbewertet. Denn: Sie sind nur ein einziges Puzzle-Teil vom kompletten Markenpuzzle – und doch gibt es viele Unternehmen, die einen absurd starken Wert auf ihr Logo legen. Diesen Druck möchte ich dir – vor allem als Personal Brand –, aber eigentlich allen Unternehmen, nehmen. Dein Logo dient nämlich primär deinem Wiedererkennungswert – und spiegelt bis zu einem gewissen Grad auch die Persönlichkeit deiner Marke wider.

Es kann unter Umständen Hinweise zu deinem Unternehmen oder eine versteckte Bedeutung haben, aber es muss nicht deine komplette Unternehmensphilosophie darstellen. Für dich als Personal Brand kann es absolut ausreichend sein, wenn du eine schöne Schrift auswählst und deinen Namen damit ausschreibst (siehe Abbildung 3.24). Profis machen das in *Adobe Illustrator* (*adobe.com/at/products/illustrator*). Notfalls drücken wir ein Auge zu, und du kannst es auch selbst in *Canva* gestalten. Egal wie du es erstellst, dein Logo solltest du unbedingt als skalierbare Vektor-Dateien wie PDF oder SVG exportieren, damit du keine Qualitätsverluste hast, wenn du es einmal auf Drucksorten anwendest.

Abbildung 3.24 Beispiele für Logodesigns von studio sesenta

10 Logodesign-Tipps

1. Bring Persönlichkeit in dein Logo – das machst du durch die Auswahl der Schrift oder eine kleine Illustration.
2. Aber: Dein Logo muss nicht deine komplette Unternehmensphilosophie darstellen.
3. Schau, dass dein Logo auch in Schwarz-Weiß gut aussieht, Sinn macht und erkennbar ist, wenn jemand beispielsweise deine Rechnung druckt.

4. Dein Logo sollte sowohl auf sehr kleiner Fläche (z. B. einem Stift) als auch auf sehr großer Fläche (z. B. einem Plakat) funktionieren.
5. Eine zu detaillierte Illustration macht in einem Logo also keinen Sinn.
6. Vermeide unleserliche Script-Fonts, also Schreibschriften, in deinem Logo.
7. Zeitlosigkeit, also auf Schriften-Trends zu verzichten, sorgt für mehr Langlebigkeit in deinem Logo.
8. Weniger ist mehr. Gerade für dich als Personal Brand macht es Sinn, starken Fokus auf deinen Namen zu legen.
9. Ich bin deswegen auch kein Fan von Monogrammen, also deine Initialen alleinstehend zu verwenden. Wenn der Anwendungsbereich es erlaubt, solltest du deinen ganzen Namen ausschreiben, damit er sich bei deiner Zielgruppe einprägt.
10. Und wie immer: Werde nicht zu ähnlich zum Wettbewerb. Heb dich ab.

3.4.7 Markenelemente: Illustrationen, Muster, Collagen, Formen, Texturen

Illustrationen wie in Abbildung 3.25 können deiner Marke Persönlichkeit und Wiedererkennungswert verleihen. Der Illustrationsstil ist hierbei entscheidend: Retro, Comic, handgezeichnet, Karikaturen, 3D, minimalistisch und so weiter.

Abbildung 3.25 Illustrationen von studio-sesenta-Kundin Lisa Reichkendler, © illustriert von iStar Design

Collagen sind ein Mix aus unterschiedlichen Elementen wie Fotos, Grafiken und Ausschnitten, die miteinander kombiniert ein stimmiges Gesamtbild ergeben und so wie Illustrationen Persönlichkeit und Wiedererkennungswert geben können (siehe Abbildung 3.26).

Abbildung 3.26 Collage von studio-sesenta-Kundin Pina Babic

Muster können dein Design aufbrechen und entweder auflockern – oder Struktur verleihen. Muster findet man oft als Übergang zwischen zwei Abschnitten auf Websites (wie in Abbildung 3.27), als Hintergründe oder auf Drucksorten.

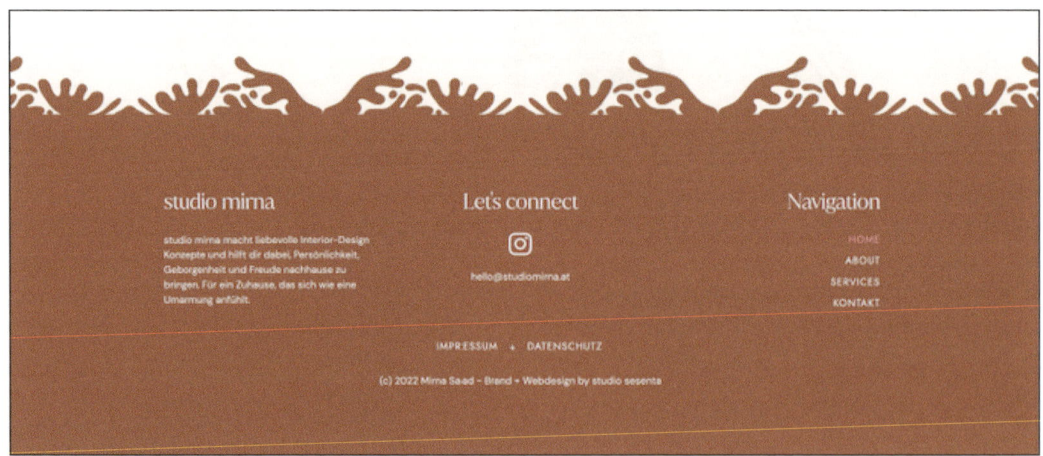

Abbildung 3.27 Muster von studio-sesenta-Kundin studio mirna

Auch Formen geben deiner Marke zusätzliche Struktur, Wiedererkennungswert und Charakter oder lockern auf. Dabei ist es entscheidend, ob du symmetrische, eckige, runde, abstrakte Formen verwendest (siehe Abbildung 3.28).

Abbildung 3.28 Formen von studio-sesenta-Kundin Anna Turner

Reale Texturen wie in Abbildung 3.29 bringen Tiefe und Haptik in ein Design, zum Beispiel Papiertexturen, Farbe, Marmor, Holzmaserungen, Stoffe etc. Wichtig ist, darauf zu achten, dass die Textur nicht zu »busy« ist, also schön clean ist und nicht von den wichtigen Inhalten ablenkt.

Abbildung 3.29 Texturen von studio-sesenta-Kundin EMPOVVER

3.4.8 Design-Regeln, die du beachten solltest

Auch wenn ein Markenkonzept von einem Profi erstellt wurde, wirst du als Selbstständige*r oft nicht darum herumkommen, Newsletter, Postings oder sonstige Drucksorten zu gestalten. Aus einem hochwertigen Design kann aber schnell ein billiges werden, wenn du es falsch anwendest. Noch schlimmer: Niemand liest die Informationen, an denen du so lange gearbeitet hast, weil das Design überfordert, schlecht leserlich oder schlicht und einfach anstrengend ist. Und wir wollen uns nicht anstrengen, wenn wir Informationen aufnehmen, dafür ist unsere Aufmerksamkeitsspanne leider zu kurz.

Hier kommen also ein paar Design-Grundregeln, damit dein Design hochwertig bleibt und deine Infos gelesen werden. Design-Regeln können zwar gebrochen werden, aber bitte nur dann, wenn du weißt, was du tust.

Vorsicht vor Design-Trends

In der Design-Welt kommen wir nicht um Trends herum. Egal, ob Interior, Mode oder eben Grafikdesign. Das gibt uns leider auch ganz oft das Gefühl, auf jeden

Trend aufspringen zu müssen. Vor allem Plattformen wie *Canva*, die Grafikdesign-Trends wirklich jedem zugänglich machen, fördern Over-Use. Wenn alle dasselbe machen, gehst du erst recht wieder in »the sea of same« unter. Spüre hier gut in dich hinein: Was passt wirklich zu deiner Marke und hat auch das Potenzial, langfristig zu funktionieren? Denn leider wird uns alles, was wir eine Zeit lang an jeder Ecke sehen, schnell langweilig und verschwindet dadurch meistens auch bald wieder von der Bildfläche.

Weniger ist mehr

Zu viel Text, unterschiedliche Schriften oder Designelemente überfordern unser Auge und Hirn. Versuche nicht zu viel in kleine Bereiche zu stecken, das erzeugt in der betrachtenden Person ein ungutes Gefühl. Lass weniger mehr sagen. Dadurch kannst du einen stärkeren Fokus setzen auf das, was wirklich wichtig ist (siehe Abbildung 3.30).

Abbildung 3.30 Die erste Grafik wirkt überladen, in der zweiten liegt der Fokus klar auf den Text.

Nutze Weißraum

Weißraum ist leerer Raum rund um andere Design-Elemente und ein total unterschätztes Design-Element. Ganz oft werden Elemente leider sehr nah an Ränder oder an andere Elemente gequetscht – und das nimmt dem Design den Raum zum Atmen. Mach es stattdessen so: Verwende Weißraum, um Fokus zu setzen. Weißraum lässt das Auge leichter navigieren und sorgt für einen angenehmeren Lesefluss. Je mehr Weißraum eingesetzt wird, desto leichter und offener fühlt sich das Design an – und desto hochwertiger wirkt es oft auch (siehe Abbildung 3.31).

Abbildung 3.31 Die linke Grafik ist überfordernd, rechts hat jedes Element genug Raum zum Atmen.

Gib wichtigen Dingen Gewicht

Hierarchie ist die Art, wie, wo und in welchem Gewicht oder in welcher Farbe du Elemente auf einer Seite anordnest – ihrer Wichtigkeit nach. Weil wir als Betrachter*innen schnell Informationen erfassen wollen, ist es wichtig, dass du dem Auge eine dementsprechende Hierarchie gibst.

Abbildung 3.32 Anwendung von Hierarchie im Design

Je größer oder greller ein Designelement ist, desto mehr Aufmerksamkeit zieht es auf sich. Große Überschriften lesen wir meistens zuerst, auch wenn sie nicht das erste Element auf einer Seite sind. Das kannst du für dich nutzen, indem du große Überschriften auf Website, Social-Media-Posts und Co. mit wirklich wichtigen Statements versetzt. Statt »Willkommen« zu schreiben, baust du also zum Beispiel besser dein Why-Statement ein. Call-to-Action Buttons, die den User zu einer Handlung aufrufen sollen, gestaltest du idealerweise immer in derselben, aus dem restlichen Design hervorstechenden Farbe (siehe Abbildung 3.32).

Baue Kontraste ein

Kontrast hebt Elemente klar voneinander ab – oder lässt Elemente ineinander verschwimmen. Starke Kontraste machen Dinge spannend, also wenn zwei gegensätzliche Design-Stile verwendet werden, zum Beispiel eine sanfte Schreibschrift mit einer edgy Serifenschrift. Blumenkleid mit Lederjacke und Boots quasi. Aber auch für Barrierefreiheit sind Kontraste wichtig. Wenn Texte durch blasse Farben schwer lesbar werden, sind Menschen schnell wieder weg, oder Menschen mit Sehschwäche können sie erst gar nicht lesen (siehe Abbildung 3.33). Mehr dazu erfährst du übrigens in Abschnitt 5.6.4 »Barrierefreiheit im Web«.

Abbildung 3.33 Die linke Schrift ist schwer lesbar, dafür sieht man Details des Elements in der Mitte. Rechts ist es genau umgekehrt.

Spiele mit Balance und Harmonie

Dein gesamtes Design ist eine Komposition aus Balance und Harmonie, ein Puzzle, das sich aus unterschiedlichen Design-Elementen ergibt. Was du willst, ist, das Gewicht auf deiner Arbeitsfläche so zu verteilen, dass es sich harmonisch anfühlt. Das kann asymmetrisch oder symmetrisch sein, aber egal wie: Das Gewicht sollte gleichmäßig verteilt sein – das sorgt für ein angenehmes Erlebnis beim Betrachten, wie in Abbildung 3.34.

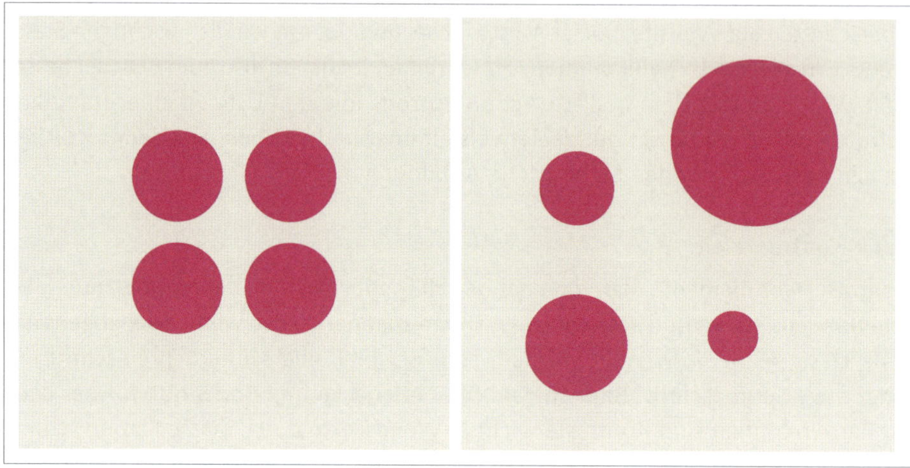

Abbildung 3.34 Möglicher Einsatz von Balance und Hierarchie

3.4.9 Erstelle einen Brand-Guide

Was starke Marken ausmacht? Konsequenz. Konsequente Anwendung ihrer Markenpersönlichkeit und ihres Designs. Denn erst durch die konsequente Anwendung kann deine Marke auch im Kopf von anderen Menschen ein Bild erzeugen. Dabei hilft dir ein Brand-Guide. Den bekommst du entweder von deinem Branding-Studio – oder du gestaltest ihn selbst. Der Brand-Guide dient allen für dich gestaltenden oder kommunizierenden Personen, also entweder für dich selbst, dein Team oder externe Dienstleister*innen. Egal, ob das in Notion, PowerPoint oder Canva passiert, sammle deine einzelnen Markenelemente in einem Dokument.

Ein klassischer Brand-Guide beantwortet Fragen wie:

- Was ist deine Vision?
- Was ist deine Positionierung?
- Welche Botschaft willst du kommunizieren?
- Was ist deine Markenpersönlichkeit?
- Wer soll sich von deiner Marke angesprochen fühlen?
- Welche Logovariationen verwendest du?
- Welche Farbcodes verwendest du für Web und Druck?
- Welche Schriftgrößen, -proportionen, Zeilenabstände und Zeichenabstände nutzt du?

- Welche Markenelemente, also Illustrationen, Muster, Collagen, Formen, Texturen setzt du ein?
- In welcher Bildsprache kommunizierst du?

Der Brand-Guide gibt dir und anderen Orientierung zu deiner Marke. So können sich Gestalter*innen, Fotografen, Social-Media-Manager*innen, Texter*innen, Customer Service und Co. schnell hinter der Marke ausrichten.

3.5 Leg deinen Perfektionismus ab

Du bist am Ende des Branding-Kapitels angekommen und bist wahrscheinlich ganz schön überrascht, wie viele Gedanken in einer Marke stecken. Gleichzeitig hast du einen Einblick bekommen, wie sich der Weg über den Berg der Strategie und den Berg der Kreation anfühlt. Du bist bereit für den Berg der Veröffentlichung, über den du im Rest dieses Buchs wandern wirst.

An dieser Stelle möchte ich dir den Druck nehmen, immer alles perfekt machen zu wollen. Deine Marke darf sich entwickeln – und sich gemeinsam mit deiner persönlichen Entwicklung als Unternehmerin verändern. Der wichtigste Aspekt in deinem Auftritt ist und bleibt: Authentizität. Du darfst deine Marke so führen, wie es sich für dich gut anfühlt.

Übrigens, die Entscheidung, ob du deine Marke selbst oder mit einem Profi gestalten willst, liegt bei dir. Sie ist abhängig von deinem Budget, deinen Zielen und deiner Selbsteinschätzung in Bezug auf die Gestaltung deines Markenauftritts. Nimm dir dieses Kapitel gerne immer wieder zur Hand, um kurz zu reflektieren: Passt das, was ich ausgearbeitet habe, noch gut zu dem, was ich aussagen möchte? Spricht es wirklich die Menschen an, die ich ansprechen möchte? Fühle ich mich wohl mit meinem Auftritt? Kann er mich zu meinen Zielen führen?

Branding bedeutet für mich, mehr Selbstverwirklichung in die Selbstständigkeit zu bringen. Dass du diese in und mit deinem Unternehmen findest, wünsche ich dir von Herzen.

Kapitel 4

Deine erste Kundin gewinnen

Eigentlich tut es nichts zur Sache, wie du deine Kund*innen gewinnst – sei es über Weiterempfehlungen, Werbeanzeigen oder Vorträgen auf Events. Viel zu oft wird Selbstständigen eingeredet, es gäbe nur den einen Weg, der viel besser ist als alle anderen. Ich sage: Das ist Schwachsinn. Egal, wie du an neue Aufträge kommst, was zählt, ist: Du bekommst sie. Alleine darauf darfst du schon stolz sein.

Du hast mittlerweile so viel Vorarbeit geleistet. Wahrscheinlich kribbelt es dir schon in den Fingern: Wann kannst du endlich loslegen? Ein wenig musst du dich leider noch gedulden. Denn wir arbeiten noch immer an deinem Fundament. In diesem Kapitel gehen wir aber einige wichtige Schritte Richtung Umsetzung deiner Strategie und überlegen uns noch einmal ausführlich, welche Marketing-Taktiken sich wirklich für dich und deine Marke eignen.

4.1 Marketing muss kundenzentriert sein

Gutes Marketing fühlt sich nicht an wie Marketing, weil es mehr bewirkt, als nur ein Angebot zu präsentieren. War Marketing früher verkäuferzentriert, stehen heute die Bedürfnisse der Kundschaft im Vordergrund. Wir unterscheiden deshalb zwischen *Outbound-* und *Inbound-Marketing*. Traditionelles oder Outbound-Marketing beschäftigt sich vorwiegend mit den Botschaften und Zielen des Unternehmens und versucht, diese nach außen zu »pushen« (es wird deshalb auch gerne als *Push-Marketing* bezeichnet). Taktiken, die im Outbound-Marketing Anwendung finden, die du im Laufe dieses Kapitels noch näher kennenlernen wirst, sind zum Beispiel Werbeanzeigen und Plakatwerbungen, aber auch Kaltakquise fällt unter diese Kategorie. Auch wenn solche Taktiken durchaus erfolgversprechend sein können, liegt die Conversion-Rate[1] für Outbound-Marketing im Schnitt bei nur 2–5 %. Nicht gerade hoch, oder? Deshalb setzen Unternehmen, die solche Taktiken

1 Zur Erinnerung: prozentuale Anzahl der Verkäufe im Vergleich zu den erreichten Personen

anwenden, oft auf Masse. Je mehr Leute erreicht werden, desto mehr Käufer*innen können bei einer 2–5%-Conversion-Rate gewonnen werden.

Was ich mich jedoch frage, ist: Was passiert mit den anderen 95–98 %? Was ist mit den Leuten, die sich von solchen Marketing-Taktiken nicht angesprochen fühlen? Im besten Fall bekommt jemand deine Werbeanzeige im eigenen Feed ausgespielt, ignoriert sie und scrollt weiter. Im schlimmsten Fall fühlt sich diese Person davon belästigt, und dein Unternehmen hat ab sofort einen negativen Beigeschmack. Das soll nicht heißen, dass Outbound-Taktiken schlecht sind. Aber bitte mach dir bewusst, dass sich nicht jeder, dem deine Anzeigen ausgespielt oder der von dir aus heiterem Himmel angeschrieben wird, davon auch angesprochen fühlt (es sei denn, du bist ein Marketing-Profi und hast deine Zielgruppe trennscharf definiert).

Eine Alternative dazu bietet Inbound-Marketing (oder *Pull-Marketing*). Statt anderen deine Botschaften aufzudrücken, werden hierbei Interessent*innen über spannende Inhalte, inspirierende Events oder strategische Partnerschaften angezogen. Inbound-Marketing zielt darauf ab, dass dich eine potenzielle Kundin von selbst findet, weil sie aktiv nach einer Lösung für ihre Probleme oder nach Hilfe zum Erreichen ihrer Ziele sucht.

Ganz egal, für welchen Ansatz du dich am Ende entscheidest, ich sehe es als unsere Pflicht als Unternehmer*innen, nicht nur kundenzentriert zu denken, sondern auch unser Marketing danach auszurichten.

4.2 Deinen wichtigsten Marketing-Kanal bestimmen

Im Rahmen deiner Marketing-Strategie, die du in Kapitel 2, »Erste Schritte zu deiner Marketing-Strategie«, ausgearbeitet hast, hast du schon die ersten Taktiken bestimmt, mit denen du deine Angebote verkaufen möchtest. Vielleicht hast du auch vorgeblättert, um einen Überblick über die 19 Marketing-Kanäle, die die beiden Entwickler des Bullseye-Frameworks Gabriel Weinberg und Justin Mares identifiziert haben, zu bekommen. Dann bist du hier an der richtigen Stelle.

Zur Erinnerung: So funktioniert das Bullseye-Framework

Im Bullseye-Framework geht es darum, einen passenden Kanal zu finden, der dir beim Erreichen deiner Marketing-Ziele hilft. Im ersten Schritt werden möglichst viele Ideen für alle verfügbaren Kanäle gesammelt und in den äußersten Ring einer Dartscheibe geschrieben. Die 2–5 vielversprechendsten Ideen werden dann in den mittleren Ring verschoben und getestet. Zum Schluss wird ausgewertet, welche Taktik am erfolgreichsten war. Diese kommt in die Mitte der Dartscheibe, ins Bullseye, und wird in Zukunft weiterverfolgt.

Gerade als Solopreneure haben wir nicht die Ressourcen, um auf allen Kanälen gleichzeitig vertreten zu sein. Leider kommt es aber oft vor, dass wir glauben, nur dann erfolgreich zu werden, wenn wir überall aktiv sind. Dabei ist genau das Gegenteil der Fall. Sogar größere Unternehmen wie Dropbox haben es verstanden, dass weniger oft mehr ist. Der Cloud Storage-Dienst setzt vorwiegend auf Empfehlungsmarketing und konnte damit seinen Kundenstamm in nur 15 Monaten um 3900 % vergrößern. Das Prinzip dahinter ist eigentlich simpel. Jeder Nutzer hat die Möglichkeit, den eigenen Speicherplatz zu vergrößern, indem Freund*innen zu Dropbox eingeladen werden. Dropbox animiert also User dazu, das Tool weiterzuempfehlen, indem es etwas zur Verfügung stellt, das alle haben wollen – mehr Speicher. Funfact: Zu Beginn seiner Markteinführung hat Dropbox auch weitere Marketing-Taktiken ausprobiert, die teilweise kläglich gescheitert sind. In einer Präsentation legt der Co-Founder Drew Houston zum Beispiel die Customer-Acquisition-Cost für Dropbox' erste Google-Ads-Kampagne offen. Diese betrug zwischen 233 und 388 US-$ für ein Produkt, das nur 99 US-$ kostet. Ein absoluter Fail![2]

Wie du anhand dieses Beispiels siehst, reicht es mitunter aus, einen einzigen erfolgreichen Marketing-Kanal zu finden, über den du deine Kundschaft gewinnst. Um dir deine Suche zu erleichtern, möchte ich dir im folgenden Abschnitt einige Ideen und Impulse für jeden der 19 Channel aufzeigen. Allerdings soll schon vorweg gesagt werden, dass sich manche davon besser, andere weniger gut für Soloselbstständige eignen. Aber ganz nach dem Prinzip des Bullseye-Frameworks geht es im ersten Schritt noch nicht darum, nur sinnvolle Kanäle zu bestimmen, sondern so viele Ideen wie möglich zu generieren. In Tabelle 4.1 siehst du alle 19 Channel auf einen Blick, bevor wir diese noch einmal der Reihe nach durchgehen.

Marketing-Kanal	Kurze Beschreibung
Empfehlungsmarketing/virales Marketing	Empfehlung deiner Inhalte und Angebote durch Kund*innen und Follower
Public Relations	Präsenz deines Unternehmens in Medien
Unconventional PR	Präsenz deines Unternehmens in Medien durch kontroverse Aktionen
Gastartikel in Blogs	Verfassen von Artikeln für bekannte Blogs
Search Engine Optimization (SEO)	gezieltes Aufscheinen der eigenen Website in der Trefferliste von Suchmaschinen

Tabelle 4.1 Die 19 wichtigsten Marketing-Kanäle im Überblick

2 Hier erfährst du mehr über Dropbox-Marketing-Strategie: *viral-loops.com/blog/dropbox-grew-3900-simple-referral-program*.

Marketing-Kanal	Kurze Beschreibung
Search Engine Advertising (SEA)	bezahlte Werbung über Suchmaschinen
Social & Display Ads	bezahlte Werbung über Social-Media-Kanäle sowie Displaynetzwerke
Offline-Werbung	bezahlte Werbung im TV, Radio, Magazinen oder auf Werbeplakaten
Content-Marketing	Erstellen und Veröffentlichen von Inhalten
E-Mail-Marketing	Aufbau einer Beziehung zu Interessent*innen und anschließendes Versenden von Angeboten via E-Mail
Engineering as Marketing	Bereitstellung kostenfreier Apps und Tools zur Lead-Generierung
Business-Partnerschaft	Zusammenarbeit mit Kolleg*innen
direkter Vertrieb	persönliche Kundenakquise
Affiliate-Marketing	Vermittlung deiner Angebote durch andere, die eine Provision erhalten
Existing Platforms/Influencer-Marketing	Nutzung existierender Plattformen bzw. Werbung auf Kanälen von Influencer*innen
Messen/Märkte	Bereitstellung deiner Angebote auf Messe- oder Marktständen
Events	Organisation von Veranstaltungen
Vorträge	Vorträge auf Konferenzen und Events
Community-Building	Aufbau einer Beziehung zur Zielgruppe

Tabelle 4.1 Die 19 wichtigsten Marketing-Kanäle im Überblick (Forts.)

4.2.1 Empfehlungsmarketing/virales Marketing

Empfehlungsmarketing, wie es von Dropbox betrieben wird, ist eine besonders kostengünstige Taktik, an Kund*innen zu kommen. Das Prinzip ist im Grunde genommen einfach: Du animierst deine vorhandene Kundschaft oder Freunde und Bekannte dazu, möglichst vielen Menschen von dir zu erzählen. Dazu stellst du meistens ein kleines Geschenk in Aussicht, wie Dropbox mehr Speicherplatz. Das Wellness-Center, in dem ich gearbeitet habe, hat zum Beispiel einen 50-US-$-Gutschein ausgegeben für alle Patient*innen, die eine Freundin oder einen Bekannten empfehlen. Ein Yogastudio könnte eine Klasse zum halben Preis anbieten, wenn eine zweite Person mitgenommen wird, und ein Friseursalon könnte einen Gratis-Haarschnitt für alle ausgeben, die mindestens drei neue Kunden anwerben.

Tatsächlich stehen Empfehlungen von Familie und Freunden seit Jahren auf Platz eins der erfolgreichsten Marketing-Maßnahmen weltweit. Alleine in Deutschland lassen sich die Hälfte aller Konsument*innen durch Bekannte zum Kauf neuer Produkte inspirieren, wie der Statista Global Consumer Survey zeigt.[3] Weitere Vorteile dieser Taktik erfährst du in Tabelle 4.2.

(+) Vorteile	(–) Nachteile
■ einfach und ohne Vorkenntnisse umzusetzen ■ geringes Risiko, da Geschenke oder Gutscheine nur dann vergeben werden, wenn auch wirklich neue Kund*innen kommen	■ funktioniert erst, wenn schon erste Kundschaft vorhanden ist, sonst muss auf Familie und Bekannte ausgewichen werden ■ keine schnelle Taktik, sondern eher zur langfristigen Kundengewinnung geeignet

Tabelle 4.2 Die Vor- und Nachteile von Empfehlungsmarketing

Selbstständige erzählen: »Der Großteil meiner Kund*innen kommt über Weiterempfehlungen.«

Auf die Frage hin, wie sie denn ihre aktuellen Aufträge gewinne, erzählt mir die Doula Deborah Staub (*deborahstaub.com*), dass fast alle bisherigen Kund*innen aus dem Bekanntenkreis kamen. »Entweder kannte ich sie direkt, oder Freunde und Familie haben mich empfohlen. Also eigentlich alles ohne mein Zutun.« Auch bei der Paar-Coachin Kerstin Bamminger (*kerstinbamminger.com*) verhielt es sich ähnlich. »Meine ersten Kund*innen waren alle aus meinem Bekanntenkreis und welche, die über Mundpropaganda kamen.«

Im Gegensatz zu Empfehlungsmarketing, das auch offline stattfinden kann, geht es bei viralem Marketing, wie der Name schon sagt, vorwiegend darum, dass Online-Inhalte zum eigenen Thema oder Angebot möglichst oft gesehen und geteilt werden. Obwohl virales Marketing durchaus seine Daseinsberechtigung hat, empfinde ich diese Taktik für Solopreneure wie dich und mich als wenig sinnvoll, vor allem, wenn es darum geht, nachhaltig Kund*innen zu gewinnen. Zum einen kann man Viralität nicht garantiert voraussagen (siehe Tabelle 4.3). Zum anderen weiß man

3 *de.statista.com/infografik/25731/anteil-der-befragte-die-sich-ueber-folgende-kanaele-ueber-neue-produkte-informieren*

nie, ob die Menschen, die dabei erreicht werden, auch wirklich potenzielle Kundschaft darstellen. Nehmen wir wieder das Beispiel eines Yogastudios, das in Wien tätig ist. Wie viele der TikTok-User, die ein virales Video dieses Studios sehen, sind wirklich in Wien ansässig und würden eine Yogastunde dort besuchen? Bestimmt sehr wenige.[4]

(+) Vorteile	(–) Nachteile
▪ meist günstiger als bezahlte Werbung ▪ hohe Reichweiten dienen zur Steigerung der Bekanntheit	▪ hohes Risiko, da Viralität nicht vorausgesagt werden kann ▪ eignet sich seltenen zur nachhaltigen Kundengewinnung ▪ erfordert viel Know-how und Erfahrung

Tabelle 4.3 Die Vor- und Nachteile von viralem Marketing

4.2.2 Public Relations

Kannst du dich noch an das Beispiel des Zirkuselefanten aus Kapitel 2, »Erste Schritte zu deiner Marketing-Strategie«, erinnern, der das Blumenbeet des Bürgermeisters zertrampelt? *Public Relations* (PR) oder *Öffentlichkeitsarbeit* hätte der Zirkusdirektor betrieben, wenn er in einem Interview mit den Lokalnachrichten über die strengen Bedingungen zur Tierhaltung in Zirkussen gesprochen hätte. PR dreht sich also nicht zwingend um den Verkauf eines konkreten Angebots, sondern eher darum, Aufmerksamkeit in den Medien für dich und dein Thema zu generieren. Genau diesen Ansatz verfolgt die Autorin und meine ehemalige Kundin Rita Hofmeister, die mit einer ausgeklügelten PR-Strategie versucht, mehr Bekanntheit für die Krankheit Endometriose und ein Leben mit künstlichem Darmausgang zu schaffen (siehe Abbildung 4.1).

PR zielt also darauf ab, möglichst viele Medien dazu zu bringen, über dich zu schreiben. Vielleicht fragst du dich, warum du nicht gleich eine Werbeanzeige im selben Magazin schalten kannst? Tatsächlich zeigen Studien, dass Menschen Werbung immer mehr ausblenden, sowohl online als auch offline. Das geschieht teilweise bewusst, zum Beispiel durch Ad-Blocker, und manchmal auch völlig unbewusst. Beobachte einmal dein eigenes Medienverhalten. Siehst du beim Durchblättern eines Magazins genau hin, oder überblätterst du solche Seiten, die offensichtlich Werbung beinhalten? In Tabelle 4.4 bekommst du einen Überblick über die wichtigsten Vor- und Nachteile von Public Relations.

4 Falls du dich doch noch weiter mit viralem Marketing beschäftigen möchtest, empfehle ich das Buch Contagious: Why Things Catch On von Jonah Berger.

Kronen Zeitung
Mo., 24.04.2023 13°C Wien
News | Kinder & Familie | GeMa | Patientenberichte | Aus der Arztpraxis | Broschüren
29.10.2022 12:00 | FREIZEIT > GESUND > PATIENTENBERICHTE
ENDOMETRIOSE
Rita (44): „Ich konnte vor Schmerzen kaum stehen“

(Bild: Isabella Simon)

Abbildung 4.1 Ein Bericht über Rita Hofmeister und ihre Erfahrungen mit Endometriose in der österreichischen Kronen Zeitung

(+) Vorteile	(–) Nachteile
▪ wirkt oft vertrauenswürdiger als Werbung, sofern das Magazin als glaubwürdig angesehen wird ▪ günstiger als Werbeanzeigen oder sogar komplett kostenfrei	▪ eignet sich eher zur Steigerung der Bekanntheit, nicht unbedingt zur schnellen Kundengewinnung ▪ Erfolg kann nicht so einfach nachverfolgt werden wie in digitalen Kanälen

Tabelle 4.4 Die Vor- und Nachteile von PR

4.2.3 Unconventional PR

Während Unternehmen durch verschiedene »gewöhnliche« PR-Taktiken versuchen, Beziehungen zu Journalist*innen und Medienhäusern aufzubauen, um in deren Artikeln erwähnt zu werden, passiert dies durch *Unconventional PR* ganz von alleine. Bei dieser Taktik werden oft kontroverse Aktionen eingesetzt, damit möglichst viele Medien darüber berichten. Genau aus diesem Grund bewerfen Klimaaktivist*innen berühmte Gemälde mit verschiedensten Substanzen oder kleben sich an der Straße fest. Das schafft Aufmerksamkeit, und sie landen damit in den Medien. Ob solche Taktiken auch für Selbstständige funktionieren, wage ich allerdings zu bezweifeln (siehe Tabelle 4.5). Vielleicht belehrst aber genau du mich bald eines Besseren.

(+) Vorteile	(–) Nachteile
▪ gratis, bis auf die mit den Aktionen verbundenen Kosten	▪ für Soloselbstständige nicht unbedingt zugänglich ▪ eignet sich nur in seltenen Fällen zur Kundengewinnung

Tabelle 4.5 Die Vor- und Nachteile von Unconventional PR

Der Unterschied zwischen Unconventional PR und Guerilla-Marketing

Während sich beide Taktiken einen gewissen Überraschungseffekt zunutze machen, liegt der Fokus bei Unconventional PR darauf, in Medienberichten zu erscheinen. Für Guerilla-Marketing ist das nicht mehr als ein netter Nebeneffekt. Dort wird der direkte Draht zur Zielgruppe forciert. Spannende Beispiele für Guerilla-Marketing findest du hier: *t3n.de/bildergalerie/guerilla-marketing*.

4.2.4 Gastartikel in Blogs

Im Grunde genommen auch als eine Form der Öffentlichkeitsarbeit bieten sich neben gedruckten Zeitungen und Magazinen auch *Gastartikel* in Online-Blogs an, um deine Themen strategisch zu verbreiten. Der wohl größte Vorteil von Blogs gegenüber Magazinen ist, dass jene meist auf ganz bestimmte Themen ausgerichtet sind und vielleicht auch von Soloselbstständigen wie dir betrieben werden. So könnten sich weitere Synergien und ganze Business-Partnerschaften (siehe Abschnitt 4.2.12) ergeben. Wird dein Artikel auf einem bekannten Blog veröffentlicht, sammelst du dadurch auch strategische *Backlinks*. Das sind Verlinkungen auf deine eigene Website, die einen der vielen Bestandteile erfolgreicher Suchmaschinenoptimierung ausmachen. Weitere Vorteile von Gastartikeln siehst du in Tabelle 4.6.

(+) Vorteile	(–) Nachteile
▪ Steigerung deiner Bekanntheit bei der passenden Zielgruppe ▪ strategische Backlinks, die einen wesentlichen Ranking-Faktor von Suchmaschinen darstellen	▪ müssen von dir selbst oder einer Texterin verfasst werden ▪ keine schnelle Taktik, sondern eher zur langfristigen Kundengewinnung geeignet

Tabelle 4.6 Die Vor- und Nachteile von Gastartikeln

4.2.5 Search Engine Optimization (SEO)

Suchmaschinenoptimierung bedeutet, dass die eigene Website darauf ausgerichtet wird, möglichst weit vorne auf der Trefferliste einer Suchmaschine aufzuscheinen, um dadurch viele potenzielle Kund*innen anzulocken. Wie du dir vielleicht vorstellen kannst, ist das kein einfaches Unterfangen (siehe Tabelle 4.7) und auch zu komplex, um es in einem kurzen Absatz zu erklären. Deshalb habe ich diesem Thema einen eigenen Abschnitt gewidmet. Möchtest du jetzt gleich erfahren, wie du deine Website für Suchmaschinen optimieren kannst, dann blättere vor zu Abschnitt 5.7, »Gefunden werden: Suchmaschinenoptimierung«.

(+) Vorteile	(–) Nachteile
▪ eignet sich hervorragend zur Kundenakquise, da meist solche Leute angesprochen werden, die schon Interesse an deinem Thema haben ▪ im Vergleich zu anderen Methoden sehr kosteneffizient ▪ Erfolge sind einfach und detailliert messbar	▪ keine schnelle Taktik, sondern eher zur langfristigen Kundengewinnung geeignet ▪ erfordert technisches Know-how und Erfahrung ▪ erfordert sprachliches Können

Tabelle 4.7 Die Vor- und Nachteile von SEO

4.2.6 Search Engine Advertising (SEA)

Wenn du nach einem bestimmten Begriff auf Google suchst, werden dir verschiedene Arten von Ergebnissen angezeigt. Einige davon sind rein organisch zustande gekommen, wie die Beispiele rechts in Abbildung 4.2. Bei diesen Treffern hatten die Zahnärzte keinen direkten Einfluss darauf, ob und wie ihre Website angezeigt wird. Durch SEO-Taktiken konnten sie jedoch die Wahrscheinlichkeit erhöhen, unter dem Suchbegriff »Zahnarzt in Wien« aufzuscheinen. Der Zahnarzt links hingegen hat diesen Begriff ganz bewusst ausgewählt und dafür bezahlt, dass seine Werbeanzeige darunter aufscheint. Bezahlte Treffer werden meist ganz oben oder unten auf der Ergebnisseite einer Suchmaschine angezeigt und sind mit speziellen Kennzeichnungen wie »Werbung«, »Anzeige« oder »Sponsored« versehen. Da es auch zu diesem Thema ein eigenes Kapitel 9, »Selbstbewusst verkaufen«, gibt, habe ich dir in Tabelle 4.8 vorerst nur die wichtigsten Vor- und Nachteile von SEA aufgelistet.

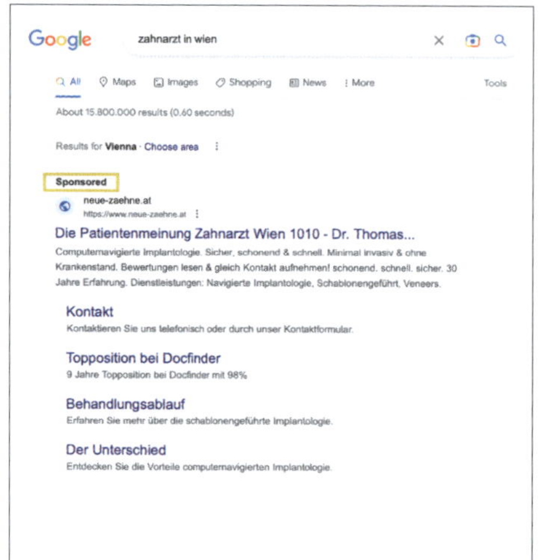

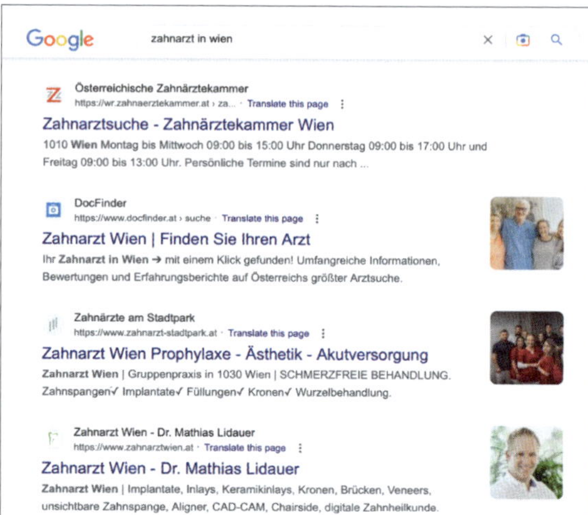

Abbildung 4.2 Links siehst du bezahlte Suchmaschinentreffer, rechts organische Ergebnisse.

(+) Vorteile	(–) Nachteile
▪ eignet sich hervorragend zur Kundenakquise, da meist solche Leute angesprochen werden, die schon Interesse an deinem Thema haben ▪ schnelle Resultate im Vergleich zu SEO ▪ Erfolge sind einfach und detailliert messbar	▪ bringt nur dann Traffic auf die Website, wenn auch genug für die Anzeige bezahlt wird ▪ erfordert technisches Know-how zum Aufsetzen der Anzeige ▪ hohes Risiko, da Anzeigen auch bezahlt werden müssen, wenn keine Kund*innen darüber gewonnen werden

Tabelle 4.8 Die Vor- und Nachteile von SEA

4.2.7 Social & Display Ads

Natürlich kannst du bezahlte Werbung nicht nur über Suchmaschinen schalten. Auch soziale Netzwerke bieten ihre eigenen Werbeplattformen. *Social Ads* funktionieren vom Prinzip her ein wenig anders als SEA, da du hier nicht auf bestimmte Begriffe abzielen kannst. Dafür kannst du deine Zielgruppe auf Instagram & Co. extrem detailliert bestimmen (siehe Tabelle 4.9). Aber auch dazu mehr in Kapitel 9, »Selbstbewusst verkaufen«.

Bei *Display Ads* handelt es sich um eine Form von Werbeanzeigen, die als Banner auf verschiedensten Websites ausgespielt werden. Eine besondere Funktion dieser Art von Werbung ist das sogenannte *Retargeting*, das auch in Social Ads zum Einsatz kommen kann. Dabei werden Werbeanzeigen an solche Leute ausgespielt, die schon einmal mit deiner Website oder deinen Inhalten interagiert haben. Du hast es doch bestimmt schon erlebt, dass du dir ein bestimmtes Produkt in einem Onlineshop angesehen hast, es dann aber doch nicht gekauft hast. Und plötzlich taucht genau dieses Produkt auf jeder zweiten Website auf, die du besuchst. Du liest morgens einen Blogartikel und nach dem ersten Absatz: das Produkt. Am Nachmittag scrollst du durch deinen Instagram-Feed und siehst schon wieder eine Werbung für dasselbe Produkt. Die Idee dahinter ist natürlich, Interessent*innen davon zu überzeugen, das Produkt doch noch zu kaufen.

Wie funktioniert Retargeting und ist das legal?

Aktuell funktioniert Retargeting noch vorwiegend über *Cookies*, das sind kleine Datensätze, die Informationen über dein Onlineverhalten beinhalten und auf deinem Computer gespeichert werden. Cookies werden zum Beispiel eingesetzt, um deine Log-in-Daten zu speichern. Dadurch bleibst du auf bestimmten Websites automatisch eingeloggt und sparst es dir, Usernamen und Passwort jedes Mal aufs Neue einzugeben.

Cookies können aber auch Informationen zu deinem Verhalten auf einer bestimmten Website, wie das Hinzufügen eines Produkts in den Warenkorb, beinhalten. Wenn Unternehmen diese Infos sammeln, können sie eingesetzt werden, um Werbeanzeigen besser auf dich abzustimmen. Der Nutzung von Marketing-Cookies musst du explizit zustimmen, weswegen jede neue Website, die du besuchst, auch in einem eigenen Banner darauf hinweisen muss, wie und wofür Cookies eingesetzt werden. Als Website-Besucher*in ist es natürlich dein Recht, die Nutzung von Cookies und personenbezogenen Daten abzulehnen. Dann darf ein Unternehmen diese auch nicht sammeln und kann dir somit keine Retargeting-Ads ausspielen.

(+) Vorteile	(–) Nachteile
■ eignet sich hervorragend zur Kundenakquise, da die gesamte Customer Journey damit abgedeckt werden kann ■ detailliertes Targeting möglich (z. B. demografische Angaben oder mit welchen Inhalten Personen interagieren)	■ erfordert technisches Know-how zum Aufsetzen der Anzeige ■ erfordert Kreativität zum Aufsetzen der Anzeige, um sie visuell ansprechend zu gestalten ■ hohes Risiko, da Anzeigen wie bei SEA auch bezahlt werden müssen, wenn keine Kund*innen darüber gewonnen werden

Tabelle 4.9 Die Vor- und Nachteile von Social & Display Ads

4.2.8 Offline-Werbung

Wenn heute von Werbung oder Marketing gesprochen wird, denken viele ausschließlich an digitale Kanäle. Dabei kann Offline-Werbung in (lokalen) Zeitschriften, Radio, TV oder auf Plakaten nach wie vor irrsinnig lukrativ sein. Klar wirst du dir als Solopreneur wahrscheinlich keinen Primetime-Werbespot im Fernsehen leisten können, aber gerade für Selbstständige, die lokale Dienstleistungen anbieten (Fotograf*innen, Friseure, Gärtnerinnen usw.), könnte Offline-Werbung durchaus gewinnbringend sein. Vielleicht gibt es ja ein örtliches Magazin oder eine Wochenzeitung, die kostengünstige Werbeflächen anbietet, in denen du auf dich aufmerksam machen kannst.

(+) Vorteile	(–) Nachteile
▪ besonders interessant für Angebote mit lokalem Bezug in entsprechenden ortsgebundenen Medien	▪ je nach Größe der erreichten Zielgruppe enorm kostenintensiv ▪ Erfolg kann nicht so einfach nachverfolgt werden wie in digitalen Kanälen

Tabelle 4.10 Die Vor- und Nachteile von Offline-Werbung

4.2.9 Content-Marketing

Dass die beiden Erfinder des Bullseye-Framework Content-Marketing als nur einen einzigen Kanal ansehen, nehme ich ihnen fast ein wenig übel. Denn Content-Marketing alleine ist so vielseitig wie die anderen 18 Channel zusammen und im Grunde genommen auch Voraussetzung dafür, dass die anderen Taktiken wirklich funktionieren. Stell dir vor, du schaltest eine Werbeanzeige auf Google, die auf eine leere Website führt. Oder du versuchst, viral zu gehen, ohne dass du explizit Inhalte teilst, die viel Aufmerksamkeit erregen sollen. Content ist aus dem Marketing nicht wegzudenken, deshalb habe ich auch diesem Thema ein eigenes Kapitel gewidmet. In Kapitel 7, »Veröffentliche deine ersten Inhalte«, erfährst du mehr darüber, wie du einzigartige Inhalte erstellst, die deine Wunschkundin begeistern. Die wichtigsten Vor- und Nachteile von Content-Marketing findest du schon hier in Tabelle 4.11.

(+) Vorteile	(–) Nachteile
▪ Voraussetzung dafür, dass andere Methoden erfolgreich genutzt werden können ▪ im Vergleich zu anderen Methoden sehr kosteneffizient ▪ Erfolge sind einfach und detailliert messbar	▪ keine schnelle Taktik, sondern eher zur langfristigen Kundengewinnung geeignet ▪ erfordert Kreativität und Know-how in verschiedensten Bereichen (z. B. Video, Text, Grafikdesign oder Fotografie)

Tabelle 4.11 Die Vor- und Nachteile von Content-Marketing

4.2.10 E-Mail-Marketing

Beim E-Mail-Marketing werden, wie der Name schon sagt, E-Mails dazu eingesetzt, Leads und schon vorhandene Kund*innen auf deine Angebote aufmerksam zu machen. Der größte Nachteil dieser Methode liegt auf der Hand: ohne E-Mail-Liste kein E-Mail-Marketing (siehe Tabelle 4.12). Wie du als Selbstständige deine Liste nachhaltig aufbauen kannst, welche Tools du dafür brauchst und was du sonst noch zu diesem Thema wissen solltest, lernst du in Kapitel 8 »Erfolgshebel E-Mail-Marketing«.

(+) Vorteile	(–) Nachteile
▪ eignet sich hervorragend zum Verkauf, da nur solche Leute angesprochen werden, die schon Interesse an deinem Thema gezeigt haben ▪ Erfolge sind einfach und detailliert messbar	▪ funktioniert erst, wenn auch schon Leads vorhanden sind ▪ keine schnelle Taktik, sondern eher zur langfristigen Kundengewinnung geeignet ▪ erfordert technisches Know-how und Erfahrung

Tabelle 4.12 Die Vor- und Nachteile von E-Mail-Marketing

4.2.11 Engineering as Marketing

Ich denke, dass ich mit sehr hoher Wahrscheinlichkeit ausschließen kann, dass dieser Marketing-Kanal für dich als Soloselbstständige relevant ist. Bei *Engineering as Marketing* werden nämlich eigene Apps oder Tools entwickelt, die der Zielgruppe kostenfrei oder sehr günstig zur Verfügung gestellt werden, um anschließend via Upsells das Hauptangebot zu verkaufen. Solltest du tatsächlich die Fähigkeiten haben, ein eigenes Tool zu entwickeln (oder das Budget, es von jemand anderem machen zu lassen), bietet diese Taktik eine großartige Möglichkeit, ein bestimmtes Problem deiner Zielgruppe zu lösen und dadurch deren Vertrauen zu gewinnen.

Best Practice: Der Instagram Grid Maker von My Social Boutique

My Social Boutique ist ein Onlineshop für kreative Instagram-Vorlagen, der Engineering as Marketing clever einsetzt, um ein ganz gezieltes Problem zu lösen. Falls du selbst auf Instagram aktiv bist, kennst du vielleicht den Puzzle-Feed-Look, bei dem Designelemente von einem Post in den nächsten übergehen. Eine Vorlage dafür kann man ganz einfach in Canva erstellen, aber wie bekommt man dann aus dem großen Puzzle die einzelnen Teile? Genau hier kommt der kostenfreie Grid Maker aus Abbildung 4.3 zum Einsatz.

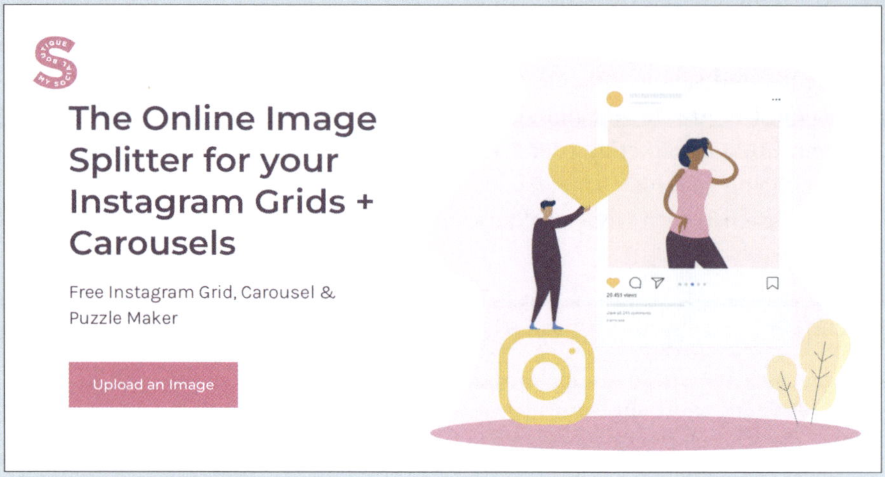

Abbildung 4.3 Mit dem Grid Maker von My Social Boutique können Puzzledesigns für Instagram innerhalb weniger Sekunden in mehrere Posts aufgeteilt werden (mysocialboutique.co/instagram-grid-maker).

(+) Vorteile	(–) Nachteile
▪ baut Vertrauen auf, indem bestimmte Probleme der Zielgruppe angesprochen und direkt gelöst werden	▪ erfordert fortgeschrittenes technisches Know-how ▪ eignet sich weniger gut zur schnellen Kundengewinnung

Tabelle 4.13 Die Vor- und Nachteile von Engineering as Marketing

4.2.12 Business-Partnerschaft

Unter *Business-Partnerschaft* wird die Zusammenarbeit mit anderen Unternehmen oder Selbstständigen verstanden, wie sie oft im Rahmen von Agenturleistungen vorkommt. Als mein Mann und ich unsere Agentur *White Fern Marketing* führten, wickelten wir bestimmte Aufträge gemeinsam mit Freelancer*innen oder anderen Agenturen ab, deren Angebote unsere gut ergänzten. Auch heute habe ich einige Business-Buddys, mit denen ich sogar gemeinsame Angebote plane. Bist du Grafikdesigner, Fotografin, Texter oder Webdesignerin, hast du bestimmt schon ein kleines Netzwerk, mit dem du gemeinsame Projekte ausführst. Falls nicht, ist es höchste Zeit, dir eines aufzubauen. Es zahlt sich aus, auch wenn du nicht im Kreativbereich arbeitest.

(+) Vorteile	(–) Nachteile
▪ einfach und ohne Vorkenntnisse umzusetzen ▪ geringes Risiko, da kein Geld eingesetzt wird, um neue Kund*innen zu gewinnen	▪ keine schnelle Taktik, sondern eher zur langfristigen Kundengewinnung geeignet

Tabelle 4.14 Die Vor- und Nachteile von Business-Partnerschaften

Ein gutes Netzwerk ist deine Wunderwaffe als Selbstständige

Ich geb's zu. Ich hasse Netzwerken – zumindest offline. Irgendwie fühlt sich das für mich immer so gezwungen an. Ganz darauf verzichten möchte ich allerdings auch nicht und habe mir so ein kleines Online-Netzwerk an Business-Buddys aufgebaut, von denen auch einige in diesem Buch zu finden sind. Denn egal, ob on- oder offline, deine Selbstständigkeit läuft garantiert besser, wenn du nicht auf dich alleine gestellt bist. Auch wenn es nur darum geht, dich zwischendurch bei jemandem auszukotzen, du brauchst die Unterstützung von anderen Unternehmer*innen. Hier einige Ideen und Impulse für erfolgreiches Networking:

- *Halte Ausschau nach Facebook-Gruppen und Communitys.* Normalerweise hat jede größere Stadt eine Gruppe, in der Unternehmer*innen aus verschiedensten Branchen zusammenkommen. Sie bietet einen schnellen Einstieg, um erste Kontakte zu knüpfen.
- *Recherchiere lokale Netzwerke und Meet-ups.* Bist du eher der Offline-Typ, mach eine schnelle Google-Recherche, oder höre dich in deinem Bekanntenkreis um. Oft gibt es lokale Gruppen, die sich regelmäßig treffen wie der Creative Lunch Club (*creativelunchclub.com*). Eine gute Anlaufstelle dafür sind Coworking-Spaces, die oft Events organisieren, die auch für Nicht-Mitglieder offen sind.
- *Sei selbst aktiv.* Du kannst nicht erwarten, dass du von alleine gefunden wirst. Geh selbst aktiv auf andere zu, um auf dich aufmerksam zu machen. Kommentiere unter Social-Media-Posts oder Blogartikeln und reagiere auf Newsletter, die dich inspiriert haben. Aber bitte so, dass auch eine Unterhaltung entstehen kann. Ein-Wort- oder Emoji-Kommentare werden niemanden zu einer Antwort animieren.

4.2.13 Direkter Vertrieb

Als Soloselbstständiger, gerade wenn du Dienstleistungen anbietest, bist du meistens im direkten persönlichen Austausch mit deiner Kundschaft. Du führst Erstgespräche, schreibst Angebote und möchtest natürlich so viele Interessenten wie möglich von dir überzeugen. Du musst also wissen, wie du dich und deine Leistungen gut verkaufen kannst. Weil auch dieses Thema kaum in ein paar Zeilen abgehandelt werden kann, blättere gerne zu Kapitel 9, »Selbstbewusst verkaufen«, vor, um mehr darüber erfahren, wie du andere davon überzeugst, dein Angebot zu kaufen. Einen kurzen Überblick über die Vor- und Nachteile von *direktem Vertrieb* bekommst du in Tabelle 4.15.

(+) Vorteile	(–) Nachteile
▪ einfach und ohne Vorkenntnisse umzusetzen ▪ direkter Kontakt schafft Vertrauen und baut eine Bindung zwischen dir und deiner Zielgruppe auf	▪ funktioniert erst, wenn auch schon Leads vorhanden sind ▪ erfordert Fingerspitzengefühl in der Kommunikation

Tabelle 4.15 Die Vor- und Nachteile von direktem Vertrieb

Das Problem mit der Kaltakquise

Ich weiß, ich habe zu Beginn dieses Kapitels behauptet, dass keine Marketing-Taktik besser oder schlechter ist als andere. Tatsächlich bildet Kaltakquise für mich eine Ausnahme, vor allem, wenn sie so betrieben wird, wie das in zahlreichen Nachrichten in meiner LinkedIn- oder Instagram-Inbox der Fall ist. Unter Kaltakquise versteht man das taktische Anwerben von potenziellen Kund*innen, mit denen es bisher noch keinen Kontaktpunkt gab. Das ist nicht nur rechtlich eine Grauzone, sondern schlicht und einfach nervig. Nachrichten à la »Hey, wie lange bist du schon selbstständig?« oder »Ich bin XY, darf ich dir einen Tipp zu deinem LinkedIn-Auftritt geben?« sind plump, unoriginell, und mir ist von vornherein klar, dass eigentlich kein Interesse an mir als Person besteht, sondern einfach irgendetwas verkauft werden möchte.

Ich möchte dich dazu einladen, achtsam mit dem Vertrauen deiner Wunschkundin umzugehen und diese nur dann zu kontaktieren, wenn du ausdrücklich die Erlaubnis dafür bekommen hast (z. B. indem sie sich in deine E-Mail-Liste eingetragen hat oder auf deine Instagram-Story-Sticker reagiert). Das hat auch nichts mit Datenschutz und Co. zu tun, sondern mit gesundem Menschenverstand. Du bist keine Marktschreierin, du musst niemandem etwas andrehen. Trägst du dein Thema authentisch in die Welt und versuchst, echte Verbindungen aufzubauen, dann wirst du auch Kund*innen gewinnen.

4.2.14 Affiliate-Marketing

»To be affiliated with something« bedeutet mit etwas assoziiert sein. *Affiliate Marketing* steht deshalb für eine Art Vermittlungsmarketing, das im Grunde genommen ganz ähnlich funktioniert wie das vorhin genannte Empfehlungsmarketing. Tritt eine Person deinem Affiliate-Programm bei, bekommt sie eine Provision für jeden Kaufabschluss, der über sie gelaufen ist. Als Solopreneur wirst du Affiliate-Marketing wahrscheinlich vorwiegend einsetzen, wenn du Online-Produkte verkaufst.

Digitale Verkaufsplattformen wie *Digistore24* (*digistore24.com*) oder *Elopage* (*elopage.com*) bieten eigene Tools, mit denen du Affiliate-Programme auch ohne große technische Kenntnisse aufsetzen kannst (siehe Tabelle 4.16).

Ein weiterer Einsatzbereich von Affiliate-Marketing, der dir zwar nicht dabei hilft, neue Kundschaft anzulocken, dir aber ein kleines Taschengeld zuspielen kann, ist, wenn du selbst zum Affiliate wirst. Lass mich das Konzept anhand eines Beispiels erklären. Nehmen wir an, du bist Shiatsu-Therapeutin und empfiehlst deinen Klient*innen gerne Akupressur-Matten, damit die Effekte deiner Behandlung auch zu Hause weiterwirken. Als Expertin ist es dir natürlich wichtig, qualitativ hochwertige Matten zu empfehlen, die du auch selbst verwendest. Nun hast du herausgefunden, dass deine Lieblingsmarke ein Affiliate-Programm anbietet, bei dem du bis zu 10 % des Kaufpreises pro empfohlener Matte ausbezahlt bekommst. Du meldest dich sofort an und verdienst ab sofort bei jeder Bestellung deiner Klient*innen mit.

(+) Vorteile	(–) Nachteile
▪ einfach und ohne Vorkenntnisse umzusetzen ▪ geringes Risiko, da kein Geld eingesetzt wird, um neue Kund*innen zu gewinnen	▪ funktioniert erst, wenn schon Kund*innen vorhanden sind oder eine gewisse Reichweite aufgebaut wurde

Tabelle 4.16 Die Vor- und Nachteile von Affiliate-Marketing

Was ist der Unterschied zwischen Affiliate- und Network-Marketing?

Sowohl beim Affiliate- als auch beim *Network-Marketing* (auch *Multi-Level-Marketing* genannt) werden die Angebote anderer Unternehmen von dir beworben und verkauft. Es gibt jedoch einen gravierenden Unterschied. Ein entscheidender Teil der Strategie eines Network-Marketeters ist es, neben dem Produktverkauf auch weitere Mitglieder ins Netzwerk zu holen, um an deren Provisionen mitzuschneiden.

4.2.15 Existing Platforms/Influencer-Marketing

Die Taktik, schon existierende Plattformen zu nutzen, bietet relativ wenig Nutzen für Soloselbstständige, es sei denn, du besitzt eine eigene App. Am besten erkläre ich dir das Ganze anhand eines Beispiels. Der Streaming-Service Spotify bietet die Möglichkeit, Lieder oder Podcasts, die man gerade hört, mit nur einem Klick mit seinen Followern auf Facebook, Instagram oder Twitter zu teilen. Diese Social-Media-Plattformen werden also in das eigene Angebot integriert, um die Bekanntheit der Marke zu steigern (siehe Tabelle 4.17).

(+) Vorteile	(–) Nachteile
■ kann den Nutzen und die Einsatzbereiche eines Angebots vergrößern ■ Steigerung deiner Bekanntheit bei der passenden Zielgruppe	■ erfordert fortgeschrittenes technisches Know-how ■ erfordert auch ein entsprechendes Angebot, in das solche Plattformen integriert werden können

Tabelle 4.17 Die Vor- und Nachteile von Existing Platforms

Stattdessen habe ich die Liste um eine Taktik erweitert, die von den beiden Gründern des Bullseye-Frameworks nicht erwähnt wurde, nämlich *Influencer-Marketing*. Im Grunde genommen greifst du auch dabei auf eine schon existierende Plattform zurück, nämlich die, die sich ein Influencer aufgebaut hat. Im Vorfeld einer Kollaboration solltest du unbedingt die wichtigsten Kennzahlen der Social-Media-Profile des Influencers abfragen, allen voran die aktuelle Reichweite, die durchschnittliche Interaktionsrate und, wenn möglich, auch Conversion-Raten aus früheren Kampagnen, um dein Risiko zu minimieren, so gut es geht (siehe Tabelle 4.18).

(+) Vorteile	(–) Nachteile
■ Steigerung deiner Bekanntheit bei der passenden Zielgruppe ■ Empfehlung durch Influencer schafft Vertrauen	■ hohes Risiko, da Kooperationen auch bezahlt werden müssen, wenn keine Kund*innen darüber gewonnen werden

Tabelle 4.18 Die Vor- und Nachteile von Influencer-Marketing

4.2.16 Messen/Märkte

Eigene Stände auf *Messen* und *Märkten* sind während der Corona-Pandemie fast in Vergessenheit geraten. Umso erfreulicher ist es, dass sich dieser Wirtschaftszweig langsam erholt. Gerade für kleine, lokale Unternehmen bieten Wochen- oder Bauernmärkte eine großartige Möglichkeit, mit der Zielgruppe in Kontakt zu treten und die eigenen Angebote attraktiv zu präsentieren (siehe Tabelle 4.19).

(+) Vorteile	(–) Nachteile
■ besonders interessant für Angebote mit lokalem Bezug ■ nicht nur zum Verkauf sinnvoll, sondern auch für Networking	■ je nach Größe des Markts können die Kosten für die Standbetreibung sehr hoch sein

Tabelle 4.19 Die Vor- und Nachteile von Messen und Märkten

4.2.17 Events

Als Alternative zu Messen und Märkten, die nur zu bestimmten Zeiten stattfinden, könntest du auch eigene *Events* organisieren oder diese sponsern. Das Wiener Coworking-Space Cosima veranstaltet einmal im Monat einen Abend für Unternehmer*innen inklusive spannender Vorträge, Diskussionen und Zeit fürs Netzwerken (siehe Abbildung 4.4). Wichtig ist, dass deine Veranstaltung wirklich Mehrwert bietet und nicht als reine Verkaufsmaßnahme gesehen wird, auch wenn diese kostenfrei besucht werden kann. Du hast doch bestimmt schon einmal die Erfahrung gemacht, wie frustrierend es sein kann, wenn eine Konferenz oder ein Webinar zum reinen Sales-Pitch mutiert und man als Teilnehmerin nur noch daran denkt, wie sehr man gerade seine Zeit verschwendet. Versuche, so gut es geht, dieses Gefühl zu vermeiden. Die wichtigsten Vor- und Nachteile von Events erfährst du in Tabelle 4.20.

Abbildung 4.4 Eine Veranstaltung in einem Wiener Coworking-Space

(+) Vorteile	(–) Nachteile
■ nicht nur zum Verkauf sinnvoll, sondern auch für Networking ■ Möglichkeit zu direktem Austausch mit der Zielgruppe	■ hoher Organisationsaufwand ■ eignet sich nur für Unternehmen mit lokalem Bezug

Tabelle 4.20 Die Vor- und Nachteile von Events

4.2.18 Vorträge

Du musst natürlich keine eigenen Events veranstalten, um solche zu besuchen oder sogar aktiv daran teilzunehmen. Gerade als Dienstleisterin oder Coach bietet es sich an, deine Expertise im Rahmen von *Vorträgen* unter Beweis zu stellen. Du musst auch nicht darauf warten, bis du dazu eingeladen wirst. Die meisten Konferenzen bieten ein Bewerbungsverfahren für Vortragende, oder du kontaktierst die Veranstalter direkt mit deiner Idee.

(+) Vorteile	(–) Nachteile
▪ baut Vertrauen auf und stärkt deine Expertise ▪ Steigerung deiner Bekanntheit bei der passenden Zielgruppe	▪ eignet sich weniger gut zur Kundengewinnung, eher um die eigene Bekanntheit zu steigern

Tabelle 4.21 Die Vor- und Nachteile von Vorträgen

4.2.19 Community-Building

Der letzte der 19 Marketing-Kanäle, der von den beiden Erfindern des Bullseye-Framework identifiziert wurde, ist *Community-Building*, der Aufbau einer intensiven Beziehung zur eigenen Zielgruppe, meist über soziale Netzwerke. Das Ziel ist es, dabei nicht nur Kund*innen fürs eigene Angebot zu gewinnen, sondern diese in regelrechte Fans zu verwandeln, die sich als Teil einer Gemeinschaft rund um dein Thema oder Angebot verstehen (siehe Tabelle 4.22). Plattformen wie Facebook oder Reddit bieten sogar eigene Tools, also Facebook-Gruppen und Subreddits, die du zum Aufbau deiner Community nutzen kannst.[5]

(+) Vorteile	(–) Nachteile
▪ stärkt die Bindung zu deiner Zielgruppe ▪ stärkt das Vertrauen in dich und dein Angebot	▪ funktioniert erst, wenn auch schon eine gewisse Reichweite vorhanden ist ▪ erfordert Know-how und Erfahrung

Tabelle 4.22 Die Vor- und Nachteile von Community-Building

4.2.20 Wie du den wirksamsten Channel für dich findest

Du siehst, Marketing kann unglaublich vielseitig sein. Genau das macht dieses Feld so besonders, aber auch herausfordernd. Denn womit fängst du am besten an? Investierst du sofort ein paar Hundert Euro in Facebook-Werbung, oder stehst du zunächst einmal im Monat am Marktstand, um dein Produkt zu bewerben? Setzt du als Dienstleisterin mehr auf Business-Partnerschaften, oder versuchst du, deine

5 Eine umfangreiche Anleitung für den Aufbau einer aktiven Community bekommst du bei OMT: *omt.de/marketing/community-building*

Expertise als Speakerin unter Beweis zu stellen? Auch wenn du das vielleicht nicht hören möchtest, aber es gibt im Marketing kein Richtig oder Falsch, es gibt nur Ausprobieren. Das Bullseye-Framework bietet dir dafür eine hilfreiche Vorlage.

Nachdem du erste Ideen für jeden der Kanäle gesammelt hast, geht es daran, die spannendsten Taktiken aktiv zu testen. In Abschnitt 2.7.4, »Sei SMART, beginne klein«, habe ich schon einige hilfreiche Fragen aufgelistet, die du dir bei deiner Kanalauswahl stellen kannst. Hier möchte ich dir noch einige Impulse mitgeben, wann und in welcher Reihenfolge bestimmte Kanäle Sinn machen:

- *Beginne immer zuerst damit, deine Owned-Media-Kanäle aufzubauen.* Das sind Kanäle wie deine Website oder dein Newsletter, die auch wirklich dir gehören. Denn viele der vorhin genannten Marketing-Taktiken zielen darauf ab, Interessent*innen auf diese Kanäle zu locken. Schaltest du zum Beispiel Werbung auf Google, brauchst du vorher eine Website, auf die die Leute klicken können. Werbeanzeigen werden im Übrigen als *Paid Media* bezeichnet und virales Marketing oder PR als *Earned Media*. Beide solltest du erst im zweiten Schritt bespielen.
- *Schau zu Beginn, dass du schnell Kund*innen gewinnst, setze dann auf langfristige Strategien.* Hast du dich grade erst frisch selbstständig gemacht, ist dein einziges Ziel, eine Kundin zu gewinnen, egal wie. Sobald du deinen Break-Even-Point erreicht hast, also von deiner Selbstständigkeit leben kannst, setze vorwiegend auf langfristige Strategien wie SEO oder Content-Marketing. Es braucht zwar einige Monate, bevor solche Strategien erste Früchte tragen, dafür kannst du diese dann dauerhaft ernten. Eine Website, die es ganz organisch auf die erste Seite der Trefferliste einer Suchmaschine schafft, bleibt dort meist auch länger. Bezahlte Werbeanzeigen hingegen werden nur so lange ausgespielt, wie du auch dafür bezahlst. Eine gute Balance aus kurz- und langfristigen Taktiken ist also essenziell.
- *Versuch es zuerst über kostenfreie oder günstige Maßnahmen, damit du dein Risiko minimierst.* Gerade wenn du noch wenig Marketing-Erfahrung hast, würde ich zu Beginn noch keine hohen Budgets für Werbemaßnahmen einsetzen, um kostspielige Fehler zu vermeiden.

So findest du dein Bullseye

Nachdem du 2–5 vielversprechende Taktiken über mehrere Monate getestet hast, wertest du aus, welche am besten funktioniert hat. War es dein Ziel, mehr Kund*innen zu gewinnen, dann solltest du speziell folgende KPI auswerten:

- Conversion-Rate pro Channel
- Customer Acquisition Cost (CAC) pro Channel[6]
- Return on Investment (ROI) pro Channel[7]

6 Berechne deine CAC mit folgender Formel: Marketingkosten/Anzahl der Neukund*innen.

7 Berechne dein ROI mit folgender Formel: Gewinn/Marketingkosten × 100.

Der Kanal mit der geringsten CAC und der höchsten Conversion-Rate sowie dem höchsten ROI sollte in Zukunft weiter von dir bespielt werden.

4.3 Marketing-Taktiken entlang der Customer Journey

Der Grundgedanke des Bullseye-Frameworks ist, einen einzigen profitablen Channel zu finden, über den du deine Kundschaft gewinnst. Was aber nicht zwingend heißen muss, dass du nur noch diesen einen Kanal bespielst. Auch wenn 90 % meiner Kund*innen über Instagram kommen, nehme ich trotzdem Einladungen zu Podcast-Interviews oder Vorträgen an. Ich versende weiterhin wöchentliche Newsletter und biete auch ein Affiliate-Programm für meine Kursteilnehmenden an. Es geht also nicht darum, alle weiteren Marketing-Taktiken komplett zu stoppen, sondern den Großteil deiner Zeit mit der sinnvollsten zu verbringen.

Plane dein Marketing nach dem Pareto-Effekt (80/20-Regel)

Sobald du deinen profitabelsten Kanal herausgefunden hast, investiere 80 % der Zeit, die du für dein Marketing aufbringen kannst, in genau diesen Kanal. Die anderen 20 % darfst du dazu nutzen, weitere Taktiken auszuprobieren.

Für mich sind Podcast-Interviews und Speaking-Engagements großartige Kanäle, um Leute auf mich aufmerksam zu machen und diese im Anschluss auf meinen Instagram-Kanal zu locken. Sie werden also zu Beginn meiner *Customer Journey* eingesetzt. Wenn du also sinnvolle Marketing-Taktiken für dich auswählst, hilft es, diese einer bestimmten Customer-Journey-Phase zuzuordnen (siehe Tabelle 4.23).

<table>
<tr><td>Awareness</td><td>beinahe alle oben genannten Kanäle, aber besonders:<ul><li>Empfehlungsmarketing/virales Marketing</li><li>Public Relations & Unconventional PR</li><li>Gastartikel in Blogs</li><li>SEO, Content-Marketing</li><li>SEA, Social & Display Ads, Offline-Werbung</li><li>Influencer-Marketing</li><li>Affiliate-Marketing</li><li>Events, Vorträge</li><li>Messen/Märkte</li></ul></td></tr>
</table>

Tabelle 4.23 Eine Auswahl sinnvoller Marketing-Kanäle entlang der Customer Journey

Consideration	▪ SEO, Content-Marketing ▪ E-Mail-Marketing ▪ Engineering as Marketing ▪ Community-Building
Purchase	▪ SEO, Content-Marketing ▪ SEA, Social & Display Ads, Offline-Werbung ▪ E-Mail-Marketing ▪ Business-Partnerschaft ▪ direkter Vertrieb ▪ Messen/Märkte
Retention	▪ Content-Marketing ▪ Social & Display Ads ▪ E-Mail-Marketing ▪ Community-Building
Loyalty	▪ Content-Marketing ▪ Community-Building

Tabelle 4.23 Eine Auswahl sinnvoller Marketing-Kanäle entlang der Customer Journey (Forts.)

4.3.1 Awareness – deine Wunschkundin auf dich aufmerksam machen

Spielen wir das Ganze einmal gemeinsam anhand eines Beispiels durch. Zur Wiederholung: In der ersten Phase der Customer Journey geht es darum, die Aufmerksamkeit deiner Wunschkundin zu gewinnen. Wie du dir vielleicht vorstellen kennst, eignen sich fast alle 19 Marketing-Kanäle in dieser Phase. Auch wenn Leute, die an deinem Marktstand vorbeigehen, nicht von dir kaufen, haben sie zumindest deine Produkte gesehen. Jemand, der einen Zeitungsartikel über dich liest, wird vielleicht nicht sofort deinen Newsletter abonnieren, aber hat wenigstens schon einmal deinen Namen gehört. Wie entscheidest du also, über welchen Kanal du am besten Aufmerksamkeit generierst? Auch hier kann das Bullseye-Framework eingesetzt werden, indem du die Schritte noch einmal von vorne durchspielst. Nur dieses Mal mit dem Ziel: Aufmerksamkeit gewinnen.

Wichtig ist natürlich nicht nur, dass du möglichst viele Leute auf dich aufmerksam machst, sondern dass es auch die richtigen Leute sind. Wenn ich mich als Beraterin auf Solopreneure konzentriere, erreiche ich die richtige Zielgruppe bei einer Marketing-Veranstaltung für Großkonzerne? Nein, das tue ich nicht, irgendwie logisch. Du glaubst aber nicht, wie oft es dennoch vorkommt, dass Unternehmen und Selbstständige ihre Angebote bei den falschen Leuten oder mit einer unpassenden Botschaft bewerben.

Kenne den Bewusstseinszustand deiner Zielgruppe

Wer deine Wunschkundin ist und was diese beschäftigt, hast du schon im Rahmen deiner Zielgruppenrecherche ausgearbeitet. Vielleicht hast du sogar schon einen Persona-Steckbrief erstellt. Das ist ein guter erster Schritt, um die richtigen Leute auf dich aufmerksam zu machen. Wirklich erfolgreich werden deine Marketing-Taktiken aber erst dann, wenn du noch mehr in die Tiefe gehst und ausarbeitest, wo deine Zielgruppe steht und was diese von dir braucht.

Ein beliebter Ansatz dafür geht zurück auf den US-amerikanischen Werbetexter Eugene Schwartz, der in seinem Buch *Breakthrough Advertising* 5 Stufen des Bewusstseins rund um dein Angebot beschreibt, die in Tabelle 4.24 aufgezeigt werden. Je nachdem, in welcher Stufe sich deine Wunschkundin gerade befindet, hat sie andere Bedürfnisse, die du erfüllen solltest.

Bewusstseinsstufe	Beschreibung	Bedürfnis/dein Ziel
Unaware	Die Person weiß nicht, dass sie ein Problem hat.	Sie muss erst einmal auf das Problem hingewiesen werden, deshalb ist diese Stufe auch am schwierigsten anzusprechen.
Pain/Problem Aware	Diese Person kennt ihr Problem, weiß aber nicht, wie sie es lösen soll.	Nutze dein Wissen über ihr Problem, um erste Lösungsansätze zu bieten und darüber Vertrauen aufzubauen.
Solution Aware	Diese Person kennt mögliche Lösungswege, ist sich aber nicht sicher, ob du die richtige Lösung für sie hast.	Zeige verschiedene Lösungsmöglichkeiten auf mit all ihren Vor- und Nachteilen, und positioniere dein Angebot als eine mögliche Lösung.
Product Aware	Diese Person kennt dein Angebot, hat sich aber noch nicht zu 100 % dazu entschieden, zu kaufen.	Sie möchte sichergehen, dass dein Angebot auch wirklich das richtige ist, deshalb solltest du die Entscheidungsfindung unterstützen, aber bitte, ohne Kaufdruck zu erzeugen.
Most Aware	Diese Person kennt dich und dein Angebot, vertraut dir und ist kaufbereit.	Leite durch den Kaufprozess, und sei auch nach dem Kauf für deine Kundschaft da.

Tabelle 4.24 Die 5 Stufen des Bewusstseins deiner Zielgruppe

Dein Ziel ist es also, deine Wunschkundin durch die verschiedenen Awareness-Phasen beziehungsweise durch die gesamte Customer Journey hin zur Kaufentscheidung zu begleiten. Überlege dir also genau, wo Personen stehen, die noch nie von dir gehört haben. Ist ihnen bewusst, dass sie ein bestimmtes Problem haben, oder kennen sie sogar schon verschiedene Lösungsansätze? Jemand könnte zum Beispiel über Google zunächst nur nach seinem Problem suchen oder sofort nach einem bestimmten Lösungsansatz.

Genau so verhielt es sich bei der Kundschaft des Wellness-Centers, das ich als Marketing-Managerin betreut habe. Je nach Behandlung befand sich der Großteil unserer Zielgruppe in unterschiedlichen Phasen, wie du in Abbildung 4.5 sehen kannst. Links siehst du eine Google-Trends- und Google-Keyword-Planner-Recherche für eine Behandlung, die den Haarwuchs fördern soll. Der Suchbegriff *Hair Restoration* (englischer Name der Behandlung) wird jedoch kaum bei Google eingegeben. Das Suchinteresse für Begriffe rund um *Hair Loss* (engl. für Haarausfall) ist schon höher, was darauf hindeutet, dass die Zielgruppe zwar ihr Problem kennt, aber noch keine adäquate Lösung dafür. Ganz anders verhält es sich im Beispiel rechts. Suchanfragen nach dem Begriff *Botox* sind viel höher als solche rund um das Thema *Wrinkles* (englisch für Falten). Der Großteil der Zielgruppe, die sich also für Faltenbehandlungen interessiert, kennt die mögliche Lösung Botox und befindet sich somit in der Solution-Aware-Stufe.

Abbildung 4.5 Googles Tools können hilfreiche Hinweise darauf liefern, in welcher Bewusstseinsstufe sich der Großteil deiner Zielgruppe befindet.

So führst du eine Google-Recherche rund um den Bewusstseinszustand deiner Zielgruppe durch

Google Trends (*trends.google.com*) ist ein kostenloses Tool, das wertvolle Hinweise rund um die Beliebtheit bestimmter Suchbegriffe liefern kann. Gib zunächst einen oder mehrere Namen deines Angebots als Suchbegriff und das Problem deiner Zielgruppe als Thema ein. Der Unterschied ist, dass bei einem Thema mehrere Suchbegriffe zusammengefasst werden, zum Beispiel beinhaltet das Thema *London* sowohl Suchbegriffe wie »London« als auch »Hauptstadt von Großbritannien«. Vergleiche jetzt beide Ergebnisse miteinander. Erkennst du eine bestimmte Tendenz? Ist ein Begriff beliebter als der andere? Wichtig ist, dass du verstehst, dass Google Trends nicht das absolute Suchvolumen für einen Begriff oder ein Thema anzeigt, sondern die relative Beliebtheit im Verhältnis zum maximal erreichten Suchvolumen.[8]

Deshalb solltest du das Ergebnis noch einmal mit dem *Google Keyword Planner* (*ads.google.com/home/tools/keyword-planner*) verifizieren. Auch dieses Tool ist kostenfrei, jedoch nur für Personen mit einem Google-Ads-Account verfügbar. Auch hier gibst du wieder deine beiden Begriffe ein und vergleichst das durchschnittliche monatliche Suchvolumen miteinander.[9]

Wenn du möglichst schnell neue Kund*innen gewinnen möchtest, ist es einfacher, mit Leuten zu starten, die sich schon näher an der Kaufentscheidung befinden. Im Falle der *Hair-Restoration*-Behandlung stellt das zwar eine kleinere Gruppe dar, diese kann jedoch rascher vom Angebot des Wellness-Centers überzeugt werden, da explizit nach dieser Behandlung gesucht wurde. Das Ziel der SEO-Strategie des Wellness-Centers war also, zunächst einmal für den oben genannten Suchbegriff aufzuscheinen, bevor verschiedene Suchbegriffe aus der Problem-Aware-Stufe recherchiert wurden. Natürlich ist Suchmaschinenoptimierung nur eine der vielen Taktiken, die in dieser Phase zum Einsatz kommen können. Die Unterteilung in die verschiedenen Bewusstseinsstufen solltest du jedoch immer in Betracht ziehen.

4.3.2 Consideration – das Vertrauen gewinnen

Bleiben wir gleich beim Beispiel des Wellness-Centers. Im nächsten Schritt landet ein Interessent auf der Website des Unternehmens und informiert sich über die angebotene Behandlung. Vielleicht hat er sogar mehrere Browser-Tabs parallel geöffnet, um einige Anbieter miteinander zu vergleichen. Hier dreht sich also alles um die Frage: »Warum soll ich das kaufen (und warum von dir)?« In dieser Phase kommen deshalb vor allem Taktiken wie Content- oder E-Mail-Marketing zum Einsatz, um das Vertrauen der Zielgruppe in dich und dein Angebot zu stärken. Reflektiere einmal, wie es dir beim letzten Mal ergangen ist, als du die Website einer Dienstleisterin oder eines Onlineshops besucht hast. Was hat dich davon überzeugt, zu kaufen, oder was hat dich davon abgehalten, es zu tun? Die zweite Frage

8 Hier werden die Parameter und Funktionen von Google Trends genauer erklärt: *seobility.net/de/wiki/Google_Trends*.

9 Am Blog der Markenstrategin Michaela Benkitsch bekommst du weitere Tipps, wie du die verschiedenen Bewusstseinsstufen herausfinden kannst: *michaela-benkitsch.com/zielgruppe-richtig-kennen-und-ansprechen-5-bewusstseinsstufen*.

ist oft sogar leichter zu beantworten. Es gibt Unternehmen, bei denen man kein gutes Gefühl hat. Aber warum ist das so? Der Marketing-Experte Marcus Sheridan beschreibt in seinem Bestseller *They Ask You Answer*, wie wichtig es ist, sich mit den möglichen Verkaufseinwänden seiner Kund*innen auseinanderzusetzen. Das sind die vielen verschiedenen Gründe, aus denen jemand nicht von dir kauft. Wie Sheridan erklärt: »Brainstorm every single reason (fear, worry, question, concern) as to why someone would not buy from your company.«[10] Das könnten sein:

- kein(e) Zeit/Geld/Interesse/Bedarf
- nutze schon ein ähnliches Produkt/Dienstleistung
- noch unsicher, ob es das Richtige für mich ist
- nicht sicher, ob es wirklich Resultate bringt

Genau solche Probleme gilt es, im Vorfeld des Verkaufes direkt anzusprechen. Denn je früher du sie aus dem Weg schaffst, desto schneller gewinnst du das Vertrauen deiner Zielgruppe. Da im Verlauf des restlichen Buchs zahlreiche hilfreiche Taktiken dafür gezeigt werden, möchte ich an dieser Stelle nur einige besonders wichtige erwähnen:

- *Teile Erfahrungsberichte und Testimonials von zufriedenen Kunden.* Eine Interessentin vertraut deinem Angebot eher, wenn du schon viele glückliche Kund*innen vorzuweisen hast. Das Phänomen, das dahintersteckt, nennt sich *Social Proof* und wird in Abschnitt 9.4.9, »Social Proof«, noch einmal im Detail betrachtet.
- *Zeige das Ergebnis deiner Arbeit.* Schafft dein Produkt oder deine Dienstleistung physische Transformationen, dann zeig diese unbedingt auf deiner Angebotsseite. Eine Grafikdesignerin sollte besonders gelungene Logos und ein Wellness-Center möglichst beeindruckende Vorher/Nachher-Bilder an verschiedensten Stellen der Website einbetten.
- *Teile Gütesiegel, Preise oder Zertifikate,* sofern es sich dabei um renommierte Auszeichnungen handelt. Vor allem, wenn du erst wenige Kundenstimmen gesammelt hast, kann eine Qualitätsbescheinigung von außen mindestens genauso viel Vertrauen aufbauen.
- *Wenn möglich, teile deine Preise transparent, stell bei höherpreisigen Angeboten Ratenzahlungen zur Verfügung und zeige, dass die Bezahlung sicher abgewickelt wird.* Gerade wenn der Verkauf deiner Produkte oder Dienstleistungen komplett online abgewickelt wird, ist es wichtig, ein sicheres und positives Einkaufserlebnis zu garantieren.
- *Erkläre genau, was die nächsten Schritte sind*. Wenn du ein Produkt verkaufst, erkläre, wie das Produkt zur Käuferin gelangt (per Post, Spedition, eigene Lieferung oder Selbstabholung) und wie lange das ungefähr dauern wird. Bist du

10 Marcus Sheridan, They Ask You Answer, 2019, S.35

Dienstleister*in, dann erkläre ganz genau, wie dich jemand kontaktieren soll und was als Nächstes passiert. Ein großartiges Beispiel dafür siehst du in Abbildung 4.6. Die Designerin Lisa Koch zeigt die vier Schritte, die eine Kundin gemeinsam mit Lisa durchläuft, um zum fertigen Design zu gelangen. Außerdem wird genau beleuchtet, welche Verantwortlichkeiten und Gestaltungsmöglichkeiten die Kundin selbst hat, um mögliche Missverständnisse frühzeitig aus dem Weg zu räumen. Übrigens erfährst du von Lisa in Abschnitt 12.1, »Vom Service zum standardisierten Produkt – von Lisa Koch«, wie du den Ablauf und Prozess deiner Dienstleistungen genau so optimierst.

Abbildung 4.6 Details über den Ablauf der Zusammenarbeit auf der Website von Lisa Koch (lisakoch.de/logo-ci)

- *Biete Alternativen zum Kauf an*. Nicht alle Besucher*innen deiner Website sind direkt zum Kauf bereit. Verweise nicht nur auf deine Angebote, sondern teile auch Links zu spannenden Blogartikeln, wo User ihr Wissen vertiefen, oder deiner »Über mich«-Seite, wo sie dich näher kennenlernen können.

4.3.3 Purchase – den Kaufabschluss begleiten

Hast du es geschafft, die Interessentin von dir zu überzeugen, gelangt diese in die nächste Phase, den Kaufabschluss. Je nachdem, wie du deine Customer Journey gestaltet hast, geschieht dies in einem persönlichen Verkaufsgespräch, per E-Mail oder direkt über deinen Onlineshop. Ähnlich wie in der Phase davor, ist hier vor allem wichtig, vertrauensvoll durch die Kaufabwicklung zu leiten und diese auch so einfach wie möglich zu gestalten. Gerade bei Dienstleistern kommt es oft vor, dass auf der Website nicht klar kommuniziert wird, wie man für eine Zusammenarbeit anfragen kann. Soll die Kontaktanfrage per E-Mail gesendet werden, gibt es ein spezielles Formular, oder soll man lieber anrufen? Am besten legst du dir feste Regeln und Abläufe, sogenannte *Standard Operation Procedures* (SOP) fest. Wie das geht, erfährst du in Abschnitt 11.2, »Feste Systeme schaffen«.

Mit diesen Tipps gelingt es dir, den Kaufabschluss weiter zu optimieren:

- *Platziere Call-to-Action(CTA)[11]-Buttons strategisch.* Hast du es geschafft, jemanden von deinem Angebot zu überzeugen, möchte diese Person den nächsten Schritt gehen. Platziere deshalb Buttons klar und deutlich an mehreren Stellen deiner Angebotsseite oder -E-Mail, zum Beispiel direkt zu Beginn und noch einmal weiter unten auf der Seite.
- *Formuliere deine CTAs unmissverständlich*. Erkläre Interessent*innen genau, was als Nächstes passiert. Wenn sie ein Erstgespräch mit dir ausmachen sollen, dann wähle einen CTA wie »Unverbindliches Erstgespräch buchen« statt »Jetzt buchen«. Wenn User direkt zur Bezahlung weitergeleitet werden, schreibe lieber »Zur Kasse« statt »Jetzt kaufen«. Eine schöne Alternative ist es auch, CTAs in der Ich-Form zu formulieren, zum Beispiel »Ich bin dabei« oder »Das will ich«.
- *Frage nur solche Informationen ab, die wirklich notwendig sind*. Wenn deine Kundschaft ein Kontaktformular ausfüllen soll, überlege genau, welche Informationen du wirklich brauchst. Musst du wirklich ihren Geburtstag oder Telefonnummer wissen? Wäre es nicht sinnvoller, zu fragen, wie jemand auf dich aufmerksam geworden ist oder aus welchem Grund diese Person gerne mit dir arbeiten möchte?
- *Versende automatische Bestätigungs-E-Mails.* Was du aus Onlineshops kennst, solltest du dir auch als Dienstleisterin zunutze machen. Lass Interessent*innen wissen, dass ihre Kontaktanfrage bei dir eingetroffen ist und wann sie mit einer Antwort rechnen können. Dadurch schaffst du eine klare Erwartungshaltung und vermeidest, schon nach einem Tag genervte E-Mails zu bekommen, wann du dich denn zurückmeldest. Allgemein gilt, je klarer du deine Abläufe festlegst, desto weniger Verwirrung herrscht bei deinen Kund*innen.

Tipp: Arbeite deine Customer Journey von unten nach oben aus

Wie du vielleicht merkst, ist es gar nicht so wenig Arbeit, seine gesamte Customer Journey zu optimieren. Gerade Selbstständige, die sowieso schon wenig Zeit haben, fühlen sich dadurch schnell überfordert. Deshalb gilt auch hier wieder: Beginne klein. Arbeite

11 Ein Handlungsaufruf wie »Jetzt anmelden« oder »Kontaktiere mich«

zunächst alles rund um deinen Kaufprozess aus, denn dieser muss als Erstes stimmen. Danach arbeite dich Schritt für Schritt durch die Consideration- und Awareness-Phase. Erst zum Schluss überlegst du dir Taktiken für die Zeit nach dem Kaufabschluss.

4.3.4 Retention – was passiert nach dem Kauf?

Du hast es geschafft, du hast deinen ersten Auftrag an Land gezogen. Deine Arbeit ist jedoch mit dem Kaufabschluss noch lange nicht vorbei. Meistens beginnt sie erst jetzt so richtig. Egal, ob du ein Produkt oder eine Dienstleistung verkaufst, die Wahrscheinlichkeit ist groß, dass zwischen Kaufabwicklung und Auslieferung oder Ausführung einige Tage vergehen. Nutze diese Zeit unbedingt, um deine Kundschaft auf die nächsten Schritte vorzubereiten. Das Wellness-Center schickt zum Beispiel mehrere E-Mails im Vorfeld einer Behandlung an seine Kund*innen, einige mit hilfreichen Tipps zur Vorbereitung, andere mit Erinnerungen an den Termin. Auch Produkt-Businesses können eine kleine E-Mail-Kampagne kurz nach Kaufabschluss einrichten, um Vorfreude zu erzeugen, während die Kundschaft darauf wartet, dass das Produkt geliefert wird. Genauso gestaltet das ShaktiMat und schickt neuen Käufern eine Einführung in die Nutzung seiner Akupressurmatten (siehe Abbildung 4.7).

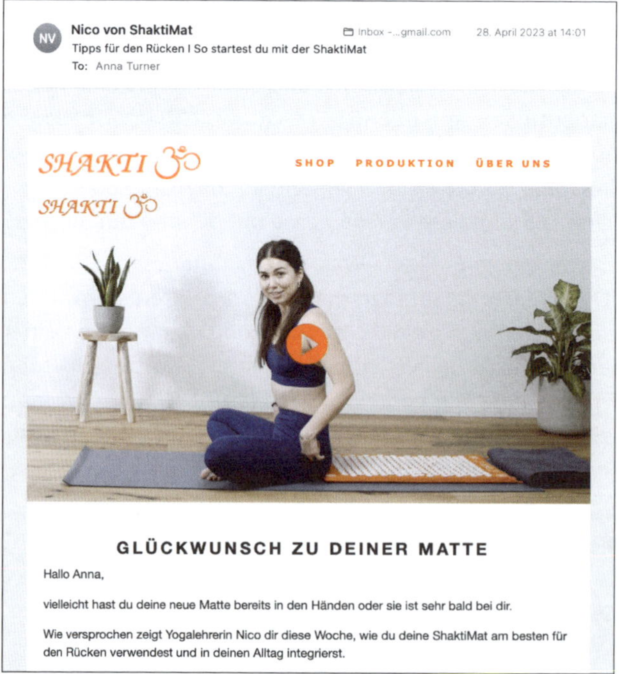

Abbildung 4.7 ShaktiMat schickt einige Tage nach dem Kauf Anleitungen zur Nutzung der Akupressurmatte per E-Mail (shaktimat.de).

Achte besonders auf den ersten Satz der E-Mail. ShaktiMat kann vielleicht nicht genau nachverfolgen, ob die Matte bereits bei der Käuferin angekommen ist und bildet deshalb beide Eventualitäten ab.

Auch wenn dein Produkt ausgeliefert oder deine Dienstleistung abgeschlossen wurde, lohnt es sich, am Ball zu bleiben. Gibt es noch offene Fragen deiner Kundschaft, die du in einer kurzen E-Mail-Serie beantworten könntest? Hast du Affiliate- oder Empfehlungsprogramme, in die du sie einladen könntest? Und ganz wichtig: Hast du schon nach einer Bewertung gefragt? All diese Dinge können mit smarten E-Mail-Programmen automatisiert werden. Wie das geht, erfährst du in Kapitel 8, »Erfolgshebel E-Mail-Marketing«. Hier aber schon vorweg einige Ideen, um deine vorhandenen Kund*innen bei Laune zu halten und vielleicht sogar zu weiteren Käufen zu animieren:

- *Versende ein kleines Willkommenspaket.* Bist du Coach oder Dienstleisterin, die längerfristig mit ihren Kund*innen zusammenarbeitet, könntest du sie zu Beginn mit einem Überraschungspaket willkommen heißen. Überleg dir einige kleine Geschenke, die zu dir und deiner Marke passen. Tolle Ideen dafür liefert Maria Fritsch (*businesszeug.com*).
- *Mach einen Check-in.* Melde dich einige Tage nach Abschluss deines Projekts (oder der Auslieferung) noch einmal bei deiner Kundin und frag, ob alles gut geklappt hat. Diesen Prozess kannst du mithilfe deines CRM automatisieren, oder du stellst dir eine Erinnerung in deinem Projektmanagement-Tool ein.
- *Bitte um eine Rezension oder sende einen Feedback-Fragebogen.* Je nachdem, ob du öffentlich Feedback sammeln möchtest, kannst du in einer E-Mail direkt auf deine *Google-My-Business-* (*google.com/intl/de_at/business*) oder *Trustpilot*-Seite (*de.trustpilot.com*) verweisen. Zwar nicht publik, aber mindestens genauso hilfreich sind Feedback-Fragebögen, in denen du gezielt Erfahrungsberichte und auch Kritik um dein Angebot abfragen kannst. Diese kannst du im Handumdrehen mit Tools wie *Typeform* (*typeform.com*) oder *Google Forms* (*google.de/intl/de/forms/about*) erstellen.
- *Wenn du ein Produkt verkaufst, frage nach Bildern von der Nutzung* (sofern es für dich Sinn macht). Genau mit diesem Trick sammelt WoodUpp, ein Hersteller von Akustikpaneelen, *User-generated Content*[12] für seinen Instagram-Account (*instagram.com/woodupp_de*).
- *Teile einen Gutschein für eine Freundin oder für ein weiteres Angebot.* Nutze die Kraft von Empfehlungsmarketing, und stelle deinen Kund*innen exklusive Gutscheine für Freunde oder Bekannte zur Verfügung (siehe Abbildung 4.8). Oder du legst noch einen drauf und schenkst deiner Kundin selbst einen Gutschein, um sie zu weiteren Käufen zu animieren. Nach diesem Prinzip funktionieren

12 Das sind Bilder und Videos von deinen Produkten, die von Nutzern erstellt wurden.

zum Beispiel Stempelkarten, die gerne in Cafés oder Restaurants verteilt werden. Ab einer bestimmten Anzahl von Stempeln bekommt man einen Kaffee oder ein Croissant gratis. Gibt es ein Angebot, für das du eine Art digitale Stempelkarte erstellen könntest?

- *Nutze Up-, Down- und Cross-Selling-Techniken, um weitere Angebote zu verkaufen.* Rauf, runter, was? Bei diesen Taktiken geht es immer darum, neben einem Ursprungsangebot noch weitere zu verkaufen. Im *Cross-Selling* sind das solche, die deinem Angebot möglichst ähnlich sind (zum Beispiel »Kunden, die sich für das interessieren, kauften auch«). Beim *Up-Selling* geht es darum, teurere, und beim *Down-Selling*, günstigere Produkte zu verkaufen. Setze diese Taktiken jedoch achtsam ein, und vermeide es, Kunden direkt nach dem Kauf mit weiteren Verkaufs-E-Mails zu bombardieren.
- *Lade Kund*innen ein, Teil deiner Community zu werden.* Auch Unternehmen und Selbstständige haben mittlerweile ihre eigenen Fanclubs. Animiere deine Kundschaft, deine Social-Media-Kanäle zu abonnieren. Vielleicht hast du sogar eine eigene Facebook-Gruppe oder ein digitales Forum, in dem sich User zu deinem Angebot austauschen können.

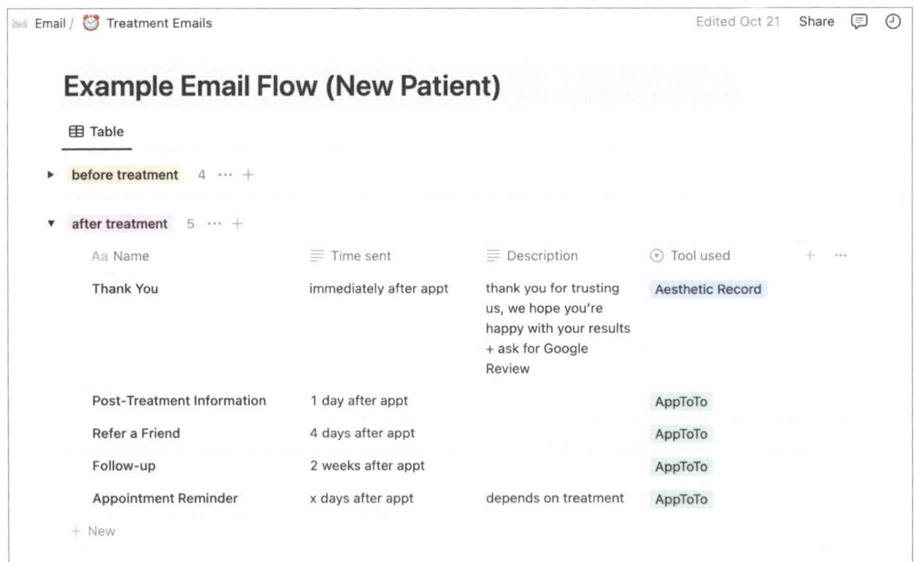

Email / Treatment Emails — Edited Oct 21 — Share

Example Email Flow (New Patient)

Table

before treatment 4

after treatment 5

Name	Time sent	Description	Tool used
Thank You	immediately after appt	thank you for trusting us, we hope you're happy with your results + ask for Google Review	Aesthetic Record
Post-Treatment Information	1 day after appt		AppToTo
Refer a Friend	4 days after appt		AppToTo
Follow-up	2 weeks after appt		AppToTo
Appointment Reminder	x days after appt	depends on treatment	AppToTo

+ New

Abbildung 4.8 E-Mail-Serie nach einer Behandlung im Wellness Center

4.3.5 Loyalty – wenn Kund*innen zu Fans werden

Es gibt solche Kunden, die ein, zwei Mal von dir kaufen, es aber nicht an die große Glocke hängen, und wieder andere, die jedes einzelne deiner Angebote nutzen und Gott und der Welt von dir erzählen. Letztere sind eigentlich mehr als nur Kunden, sie sind deine Fans. Denk an die vielen Apple-Jünger, die jedes Jahr aufs Neue stundenlang Schlange stehen, um zuerst das neueste iPhone zu testen. Oder Sneaker-Liebhaber, die es kaum erwarten können, die nächsten Limited Edition Air Jordans in den Händen zu halten, natürlich weiterhin in Plastik verpackt, um den Wiederverkaufswert nicht zu senken. Auch wenn dir noch niemand die Tür einrennt, gibt es vielleicht Leute, die immer wieder deine Social-Media-Posts teilen, öfter bei dir einkaufen als alle anderen oder auf sonstige Art und Weise eine emotionale Bindung zu dir aufgebaut haben. Solche Kund*innen freuen sich, wenn du sie ganz besonders wertschätzt. Zum Beispiel könntest du:

- *Fans in gewisse Entscheidungsprozesse miteinbeziehen:* Falls du Fokusgruppen oder Interviews planst, lade zuerst deine Fans dazu ein. Diese haben sich nämlich mehr als alle anderen mit deinem Angebot auseinandergesetzt. Natürlich ist es wichtig, auch die Meinung von solchen Kund*innen einzuholen, die kein zweites Mal bei dir gekauft haben. Jedoch ist es meistens leichter, Fans davon zu überzeugen, sich ein paar Stunden Zeit für dich zu nehmen.
- *Fans zu Beta-Testern machen:* Bringst du ein neues Angebot auf den Markt, ist es hilfreich, dieses zunächst einmal mit einigen Nutzern zu testen und Feedback einzusammeln. Auch hier helfen dir deine Fans gerne, besonders wenn sie dein Angebot kostenfrei zur Verfügung gestellt bekommen.
- *Deine Fans als Community-Manager einsetzen:* Niemand kennt dein Angebot und deine Community besser. Solltest du Unterstützung in der Betreuung einer Facebook- oder Slack-Gruppe benötigen, musst du dafür nicht unbedingt einen Assistenten einstellen. Frag deine Fans, ob sie gegen einen kleinen Unkostenbeitrag das Community-Management an deiner Seite übernehmen wollen.
- *Wertschätzung für deren Unterstützung zeigen:* Gerade als Solopreneure sind wir doch auf die engen Beziehungen zu unserer Kundschaft angewiesen. Denn diese sind mit ein Grund, warum jemand bei uns kauft und nicht bei Amazon; mit uns arbeitet und nicht mit einer riesigen Agentur. Umso wichtiger ist es, besonders loyalen Kund*innen genug Wertschätzung entgegenzubringen. Das Wellness-Center lässt zum Beispiel am Ende jedes Monats den Top-5-Kunden, die am meisten für ihre Behandlungen bezahlt haben, einen Gutschein über 100 US-$ zukommen, um sich für ihr Vertrauen zu bedanken.

4.3.6 Übung: Ergänze deine Customer Journey Map

Schnapp dir noch einmal die Customer Journey Map, die du in Abschnitt 2.5.2, »Die Reiseroute. Entwickle deine Customer Journey Map«, ausgearbeitet hast[13], und überprüfe:

13 Zur Erinnerung, die Vorlage zur Customer Journey Map bekommst du hier: *anna-turner.com/ausgebucht-worksheets*

- Sind deine geplanten Touchpoints noch immer aktuell?
- Gibt es weitere Maßnahmen, die du nach der Lektüre dieses Abschnitts ergänzen kannst?
- Wie kannst du das Kundenerlebnis bei jedem Touchpoint optimieren? Wie kannst du mehr liefern als alle anderen?
- Fließt deine Markenpersönlichkeit überall mit ein? Wenn nein, wie könntest du deine Customer Journey zu einer Brand Journey machen?

Erschaffe eine 5-Star-Experience

Plane wirklich jeden noch so kleinen Schritt deiner Customer Journey im Detail, um ein Erlebnis zu schaffen, an das sich Nutzer*innen noch lange erinnern. Leute merken es, wenn du dir Gedanken darüber machst, und fühlen sich umso besser bei dir aufgehoben. Liebe zum Detail und »going the extra mile« machen sich hier absolut bezahlt, wie du in Abbildung 4.9 sehen kannst.

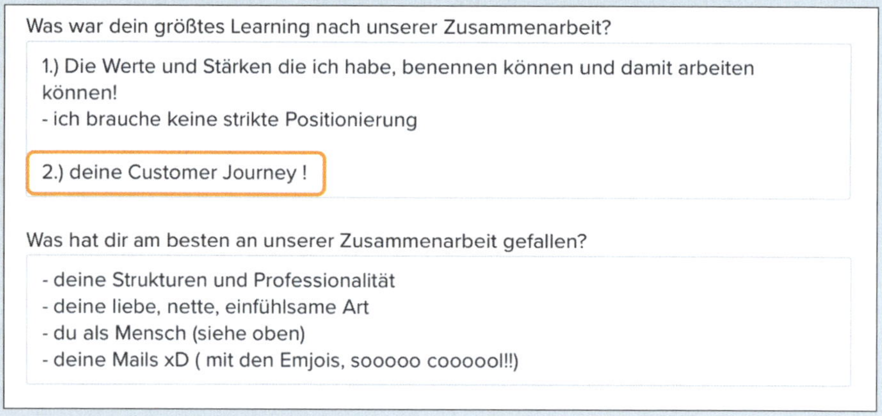

Was war dein größtes Learning nach unserer Zusammenarbeit?

1.) Die Werte und Stärken die ich habe, benennen können und damit arbeiten können!
- ich brauche keine strikte Positionierung

2.) deine Customer Journey !

Was hat dir am besten an unserer Zusammenarbeit gefallen?

- deine Strukturen und Professionalität
- deine liebe, nette, einfühlsame Art
- du als Mensch (siehe oben)
- deine Mails xD (mit den Emjois, sooooo coooool!!)

Abbildung 4.9 Feedback eines Kunden zur Zusammenarbeit mit mir

4.3.7 Erfolge entlang der Customer Journey messen

Du hast jetzt zahlreiche Ideen bekommen, wie du deine Wunschkundin durch die Customer Journey begleiten kannst. Wichtig ist natürlich nicht nur, dass du verschiedene Marketing-Taktiken ausprobierst, sondern auch auswertest, welche besonders gut funktionieren und welche weniger gut. Dafür habe ich dir in Tabelle 4.25 einige hilfreiche KPI für jede der fünf Phasen notiert, die du zur Erfolgsmessung heranziehen kannst. Bitte betrachte die Phasen jedoch nicht einzeln, sondern immer im Kontext der gesamten Kundenreise. Denn Impressionen alleine bringen gar nichts, wenn dann niemand auf deine Website oder Social-Media-Accounts klickt. Und eine hohe Verweildauer auf deiner Website ist nur dann wertvoll, wenn sie auch zu Newsletter-Anmeldungen oder Verkäufen führt.

Customer-Journey-Phase	**Ziel**	**Mögliche KPI**
Awareness	deine Wunschkundin auf dich aufmerksam machen	■ Anzahl der Besuche *(Website)* ■ Impressionen *(Social Media, Werbeanzeigen)* ■ Profilbesuche *(Social Media)* ■ Follower-Growth-Rate *(Social Media)*
Consideration	sie von dir überzeugen	■ Verweildauer *(Website)* ■ Bounce-Rate *(Website)* ■ Engagement-Rate *(Social Media)* ■ Click-Through-Rate *(Werbeanzeigen, E-Mails)* ■ Cost per Lead *(Werbeanzeigen)*
Purchase	den Kauf begleiten	■ Conversion-Rate ■ Average Order Value (AOV) ■ Customer Acquisition Cost (CAC)
Retention	Kundenzufriedenheit, weitere Angebote verkaufen	■ Repurchase-Rate ■ Churn-Rate ■ Up-, Down- und Cross-Selling-Rate
Loyalty	Weiterempfehlungen	■ Net Promoter Score (NPS)

Tabelle 4.25 Eine Auswahl hilfreicher KPI entlang der Customer Journey

4.4 Geld verdienen über digitale Jobportale

So verschieden die Talente und Business-Modelle von Selbstständigen sind, so unterschiedlich sind auch deren Marketing-Strategien. Es kann sogar vorkommen, dass du überhaupt keine der bisher genannten Taktiken anwenden musst, um deine erste Kundin zu gewinnen. Genau so ging es auch mir, als ich 2015 in meine Selbstständigkeit startete. Damals war ich noch Anglistik-Studentin und wollte mir nebenbei durchs Verfassen von Blog- und Social-Media-Texten ein kleines Taschengeld dazuverdienen. Da ich den Bedarf für englischsprachige Texte in Österreich nicht gut abschätzen konnte, hatte ich mir kurzerhand ein Profil auf der Freelancer-Plattform Upwork erstellt, über die ich rasch meine ersten Jobs ergattern konnte.

Digitale Jobbörsen gibt es mittlerweile wie Sand am Meer. Gerade für Freelancer im digitalen Bereich (zum Beispiel in IT, Design oder Marketing) bieten diese Plattformen eine weitere Möglichkeit, spannende Projekte und Jobs an Land zu ziehen, ohne sich großartig selbst vermarkten zu müssen.

Beliebte Freelancer-Portale im Überblick

Eine Auflistung aller Jobplattformen würde den Rahmen dieses Buchs sprengen, deshalb an dieser Stelle ein kurzer Überblick über die drei Platzhirsche am Markt[14]:

- *Upwork* (*upwork.com*) ist eine der ersten und die wohl bekannteste Jobplattform für Freelancer, die vor allem im englischsprachigen Raum genutzt wird. Das Erstellen deines Upwork-Profils ist kostenfrei, jedoch zahlst du als Nutzer 10 % Provision auf alle Einnahmen. Gerade bei größeren Projekten kann dies durchaus kostspielig werden.
- *Freelance.de* (*freelance.de*) ist die größte Freelancer-Plattform im DACH-Raum und funktioniert ähnlich wie Upwork, nur ohne Provision. Auch hier ist die Anmeldung als BASIC-User kostenlos.
- Auf *Fiverr* (*fiverr.com*) wirst du wahrscheinlich keine großen Jobs an Land ziehen, denn diese Plattform ist vorwiegend auf kleine, schnelle Projekte wie Logodesigns, Blogtexte oder Übersetzungen ausgerichtet, die jedoch durchaus lukrativ werden können, je mehr Kunden du gewinnst. Die Registrierung bei Fiverr ist kostenfrei, jedoch zahlen Freelancer ganze 20 % Provision pro Auftrag.

Was fürs Marketing gilt, findet auch bei der Einrichtung deines Freelancer-Profils Anwendung: »Make it about them, not you.« Behalte deine Zielgruppe immer im Hinterkopf, und gestalte dein Profil so, dass es die wichtigsten Fragen beantwortet, die potenzielle Kund*innen haben könnten, bevor sie einen Auftrag an dich vergeben. Denn egal, für welche Taktik du dich letztendlich entscheidest, um dich zu vermarkten, es geht immer darum, Vertrauen aufzubauen und von dir und deinem Angebot zu überzeugen.

---

14 Auf *t3n.de/news/freelancer-jobs-610810* werden 22 beliebte Freelancer-Portale vorgestellt. Schau auch in die Kommentarspalte für weitere Tipps!

Kapitel 5

Dein digitales Schaufenster: deine Website

Wer sich digital vermarkten möchte, kommt eigentlich nicht darum herum, eine eigene Website zu gestalten. Sie ist das Schaufenster, das Interessent*innen einen ersten Blick in deine Arbeitsweise gibt und ihnen zeigt, mit wem sie es hier zu tun haben.

Statistiken zeigen, dass 76 % der Konsument*innen zuerst eine Website betrachten, bevor sie ein physisches Geschäft besuchen.[1] Ich zähle auf jeden Fall dazu. Vor jedem neuen Restaurantbesuch suche ich online nach der Speisekarte, um mir ein erstes Bild zu machen. Bei Dienstleister*innen und Coaches studiere ich im Vorfeld die Über-mich-Seite, um zu checken, ob wir auch zusammenpassen. Die Website ist also der wichtigste Dreh- und Angelpunkt deines digitalen Business. Deshalb solltest du ihr besonders viel Zeit und Liebe zukommen lassen.

5.1 Das Technische zuerst

Bevor du dein Schaufenster einrichten kannst, musst du dich zunächst einmal um die passende Geschäftsadresse kümmern, diese registrieren und vielleicht schon einmal dein Namensschild über der Tür anbringen, damit Besucher*innen wissen, wen sie hier antreffen. Genauso verhält es sich auch im digitalen Raum. Bevor du mit dem Design und Aufbau deiner Website beginnen kannst, gibt es einige wichtige technische Schritte, die abgewickelt werden müssen.

5.1.1 Den passenden Domainnamen finden

Zu allererst musst du dich um eine *Domain* kümmern. Das ist der Name beziehungsweise die Adresse deiner Website, zum Beispiel *www.anna-turner.com*. Jede Domain besteht aus mindestens drei Teilen, die von hinten nach vorne gelesen werden:

1 Quelle: *forbes.com/advisor/business/small-business-statistics/*

1. Die *Top-Level-Domain* beschreibt die Domain-Endung, also das ».de« oder ».com«, das nach deinem einzigartigen Website-Namen steht.
2. Die *Second Level Domain* besteht aus dem eigentlichen Namen deiner Website, zum Beispiel das »anna-turner« in »anna-turner.com«.
3. Die *Third Level Domain* ist das, was vor deinem Website-Namen steht. Sie kann einfach nur »www« lauten oder auch auf eine bestimmte Subdomain deiner Website verweisen, wie das oft bei Onlineshops der Fall ist (siehe Abbildung 5.1).
4. Der *Pfad* ist meist durch einen Schrägstrich von der eigentlichen Domain abgegrenzt und verweist auf eine Unterseite oder eine bestimmte Datei.

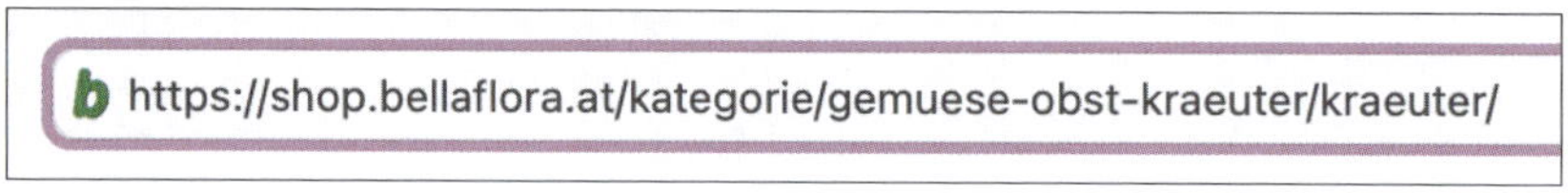

https://shop.bellaflora.at/kategorie/gemuese-obst-kraeuter/kraeuter/

Abbildung 5.1 Die Subdomain »shop« steht vor der eigentlichen Website-Adresse von Bellaflora.

Wofür steht das https:// vor meiner Domain?

Vor deiner Domain steht das verwendete Übertragungsprotokoll HTTP (Hypertext Transfer Protocol) oder HTTPS (Hypertext Transfer Protocol Secure). Ohne dich zu sehr mit technischen Details zu langweilen, solltest du deine Website immer über das sichere Protokoll laufen lassen. Die meisten Website-Tools erledigen das aber automatisch für dich.

Du siehst, alleine bei deiner Website-Domain hast du viele Gestaltungsmöglichkeiten. Am besten beginnst du mit der Auswahl deiner Second Level Domain, die meistens deinen eigenen Namen (z. B. »victoriaweber.de«) oder Business-Namen (z. B. »mindandstories.de«) trägt. Je nachdem, wie weit verbreitet dein Name ist, kann es leider vorkommen, dass solche Domains ganz schön teuer werden. Die Domain »Annaturner.com« gibt es zum Beispiel ab 3000 € im Jahr, nicht gerade leistbar für eine Soloselbstständige. Solltest auch du mit solch horrenden Preisen konfrontiert sein, gibt es zum Glück zahlreiche Ausweichmöglichkeiten. Zunächst könntest du die Top-Level-Domain anpassen – »annaturner.at« kostet nur noch 9 € pro Jahr. Wenn du aber, so wie ich, bei deiner gewünschten Endung bleiben möchtest, hast du noch die Möglichkeit, einen Bindestrich einzubauen. Schon kann ich mir meine Wunschdomain »anna-turner.com« zu einem leistbaren Preis kaufen.

Mittlerweile gibt es auch einzigartige Top-Level-Domains, die du passend zu deinem Business-Thema auswählen könntest. Endungen wie ».photography«, ».studio« oder ».coach« sind teilweise sogar kostengünstiger als Standardendungen wie ».de« oder ».com«. Du darfst dich also gerne kreativ austoben. Wichtig ist nur, dass dein Domainname am Ende lesbar bleibt und sich gut einprägt.

Woher bekomme ich meine Domain?

Website-Tools wie *Wix* (*de.wix.com/domain/kaufen*) oder *Squarespace* (*de.squarespace.com/domain-namen-suchen*), die ich dir in Abschnitt 5.5 noch im Detail vorstellen werde, bieten eigene Tools, um deine Domain zu kaufen, zu registrieren und direkt mit deiner Website zu verbinden. Weitere beliebte Domain-Anbieter sind *Ionos* (*ionos.de/domains/*) und *United Domains* (*united-domains.de*).

5.1.2 Server und Hosting

Solche Anbieter übernehmen meistens gleichzeitig das *Webhosting*. Sie bieten also das Zuhause für deine Inhalte, die auf ihren Servern gespeichert werden. Du kannst dir das wieder so wie ein Geschäftslokal vorstellen, in das du dich eingemietet hast. Die Mauern und Infrastruktur gehören jemand anderem. Du bezahlst aber monatlich Miete, um dein Geschäft dort betreiben und nach deinem Belieben einrichten zu dürfen.

5.2 Alles mit Struktur – auch deine Website

Die technischen Voraussetzungen sind nun erfüllt, jetzt geht es daran, deine neue Website einzurichten. Bevor du dich aber gleich Hals über Kopf ins Design stürzt, darfst du noch ein wenig Vorarbeit leisten. Öffne am besten eine Notiz auf deinem Handy oder schnapp dir einen Zettel und Stift, wir erarbeiten jetzt nämlich gemeinsam ein stimmiges Website-Konzept.

5.2.1 Was soll deine Website alles können?

Die wichtigste Frage gleich vorweg: Welche Ziele verfolgst du mit deiner Website? Was soll diese alles können? Um das zu beantworten, hilft dir folgende Checkliste:

Meine Website soll

- zeigen, wer ich bin und was mich ausmacht,
- Informationen zu meinen Angeboten beinhalten,
- Die Möglichkeit bieten, ein Angebot zu buchen,
- Produkte in einem Onlineshop zur Verfügung stellen,
- die Möglichkeit bieten, mich zu kontaktieren,
- die Möglichkeit bieten, mich vor Ort zu besuchen,
- vergangene Kundenprojekte präsentieren (z. B. in einem Portfolio),
- Wissen zu meinen wichtigsten Themen vermitteln (z. B. auf einem Blog),

- mich auffindbar machen (z. B. über Google),
- Werbeeinnahmen für mich generieren,
- kostenpflichtige Inhalte zur Verfügung stellen.

Diese Liste kann natürlich noch beliebig ergänzt werden und muss auch nicht vollständig abgehakt werden. Wenn du keinen physischen Laden betreibst, wird deine Anschrift meist nur im Impressum stehen, nicht auf einer eigenen Kontakt-Seite. Genauso verhält es sich mit deiner Telefonnummer, falls du keine telefonischen Anfragen entgegennimmst. Ein Blog ist völlig sinnlos, wenn du ihn nicht regelmäßig mit Inhalten befüllst, und Suchmaschinenoptimierung ist nicht relevant, wenn du auf deiner Website nur dein Portfolio präsentieren möchtest und nicht zwingend darauf abzielst, von potenziellen Kund*innen über Google und Co. gefunden zu werden.

5.2.2 Entscheidungshilfe: Onepager oder mehrere Unterseiten?

Die nächste wichtige Entscheidung betrifft die Struktur deiner Website. Denn je nachdem, welche Ziele du damit verfolgst, kann es sein, dass ein einfacher *Onepager* ausreicht. Hier befinden sich, wie der Name schon sagt, alle Informationen auf einer einzigen Seite und werden durch kontinuierliches Scrollen aufgerufen. Es gibt also keine eigene »Über mich«- oder Kontaktseiten, sondern diese Infos werden kurz und knackig in einzelnen Abschnitten der Homepage untergebracht. Wie das am Ende aussieht, siehst du anhand zahlreicher Beispiele auf *onepagelove.com*.

Der große Vorteil von Onepagern liegt auf der Hand: Du musst nur eine einzige Seite texten und designen. Außerdem sind sie relativ einfach zu navigieren. Immerhin muss man nur weiterscrollen, um die passende Information zu finden. Allerdings bringen Onepager auch einige (teils gravierende) Nachteile mit sich. Versuchst du, sehr viele Informationen auf dieser einen Seite unterzubringen, wächst diese ins Unendliche und wird unübersichtlich. Außerdem sind Onepager schlecht für SEO, da kaum interne Verlinkungen gesetzt werden können. Stehst du aber gerade am Anfang deiner Selbstständigkeit und hast weder die Zeit noch das Budget, eine umfangreiche Website bauen zu lassen, reicht ein Onepager fürs Erste aus.

5.2.3 Deine Navigationsstruktur

Egal, ob du eine Website mit 20 Unterseiten oder nur einer einzigen gestaltest, du solltest dir im Rahmen deines Website-Konzepts überlegen, wie du deine Navigation strukturieren wirst. Auch auf einem Onepager gibt es meist ein Menü, das durch die verschiedenen Abschnitte leitet, die mit *Anker-Links* bzw. Sprungmarken versehen sind. In Abschnitt 5.2.1 hast du dir schon einige Gedanken dazu gemacht, was deine Website alles abdecken soll. Jetzt geht es daran, zu entscheiden, wie viele Unterseiten du dafür brauchst.

Wenn eine Interessentin deine Domain eingibt und auf deine Website kommt, dann landet sie normalerweise auf der Startseite, deiner *Homepage*. Diese bildet auch den Hauptknotenpunkt deiner Website, der auf die wichtigsten Unterseiten verlinkt. Du kannst dir das vorstellen wie eine Kreuzung, von der zahlreiche Straßen an verschiedenste Ziele führen. Besteht deine gesamte Website nur aus drei Seiten (z. B. Home, Über mich und Kontakt), dann ist deine Navigationsstruktur offensichtlich (siehe Abbildung 5.2).

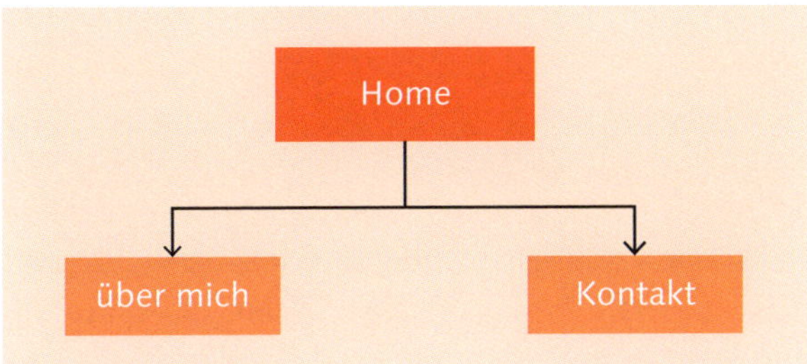

Abbildung 5.2 Von deiner Homepage aus verweist du auf deine Über-mich- sowie auf deine Kontakt-Seite.

Möchtest du aber zusätzlich deine Angebote oder Kundenprojekte teilen, sieht das Ganze schon etwas komplizierter aus. Wirst du direkt von deiner Homepage aus auf einzelne Angebote verlinken, oder erstellst du vorher noch eine Übersichtsseite, auf der alle Angebote kurz präsentiert werden? Möchtest du ein umfangreiches Portfolio erstellen oder nur 1, 2 Einblicke in besonders spannende Projekte auf deiner Startseite hervorheben? All diese Entscheidungen bestimmen, wie deine Website am Ende strukturiert wird (siehe Abbildung 5.3). Deshalb lohnt es sich, wirklich genau darüber nachzudenken.

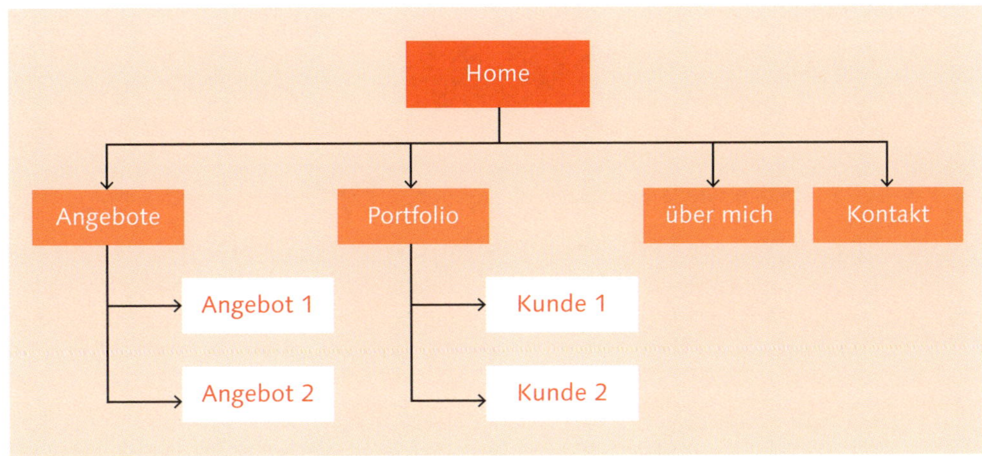

Abbildung 5.3 Von deiner Homepage aus verlinkst du auf vier Unterseiten, die teilweise auf weitere Unterseiten verweisen.

Je weniger Klicks, desto besser

Deine Struktur beeinflusst übrigens nicht nur, wie deine Website am Ende aussieht, sie wirkt sich auch auf das Navigationsverhalten deiner Besucher*innen aus. Je nachdem, wie deine Inhalte strukturiert sind, können diese sehr einfach gefunden werden oder eben nicht. Letzteres ist für Selbstständige natürlich fatal. Wenn dich jemand kontaktieren möchte, aber den Link zu deiner Kontaktseite nicht auf einen Blick findet, kann es sein, dass du dadurch einen potenziellen Kunden vergraulst.[2] Als Faustregel gilt: Besonders wichtige Seiten sollten mit nur einem Klick von deiner Homepage aus erreichbar sein.

Am besten erstellst du eine *Informationsarchitektur*, eine Art Website-Baum wie die Beispiele aus den beiden vorherigen Abbildungen. Zunächst schreibst du deine Homepage ganz oben auf ein Blatt Papier oder ein Whiteboard in *Miro* (*miro.com*) oder *Canva* (*canva.com*). Darunter kommen die wichtigsten Seiten, die später im Menü verlinkt werden sollen, und werden mit einem Pfeil mit der Homepage verbunden. Die Pfeilspitze sollte verdeutlichen, von wo aus wohin verlinkt wird. Im Fall der Startseite führen also alle Pfeile von ihr weg. Als Nächstes überlegst du dir Unterseiten, sofern es diese geben soll, und schreibst sie direkt unter die Seite, die darauf verlinken soll (wie Angebot 1 und Angebot 2 in Abbildung 5.3). Hast du alle geplanten Seiten abgebildet, siehst du jetzt die erste Visualisierung deines Website-Menüs.

5.2.4 Dein Website-Menü

Dein Website-Menü ist sozusagen die Beschilderung auf deiner Straßenkreuzung und hilft Usern dabei, durch deine Website zu navigieren. Folgende Fragen sollte jedes Menü beantworten:

- Wo befinde ich mich gerade?
- Wo kann ich hin?
- Wie kann ich dort hinkommen?
- Wie kann ich wieder dorthin zurückgehen, wo ich hergekommen bin?

Auch wenn du dich beim Gestalten deiner Website durchaus kreativ ausleben darfst, sollte dein Menü nicht zu sehr mit gängigen Konventionen brechen. User sind es gewohnt, das Haupt-Navigationsmenü ganz oben auf einer Website zu finden, und wissen mittlerweile, dass ein Klick aufs Logo wieder zurück zur Homepage

2 Laut einer Umfrage von Komarketing verlassen 44 % aller Besucher*innen eine B2B-Website aufgrund von mangelnder Kontaktinformation und 37 % wegen schlechter Navigation (Quelle: *komarketing.com/files/b2b-web-usability-report-2015.pdf*)

führt. Solche Regeln solltest du unbedingt einhalten, um deine Website-Besucher*innen nicht unnötig zu verwirren.

Bezeichnungen

Auf welche Seiten dein Menü verlinken soll, hast du ja schon ausgearbeitet. Jetzt geht es daran, zu entscheiden, wie die einzelnen Navigationspunkte benannt werden sollen. Auch hier gilt: Usability geht vor Kreativität. Sei kurz und präzise, und stell sicher, dass Nutzer*innen verstehen, wohin sie geführt werden. Ein wenig Gestaltungsspielraum bleibt dir dennoch, denn ob du den Link zu deiner Über-mich-Seite nun »Über mich«, »About«, oder »Über [dein Name]« benennst, ist eigentlich belanglos. Alle drei kommunizieren deutlich, wo man hinkommt. Wichtig ist nur, dass du bei der Benennung deiner Navigationspunkte konsistent bleibst. Ein englischer unter zahlreichen deutschen Begriffen sticht vielleicht negativ hervor. Andererseits sind Wörter wie »FAQ« oder »Home« mittlerweile auch bei uns bekannt. Nutze also deinen Hausverstand, und wirf zur Not einen Blick auf andere Websites aus deiner Branche, um zu sehen, welchen Konventionen diese folgen.

Beachte SEO-Aspekte bei der Benennung deiner Navigationspunkte

Nicht nur eine klare Informationsarchitektur wirkt sich positiv auf dein Suchmaschinen-Ranking aus, sondern auch die passenden Bezeichnungen deiner Navigationspunkte. Die britische Webdesign-Agentur Studio Cotton (*studiocotton.co.uk*) wählt deshalb statt »Angebote« oder »Projekte« Bezeichnungen wie »Business Websites« und »Podcast Websites« für ihre Menü-Links. Wie auch du passende Keywords für deine Website findest, erfährst du in Abschnitt 5.7.4.

Natürlich muss nicht jedes deiner Menü-Elemente auch auf eine eigene Unterseite verlinken. Mit sogenannten *Dropdown-Menüs* kannst du verschiedene Seiten unter einem passenden Begriff sammeln und deine Menüleiste dadurch ordentlicher gestalten (siehe Abbildung 5.4).

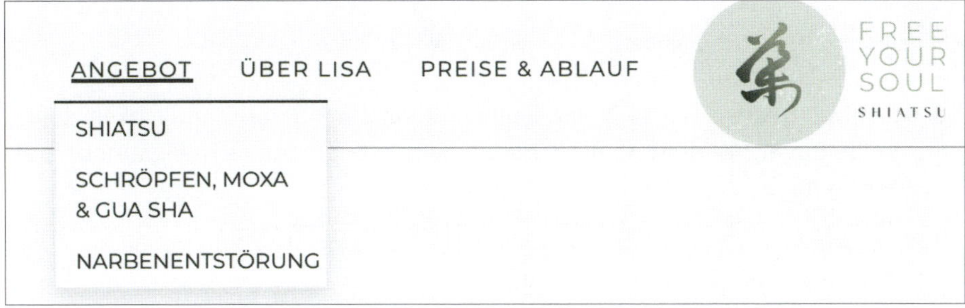

Abbildung 5.4 Durch ein Dropdown-Menü kommt man zu den verfügbaren Angeboten von Lisa Malits (freeyoursoul-shiatsu.at).

Website-Menüs verschiedener Solopreneure

Als kleine Orientierungshilfe findest du hier die Website-Menüs in erster Ebene (also ohne Dropdowns) von fünf Solopreneuren. Achte beim Lesen auf die Gemeinsamkeiten und Unterschiede. Was kannst du aus den einzelnen Navigationspunkten über dieses Business lernen? Wo sollen Kund*innen hingeführt werden, und welche Seiten werden mehr gewichtet, also zuerst angeführt?

- *freeyoursoul-shiatsu.at*: Angebot, Über Lisa, Preise & Ablauf, Blog, Online buchen, Kontakt
- *vielmehr-webdesign.de*: Services, Portfolio, Über mich, Blog, Kontakt
- *agha-schantl.com*: Leistungen, Silvia, Referenzen, News, Presse, Kontakt
- *yourlife-yourdata.de*: Über Marie, Angebot, Newsletter, Feedback, Kontakt, Für 0 Euro
- *hebammetiniruthofer.at*: Über mich, Meine Leistungen, Kurse, Kontakt, Rezensionen, Blog, Rabatt/Kooperationen

Design

Neben der Struktur und Bezeichnung deines Menüs trägt auch dessen Design dazu bei, wie gut Nutzer*innen durch deine Website navigieren können. Lies dir noch einmal die Fragen durch, die jedes Menü beantworten sollte. Woher weiß ein User, auf welcher Seite er sich gerade befindet? Meistens geschieht das übers Design, zum Beispiel indem die aktuelle Seite farbig hervorgehoben wird, wie du in Abbildung 5.5 sehen kannst. Man unterscheidet im Übrigen zwischen drei Linkzuständen in einem Website-Menü, die alle klar ersichtlich sein sollten:

- *Normal*: signalisiert, dass der Link geklickt werden kann
- *Hover:* entsteht, wenn ein Nutzer mit der Maus über den Link fährt
- *Aktiv:* signalisiert, dass man sich gerade auf diesem Link befindet

ARBEITE MIT MIR LERNE VON MIR REFERENZEN ÜBER MICH BLOG

Abbildung 5.5 Der User befindet sich aktuell auf meiner Über-mich-Seite.

Du siehst also, jedes noch so kleine Element kann zur Nutzerfreundlichkeit deiner Website beitragen. Weitere Punkte, die du beim Design deines Navigationsmenüs beachten solltest:

- *Platziere dein Menü ganz oben auf der Website.* Damit stellst du sicher, dass User es auf den ersten Blick sehen können.
- *Hebe es farblich hervor.* Dein Menü sollte sich von den restlichen Inhalten deiner Website deutlich absetzen. Das erzielst du am besten durch eine Hintergrundleiste oder kontrastreiche Schriftfarben.

- *Gestalte dein Menü einheitlich und lesbar.* Achte außerdem auf passende Schriftgrößen, und orientiere dich bei der Auswahl deiner Farben und Schriften an deinem Brand-Design.
- *Sortiere deine Navigationspunkte nach Relevanz.* Die wichtigsten Seiten sollten ganz links angeführt werden, denn dort springt das Auge von Website-Nutzern zuerst hin. Vermeide es außerdem, mit Konventionen zu brechen. Zum Beispiel erwarten User, dass die Kontakt-Seite ganz rechts aufgelistet wird.
- *Schaffe genug Abstand zwischen den Navigationspunkten.* Die einzelnen Menüpunkte sollten nicht aneinanderkleben, sondern brauchen Luft zum Atmen. Nur so erkennen User klar und deutlich, wo ein Punkt aufhört und der nächste beginnt.
- *Beschränke dich auf 5–9 Hauptnavigationspunkte.* Zu umfangreiche Menüs sind unübersichtlich. Solltest du noch weitere Seiten verlinken wollen, nutze dazu Dropdowns.
- *Hebe besonders wichtige Punkte hervor.* Gibt es eine Seite, der du besondere Aufmerksamkeit schenken möchtest, verlinke diese in einem farbigen CTA-Button direkt neben deinem Navigationsmenü. Ein Beispiel dafür findest du auf der Website der Datenschutzexpertin Marie Micheel (*yourlife-yourdata.de*), die ein 0-€-Angebot bewusst hervorhebt, um Leads zu generieren.

Dropdown-Menüs übersichtlich gestalten

Bei Dropdown-Menüs handelt es sich um vertikale Menüs, die direkt unter der horizontalen Haupt-Navigationsleiste erscheinen, wie in Abbildung 5.4. Solche einfachen Dropdown-Menüs bestehen nur aus einer einzigen Ebene, auf der alle Navigationspunkte direkt untereinander aufgelistet werden. Gestalterisch kannst du dich hier an denselben Prinzipien orientieren, die auch für dein Haupt-Navigationsmenü gelten.

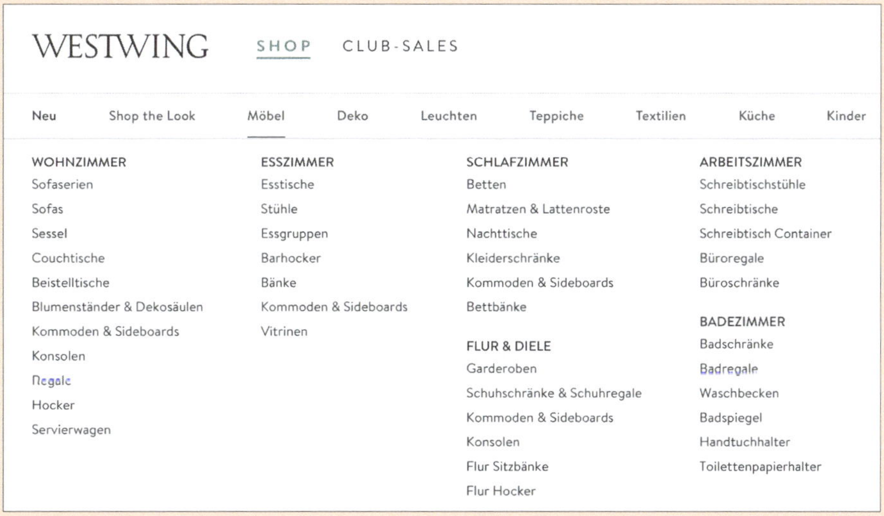

WESTWING SHOP CLUB-SALES

Neu Shop the Look Möbel Deko Leuchten Teppiche Textilien Küche Kinder

WOHNZIMMER
Sofaserien
Sofas
Sessel
Couchtische
Beistelltische
Blumenständer & Dekosäulen
Kommoden & Sideboards
Konsolen
Regale
Hocker
Servierwagen

ESSZIMMER
Esstische
Stühle
Essgruppen
Barhocker
Bänke
Kommoden & Sideboards
Vitrinen

SCHLAFZIMMER
Betten
Matratzen & Lattenroste
Nachttische
Kleiderschränke
Kommoden & Sideboards
Bettbänke

FLUR & DIELE
Garderoben
Schuhschränke & Schuhregale
Kommoden & Sideboards
Konsolen
Flur Sitzbänke
Flur Hocker

ARBEITSZIMMER
Schreibtischstühle
Schreibtische
Schreibtisch Container
Büroregale
Büroschränke

BADEZIMMER
Badschränke
Badregale
Waschbecken
Badspiegel
Handtuchhalter
Toilettenpapierhalter

Abbildung 5.6 Ein Mega-Dropdown im Onlineshop von Westwing

Besonders umfangreiche Websites mit komplexen Informationsarchitekturen benötigen sogenannte *Mega-Dropdowns*, die aus mehreren Ebenen oder Unterkategorien bestehen. Solche Menüs findet man meistens bei Onlineshops wie Zalando (*zalando.de*) oder Westwing (*westwing.de*). Wie du in Abbildung 5.6 sehen kannst, wird der Menüpunkt »Möbel« noch einmal in mehrere Unterkategorien wie »Wohnzimmer«, »Esszimmer« oder »Schlafzimmer« geteilt, die auf jeweils passende Unterseiten verlinken. Benötigst du so eine komplexe Navigationsstruktur, solltest du deine Website unbedingt von einer professionellen Agentur erstellen lassen, in der nicht nur erfahrene Webdesigner*innen, sondern auch Content-Strategen und Informationsarchitektinnen arbeiten.

5.2.5 Weitere Navigationselemente

Neben deinem Hauptmenü gibt es noch weitere Navigationselemente, die Usern dabei helfen, sich auf deiner Website zurechtzufinden. Buttons, Textlinks, Suchfelder oder Footer-Menüs tragen auch zur Strukturierung deiner Website bei und werden im nächsten Abschnitt genauer behandelt.

5.3 Diese Informationen gehören auf deine Website

Deine Website-Struktur steht. Jetzt geht es daran, die einzelnen Seiten zu gestalten. Mit dem Design musst du dich aber noch immer gedulden. Denn zuerst solltest du deinen Website-Inhalten besondere Aufmerksamkeit schenken. Sie sind es schließlich, die Nutzer*innen von dir überzeugen oder ihnen die Informationsbeschaffung erleichtern. Im folgenden Abschnitt erkläre ich dir Schritt für Schritt, welche Infos die wichtigsten Unterseiten deiner Website abdecken sollten. Der Vollständigkeit halber soll erwähnt werden, dass auf Onlineshops nicht eingegangen wird, da diese, wie du bereits gesehen hast, irrsinnig komplex in ihrer Einrichtung sind. Solltest du dich dennoch dafür interessieren, empfehle ich dir das *Handbuch Online-Shop*[3]. Bevor wir nun die einzelnen Seiten studieren, bekommst du in Tabelle 5.1 noch eine kurze Übersicht über die wichtigsten Website-Elemente, damit du beim Weiterlesen auch verstehst, wovon ich spreche.

Element/Bezeichnung	Beschreibung
Above the fold (oberhalb des Falzes)	Der Begriff stammt ursprünglich aus der Zeitungssprache und bezeichnet den Teil der Titelseite, den man lesen kann, ohne die Zeitung aufzufalten. Auf einer Website bezeichnet er den Abschnitt, den User sofort zu sehen bekommen, ohne nach unten scrollen zu müssen.

Tabelle 5.1 Die wichtigsten Website-Elemente erklärt

3 *rheinwerk-verlag.de/handbuch-online-shop-strategien-erfolgsrezepte-loesungen*

Element/Bezeichnung	Beschreibung
Hero Section	ein weiterer Name für den Bereich »above the fold«.
Hero Shot	Der Hero Shot bezeichnet das erste Bild, das User sehen, wenn sie eine Website besuchen.
Überschrift `<h1>`	Die erste Überschrift auf einer Website wird als H1 oder mit ihrem HTML-Tag `<h1>` bezeichnet und von Suchmaschinen besonders stark gewichtet.
Überschriften `<h2>` bis `<h6>`	Alle weiteren Überschriften sind hierarchisch angeordnet. So sollten auf die `<h1>` mehrere `<h2>`-Überschriften folgen, danach `<h3>`-Überschriften usw.
CTA-Button	Als Call-to-Action-Buttons werden farblich hervorgehobene interaktive Elemente bezeichnet, die eine bestimmte Handlungsaufforderung hervorrufen sollen (z. B. »Jetzt buchen«) oder (»Mehr erfahren«).
Title	Der Seitentitel beschreibt kurz und knapp, worum es auf einer bestimmten Seite geht, und gehört zu den wichtigsten SEO-Elementen. Wenn du nach einem bestimmten Begriff googelst, wird dir der Title als Überschrift angezeigt (siehe Abbildung 5.7).
Meta Description	In der Meta Description beschreibst du, was User auf dieser Seite finden. Auch sie wird angezeigt, wenn eine Website von Suchmaschinen ausgespuckt wird, nämlich direkt unter dem Title.

Tabelle 5.1 Die wichtigsten Website-Elemente erklärt (Forts.)

Abbildung 5.7 Title und Meta Description von anna-turner.com

5.3.1 Das Layout deiner Website

Um zu verstehen, wie du die Informationen auf deiner Website strukturieren solltest, hilft es, zu veranschaulichen, wie User durch eine Website navigieren. Zum Glück gibt es zahlreiche Experimente, die genau das erforscht haben. In Eyetracking-Studien, die messen, wohin sich die Augen von Website-Besucher*innen bewegen, wurde herausgefunden, dass Blickverläufe immer bestimmten Schemata folgen: dem F- oder Z-Layout (siehe Abbildung 5.8).

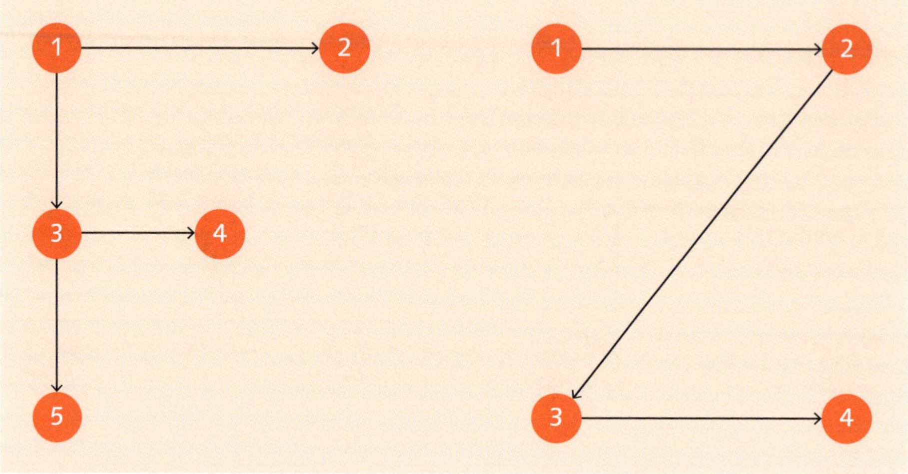

Abbildung 5.8 Der Blickverlauf von Usern folgt bestimmten Schemata.

5.3.2 Header

Idealerweise platzierst du Inhalte so, dass sie den natürlichen Blickverlauf unterstützen. Das bedeutet, dass die wichtigsten Informationen gleich zu Beginn deiner Website, im sogenannten *Header*, stehen. Dieser wird normalerweise auf allen Unterseiten angezeigt und beinhaltet dein Logo, das auf die Homepage verlinkt, sowie dein Haupt-Navigationsmenü. Achte darauf, dass das Logo nicht zu groß und nicht zu klein ist, sodass man es schön erkennen kann. Die weitere Header-Gestaltung ist dann aber so individuell wie der Rest deiner Website. Manche platzieren ihr Logo gerne in der Mitte und die einzelnen Navigationselemente links und rechts davon. Die klassische Variante wäre es, das Logo ganz links und die Navigationsleiste ganz rechts im Header zu platzieren.

Entscheidungshilfe: Mitscrollen oder ausblenden?

Beim Erstellen des Headers stellt sich die Frage: Soll dieser fixiert werden und auch beim Scrollen noch vollständig sichtbar bleiben oder lieber ausgeblendet werden, um den Inhalten den vollen Bildschirmraum zu schenken? Idealerweise ist der Header von überall aus erreichbar, damit der User jederzeit wieder auf die wichtigsten Informationen zugreifen kann. Eine praktische Alternative bieten deshalb »schrumpfende« Header, die sich beim Scrollen automatisch verkleinern, oder Header, die zunächst verschwinden, um dann mit der ersten Bewegung nach oben wieder auftauchen. Aber Achtung, nicht alle Website-Tools bieten diese Scrolleffekte an.

Weitere Tipps für effektive Website-Header:

- *Nutze Banner, um auf besondere Angebote aufmerksam zu machen.* Diese kannst du direkt über der Navigationsleiste platzieren (siehe Abbildung 5.9), um ihnen besondere Aufmerksamkeit zukommen zu lassen.
- *Nutzt du imposante Bilder oder Videos als Hero Shot, mach deinen Header transparent.* Achte jedoch darauf, dass alle Elemente gut lesbar bleiben, und hinterlege den Header mit einer Farbleiste als Scrolleffekt.
- *Verberge deinen Header auf Sales-Pages oder Landing Pages zur Lead-Generierung.* Im Gegensatz zu anderen Unterseiten sollte hier nur ein einziger weiterer Weg vorgegeben werden: der Kauf eines Angebots bzw. die Eintragung ins Lead-Formular. Wie solche Seiten aufgebaut sein sollten, erfährst du in Kapitel 9, »Selbstbewusst verkaufen«.
- *Vermeide es, Links zu deinen Social-Media-Kanälen direkt in den Header einzubinden.* Du möchtest doch User auf deiner Website behalten, nicht wieder wegschicken. Im Footer hast du noch immer genug Platz dafür.

Abbildung 5.9 Die amerikanische Online-Unternehmerin Jenna Kutcher weist in einem Banner direkt über der Navigationsleiste auf ihr aktuelles Bootcamp hin (jennakutcher.com).

5.3.3 Footer

Der *Footer* bildet den Abschluss deiner Website und beinhaltet ein Potpourri an Informationen. So wie der Header hebt sich dieser Abschnitt meist visuell vom Rest der Website ab, z. B. durch eine Trennlinie oder einen farbigen Hintergrund. Auch der Footer wird normalerweise auf allen Unterseiten angezeigt und sollte deshalb vor allem allgemeingültige Informationen beinhalten, die die Inhalte aus dem Header ergänzen (siehe Tabelle 5.2).

Für alle	Für physische Läden	Nach Bedarf
■ Logo ■ E-Mail-Adresse ■ Social-Media-Links ■ Links zu Impressum, AGB und Datenschutzerklärung ■ Copyright-Hinweis	■ Öffnungszeiten ■ Adresse ■ Telefonnummer ■ Anzahl Sternebewertungen	■ Navigationsmenü ■ Newsletter Formular ■ Instagram-Feed ■ Kurzbiografie ■ Auszeichnungen oder Gütesiegel ■ Logos von Partnern ■ Zahlungsmöglichkeiten

Tabelle 5.2 Mögliche Footer-Elemente

Je mehr Elemente im Footer untergebracht werden, desto wichtiger ist es, dass dieser auch angemessen strukturiert ist. So kann auch dein Footer durchaus aus verschiedenen Abschnitten (wie bei *obi.at*) oder Blöcken (siehe Abbildung 5.10) bestehen.

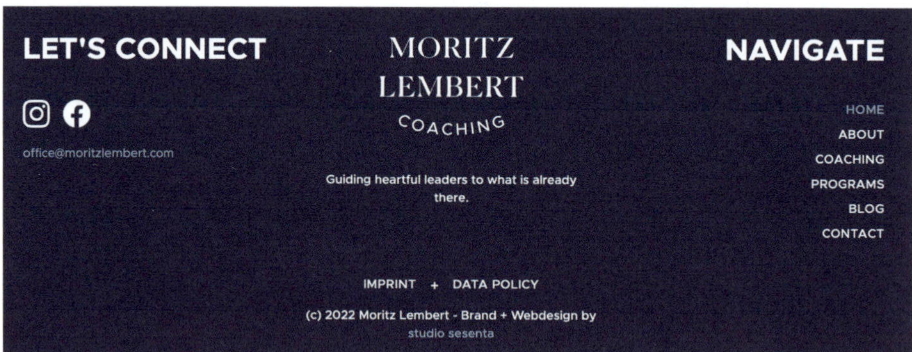

Abbildung 5.10 Der Footer von Moritz Lembert gliedert sich in drei Blöcke (moritzlembert.com).

5.3.4 Wireframes erstellen

Mit deinem Header und Footer hast du bereits den Grundstein gelegt. Das weitere Fundament bauen wir jetzt. Denn was noch fehlt, sind die eigentlichen Inhalte, also alles dazwischen. Um zu visualisieren, wie der Rest deiner Website strukturiert sein könnte, erstellst du am besten *Wireframes*, einfache Skizzen deiner einzelnen Seiten. Keine Angst, du mutierst nicht zur Website-Designerin und brauchst auch keine komplizierten Tools dazu. Ein Blatt Papier und ein Stift reichen völlig aus.

In Abbildung 5.11 siehst du links den gezeichneten Wireframe der ersten drei Abschnitte meiner Homepage und rechts deren Umsetzung. Wie du erkennst, ist die Gestaltung des Wireframes rudimentär. Es geht nämlich nicht darum, das komplette Website-Design inklusive Schriftfarben, Icons und Texte darzustellen. Konzentriere dich stattdessen vorerst auf Überschriften, Absätze, Bilder oder Videos, Links und Buttons und deren Platzierung. Wie du den Wireframe dann am Ende kreativ umsetzt, erfährst du in Abschnitt 5.6.

Abbildung 5.11 Ein Wireframe und die umgesetzte Homepage

5.3.5 Startseite

Gehen wir nun Seite für Seite durch, und überlegen wir uns, wie sie gegliedert werden könnten. Den Anfang macht, wie könnte es anders sein, die Homepage. Als Hauptknotenpunkt sollte sie auf alle wichtigen Unterseiten verlinken, nicht nur über das Navigationsmenü, sondern auch in ihren einzelnen Abschnitten.

Hero Shot

Nach deinem Logo und dem Navigationsmenü ist der Hero Shot das Erste, was Usern in die Augen springt, wenn sie deine Homepage besuchen. Als Personenmarke setzt du hier am besten ein Porträtfoto von dir ein, das deinen Brand-Vibe ausdrückt. Orientiere dich dabei am Moodboard, das du in Abschnitt 3.4.2, »Erstelle ein Moodboard für dein visuelles Branding«, ausgearbeitet hast. Je nach Thema könnte dein Hero Shot auch als Bewegtbild umgesetzt werden, entweder mit einem Stock-Video, um eine bestimmte Stimmung zu erzeugen (wie bei *moritz-*

lembert.com), oder einem eigens produzierten Clip, der dich bei der Arbeit zeigt (wie bei *anewdawnwellness.com*). Auch Animationen wie in Abbildung 5.12 können dazu eingesetzt werden, die Aufmerksamkeit der Website-Besucher*innen in den Bann zu ziehen.

Abbildung 5.12 Die kleinen Formen im Hero Shot von Thorsten Ising treiben verspielt umher (thorsten-ising.com).

Video-Hintergründe – pro und kontra

Breitflächige Video-Hintergründe liegen im Trend und machen deine Website, sofern sie hochwertig gestaltet sind, zu einem absoluten Blickfang. Außerdem transportieren Videos Emotionen viel schneller als statische Bilder. Betrachte einmal die beiden oben verlinkten Websites und reflektiere: Was soll mit den Hintergrundvideos ausgedrückt werden? Welche Gefühle entstehen beim Betrachten? Auch wenn sie emotional überzeugen, solltest du aus technischer Sicht Video-Hintergründe mit Vorsicht einsetzen, denn sie können durch ihre Größe die Ladezeit deiner Website negativ beeinflussen. Das kann nicht nur Auswirkungen auf dein Suchmaschinen-Ranking haben, sondern auch die *User Experience*[4] beeinflussen.

H1

Nach dem Hero Shot wandert das Auge deiner Website-Besucher*innen als Nächstes auf die erste Überschrift, die `<h1>`. Der größte Fehler, den du hier machen kannst, ist, User mit einem »Herzlich willkommen!« auf deiner Website zu begrüßen. Denn deine H1 erfüllt drei wichtige Zwecke:

4 Die Eindrücke und Erfahrungen eines Nutzers bei der Interaktion mit einem Produkt oder in diesem Fall deiner Website

1. *Sie sollte User zum Verweilen und Weiterlesen animieren*. Generische Formulierungen wie »Willkommen auf meiner Website« tun das nicht.
2. *Sie sollte deinen USP und den Benefit für deine Kundschaft in wenigen Worten ausdrücken*. Was bekommen potenzielle Kund*innen von dir und inwiefern unterscheidet sich dein Angebot von anderen Anbietern? Sprich: Was macht dich besonders?
3. *Sie sollte dein wichtigstes Keyword beinhalten*. Denn deine `<h1>` hilft Suchmaschinen zu verstehen, worum es auf deiner Seite geht. Damit kann sie besser eingeordnet werden und taucht mit ein wenig Glück und Know-how in Suchanfragen zu deinem wichtigsten Keyword auf.

Wichtig! Verwende immer nur eine H1 pro Seite

Blättere gerne noch einmal zurück zum Inhaltsverzeichnis dieses Buchs. Deine `<h1>` entspricht den Kapitelüberschriften, während `<h2>` bis `<h6>` die jeweiligen Abschnitte innerhalb eines Kapitels widerspiegeln. So wie jedes Kapitel nur einen Titel hat, sollte jede Unterseite auf deiner Website nur eine H1 verwenden.

Elevator Pitch

Direkt unter der `<h1>` findet man auf den meisten Webseiten einen kurzen Absatz, der in wenigen Worten das Business beschreibt, einen *Elevator Pitch*. Ähnlich wie der Seitentitel sollte dieser vor allem Überzeugungsarbeit leisten und den einzigartigen Benefit deines Angebots hervorheben, wie bei Elly Magpie in Abbildung 5.13. Keine Angst, falls dir das Texten noch schwerfällt. In Abschnitt 7.4.4, »3 Arten von Marketing-Texten, die du meistern solltest«, beschäftigen wir uns dann damit, wie du Headlines und Elevator Pitches schreibst, die richtig knallen.

Abbildung 5.13 Der Elevator Pitch von Elly Magpie (ellymagpie.fitness)

CTA-Buttons

Auf deiner Startseite solltest du direkt unter dem Elevator Pitch zwei Call-to-Action-Buttons platzieren. Zwei Buttons deshalb, weil einer den Hauptpfad anzeigt, dem deine Website-Besucher*innen folgen sollten, und der zweite eine Alternative. Der Hauptpfad führt immer zu den Informationen, die User (oder auch du) als die wichtigsten empfinden. Also der Hauptgrund, warum sie auf deine Website kommen. Für eine Dienstleisterin könnten das zum Beispiel »Angebote« sein, für ein Fitnessstudio wie das von Elly Magpie sind es »Klassen«. Der alternative Pfad bietet einen kleinen Umweg für diejenigen, die noch nicht bereit sind, dem Hauptpfad zu folgen. Für eine Dienstleisterin wäre das ein Link zur Über-mich- oder Portfolio-Seite, wo sich potenzielle Kund*innen noch mehr über die Person oder deren bisherige Projekte informieren können. Elly Magpie, deren gesamtes Business-Modell auf festen Werten basiert, verweist hingegen auf eine Unterseite, die diese darstellt.

Augen auf beim Button-Design

Damit dein Hauptpfad wirklich als solcher erkennbar ist, solltest du diesen klar und deutlich markieren. Am besten funktioniert das über dein Button-Design. Betrachtest du die beiden Buttons in Abbildung 5.14, weißt du intuitiv, welcher zuerst geklickt werden sollte, also hervorgehoben ist. Vermeiden solltest du hingegen zwei direkt nebeneinander platzierte Buttons in unterschiedlichen Farben, zumindest wenn du diese nicht gleich gewichten möchtest. Betrachte noch einmal die beiden Buttons auf der Website von Elly Magpie. Springt dir einer davon mehr ins Auge als der andere und, wenn ja, bildet dieser auch den Hauptpfad ab, den eine Nutzerin gehen sollte?

Abbildung 5.14 Das Button-Design verrät, welcher der Haupt-Button ist.

Social Proof

Du siehst, wie viel du alleine mit der Strukturierung des Abschnitts »above the fold« beeinflussen kannst. Jedes noch so kleine Detail hat Auswirkungen darauf, wie sich Nutzer*innen auf deiner Website verhalten. Dein größtes Ziel ist es natürlich, sie von dir zu überzeugen und zum nächsten Schritt deiner Customer Journey zu führen. Ein besonders wichtiger Faktor dafür ist der sogenannte *Social Proof*, also Beweise von außen, die die Qualität deines Angebots belegen. Schließlich kannst du selbst das Blaue vom Himmel erzählen, aber richtig glauben wird man es dir erst, wenn du auch Beweise dafür lieferst. Social Proof kommt an verschiedensten Stellen deiner Website zum Einsatz und sollte auch auf der Startseite nicht zu kurz kommen. Im folgenden Abschnitt möchte ich dir deshalb verschiedene Formen von Social Proof vorstellen, die du einzeln oder in Kombination verwenden kannst.

1. »Bekannt aus«

Gerade Personen, die in der Öffentlichkeit stehen, zeigen gerne, welche Medien schon über sie berichtet haben, um ihre Bekanntheit zu unterstreichen (siehe Abbildung 5.15). Doch auch wenn du noch nicht fürs Forbes-Magazin oder die Zeit interviewt wurdest, gibt es vielleicht kleinere Blogs oder lokale Zeitungen, deren Logos du in deine Website einbinden könntest. Oder vielleicht warst du schon einmal als Speakerin auf einer Konferenz oder in einem Podcast zu Gast. Egal wo, jedes Medien-Feature zählt.

Abbildung 5.15 Über den Unternehmer und Speaker Ali Mahlodji wurde schon in zahlreichen großen Medien berichtet (ali.do).

2. Kundenbewertungen, Testimonials und Case Studies

Noch wichtiger als die Medien, die über dich berichten, ist natürlich das Feedback deiner Kund*innen. Kein Business kommt ohne Kundenbewertungen, Testimonials oder Case Studies aus. Immerhin möchte ich als Interessentin doch sichergehen, dass ich den Kauf einer Dienstleistung oder eines Produkts nicht bereuen werde. Die Erfahrungswerte anderer helfen dabei, das im Vorfeld abzuschätzen.

Einer meiner ersten Schritte als Marketing-Managerin eines Wellness-Centers war es, eine automatische Follow-up-E-Mail einzustellen, die direkt nach den Behandlungen an die jeweiligen Kund*innen geschickt wurde. In dieser E-Mail wurde abgefragt, wie die Kundschaft die Behandlung fand, und direkt auf die brandneue Google-Seite des Wellness-Centers verlinkt, auf der auch Rezensionen verfasst werden können. Innerhalb von drei Jahren konnten wir dadurch 180 5-Sterne-Rezensionen sammeln (siehe Abbildung 5.16). Du siehst also, es lohnt sich, nachzufragen.

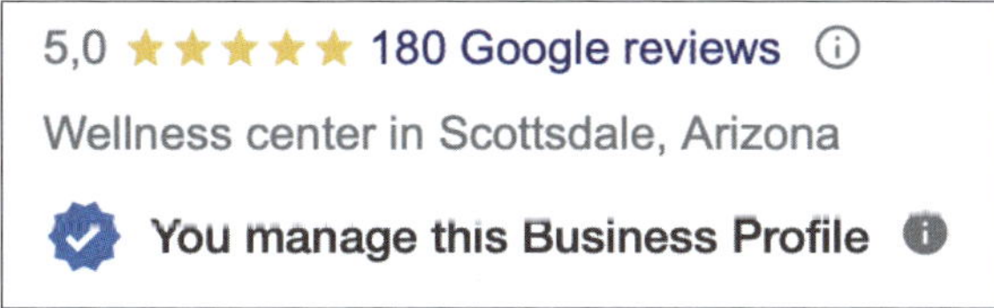

Abbildung 5.16 Die Sterne-Bewertungen eines Wellness-Centers

Was macht eine Rezension glaubwürdig?

Leider ist es heutzutage einfach, Rezensionen zu fälschen. Das ist aber nicht nur unethisch, sondern kann auch rechtliche Folgen nach sich ziehen. Deshalb ist es sinnvoll, zu viele und zu überschwängliche positive Bewertungen durchaus skeptisch zu betrachten. Bewertungen auf Online-Portalen wie *Google My Business* (*business.google.com*), *Trustpilot* (*de.trustpilot.com*) oder *Trusted Shops* (*business.trustedshops.de*) wirken grundsätzlich vertrauenswürdiger als Kundenzitate, die auf einer Website eingebettet werden. Diese solltest du unbedingt durch Porträtfotos der Kund*innen, Links zu deren Website oder, noch besser, ein Video ergänzen. Im B2B hilft es außerdem, die Position und das Firmenlogo anzuführen. Auch Screenshots von Kommentaren oder Nachrichten auf Social Media sind beliebt und wirken vertrauenswürdig, sofern der Username und das Profilbild der Kunden zu sehen sind.

Idealerweise unterstreichen deine Testimonials genau jene Qualitätsmerkmale, die du auch selbst hervorheben möchtest. In meinem Onlinekurs *Creative Content Lab* habe ich anderen Soloselbstständigen beigebracht, wie sie sich auf Instagram vermarkten, und zwar mit Spaß, Struktur und immer einer Prise Achtsamkeit. Genau das haben auch die Teilnehmerinnen Lisa, Steffi, Martina und Vera empfunden und bestätigen, dass sie seit der Teilnahme am Kurs »achtsamer mit ihren Zeiten auf Instagram« und »weniger gestresst, was das Posten angeht« sind (siehe Abbildung 5.17). Dadurch wurde mein Claim gestärkt, und die versprochenen Resultate wirkten glaubwürdiger.

Abbildung 5.17 Rezensionen zu meinem ehemaligen Instagram-Kurs

Kurze, knackige Testimonials sind besser

Sei mal ehrlich, liest du dir eine Kundenrezension durch, die mehr als 5 Sätze beinhaltet? Wenn du Erfahrungsberichte und Bewertungen deiner Kund*innen auf deiner Website darstellen möchtest, kürze sie so, dass die wichtigste Aussage klar kommuniziert wird. Den Rest darfst du weglassen. Auch das farbige oder fette Markieren wichtiger Phrasen trägt zum Lesefluss bei. So springt das Auge der Nutzerin automatisch zu den Stellen, die hervorgehoben werden sollen.

3. Auszeichnungen oder Gütesiegel

Social Proof hat immer zum Ziel, das Vertrauen in dich und dein Angebot zu stärken. Ganz großartig funktionieren deshalb auch Auszeichnungen oder Gütesiegel. Hat dein Friseurladen schon einmal einen Preis gewonnen? Ist deine Mode GOTS-zertifiziert, oder wurde deine Werbekampagne für einen großen Kunden für ihre Kreativität ausgezeichnet? Pack das unbedingt auf deine Website. Übrigens hat Trusted Shops herausgefunden, dass Kund*innen sogar bereit sind, 5 % mehr für ein Angebot zu zahlen, wenn ein Unternehmen Gütesiegel und Bewertungen zur Schau stellt.[5]

Teile Sicherheitszertifikate bei Zahlungsabwicklung online

Falls du deine Dienstleistungen oder Produkte digital verkaufst, zeige, dass auch die Zahlungsabwicklung sicher vonstattengeht (siehe Abbildung 5.18). Zahlungsanbieter wie *Elopage* (*elopage.com*), *Digistore24* (*digistore24.com*) oder *Shopify* (*shopify.com*) übernehmen das automatisch für dich.

Abbildung 5.18 Bei Zahlungsvorgängen steht Sicherheit an erster Stelle.

4. Zahlen, Daten, Fakten

Zu guter Letzt kannst du alles teilen, was deine Erfahrung und Expertise oder die Qualität deines Angebots unterstreicht. Wie viele Kundenprojekte hast du schon abgewickelt? Wie viele Jahre Erfahrung hast du in deinem Bereich? Wie viel Umsatz konntest du schon für deine Kund*innen generieren (falls das für dein Angebot relevant ist), und wie viele Menschen folgen dir auf Social Media? Eine Zahlenleiste wie bei Lisa-Marie Grabner (siehe Abbildung 5.19) räumt noch die letzten Zweifel aus dem Weg.

5 Quelle: *business.trustedshops.de/lp/trusted-shops-studie-rwth-aachen*

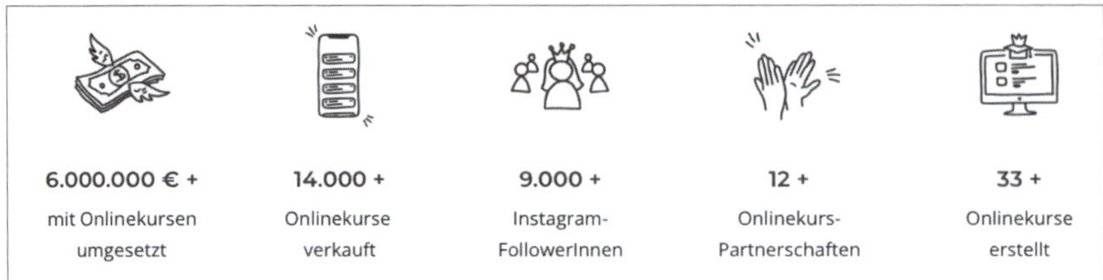

Abbildung 5.19 Lisa-Marie Grabners Expertise rund um Onlinekurse wird anhand von beeindruckenden Zahlen zur Schau gestellt (lima.rocks).

Verteile Social-Proof-Elemente auf der gesamten Startseite

Idealerweise kombinierst du gleich mehrere Arten von sozialer Bestätigung und verteilst diese auf deiner gesamten Homepage. Als Faustregel gilt: Jeder dritte Abschnitt sollte ein Social-Proof-Element beinhalten.

Über mich

Die weitere Reihenfolge der Abschnitte nach deiner Hero Section und dem ersten Social-Proof-Element ist nicht mehr streng vorgegeben. Ob du dich zuerst vorstellst und dann auf deine Angebote verweist oder umgekehrt, bleibt ganz dir überlassen. Überlege dir beim weiteren Aufbau deiner Startseite, welche Informationen für deine Website-Besucher*innen am wichtigsten sind, und führe diese weiter oben an.

Abbildung 5.20 Steffi Friedel zeigt, was sie von anderen Webdesigner*innen unterscheidet (vielmehr-webdesign.de).

Wie der Name schon sagt, teilst du im Abschnitt »Über mich« eine kurze Beschreibung von dir und deiner Arbeit und verlinkst danach auf die dazugehörige About-Seite. Hebe hier vor allem deine Stärken und deinen USP hervor. Auch deine Vision könntest du hier schon einmal in Kurzform einbauen. Ein tolles Beispiel dafür ist die Webdesignerin Steffi Friedel, die in ihrem Über-mich-Abschnitt verdeutlicht, welchen übergeordneten Zweck sie mit ihrer Arbeit verfolgt: »deine Essenz in den digitalen Raum [zu bringen], damit dein Business nachhaltig wachsen kann« (siehe Abbildung 5.20).

Deine Angebote

Ein weiterer Abschnitt, der auf keiner Homepage fehlen darf, ist ein Überblick über deine Angebote. Sie sind schließlich der Hauptgrund, warum du User auf deine Website locken möchtest. Besonders wichtige oder umfangreiche Angebote bekommen am besten einen eigenen Abschnitt, während du andere in einem 2- oder 3-Spalten-Layout darstellen kannst wie der Instagram-Berater Trajan Tosev in Abbildung 5.21.

Abbildung 5.21 Drei Angebote auf der Startseite von Trajan Tosev (trajantosev.com)

> **Verfasse aussagekräftige Abschnittsüberschriften**
>
> Dieselben Regeln, die für deine <h1> gelten, darfst du übrigens auch auf alle weiteren Überschriften anwenden. Die einzelnen Abschnitte einfach nur mit »Über mich« und »Meine Angebote« zu benennen, ist nicht nur unkreativ, sondern kann sich negativ auf dein Suchmaschinen-Ranking auswirken. Besser wäre es, auch hier deine wichtigsten Keywords unterzubringen und vor allem auf die Bedürfnisse deiner Wunschkundin einzugehen, wie Trajan das vormacht. Als Instagram-Berater verhilft er anderen Selbstständigen mit verschiedensten Angeboten zu mehr Followern und Kundschaft.

Deine Kanäle

Zum Abschluss deiner Startseite darfst du noch auf deine wichtigsten Marketing-Kanäle verweisen. Schreibst du regelmäßig Blogartikel? Dann verlinke die drei neuesten. Führst du einen Podcast? Teile unbedingt einen Link dorthin mit einer Übersicht über die spannendsten Themen und Episoden. Und möchtest du mit deiner Website Leads generieren, hast du hier Platz, dein 0-€-Produkt zu bewerben, wie die Content Strategin Jessica Manolis in Abbildung 5.22.

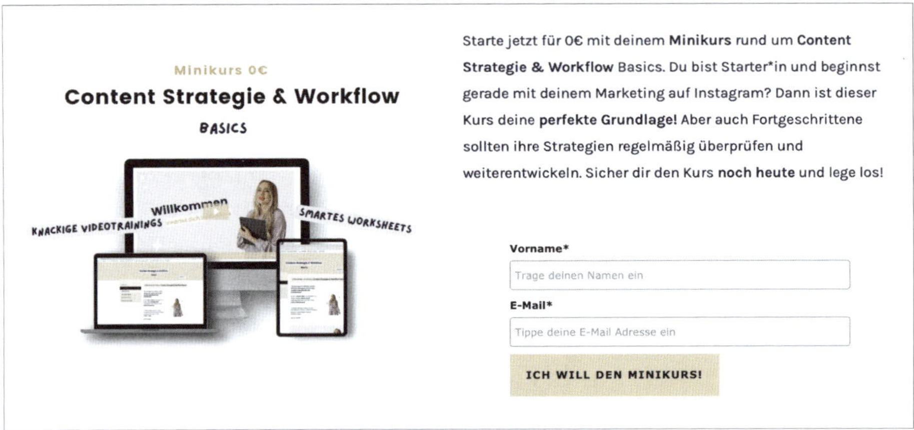

Abbildung 5.22 Jessica bewirbt ihren Minikurs um 0 €, um die E-Mail-Adressen ihrer Website-Besucher*innen zu sammeln (mindandstories.de).

Wann sollten Links in einem neuen Browser-Tab geöffnet werden?

Das ist ganz einfach. Wenn du eine Unterseite deiner Website verlinkst (z. B. deine Über-mich-Seite oder den Blog), sollte diese im selben Tab aufscheinen. Verweist du allerdings auf eine externe Seite (z. B. deinen Instagram-Account oder Podcast) sollte sich diese in einem neuen Tab öffnen.

Title

War die H1 eine Kapitelüberschrift, ist der Title dein Buchtitel. Dieser darf zwischen 450 und 580 Pixel breit sein, was einer Länge ca. 50–70 Zeichen entspricht, nicht gerade viel. Da der Title nicht nur als Titel deiner Website im Browser, sondern auch bei einer Google-Suche aufscheint, möchtest du hier besonders auf Suchmaschinenoptimierung achtgeben. Der Title deiner Startseite sollte auf jeden Fall deinen Namen oder Business-Namen beinhalten, und zwar an erster Stelle. Denn wenn jemand online nach dir sucht, sollte diese Person zuerst deine Startseite angezeigt bekommen. Danach beschreibst du am besten dein Hauptthema und Angebot in 2–3 Keywords. Während sich bei Victoria Weber alles um »Squarespace & Online-

Branding« dreht, fungiert Sabine Schwarz als »Psychotherapeutin im 9. Bezirk in Wien« (siehe Abbildung 5.23).

Warum glaubst du, setzt Sabine Schwarz zusätzlich auf ein lokales Keyword (»in Wien«), während Victoria Weber dieses weglässt? Weil nämlich die Angebote von Victoria Weber komplett ortsunabhängig konsumiert werden können und meist nicht in der Verbindung mit ihrem Standort gesucht werden. Für eine Psychotherapeutin, die im 9. Bezirk in Wien ansässig ist, ist das genau anders. So möchte Sabine Schwarz nicht nur über ihren Namen gefunden werden, sondern idealerweise auch über den Suchbegriff »Psychotherapeut*in in Wien«. Die Keywords »Psychotherapeutin« und »Wien« befinden sich deshalb an verschiedensten Stellen ihrer Startseite.

Victoria Weber
https://www.victoriaweber.de

Victoria Weber | Alles zu Squarespace & Online-Branding

Ich helfe dir zu deiner neuen Website, Blog oder Onlineshop mit Squarespace - ohne Technik-Drama! Starte jetzt hier!

Blog · Warum, kannst du hier lesen! · Website- und Branding-Kurse · Services

psychotherapeutin-schwarz.at
https://psychotherapeutin-schwarz.at

Home - Sabine Schwarz Psychotherapeutin im 9. Bezirk in Wien

Als Systemische Therapeutin im 9. Bezirk in **Wien**, will ich gemeinsam mit ihnen Veränderung herbeiführen, wo sie es sich besonders wünschen.

Abbildung 5.23 Die beiden Title-Tags von Victoria Weber (victoriaweber.de) und Sabine Schwarz (psychotherapeutin-schwarz.at) werden über eine Google-Suche sichtbar.

Wie kann ich den Title einer Website herausfinden?

Wenn du dir nicht sicher bist, welchen Title-Tag du auf deiner Website verwendest, oder die Website einer Konkurrentin checken möchtest, gibt es mehrere Möglichkeiten. Entweder du versuchst es mit einer schnellen Google-Suche und siehst, was dir darüber angezeigt wird. Technisch begabte Personen können auch den HTML-Code einer Website einsehen und nach dem Schnipsel `<title>` suchen (siehe Abbildung 5.24). Noch einfacher sind kostenfreie Tools wie der Title Tag Checker von *SEOptimizer* (*seoptimer.com/title-tag-checker*).

```
<base href>
<meta charset="utf-8">
<title>Victoria Weber | Alles zu Squarespace & Online-Branding</title> = $0
<meta http-equiv="Accept-CH" content="Sec-CH-UA-Platform-Version, Sec-CH-UA-Model">
<link rel="shortcut icon" type="image/x-icon" href="https://images.squarespace-cdn.com/content/v1/
6168abdebadcfd0ba11c520d/d1d7d0a8-24f7-45d6-90f5-6162f876e4f5/favicon.ico?format=100w">
<link rel="canonical" href="https://www.victoriaweber.de">
```

Abbildung 5.24 Im HTML-Code einer Website wird deren Title angezeigt.

Meta Description

Neben dem Title sollte unbedingt auch die Meta Description deiner Website deine wichtigsten Keywords beinhalten. Anders als beim Title, der nur die Themen deiner Website beschreibt, darfst du deine Wunschkundin hier auch direkt ansprechen. Calls-to-Action wie »Starte hier!« oder »Jetzt kontaktieren!« haben am Ende deiner Beschreibung genauso Platz.

Ansonsten sollte sich die Meta Description deiner Homepage unbedingt auf dein Angebot und deinen USP beziehen. Vielleicht schaffst du es sogar, in die 300 Zeichen, die dir hier zur Verfügung stehen, deine Zielgruppe einzubauen? In meiner Meta-Beschreibung habe ich sowohl die Keywords »Marketing-Strategin« als auch »Solopreneure« und »online sichtbar werden« untergebracht (siehe Abbildung 5.25). Übrigens verwenden Suchmaschinen, wenn du nicht selbst eine Meta Description verfasst, einfach einen Satz von deiner Website – nicht optimal.

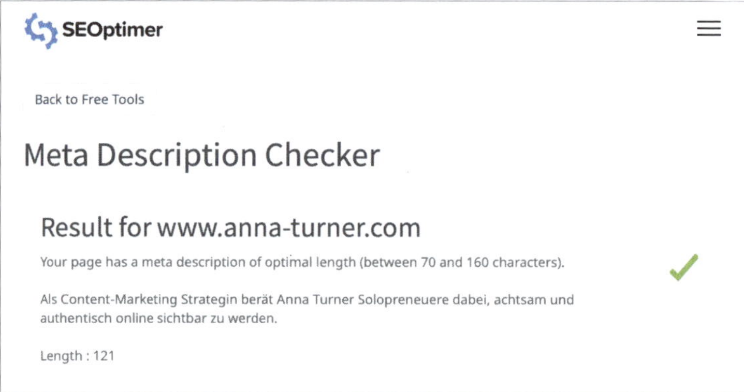

Abbildung 5.25 Mit dem kostenfreien Checker SEOptimizer kannst du deine Meta Description überprüfen (seoptimer.com/meta-description-checker)

Wo gebe ich den Title und die Meta Description ein?

Meistens gibt es ein eigenes Menü für SEO-Einstellungen, das sich – je nachdem, welchen Website-Anbieter du verwendest – an unterschiedlichen Stellen befindet. Falls du dir unsicher bist, such einmal nach »[dein Website-Tool] Meta Description eingeben«. Die meisten Anbieter haben eine genaue Anleitung auf ihrer Support-Seite. Die wichtigsten habe ich dir hier verlinkt:

- *WordPress* (über das Tool *Yoast*): *yoast.com/meta-descriptions*
- *Squarespace*: *support.squarespace.com/hc/de/articles/206016198-SEO-Beschreibungen-hinzufügen*
- *Showit: learn.showit.com/en/articles/825678-seo-tools*
- *Wix*: *support.wix.com/de/article/seo-title-tags-und-meta-beschreibungen-zu-deinen-seiten-hinzufügen*
- *Webflow*: *university.webflow.com/lesson/seo-title-meta-description*

5.3.6 Über mich

Nach deiner Homepage wird die Über-mich-Seite statistisch gesehen am zweithäufigsten besucht. Denn hier können sich potenzielle Kund*innen vergewissern: Passen wir wirklich zusammen? Genau das ist auch das große Ziel deiner About-Seite. Sie soll eine Verbindung zwischen dir und den Lesenden schaffen und einen Vorgeschmack auf die Zusammenarbeit mit dir bieten. Wie schon die Startseite sollte deine Über-mich-Seite aus verschiedenen Abschnitten und Elementen bestehen, die nicht nur zeigen, was dich ausmacht, sondern auch deine Expertise und Arbeitsweise unterstreichen. Wichtig ist aber, dass der Hauptfokus immer auf deinen Interessent*innen liegt, auch wenn du über dich selbst schreibst.

Deine Kundin ist die Heldin deiner Geschichte, nicht du

Auch wenn es verlockend klingen mag, sich selbst als möglichst heldenhaft zu inszenieren, geht es auf deiner About-Seite nicht vorrangig um dich. Deine tollen Leistungen und Erfolge darfst du auf deinen privaten Kanälen feiern. Auf einer professionellen Website sind sie jedoch fehl am Platz, außer sie haben einen direkten Bezug zum Business.

Hero Shot

Am besten beginnt deine Über-mich-Seite mit einem freundlichen Bild von dir, das deine Markenwerte und -eigenschaften widerspiegelt. Die Fotografin und Heilpraktikerin Steffi Fischer zeigt sich zum Beispiel ganz natürlich, draußen im Grünen mit einer Kamera umgehängt (siehe Abbildung 5.26). Beim Betrachten ihres Bilds entsteht sofort ein Gefühl dafür, wie die Zusammenarbeit mit Steffi aussehen könnte – natürlich, entspannt und liebevoll.

Abbildung 5.26 Steffi Fischer zeigt sich als achtsame Wegbegleiterin (mentoring.sichtbarsein.com/steffi).

Die Online-Unternehmerin Lisa-Marie Grabner pfeift bewusst auf traditionelle Business-Posen und zeigt sich auf ihrem Lieblingsplatz, dem Sitzsack in ihrem Wohnzimmer, von dem aus sie schon mehrere Tausend Onlinekurse verkauft und mehr als 6.000.000 € Brutto-Umsatz generiert hat (siehe Abbildung 5.27). Reflektiere auch hier, welches Gefühl beim Betrachten von Lisa-Maries Bild bei dir entsteht.

Abbildung 5.27 Lisa-Marie Grabner chillt beim Arbeiten gerne auf ihrem Sitzsack (lima.rocks/ueber-die-kaiserin).

Muss mein Hero Shot den gesamten Bildschirm einnehmen?

Nein, natürlich nicht. Auch wenn das in beiden Beispielen zufällig der Fall ist, kannst du deine Über-mich-Seite so gestalten, wie es zu dir passt. Wichtig ist nur, dass sich die Struktur einheitlich durch die gesamte Website zieht. Verwendest du also auf der Homepage Hintergrundbilder in voller Bildschirmbreite, bietet sich das auch für die About-Page an. Erstelle am besten auch für diese einen Wireframe, in dem du visualisierst, wie die Seite strukturiert sein soll.

Headline

Wie du bereits weißt, dient die `<h1>` Überschrift unter anderem dazu, Besucher*innen dazu zu animieren, weiterzulesen. Also möchtest du diesen Platz auch auf der Über-mich-Seite nicht für so etwas Banales wie »Über mich« verschwenden. Überlege dir stattdessen, wie du auch hier deine Marke ausdrücken kannst, zum Beispiel, indem du Aspekte aus deinem Positionierungsstatement oder dein Warum umformulierst. Auch ein reines »Hi, ich bin …« wie in Abbildung 5.27 solltest du lieber nicht zur H1 machen, denn diese sollte immer auch SEO-Zwecke berücksichtigen und zumindest ein wichtiges Keyword beinhalten, wie Lisa-Maries `<h1>` mit der Ergänzung »auch bekannt als die Kaiserin der Onlinekurse«.

Deine Vision

Bevor du im nächsten Abschnitt damit beginnst, deinen Lebenslauf herunterzutippen, nimm dir noch einmal deine Markenstrategie zur Hand. Was war noch einmal deine Vision? Warum hast du dich selbstständig gemacht, und wie möchtest du das Leben anderer verbessern? Genau diese Fragen solltest du beantworten, noch bevor du dich Details aus deiner Geschichte widmest. Orientiere dich dabei gerne an der YouTube-Expertin und Video-Mentorin Sissi Kandziora, die in nur vier Absätzen ihre Vision, Werte, Eigenschaften, Zielgruppe, Expertise, Erfolge und den Benefit einer Zusammenarbeit mit ihr unterbringt (siehe Abbildung 5.28). Großes Kino!

Abbildung 5.28 Sissi Kandzioras Vision ist es, Frauen dabei zu begleiten, in ihre digitale Präsenz zu kommen (brandingliebe.de/sissi-kandziora).

Social Proof

Auch deine Über-mich-Seite profitiert von Social Proof. Bau also auch hier Rezensionen, Kundenerfolge, Preise oder Auszeichnungen sowie Medienberichte über dich ein, sofern dir diese zur Verfügung stehen. Da es auf dieser Seite um dich als Person geht, solltest du auch relevante Ausbildungen und Zertifikate einbauen, um deine Expertise zu untermauern (siehe Abbildung 5.29).

Abbildung 5.29 Auf meiner Über-mich-Seite liste ich meine Studien auf.

Deine Geschichte

Kannst du dich noch erinnern, warum du dich selbstständig gemacht hast? Und warum genau in diesem Bereich? Erzähle deinen Website-Besucher*innen, wie dein bisheriger Werdegang verlaufen ist, und vor allem, was dich dazu motiviert hat, dich selbstständig zu machen. Hier darfst du ruhig persönlich werden, denn es geht darum, eine Verbindung zu den Lesenden aufzubauen.

Design-Tipps für längere Textabschnitte

Damit deine Website-Besucher*innen auch wirklich bis zum Ende lesen, solltest du längere Textabschnitte unbedingt unterbrechen und wichtige Phrasen hervorheben, sodass deine Texte auch gescannt werden können. Als *Scannen* bezeichnet man eine bestimmte Form des Lesens, bei der das Auge von einem Punkt zum nächsten springt, um die wesentlichen Informationen möglichst schnell herauszupicken. Gerade abgelenkte digitale Zielgruppen werden es dir danken, wenn du deine Texte auf diese Leseform ausrichtest (siehe Abbildung 5.30).

> Indem **bestimmte Wörter** in deinen Texten **hervorgehoben** werden, erleichterst du den Lesefluss für die abgelenkte digitale Zielgruppe. Denn beim Lesen **springt das Auge** direkt zu den **relevanten Informationen** und kann diese leichter erfassen. Versuch es selbst! Welchen Phrasen möchtest du in deinem Text besonders viel Aufmerksamkeit schenken? Schreib diese **fettgedruckt** oder **in Farbe** und sie werden garantiert gelesen.

Abbildung 5.30 Welche Begriffe springen dir zuerst ins Auge? Durch Textdesign gestaltest du lange Textabschnitte lesbarer.

Dein USP

Wichtig ist, dass du auch auf der Über-mich-Seite noch einmal dein Alleinstellungsmerkmal hervorhebst. Schließlich möchtest du hier zeigen, was dich besonders macht.

Abbildung 5.31 Meinen USP verdeutliche ich auf der About-Seite.

Du kannst deinen USP entweder subtil kommunizieren, indem du ihn immer wieder in deine Texte einfließen lässt, oder klar und deutlich hervorheben, wie ich in Abbildung 5.31.

Deine Angebote

Viele sind so damit beschäftigt, sich selbst zu beschreiben, dass sie vergessen, warum eine Interessentin überhaupt deine Über-mich-Seite durchliest. Natürlich um zu überprüfen, ob du auch wirklich ein guter Match für sie bist. Wenn diese Frage mit »Ja« beantwortet wird, ist ihr nächster logischer Schritt, deine Angebote zu studieren. Deshalb mach es ihr leicht, und verlinke auch auf der About-Seite auf deine wichtigsten Angebote. Ein kurzer Überblick wie auf der Homepage reicht aus. Solltest du kostenfreie Erstgespräche anbieten, verlinke auch auf diese.

Title

Auch der Title deiner Über-mich-Seite sollte deinen Namen oder Business-Namen beinhalten. Idealerweise beginnt er mit »Über [dein Name]« und enthält dann noch 1–2 wichtige Keywords, zum Beispiel »Über Anna Turner | Marketing-Strategin für Solopreneure« (siehe Abbildung 5.32).

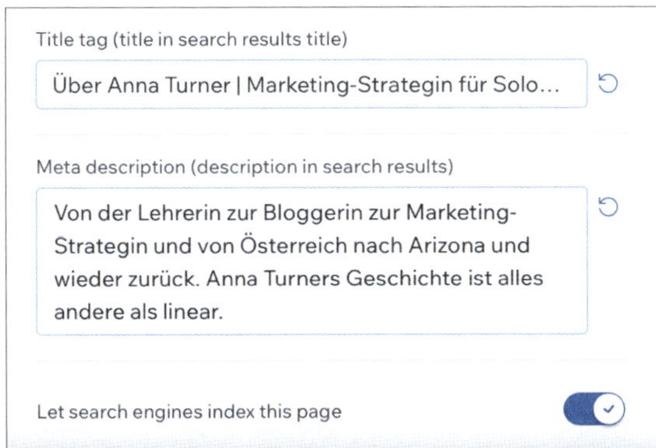

Abbildung 5.32 In den SEO-Einstellungen der jeweiligen Seite, wie hier in WIX, kannst du deinen Title und die Meta Description verfassen.

Meta Description

Hier darfst du wieder den Inhalt deiner Seite kurz und knackig zusammenfassen. Was sind die wichtigsten Fakten über dich, die du neuen Besucher*innen mitteilen möchtest, die dich eventuell über Google finden? Was lädt jemanden dazu ein, auf deine Website zu klicken? Auch wenn es sich komisch anfühlt, verfasse die Meta Description in der dritten Person, und baue auch hier noch einmal deinen Namen oder Business-Namen ein. Denn so wird deine Über-mich-Seite eher angezeigt, wenn jemand nach dir sucht.

5.3.7 Kontaktseite

Die Struktur deiner Kontaktseite ist im Grunde genommen selbsterklärend. Hier geht es nicht mehr darum, großartig von dir und deinem Angebot zu überzeugen, sondern so klar und schnell wie möglich den nächsten Pfad aufzuzeigen. Viel wichtiger wäre es also, an dieser Stelle zu entscheiden: Wie soll dich eigentlich jemand kontaktieren? Möchtest du angerufen werden oder E-Mails erhalten? Dann teile deine Telefonnummer und E-Mail-Adresse. Kann man dich auch vor Ort besuchen? Füge deine Anschrift und Öffnungszeiten ein. Soll man ein kostenfreies Erstgespräch buchen? Bette deinen Kalenderlink ein. Teile das alles aber nicht nur sang- und klanglos, sondern ergänze um Anleitungen und Wissenswertes wie deine Office-Zeiten oder den zeitlichen Rahmen, in dem Kontaktierende mit einer Antwort rechnen können (z. B. »Danke für deine Anfrage! Ich melde mich in der Regel binnen 48 Stunden«).

Nutze ein Kontaktformular

Wenn du verschiedene Dienstleistungen oder Produkte anbietest, lohnt es sich, ein Kontaktformular einzubinden. Denn darin kannst du schon vorab einige wichtige Informationen abfragen, zum Beispiel, an welchem deiner Angebote Interesse besteht (siehe Abbildung 5.33).

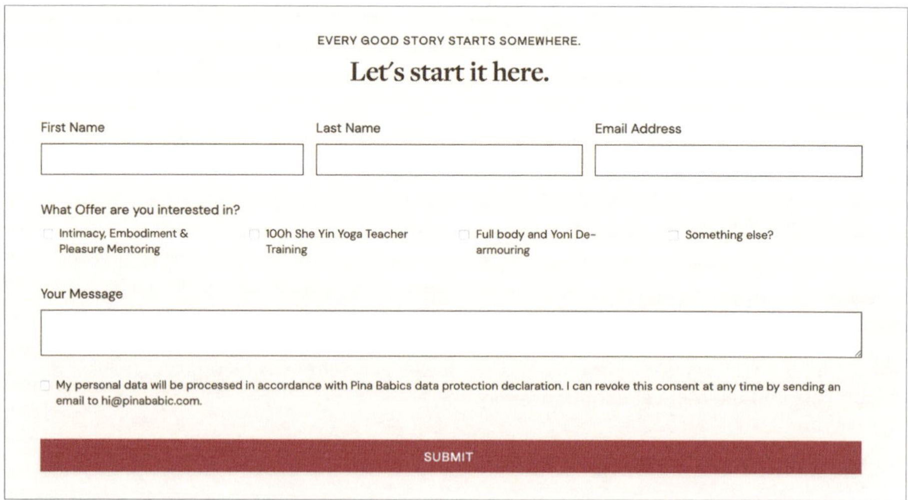

Abbildung 5.33 Auf der Kontaktseite der Intimitätstrainerin Pina Babic können Interessent*innen angeben, welches Angebot ihnen am meisten zusagt (pinababic.com/contact).

Nutzt du ein CRM wie *Hubspot* (*hubspot.com*) oder *Dubsado* (*dubsado.com*), erstellst du dein Kontaktformular am besten darüber und bettest es dann auf deiner Kontaktseite ein. So erscheint jede neue Kundenanfrage automatisch in deinem

CRM, und du kannst sie von dort aus bearbeiten. Außerdem lohnt es sich – je nach Business –, noch weitere Informationen abzufragen, etwa

- Social-Media-Usernamen oder Website-URLs,
- budgetärer Rahmen für deinen Auftrag,
- über welchen Kanal jemand auf dich aufmerksam geworden ist.

Bei Kontaktformularen Datenschutz beachten!

Vergiss nicht, dass jedes Kontaktformular einen Datenschutz-Hinweis enthalten muss, mit dem Nutzer*innen aktiv bestätigen, dass sie der Verarbeitung ihrer Daten gemäß deiner Datenschutzerklärung zustimmen. Meistens handelt es sich dabei um eine verpflichtende Checkbox direkt über dem Absende-Button. Wichtig: diese darf kein automatisch vorgesetztes Häkchen haben. Außerdem solltest du im Sinne des Datensparsamkeitsprinzips nur solche personenbezogenen Daten verpflichtend sammeln, die zur Bearbeitung der Anfrage wirklich nötig sind. Normalerweise sind das der Name und eine E-Mail-Adresse, alle anderen Angaben beruhen auf Freiwilligkeit.

Title und Meta Description

Soll deine Kontaktseite über Suchmaschinen gefunden werden, vergiss nicht, auch hier die wichtigsten SEO-Elemente auszufüllen. So erhöhst du die Chancen, dass die Kontaktseite als *Sitelink* unter deiner Homepage angezeigt wird. Dadurch bekommen User, die nach deinem Namen oder Business-Namen suchen direkt mehrere Pfade angezeigt (siehe Abbildung 5.34). Weitere Infos zu Sitelinks und wie du deine Website dafür optimieren kannst, bekommst du in Abschnitt 5.7.

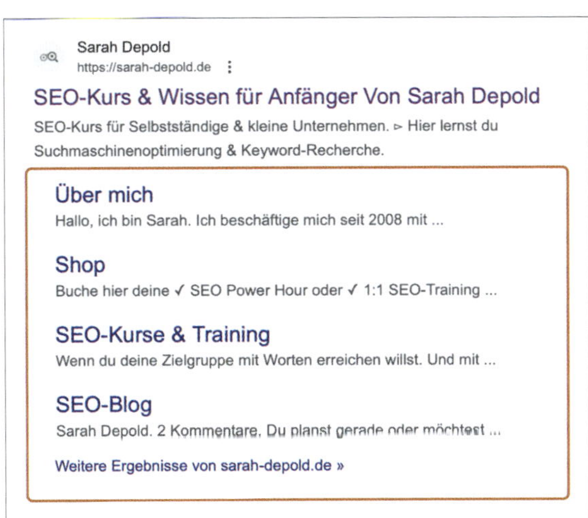

Abbildung 5.34 Sitelinks werden in Google direkt unter einer Homepage angezeigt und bilden die beliebtesten Seiten deiner Website ab.

5.3.8 Angebotsseite

Was ist nach den Home-, Über-mich- und Kontaktseiten am wichtigsten? Natürlich deine Angebote. Schließlich möchtest du Interessent*innen ja nicht nur zum Spaß auf deine Website locken, sondern vor allem eines: darüber verkaufen. Ob du nun für jedes Angebot eine eigene Seite erstellst oder alle Angebote auf einer Übersichtsseite unterbringst, ist dir selbst überlassen. Denn beides hat klare Vor- und Nachteile (siehe Tabelle 5.3).

Vorteile Angebotsübersicht	Vorteile einzelner Angebotsseiten
■ wenig Aufwand ■ Interessent*in sieht alle Angebote auf einen Blick und kann diese untereinander vergleichen ■ passender Sitelink	■ besser für SEO ■ Inhalt kann perfekt auf das Angebot abgestimmt werden ■ konvertieren meist höher, da der Pfad klar vorgegeben ist
Nachteile Angebotsübersicht	**Nachteile einzelner Angebotsseiten**
■ kein klarer Pfad vorgegeben ■ jedes Angebot kann nur kurz beschrieben werden ■ zu viele Angebote auf einmal können für Verwirrung sorgen	■ hoher Aufwand ■ Interessent*in muss sich schon vorweg für ein Angebot entscheiden, über das sie mehr erfahren möchte

Tabelle 5.3 Entscheidungshilfe: Angebotsübersicht oder einzelne Seiten

Die ideale Lösung wäre es, zuerst eine Übersichtsseite zu erstellen, die dann auf einzelne Angebotsseiten verlinkt, um die Vorteile beider Varianten auszukosten. Natürlich ist das mit höherem Aufwand verbunden und auch nicht für alle Selbstständigen umsetzbar. Deshalb lohnt es sich, zunächst einmal mit einer umfangreichen Übersichtsseite zu starten. Den Rest darfst du nach und nach ergänzen, so wie du es schaffst.

Die Angebotsübersicht

Tatsächlich ist die Angebotsübersichtsseite gar nicht so einfach zu strukturieren. Schließlich möchtest du gleichzeitig über jedes einzelne Angebot informieren, die Besucher*innen aber nicht überfordern. Hier ist also Balance gefragt. Während du in der Hero Section noch einmal zusammenfasst, welche Probleme du mit deinem Angebot löst, solltest du dich dann auf eine kurze Angebotsübersicht beschränken, wie in Abbildung 5.35.

MEINE LEISTUNGEN

Wie kann ich helfen?

Search Engine Optimization

Suchmaschinenoptimierung - auf technischer und inhaltlicher Basis. Wir analysieren und arbeiten auf der Basis der Analyse weiter.

Social Media Strategie

Strategische Kommunikation in Social Media ist wichtiger denn je. Wir gehen es gemeinsam mit Ihnen an. Von der Analyse bis zum Erfolg.

Social Media Betreuung

Sie haben nicht die Kapazitäten und Ressourcen für die Betreuung Ihrer Kanäle? Wir übernehmen im Team die Arbeit.

Content Distribution

Mehr als nur Social Media Betreuung - in der Content Distribution übernehmen wir die strategische Platzierung Ihrer Inhalte.

Analysen & Audits

Egal auf welchem Kanal: Wir analysieren den Ist-Stand, die Potentiale und mögliche Fehler in Web, Social Media und Co..

Schulungen/Seminare/Workshops

Ich "schlaue" Sie auf und reichere Ihr Team mit dem notwendigen Wissen für die unterschiedlichsten Themen an.

Abbildung 5.35 Thorsten Ising bietet einen schnellen Überblick über seine Leistungen (thorsten-ising.com/leistungen-2).

Hast du einzelne Angebotsseiten erstellt, kannst du diese direkt unter jedem Übersichtsblock verlinken. Ansonsten solltest du direkt darunter noch einen Call-to-Action Button zu deiner Kontaktseite platzieren. Denn der nächste logische Schritt, nachdem sich eine Interessentin über deine Angebote informiert hat, wäre es, bei dir anzufragen.

Preise öffentlich machen – ja oder nein?

Gerade als Dienstleisterin hast du dir diese Frage wahrscheinlich schon das eine oder andere Mal gestellt. Denn jedes Kundenprojekt ist einzigartig, und Pauschalpreise können so gut wie nie genannt werden. Warum es sich trotzdem lohnt, zumindest Richtwerte (z. B. »Preis beginnt bei …«) anzugeben, zeigt die Geschichte der Personal-Brand-Fotografin Mirjam Kilter (*mirjamkilter.de*). Sie nahm ihre Preise für ein halbes Jahr von der Website und kommunizierte diese nur auf Anfrage. Zunächst führte das zu einem Anstieg an Anfragen. Allerdings hörte sie häufig nichts mehr zurück, nachdem sie ihre Preisliste rausgeschickt hatte. Und wenn sie eine Antwort bekam, entsprach ihr Preis oft nicht dem Budget. Auch in Kennenlerngesprächen lag ihre Abschlussrate nur bei ca. 50 %. Für Mirjam war die Zeit, die sie investieren musste, um unpassende Anfragen zu beantworten, am Ende zu hoch. Deshalb steht die Preisliste heute wieder für alle öffentlich einsehbar auf Mirjams Website.

5.3.9 Portfolio oder Case Studies

Dienstleister*innen aus dem Kreativbereich wie Mirjam wissen, dass ihre Website nicht ohne ein Portfolio auskommt. Websites, Logodesigns oder Werbetexte für vergangene Projekte sind maßgeblich daran beteiligt, Interessent*innen durch den Kauf zu führen. Schließlich möchte ich ein Gespür dafür bekommen, wie das Ergebnis aussehen könnte, bevor ich einen Werbetexter oder eine Fotografin buche (siehe Abbildung 5.36).

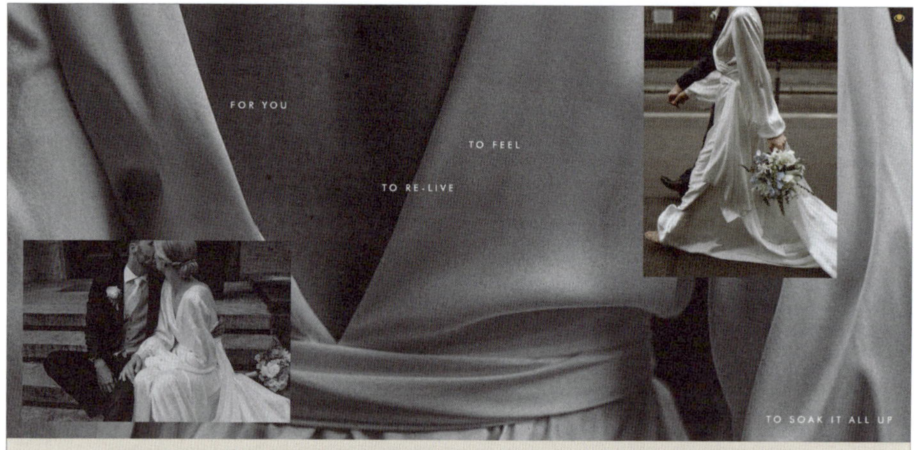

Abbildung 5.36 Das Portfolio der beiden Fotograf*innen Sophie Nawratil und Maximilian Salzer (unkitschig.com/wedding-photography/vienna)

Ein Portfolio sollte nicht zwingend alle deine bisher durchgeführten Projekte vorstellen, sondern solche, die deinen Stil oder die Qualität deiner Arbeit besonders gut unterstreichen. Erinnere dich bei der Auswahl deiner Portfolio-Projekte noch einmal daran, wer deine Wunschkundin ist und was diese sehen möchte. Vielleicht hast du schon lukrative Projekte angenommen für Themen und Branchen, für die du in Zukunft weniger arbeiten möchtest. Solche gehören eher nicht in dein Portfolio. Übrigens gilt auch hier wieder: Zeig deine Arbeit nicht kommentarlos. Ergänze Bilder und Videos durch eine kurze Beschreibung des Projekts, dessen Umfang sowie Informationen zum Auftraggeber wie die Agentur für Erklärvideos in Abbildung 5.37. Auch Mock-ups sind empfehlenswert, vor allem wenn du Designer*in bist. Indem du das Ergebnis deiner Arbeit in verschiedenen Szenarien präsentierst, können sich Interessent*innen nicht nur mehr darunter vorstellen, sondern fühlen sich vielleicht sogar dazu inspiriert, weitere Angebote bei dir zu buchen.

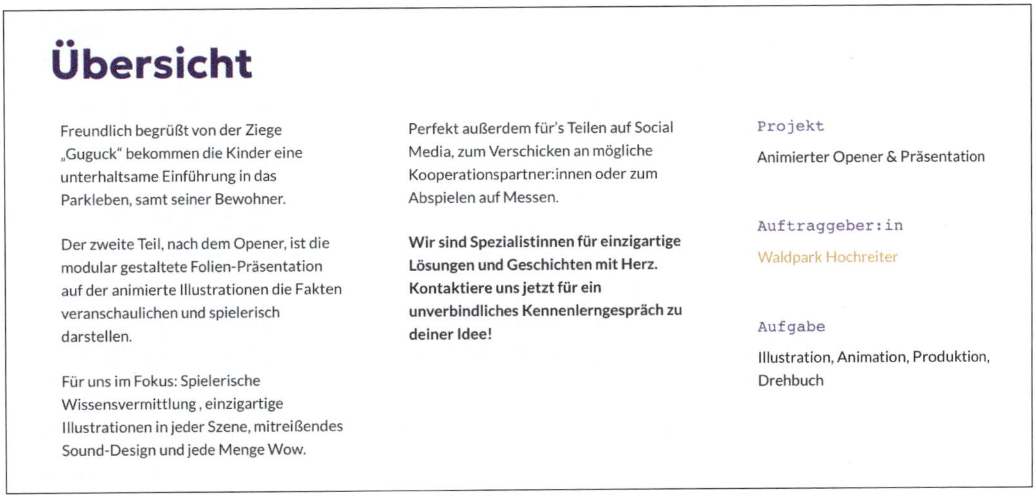

Übersicht

Freundlich begrüßt von der Ziege „Guguck" bekommen die Kinder eine unterhaltsame Einführung in das Parkleben, samt seiner Bewohner.

Der zweite Teil, nach dem Opener, ist die modular gestaltete Folien-Präsentation auf der animierte Illustrationen die Fakten veranschaulichen und spielerisch darstellen.

Für uns im Fokus: Spielerische Wissensvermittlung , einzigartige Illustrationen in jeder Szene, mitreißendes Sound-Design und jede Menge Wow.

Perfekt außerdem für's Teilen auf Social Media, zum Verschicken an mögliche Kooperationspartner:innen oder zum Abspielen auf Messen.

Wir sind Spezialistinnen für einzigartige Lösungen und Geschichten mit Herz. Kontaktiere uns jetzt für ein unverbindliches Kennenlerngespräch zu deiner Idee!

Projekt

Animierter Opener & Präsentation

Auftraggeber:in

Waldpark Hochreiter

Aufgabe

Illustration, Animation, Produktion, Drehbuch

Abbildung 5.37 »Erklär's mir« beschreibt jedes Portfolio-Projekt im Detail (erklaers-mir.at/waldpark).

Wie verfasse ich aussagekräftige Case Studies?

Im Gegensatz zu Portfolio-Projekten wird in *Case Studies* nicht nur der Ablauf beschrieben, sondern im Detail auf die Ausgangslage und darauffolgende Transformation der Kund*innen eingegangen. Typische Case Studies folgen einem bestimmten Aufbau, nämlich:

1. *Ausgangslage:* Wer ist der Kunde? Wie ging es ihm vor der Zusammenarbeit? Mit welchem Problem oder welcher Herausforderung ist er an die Dienstleisterin herangetreten? Was sollte verändert werden und warum?
2. *Lösung:* Wie wurde das vorherrschende Problem mithilfe deines Angebots gelöst? Warum hat sich der Kunde für dein Angebot entschieden? Wer war alles beteiligt, und gab es bestimmte Hürden bei der Umsetzung?
3. *Ergebnis:* Wie geht es dem Kunden nach der Zusammenarbeit? Was hat sich verändert – physisch und emotional? Welche Erfolge kann der Kunde durch dein Angebot feiern? Gibt es Zahlen, Daten, Fakten, die dies belegen?

Case Studies sollten immer eine Geschichte erzählen und den Weg des Kunden vom Problem- zum Wunsch-Zustand verdeutlichen. Ergänze dies gerne durch Testimonials, Bilder und Videos des jeweiligen Kunden, um die Geschichte noch aussagekräftiger zu gestalten.

5.3.10 Blog

Genauso wie eine Portfolio-Seite ist ein Blog natürlich nur dann sinnvoll, wenn du diesen auch regelmäßig befüllst. Fang jetzt aber nicht an, einfach willkürlich draufloszuschreiben, denn auch dein Blog sollte auf ein übergeordnetes Marketing-Ziel einzahlen. Im Grunde genommen stellt er nämlich eine eigene Marketing-Taktik dar, die du mithilfe des *Bullseye-Frameworks* evaluieren und einordnen solltest. Sinn macht ein Blog vor allem dann, wenn du möchtest, dass deine Inhalte über Suchmaschinen gefunden werden, um so mehr Interessent*innen auf dich aufmerksam zu machen. Er könnte aber auch als Vertiefungskanal, auf dem deine Social-Media-Follower noch tiefer in ein Thema eintauchen können, eingesetzt werden. Hast du dich dazu entschieden, einen Blog anzulegen, darfst du auch hier wieder einige strukturelle Entscheidungen treffen, bevor es mit dem Schreiben losgeht.

Als Blog wird normalerweise eine Art Übersichtsseite bezeichnet, auf der einzelne Blogartikel gesammelt sind. Sie kann aus verschiedensten Elementen bestehen, die ich in Tabelle 5.4 gesammelt und kurz beschrieben habe.

Element	Tipps zur Umsetzung
Überschrift `<h1>`	Auch auf deiner Blog-Seite solltest du beim Verfassen der H1 SEO-Aspekte beachten. Zu welchen Themen wirst du voraussichtlich bloggen? Bau diese in deine Blog-Überschrift ein.
Elevator Pitch	Beschreibe, was jemanden auf deinem Blog erwartet, und baue auch hier deine wichtigsten Keywords ein. Nutze die direkte Anrede, um eine Verbindung zu den Lesenden aufzubauen.
Kategorien-Übersicht	Jeder Blog besteht idealerweise aus 5–8 Kategorien oder Ordnern, in denen einzelne, themenrelevante Blogartikel geclustert werden. Eine Übersicht über vorhandene Kategorien bietet eine Art Navigationsmenü für deinen Blog.
Blog-Feed	Im Blog-Feed werden die einzelnen Artikel in chronologischer Abfolge präsentiert. Hier stehen dir verschiedenste Darstellungsformen zur Verfügung, die weiter unten beschrieben werden.
neueste oder beliebteste Artikel	Die meisten Blogs bieten auch eine Möglichkeit, mehrere Feeds zu erstellen, z. B. um die Top 3 meistgelesenen Artikel hervorzuheben.
Suchleiste	Erleichtere es Lesenden, einen Artikel zu einem bestimmten Thema zu finden, indem du eine Suchleiste zur Verfügung stellst.

Tabelle 5.4 Mögliche Elemente einer Blog-Übersichtsseite

Wie soll dein Blog dargestellt werden?

So wie schon auf allen Seiten davor hast du auch auf deinem Blog verschiedene Darstellungsmöglichkeiten. Soll der Blog-Feed den gesamten Bildschirm einnehmen, oder möchtest du weitere Informationen in einer Seitenleiste unterbringen? Wie werden die Artikel im Feed gestaltet? Als Kacheln oder direkt untereinander? Mit kurzem Intro-Text, nur dem Coverbild und Überschrift oder sogar ganz ohne Coverbild? Du siehst, auch hier gibt es zahlreiche Entscheidungsmöglichkeiten. Am besten wirfst du einen Blick auf verschiedenste Blogs und lässt deren Struktur kurz auf dich wirken. Inspiration dafür gibt es bei Hubspot (*blog.hubspot.de/website/zehn-schicke-blog-designs*). Die Struktur, die dich am meisten anspricht, wählst du dann auch für deinen Blog aus.

Die Kategorie-Seite

Neben dem Blog-Feed gibt es auch eine eigene Seite für jede deiner Kategorien. Auf dieser werden einzelne Blogartikel, die zur jeweiligen Kategorie gehören, gesammelt. Deren Struktur darf ruhig deinem Blog-Feed ähneln. Wichtig ist hier nur, dass du die SEO-Einstellungen dieser Seite bearbeitest, sodass sie nicht von Suchmaschinen gefunden werden kann. Außer du optimierst auch hier Title und Meta Description.

So zeigst du Suchmaschinen an, dass eine Seite nicht gefunden werden soll

Du kannst tatsächlich selbst entscheiden, welche deiner Seiten von Suchmaschinen indiziert, also gesammelt, und dann ausgespielt werden. Möchtest du eine Seite bewusst verbergen, dann musst du sie mit einem `noindex`-Tag versehen. Normalerweise geschieht das im Quellcode deiner Website, aber keine Angst, du musst nicht gleich programmieren lernen. Die meisten Website-Anbieter haben eine einfache Einstellung dafür. Nur für *Showit* konnte ich keine finden:

- *WordPress* (über das Tool *Yoast*): *yoast.com/help/how-do-i-noindex-urls*
- *Squarespace*: *support.squarespace.com/hc/de/articles/360022347072-Seiten-aus-Suchmaschinenergebnissen-ausblenden*
- *Wix*: *support.wix.com/de/article/wix-editor-suchmaschinen-daran-hindern-deine-seite-zu-indexieren*
- *Webflow*: *university.webflow.com/lesson/remove-content-from-googles-index*

Einzelne Blogartikel

Die letzte Seite, die du für deinen Blog aufsetzen musst, ist die einzelne Artikelansicht. Wenn du deine Website über eines der oben genannten Baukastensysteme erstellst, hast du hier meist nur mehr wenige Gestaltungsmöglichkeiten. Die wichtigste Entscheidung betrifft eigentlich wieder die Auswahl an Informationen, die auf dieser Seite angezeigt werden sollen. In Tabelle 5.5 bekommst du eine Übersicht.

Element	Tipps zur Umsetzung
der Artikel	Der eigentliche Artikel bildet natürlich den Kern dieses Abschnitts. Tipps zum Aufbau und der Strukturierung von Blogartikeln bekommst du in Abschnitt 7.7.3, »Das Blogging-1×1«.
Datumsangabe	Möchtest du, dass deine Blogartikel als möglichst aktuell wahrgenommen oder auch zitiert werden, solltest du sie unbedingt mit einem Veröffentlichungsdatum versehen.
Lesedauer	Einige Blog-Tools bieten eine Option, die ungefähre Lesedauer anzugeben. Dadurch wissen Lesende sofort, wie viel Zeit sie sich zum Lesen deines Artikels einräumen sollten.
Kategorien	Wenn du möchtest, kannst du angeben, zu welchen Kategorien dein Blogartikel gehört.
Tags	Um den Inhalt deines Artikels noch feiner zu kategorisieren, kannst du zusätzlich Tags verwenden. Am besten wird der Unterschied zwischen Kategorien und Tags anhand eines Food-Blogs veranschaulicht. Während »Hauptspeise« die Rezept-Kategorie abbildet, wären »vegetarisch«, »Zucchini« und »Pesto« passende Tags.
über dich	Möchtest du, dass deine Blogartikel über Suchmaschinen ausgespielt werden, und dort neue Interessent*innen anlocken, stell dich kurz vor und verweise auf deine Über-mich-Seite.
weitere Artikel	Verweise direkt unter deinem Artikel auf Beiträge zu ähnlichen Themen, um Lesende dazu einzuladen, noch mehr Zeit auf deinem Blog zu verbringen. Die meisten Blog-Tools bieten dafür eine eigene Einstellung.
Kommentarspalte	Fördere die Interaktion mit deiner Community, indem du unter deinen Artikeln eine Kommentarspalte zur Verfügung stellst. Vergiss jedoch nicht, diese auch zu moderieren.
Social-Media-Buttons	Erleichtere das Teilen deiner Artikel auf Facebook, Pinterest oder X (früher Twitter), indem du Social-Media-Buttons hinzufügst.

Tabelle 5.5 Mögliche Elemente einer Blogartikelseite

Wo genau diese Informationen angezeigt werden, ist nur teilweise vorgegeben. So befinden sich Informationen zu weiteren Artikeln, die Kommentarspalte und Social-Media-Buttons meist direkt unter dem Blogartikel, während der Über-dich-Abschnitt entweder auch unter dem Artikel oder in einer eigens dafür angelegten Seitenleiste angezeigt werden kann (siehe Abbildung 5.38). Es gibt hier eigentlich kein Richtig oder Falsch, nur persönliche Präferenzen. Reflektiere beim Aufbau deines Blogs immer, was dich mehr anspricht und wer deine Artikel am Ende lesen wird.

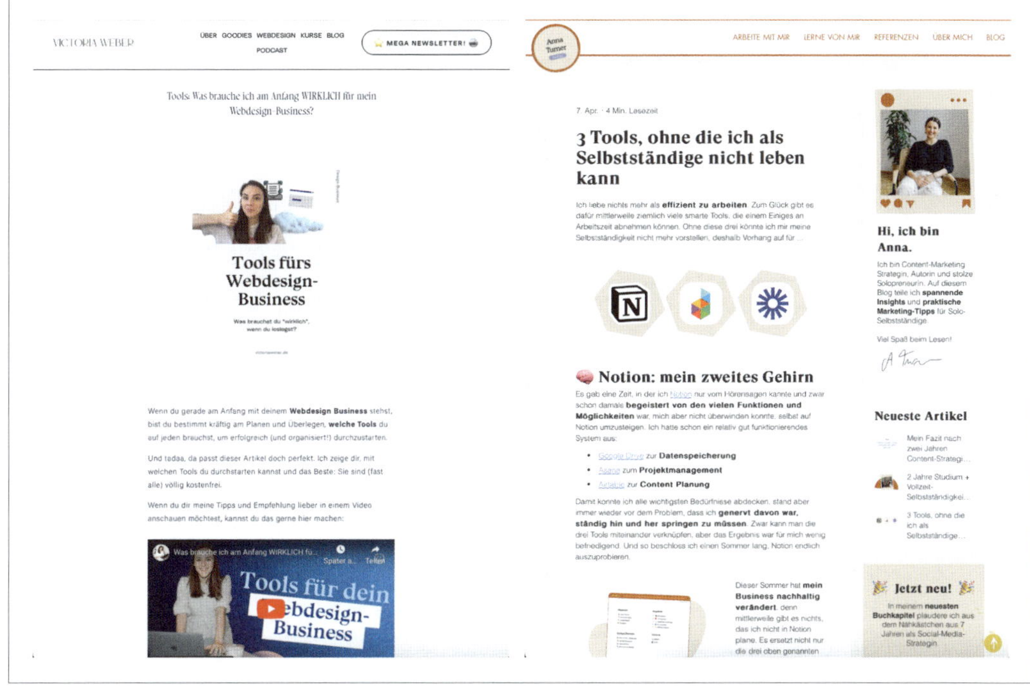

Abbildung 5.38 Blogartikel ohne (victoriaweber.de/blog/tools-webdesigner) und mit Seitenleiste (anna-turner.com/post/tools-selbstständige)

5.3.11 Impressum und Datenschutzerklärung

Bald hast du's geschafft. Die vorletzten Seiten, über die du dir Gedanken machen musst, sind dein Impressum und die Datenschutzerklärung. Denn alle kommerziellen Webseiten unterliegen einer Impressumspflicht. Das Impressum muss, genauso wie die Datenschutzerklärung, von jeder Unterseite aus erreichbar sein. Am besten bindest du also Links zu beiden Seiten in deinen Footer ein und bezeichnest sie als »Impressum« und »Datenschutzerklärung«, denn sie müssen eindeutig beschriftet sein. Achte außerdem darauf, dass beide Seiten mit maximal zwei Klick von überall aus erreichbar sind.

Diese Informationen gehören ins Impressum:

- dein vollständiger Name
- dein Firmenname, falls er sich von deinem persönlichen Namen unterscheidet
- deine Anschrift

- Kontaktdaten (z. B. E-Mail-Adresse, Telefonnummer)
- die Rechtsform deiner Firma (z. B. GmbH, e. U.)
- deine Umsatzsteuer-ID, falls vorhanden
- berufsspezifische Daten (z. B. Angaben zur Kammer, Berufsverbände)

So vermeidest du es, deine private Adresse anzugeben

Arbeitest du, so wie ich, vorwiegend digital, besitzt du wahrscheinlich keine eigene Büroanschrift. Nicht jeder möchte aber seine private Wohnadresse öffentlich freigeben. Geht es dir ähnlich, höre dich am besten in deiner Stadt um, wo du eine virtuelle Adresse anmieten kannst. Meist bieten Bürogemeinschaften oder Co-Working-Spaces eigene Pakete dafür, die im Schnitt 70 € pro Monat kosten. Wichtig ist nur, dass es sich um eine ladungsfähige Adresse handelt, in der auch Post persönlich entgegengenommen werden kann. Ein reines Postfach eignet sich leider nicht als Firmenanschrift.

Datenschutz-Tipps für Solopreneure

Marie Micheel ist Juristin mit Fokus auf Datenschutz – ein Thema, das bei vielen Selbstständigen im besten Fall Augenrollen, im schlimmsten Fall Angstzustände auslöst. Deshalb hat es sich Marie zur Mission gemacht, Datenschutzwissen entspannt und ohne erhobenen Zeigefinger zu vermitteln. Auf ihrem Instagram-Account *@datenschutz.marie* erfährst du, was alles zum Datenschutz dazugehört und wie du dein Business DSGVO-konform aufsetzt.

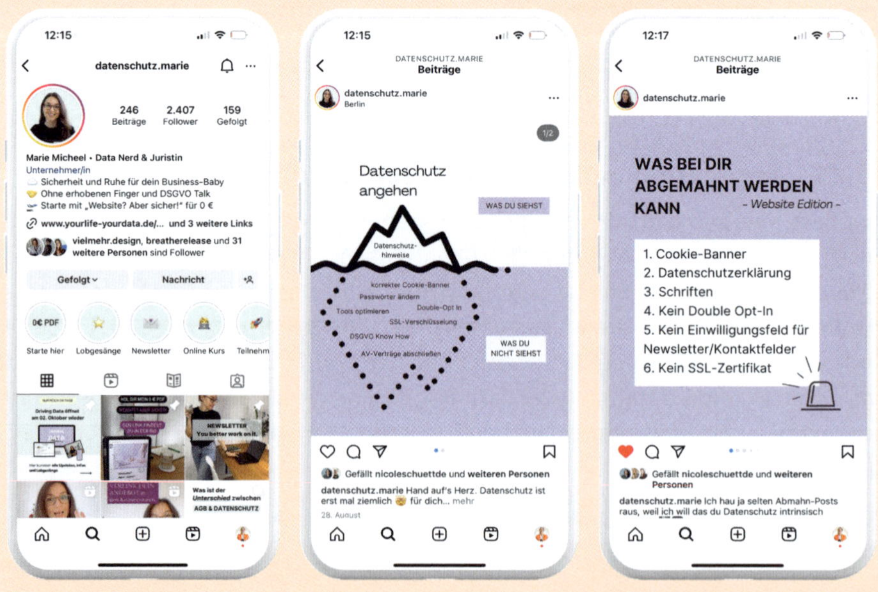

Abbildung 5.39 Auf Instagram teilt Marie Micheel Wissenswertes rund um Datenschutz für Selbstständige (instagram.com/datenschutz.marie).

In deiner Datenschutzerklärung gibst du an, wie du mit personenbezogenen Daten deiner Website-Besucher*innen umgehst. Dazu gehören unter anderem der Name sowie Kontaktdaten als auch Standortdaten, die IP-Adresse und Cookies mit Personenbezug. Da jede Datenschutzerklärung komplett individuell aufgesetzt werden muss, da sie davon abhängt, welche Tools du verwendest und wie du diese einsetzt, informierst du dich hier am besten bei einer Datenschutzexpertin oder einem -experten.

5.3.12 404 – Fehlerseite

Zu guter Letzt widmen wir uns noch einer Seite, die oft vergessen wird, nämlich die Fehlerseite oder 404. Diese wird Usern angezeigt, wenn sie eine falsche URL eingeben oder eine Seite aufrufen wollen, die nicht mehr existiert. Im Grunde genommen braucht deine 404-Seite relativ wenig Struktur. Ein Hinweis, dass sich unter der angegebenen URL nichts befindet, inklusive Link zurück zur Homepage reichen vollkommen aus. Allerdings hast du hier noch einmal die Möglichkeit, deine Markenstimme einzubauen und bei Besucher*innen ein kleines Schmunzeln auszulösen. Auf der 404-Seite von LEGO sieht man zum Beispiel ein panisches Lego-Männchen (*lego.com/de-de/404*), und Katja Hatvan wundert sich, ob da nicht ein wenig Vodka im Soda Zitron war (*studiosesenta.com/404*). Wenn du an jedem einzelnen Touchpoint, sogar deiner Fehlerseite, ein Markenerlebnis schaffst, bleibst du bei deiner Zielgruppe eher in Erinnerung.

5.3.13 Banner und Pop-ups

Bevor deine Website-Struktur nun endgültig steht, solltest du dir noch Gedanken darüber machen, ob es Inhalte gibt, die nicht zwingend auf einer Unterseite untergebracht werden können, aber trotzdem relevant sind. Gerade im Marketing werden sogenannte Pop-up-Fenster oder Banner gerne eingesetzt. Das sind kleine, plötzlich auftauchende Fenster, die Informationen zu bestimmten Angeboten oder Rabattaktionen beinhalten. Der wohl bekannteste Vertreter dieser Kategorie ist das Cookie-Banner, das jede Website verpflichtend einstellen muss, sofern mit Cookies personenbezogene Nutzerdaten verarbeitet werden.

DSGVO-konforme Cookie-Consent-Tools

Tatsächlich gibt es auch bei der DSGVO-konformen Gestaltung von Cookie-Bannern einiges zu beachten. So müssen User nicht nur darüber informiert werden, welche Cookies zu welchem Zweck gespeichert werden, sondern auch die Möglichkeit bekommen, einzelne Cookies zuzulassen oder abzulehnen. Zudem sollten Banner so gestaltet werden, dass User nicht dahingehend manipuliert werden, alle Cookies zuzulassen. Das heißt, dass sowohl der Akzeptieren- als auch der Ablehnen-Button gleich aussehen sollten (siehe Abschnitt 5.3.5). Die meisten Website-Anbieter bieten eigene Tools zum Erstellen von Cookie-Bannern. Ansonsten empfehle ich folgende Alternativen:

- *Clickskeks* (*clickskeks.at*) ist ein Cookie-Banner aus Österreich. Für kleine Websites (bis zu 100 Seiten) um 5,90 € im Monat erhältlich.
- *Cookie Script* (*cookie-script.com/de*) ist für bis zu 10 Seiten kostenfrei. Die Lite-Version (bis zu 100 Seiten) kostet 8 € pro Monat.
- *Consent Manager* (*consentmanager.de*) bietet ein eigenes DSGVO-konformes Cookie-Banner als Plug-in für zahlreiche CMS und Shop-Systeme, das kostenfrei getestet werden kann.

Abgesehen vom verpflichtenden Cookie-Banner solltest du Pop-ups nur sparsam einsetzen. Du möchtest deine Website-Besucher*innen doch nicht vergraulen, indem ständig irgendetwas aufpoppt oder bimmelt. Überleg dir auch, ob die Pop-ups wirklich für alle User relevant sind oder nur auf bestimmten Unterseiten oder bei bestimmten Verhaltensweisen auftauchen sollten. So könnte ein Pop-up erst nach ein paar Sekunden angezeigt werden oder nachdem die Person einen bestimmten Abschnitt deiner Website erreicht hat. Je mehr Gedanken du dir darüber machst, desto geringer die Wahrscheinlichkeit, dass dein Banner User nervt (siehe Abbildung 5.39).

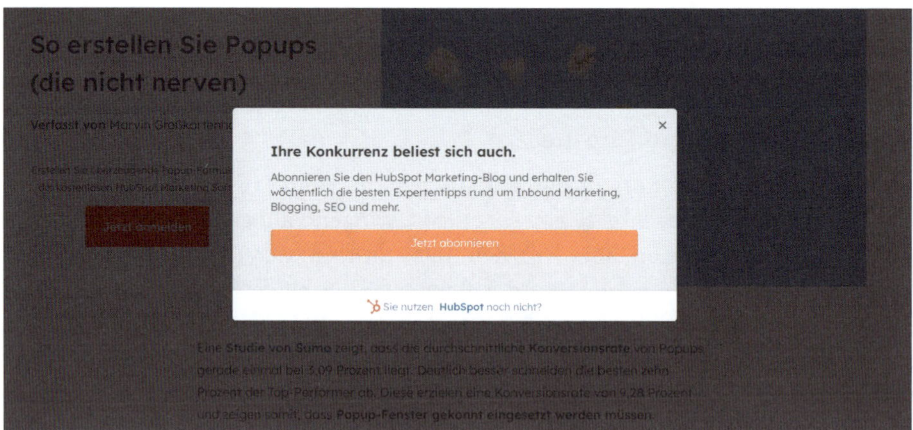

Abbildung 5.40 Ein Pop-up am Blog von Hubspot, das hoffentlich nicht nervt (blog.hubspot.de/marketing/popup-erstellen)

5.4 Website-Design: Selber machen oder machen lassen?

Nun hast du alle Informationen, die auf deine Website gehören, fein säuberlich strukturiert. Endlich kannst du mit der Gestaltung beginnen. Ob du deine Website mithilfe von Baukastensystemen, die ich dir im nächsten Abschnitt vorstelle, selbst umsetzt oder dir dabei professionelle Hilfe holst, bleibt ganz dir überlassen. Die viele Vorarbeit, die du schon geleistet hast, wird auch jedem Webdesigner eine Freude bereiten. Unterschätze allerdings nicht den Aufwand, der nötig ist, um eine Website sowohl technisch als auch gestalterisch einwandfrei umzusetzen.

Eine tolle Zwischenlösung für kleinere Budgets ist es, Website-Vorlagen zu kaufen. In Onlineshops wie *Creative Market* (*creativemarket.com*) oder *Etsy* (*etsy.com*) findest du Hunderte professionell gestaltete Templates für WordPress, Squarespace, Showit, Wix oder Webflow. Und auch Designer*innen bieten oft eigene Templates an. Kontaktiere sie am besten, und frag nach, welche Art der Zusammenarbeit sich für dein Budget eignet. Egal wo du sie kaufst, wichtig ist, dass du Vorlagen nie 1:1 übernimmst, sondern immer an dein Brand-Design anpasst.

5.5 Website-Baukastensysteme im Vergleich

Dank Vorlagen und smarter Tools können wir heutzutage als Selbstständige einen Großteil unseres digitalen Auftritts selbst gestalten, auch ohne Design-Kenntnisse. Die meisten Website-Baukastensysteme sind einfach und intuitiv zu bedienen und bringen viele Vor-, aber auch einige Nachteile mit sich, die ich dir im Folgenden kurz abbilden möchte. Da sich viele der Systeme ähneln, solltest du sie unbedingt ausprobieren, bevor du eine Entscheidung triffst. Denn manchmal sind es nur Kleinigkeiten, die darüber bestimmen, ob du dich mit einem System wohlfühlst oder nicht. Das Design, Layout oder die Struktur eines Tools sind genauso wichtig wie dessen Funktionen. Denn du musst am Ende damit arbeiten. Such dir also das Tool aus, das für dich am intuitivsten funktioniert.

5.5.1 WordPress Elementor

Mit *Elementor* (*elementor.com*) gibt es seit einigen Jahren endlich ein Baukasten-Plug-in für das beliebte CMS *WordPress*. Durch seine Drag-und-drop-Funktionalität ist Elementor unglaublich intuitiv zu bedienen und kann auch von Anfänger*innen zur Gestaltung einer tollen Website eingesetzt werden. Mit über 300 Vorlagen in der Template-Bibliothek gibt es auch genügend Design-Inspiration, falls du dich zwischendurch unkreativ fühlst. Außerdem bietet die Pro-Version von Elementor (beginnend bei 59 € im Jahr) neben Standard-Elementen wie Texten, Bildern oder Videos auch hilfreiche Widgets, die dir die Gestaltung deiner Website erleichtern. So kannst du Kontaktformulare, Galerien, Slider oder Akkordeons mit einem Klick hinzufügen. Aber Achtung: Je mehr solcher Elemente du einsetzt, desto langsamer lädt deine Website – nicht ideal für SEO.

Wenn wir uns schon mit Elementor beschäftigen, sollte auch WordPress (*wordpress.org*) selbst kurz erwähnt werden, denn um Elementor überhaupt zu installieren, brauchst du eine WordPress-Website. WordPress ist ein Content-Management-System, das ursprünglich von Bloggern verwendet wurde, um ihre digitalen Inhalte zu erstellen, organisieren und veröffentlichen. Mittlerweile können aber die Grundfunktionen von WordPress durch verschiedenste Plug-ins und externe Tools so erweitert werden, dass eigentlich jede Art von Website – von Onlineshops über Portfolio-Seiten – damit erstellt werden kann. Der größte Vorteil von WordPress ist für die beiden Webdesignerinnen Birgit Gündisch (*birgit-guendisch.de*) und Maja Benke (*maja-benke.de*) die große Community. Immerhin wird WordPress von 43,1 % aller Webseiten verwendet.[6] Weitere Vor- und Nachteile findest du in Tabelle 5.6.

(+) Vorteile	(–) Nachteile
▪ vielseitig einsetzbar, z. B. für Onlineshops, Unternehmensseiten, Portfolios, Landing Pages ▪ Plug-ins und externe Tools, um die Grundfunktionen zu erweitern ▪ kostenlos und open-source, der Code ist also der Öffentlichkeit zugänglich und kann beliebig und kostenfrei angepasst werden ▪ keine Geschäftsinteressen hinter der Plattform ▪ große, aktive Community an Usern, die Tipps und Tutorials zur Verfügung stellen ▪ SEO-freundlich durch responsive Design und sauberen Quellcode ▪ benutzerfreundliche Oberfläche	▪ steile Lernkurve für Anfänger*innen, die jedoch durch Plug-ins wie Elementor abgeflacht werden kann ▪ da Plug-ins von verschiedensten Entwicklern stammen, sind sie fehleranfällig und anfällig für Sicherheitslücken, müssen deshalb regelmäßig überprüft werden ▪ versteckte Kosten durch Plug-ins ▪ wenn nicht bestimmte Sicherheitsmechanismen implementiert werden, kommt über WordPress-Seiten viel Spam herein ▪ man muss sich selbst um Sicherheit und Back-ups kümmern ▪ kein offizieller Support, Hilfe gibt es nur von der Community

Tabelle 5.6 Die Vor- und Nachteile von WordPress

5.5.2 Squarespace

Ähnlich wie WordPress bietet *Squarespace* (*de.squarespace.com*) eine All-in-One-Lösung zur Erstellung deiner Website. Die Squarespace-Expertin Victoria Weber bezeichnet es als »Website- und Onlineshop-System, mit dem du professionelle

6 Quelle: *de.statista.com/statistik/daten/studie/320685/umfrage/nutzungsanteil-der-content-management-systeme-cms-weltweit*

Websites bauen kannst, ohne auch nur einen Hauch von Erfahrung im Programmieren zu haben.«[7] Besonders beliebt ist Squarespace bei kreativen Dienstleister*innen wie Fotografen, Designerinnen, Künstlern und Sängerinnen, die einen hohen ästhetischen Anspruch haben. Das liegt nicht nur an der überzeugenden visuellen Aufmachung, sondern auch daran, dass Squarespace schon ab 11 € im Monat erhältlich ist, also auch für Selbstständige, die gerade erst am Anfang stehen, leistbar bleibt. Weitere Vor- und Nachteile findest du in Tabelle 5.7.

(+) Vorteile	(–) Nachteile
■ sehr intuitiv und einfach zu bedienen, eignet sich deshalb hervorragend für Anfänger*innen ■ große Bibliothek mit ästhetischen Templates, die du sehr einfach anpassen kannst ■ viele integrierte Funktionen für SEO, Blogs, Analytics, E-Mail-Marketing und E-Commerce ■ mit dem Business-Plan (ab 17 €/Monat) kann der HTML- und CSS Code angepasst werden, damit du deine Website noch individueller gestalten kannst ■ Back-ups werden von Squarespace automatisch erstellt ■ externe Tools und Apps wie Zapier oder PayPal können einfach verknüpft werden ■ Kundensupport per E-Mail, Social Media oder Live Chat	■ eine komplett personalisierte Website ist nicht möglich, da man an die integrierten Tools und Funktionen gebunden ist ■ abhängig von einem einzigen Tool und dessen Funktionen, da keine externen Plug-ins zur Verfügung stehen ■ auch komplexere Strukturen können schwer umgesetzt werden (z. B. mehrere Sprachen, riesige Content-Datenbank) ■ Dropdown-Menüs können aktuell nur mit einer Ebene erstellt werden, eignet sich also nicht für Websites, die eine tiefe Seitenstruktur benötigen ■ keine Site-History-Funktion, um vorherige Designs neu laden zu können, wie sie zum Beispiel bei Wix geboten wird

Tabelle 5.7 Die Vor- und Nachteile von Squarespace

5.5.3 Showit

Seit einigen Jahren bekommt Squarespace Konkurrenz von einem weiteren Website-Builder, der sich auf kreative Selbstständige spezialisiert hat. *Showit* (*showit.com*) wurde ursprünglich für Fotograf*innen entwickelt und erinnert von seiner Aufmachung her stark an Adobe-Programme. Ähnlich wie die anderen beiden Tools, die bisher vorgestellt wurden, bietet Showit einen Drag-and-drop-Editor, der aber im Vergleich zu Squarespace extrem flexibel ist. Während mit Squarespace Inhalte

7 Victorias Squarespace-Tipps findest du hier: *victoriaweber.de/blog/squarespace-vorteile*

immer in ein vorgegebenes Raster springen, kannst du die einzelnen Elemente mit Showit wirklich komplett individuell platzieren. Das ist auch der größte Vorteil der Plattform für die Webdesignerin Hanna Wiemer (*edenpixels.com*), die sich auf Showit spezialisiert hat.[8] Außerdem findet sie es großartig, dass sich Showit mit WordPress verknüpfen lässt. Wer also einen Blog zu seiner Showit-Website hinzufügen möchte, kann diesen über WordPress erstellen und macht sich somit die größten Vorteile beider Plattformen zunutze (siehe Tabelle 5.8).

(+) Vorteile	(–) Nachteile
▪ extreme Flexibilität, ohne selbst programmieren zu können ▪ große Auswahl an ästhetischen Templates ▪ Side-by-Side-Editor, um Desktop- und mobile Ansicht individuell anzupassen ▪ Blog-Integration mit WordPress, um Inhalte dort zu hosten, aber über Showit zu designen ▪ auch ein Onlineshop kann über die Verknüpfung mit WordPress eingerichtet werden ▪ Back-ups werden von Showit automatisch erstellt ▪ Kundensupport per E-Mail und Social Media	▪ teurer als andere Tools (ab 19–US-$/Monat ohne Blog-Verknüpfung) ▪ aufgrund der hohen Flexibilität für Nicht-Designer*innen überfordernd, zumindest wenn keine Templates verwendet werden ▪ Desktop und Mobile müssen komplett separat designt werden, was den Design-Prozess automatisch verlängert ▪ kein All-in-One-System, man braucht also mehrere Tools, wenn man sich erweiterte Funktionen wünscht

Tabelle 5.8 Die Vor- und Nachteile von Showit

5.5.4 Wix

Wix (*de.wix.com*) zählt zu den weltweit beliebtesten Website-Baukasten-Systemen und hat sich vor allem auf lokale Unternehmen wie Restaurants, Kosmetikstudios oder Fitness-Center spezialisiert. Durch integrierte Tools und Funktionen wie ein eigenes CMS, Live-Chat, eine Buchungsplattform oder einen Onlineshop bietet Wix (ab 11,90 € pro Monat) mittlerweile aber Funktionen für jede Branche. Ähnlich wie mit Showit können hier Elemente extrem flexibel platziert werden, und sogar ein eigener Newsletter kann über Wix versandt werden. Da ich selbst schon seit einigen Jahren mit Wix arbeite, habe ich meine Erfahrungswerte in Tabelle 5.9 mit einfließen lassen.

8 In diesem Blogartikel zieht Hanna einen spannenden Vergleich zwischen Showit und WordPress: *edenpixels.com/showit-oder-wordpress-welcher-website-builder-ist-ideal-fuer-mich*

(+) Vorteile	(–) Nachteile
▪ sehr intuitiv und einfach zu bedienen, eignet sich deshalb hervorragend für Anfänger*innen ▪ große Bibliothek mit Templates ▪ laufende Erweiterung und Updates der Funktionen; außerdem gibt es im Community-Bereich die Möglichkeit, über neue Funktionen abzustimmen ▪ bietet branchenspezifische Apps wie Wix Booking, Wix Hotels, Wix Restaurants und Wix Events ▪ mehr als 300 weitere Apps sind im Wix App-Store verfügbar ▪ Editor in mehreren Sprachen ▪ bietet mit Velo auch die Möglichkeit, fortgeschrittene Websites zu erstellen ▪ bietet eine Site-History-Funktion, mit der du vorherige Versionen deiner Website wiederherstellen kannst, falls etwas schief geht ▪ Kundensupport per Telefon, E-Mail und Live Chat	▪ hohe Ladegeschwindigkeiten, was sich auf das SEO-Ranking deiner Website auswirken kann ▪ alle Elemente müssen fürs mobile Design manuell angepasst werden, was den Prozess automatisch verlängert ▪ bietet keine Möglichkeit, Inhalte zu exportieren; wenn du also zu einem anderen Anbieter wechseln möchtest, musst du alle Blogartikel, Bilder und Videos manuell übertragen ▪ Speicherplatz auch bei Premium-Paketen begrenzt ▪ wenig Unterstützung vom Support bei Datenschutzthemen ▪ es gibt nicht viele Designer*innen im deutschsprachigen Raum, die sich auf Wix spezialisieren, bei Problemen oder Fragen bist du also auf dich gestellt

Tabelle 5.9 Die Vor- und Nachteile von Wix

5.5.5 Webflow

Der letzte Anbieter, den ich dir vorstellen möchte, gehört zu den Stars innerhalb der Design-Community, ist aber nichts für Anfänger*innen. Mit *Webflow* (*webflow.com*) wirst du dir also deine Website eher nicht selbst gestalten. Es lohnt sich aber trotzdem, einen Blick darauf zu werfen, denn vielleicht entscheidest du dich ja dafür, deine Website professionell mit Webflow einrichten zu lassen. Auch wenn du dein Webdesign an eine Expertin abgibst, solltest du zumindest mit den Grundfunktionen und -eigenschaften der Plattform vertraut sein. In Tabelle 5.10 findest du also wieder die wichtigsten Vor- und Nachteile aufgelistet.

(+) Vorteile	(–) Nachteile
▪ extreme Flexibilität, ohne selbst programmieren zu können ▪ moderne Aufmachung ▪ besondere Funktionen wie Animationen und Interaktionen mit verschiedenen Elementen ▪ große Bibliothek mit ästhetischen Templates ▪ integrierte Funktionen für SEO, Analytics und E-Commerce ▪ externe Tools und Apps können über Zapier verknüpft werden ▪ externe CMS können integriert werden, u. a. WordPress ▪ große, aktive Community an Usern, die Tipps und Tutorials zur Verfügung stellen ▪ SEO-freundlich durch responsive Design und sauberen Quellcode ▪ Back-ups werden von Webflow automatisch erstellt ▪ Kundensupport per E-Mail	▪ extrem steile Lernkurve, wird also vorwiegend von professionellen Designer*innen genutzt ▪ Programmierkenntnisse sind zwar nicht notwendig, aber von Vorteil ▪ teurer als andere Tools (ab 14 US-$/Monat ohne CMS) ▪ kein All-in-One-System, man braucht also mehrere Tools, wenn man sich erweiterte Funktionen wünscht ▪ kein Store für Plug-ins oder Erweiterungen verfügbar ▪ das gesamte Interface und der Support sind vorerst nur auf Englisch verfügbar

Tabelle 5.10 Die Vor- und Nachteile von Webflow

5.6 Tipps zur Gestaltung deiner Website

Mittlerweile merkst du bestimmt, wie komplex Websites eigentlich sind. Sie müssen so viele Informationen abdecken und dabei trotzdem schön und ansprechend gestaltet sein. Kein einfaches Unterfangen! Egal, für welches Tool du dich am Ende entscheidest, für die Gestaltung deiner Website gelten überall die gleichen Regeln und Prinzipien.

5.6.1 Don't make me think!

Die erste und wichtigste Regel, die eigentlich alle deine digitalen Inhalte betrifft, ist: »Don't make me think!«. Nutzer*innen haben nicht die Aufmerksamkeitsspanne, um sich die Informationen, die sie gerne von dir bekommen würden, mühevoll zusammenzusuchen. Du musst diese klar und deutlich zur Verfügung stellen. Den Grundstein dafür hast du natürlich schon mit der Ausarbeitung deiner Website-Struktur gelegt. Doch auch verschiedene Gestaltungselemente können ihren Teil dazu beitragen, wie du gleich sehen wirst. Eine weitere wichtige Regel lautet: »Form follows function!«, was so viel bedeutet wie, das Design steht an zweiter Stelle. Ich habe schon so viele einzigartig gestaltete Websites von Designer*innen und Kreativagenturen gesehen, die eigentlich völlig unbrauchbar sind, da ich als Besucherin auch nach fünf Minuten noch nicht herausgefunden habe, wo ich denn Informationen zu den Angeboten oder dem Business finde. Die meisten User nehmen sich übrigens nicht so lange Zeit, sondern verlassen deine Website schon nach wenigen Sekunden, um sich woanders umzuschauen.

Dein Design soll also die Informationsverarbeitung unterstützen, nicht davon ablenken – zumindest, wenn du über deine Website Kund*innen gewinnen möchtest. Es soll kognitive Belastung verringern und klare Kundenpfade aufzeigen. Ich möchte, dass du mir zeigst, wohin ich klicken soll, wo ich genau lesen soll und was ich überfliegen darf. Ich möchte schnell und einfach die Informationen finden, die ich brauche, und gleichzeitig möchte ich, dass du mich ästhetisch ansprichst und überzeugst.

5.6.2 Gestaltregeln für Websites

In Abschnitt 3.4.8, »Design-Regeln, die du beachten solltest«, hast du schon verschiedenste Gestaltregeln für das Design deiner Marke kennengelernt. Die meisten lassen sich auch auf deine Website anwenden:

- *Weißraum:* Gib auch den Elementen auf deiner Website Luft zu atmen. Packst du zu viele Informationen in einen Abschnitt, verwirrst du User. Lass links und rechts genug Abstand zum Bildschirmrand sowie oberhalb und unterhalb zwischen den einzelnen Elementen. Falls dir das schwerfällt, stell dir vor, deine Website wäre dein Haus. Würdest du jeden Raum von oben bis unten vollstellen, sodass man nicht mehr von A nach B kommt? Möbel vor- und übereinander stapeln, sodass man sich weder auf die Couch setzen kann noch einen Schrank aufbekommt? So eine Art von Haus wäre völlig unbrauchbar. Und genauso verhält es sich mit deiner Website.
- *Hierarchie*: Auch die Inhalte auf deiner Website unterliegen einer bestimmten Hierarchie. Das gilt selbstverständlich für deine Überschriften, aber auch für Bilder, Grafiken und Illustrationen. Große Elemente ziehen eher ihren Blick auf sich als kleine und werden dementsprechend zuerst wahrgenommen. Stell also sicher, dass die wichtigsten Informationen und Elemente hervorstechen und gut lesbar sind.
- *Kontrast:* Eine der wichtigsten Gestaltregeln, vor allem für Calls-to-Action, ist, genug Kontrast einzubauen. Auch wenn du eher ein Fan von ruhigen, gedeckten Farben bist, solltest du Handlungsaufforderungen deutlich vom Hintergrund abheben.

- *Nähe:* Elemente, die näher beieinanderliegen, egal ob horizontal oder vertikal, werden als Einheit wahrgenommen. Achte also darauf, dass dein Weißraum nicht trennt, was eigentlich zusammengehört. Und gleichzeitig solltest du Weißraum einsetzen, um nicht zusammengehörende Elemente voneinander zu trennen. Ein tolles Beispiel dafür ist die Gruppierung der Ergebnisse einer Google-Suche (siehe Abbildung 5.23). Domain-URL, Website-Titel und Meta Description liegen eng aneinander, während der Weißraum zwischen den Suchergebnissen als Trennlinie fungiert.
- *Kontinuität und Ähnlichkeit:* Gleich wie Nähe wirkt sich auch eine ähnliche Gestaltung von Elementen darauf aus, dass wir sie als zusammengehörig wahrnehmen. Inhalte in Blöcken oder Produkte in einem Onlineshop sollten immer gleich aufgebaut und konsistent gestaltet sein, auch auf verschiedenen Unterseiten.

Vermeide Manipulation und Deceptive Patterns

Diese Gestaltregeln sind unglaublich mächtig und können User dazu verleiten, bestimmte Handlungen vorzunehmen, teilweise völlig unbewusst. Diese Art von Manipulation durch Design bezeichnet man als *Deceptive Patterns* (oder Dark Patterns), die du natürlich vermeiden solltest.[9] Denn möchtest du wirklich Kund*innen anlocken, die eigentlich überhaupt nicht mit dir zusammenarbeiten wollen? Oder Produkte verkaufen, an denen sie eigentlich gar kein Interesse haben, nur damit du schnelles Geld scheffelst? Ein achtsames, nachhaltiges Business zu führen, sieht anders aus.

5.6.3 Optimiere deine Website für alle Formate

Eine weitere wichtige Regel für dein Website-Design ist es, dieses für viele verschiedene Formate zu optimieren. Denn heute werden Websites nicht mehr nur am Desktop besucht, sondern größtenteils über Smartphones und manchmal auch Tablets. Die meisten Baukästen bieten eigene Tools für *Responsive Design*, also eine Art der Gestaltung, die alle Formate berücksichtigt. Überprüfe aber immer vor und nach der Veröffentlichung, ob deine Website auch für die mobile Anzeige optimiert ist, zum Beispiel mit dem *Responsive Test Tool* (*responsivetesttool.com*).

5.6.4 Barrierefreiheit im Web

Genau wie im Offline-Leben gibt es online zahlreiche Barrieren, die es Menschen mit Beeinträchtigungen beinahe unmöglich machen, Webinhalte zu konsumieren. Um niemanden auszuschließen, solltest du bei der Gestaltung deiner Website Bar-

9 Auf *deceptive.design* findest du viele Beispiele für Deceptive Patterns sowie eine Hall of Shame für Unternehmen, die solche manipulativen Designs anwenden.

rierefreiheit gewährleisten. Indem du deine Website klar strukturierst und in deinem Design nicht manipulierst, bist du schon einen wichtigen Schritt in die richtige Richtung gegangen. Darüber hinaus solltest du auch folgende Aspekte berücksichtigen:

- *Je weniger Klicks, desto besser*: Vermeide es, wenn möglich, wichtige Inhalte hinter zu vielen Klicks zu verbergen. Strukturiere deine Website so, dass die wichtigsten Seiten mit nur einem Klick von der Homepage aus erreichbar sind.
- *Genügend Kontrast zwischen Text und Hintergrund:* Vor allem bei Fließtexten und langen Absätzen solltest du darauf achten, dass sich diese klar vom Hintergrund abheben. Grundsätzlich gilt: Je kleiner der Text, desto höher muss der Kontrast sein. Achte speziell bei Bild- und Videohintergründen darauf, dass einzelne Wörter nicht verschluckt werden. Ob einzelne Elemente kontrastreich genug sind, kannst du mit Kontrast-Checkern wie *Colour Contrast* (*colourcontrast.cc*) überprüfen.
- *Passende Schriftgrößen:* Um bessere Lesbarkeit zu garantieren, solltest du Fließtext in einer Schriftgröße von mindestens 18 px für Desktop und 16 px für mobile Geräte anzeigen lassen. Überschriften sollten je nach Hierarchie zwischen 21 und 42 px liegen. Achte außerdem auf genügend Zeilenabstand. Je kleiner der Text, desto größer sollte der Zeilenabstand sein.
- *Anpassungsfähiges Layout:* Weiters sollen deine Texte beliebig vergrößert werden können, ohne dass das Design darunter leidet.
- *Nutzerfreundliche Sprache:* Nicht nur dein Design trägt zu mehr Barrierefreiheit bei, sondern auch deine Website-Texte. Verwende Sprache, die eindeutig und klar verständlich ist, vor allem für deine Navigationselemente.
- *Alternativtexte für Bilder:* Alt-Texte sind Bildbeschreibungen, die von Screenreadern oder anderen Hilfstechnologien gelesen werden können. Indem du zu jedem Bild einen Alternativtext hinzufügst, wo du genau beschreibst, was auf dem Bild zu sehen ist, eliminierst du Barrieren für sehbehinderte Menschen.[10]
- *Untertitel oder Transkripte für Videos:* Ähnlich verhält es sich bei Bewegtbild. Stell sicher, dass auch gehörlose Menschen deine Videos konsumieren können, indem du Untertitel mitlaufen lässt oder Transkripte zur Verfügung stellst.

Überprüfe die Barrierefreiheit deiner Website

Mit dem kostenfreien *WAVE* Accessibility Evaluation Tool (*wave.webaim.org*) kannst du überprüfen, wie barrierefrei deine Website wirklich ist. Hier werden dir sowohl fehlende Alternativtexte als auch mögliche Kontrastfehler und strukturelle Probleme angezeigt (siehe Abbildung 5.41).

10 Tipps zum Verfassen von Alt-Texten bekommst du hier: *techsmith.de/blog/alternativtext*

Abbildung 5.41 WAVE zeigt dir an, wo noch Verbesserungsbedarf besteht.

5.6.5 Mach deine Marke spürbar

Bei diesen vielen Regeln und Prinzipien darfst du aber bitte eines nicht vergessen: Deine Website gehört noch immer dir. Du und deine Marke sollt in jedem Element spürbar sein. Falls du also das eine oder andere Gesetz brechen musst, dann sei dem so. Solange Nutzer*innen noch immer schnell und sicher durch deine Website navigieren können, hast du kreativen Freiraum. Am besten nimmst du dir noch einmal deinen Brand-Guide zur Hand und reflektierst, anhand welcher Farben, Schriften und Elemente du deine Marke zum Ausdruck bringen wolltest. Wie sich drei unterschiedliche Marken anhand ihrer Webauftritte manifestieren, zeigt dir jetzt die Webdesignerin Steffi Friedel (*vielmehr-webdesign.de*).

Coaching für Hochsensible: Ruhig und klar

Jutta Stapela (*ichbleibbeimir.de*) ist systemische Coachin, die sich vor allem auf Hochsensibilität spezialisiert hat. Mit dieser Zielgruppe im Hinterkopf wurde auch Juttas Website gestaltet, die sehr reduziert und auf das Wesentlichste fokussiert ist. Im Rahmen des Design-Prozesses haben wir uns immer wieder gefragt, was hochsensible Menschen brauchen. Die Antwort war eindeutig: Ruhe, Zurückhaltung und Klarheit. Deshalb sieht man auf der Website viel Weißraum und zurückhaltende Farben (siehe Abbildung 5.42). Die dezent platzierten Grafiken sollen das Gefühl, das Hochsensible im reizüberfluteten Alltag bekommen, übersetzen, aber ohne zu überfordern.

Abbildung 5.42 Um hochsensible Menschen nicht zu überfordern, wurde die Website der Coachin Jutta Stapela mit viel Weißraum gestaltet.

Die Schriftart, die für die Überschriften gewählt wurde, erinnert an eine Schreibschrift und soll vor allem Nahbarkeit und Entschleunigung vermitteln. Denn mit der Hand schreibt man immer langsamer und achtsamer. Wie du in Abbildung 5.42 sehen kannst, sind auch die Texte aufs Wesentliche reduziert. Es werden wenige essenzielle Informationen gegeben, um die Besucherin nicht zu überfordern. Auch die Anzahl an Calls-to-Action wurde bewusst reduziert. So befindet sich auf der Homepage nur ein einziger CTA »Termin Buchen«, der sich in seiner Gestaltung eigentlich kaum vom Hintergrund abhebt. Hier wird also bewusst mit den Gestaltregeln gebrochen, und die Bedürfnisse der Zielgruppe werden in den Vordergrund gestellt.

Human-Design-Coaching: verträumt und hochwertig

Auf der Website der Human-Design-Coachin Sabine Stärker-Bross (*malea-luna.de*) kommen schon viel mehr Farben und Elemente zum Einsatz. Im Gegensatz zum vorherigen Beispiel ist hier der Hintergrund nie weiß, sondern Beige- und Brauntöne fungieren als neutrale Farben, um eine verträumte Stimmung zu erzeugen. Außerdem werden Texturen wie Sandspuren eingesetzt, um ein haptisches Gefühl aufkommen zu lassen. In Kombination mit goldenen Icons entsteht so ein sehr hochwertiger, beinahe edler Look (siehe Abbildung 5.43).

Abbildung 5.43 Die Website der Human-Design-Coachin Sabine Stärker-Bross lädt zum Träumen ein.

Gleichzeitig versprüht die Website eine gewisse Kreativität und Verspieltheit. Bewegte Scrolleffekte und außergewöhnliche Platzierungen der verschiedenen Elemente tragen dazu bei, dass ein Zauber entsteht, den man regelrecht spüren kann, wenn man durch die Website scrollt. Auch die Nutzung von Schreibschriften zur Betonung einzelner Begriffe in den Überschriften symbolisiert Kreativität. Außerdem wird auch hier wieder mit einigen Konventionen gebrochen. So steht das Logo nicht links in der Menüleiste, sondern wurde mittig platziert, um die Betrachterin sofort in die Markenwelt von Malea Luna eintauchen zu lassen.

Expertin für Online-Marketing: Professionell und erfolgreich

Im Vergleich dazu sehen wir bei der Online-Business-Mentorin Carina Tenzer (*carinatenzer.de*) wenig Verspieltes. Hier wird der Fokus komplett auf die Personen hinter der Marke gelegt, deren Porträtfotos die gesamte Homepage schmücken. Klare, eckige Linien und kontrastreiche Farben signalisieren Professionalität, und man sieht auf einen Blick: Diese Frau hat Power (siehe Abbildung 5.44). Rot gilt im Übrigen als eine der stärksten Signalfarben und wird deshalb auch für wichtige Verkehrszeichen verwendet. Die auf dieser Website platzierten roten Akzente und Calls-to-Action wirken deshalb besonders auffällig und dynamisch.

Abbildung 5.44 Klare Linien und starke Kontraste auf der Website der Business-Mentorin Carina Tenzer kommunizieren Professionalität und Erfolg.

5.7 Gefunden werden: Suchmaschinenoptimierung

Du befindest dich mittlerweile auf den letzten Metern deines Website-Projekts. Jetzt ist Durchhalten angesagt! Denn ist deine schöne neue Website erst einmal fertig gestaltet, möchtest du doch auch, dass sie gefunden wird. Einige SEO-Tipps hast du ja schon in den vorangegangenen Abschnitten bekommen. Jetzt beschäftigen wir uns noch einmal damit, wie Suchmaschinen eigentlich funktionieren.

5.7.1 Wie funktioniert Google?

Einfach erklärt: Suchmaschinen wie *Google* durchsuchen mithilfe von automatischen Programmen das Web nach neuen und aktualisierten Seiten und speichern diese in einer riesigen Datenbank. Im nächsten Schritt wird dann bestimmt, worum es auf den gefundenen Seiten geht, um sie später an User, die eine relevante Suchanfrage stellen, auszuspucken. So weit, so gut.

Was dich wahrscheinlich am meisten interessiert, ist, wie Google entscheidet, welche Websites zuerst angezeigt werden und welche weiter unten in der Trefferliste. Das geschieht anhand von zahlreichen Faktoren, unter anderem den benutzten Keywords, der Ladegeschwindigkeit deiner Website, Mobilfreundlichkeit sowie internen und externen Verlinkungen auf die jeweilige Seite. Während du bestimmte Faktoren sehr einfach beeinflussen kannst, sind andere durch dein Website-Tool vorgegeben. So laden Wix-Websites im Schnitt langsamer als die von anderen Plattformen, schneiden also in puncto Speed von Haus aus schlechter ab. Was aber nicht bedeutet, dass Wix-Seiten nicht in der Google-Suche aufscheinen können. Dank meiner On-Page-Optimierungen konnte ich die Website eines Wellness-Centers für zahlreiche relevante Keywords in die Top 3 der Google-Suche befördern (siehe Abbildung 5.45). Im folgenden Abschnitt zeige ich dir, wie auch du das schaffst.

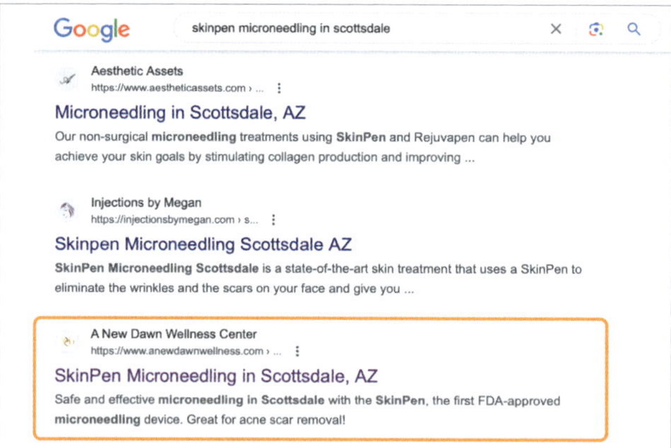

Abbildung 5.45 Optimiere deinen Title und die Meta Description, um deine Ranking-Chancen zu erhöhen.

On-Page, Off-Page und Technical SEO – was ist der Unterschied?

Suchmaschinenoptimierung ist komplex und kann verschiedene Dimensionen annehmen. Zu den On-Page-Optimierungen gehört alles, was du selbst auf deiner Website gestaltest und einstellst, unter anderem dein Content, Metadaten sowie interne Verlinkungen und Optimierung deiner Bilder, URLs und HTML-Tags. Streng genommen gehören auch technische Aspekte wie Ladegeschwindigkeit, Sicherheit sowie Seiten- und Linkstruktur zu dieser Kategorie, manchmal werden diese aber separat als Technical

SEO angeführt. Off-Page-Optimierungen umfassen vor allem Verlinkungen auf deine Seite, die du durch das Schreiben von Gastartikeln, PR und das Bewerben deiner Inhalte auf Social Media erreichen kannst.

5.7.2 Mit SEO starten als Anfängerin

Beinahe jede Taktik im digitalen Marketing bildet eine Wissenschaft für sich. Das kann Anfänger*innen schnell überfordern. Bevor du aber gleich den Kopf in den Sand steckst und behauptest, SEO sei zu komplex für dich, lass uns klein beginnen. Denn jeder noch so winzige Schritt führt dich ein Stück näher an dein Ziel. Im Laufe dieses Kapitels habe ich dir schon erklärt, wie du deinen Title und die Meta Description optimierst. Beide sollten unbedingt das Haupt-Keyword beinhalten, über das deine Seite gefunden werden soll. Überhaupt zählen Keywords zu einem der wichtigsten Ranking-Faktoren und sollten deshalb auch an anderen Stellen deiner Seite eingebunden werden:

- *URL:* Schreib das Haupt-Keyword in den Pfad deiner Domain.
- *Überschriften:* Diese werden nach ihrer Hierarchie gewichtet, das heißt, dein Haupt-Keyword in der `<h1>` zählt mehr als in der `<h2>` usw.
- *Fließtexte:* Nutze deine wichtigsten Keywords und deren Synonyme und Variationen auch in einzelnen Textabschnitten deiner Website.
- *Bildtitel, -unterschriften und Alt-Texte:* Bilder werden oft vergessen, doch auch sie können für Suchmaschinen optimiert werden. Wenn du Bildunterschriften verwendest, nutze den Platz, um dein Haupt-Keyword aufzulisten, und, wenn möglich, gib es auch in den Alternativtext.
- *Dateinamen deiner Bilder:* Schon vor dem Hochladen kannst du dein Bild neu benennen und so dein Keyword ein weiteres Mal unterbringen.

Achtung! Keyword-Stuffing vermeiden

Auch wenn Keywords noch immer eine wichtige SEO-Maßnahme darstellen, solltest du es vermeiden, deine Texte künstlich damit aufzublähen. Denn Google bewertet mittlerweile nicht nur die Frequenz deiner Keywords, sondern vorwiegend die Qualität deiner Texte. Auf einer Hilfeseite (*developers.google.com/search/docs/fundamentals/creating-helpful-content?hl=de*) wird genau erklärt, wie Inhalte auszusehen haben, damit sie von Google als wertvoll eingestuft werden. Dazu gehören unter anderem

- die stilistische Qualität deiner Texte und die Vermeidung von Rechtschreib- und Grammatikfehlern,
- die Vermittlung von neuartigen Informationen, Berichten, Forschungsergebnissen oder Analysen sowie deutlicher Mehrwert im Vergleich zu anderen Suchergebnissen zum selben Thema,

- die Vertrauenswürdigkeit der Informationen, die präsentiert werden (Gibt es Quellenangaben oder Belege der Fachkompetenz?),
- die Nutzerfreundlichkeit deiner Website im Design und der Struktur,
- Inhalte, die explizit für Nutzer erstellt werden, nicht dafür, dein Google-Ranking zu manipulieren,
- Inhalte, die wirklich von Menschen verfasst wurden, nicht von automatisierten Programmen oder künstlichen Intelligenzen,
- wie detailliert ein Thema beschrieben wird, ohne deine Texte dabei künstlich zu verlängern (zu viele Wiederholungen und Belangloses werden abgestraft).

Alle diese Faktoren werden von Google unter dem Akronym EEAT zusammengefasst, das für Erfahrung, Expertise, Autorität bzw. Sachkompetenz und Trustworthiness (Vertrauenswürdigkeit) steht. Behalte das im Hinterkopf, wenn du deine Website-Inhalte verfasst.

5.7.3 Mehr Content, mehr Chancen

Du siehst also, es geht vor allem darum, deine Website für Menschen zu optimieren. Deshalb würde ich – gerade als Anfängerin – weniger darauf achten, jeden einzelnen Aspekt deiner Website auf SEO zu trimmen, sondern damit beginnen, Content zu erstellen. Denn je mehr hilfreiche Inhalte du verfasst, desto eher erhöhst du die Chancen, von Google als Autorität in deiner Branche angesehen zu werden. Die Tipps und Anleitungen in Kapitel 7, »Veröffentliche deine ersten Inhalte«, werden dich dabei unterstützen.

5.7.4 Passende Keywords finden

Dennoch lohnt es sich, dich ein wenig mit Keyword-Recherche auseinanderzusetzen. Denn immerhin solltest du auch wissen, nach welchen Inhalten und vor allem mit welchen Begriffen rund um dein Thema gesucht wird. Im Fall des Wellness-Centers stießen wir oft auf die Herausforderung, dass die Bezeichnungen, die das Team verwendete, so nicht im Wortschatz der Kundschaft gebräuchlich waren. Ein Paradebeispiel dafür ist die Behandlung »*Laser Hair Reduction*« (Laser-Haarreduktion), die bei Patient*innen viel mehr als »*Laser Hair Removal*« (Laser-Haarentfernung) bekannt war. Und genau danach wurde auch online gesucht. Suchanfragen wie »*Laser-Haarentfernung Kosten*«, »*Laser-Haarentfernung in meiner Nähe*« oder »*Schmerzfreie Laser-Haarentfernung*« wurden, zumindest in Arizona, viel öfter eingetippt als alles rund um Laser-Haarreduktion. Dementsprechend nutzten wir »Laser-Haarentfernung« als Haupt-Keyword auf der entsprechenden Behandlungsseite (siehe Abbildung 5.46).

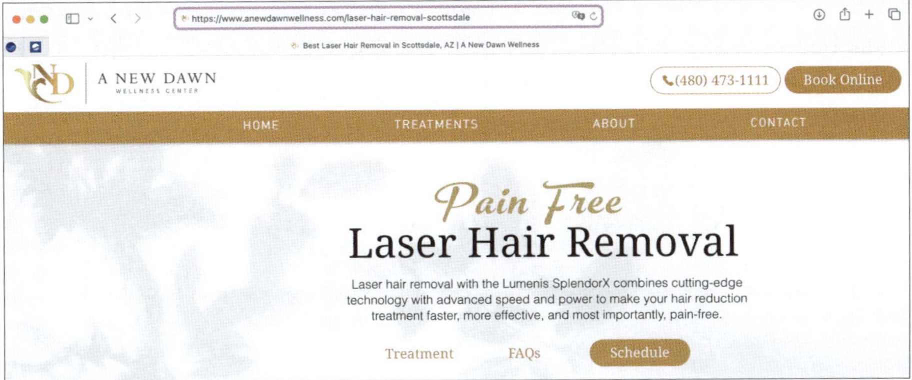

Abbildung 5.46 Das Haupt-Keyword »Laser Hair Removal« wurde u. a. im Seitenpfad, dem Title, der <h1> sowie Fließtexten verwendet.

Am besten beginnst du deine Keyword-Recherche ganz einfach mit einem Brainstorming. Welche Begriffe fallen dir als Erstes rund um dein Angebotsthema ein? Gerne kannst du dazu auch schon vorblättern zur Themencluster-Übung in Abschnitt 7.2.5 und diese durchführen. Schreib alles, was dir bis jetzt eingefallen ist, in eine Notiz oder Tabelle. Als Nächstes öffnest du Google (*google.com*) und tippst deine Begriffe nach und nach ein, ohne die Suche auszuführen. Dich interessiert nämlich vorerst nur, wie Google deine Suchanfrage vervollständigt (siehe Abbildung 5.47). Trag die vorgeschlagenen Begriffe in deine Tabelle ein.

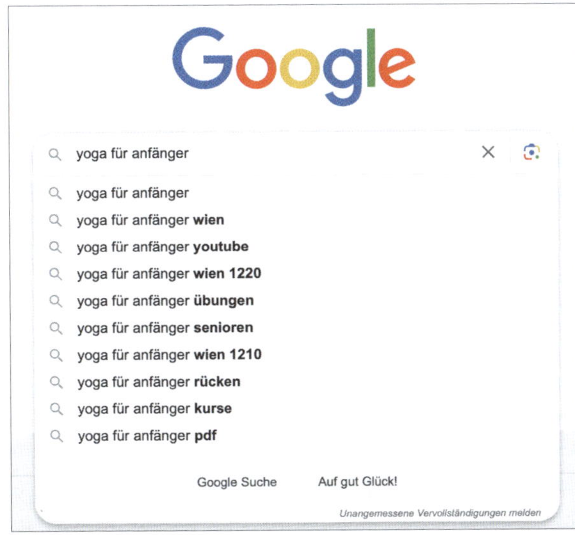

Abbildung 5.47 Google gibt dir automatisch Vorschläge zur Vervollständigung deiner Suchanfragen.

Als Nächstes führst du die Suche aus und scrollst auf der Trefferseite ganz nach unten (siehe Abbildung 5.48). Hier zeigt dir Google verwandte Suchbegriffe an, von denen du dich inspirieren lassen kannst. Notiere auch diese.

yoga-übungen anfänger **zu hause**	yoga für anfänger **kostenlos**
yoga für anfänger **senioren**	yoga für anfänger **wien**
yoga für anfänger **in der nähe**	yoga für anfänger **- youtube**
yoga für anfänger **mady**	yoga für anfänger **rücken**

Abbildung 5.48 Am Ende der Google-Trefferseite werden verwandte Suchbegriffe angezeigt.

Die richtige Keyword-Länge bestimmen

Wenn du passende Keywords bestimmst, die du auf deiner Website einbauen möchtest, solltest du dir über deren Länge Gedanken machen. Denn auch wenn kürzere Keywords oft ein höheres Suchvolumen besitzen, sind sie meist schon weit verbreitet, und es ist vor allem für kleine Websites schwer, unter diesen Suchbegriffen aufzuscheinen. Wir unterscheiden zwischen drei Keyword-Arten:

- *Short-Tail-Keywords* sind normalerweise 1–2 Wörter lang (z. B. *Yoga-Übungen*) und weisen ein sehr hohes Suchvolumen auf. Es ist jedoch extrem schwierig, für diese Keywords unter den ersten Plätzen zu landen.
- *Medium-Tail-Keywords* beinhalten 3–4 Wörter (z. B. *Yoga-Übungen für Anfänger*) und haben ein moderates Suchvolumen. Auch mit ihnen ist es noch relativ schwierig, weit vorne in der Trefferliste zu landen.
- *Long-Tail Keywords* beinhalten mehr als 4 Wörter (z. B. *Yoga-Übungen für Anfänger mit Rückenschmerzen*) und weisen ein eher geringes Suchvolumen auf. Dafür kann man mit ihnen relativ leicht gute Ergebnisse erzielen.

Indem du zu Beginn deiner SEO-Experimente vorwiegend Medium- und Long-Tail-Keywords nutzt und passende Inhalte dazu erstellst, erhöhst du deine Chancen, unter diesen Suchbegriffen aufzuscheinen.

Lass dich aber nicht nur von Google inspirieren, sondern gewöhne es dir an, überall nach passenden Themen und Begriffen zu suchen. Durchforste Foren oder Kommentarspalten auf Social Media, um zu lernen, wie deine Zielgruppe rund um dein Thema kommuniziert. Wenn es bestimmte Fragen gibt, die deine Kund*innen immer wieder stellen, notiere diese in deiner Keyword-Liste, denn du könntest sie zur passenden Zeit auf deiner Website beantworten. Und wenn du bereit bist, deine Suchmaschinenoptimierung zu professionalisieren, helfen dir folgende Tools:

- Mit dem *Keyword Planner* (*ads.google.com/home/tools/keyword-planner*) bietet Google ein eigenes kostenfreies Tool, um verwandte Suchanfragen zu deinen Keywords zu entdecken. Du musst allerdings einen Google-Ads-Account dafür einrichten.
- *Mangools* (*mangools.com*) bietet zahlreiche SEO-Tools inklusive einer detaillierten Keyword-Suche und besticht vor allem durch seine Nutzerfreundlichkeit. Es kann kostenfrei getestet werden und ist in der Basic-Version ab 19,90 US-$/Monat verfügbar.
- Auch *Ubersuggest* (*neilpatel.com/ubersuggest*) ist für eine Keyword-Suche am Tag kostenfrei verfügbar und liefert zahlreiche Ideen und Impulse für SEO-Content. Die Pro-Version ist ab 29 €/Monat erhältlich.
- *Answer the Public* (*answerthepublic.com*) funktioniert ganz großartig als Ideenlieferant, auch in der kostenfreien Version. Hier werden dir nämlich Hunderte Content-Vorschläge rund um dein Keyword geliefert, die du direkt in deine Liste eintragen kannst. Bis zu 100 Suchanfragen pro Tag gibt es ab 9 €/Monat.

5.7.5 Organisiere deine Keywords

Damit deine Liste schön übersichtlich bleibt, solltest du deine Keywords anhand verschiedener Kategorien sortieren.

- *Marken-Keywords:* Das sind Begriffe rund um deinen Namen oder Firmennamen, die du immer am Ende deines Title oder verschiedenster Überschriften anführen kannst, sofern noch genug Platz vorhanden ist.
- *USP-Keywords:* Damit dein Content auch wirklich hervorsticht, solltest du auch Begriffe notieren, die deine Einzigartigkeit unterstreichen. Das können bestimmte Eigenschaften sein, die du im Rahmen deiner Markenstrategie herausgearbeitet hast, eine Beschreibung deiner Zielgruppe oder Werte, die dir wichtig sind. So bewerbe ich auf meiner Website nicht nur einfach *Marketing-Strategie*, wie zig andere Strateg*innen, sondern *Marketing mit Herz, Struktur und Strategie*.
- *Location-Keywords:* Betreibst du einen physischen Laden oder ist dein Standort in irgendeiner anderen Weise für deine Angebote relevant, dann führe auch diese an verschiedensten Stellen deiner Website an, wie Studio Cotton in Abbildung 5.49. Das Keyword *Bristol* wird am Ende des Title aufgelistet, um Google zu zeigen, wo die Webdesign-Agentur liegt. Du könntest das Location-Keyword sogar am Ende deines URL-Pfads einbauen, um es unauffällig an einer weiteren Stelle zu platzieren.
- *Keywords rund um dein Angebot:* Natürlich möchtest du nicht nur aufscheinen, wenn jemand nach deinem Namen sucht, sondern auch nach Themen rund um

dein Angebot. Bei Angebots-Keywords unterscheiden wir zwischen zwei Unterkategorien:

- *Informations-Keywords:* Hierbei handelt es sich um Suchanfragen aus der Problem- und Solution-Aware-Phase. Eine Person kennt ihr Problem, aber hat sich noch nicht aktiv für eine Lösung entschieden. Falls du unsicher bist, wovon ich spreche, wiederhole noch einmal die 5 Stufen des Bewusstseins in Abschnitt 4.3.1, »Awareness – deine Wunschkundin auf dich aufmerksam machen«.
- *Kommerzielle Keywords:* Das sind Begriffe, die eindeutig eine Kaufintention beinhalten, wie *Kinderwagenzubehör kaufen Wien*.

Mittlerweile solltest du eine lange Liste an Stichwörtern und Phrasen haben, die du auf deiner Website einbauen kannst. Aber noch einmal: Übertreibe es nicht! Google versteht es mittlerweile, Texte so zu interpretieren, wie das auch wir Menschen tun. Du darfst also gerne auch Synonyme oder verwandte Begriffe einsetzen oder diese zwischendurch umschreiben. Denn viel wichtiger als die Anzahl der platzierten Keywords ist immer die Qualität deiner Inhalte.

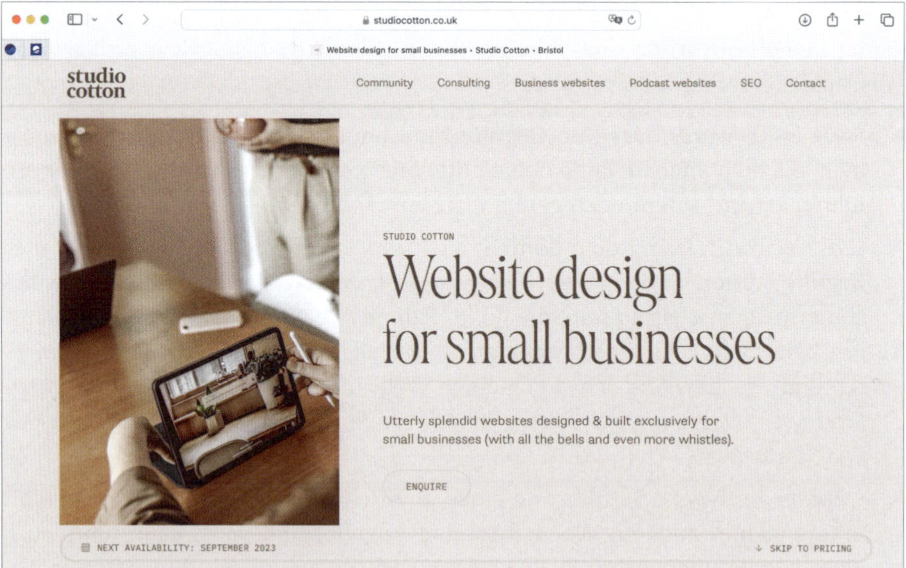

Abbildung 5.49 Studio Cotton nutzt eine Kombination aus Marken-, USP-, Location- und Angebots-Keywords, um den eigenen Webdesign-Service zu beschreiben (studiocotton.co.uk/website-design).

5.7.6 Verlinke zwischen deinen Seiten

Eine weitere SEO-Taktik, die auch Anfänger*innen ziemlich einfach umsetzen können, besteht darin, interne Verlinkungen zu platzieren. Dabei handelt es sich um

Verweise von einer Seite auf eine andere. Dadurch zeigst du Google, welche Seiten deiner Website am relevantesten sind. Die ersten internen Verlinkungen hast du schon über die Strukturierung deines Website-Menüs erledigt und dabei vielleicht sogar SEO-Aspekte berücksichtigt, indem du deine wichtigsten Keywords in die Navigationselemente einbaust, wie Studio Cotton in Abbildung 5.49. Denn der Linktext ist ein weiterer wichtiger Indikator für Google, um das Thema und die Relevanz der verlinkten Seite einzustufen.

Lass es mich einmal anhand eines Beispiels veranschaulichen. Nehmen wir an, du verfasst einen Blogartikel zum Thema Design-Fails und möchtest direkt im Text auf dein Angebot, den Design-Check, verlinken. Deshalb schreibst du am Ende deines Artikels so etwas wie: »Falls du diese Fehler vermeiden und dein Website-Design optimieren möchtest, buche gerne einen Design-Check mit mir. Hier erfährst du mehr darüber.« Im letzten Satz verlinkst du dann auf deine Angebotsseite. Das ist kein schlechter Anfang, aber noch besser wäre es, wenn du den letzten Satz weglässt und den Hyperlink in das Wort »Design-Check« einbettest. Denn dieses beschreibt dein Angebot und beinhaltet auch ein wichtiges Keyword: »Design«. Dadurch verstehen Suchmaschinen eher, wie sie deinen Link einordnen sollen. Versuch also, triviale Linktexte wie »Mehr erfahren« oder »Weiterlesen« zu vermeiden, so gut es geht.

5.7.7 Sammle Backlinks

Ähnlich wie die Verlinkung innerhalb deiner eigenen Website erkennt Google auch, wenn externe Seiten auf dich verweisen. Sogenannte *Backlinks* sind insofern wichtig, da sie die Autorität deiner Website steigern. Denn je mehr externe Seiten auf einen Beitrag von dir verlinken, desto wichtiger scheint dieser zu sein. Natürlich gilt auch hier wieder: Qualität über Quantität. Es bringt rein gar nichts, Backlinks von irgendwelchen schmuddeligen Seiten zu kaufen. Denn auch die Qualität der verlinkenden Seite wird berücksichtigt. Befolge stattdessen lieber diese Tipps:

- *Gib anderen Dienstleister*innen Testimonials, und bitte sie darin, auf deine Website zu verlinken.* Das ist ein relativ einfacher und schneller Weg, um erste Backlinks zu bekommen. Wichtig wäre allerdings, dass das Angebot der Dienstleister*innen auch thematisch zu deinem passt. Bist du eine Webdesignerin, könnten das Leute aus dem Marketing-Bereich sein, mit denen du schon einmal zusammengearbeitet hast.
- *Falls du schon einmal für einen Podcast oder einen Artikel interviewt wurdest, bitte darum, auch darin verlinkt zu werden.* Speziell wenn es in dem Interview um dein Expertengebiet geht, kannst du dadurch deine Autorität und Expertise steigern.

- *Bewirb dich als Gastautorin auf relevanten Blogs und in Online-Magazinen*. Eine der Taktiken, die ich dir in Kapitel 4, »Deine erste Kundin gewinnen«, vorgestellt habe, ist das Verfassen von themenrelevanten Gastartikeln, um darüber Backlinks zu sammeln.
- *Betreibst du einen Shop oder ein lokales Unternehmen, versuche, auf Best-of-Listen zu kommen*. Viele Städte haben eigene Portale oder Magazine, in denen lokale Businesses vorgestellt und nach Qualität gereiht werden. Oft kann man sich für diese Best-of-Listen bewerben oder die Community darüber abstimmen lassen. Auch lokale Netzwerke, in denen du Mitglied bist, eignen sich gut dazu, relevante Backlinks zu bekommen.
- *Erstelle spannende, lesenswerte Inhalte, um darüber an Autorität zu gewinnen.* Wenn du die Tipps von Google für wertvolle Inhalte befolgst, erhöhst du nicht nur die Chancen, selbst gefunden zu werden. Mit ein wenig Glück wirst du auch bald als absolute Expertin in deiner Branche angesehen, und andere beginnen deinen Content zu teilen.
- *Teile deine Inhalte auf Social Media*. Wenn du selbst auf Social Media aktiv bist, nutze deine Sichtbarkeit, um auf deine Website zu verweisen. Vor allem Netzwerke wie Pinterest, die selbst als Suchmaschine fungieren, können dir wertvollen Traffic liefern und damit deine Domain-Autorität steigern. Mehr dazu erfährst du in Kapitel 6, »Social Media für Selbstständige«.

5.7.8 Anleitung: Google Search Console einrichten

Ein letzter wichtiger Schritt, wenn du SEO wirklich ernsthaft verfolgst, ist die Einrichtung deiner *Google Search Console* (*search.google.com/search-console*). Dieses kostenfreie Tool liefert dir spannende Insights über deine Performance innerhalb der Google-Suche. Zur Nutzung der Search Console benötigst du ein Google-Konto, das du unter *myaccount.google.com* einrichten kannst. Mit diesem loggst du dich dann in die Search Console ein und navigierst zu PROPERTY HINZUFÜGEN. Als Nächstes gibst du deine Top- und Second-Level-Domain (also ohne das www. davor) links ein, wie in Abbildung 5.50, und verifizierst deine Domain. Schon beginnt Google, für dich mitzumessen.

Deine Domain verifizieren

Der Vorgang der Verifizierung deiner Domain unterscheidet sich je nachdem, über welches Tool du diese erworben hast. Anleitungen für die in diesem Kapitel beschriebenen Website-Baukästen findest du hier:

- *WordPress: wp-ninjas.de/google-search-console-wordpress*
- *Squarespace: support.squarespace.com/hc/de/articles/205813918-Verifiziere-deine-Website-mit-der-Google-Search-Console*

- *Showit: learn.showit.com/en/articles/2160882-verify-your-site-with-google*
- *Wix: support.wix.com/de/article/deine-website-manuell-in-der-google-search-console-verifizieren*
- *Webflow: university.webflow.com/lesson/google-site-verification*

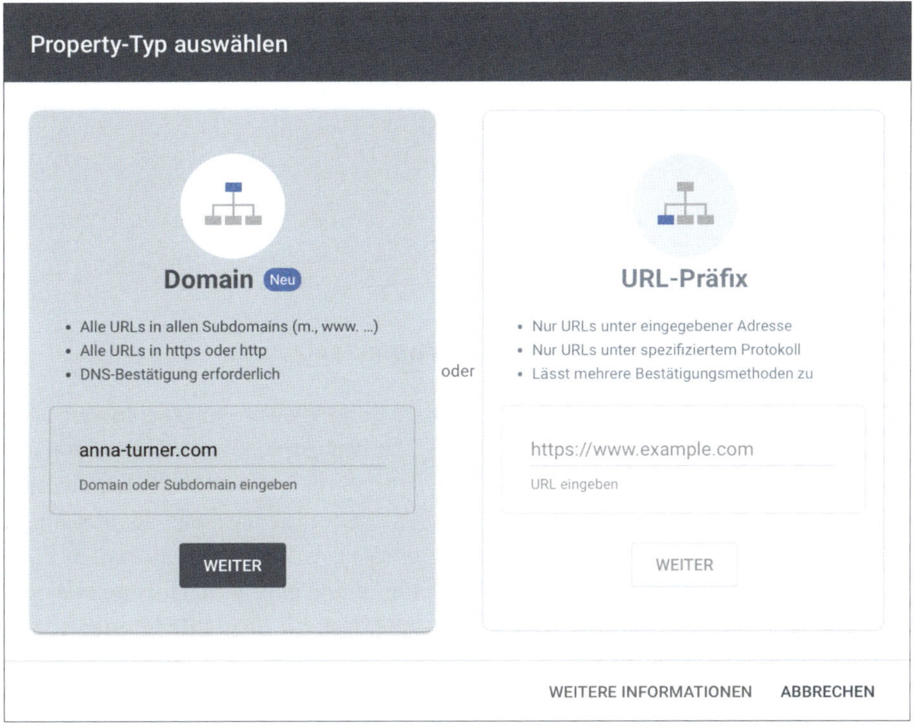

Abbildung 5.50 Wähle den Property-Typ »Domain« beim Einrichten deiner Search Console, um diese nur einmal zu bestätigen.

Nachdem deine Inhaberschaft überprüft wurde, kannst du damit beginnen, deine Google-Performance auszuwerten. Die Search Console zeigt dir nicht nur an, in wie vielen Google-Suchen deine Website und ihre Unterseiten aufgetaucht sind, sondern auch mit welchen Keywords nach dir gesucht wurde. So kannst du überprüfen, ob sich deine SEO-Bemühungen auch wirklich auszahlen. Navigiere dazu im Seitenmenü zu GOOGLE SUCHE-ERGEBNISSE und scrolle zum Bereich SUCHANFRAGEN (siehe Abbildung 5.51). Hier siehst du, unter welchen Suchbegriffen deine Website am häufigsten aufgeschienen ist. Außerdem kannst du unter dem Menüpunkt SEITEN analysieren, welche deiner Unterseiten besonders gut ankommt. Vielleicht entdeckst du hier sogar Phrasen, die sich noch nicht auf deiner Keyword-Liste befinden, und kannst diese zukünftig auf deiner Website unterbringen.

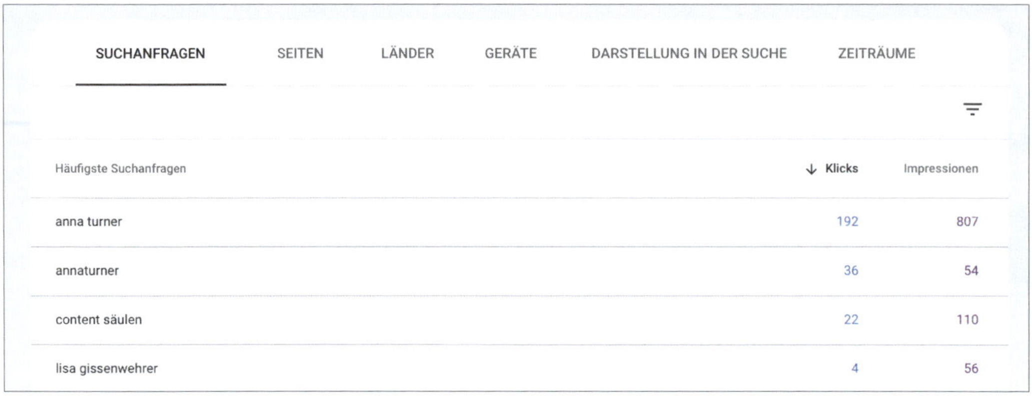

SUCHANFRAGEN SEITEN LÄNDER GERÄTE DARSTELLUNG IN DER SUCHE ZEITRÄUME

Häufigste Suchanfragen	↓ Klicks	Impressionen
anna turner	192	807
annaturner	36	54
content säulen	22	110
lisa gissenwehrer	4	56

Abbildung 5.51 Innerhalb der Google Search Console siehst du, unter welchen Suchanfragen deine Website aufscheint.

5.8 Für immer ein »Work in Progress«

Wenn du so ein Mammut-Projekt wie deine eigene Website abgeschlossen hast, darfst du dich einmal zurücklehnen und eine Zeit lang gar nichts machen. Denn das war ganz schön viel Arbeit. Deshalb sei mir jetzt bitte nicht böse, wenn ich dir sage: Eine Website ist nie wirklich fertig. Ich weiß, nicht gerade das, was du jetzt hören möchtest. Aber genauso, wie du dich weiterentwickelst, wird sich auch dein Business im Laufe der Zeit verändern. Deine Positionierung wird geschärft, neue Angebote werden gelauncht, und vielleicht entscheidest du dich früher oder später doch, einen Blog zu starten. Deine Website ist also dauerhaft »work in progress«, und je früher du dir dessen bewusst bist, desto eher kannst du auch über Kleinigkeiten hinwegsehen, die noch nicht perfekt sind.

5.9 Website Analytics: die wichtigsten Kennzahlen

Zum Abschluss dieses Kapitels möchte ich dir noch zeigen, wie du deine Website-Performance misst und auswertest. Auch sie solltest du immer im Rahmen deiner Customer Journey betrachten und schon im Vorfeld festlegen, wann und wofür jemand dorthin gelangt. Betreibst du SEO, ist es wahrscheinlich dein Ziel, dass deine Website selbst gefunden wird, du setzt sie also schon in der Awareness-Phase ein. Nutzt du Social Media oder Werbeanzeigen als Reichweitenkanäle, kommt deine Website eher gegen Ende des Funnels zum Einsatz. Je nachdem, welche Strategie du mit deiner Website verfolgst, wirst du auch unterschiedliche Kennzahlen zur Auswertung heranziehen. In Tabelle 5.11 bekommst du einen Überblick.

Customer-Journey-Phase	Ziel	Kennzahlen
Awareness	so viele (neue) User wie möglich auf die Website locken	■ Anzahl der Besuche ■ Traffic-Quellen ■ einzelne Besucher ■ für SEO: Impressionen ■ für SEO: CTR
Consideration	User dazu einladen, möglichst lange auf der Website zu verweilen und die Inhalte zu studieren	■ Verweildauer ■ Page Depth ■ Bounce-Rate ■ qualitative Auswertungen, z. B. über Heatmaps
Purchase/Conversion	neue Kunden gewinnen, Leads generieren	■ Button-Klicks ■ Conversion-Rate

Tabelle 5.11 Die wichtigsten Kennzahlen entlang der Customer Journey

Tool-Tipps zur Auswertung deiner Website-Analytics

Die meisten Website-Baukästen, die ich dir in diesem Kapitel vorgestellt habe, bieten auch eigene Analyseberichte, die dir vielleicht sogar schon genügend Informationen über deine Performance geben. Möchtest du wirklich detaillierte Berichte erstellen, empfehle ich eines der folgenden Tools:

- *Matomo* (*matomo.org*) ist eine DGSVO-konforme Alternative zu Google Analytics, die mit ein wenig technischem Know-how sogar völlig kostenfrei genutzt werden kann. Dazu musst du Matomo allerdings auf deinem eigenen Server installieren. Die etwas einfacher einzurichtende Cloud-Version ist ab 19 €/Monat erhältlich und beinhaltet die wichtigsten Kennzahlen.
- Auch *Google Analytics* (*analytics.google.com*) kann datenschutzkonform eingesetzt werden, jedoch gestaltet sich das schon etwas schwieriger als mit Matomo. Informiere dich also im Vorfeld über die Schritte, die du umsetzen musst, damit dies geschieht. Google Analytics ist übrigens kostenfrei.
- Mit *Hotjar* (*hotjar.com*) kannst du zwar nicht die oben genannten Kennzahlen messen, du bekommst jedoch hilfreiche Tools zur qualitativen Analyse deiner Website. Sogenannte *Heatmaps* zeigen dir an, wo auf deiner Website sich User am meisten aufhalten und welche Abschnitte untergehen. Hotjar ist für 5 Sessions pro Tag kostenfrei. Die Plus-Version kostet 32 €/Monat.
- *Crazyegg* (*crazyegg.com*) bietet ähnliche Funktionen wie Hotjar und zeigt darüber hinaus noch, wie lange ein Nutzer auf deiner Website verweilt, nicht nur, wo geklickt und wie weit gescrollt wird. Ab 29 US-$/Monat.

Kapitel 6

Social Media für Selbstständige

Auf Instagram, LinkedIn und Co. hast du den direkten Draht zu deiner Wunschkundin. Social Media sind deshalb aus dem Marketing-Mix einer Selbstständigen nicht mehr wegzudenken. Durch laufende Updates der Funktionen, immer neue Trends, und Algorithmen, die es anscheinend gegen dich abgesehen haben, wird das Posten auf sozialen Netzwerken aber oft zum Spießrutenlauf. Wie du es trotzdem schaffst, sichtbar zu werden, dir eine aktive Community aufzubauen und das ohne Auszubrennen, erfährst du in diesem Kapitel.

Meine ersten Berührungspunkte mit Social-Media-Marketing hatte ich 2015, als ich als Influencerin eingeladen wurde, kostenfrei in einem Hotel zu übernachten und darüber zu berichten. Mein Instagram-Reiseblog zählte knapp 30.000 Follower*innen und ich verstand, wie Inhalte aufbereitet werden mussten, um einer Masse zu gefallen. Heute muss ich schmunzeln, wenn ich an diese Zeit zurückdenke, denn auf Social Media erfolgreich zu werden, war 2015 noch so einfach. Ich hatte kein besonderes Talent zur Fotografie, postete maximal 3x pro Woche und an Videos dachte damals noch niemand, zumindest nicht auf Instagram.

Heute sieht die Sache ganz anders aus. Eine überwältigende Vielzahl an Netzwerken, Formaten und Inhalten sowie die immer kürzer werdende Aufmerksamkeitsspanne von Nutzer*innen führen dazu, dass Plätze in den Newsfeeds mittlerweile hart umkämpft sind. Als Selbstständige solltest du hochwertige Grafiken erstellen, keine Angst davor haben, in die Kamera zu sprechen, Tanz-Videos und lustige Sketches filmen, aber trotzdem professionell wirken. Und das am besten jeden Tag. Ganz schön viel Arbeit oder?

Kein Wunder also, dass sich in letzter Zeit ein gewisser Verdruss breit gemacht hat. Seit ich Beratungen für andere Solopreneure anbiete, höre ich immer wieder den Wunsch alles hinzuschmeißen. Dabei schaffen wir uns das Social-Media-Hamsterrad selber. Denn du kannst auch heute noch erfolgreich werden ohne dich dem Algorithmus-Druck zu beugen; als Expertin wahrgenommen werden, ohne dauernd mit Tipps und Ratschlägen um dich zu schmeißen; Kund*innen gewinnen ohne jeden Tag zu posten. Du glaubst mir nicht? Dann lass mich es dir zeigen.

6.1 Die Bedürfnisse von Social-Media-Nutzern

Bevor du überhaupt darüber nachdenkst, was du posten könntest, finde ich es wichtig, dich damit zu beschäftigen, was sich Nutzer*innen von ihrer Zeit auf sozialen Netzwerken eigentlich erwarten. Viel zu oft kommt es nämlich vor, dass Unternehmer*innen versuchen, den Plattformen ihren eigenen Stempel aufzudrücken, statt sich an die vorherrschende Sprache und Umgangsweisen anzupassen. Natürlich musst du dich nicht zwingend verstellen, aber wenn du langfristig mit Social Media erfolgreich werden möchtest, dann solltest du dich und deine Inhalte an die Bedürfnisse der User anpassen.

Diese sind in den letzten Jahren in zahlreichen Studien analysiert worden, zum Beispiel im *Consumer Market Snapshot 2022* des Global Web Index. Dort wurden unter anderem die Gründe erforscht, warum User auf Social Media aktiv sind. Die Top 5 findest du in Tabelle 6.1.

Grund, auf Social Media aktiv zu sein	% in Deutschland	% weltweit
um freie Zeit zu überbrücken	40	35
weil viele Freund*innen auf Social Media aktiv sind	35	25
um zu sehen, was Freund*innen so treiben	34	33
um lustigen oder unterhaltsamen Content zu finden	31	35
um up to date zu bleiben, was aktuelle Geschehnisse betrifft	31	37

Tabelle 6.1 Die Top-5-Gründe, um auf Social Media aktiv zu sein[1]

6.2 Die wichtigsten Social-Media-Plattformen im Schnelldurchlauf

Wie du siehst, geht es Nutzer*innen nicht darum, von einer Werbung nach der anderen berieselt zu werden, egal wie großartig dein Angebot ist. Social-Media-User suchen nach Ablenkung, Verbindung, Unterhaltung und spannenden Informationen. Wer es schafft, diese Bedürfnisse mit seinen Inhalten abzudecken, wird auch vom positiven Nebeneffekt, hohen Verkaufszahlen, profitieren. Wie du solchen Content erstellst, das lernst du in Kapitel 7, »Veröffentliche deine ersten Inhalte«. Zunächst werfen wir einen Blick auf die sieben bekanntesten Plattformen und wie du diese strategisch einsetzt.

1 Quelle: *gwi.com/reports/germany-consumers*

6.2.1 Facebook – die Mutter aller sozialen Netzwerke

Mit Facebook hat alles begonnen. Die Mutter aller Social-Media, die zu Beginn hauptsächlich zur Vernetzung mit Freund*innen benutzt wurde, bot jahrelang riesiges Potenzial für Unternehmen und Selbstständige. Obwohl der Hype um Facebook mittlerweile eingebrochen ist, zählt die Plattform noch immer zu den meistgenutzten sozialen Netzwerken, vor allem im deutschsprachigen Raum. Laut Meta[2] loggen sich 26 Millionen Deutsche mindestens einmal pro Monat auf Facebook ein, um unterhalten zu werden, sich mit Bekannten auszutauschen sowie um informiert zu bleiben. In Österreich sind übrigens 5,5 Millionen User auf Facebook aktiv, in der Schweiz sind es 5,9 Millionen. Gerade in der Altersgruppe von 50–64 Jahren ist Facebook besonders beliebt. Dabei verschieben sich die Aktivitäten der Facebook-User neuerdings immer mehr in Gruppen sowie den Messenger, ein integriertes Direktnachrichten-Tool. Der Grund dafür ist laut einer Studie von Business Insider Langeweile. Gerade jüngere Generationen meiden die Plattform immer öfter, da sie sich von den vorherrschenden Inhalten im Facebook-Feed nicht angesprochen fühlen.[3]

Warum du trotzdem eine Facebook-Business-Seite haben solltest

Trotzdem solltest du schleunigst eine Facebook-Seite für dein Business einrichten, falls du noch keine hast. Denn diese kann sowohl von Nutzer*innen, die selbst nicht auf Facebook angemeldet sind, als auch von Suchmaschinen gelesen werden. Gerade für Selbstständige und kleine Unternehmen ohne eigene Website bietet eine Facebook-Business-Seite (siehe Abbildung 6.1) deshalb eine kostenfreie Alternative, mit der du die wichtigsten Infos zu dir und deinem Unternehmen (z. B. Adresse, Öffnungszeiten, Kontaktdaten) öffentlich zur Verfügung stellen kannst.

Leider muss jede Person, die Facebook geschäftlich nutzen möchte, zuerst ein persönliches Profil einrichten. Für dieses solltest du unbedingt deinen richtigen Namen verwenden, vor allem, wenn du vorhast, über Facebook Werbeanzeigen zu schalten. Facebook räumt sich nämlich das Recht ein, deine Identität zu überprüfen, und im schlimmsten Fall verlierst du sogar den Zugriff auf deinen Account. Genau das ist mir mit dem Business-Konto meiner ehemaligen Agentur passiert, da sich nicht nur mein Nachname, sondern auch meine Anschrift innerhalb kürzester Zeit geändert hatten. Nachdem ich im Sommer 2021 aus den USA wieder zurück nach Österreich gezogen bin und offiziell den Nachnamen meines Mannes angenommen hatte,

2 Der Konzern, der hinter Facebook steht, heißt seit 2021 Meta.

3 Quellen: Statista Global Consumer Survey 2022 (*de.statista.com/statistik/studie/id/80359/dokument/social-media-facebook-nutzerinnen-in-deutschland*) und Business Insider (*business-insider.com/gen-z-abandons-facebook-kik-skype-survey-2019-7*)

konnte Facebook meine Identität nicht mehr verifizieren und schloss mich aus meinem eigenen Business-Konto aus. Den Zugriff habe ich trotz mehrmaliger Anfrage bis heute nicht wiederbekommen. Bevor du also deine Facebook-Business-Seite einrichtest, stell sicher, dass dein persönliches Profil up to date ist.

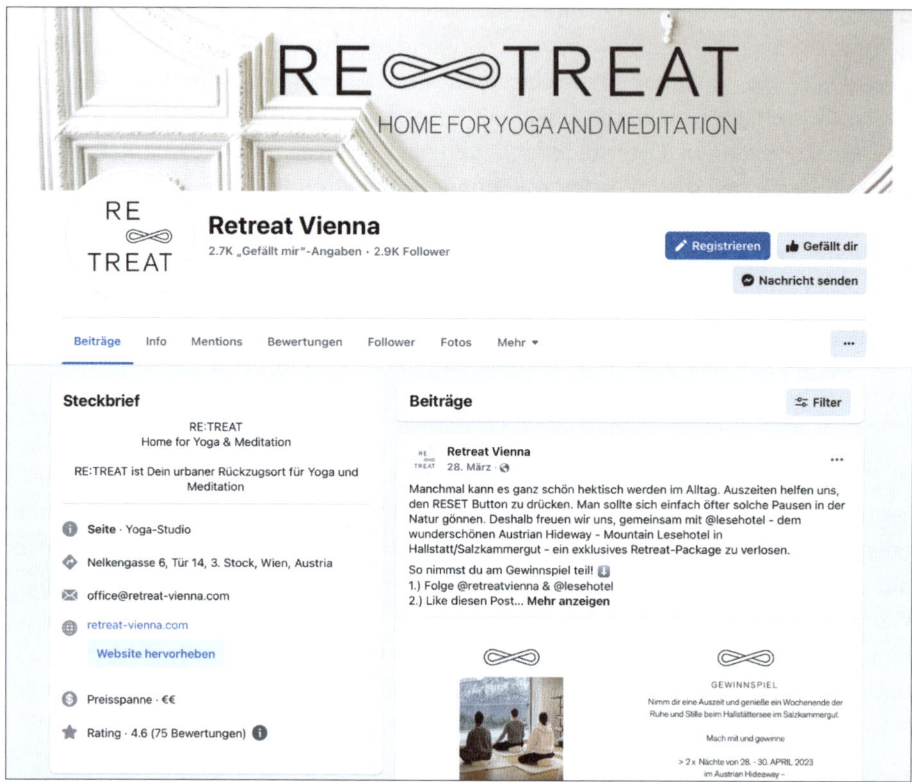

Abbildung 6.1 Die Facebook-Business-Seite eines Wiener Yogastudios (facebook.com/retreatvienna)

Business-Seite und persönliches Profil, was genau ist der Unterschied?

Die vielen verschiedenen Facebook-Funktionen und -Begriffe sorgen gerne für Verwirrung. Während auf dem persönlichen Profil Informationen zur eigenen Person aufscheinen, dreht sich auf Business-Seiten (auch Facebook-Pages oder Unternehmensseiten genannt) alles um dein Unternehmen. Dein persönliches Profil wird automatisch mit deiner Anmeldung zu Facebook erstellt. Hier kannst du unter anderem Angaben zu deinem Geburtstag, Wohnort, Ausbildungen und Hobbys machen. Andere Facebook-User können sich über Freundschaftsanfragen mit dir verbinden und sehen daraufhin deine Beiträge und Storys. Business-Seiten sind hingegen öffentlich einsehbar und können von Facebook-Nutzer*innen durch eine »Gefällt mir«-Angabe abonniert werden.

Sinkende organische Reichweiten, dafür Erfolg durch Ads und Gruppen

Wer heute seine Zielgruppe mit Facebook erreichen möchte, kommt um den Einsatz von Werbeanzeigen nicht herum. Organisch Reichweite aufzubauen, ist für neue Business-Seiten wenig bis gar nicht mehr möglich, und auch etablierte Pages kämpfen um die Aufmerksamkeit von Facebook-Nutzern. Das liegt nicht nur daran, dass der Facebook-Algorithmus Posts von Bekannten priorisiert, sondern auch an der allgemeinen Entwicklung der Plattform, die heute keinen roten Faden mehr vorweisen kann. Versteht man Instagram als Lifestyle-, LinkedIn als Business- und TikTok als Unterhaltungskanal, versucht Facebook von allem etwas zu sein und sorgt damit für Überforderung. Mittlerweile gibt es kaum etwas, was es auf Facebook nicht gibt. Unternehmen können Shops einrichten, Livestreams teilen, Events erstellen und ihre Community in geschlossenen Gruppen unterhalten. Dabei noch den Überblick zu bewahren und die vielen Formate wirklich zielgerichtet einzusetzen, fällt selbst Profis schwer. Der einzige Lichtblick: Durch Werbeanzeigen kann die nicht vorhandene organische Reichweite ersetzt werden. Eine Anleitung, wie du diese Werbeanzeigen einrichtest, bekommst du in Kapitel 10, »Ads als Sales-Booster«.

So ganz totsagen kann man die Plattform aber dennoch nicht, denn User tummeln sich heute vor allem in Gruppen, in denen sie sich über gemeinsame Interessen austauschen. Für Selbstständige sind diese vor allem in der dritten Phase der Customer Journey, nach dem Kauf, sinnvoll, zum Beispiel um vorhandene Kund*innen miteinander zu verbinden und Fragen rund ums eigene Angebot zu beantworten. Genauso handhabt das die Physiotherapeutin Hanna Sacher und bietet den Teilnehmenden ihres Onlinekurses die Möglichkeit, ihre Erfolge in einer Facebook-Gruppe zu teilen (siehe Abbildung 6.2).

Abbildung 6.2 In der Facebook-Gruppe von Hanna Sacher (hannasacher.com) können sich Kursteilnehmer*innen miteinander austauschen.

Alternativen zu Facebook-Gruppen für Bestandskund*innen

Ein großer Vorteil von Facebook-Gruppen ist, dass heute so gut wie jeder einen Facebook-Account besitzt. Allerdings stellt sich die Frage, wie oft dieser wirklich aktiv geöffnet wird. Außerdem sind Facebook-Gruppen ziemlich unübersichtlich. Deshalb hier vier Alternativen:

- Auch auf *WhatsApp* (*whatsapp.com*) können kostenfrei Gruppen erstellt werden. Leider sind diese genauso unübersichtlich.
- *Slack* (*slack.com*) ist da schon ordentlicher. Sogenannte Workspaces können in verschiedene Channel unterteilt werden, die sich jeweils einem speziellen Thema widmen. Slack ist kostenfrei, zeigt allerdings immer nur die Nachrichten der letzten drei Monate an. Um diese Sperre zu umgehen, müsste der Workspace-Besitzer knapp 7 € pro User pro Monat zahlen. Nicht gerade leistbar als Community-Kanal.
- *Discord* (*discord.com*) funktioniert ähnlich wie Slack, ist aber etwas umständlicher aufzusetzen. Dafür werden hier auch keine Nachrichten verborgen, da Discord komplett kostenfrei ist.
- *Circle.so* (*circle.so*) ist eine spannende neue Plattform, die speziell für Onlinekurs-Anbieter interessant werden könnte. Denn hier können nicht nur Communitys erstellt, sondern ganze Kurse gehostet und Live-Events veranstaltet werden. Dementsprechend hoch sind auch die Kosten. Circle gibt es ab 49 US-$/Monat.
- Auch *Mighty* (*mightynetworks.com*) hat sich auf Onlinekurs-Anbieter*innen spezialisiert, die sowohl Chat-Communities als auch Kurse und sogar ganze Apps darüber erstellen können. Ab 33 US-$ / Monat.

6.2.2 Instagram – mehr als nur schöne Fotos

Die 2010 gegründete Fotosharing-App hat bereits 2 Milliarden aktive Nutzer*innen weltweit und ist gerade für Selbstständige spannend, da hier besonders hohe Interaktionsraten erzielt werden können.[4] Dank ständiger Erweiterung der App-Funktionen wie Reels, Guides oder Broadcast Channel bietet Instagram heute eine Vielzahl an Formaten, die auch genutzt werden sollten.[5]

So gelingt der Community-Aufbau mit Instagram

Im Grunde zielen alle diese Formate auf dasselbe ab: User inspirieren, informieren und unterhalten, um sie dadurch in Follower zu verwandeln. Instagram ist und bleibt nämlich eine Community-Plattform. Ich selbst konnte in den letzten Jahren schon mehrere Instagram-Accounts mit fünf- bis sechsstelligen Follower-Zahlen aufbauen, weiß also, was es bedeutet, Community-Building zu betreiben. Hier meine erfolgreichsten Tipps:

---

4 Quelle: *de.statista.com/themen/2506/instagram/#topicOverview*

5 Auf meinem Blog bekommst du laufend Updates und hilfreiche Tipps zur Nutzung der verschiedenen Formate: *anna-turner.com/blog/categories/instagram-marketing*

- *Verstehe dich selbst als Teil der großen Instagram-Community.* Beinahe jedes Thema wird auf Instagram schon aktiv von verschiedensten Usern behandelt, seien es Reisen, Mode, Politik, Feminismus oder sogar Nischenthemen wie Landwirtschaft. Bevor du versuchst, eine eigene Community aufzubauen, bringe dich aktiv in solche Unterhaltungen ein, die schon zu deinem Thema geführt werden, sei es von Kolleginnen oder Influencern.
- *Hab eine Meinung und teile diese auch.* Wenn du vom Community-Mitglied zur Leaderin aufsteigen möchtest, solltest du auch keine Angst davor haben, deine Meinung lautstark kundzutun. Denn wir blicken eher zu Leuten auf, die besonders kritisch, besonders inspirierend oder besonders erfolgreich sind. Achte aber darauf, immer bei deinem Business-Thema zu bleiben, statt jede neue Schlagzeile im Weltgeschehen zu kommentieren.
- *Fördere den Austausch in deinen Kommentarspalten und Storys.* Überlege dir spezielle Community-Formate, in denen du deinen Followern die Möglichkeit bietest, sich untereinander auszutauschen. Das können Diskussionsanregungen, Mitmach- oder Feedback-Posts sein wie in Abbildung 6.3.

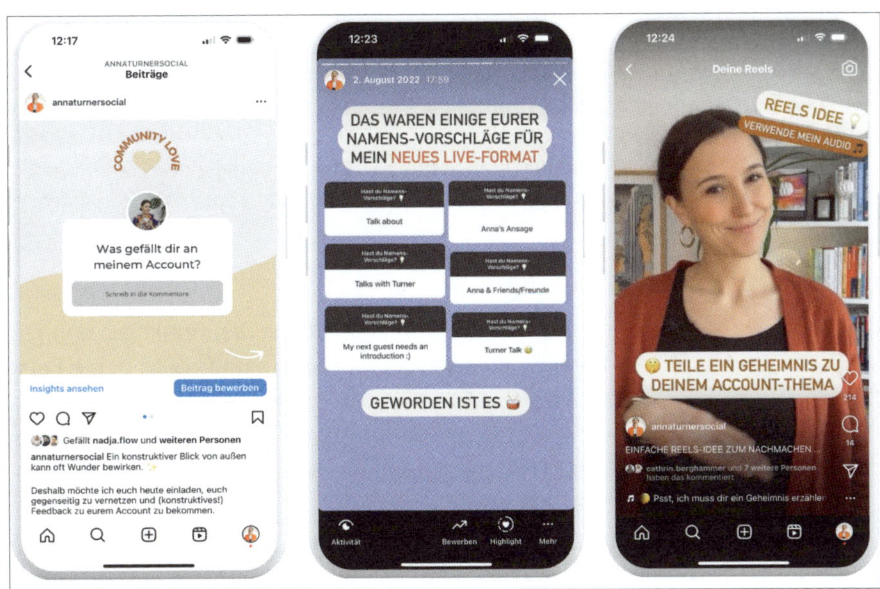

Abbildung 6.3 Community-Formate auf meinem Instagram-Account

- *Antworte auf Reaktionen in deinen Storys.* Viele wissen mittlerweile, dass sich Storys mit ihren vielen interaktiven Stickern ganz großartig zum Community-Building eignen. Was die meisten jedoch nicht machen, ist, Story-Reaktionen selbst zu kommentieren. Wenn jemand bei deiner Umfrage mitmacht, schreib diese Person per Direktnachricht an, und frag noch einmal nach, warum sie genau diese Antwortmöglichkeit ausgewählt hat.

- *Betrachte nicht jedes Gespräch als Sales-Pitch.* Wichtig ist dabei aber, dass du echte Unterhaltungen führst und dich ehrlich für die Anliegen deiner Community interessierst. Sind deine Nachrichten nur versteckte Sales-Pitches, wirst du deine Follower nach und nach vergraulen.

6.2.3 B2B-Marketing auf LinkedIn

Das Business-Netzwerk dient längst nicht mehr nur dazu, deinen Lebenslauf darzustellen und Geschäftskontakte zu pflegen. Mit Facebook-ähnlichen Newsfeeds, Gruppen und Live-Events wird LinkedIn immer mehr zum sozialen Netzwerk und birgt enormes Potenzial, besonders für Solopreneure im B2B. Denn der Business-Bezug bleibt weiterhin das Alleinstellungsmerkmal der Plattform. Mit knapp 19 Millionen Mitgliedern alleine im DACH-Raum kannst du auf LinkedIn ganz schön viele potenzielle Kund*innen erreichen.[6]

Selbstständige erzählen: »Warum ich LinkedIn nutze«

Matthias Cordes (*linkedin.com/in/matthiascordes*) ist selbstständiger Webdesigner und nutzt LinkedIn, um darüber den Kontakt zu potenziellen Kund*innen aus der internationalen Start-up-Szene herzustellen. Die Business-Plattform wurde ihm von einer Beratungsagentur empfohlen, und er entschied sich im richtigen Moment, aufzuspringen. »Relativ junge soziale Netzwerke erlauben oft eine hohe Reichweite, da sie noch nicht so gesättigt sind«, erzählt Matthias. Mittlerweile hat er sich eine aktive Community auf LinkedIn aufgebaut, und das, obwohl er im Schnitt nur einmal pro Woche postet.

Dein Profil auf LinkedIn gestalten

Der erste Schritt nach deiner Anmeldung auf LinkedIn ist das Einrichten deines persönlichen Profils. Dieses fungiert als digitale Visitenkarte und sollte deine Personal Brand möglichst attraktiv darstellen. Da du in Abschnitt 6.3.2 einige allgemeingültige Tipps zur Profil-Erstellung auf Social Media bekommst, gehe ich im Folgenden ausschließlich auf LinkedIn-spezifische Funktionen ein.

Der Profilslogan

Dieser kurze Textabschnitt unter deinem Namen (siehe Abbildung 6.4) ist eines der wichtigsten Elemente deines Profils. Denn er erscheint überall dort, wo du auf LinkedIn aktiv bist, zum Beispiel in Beiträgen oder Kommentaren, die du erstellst. Viele machen den Fehler, in ihren Profilslogan nur die aktuelle Berufsbezeichnung zu schreiben. Doch gerade wenn du eine starke Personenmarke etablieren möchtest, sollten auch deine Besonderheiten und Werte angeführt werden. Immerhin stehen dir hier ganze 220 Zeichen zur Verfügung.

---

6 Quelle: *https://de.statista.com/themen/700/linkedin/#topicOverview*

Abbildung 6.4 Bring deine Persönlichkeit zum Ausdruck, auch auf LinkedIn (linkedin.com/in/stephan-park-quotenchinese-aus-österreich).

Im Fokus

In diesem Abschnitt, der sich direkt unter deiner Kurzbeschreibung befindet, hast du die Möglichkeit, deine Angebote oder besonders spannende Projekte, an denen du beteiligt warst, vorzustellen (siehe Abbildung 6.5). Hier kannst du Bilder, Beiträge, Artikel, LinkedIn-Newsletter oder Links zu deiner Website visuell ansprechend präsentieren.

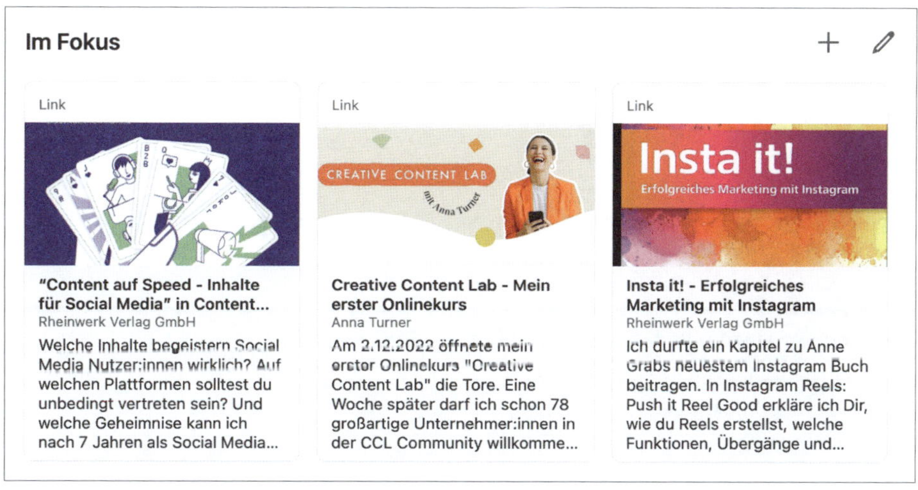

Abbildung 6.5 Nutze diesen Abschnitt, um dich als Expertin zu positionieren.

Nutze den Abschnitt, um deine Expertise zu untermauern. Ich habe zum Beispiel zwei Buchprojekte verlinkt, an denen ich schon beteiligt war, sowie meinen Onlinekurs *Creative Content Lab*. In Zukunft möchte ich den Abschnitt noch um besonders erfolgreiche Case Studies von Kundenprojekten ergänzen.

Berufserfahrung und Kenntnisse

LinkedIn bietet als einziges Netzwerk die Möglichkeit, deinen kompletten beruflichen Lebenslauf abzubilden. Trag unbedingt die wichtigsten Stationen deiner bisherigen Laufbahn ein, und ergänze diese durch spannende Insights zu deinem Arbeitsalltag und beruflichen Erfolgen. Auch hier hast du die Möglichkeit, relevante Projekte einzufügen. Die LinkedIn-Expertin Britta Behrens macht es vor und verlinkt aktuelle Podcast-Interviews sowie Bücher und Guides, zu denen sie beigetragen hat (siehe Abbildung 6.6).

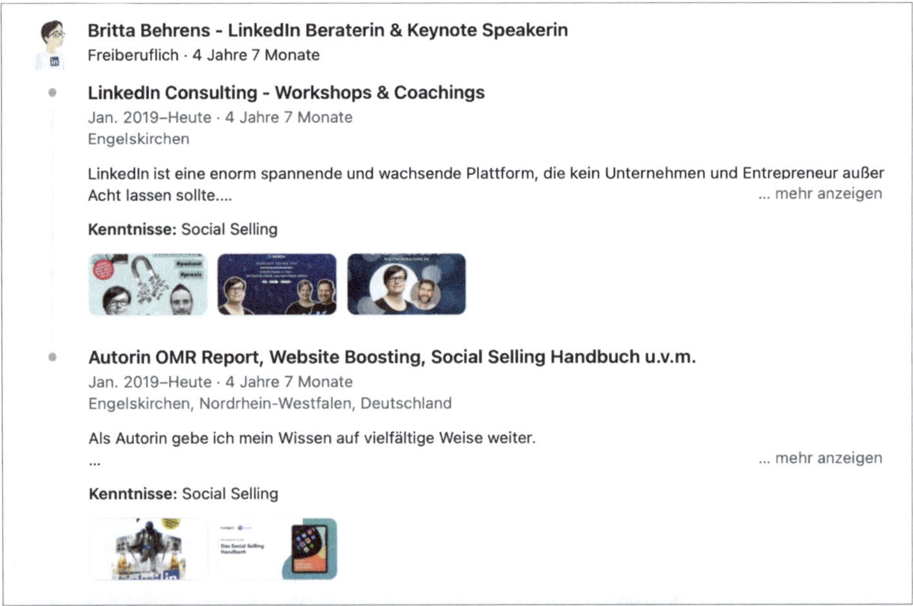

Abbildung 6.6 Ein LinkedIn-Profil mit Liebe zum Detail (linkedin.com/in/britta-behrens-linked-in-marketing-und-social-selling-expertin)

Eine eigene Unternehmensseite erstellen als Selbstständige

Für Selbstständige gibt es auf LinkedIn einen kleinen Stolperstein. Möchtest du eine Berufserfahrung hinzufügen, musst du einen Firmennamen aus einer Liste an vorhandenen Firmen auswählen, außer du wählst im Beschäftigungsverhältnis »selbstständig«. Dann erscheint der Beruf zwar ganz normal auf deinem Profil, allerdings nur mit einer Stock-Grafik von LinkedIn. Hast du ein eigenes Logo erstellen lassen, solltest du es unbedingt auch hier anführen.

Das geht leider nur, indem du eine eigene Unternehmensseite erstellst. Die gute Nachricht: Das Ganze dauert nur 2 Minuten. Klick oben rechts in deiner LinkedIn-Startseite auf PRODUKTE und wähle dann ganz unten den Button UNTERNEHMENSSEITE ERSTELLEN +. Jetzt musst du nur noch ein paar wenige Fragen zu deiner Branche und Unternehmensgröße beantworten, dein Logo hochladen, und schon kannst du dich selbst als Arbeitgeber in deinem Profil verlinken. Wie das Ganze dann aussieht, siehst du auf Brittas Profil in Abbildung 6.6.

6.2.4 YouTube – der Video-Gigant

Streng genommen ist YouTube kein soziales Netzwerk, sondern eine Suchmaschine. Würde man das Videoportal nämlich zu den Social Media zählen, läge es unangefochten auf Platz 1 der meistgenutzten Netzwerke. Laut einer aktuellen Studie von Bitkom geben ganze 82 % der deutschen Internetnutzer an, regelmäßig auf YouTube aktiv zu sein.[7] Von Musik über Gaming, Beauty, Gesundheit und Ernährung bis hin zu Nachrichten und Politik, YouTuber interessieren sich für eine Vielzahl an Themen und bleiben viel länger aufmerksam dabei als auf anderen Netzwerken. Ein durchschnittliches YouTube-Video ist nämlich fast 12 Minuten lang. Zum Vergleich: Auf TikTok sind es gerade einmal 30 Sekunden.[8]

Aufmerksamkeit bekommen und halten

Obwohl auch YouTube mit Shorts mittlerweile ein eigenes Kurzvideoformat eingeführt hat, liegt der Fokus der Plattform noch immer stark auf sogenanntem *Long-Form-Video-Content*, also langen Videos. Was auf den ersten Blick für viele verlockend klingt – man muss sich nicht so kurzfassen – erweist sich in der Umsetzung doch als Schwerstarbeit. Denn die Aufmerksamkeit von Usern einzufangen, geht schnell, diese aber über mehrere Minuten hinweg zu halten, ist schon eher eine Challenge. Wie du erfolgreiche Videos planst und umsetzt, erfährst du übrigens in Abschnitt 7.7.5, »Video-Learning, worauf es ankommt«.

Selbstständige erzählen: »Warum ich auf YouTube aktiv bin«

Sissi Kandziora (*brandingliebe.de*) hat die Video-Plattform schon 2009 für sich entdeckt und einen der ersten weiblichen Kanäle in Deutschland aufgebaut. Damals bot YouTube für sie eine Möglichkeit, über Themen zu sprechen, an denen in ihrem Umfeld wenig Interesse bestand. Und siehe da, »von Anfang an haben mich die richtigen Leute, die ähnliche Werte und Interessen hatten, gefunden«.

---

7 Quelle: *bitkom.org/Presse/Presseinformation/Mehr-als-50-Millionen-Deutsche-nutzen-soziale-Medien*

8 Quellen: *statista.com/statistics/1026923/youtube-video-category-average-length* und *statista.com/statistics/1372569/tiktok-video-duration-by-number-of-views*

Mittlerweile bespielt Sissi mehrere Kanäle und konnte damit bereits über 250.000 Menschen begeistern. Für sie als Mama von drei Kindern, die nur wenige Stunden pro Woche für ihr Business aufbringen kann, bildet YouTube den perfekten Marketing-Kanal (siehe Abbildung 6.7). »Man kann mit wenig Zeit extrem viel erreichen, und das nachhaltiger als auf Instagram oder TikTok.« Außerdem helfen längere Videos dabei, das Vertrauen der Wunschkundin zu stärken. »Bei einem 10-minütigen Video kriegt man ein besseres Gefühl für einen Menschen. Man lernt, wie diese Person tickt und spricht.«

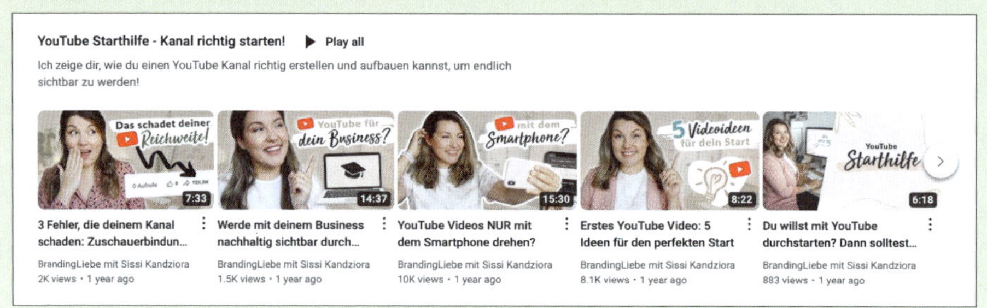

Abbildung 6.7 Auf ihrem Business-Kanal teilt Sissi Kandziora hilfreiche Tipps rund um YouTube (youtube.com/sissikandziora).

So funktioniert YouTube-SEO

Anders als auf Facebook, LinkedIn oder Instagram werden YouTube-Videos nicht nur ein paar Tage lang ausgespielt, sondern können auch nach Jahren noch über die Suchfunktion entdeckt werden. Umso wichtiger ist es also, dein Video für genau diese zu optimieren. Und so gehst du dabei vor:

1. Recherchiere optimale Keywords zu deinem Videothema, zum Beispiel über eines der Keyword-Tools, die ich dir in Abschnitt 5.7.4, »Passende Keywords finden«, vorgestellt habe.
2. Baue diese Keywords in den Dateinamen, Video-Titel sowie die Beschreibung ein, und verwende sie idealerweise auch direkt in deinem Video als Texteinblendung oder gesprochenes Wort.
3. Fürs Ranking deines YouTube-Videos sind nicht nur Keywords entscheidend, sondern auch dessen *Watchtime*, eine Kombination aus Videoaufrufen und der durchschnittlichen Wiedergabezeit. Gestalte dein Video also so, dass Nutzer*innen möglichst lange dranbleiben.
4. Erstelle ein ansprechendes *Thumbnail*, ein Vorschaubild, das Usern in der Suche angezeigt wird. Lädst du kein eigenes Thumbnail hoch, generiert YouTube automatisch ein Bild aus deinem Video. Nicht optimal! Dein Thumbnail sollte auf einen Blick zeigen, was User in deinem Video erwartet, wie die Beispiele in Abbildung 6.8 deutlich machen.
5. Bette dein Video im Anschluss auf deiner Website ein. Mit diesem Trick erzeugst du eine regelrechte Wechselwirkung. Einerseits stärkt ein eingebettetes Video

die Qualität deiner Website und animiert Besucher*innen, länger zu verweilen. Andererseits bekommt dein Video dadurch mehr Views. Du profitierst also auf beiden Plattformen davon.

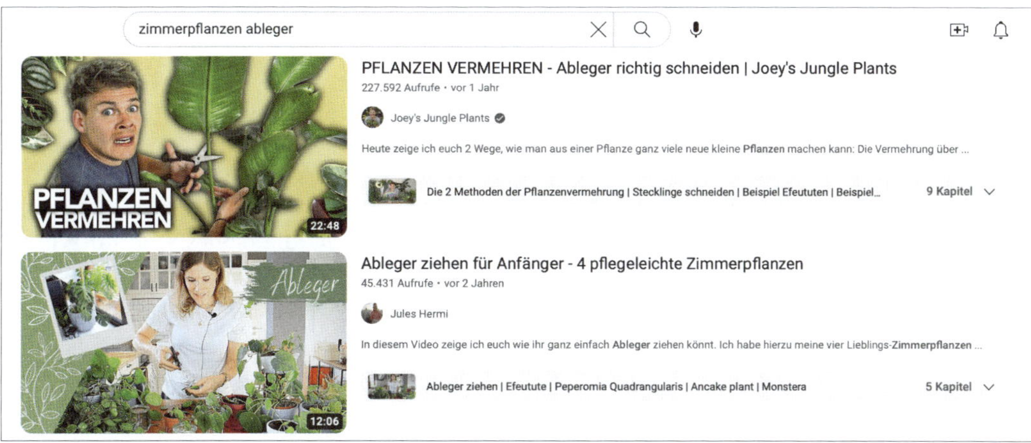

Abbildung 6.8 Die richtigen Keywords im Videotitel entscheiden unter anderem, ob dein Video ausgespielt wird.

Best Practice: mehr Kund*innen dank YouTube-Videos

Unter meiner Leitung begann ein Wellnes-Center in Arizona vor einigen Jahren, vorwiegend auf Long-Form-Video-Content zu setzen. Für jede Behandlung wird ein eigenes Erklärvideo erstellt, auf YouTube hochgeladen und dann auf der jeweiligen Behandlungsseite eingebettet (siehe Abbildung 6.9).

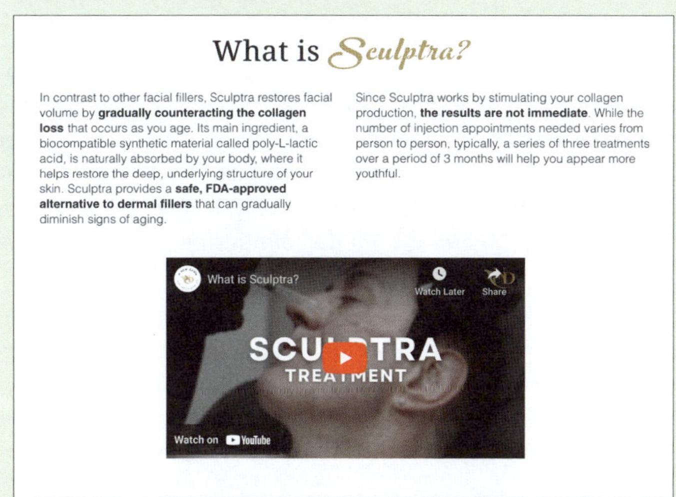

Abbildung 6.9 YouTube-Videos, die auf deiner Website eingebettet werden, animieren Besucher*innen, länger zu verweilen.

Dadurch konnten wir im Laufe der letzten zwei Jahre nicht nur die Verweildauer auf der Website verdoppeln und das Google-Ranking erhöhen, das Wellness-Center bekommt auch immer wieder Feedback von neuer Kundschaft, dass unsere Videos die Entscheidung, dort zu buchen, maßgeblich beeinflusst haben. Unterschätze also niemals die Macht von gutem Video-Content!

6.2.5 Schnell, schneller, TikTok

Wenn wir schon von Video-Content sprechen, darf der Überflieger TikTok natürlich nicht fehlen. Kein anderes Netzwerk hat so schnell die 1-Milliarde-User-Marke geknackt und wurde so erfolgreich aufgenommen wie die chinesische Kurzvideoplattform. Wer selbst auf TikTok aktiv ist, findet das auch wenig verwunderlich. Denn der TikTok-Algorithmus schafft es innerhalb kürzester Zeit, die Videovorschläge auf der *For You Page*[9] komplett an die eigenen Interessen anzupassen, und sorgt auch dafür, dass auf TikTok, im Gegensatz zu anderen Plattformen, die eigenen Follower-Zahlen relativ wenig darüber aussagen, wie viel Reichweite man von seinen Videos erwarten kann. Auch komplett neue Accounts schaffen es dort innerhalb kürzester Zeit, viral zu gehen, und Accounts mit fünfstelligen Follower-Zahlen dümpeln oft bei ein paar Hundert Video-Views dahin.

Unterhaltung, Authentizität und Community statt Hochglanz

Für Tiktok als Lieblingsplattform der GenZ zählt vor allem eines: Authentizität. Im Gegensatz zu Instagram interessiert sich hier niemand für auf Hochglanz polierte Selfies oder übertriebene Selbstdarstellung. TikTok ist jung, bunt, originell und vor allem irrsinnig unterhaltsam. Auch die Community wird hier großgeschrieben. So verbinden sich User weltweit über spezielle Community-Funktionen, zum Beispiel:

- *Mitmach-Challenges:* Interaktive Challenges haben maßgeblich zu TikToks Höhenflug beigetragen. Nutzer*innen rufen sich gegenseitig dazu auf, bestimmte Aktionen oder Tänze nachzumachen, die sich meist wie ein Lauffeuer auf der Plattform verbreiten. Als Selbstständige kannst du dies einsetzen, um ein Gespür für Trends und die Tonalität der Plattform zu zeigen. Frag dich jedoch immer, ob du die Challenge auch irgendwie mit deinem Business in Verbindung bringen kannst.
- *Duette:* Bei dieser Funktion teilst du das Video eines anderen TikTok-Users und nimmst parallel dein eigenes Video auf. Die Videos werden im Anschluss entweder neben- oder untereinander abgespielt. Ursprünglich wurde diese Funktion vorwiegend dazu eingesetzt, nebeneinander zu tanzen, heute reagieren User aber auf alle möglichen Videos. So könntest du zum Beispiel ein Experten-

9 Einer von zwei »Home-Feeds« von TikTok, auf dem vorwiegend Videos von Accounts, denen man nicht folgt, vorgeschlagen werden.

video einer Kollegin durch dein Wissen ergänzen oder deinen Followern präsentieren, wenn du es als besonders hilfreich erachtest.

- *Stitches:* Auch bei dieser Funktion wird das Video einer anderen Nutzerin geteilt, allerdings wird hier nur ein kurzer Ausschnitt präsentiert und durch ein eigenes Video ergänzt. Auch diese Variante eignet sich ganz großartig dafür, Videos von Kolleg*innen zu kommentieren.
- *Reaktionen auf Kommentare:* Du kannst auf TikTok nicht nur mit Videos von anderen Usern interagieren, sondern auch auf Kommentare deiner Community reagieren. Die Kurzvideo-Expertin Sophie Hobelsberger (*tiktok.com/@sophiehobelsberger*) beantwortet zum Beispiel regelmäßig Fragen, die ihr in der Kommentarspalte gestellt werden, in eigenen Videos (siehe Abbildung 6.10).
- *Antworten auf allgemeine Fragen:* Darüber hinaus gibt es die Möglichkeit, einen eigenen Fragebutton an deinem Profil festzumachen, über den dir User eigene Fragen stellen können. Außerdem siehst du eine Vielzahl an öffentlichen Fragen, auf die du reagieren könntest. Meist sind diese aber privater Natur und eignen sich weniger gut für Business-Accounts.

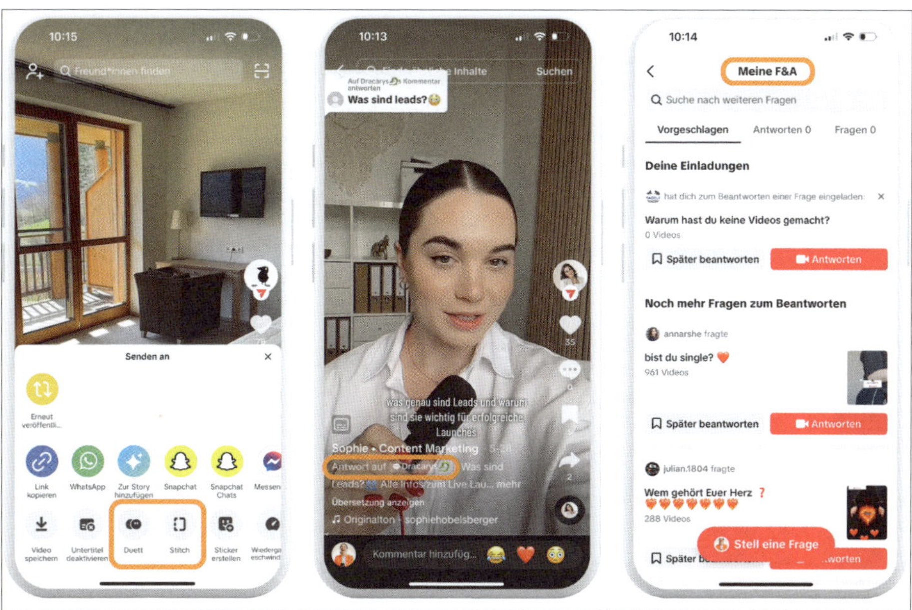

Abbildung 6.10 TikTok bietet dir verschiedene Tools und Funktionen, um sich mit deiner Community auszutauschen.

Videos bearbeiten mit TikTok

Neben seinen zahlreichen Community-Funktionen bietet TikTok auch eine Vielzahl an Tools zum Schneiden, Verschönern und Ergänzen deiner Kurzvideos (siehe Abbildung 6.11). Gerade für Personen, die ganz neu auf der Plattform sind und sich davor noch nie mit Videobearbeitung beschäftigt haben, kann die schiere Vielfalt an Optionen schnell überfordernd werden. In Tabelle 6.2 habe ich deshalb die wichtigsten Funktionen kurz erklärt.

Wann?	Funktion	Beschreibung
vor dem Filmen	*Sound hinzufügen*	Hinterlege dein Video mit Musik aus der TikTok-Soundbibliothek. Achte dabei auf die Nutzungsrechte!
	Timer	Stelle einen Countdown ein, nach dem dein Video automatisch startet. So musst du beim Filmen nicht den roten Auslöseknopf gedrückt halten.
	Filter	Färbe dein Video mithilfe vorgefertigter Filter ein.
	Geschwindigkeit	Wähle aus, ob dein Video in Echtzeit, in Zeitlupe oder im Zeitraffer aufgenommen werden soll.
	Retuschieren	Schalte diesen Filter ein, um kleine Schönheitskorrekturen vorzunehmen.
nach dem Filmen	*Bearbeiten*	Kürze oder trimme dein Video, ändere dessen Geschwindigkeit, oder schneide es auf eine bestimmte Größe zu.
	Vorlagen	Nutze vorgefertigte Videovorlagen, die meist in Kombination mit einem Musikstück angeboten werden.
	Text	Füge Texte zu deinem Video hinzu.
	Sticker	Füge Sticker, Fotos und GIFs zu deinem Video hinzu.
	Effekte	Baue visuelle Effekte wie Sonnenstrahlen oder Schneeflocken ein, oder nutze kreative Übergänge.
	Stimme	Nutze lustige Toneffekte, die deine Stimme verzerren.
	Untertitel	Für Sprechvideos: Lass Untertitel mitlaufen, um dein Video barrierefrei zu gestalten.

Tabelle 6.2 Funktionen zum Bearbeiten deiner Videos in TikTok

Wann?	Funktion	Beschreibung
	Geräuschreduzierer	Reduziere Hintergrundgeräusche, damit deine Stimme besser zur Geltung kommt.
	Verbessern	Verbessere dein Videobild.
	Datenschutzeinstel-lungen	Lege fest, wer dein Video sehen kann. Videos können für die gesamte TikTok-Community, deine Follower oder nur für dich angezeigt werden.

Tabelle 6.2 Funktionen zum Bearbeiten deiner Videos in TikTok (Forts.)

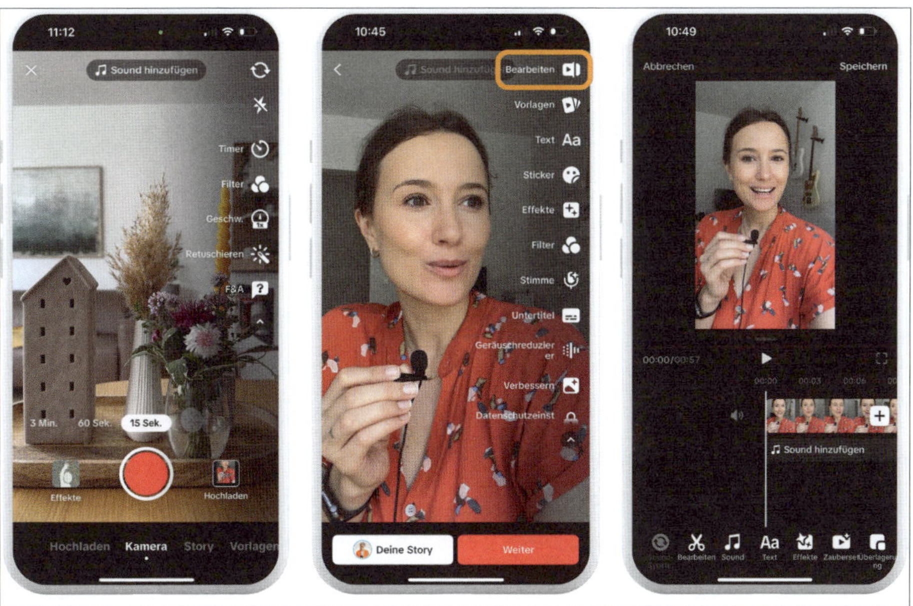

Abbildung 6.11 Du kannst deine TikTok-Videos sowohl vor als auch nach dem Filmen bearbeiten.

6.2.6 Inspiration finden auf Pinterest

Genau genommen ist auch Pinterest kein soziales Netzwerk, sondern eine visuelle Suchmaschine, und gilt für Unternehmen, Solopreneure und Blogger vor allem als Traffic-Lieferant. Auf Pinterest sammeln 463 Millionen User weltweit leckere Rezepte, inspirierende Deko-Ideen oder DIY-Anleitungen auf virtuellen Pinnwänden und sind dabei kauffreudiger als so manch anderer Social-Media-Nutzer.[10] Im

10 Quelle: *de.statista.com/themen/1996/pinterest/#topicOverview*

DACH-Raum zählt Pinterest noch zu den Underdogs, was schade ist. Die Plattform bietet nämlich irrsinniges Potenzial, vor allem in Kombination mit einem Blog oder Onlineshop.

So verhalten sich Pinterest-User

Durch die Beschaffenheit der Plattform unterscheidet sich auch das Nutzerverhalten auf Pinterest von anderen sozialen Netzwerken. User suchen auf Pinterest nach bestimmten Keywords oder Themen und bekommen daraufhin eine Vielfalt an *Pins*[11] präsentiert. Besonders inspirierende Beiträge werden dann in eigenen *Pinnwänden* gespeichert, thematische Sammlungen, die am Profil der User festgemacht sind (siehe Abbildung 6.12). Über Links in den einzelnen Pins wird dann auf einen Blog oder Onlineshop verwiesen und so Traffic generiert, der idealerweise in einem Kaufabschluss endet. Pinterest deckt also die gesamte Customer Journey ab.

Abbildung 6.12 In Pinnwänden werden besonders inspirierende Pins thematisch gruppiert und auf dem Profil gespeichert (pinterest.de/studiostoriesde/_saved).

Pinterest strategisch einsetzen

Bist du als Selbstständige auf Pinterest aktiv, ist dein größtes Ziel, deine Pins möglichst breit zu streuen. Je öfter sie in der Suche ausgespielt werden, desto größer die Wahrscheinlichkeit, dass User sie in ihren Pinnwänden abspeichern, was anschließend wiederum dazu führt, dass deine Pins weiteren Nutzer*innen angezeigt werden. Auch auf Pinterest solltest du dich also mit Suchmaschinenoptimierung beschäftigen und wichtige Keywords zu deinem Thema in deinem Profil, den Pin-Titeln, -Beschreibungen sowie Pinnwand-Titeln einbauen. Passende Keywords stellen aber nur einen von vielen Ranking-Faktoren dar. Ein ansprechendes Design sorgt dafür, dass User auch mit deinem Pin interagieren und diesen abspeichern.

Ein weiterer Ranking-Faktor bezieht sich auf die Qualität der verlinkten Inhalte auf deiner Website. Denn im Grunde genommen sind Pins nichts anderes als visuelle Lesezeichen. Pins zu erstellen, ohne dabei auf deine Website oder einen weiteren

11 So nennt man Beiträge auf Pinterest.

Marketing-Kanal zu verlinken, ist sinnlos. Wichtig ist aber, dass du auf eine Seite verlinkst, die auch mit den Informationen aus deinem Pin übereinstimmt. Ein Pin, der »10 Tipps für bessere Blog-Texte« verspricht und dann auf eine Angebotsseite verweist, wird vom Pinterest-Algorithmus abgestraft. Pinterest führt nämlich ein sogenanntes *Keyword-Matching* durch, um Begriffe aus deinem Pin mit denen auf deiner Website abzugleichen. Deshalb wird Pinterest so gerne von Bloggern eingesetzt, denn es lassen sich leicht 5–10 Pin-Variationen erstellen, die alle auf ein und denselben Artikel verweisen. Der Mehrwert für User ist so garantiert, und Pinterest liefert wertvollen Traffic auf die Website.

Was sind eigentlich Rich Pins?

Rich Pins sind eine Art Super-Pins, in denen zusätzliche Informationen angezeigt werden, z. B. Titel und Autor eines Blogartikels. Diese Informationen beziehen Rich Pins von der verknüpften Website. Ändert sich zum Beispiel der Titel eines Artikels, wird auch der Rich Pin automatisch aktualisiert.[12]

Im Moment gibt es drei Kategorien:

- *Produkt-Rich-Pins* zeigen Preis, Produktbeschreibung und Verfügbarkeit.
- *Rezept-Rich-Pins* zeigen Zutaten, Portionsgrößen und Kochanleitungen.
- *Artikel-Rich-Pins* zeigen Titel, Beschreibung und Autor eines Blogartikels.

Neben dem Erstellen von eigenen Pins gehört zu einer durchdachten Pinterest-Strategie auch das Sammeln von fremden Pins auf eigenen Pinnwänden. Was zunächst kontraproduktiv klingt, ergibt Sinn, wenn man weiß, dass Pinterest auch die Qualität des eigenen Profils als Ranking-Faktor heranzieht. Die Plattform misst genau mit, wie oft du pinnst, wie viele Leute mit deinen Pins insgesamt interagieren und mit wie vielen Pins du interagierst. Wende für deine eigenen Pins also die 80/20-Regel an. 80 % deiner Inhalte sollten von dir stammen, 20 % von anderen Nutzer*innen, die ähnliche Themen bespielen wie du.

6.2.7 Mikroblogging auf X (ehemals Twitter)

Auch auf X spielt das Teilen von Beiträgen anderer eine wichtige Rolle. Durch *Retweets* kannst du auf spannende Inhalte eingehen und so dein Netzwerk ausbauen. Genau das macht auch den Reiz der Mikroblogging-Plattform aus. Jede kann hier auf 280 Zeichen mit jedem kommunizieren, Diskussionen führen und Neuigkeiten besprechen. Und das auf Augenhöhe und in Echtzeit. Obwohl auf X immer schon Texte im Vordergrund standen, können Beiträge mittlerweile durch Bilder, Videos

12 Wie du Rich Pins aktivierst, erfährst du auf der Pinterest Help Page: *help.pinterest.com/de/business/article/rich-pins*

sowie Links erweitert werden. Auch *Hashtags* spielen eine wichtige Rolle. Wörter, Phrasen oder bekannte Kürzel, die mit dem Rautezeichen (#) versehen werden, ordnen einen Beitrag thematisch ein und können so über die Hashtag-Suche gefunden werden. Nutzt du Hashtags, die gerade im Trend sind, ist die Wahrscheinlichkeit hoch, dass viele User auf deinen Beitrag aufmerksam werden.

Apropos Aufmerksamkeit: In letzter Zeit hat X diese leider eher durch Negativschlagzeilen auf sich gezogen. Seit die Plattform Ende 2022 vom Unternehmer und Tesla-Gründer Elon Musk gekauft wurde, bringt sie eine Änderung nach der anderen heraus und nimmt diese meist kurze Zeit später wieder zurück – sehr zum Missfallen der X-User, aber zur Freude anderer Plattformen. Seit der Übernahme durch Musk strömen nämlich zahlreiche Nutzer*innen zur Konkurrenz. Plattformen wie Mastodon und Reddit verzeichnen regen Zuwachs, und sogar Meta veröffentlichte mit *Threads* eine X-Alternative. Da die Zukunft des Netzwerks aktuell äußerst ungewiss ist, würde ich dir raten, dich vorwiegend auf andere Plattformen zu konzentrieren.

Auf Social Media bist du immer von anderen abhängig

Die aktuelle Lage rund um X dient auch als Gedankenanstoß für viele Unternehmer*innen. Aktivitäten auf Social Media sind immer von Algorithmen und der Liquidität ihrer Betreiber abhängig. Verdienen diese zu wenig, werden Reichweiten künstlich eingeschränkt (wie auf Facebook), mehr Werbeanzeigen ausgespielt (wie auf Instagram) oder sogar bezahlte Abo-Modelle eingeführt (wie auf X). Mach dein Marketing also nie nur von Social-Media-Plattformen abhängig, sondern bau dir immer parallel eine E-Mail-Liste auf.

6.2.8 Weitere Kanäle

Neben den Top 7 gibt es natürlich noch zahlreiche weitere Kanäle, die zwar weniger bekannt sind, dafür meist eine ganz konkrete Zielgruppe ansprechen. Snapchat ist vor allem bei 18- bis 24-Jährigen beliebt, wird aber noch immer vorwiegend in den USA genutzt. Auch Reddit ist hierzulande noch weitgehend unbekannt, zumindest was Marketing betrifft.

Die Streaming-Plattform Twitch wurde von Unternehmen schon eher erschlossen und wird vor allem für Influencer-Marketing und Sponsored Content eingesetzt. Bist du selbst als Privatperson auf einem dieser Kanäle aktiv, lohnt es sich, diesen auch für dein Business einzusetzen. Denn je besser du dich mit einem Netzwerk, dessen Inhalten und Umgangston auskennst, desto eher kannst du dieses erfolgreich für dein Marketing nutzen.

6.3 Wo soll ich aktiv werden?

Für welchen dieser Kanäle du dich nun entscheidest und ob du nur einen oder gleich mehrere bespielst, hängt von verschiedensten Faktoren ab. Wie leicht fällt dir die Content-Erstellung? Kannst du Inhalte vom einen für den anderen Kanal recyceln? Und welcher Kanal macht dir am meisten Spaß? Gerade am Anfang ist es sinnvoll, sich nur einen passenden Kanal auszusuchen und diesen gewissenhaft zu bespielen. Nach einigen Monaten kannst du dann deine Social-Media-Strategie nach und nach um weitere Kanäle anreichern.

6.3.1 Den passenden Kanal finden

Hör bei der Social-Media-Kanal-Suche bitte weder auf Trends noch auf Empfehlungen von irgendwelchen Gurus. Nicht jeder muss auf TikTok aktiv sein, und nicht alle haben Lust auf Instagram. In Kapitel 2, »Erste Schritte zu deiner Marketing-Strategie«, und Kapitel 3, »Selbst zur Marke werden«, hast du schon den Grundstein für deinen erfolgreichen Social-Media-Auftritt gelegt. Du hast dich mit deinen Werten und deiner Marke beschäftigt und dir ein konkretes Marketing-Ziel gesetzt. Als Nächstes würden viele sofort zur Kanalauswahl springen, doch es gibt noch ein weiteres wichtiges Thema, mit dem du dich davor auseinandersetzen solltest: dem passenden Format.

Hör einmal tief in dich hinein und überlege, was dir eher Freude bereitet. Schreibst du gerne, oder weißt du, wie man professionelle Videos filmt? Bist du grafisch begabt, oder machst du am liebsten von allem ein bisschen (siehe Abbildung 6.13)? Je nachdem, wo deine Stärken und Interessen liegen, bieten sich verschiedene Netzwerke eher für dich an. In Tabelle 6.3 bekommst du noch einmal einen komprimierten Überblick über die wichtigsten Kanäle und deren Formate.

Kanal	Beliebte Formate	Eignet sich für	Ideale Posting-Frequenz
Facebook	▪ Fotos, Memes ▪ Reels, Storys ▪ Beiträge in Gruppen ▪ Links zu Blogartikeln	▪ wichtigste Infos zum Unternehmen präsentieren ▪ Werbekampagnen ▪ Community-Aufbau in Gruppen	1–2× pro Woche

Tabelle 6.3 Ein Überblick über die Formate und Besonderheiten der verschiedenen sozialen Netzwerke

Kanal	Beliebte Formate	Eignet sich für	Ideale Posting-Frequenz
Instagram	▪ Fotos, Memes ▪ Reels, Storys ▪ Karussell-Posts ▪ Infografiken ▪ Live-Videos ▪ Channels	▪ Aufmerksamkeit generieren ▪ Community-Aufbau ▪ Storytelling ▪ als Expertin positionieren ▪ interaktive Inhalte	Feed: 3–4× pro Woche Storys: täglich
LinkedIn	▪ Fotos, Texte ▪ Karussell-Posts ▪ Infografiken ▪ Artikel ▪ Audio-Events ▪ Newsletter	▪ B2B-Marketing ▪ als Expertin positionieren ▪ Community-Aufbau ▪ Storytelling ▪ berufliche Kontakte knüpfen	2–3× pro Woche
YouTube	▪ lange Videos ▪ Kurzvideos ▪ Live-Videos	▪ SEO ▪ Image-Videos ▪ als Expertin positionieren	1× pro Woche
TikTok	▪ Kurzvideos ▪ Live-Videos ▪ Karussell-Posts	▪ Aufmerksamkeit generieren ▪ Community-Aufbau ▪ interaktive Inhalte	mehrmals täglich
Pinterest	▪ Infografiken ▪ Kurzvideos	▪ SEO ▪ Website-Traffic	mehrmals täglich
X	▪ Kurznachrichten ▪ Fotos, Memes	▪ Meinungen zu aktuellen Themen äußern ▪ an Diskussionen teilnehmen	mehrmals täglich

Tabelle 6.3 Ein Überblick über die Formate und Besonderheiten der verschiedenen sozialen Netzwerke (Forts.)

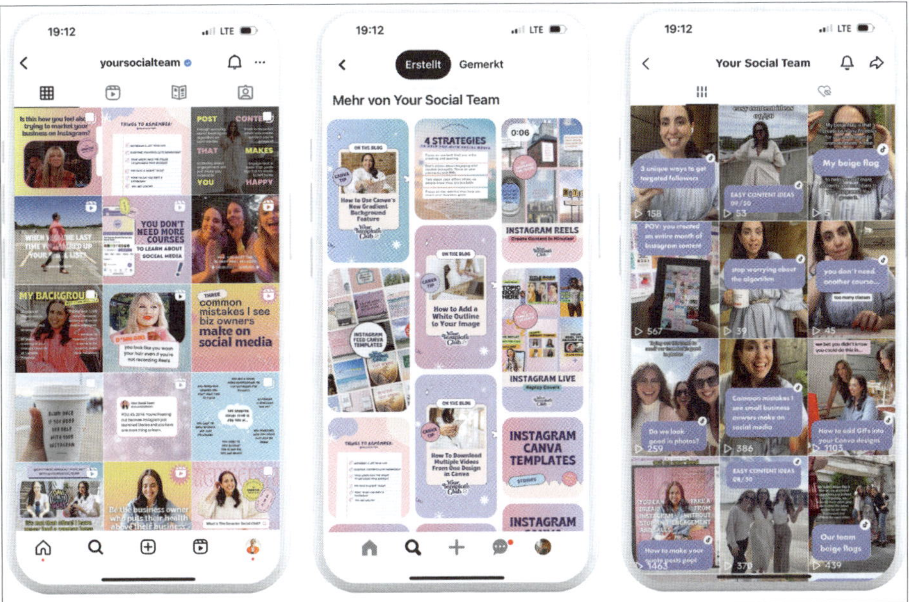

Abbildung 6.13 Auf Instagram und Pinterest postet Manu Muraro (@yoursocialteam) vorwiegend Grafiken, während am TikTok-Account von Your Social Team ausschließlich unterhaltsame Videos zu sehen sind.

Gerne kannst du bei deiner Kanalauswahl auch noch einmal das Bullseye-Framework einsetzen. Überlege dir zuerst einige Ideen für jeden Kanal, und verschiebe dann die 2 bis 5 besten Ideen in den mittleren Ring, wo du diese testest. Frage dich dabei:

- Welche Ideen scheinen mir am sinnvollsten, um meine Marketing- oder Business-Ziele zu erreichen?
- Welche Ideen kann ich mit meinen schon vorhandenen Ressourcen am ehesten umsetzen?
- Eignet sich dieser Kanal für mein Business-Thema und meine Stimme?
- Ist auch mein Wettbewerb hier aktiv? Warum ja oder warum nicht?
- Wie hoch schätze ich den Aufwand ein, um diesen Kanal langfristig zu bespielen?
- Welche Ideen machen mir am meisten Spaß?
- Wo kommen meine Stärken am besten zur Geltung?

6.3.2 Dein Profil einrichten

Hast du dich für einen Kanal entschieden, geht es daran, diesen einzurichten. Auch wenn viele Netzwerke von Grund auf verschieden sind, ähneln sich deren Funktionen zum Einrichten deines Profils. In Tabelle 6.4 erfährst du, welche Informationen du auf welchem Netzwerk angeben solltest. Dabei handelt es sich allerdings nur um öffentlich einsehbare Infos. Daten, die du zum Erstellen deines Accounts angeben musst (z. B. deine Anschrift oder Steuernummer), wurden nicht berücksichtigt. Eine Erklärung sowie Beispiele für die einzelnen Funktionen findest du dann im Anschluss.

Funktion	Facebook	Instagram	LinkedIn	YouTube	TikTok	Pinterest	X
Username	x	x	x	x	x	x	x
Profilbild	x	x	x	x	x	x	x
Name	x	x	x	x	x	x	x
Kategorie	x	x			x		
Profilbeschreibung	x	x	x		x	x	x
Link zur Website	x	x	x	x	x	x	x
Kontaktoptionen	x	x	x	x	x		
Coverfoto	x		x	x		x	x

Tabelle 6.4 Öffentlich verfügbare Informationen auf deinen Social-Media-Profilen

Dein Username

Das Erste, was du normalerweise beim Erstellen deiner Accounts auswählst, ist dein Username. Er bestimmt deine Account-URL (z. B. *facebook.com/annaturnersocial*) und wird auf Netzwerken wie Instagram, TikTok oder X auch dazu verwendet, dich in Posts oder Storys zu taggen. Am besten wählst du dafür deinen Namen oder Markennamen (*@kathy.ursinus* oder *@ikea*). Sollte dieser schon vergeben sein, bietet es sich an, eine Kombination aus deinem Namen und einem Keyword zu verwenden (*@annaturnersocial*). Eine weitere Möglichkeit wäre es, nur Keywords zu verwenden (*@onlinemarketing.lernen*) oder dir einen Fantasienamen auszudenken (*@breatherelease*). Egal, für welche Variante du dich entscheidest, wichtig ist, dass dein Name gut lesbar ist und möglichst ohne Symbole und Zahlen auskommt. Auch Domain-Endungen wie .de oder .com solltest du lieber nicht verwenden, zumindest nicht mit Punkt davor. Das verstößt nämlich gegen die Nutzungsbedingungen einiger Plattformen.

Hier erfährst du, was du auf Social Media darfst und was nicht

In den *Nutzungsbedingungen* (Community Guidelines) der verschiedenen Netzwerke werden die Rechte und Pflichten von Usern beschrieben.

- Facebook: *de-de.facebook.com/legal/terms*
- Instagram: *help.instagram.com/581066165581870*
- LinkedIn: *de.linkedin.com/legal/l/linkedin-pages-terms*
- YouTube: *youtube.com/static?gl=DE&template=terms&hl=de*
- TikTok: *tiktok.com/legal/page/eea/terms-of-service/de-DE*
- Pinterest: *policy.pinterest.com/de/community-guidelines*
- X: *twitter.com/de/tos*

Dein Profilbild

Dein Profilbild sollte gut erkennbar und professionell sein. Verwende dein Logo, wenn du Händler bist oder ein Produkt verkaufst. Bist du Dienstleisterin oder Coach oder hast auf sonstige Art und Weise persönlichen Bezug zu deiner Kundschaft, verwende ein professionelles Porträtfoto von dir. Dein Profilbild taucht übrigens nicht nur in deinem Profil, sondern auch in den Newsfeeds, Kommentarspalten und Direktnachrichten diverser Plattformen auf. Deshalb ist es hier besonders wichtig, dass du deine Positionierung und Marke klar ausdrückst. Wenn du dein Logo verwendest, machst du das sowieso. Aber auch als Personal Brand kannst du mit deinem Profilfoto einiges kommunizieren. Tipps für gelungene Business-Porträts bekommst du übrigens in Abschnitt 7.6.1, »Porträtfotos, die etwas aussagen«.

Dein Name

Neben deinem Usernamen bieten alle gängigen Plattformen auch eine eigene Namenszeile. Auf Facebook, YouTube oder LinkedIn notierst du hier am besten deinen echten Namen. Auf allen weiteren Netzwerken erfüllt diese Zeile allerdings gleich zwei Zwecke. Zum einen sollte sie eben noch einmal deinen Namen oder den Namen deiner Marke aufzeigen, und zum anderen kannst du hier wichtige Keywords platzieren (siehe Abbildung 6.14), um darüber gefunden zu werden. Denn wenn jemand nach deiner Berufsbezeichnung oder deinem Account-Thema sucht, möchtest du natürlich ganz weit oben in dieser Suche auftauchen.

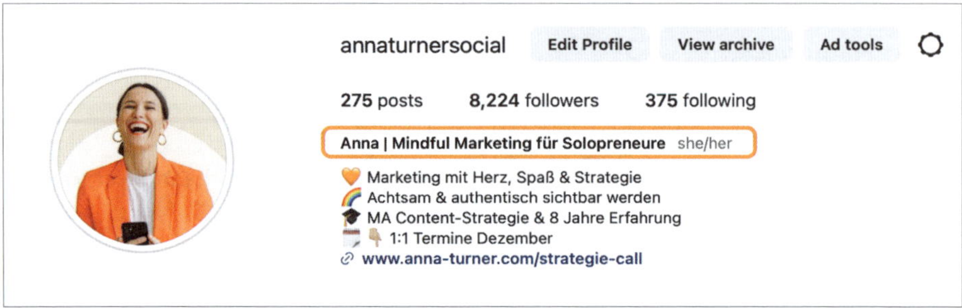

Abbildung 6.14 Nutze deine Namenszeile auf Instagram, um wichtige Keywords zu deinem Thema zu platzieren.

Deine Kategorie

Einige Netzwerke bieten außerdem die Möglichkeit, eine Kategorie für dein Profil auszuwählen, um dieses besser thematisch einzuordnen. Wähle eine Kategorie aus der zur Verfügung stehenden Liste aus, die am ehesten zu dir und deiner Branche passt.

Profilkategorie und Musikbibliothek

Auf Instagram gibt es einen Trick, um auch über einen Unternehmensaccount Zugriff auf die gesamte Musikbibliothek zu bekommen, indem die Profilkategorie geändert wird. Davon rate ich ausdrücklich ab, denn nur weil dir unter bestimmten Kategorien lizenzierte Musik zur Verfügung steht, heißt das noch lange nicht, dass du diese auch verwenden darfst.

Deine Profilbeschreibung

Der wichtigste Teil deines Social-Media-Profils ist die Profilbeschreibung, auch Bio oder Steckbrief genannt. Neben deinem Bild ist sie das Erste, was eine Nutzerin sieht, wenn diese auf dein Profil kommt und entscheidet, ob sie dir folgt oder nicht. Du musst hier also auf einen Blick von dir und deinem Business überzeugen. Gar nicht so einfach, wenn einem nur ein paar wenige Zeichen zur Verfügung stehen (siehe Tabelle 6.5). Übrigens, nutzt du Emojis in deiner Bio – und das solltest du –, zählen diese immer für 2 Zeichen.

Kanal	Name der Profilbeschreibung	Maximale Zeichenzahl
Facebook	Steckbrief	101
Instagram	Steckbrief	150

Tabelle 6.5 Verfügbare Zeichenzahl in den Profilbeschreibungen verschiedener Netzwerke

Kanal	Name der Profilbeschreibung	Maximale Zeichenzahl
LinkedIn	Info	2600
YouTube	/	/
TikTok	Biografie	80
Pinterest	Info	500
X	Biografie	160

Tabelle 6.5 Verfügbare Zeichenzahl in den Profilbeschreibungen verschiedener Netzwerke

Nutze den Platz in deiner Bio nicht nur, um dich selbst zu beschreiben, sondern auch, um klar zu kommunizieren, was Interessent*innen auf deinem Account erwartet. Eine erfolgreiche Profilbeschreibung beinhaltet Folgendes:

- *Dein Alleinstellungsmerkmal:* Zeig auf einen Blick, was dich von anderen abhebt und besonders macht.
- *Der konkrete Nutzen für deine potenzielle Kundschaft:* Was bekommt man bei dir? Inwiefern verhilfst du deinen Followern zu mehr Erfolg, Zufriedenheit oder Freude?
- *Social Proof:* Gibt es Beweise für die Qualität deiner Angebote? Wie viele Kund*innen hast du schon erfolgreich betreut? Wie viele Jahre Erfahrung hast du, oder wie viele 5-Sterne Rezensionen konntest du schon sammeln?
- *Call-to-Action:* Was ist der nächste Schritt, den jemand ausführen soll, nachdem dein Profil besucht wurde? Verweise auf deine Kontaktoptionen oder einen Link zu deiner Website, wo man deine Angebote findet. Ein Beispiel dafür findest du in Abbildung 6.14.

Der Link zu deiner Website

Auf manchen Netzwerken gibt es nur die eine Möglichkeit, einen direkten Link zu platzieren. Überlege dir deshalb gut, wohin dieser Link führen soll. Viele Nutzerinnen entscheiden sich, deshalb eine Linksammlung einzurichten, eine Seite, auf der gleich mehrere Links zur eigenen Website, zu Podcasts oder weiteren Social-Media-Accounts gesammelt sind. Egal, ob du eine Linksammlung nutzt oder direkt auf deine Website verweist, wichtig ist, dass du dein Impressum und deine Datenschutzerklärung verlinkst. Diese müssen nämlich innerhalb von 2 Klicks von deinem Social-Media-Profil erreichbar sein.

Tool-Tipp zur Erstellung deiner Linksammlung

Um ihre Linksammlung zu erstellen, verwenden viele Selbstständige den Anbieter Linktree, der jedoch leider datenschutzrechtlich bedenklich ist. Zum Glück gibt es eine DSGVO-konforme Alternative, die weder Tracking-Cookies verwendet noch Server in Nicht-EU-Ländern besitzt. Mit *Wonderlink* (*wonderlink.de*) kannst du ganz ohne Bedenken Linksammlungen für deine Social-Media-Plattformen erstellen, die noch dazu großartig aussehen. Das Beste? Wonderlink ist in der Basis-Version komplett kostenfrei. Die Pro-Version ist ab 5 € im Monat erhältlich.

Deine Kontaktoptionen

Die meisten Netzwerke bieten dir die Möglichkeit, verschiedene Kontaktoptionen anzugeben, zum Beispiel deine E-Mail-Adresse, Telefonnummer oder Anschrift. Auf Netzwerken wie Instagram kannst du außerdem Action-Buttons einsetzen, die mit bestimmten Online-Buchungssystemen verbunden werden können. So können sich Instagram-User zum Beispiel direkt über dein Profil einen Tisch reservieren oder einen Termin bei dir buchen.

Dein Coverbild

Dein Profilcover funktioniert ähnlich wie dein Profilbild. Drücke klar aus, wer du bist und was dich besonders macht. Erstelle eine Grafik in deinen Brand-Farben und -Schriften, oder teile ein Bild von dir und deinen Angeboten. Schöne Vorlagen für Coverbilder gibt es in *Canva* (*canva.com*). Suche dazu einfach nach dem Namen der jeweiligen Plattform + »Cover«. Achte jedoch darauf, die Vorlage an dein Branding anzupassen. Wie du bereits weißt, sollten alle deine Kanäle und Grafiken möglichst einheitlich gestaltet werden. Die Bildmaße der Coverbilder für verschiedene Plattformen findest du in Tabelle 6.6.

Kanal	Covermaße
Facebook	820 × 310 Pixel
Instagram	/
LinkedIn	1584 × 396 Pixel
YouTube	2560 × 1440 Pixel
TikTok	/
Pinterest	1440 × 810 Pixel
X	1500 × 500 Pixel

Tabelle 6.6 Die Bildmaße für Coverbilder auf verschiedenen Netzwerken (Quelle: allfacebook.de/content/bildgroessen-social-media-plattformen)

6.4 Tipps zum Umgang mit Social Media

Jetzt, wo du dein Profil vollständig eingerichtet hast, kannst du endlich mit deinen Social-Media-Aktivitäten loslegen. Im folgenden Abschnitt möchte ich einige Praxis-Tipps mit dir teilen, die dir den Umgang mit sozialen Netzwerken erleichtern und dir vielleicht die eine oder andere Sorge nehmen.

6.4.1 Zuerst konsumieren, dann kreieren

Gerade wenn du noch nicht mit einem bestimmten Netzwerk vertraut bist, lohnt es sich, eine Zeit lang *Social Listening* zu betreiben. Klingt total kompliziert, ist aber im Grunde genommen nichts anderes, als aktiv in die Plattform hineinzuhören, um ein Gespür dafür zu bekommen, welche Themen und Inhalte gut ankommen. Folge am besten einer Mischung aus großen und kleineren Accounts in deiner Branche. Bekannte Accounts sind zwar mit den Gepflogenheiten des Kanals vertraut, sonst wären sie ja gar nicht so groß gewachsen, sind aber manchmal weniger kreativ als Newcomer. Achte bei der Auswahl deiner Vorbild-Accounts nicht rein auf Follower-Zahlen, sondern wirf auch einen Blick auf deren Engagement. Hat ein Account mehr als 100.000 Follower, aber kriegt kaum 100 Likes, hat er entweder Follower gekauft (eine Todsünde) oder spricht einfach nicht mehr die aktuellen Bedürfnisse seiner Community an.

Reflektiere auch immer wieder, welche Inhalte dich ansprechen. Ich bin eine große Verfechterin von *aktivem Scrollen*. Dabei scrollst du durch deinen Feed und betrachtest jeden dir angezeigten Beitrag. Stell dir dabei folgende Fragen:

- Zieht dieser Beitrag meine Aufmerksamkeit an sich? Warum ja, warum nicht?
- Würde ich mit diesem Beitrag interagieren? Warum ja, warum nicht?
- Ist dieser Beitrag einzigartig, oder habe ich so etwas Ähnliches schon einmal gesehen?
- Was gefällt mir an diesem Beitrag besonders gut? Was gar nicht?

6.4.2 Keine Angst, dich selbst zu zeigen

»Wenn ich auf Instagram aktiv sein möchte, muss ich dann wirklich in meinen Storys in die Kamera sprechen?« »Soll ich auf LinkedIn echt jeden Tag ein Selfie von mir bei der Arbeit posten, damit Leute interagieren?« Diese oder ähnliche Fragen bekomme ich immer wieder zu hören, und meine Antwort darauf ist eindeutig: Du musst gar nichts. Mittlerweile ist dir hoffentlich bewusst geworden, dass keine Strategie und kein Account dem anderen gleicht. Deshalb sind solche Verallgemeinerungen sinnlos. Du selbst entscheidest, wie sehr du dich als Person in den Vordergrund stellst. Als kleine Hilfestellung wende folgende Faustregel an:

- Verkaufst du ein Produkt, bleib als Person gerne im Hintergrund.
- Verkaufst du eine Dienstleistung, sollte deine Persönlichkeit zumindest durch Bilder und Sprache zum Ausdruck gebracht werden.
- Verkaufst du Beratungen, solltest du dich daran gewöhnen, in die Kamera zu sprechen.

Betrachte deinen Social-Media-Content wie Kostproben deines Angebots

Stell dir vor, du eröffnest ein neues Restaurant in einer gut besuchten Einkaufsstraße. In der Eröffnungswoche weist du zwei deiner Teammitglieder an, mit einem Teller voller Häppchen vor dem Restaurant zu stehen und Passant*innen einzuladen, davon zu probieren. Soziale Netzwerke sind diese Einkaufsstraße und dein Profil das Restaurant. Dein Content sollte also wie die Häppchen sein, die User dazu einladen, mehr zu konsumieren.

Verkaufst du selbst gemachte Kerzen, wird sich deine Zielgruppe nicht unbedingt für deine Daily Outfits interessieren. Schon aber für tägliche Rituale, die natürlich deine Kerzen beinhalten, um kurze Momente der Entspannung im Alltag zu schaffen. Als Yogalehrerin musst du nicht lang und breit in deinen Storys erzählen, wie du Mutterschaft und Beruf vereinbarst. Ein kurzes Reel mit Tipps für bestimmte Yogaposen oder Time-Lapse-Videos von dir im Flow ziehen sicher mehr Interessent*innen an, da sie eher auf das eingehen, was am Ende auch konsumiert werden kann: deine Yogastunden.

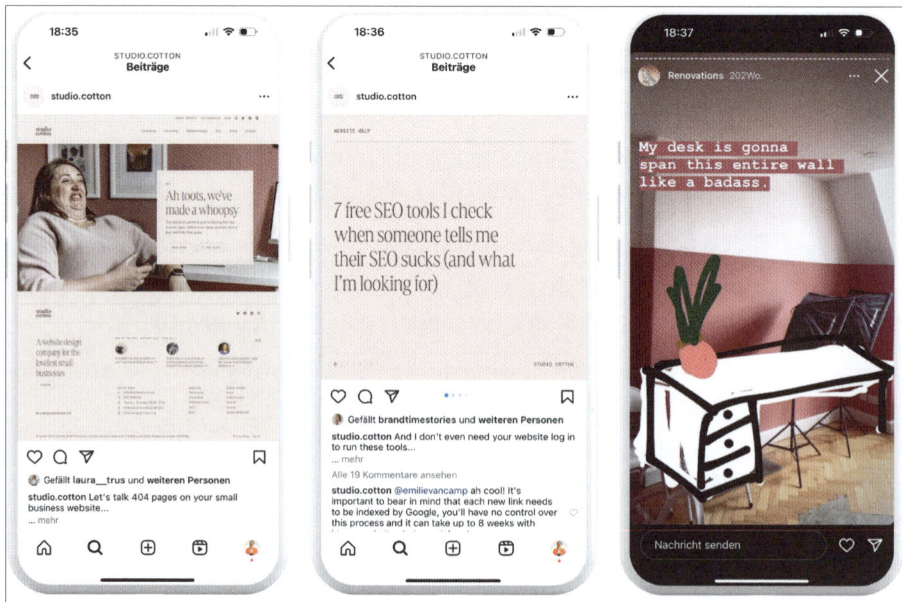

Abbildung 6.15 Auf dem Instagram-Account von Studio Cotton (instagram.com/studio.cotton) gibt es authentische Einblicke in den Arbeitsalltag und hilfreiche Wissens-Posts, dafür kein einziges Video.

Webdesignerin Aime Cox-Tennant macht mit ihrem Instagram-Account @*studiocotton* vor, dass man auch ganz ohne Videos eine aktive Social-Media-Community aufbauen kann (siehe Abbildung 6.15). Mehr als 16.000 Leute folgen der Britin und lieben ihre Erklär-Posts, Story-Q&As und die Einblicke in ihren Alltag als Agenturinhaberin. Du siehst, es geht also auch, ohne selbst in die Kamera zu sprechen. Falls du das trotzdem lernen möchtest, habe ich einen kleinen Trick für dich. Schicke 7 Tage lang statt Sprachnachrichten Videos an deine Freundinnen und Bekannten. Glaub mir, nach einer Woche hast du deine Kamerascheu abgelegt. Weitere Tipps für Sprechvideos bekommst du in Abschnitt 7.7.5, »Video-Learning, worauf es ankommt«.

6.4.3 Persönlich vs. privat

Hast du dich dafür entschieden, dich auf deinem Social-Media-Account zu zeigen, bleibt noch die Frage, wie viel du von dir preisgibst. Gerade als Dienstleisterin oder Coach profitierst du davon, dir eine starke Personenmarke aufzubauen. Das heißt aber nicht, dass du plötzlich jeden Aspekt deines Lebens mit deinen Follower*innen teilen sollst. Viele Selbstständige verwechseln persönlichen und privaten Content, deshalb lass mich kurz den Unterschied erklären. Persönlicher Content bietet zwar einen Einblick in deine Interessen, Hobbys oder Werte, aber immer mit einem konkreten Bezug zu deiner Arbeit. Viele selbstständige Mamas, die ich kenne, posten zum Beispiel über die Vereinbarkeit von Mutterschaft und Business, aber ohne dabei ihr Kind zu zeigen. Das bleibt privat. Da ich von zu Hause aus arbeite und dort auch Videos filme, bekommt meine Community regelmäßig mein Büro oder Wohnzimmer zu sehen. Auch meinen Hund, der nie von meiner Seite weicht, zeige ich zwischendurch in meinen Storys. Alle anderen Räume meiner Wohnung oder Zeit mit meinem Partner klammere ich dafür komplett aus, weil sie auch nichts mit meinem Arbeitsalltag zu tun haben. Auf den Punkt bringt es die Kommunikationsstrategin Julia Kiener: »*Ich teile nichts von meinem Privatleben, aber sehr viel von meiner Persönlichkeit.*«[13]

Wie privater Content strategisch eingesetzt werden kann

Du darfst natürlich selbst entscheiden, wie viel du von deinem Privatleben preisgibst. Allerdings empfehle ich, dich bei jedem privaten Einblick, den du teilst, zu fragen: Welches Ziel verfolge ich mit diesem Post? Geht es mir darum, andere zu inspirieren, ihr Leben auch nach ihren Bedürfnissen zu gestalten? Möchte ich durch ein bestimmtes Thema zum Nachdenken anregen, und wie lässt sich der Bezug zu meinem Thema und meiner Marke herstellen? Zeigt das tägliche Story-Video, wie ich mir morgens Kaffee mache, was mich besonders macht? Baut es eine Verbindung zu meiner Wunschkundin auf? Muss ich wirklich 20 Bilder aus meinem letzten Urlaub posten, oder reicht ein kleiner Gruß, um meiner Community zu zeigen, dass es mir gut geht und ich offline Zeit genieße?

13 Quelle: *linkedin.com/posts/julia-kiener_mein-linkedin-credo-no-1-ich-teile-nichts-activity-7080427035218595840-Ulc2*

6.4.4 Wie oft sollst du posten?

Ein Grund, warum viele Selbstständige privaten Content teilen, ist, weil sie sonst das Gefühl haben, zu wenig aktiv zu sein. »Wie oft soll ich posten?« ist wahrscheinlich die meistgestellte Frage in meinen Beratungsgesprächen und lässt sich leider nicht pauschal beantworten. Klar, je öfter, desto besser. Gleichzeitig hast du aber als Selbstständige noch viele andere Aufgaben und sicher nicht die Zeit, den ganzen Tag auf Social Media zu verbringen. In Tabelle 6.3 habe ich dir schon einen groben Überblick gegeben, wie oft du auf welchen Plattformen posten solltest, sofern du das schaffst. Wichtiger als die Quantität deiner Beiträge ist nämlich immer deren Qualität. Poste lieber weniger oft und dafür Content, der wirklich zu 100 % auf die Bedürfnisse und Probleme deiner Zielgruppe abgestimmt ist.

Außerdem ist für erfolgreiches Social-Media-Marketing ein langer Atem unabdinglich. Niemand geht nach 2, 3 Posts viral, und keiner hat nach einer Woche Tausende von Followern gewonnen. Geduld und Durchhaltevermögen sind zwei Tugenden, von denen du nicht nur als Selbstständige profitierst, sondern auch auf sozialen Netzwerken.

Tipp: Wechsle aufwendigen und Zero-Effort-Content ab

Ein hoher Produktionsaufwand sagt übrigens nichts über die Qualität deiner Social-Media-Posts aus. Gerade auf Plattformen wie TikTok sind es oft spontane, ungefilterte Videos, die viral gehen. Ich versuche deshalb, sehr aufwendige Posts mit sogenanntem *Zero-Effort-Content* abzuwechseln. Das sind Inhalte, die von der Ideenfindung bis zum fertigen Post maximal 5 Minuten brauchen. Hier einige Ideen:

- ein einprägsames Zitat aus einem deiner letzten Posts, Blog-Artikel oder Podcast-Aufnahmen
- ein Kurzvideo von dir bei der Arbeit
- eine Antwort auf einen Kommentar aus deiner Community
- ein Porträtfoto von dir mit einer inspirierenden Geschichte

6.4.5 Beiträge vorplanen oder selbst posten?

Um Zeit zu sparen, entscheiden sich viele Social-Media-Nutzer dazu, ihre Beiträge im Vorfeld zu erstellen und über diverse Planungstools oder direkt innerhalb der Plattformen automatisch posten zu lassen. Der Vorteil liegt natürlich auf der Hand: Deine Posts werden immer zum idealen Zeitpunkt geteilt, ohne dass du einen Finger rühren musst. Allerdings rate ich Social-Media-Neulingen, solche Funktionen mit Vorsicht zu genießen oder nur in Ausnahmefällen zu nutzen. Denn um eine aktive Community auf deinen Kanälen aufzubauen, musst du auch selbst aktiv werden, idealerweise im selben Zeitfenster, in dem du auch postest. Schaffst du es, vorm Posten für 10 Minuten bei anderen Accounts zu kommentieren und weitere

10 Minuten auf der Plattform zu verbringen, nachdem dein Beitrag live gegangen ist, um Kommentare aus deiner Community zu beantworten, kann sich das positiv auf dein Engagement auswirken. Im Urlaub oder an Wochenenden kannst du deine Beiträge selbstverständlich vorplanen. Du darfst aber auch einmal eine komplette Social-Media-Pause einlegen und einfach nichts posten. Eine aktive Community wird es dir mit Sicherheit verzeihen.

Beliebte Social-Media-Scheduling-Tools

Suchst du nach umfangreicheren Tools, die Funktionen über die automatische Planung hinaus anbieten, dann hier eine kleine Auswahl:

- Die *Meta Business Suite* (*business.facebook.com*) ist ein kostenloses Tool, um Facebook- und Instagram-Beiträge vorzuplanen und auszuwerten.
- Auch *Canva* (*canva.com*) kann mittlerweile für dich auf diversen Social-Media-Plattformen posten. Der große Vorteil ist natürlich, dass du so die Grafiken, die du direkt in Canva erstellt hast, nicht mehr extra downloaden musst. Diese Funktion ist aktuell nur im Canva-Pro-Abo inkludiert, das du ab 11,99 € im Monat abschließen kannst.
- *Planoly* (*planoly.com*) ist ein relativ kostengünstiges Planungstool für Instagram, TikTok und Pinterest. Ab 11,25 US-$/Monat kannst du Beiträge für diese Plattformen vorplanen und anschließend auswerten.
- Mit *Later* (*later.com*) lassen sich Inhalte für alle gängigen Netzwerke vorplanen, KI-generierte Captions verfassen und deine Analytics auswerten. Bis zu 30 Posts im Monat können mit Later sogar gratis vorgeplant werden. Alle weiteren Funktionen sind ab 40 US-$/Monat erhältlich.

6.4.6 Hashtags und wenn ja, wie viele?

Um Hashtags ranken beinahe so viele Mythen und Legenden wie um das Monster von Loch Ness. Sollst du nur 1, 2 Hashtags verwenden oder 30? Am besten möglichst große Hashtags (die oft genutzt werden) oder kleine, unscheinbare? Was genau bringen Hashtags überhaupt? Reden wir Klartext.

Hashtags werden auf verschiedensten Social-Media-Plattformen eingesetzt, um deine Inhalte zu kategorisieren. Über Hashtags können Nutzer*innen Beiträge zu bestimmten Themen suchen, speziell auf Plattformen, die nicht wie Suchmaschinen funktionieren. Wenn du einen bestimmten Hashtag einsetzt, tust du das also immer mit der Absicht, dass deine Beiträge unter diesem Begriff auffindbar sind. Viele Selbstständige erwarten sich durch Hashtags höhere Reichweiten für ihre Inhalte. Teilweise trifft das auch zu, allerdings solltest du dir auch bewusst machen, dass auch Hashtag-Suchen algorithmisch gereiht sind.[14] Das bedeutet, dass nicht jeder Post zu jedem Hashtag automatisch an User ausgespielt wird, sondern nur solche mit besonders hoher Relevanz oder Qualität. Hashtags funktionieren also nur dann, wenn deine Inhalte selbst schon optimiert wurden.

14 Mehr dazu im nächsten Abschnitt

So weit, so gut. Wie viele Hashtags du unter deine Posts setzen solltest, hängt von der jeweiligen Plattform ab. Auf X oder TikTok, wo du nur sehr wenige Zeichen zur Verfügung hast, kannst du maximal 3–4 kürzere Hashtags oder 1–2 lange Hashtags platzieren. Auf Instagram sind bis zu 30 Hashtags in deiner Bildbeschreibung erlaubt, es dürfen aber auch weniger sein. Wichtig ist nämlich vor allem, dass du relevante Hashtags auswählst, statt auf Biegen und Brechen die Zahl vollzubekommen. Um passende Hashtags zu finden, wähle eine breite Mischung aus Begriffen aus den folgenden Bereichen:

- *Marken-Hashtags:* Gerade größere Marken haben oft eigene Hashtags mit ihrem Markennamen oder Claim (z. B. #nike #justdoit). Setze diese gezielt ein, damit deine Posts auch unter deinen Markenhashtags auftauchen.
- *Lokale Hashtags:* Betreibst du ein Restaurant, eine Arztpraxis oder einen physischen Laden, nutze ortsbezogene Hashtags (z. B. #vienna, #viennafood).
- *Themenbezogene Hashtags:* Verwende Hashtags, die auf das Thema deines Posts hinweisen. Achte darauf, nicht nur einzelne Begriffe auszuwählen (z. B. #yoga), da diese sehr oft verwendet werden. Die Chance, dass dein Post unter diesem Begriff auftaucht, ist also gering. Besser: nutze Long-Tail-Keywords, also Begriffskombinationen (z. B. #yogateacher, #yogaflow).
- *Community-Hashtags:* Manchmal gibt es eigens kreierte Hashtags, die Communitys zu bestimmten Themen verbinden (z. B. #booklovers).

Hashtag-Tipps von René Bunzel

René ist Marketing-Profi und Content-Creator und hat mit seinem Instagram-Account (*instagram.com/onlinemarketing.lernen*) in den letzten Jahren eine Community von 22.000 Followern aufgebaut, unter anderem mithilfe von Hashtags. Das sind Renés wichtigste Tipps:

- Nutze Hashtags mit möglichst niedrigem Wettbewerb.
- Wähle Hashtags, deren Top-Posts eine geringe Anzahl an Likes aufweisen, maximal 15 % mehr als deine eigenen Beiträge. Dadurch vergrößerst du deine Chance auf eine Top-Platzierung.
- Nutze Hashtags in deiner Sprache. Deutscher Content mit englischen Hashtags verfehlt die Zielgruppe.
- Verwende Hashtags, die deinen Beitrag sehr genau beschreiben, denn Plattformen scannen auch deine Bilder sowie Texte in deinen Posts.

6.4.7 Hasst dich der Algorithmus?

Wer auf TikTok und Co. aktiv ist, kommt früher oder später in Kontakt mit gut gemeinten Tipps, wie man den Algorithmus überlistet. Diese werden akribisch befolgt und wenn der Erfolg dann trotzdem ausbleibt, kann das nur eines bedeuten: Der Algorithmus hat es auf dich abgesehen. Zunächst einmal kann ich dich beruhigen, deine Inhalte werden nur in seltensten Fällen aktiv eingeschränkt. Um zu analysieren, warum dein Content nicht ausgespielt wird, hilft es zu verstehen, wie Algorithmen funktionieren.

So funktioniert der Instagram-Algorithmus

Die meisten Plattformen halten diese Information natürlich streng geheim, um nicht kopiert zu werden. Instagram veröffentlichte allerdings im Mai 2023 eine genaue Aufschlüsselung, wie seine verschiedenen Algorithmen funktionieren.[15] Denn den einen Algorithmus, von dem so gerne gesprochen wird, gibt es gar nicht. Werfen wir also einen Blick auf die verschiedenen Faktoren, welche die Instagram-Algorithmen beeinflussen.

Der Feed-Algorithmus

Der Instagram-Feed oder *Home-Feed* ist deine persönliche Startseite auf Instagram, auf der du eine Mischung aus Inhalten zu sehen bekommst von Accounts, denen du folgst, Empfehlungen von Instagram sowie Werbeanzeigen. Laut Instagram gibt es Tausende Daten, die herangezogen werden, um zu bestimmen, wie und in welcher Reihenfolge dir Posts angezeigt werden, u. a.:

- *Deine Aktivität:* Jedes Like und jeder Kommentar wird von Instagram mitgemessen, um zu verstehen, welche Posts dich interessieren. Dabei geht es nicht nur um den Inhalt selbst, sondern auch dessen Format. Interagierst du zum Beispiel öfter mit Fotos als Reels, bekommst du auch mehr Fotos ausgespielt.
- *Informationen zum Beitrag:* Instagram misst, wie beliebt ein Beitrag ist, zum Beispiel anhand seiner Interaktionen oder der Geschwindigkeit, in der ein Beitrag viele Interaktionen bekommt. Außerdem werden Faktoren wie die Posting-Zeit oder der Standort, falls einer angegeben wurde, berücksichtigt.
- *Informationen zur Person, die den Beitrag gepostet hat:* Nicht nur Informationen zum eigentlichen Post werden in Betracht gezogen, sondern auch zu dessen Urheber*in. Wie viele Interaktionen hat dieser Account in den letzten Wochen bekommen? Welche User fühlen sich besonders von den Posts deines Accounts angesprochen, und ähneln sie dir?
- *Dein Interaktionsverlauf mit anderen Personen:* Außerdem wird auch mitgemessen, wie oft du selbst mit einem User interagierst. Kommentierst du dessen Posts regelmäßig? Schreibt ihr euch gegenseitig Direktnachrichten? Falls Ja, wirst du dessen Posts eher angezeigt bekommen.

---

15 Hier kannst du den gesamten Artikel zu den Instagram-Algorithmen nachlesen: *about.instagram.com/de-de/blog/announcements/instagram-ranking-explained*

Aufgrund dieser vielen Informationen berechnet Instagram dann, wie wahrscheinlich du mit einem Post interagieren wirst. Als Interaktionen zählen übrigens nicht nur Likes und Kommentare, auch die Zeit, die du mit einem Post verbringst, wird mitgemessen. Genauso, wenn du auf das Profilbild einer Person klickst, um deren Account zu besuchen, oder jemandem nach dem Betrachten seines Posts folgst. Für dich als Selbstständige bedeutet das also, je öfter jemand mit dir und deinem Post interagiert, desto besser wird dieser auch an andere potenzielle Interessent*innen ausgespielt. Wenn also schon deine eigenen Follower nicht reagieren, ist die Wahrscheinlichkeit gering, dass dein Post noch weiteren Personen angezeigt wird.

Der Algorithmus im Explore-Feed

Wird dein Beitrag allerdings oft gelikt, kommentiert, gespeichert oder geteilt, ist die Wahrscheinlichkeit hoch, dass dieser auch im *Explore-Feed* gereiht wird. Dort werden ausschließlich Empfehlungen von Accounts angezeigt, denen du noch nicht folgst. Der Algorithmus funktioniert hier ganz ähnlich wie im Home-Feed, schließt aber auch deine eigenen Aktivitäten innerhalb des Explore-Feeds mit ein. Wie Instagram einzelne Posts in der Hashtag-Suche rankt, wurde leider nicht erklärt. Da diese aber auch zum Explore-Feed gehört, kannst du davon ausgehen, dass der Algorithmus hier ähnlich funktioniert. Dein großes Ziel ist natürlich, dass deine Posts im Explore-Feed oder unter deinen verwendeten Hashtags auftauchen. Ob dir das gelungen ist, kannst du in deinen Post-Insights erkennen (siehe Abbildung 6.16).

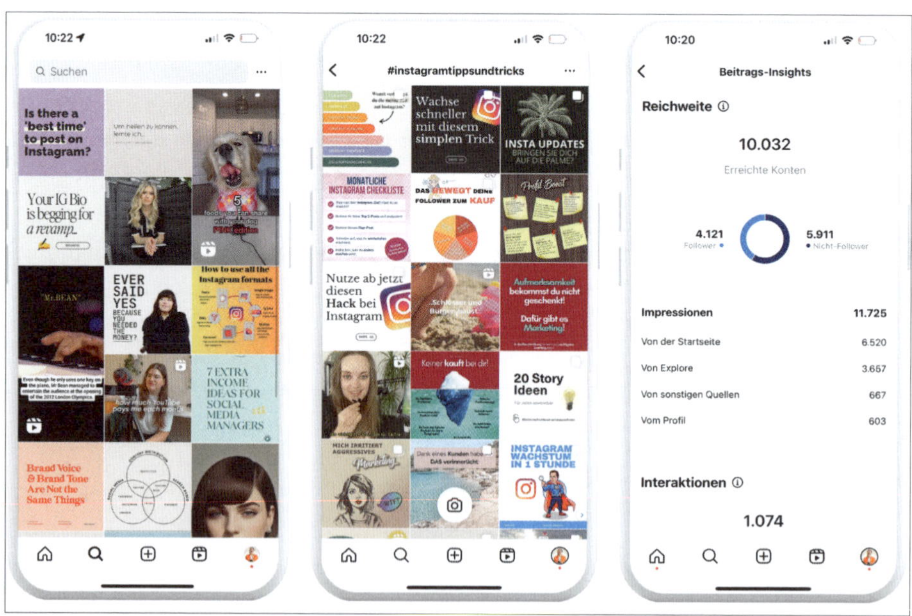

Abbildung 6.16 Ein eigener Algorithmus bestimmt, welche Posts dir im Explore-Feed angezeigt werden und ob dein eigener Post dort ausgespielt wird.

Die Story- und Reels-Algorithmen

Der Vollständigkeit halber soll auch erwähnt werden, dass sowohl Instagram-Storys als auch der Reels-Feed einen eigenen Algorithmus haben. Die Faktoren, die zur Bestimmung herangezogen werden, unterscheiden sich jedoch nicht grundlegend von den anderen beiden Algorithmen, die ich dir schon vorgestellt habe.

Damit kannst du den Algorithmus wirklich beeinflussen

Jetzt, wo du die verschiedenen Ranking-Faktoren kennst, sollte dir auch bewusst sein, dass du Beiträge nicht für den Algorithmus, sondern für Menschen erstellen musst. Denn wenn deine Posts vielen Menschen auf- und gefallen, werden sie auch von den Algorithmen ausgespielt. Was du noch tun kannst:

1. Erstelle Beiträge, die auf die Bedürfnisse deiner Zielgruppe abgestimmt sind.
2. Bleibe, wenn möglich, bei einem Thema, um die inhaltliche Einordnung deines Posts leichter zu gestalten.
3. Nutze Community-Formate, um Interaktionen hervorzurufen.
4. Sei selbst aktiv, und kommentiere Storys und Posts von anderen.
5. Schau regelmäßig in deine Insights, um auszuwerten, welche Themen und Formate auf deinem Account am besten ankommen.

So funktioniert der LinkedIn-Algorithmus

Kurz nachdem Instagram Details zu seinen Algorithmen veröffentlicht hatte, zog LinkedIn nach und kommunizierte nicht nur, wie sein Ranking-Algorithmus funktioniert, sondern kündigte auch direkt eine große Änderung an. Eine kurze Hintergrundgeschichte: In der Pandemie-Zeit wuchs LinkedIn rasant. Jahr für Jahr wurden 42 % mehr Inhalte geteilt und 27 % mehr Inhalte auf der Plattform konsumiert. Außerdem veränderte sich das Posting-Verhalten von LinkedIn-Usern. Content wurde persönlicher, da sich das Arbeits- und Privatleben der meisten Leute vermischt hat, erklärt der LinkedIn-Chefredakteur Dan Roth in einem Podcast-Interview.[16] Plötzlich wurden Familienbilder und Selfies geteilt, etwas, was man vorher nur von Facebook oder Instagram kannte – sehr zum Missfallen der LinkedIn-Community. Viele User begannen, sich darüber zu beschweren, wohin sich die Plattform entwickelte. Deshalb beschloss LinkedIn, einen Schlussstrich zu ziehen.

Seit Juni 2023 legt die Plattform wieder vermehrt den Fokus auf Wissen und Expertise und priorisiert solche Posts. »*For us, the most important part of the equation is, Do we believe we're helping our members be and feel more productive and more suc-*

16 Hier findest du den Link zum Interview sowie weitere Informationen zu LinkedIns neuem Algorithmus: *entrepreneur.com/science-technology/linkedin-changed-its-algorithms-heres-how-your-posts/454728*

cessful,« teilt Roths Kollegin Alice Xiong. Auf folgende Informationen wird dabei geachtet:

- *Der Post hat eine klare Zielgruppe:* Der LinkedIn-Algorithmus wertet aus, welches Thema dein Beitrag behandelt und bestimmt anhand dessen, für wen er relevant ist. Ein Bild deiner Familie wird demnach nur noch deinen engsten Kontakten ausgespielt, ein Artikel über B2B-Marketing stattdessen an eine breitere Gruppe, die sich für dieses Thema interessiert.
- *Die Autorität des Autors/der Autorin zum Thema:* LinkedIn evaluiert nicht nur den Inhalt deines Posts, sondern auch die Qualität deines Profils und entscheidet anhand dessen, ob du als Expert*in für dein Themengebiet wahrgenommen wirst.
- *Die Qualität der Kommentare unter dem Post:* Kommentare, die sich wirklich mit dem Inhalt deines Posts auseinandersetzen, zählen mehr als ein einfaches Emoji.
- *Eine einzigartige Perspektive zum Thema:* Generische Informationen werden weniger verbreitet, dafür werden deine persönliche Meinung und deine Erfahrungen wichtiger.

6.4.8 Umgang mit Trollen, Bots und Hasskommentaren

Verstehst du es, solche Inhalte zu erstellen, die nicht nur User lieben, sondern auch der Algorithmus, wirst du früher oder später mit den Schattenseiten von Social Media konfrontiert. Je breiter deine Posts ausgespielt werden, desto eher locken sie auch *Trolle* (Personen, die darauf abzielen, dich zu provozieren), *Bots* (Kommentare und Nachrichten, die nicht von Menschen, sondern von Computerprogrammen erstellt wurden) und Hasskommentare an. Als Faustregel würde ich dir raten, solche Personen und Kommentare, die persönlich beleidigend sind, sofort zu blockieren und ihnen gar keine Bühne zu bieten. Denn genau darauf zielen solche Menschen ab. Kommentare, die sich zwar im Ton vergreifen, aber sich zumindest inhaltlich mit deinem Post-Thema auseinandersetzen, würde ich stattdessen stehen lassen. Es spricht doch nichts gegen einen sachlichen Austausch, auch wenn man nicht einer Meinung ist.

Fake-Accounts erkennen und blockieren

Soziale Netzwerke haben ein riesiges Problem mit Fake-Accounts, also Nutzerprofilen, die nicht von einem echten Menschen erstellt wurden. Alleine auf Facebook wurden im ersten Quartal 2023 rund 426 Millionen Fake-Accounts entfernt[17], und auch Instagram

17 Quelle: *de.statista.com/statistik/daten/studie/1010134/umfrage/anzahl-der-von-facebook-entfernten-fake-accounts-weltweit*

oder X gehen mittlerweile radikal gegen solche Profile vor, leider nicht immer schnell genug. Du hast sicher schon des Öfteren dubiose Anfragen bekommen oder fragwürdige Kommentare unter deinen Posts. Dabei handelt es sich wahrscheinlich um solche Fake-Accounts, die du am besten sofort blockierst. Diese Hinweise können dir dabei helfen, solche Accounts zu identifizieren:

- Es wurden noch keine Bilder am Profil gepostet.
- Der Username beinhaltet extrem viele Symbole oder Zeichen.
- Der Account folgt mehreren Tausend Leuten, hat aber selbst kaum Follower.
- Die Bilder auf dem Profil sind offensichtlich zweideutig oder pornografisch.

Manchmal kommt es auch vor, dass ein Account vorgibt, jemand anderes zu sein, und nicht nur deinen Namen, sondern auch Fotos von dir übernimmt. Das ist auch mir schon passiert und verstößt natürlich gegen die Nutzungsbedingungen aller Plattformen. In diesem Fall solltest du den Account sofort über die Meldefunktion melden, damit er von der Plattform entfernt wird.

6.4.9 Deine Social-Media-Erfolge messen

Was soziale Netzwerke so besonders macht, ist, dass du in Echtzeit Feedback darüber bekommst, ob deine Inhalte ankommen oder nicht. Aber du kannst deine Erfolge nur dann sinnvoll auswerten, wenn du dir auch im vorhinein Gedanken darüber gemacht hast, wie du die jeweilige Plattform einsetzen möchtest. Geht es dir vordergründig darum, deine Markenbekanntheit zu steigern, sind Kennzahlen wie Reichweite oder Impressionen am wichtigsten. Zielst du auf Kundengewinnung ab, wirst du eher deine Website-Besuche und die daraufhin abgeschlossenen Verkäufe messen. In Tabelle 6.7 findest du verschiedene Kennzahlen entlang der gesamten Customer Journey, die du zumindest einmal im Monat auswerten solltest.

Customer Journey Phase	Ziel	Kennzahlen
Awareness	so viele Nutzer wie möglich erreichen und diese in Follower verwandeln	▪ Account-Reichweite ▪ Reichweite pro Post ▪ Impressionen pro Post ▪ Share of Voice ▪ Profilaufrufe ▪ Profilaufrufe pro Post ▪ neue Follower

Tabelle 6.7 Die wichtigsten Kennzahlen entlang der Customer Journey

Customer Journey Phase	Ziel	Kennzahlen
Consideration	Community-Aufbau, Interaktionen und Engagement auf Posts	■ Anzahl Likes, Kommentare, Reposts und gespeicherte Posts ■ für Videos: durchschnittliche Wiedergabezeit ■ für Videos und Storys: Retention-Rate ■ für Storys: Tap-forward/Tap-back-Rate ■ für Storys: Antworten per Direktnachricht
Purchase/Conversion	neue Kunden gewinnen, Leads generieren	■ Link-Klicks ■ Conversion-Rate ■ Kontaktanfragen und DMs ■ Anzahl der Neukunden

Tabelle 6.7 Die wichtigsten Kennzahlen entlang der Customer Journey (Forts.)

Achte auch darauf, diese Kennzahlen nicht nur einzeln, sondern in Relation zueinander zu betrachten. Schreibst du einmal pro Monat auf, wie viele neue Follower du dazugewonnen hast, kannst du nach einiger Zeit deine *Follower-Growth-Rate* berechnen. Diese zeigt dein durchschnittliches Account-Wachstum über einen bestimmten Zeitraum. Teile dazu die Anzahl deiner neuen Follower durch die Zahl der schon existierenden Follower, und multipliziere das Ergebnis mit 100. Hat dein Account zum Beispiel im Zeitraum von 6 Monaten 1000 neue Follower dazugewonnen bei einer Gesamtzahl von 3000, ist das eine Wachstumsrate von 33 %. Wenn du also so weitermachst, wirst du in weniger als einem Jahr die 5000er-Marke knacken.

Für deine Storys, die ja meist nur vorhandene Follower sehen, könntest du die *Reach-Rate* ausrechnen, das Verhältnis deiner Story-Reichweite zur Follower-Zahl. Dafür teilst du die Anzahl der Story-Views durch deine aktuelle Follower-Zahl und multiplizierst das Ergebnis mit 100. Die durchschnittliche Reach-Rate für Instagram Storys beträgt übrigens 10 %. Für kleinere Accounts (< 5000 Follower) ist sie meist noch ein wenig höher.

Ähnlich funktioniert die Berechnung deiner *Engagement-Rate*, einer Kennzahl, die Interaktionen im Verhältnis zu den erreichten Accounts oder deiner Follower-Zahl misst. Um deine Engagement-Rate für einzelne Beiträge zu berechnen, teile die Anzahl deiner gesamten Beitragsinteraktionen (Likes + Kommentare + Saves +

Reposts) durch die erreichten Accounts und multipliziere mit 100. Misst du diese regelmäßig, kannst du auch deine durchschnittliche Engagement-Rate berechnen, indem du mehrere Engagement-Raten addierst und durch die Anzahl deiner Posts teilst. Zum Glück gibt es aber hilfreiche Tools, die solche Berechnungen für dich übernehmen.

Tool-Tipps zur Auswertung deiner Social-Media-Analytics

Viele der Programme zum automatischen Posten deiner Beiträge, die ich dir weiter oben vorgestellt habe, beinhalten auch eigene Analyseberichte. Darüber hinaus könntest du auch folgende Tools einsetzen:

- *SocialBlade* (*socialblade.com*) ist ein kostenloses Analyse-Tool für alle gängigen Plattformen. Du musst deinen Account allerdings erst synchronisieren, bevor SocialBlade bestimmte Insights mitmessen kann.
- *Not Just Analytics* (*notjustanalytics.com*) erstellt umfangreiche Berichte für Instagram und TikTok. Das Tool ist kostenpflichtig (ab 6 €/Monat), du kannst es aber kostenlos vorab testen.
- *Google Analytics* (*analytics.google.com*) und seine DSGVO-konforme Alternative *Matomo* (*matomo.org*) sind weit mehr als Social-Media-Analyse-Tools, eignen sich jedoch hervorragend dafür, bestimmte Messwerte wie *Website Traffic*, *Bounce-Rate* und *Social ROI* (Return on Investment) zu verfolgen. Google Analytics ist komplett kostenfrei, Matomo kannst du ab 19 € pro Monat nutzen.

6.4.10 Warum Likes und Follower nicht alles sind

Ein gelegentlicher Blick in deine Insights hilft dir dabei, besser zu verstehen, wie deine Inhalte ankommen. Ich würde dir aber davon abraten, dich zu sehr auf einzelne Zahlen zu versteifen, und empfehle, stattdessen auch qualitative Messwerte zur Erfolgsmessung heranzuziehen. Was bringen dir 100 Kommentare unter deinem Post, wenn diese alle von Bots stammen oder nur ein einzelnes Emoji beinhalten? Noch wichtiger als die Anzahl deiner Likes und Follower ist die Beziehung, die du zu deiner Community aufbaust. Und diese kann eben nicht immer anhand von quantitativen Kennzahlen bewertet werden.

6.4.11 Social-Media-No-Gos

Abgesehen davon, dass du dich nicht nur an deinen Likes und Follower-Zahlen festbeißen solltest, gibt es noch einige weitere No-Gos im Umgang mit sozialen Netzwerken, die teilweise auch gegen die Nutzungsbedingungen einzelner Plattformen verstoßen. Versuche also, Folgendes zu vermeiden:

- *Engagement Pods:* Speziell auf Instagram war diese Form von »Community« lange beliebt. Dabei schließt du dich mit anderen Usern zusammen, um sich gegenseitig zu boosten, indem Beiträge möglichst schnell kommentiert und gelikt werden. Was harmlos klingt, ist tatsächlich nicht erlaubt und auch wenig sinnvoll, vor allem wenn es sich um große Engagement Pods mit Hunderten von Teilnehmer*innen handelt. Erstens hast du dann gar nicht mehr die Zeit, dich sinnvoll mit den Inhalten anderer auseinanderzusetzen. Außerdem verstößt das künstliche Antreiben von Account-Wachstum gegen Instagrams Community-Guidelines.

- *Leute grundlos in Fotos oder Beiträgen taggen:* Auch Spam-Verhalten kann dazu führen, dass du von einer Plattform ausgeschlossen wirst. Überleg immer, wie es sich für dich anfühlen würde, wenn dich jemand einfach so in zahlreichen Beiträgen verlinkt, ohne dass diese etwas mit deinem Thema zu tun haben. Eher nervig, oder?
- *Tausenden von Leuten folgen:* Das wirkt nicht nur spammy, sondern führt auch dazu, dass dein Feed völlig überflutet wird. So hast du kaum die Chance, mit wirklich interessanten Inhalten zu interagieren. Besser: Folge nur wenigen Accounts, die dafür relevant für dein Business-Thema sind.
- *Privates und Business zu sehr vermischen:* Idealerweise hast du getrennte Accounts für private Themen und deine Selbstständigkeit. Dabei geht es nicht nur um den Content, den du erstellst, sondern auch darum, wem du folgst. Auf dem Business-Account solltest du professionelles Networking betreiben, nicht Urlaubsfotos von deiner besten Freundin liken. Das kannst du immer noch von deinem privaten Account.
- *Nur Produktfotos oder Selfies posten:* Social-Media-User wollen unterhalten und inspiriert werden. Fotos wie aus dem Produktkatalog werden hier niemanden ansprechen, genauso wenig Selfies, in denen du dich als Influencerin inszenierst. Sei professionell, zeig, was du draufhast, und geh auf die Bedürfnisse und Pain Points deiner Wunschkundin ein. Wenn du ein Produkt verkaufst, zeig dieses in der Anwendung und lass User davon träumen, wie es wäre, es selbst zu besitzen.
- *Kaltakquise:* Bei diesem Thema scheiden sich die Geister. Manche schwören darauf, der Großteil der Nutzer*innen findet Kaltakquise aber irrsinnig nervig. Sei dir dessen bewusst, wenn du diese Taktik einsetzt.
- *Content von anderen posten, ohne deren Einwilligung:* Das ist nicht nur unethisch, sondern illegal. Denn auch auf Social Media gilt das Urheberrecht. Erlaubt sind solche Reposts, die die Plattformen selbst zur Verfügung stellen, bei denen auch der Urheber oder die Urheberin klar erkennbar ist, z. B. Retweets auf X oder Story-Shares auf Instagram.

Kapitel 7

Veröffentliche deine ersten Inhalte

Nun bist du so weit, deine Website und Social-Media-Accounts mit Inhalten zu befüllen. Ohne Content sind sie schließlich nichts anderes als leere Hüllen. Stell dir einmal eine Website ohne Text und einen Instagram-Account ohne Bilder vor. Wer würde sich das ansehen?

Wer heute digital präsent werden möchte, kommt ohne Inhalte gar nicht aus. Content ist allgegenwärtig und vor allem extrem vielfältig. Es gab eine Zeit lang einen Trend-Sound auf Instagram, in dem eine Nutzerin sang: »Everything is content. Everything is content.« Und im Grunde genommen hat sie recht. Wenn wir an Content denken, haben wir meist TikTok-Videos und LinkedIn-Slideshows im Kopf. Dabei ist es so viel mehr. Es sind auch die Betreffzeilen deiner E-Mails, die Captions deiner Instagram-Posts und die Porträtfotos auf deiner Über-mich-Seite.

Aufgrund dieser enormen Vielfalt fühlen sich viele Selbstständige überfordert von der Content-Erstellung. Wie schreibe ich tolle Texte? Müssen es wirklich Videos sein? Und warum braucht das alles so lange? In diesem Kapitel möchte ich mit den größten Mythen rund um Content-Marketing aufräumen und dir zeigen: Du kannst Inhalte erstellen, so wie es zu dir passt. Du weißt ja, es gibt nicht den einen Weg und die eine Strategie.

7.1 Content als Marketing-Wunderwaffe

Auch wenn Content mehr ist als ein Marketing-Tool, gibt es heute kein Marketing ohne Content. Denn deine Inhalte erfüllen drei wichtige Aufgaben:

1. Sie locken neue Leute an.
2. Sie überzeugen diese von dir.
3. Sie helfen dabei, eine Kaufentscheidung zu treffen.

Dein Content deckt also alle Phasen der *Customer Journey* ab und begleitet Interessent*innen vom ersten Kennenlernen deiner Angebote bis zum Kaufabschluss und darüber hinaus. Die Bedürfnisse und Ansprüche an deine Inhalte unterscheiden sich natürlich in jeder dieser Phasen gravierend.

7.1.1 Content, der Aufmerksamkeit schafft

Baust du deine digitale Präsenz gerade erst auf, hast du zu Beginn ein einziges Ziel: so viel Aufmerksamkeit wie möglich für dich und dein Angebot schaffen. Egal, für welche Marketing-Kanäle du dich letztendlich entschieden hast, ob SEO, Empfehlungsmarketing oder Social Media, irgendwie musst du Leute für dich gewinnen. Natürlich sind die Anforderungen an deine Inhalte je nach Kanal völlig unterschiedlich. Erstellst du eine Werbeanzeige für ein lokales Magazin, wird diese anders gestaltet sein als ein kurzes Video für TikTok. Und setzt du vorwiegend auf Business-Partnerschaften, brauchst du vielleicht überhaupt keinen Content für diese Phase der Customer Journey. Dennoch lohnt es sich, weiterzulesen, denn im nächsten Abschnitt zeige ich dir, welche Inhalte besonders viel Aufmerksamkeit erregen.

Sprich noch nicht über dein Angebot

Was den meisten Selbstständigen extrem schwer fällt, ist, dass sie zu Beginn der Customer Journey eigentlich gar nicht auf ihr Angebot eingehen sollten. Im Gegenteil, dein Fokus sollte zu 100 % bei deiner Wunschkundin und deren Fragen und Bedürfnissen liegen. Denn Inhalte bekommen dann Aufmerksamkeit, wenn sie für deine Zielgruppe interessant sind. Dein Angebot ist das leider aktuell noch nicht. Wir beschäftigen uns im Laufe dieses Kapitels noch im Detail damit, wie du passenden Content auswählst und aufbereitest. Deshalb möchte ich dir an dieser Stelle erst einmal eine kurze Übersicht geben, welche Themen sich besonders für den Beginn der Customer Journey, die Awareness-Phase, eignen:

- *Content zu den Problemen, derer sich deine Zielgruppe bewusst ist*: Erinnerst du dich noch an die 5 Stufen des Bewusstseins aus Abschnitt 4.3.1, »Awareness – deine Wunschkundin auf dich aufmerksam machen«? In der Aufmerksamkeitsphase deiner Customer Journey konzentrierst du dich am besten auf Leute in der Problem-Aware-Stufe, also solche, die ihr Problem kennen, aber nicht wissen, wie sie es lösen sollen. Zeig auf, dass du ihr Problem verstehst, und biete erste Lösungsansätze, um darüber Vertrauen aufzubauen.
- *Kontroverses und persönliche Meinungen:* Gerade wenn du auf Social Media aktiv sein möchtest, solltest du als starke Personenmarke auftreten. Und dazu gehört, wie du schon weißt, Werte und Meinungen zu vertreten. Viel zu oft sehe ich auf Instagram und Co. dieselben Themen bis ins Unermessliche wiedergekäut. Heraussticht, wer sich etwas Eigenes einfallen lässt und auch keine Angst davor hat, anzuecken.

- *Kommentiere tagesaktuelle Themen:* Worüber sprechen gerade alle in deiner Branche, und warum hast du noch nichts dazu gesagt? Aktuelle Themen, die gerade brandheiß diskutiert werden, können dir einen regelrechten Reichweiten-Boost bringen. Nutze ihn, wenn möglich.
- *Unterhalte deine Community:* Damit tun sich viele Unternehmer*innen besonders schwer, weil der Zusammenhang zum Business zunächst zu fehlen zu scheint. Wenn du es aber schaffst, deine Inhalte so aufzubereiten, dass sie nicht nur informieren und inspirieren, sondern auch unterhalten, steht deinem Erfolg eigentlich nichts mehr im Weg. Keine Angst, du bekommst im Laufe dieses Kapitels noch zahlreiche Tipps dafür. Zuvor erklärt dir Content-Marketing-Stratege Robert Weller, wie du Inhalte so gestaltest, dass sie Nutzer*innen in den Bann ziehen.

Content-Design, das auffällt – von Robert Weller

Neben deiner Themenauswahl hat vor allem die Gestaltung deiner Inhalte Einfluss darauf, wie viele Menschen sich dafür interessieren und aktiv damit beschäftigen. Denn du kannst unendlich viel Content zu den relevanten Themen erstellen, sie werden niemals ihre volle Wirkung entfalten, wenn du sie nicht ihrem Zweck entsprechend gestaltest; und das ist in diesem Fall Aufmerksamkeit. Um das zu erreichen, haben sich folgende Gestaltungsprinzipien bewährt.

- *Visueller Kontrast zum Umfeld:* Stell dir vor, der Instagram-Feed einer potenziellen Kundin wirkt überwiegend grün, braun und blau, etwa weil sich diese Person vorwiegend für Landschaftsbilder interessiert. Welcher deiner eigenen Bildbeiträge würde da eher hervorstechen: eine Berglandschaft mit einer braunen Hütte unter wolkenlosem, blauem Himmel oder eher die knallbunte Blumenwiese mit den verschiedensten gelben, pinken, roten und violettfarbenen Blüten, auf denen sich unzählige Insekten tummeln? Über die eigentliche Aussage des jeweiligen Bildes lässt sich an dieser Stelle natürlich diskutieren, dass letzteres jedoch mehr Aufmerksamkeit generieren wird, hingegen weniger. Denn es sticht in vielerlei Hinsicht hervor: Es steht – primär durch die Farbe – in starkem visuellem Kontrast zu den übrigen Bildern im Feed (denke: Sind die anderen blau, sei orange!); und auch die Stimmung ist eine andere, was uns zu einem weiteren Prinzip führt:
- *Pattern Interrupt:* Die Unterbrechung typischer Verhaltensmuster ist ein Effekt, den wir durch Andersartigkeit erzielen können. Wie verhalten sich Konsumentinnen üblicherweise bei Pre-Roll-Ads, Display-Anzeigen oder Werbeunterbrechungen? Sie scrollen, skippen oder widmen anderen Dingen ihre Aufmerksamkeit. Das gilt allerdings nicht oder deutlich weniger, wenn die Werbung – und für reguläre Inhalte gilt das gleichermaßen – nicht nach Schema F gestaltet ist, sondern sofort anders wirkt. Oreos »Dunk in the dark«-Tweet (siehe Abbildung 7.1) ist ein legendäres Beispiel, da es auf aktuelle Ereignisse einzahlt und visuell de-

finitiv »anders« gestaltet ist, oder auch das »Dumb ways to die«-Musikvideo von Metro (*youtube.com/watch?v=IJNR2EpSOjw*), das auf humorvolle Art und Weise das Thema Sicherheit im Zugverkehr adressiert.

Abbildung 7.1 Als beim 2013 Super Bowl der Strom ausfiel, nutzte Oreo die Chance (twitter.com/Oreo/status/298246571718483968).

- Schema F war ein weiteres Stichwort, wenn es um die Gestaltung von Content geht, um Aufmerksamkeit zu gewinnen, zu halten und zu lenken. Ich spiele hier mit einem weiteren Verhaltensmuster, *dem F-Shape Reading Pattern*, das du schon in Kapitel 5, »Dein digitales Schaufenster: deine Website«, kennengelernt hast. Zur Erinnerung: Es beschreibt, in welcher Reihenfolge wir Elemente, einschließlich Text, speziell auf einem Bildschirm wahrnehmen: beginnend oben links in einer horizontalen Bewegung (also nach rechts), dann nach unten und erneut in einer horizontalen Bewegung (bis hierhin sprechen wir auch vom Z-Pattern) und schließlich vertikal nach unten – Nutzer scrollen, um sich einen Überblick der übrigen Elemente zu verschaffen.

  Das hat Implikationen für die Gestaltung unserer Inhalte: Zum einen müssen wir die Tatsache berücksichtigen, dass Konsumenten unsere Texte nicht Wort für Wort lesen, sondern eher überfliegen; das sollten wir ihnen durch Textformatierung und -auszeichnung erleichtern. Außerdem gilt es, wichtige Elemente wie

Logos, Kernbotschaften, Handlungsaufforderungen oder andere wichtige inhaltliche Elemente an diesen Fokuspunkten (insbesondere oben links und oben rechts) zu platzieren, um die Wahrscheinlichkeit zu erhöhen, dass Konsumentinnen ihnen Aufmerksamkeit widmen.

Zu guter Letzt hat es sich bewährt, durch zuvor beschriebene Pattern Interrupts die F-Form erneut zu triggern, zum Beispiel, indem wir die Vertikalbewegung durch die Platzierung von Bildelementen oder kontrastreich gestalteten Zwischenüberschriften kurz halten.

- Grundsätzlich können wir *durch Typografie* – was übrigens so viel bedeutet wie die Gestaltung von Schrift – sehr viel bewirken. Vornehmlich die Schriftgröße ist ein probates Mittel, um Aufmerksamkeit zu erzeugen, aber auch der Schnitt kann, zum Beispiel als Wiedererkennungsmerkmal einer Marke, Langzeiteffekte haben.
- *Beginne deine Geschichte, kurz bevor du vom Bären gefressen wirst:* Was diese Metapher beschreibt, ist der Einstiegspunkt deiner Leser, Zuhörerinnen und Zuschauer. Schau dir die Trailer erfolgreicher Blockbuster an, und du wirst viel Inspiration für deine eigenen Videos finden; sei es für YouTube, Instagram oder jede andere Plattform, auf der Videos konsumiert werden. Sie beginnen inmitten des Geschehens, je nach Genre, mit schnellen Schnitten zwischen actionreichen Szenen[1] wie in den Comic-Verfilmungen von Marvel oder DC. Oder mit stimmungsvoller Musik und einer Erzählerstimme, während diverse Filmausschnitte mitlaufen wie in Titanic oder Avatar. Ziel ist, Zuschauer möglichst schnell zu »fesseln« und Emotionen zu wecken.

Dasselbe Prinzip kannst du auch auf Podcasts und andere Audioformate anwenden: Beginne eine Episode nicht dort, wo der Monolog oder Dialog tatsächlich begann, sondern mit Aussagen von dir oder deinen Gästen – je kontroverser, persönlicher oder schockierender, desto besser. Auch hier geht es vor allem um eines: Emotionen. Ein Beispiel, welch enorme Wirkung das haben kann, ist Episode 230 des Podcasts *Diary of a CEO* (DOAC) mit Simon Sinek, dem Erfinder des »Golden Circle« (siehe Abschnitt 3.2.2, »Deine Vision, dein Zweck, dein Purpose«). Hör genau hin: Es geht weniger um das, was Sinek sagt, sondern darum, wie er es sagt. Hörst du das Zittern in seiner Stimme? Ein Zittern, das typischerweise von Tränen begleitet oder von ihnen gefolgt wird. Das ist es, was diese Episode so spannend macht! Nicht, was er sagt, sondern was er nicht sagt, zumindest nicht im Intro. Warum bricht er in Tränen aus? Worum geht's? Welche Frage hat Steven Bartlett, DOAC-Host, zuvor gestellt? Wie geht es weiter? Fragen, die sich Zuhörende nach wenigen Sekunden stellen und auf die sie Antworten wollen. Die besten Previews triggern innerhalb kürzester Zeit viele solcher Fragen und entstehen deshalb meist erst im Nachgang.

1 1–6 Sekunden sind ein guter Richtwert, wichtig ist, dass Zuschauer alles registrieren können, was im Bild passiert.

7.1.2 Content zum Vertrauensaufbau

Hast du es geschafft, Interessent*innen in den Bann zu ziehen, geht es im nächsten Schritt darum, diese bei Laune zu halten. Eine einzelne starke Überschrift reicht noch nicht aus, wenn der Artikel dahinter keinen Mehrwert bietet. Ein auffallend geschnittenes Video wird dir keine Verkäufe bringen, wenn es keine Aussage hat. Deine Inhalte müssen also nicht nur Aufmerksamkeit schaffen, sondern sollten auch eine Verbindung zu deiner Wunschkundin aufbauen. Wir bespielen nun also die Consideration-Phase der Customer Journey. Hier geht es vor allem darum, das Vertrauen in dich und dein Angebot zu stärken. Zeitenweise darfst du also schon über deine Produkte und Dienstleistungen sprechen, aber zuvor solltest du noch folgende Themen abdecken:

- *Praktische Tipps, die man sofort umsetzen kann:* Sei das als Blogartikel, Infografik oder schnelles Erklär-Video, Wissens-Content funktioniert besonders gut in der Consideration-Phase. Vor allem, wenn du es schaffst, einen Praxisbezug herzustellen. Wie das geht, erfährst du in Abschnitt 7.7.
- *Expert*innen-Deep-Dives:* Coaches und Dienstleister können auch davon profitieren, ihre Expertise zu bestimmten Themen zu unterstreichen. Dadurch sieht die Wunschkundin, dass sie dir vertrauen kann, dass du dich wirklich auf deinem Gebiet auskennst. Allerdings sollte Expert*innen-Content niemals Praxis-Tipps ersetzen, sondern diese immer ergänzen. Denn niemand, der dein Angebot kauft, hat Interesse daran, selbst zum Experten zu werden. Deshalb wenden sie sich ja an dich.
- *Zeig den Wunschzustand deiner Zielgruppe:* Was schafft mehr Vertrauen, als zu zeigen, wo sich deine Interessent*innen befinden könnten, wenn sie von deinem Angebot Gebrauch machen? Sofern das Ganze glaubwürdig vermittelt wird. Erinnere dich, du möchtest mit deinem Angebot eine Brücke vom Ist- in den Wunsch-Zustand schaffen. Deshalb zeige, wie sich der Wunsch-Zustand anfühlt. Teile Case Studies, Testimonials und Rezensionen, die die positiven Erfahrungen deiner vorhandenen Kund*innen unterstreichen.
- *Teile inspirierende Geschichten aus deinem Arbeitsalltag:* Gerade als Selbstständige stehst du auch immer als Person im Vordergrund. Spannende Einblicke und Storys aus deinem Arbeitsalltag können eine Verbindung zu deiner Wunschkundin schaffen. Denn am Ende kaufen wir Menschen immer am liebsten von anderen Menschen.

7.1.3 Content für den Kaufabschluss

In der Kaufabschluss-Phase stehen vor allem das Informieren rund um Angebotsdetails, die nächsten Schritte und die sichere Kaufabwicklung im Vordergrund, denn die Interessentin hat sich ja schon dazu entschieden, von deinem Angebot

Gebrauch zu machen. Du musst hier also nicht mehr überzeugen. Ich zeige dir gleich, welche Fragen in dieser Phase besonders relevant sind und wie du diese mit deinen Inhalten abdecken kannst.

7.1.4 Content für Bestandskund*innen

Davor widmen wir uns aber noch der letzten Phase deiner Customer Journey, nämlich der bestehenden Kundschaft. Tatsächlich wird diese oft vergessen, denn man hat sie ja schon für sich gewinnen können. Ein großer Fehler! Nicht nur weil Statistiken zeigen, dass es 5–25 Mal mehr kostet, eine Neukundin zu gewinnen, als eine bestehende erneut zu konvertieren[2]. Es ist doch sicher auch in deinem Sinne, denjenigen mehr Aufmerksamkeit zukommen zu lassen, die dir ihr Vertrauen (und Geld) schon geschenkt haben, als dauernd neue Leute von dir zu überzeugen. Inhalte, die speziell für bestehende Kund*innen produziert werden, können verschiedenste Formen annehmen, zum Beispiel:

- *Ein kurzer E-Mail- oder Videokurs, in dem du zeigst, wie man dein Angebot anwendet:* Gerade für Produkt-Businesses bietet sich diese Strategie an. Teile Tutorials oder Hacks rund um dein Produkt mit denjenigen, die es schon gekauft haben. Aber auch als Dienstleisterin könntest du dir Gedanken darüber machen. So könnte eine Grafikdesignerin ein kurzes E-Book erstellen, das zeigt, wie man die frisch erstellten Logos richtig in die Website einbettet. Eine Fotografin könnte Empfehlungen für Druckereien und Fotobücher abgeben, und eine Texterin könnte Impulse geben, wie die erschaffenen Texte für weitere Plattformen recycelt werden können.
- *Schaffe die Möglichkeit für Austausch in WhatsApp-, Discord- oder Slack-Gruppen:* Dort haben bestehende Kund*innen die Möglichkeit, sich untereinander zu vernetzen oder Fragen zu deinem Angebot zu stellen. Das ist vor allem für digitale Produkte wie Onlinekurse sinnvoll. Auch für diese Gruppen können eigene Inhalte erstellt werden, zum Beispiel wöchentliche Aufrufe, seine Erfolgsgeschichten zu teilen oder Threads, in denen besondere Tipps und Hacks diskutiert werden.

7.1.5 Übung: Bedürfnisse und Content-Ideen entlang der Customer Journey

Du hast jetzt schon einige erste Impulse bekommen, wie Inhalte entlang der Customer Journey aufbereitet werden können. Bevor du dich jetzt gleich in die Umsetzung stürzt, möchte ich, dass du diese hilfreiche Übung ausführst und deine *Customer Journey Map* (siehe Abschnitt 2.5.2, »Die Reiseroute: Entwickle deine

2 Quelle: *hbr.org/2014/10/the-value-of-keeping-the-right-customers*

Customer Journey Map«) dadurch erweiterst. Eine passende Vorlage kannst du dir unter *anna-turner.com/ausgebucht-worksheets* herunterladen.

Wenn wir die Customer Journey ausarbeiten, beginnen wir immer von unten nach oben bzw. von der Kaufabschlussphase bis zur Awareness-Phase. Themen und Inhalte für bestehende Kund*innen kommen zum Schluss. Es ist am einfachsten, sich Gedanken über die Fragen und Bedürfnisse während der Purchase-Phase zu machen, da diese meist sehr konkret sind und einen direkten Bezug zu deinem Angebot haben. Idealerweise würdest du diese Übung gemeinsam mit einer bestehenden Kundin durcharbeiten. Für den Anfang reicht es aber aus, dich selbst in deine Kundschaft hineinzuversetzen.

Fragen und Bedürfnisse in der Purchase-Phase

Wir beginnen also in der Kaufabschluss-Phase. Zur Erinnerung: Hier hat sich eine Interessentin schon dazu entschieden, von dir zu kaufen. Es geht nur noch darum, den Kauf abzuwickeln. Im ersten Schritt überlegst du dir, welche Fragen und Bedürfnisse in dieser Phase auftreten könnten. Hier einige Impulse:

- Ist Ratenzahlung möglich?
- Wie kann ich dafür bezahlen? Kreditkarte, Paypal, Sofortüberweisung
- Was mache ich, wenn das Produkt doch nicht zu mir passt? Gibt es ein Rückgaberecht? Wenn ja, wie lange gilt dieses?
- Wie lange dauert es, bis ich das Produkt bekomme? Wie lange dauert es, bis du mit der Dienstleistung beginnen kannst?
- Was sind die nächsten Schritte, nachdem ich bezahlt habe?

Je nach Angebot kannst du hier auch noch konkreter werden. Zum Beispiel könnte der zukünftige Kunde einer Fotografin wissen wollen, wie er sich aufs Fotoshooting vorbereiten soll, was er anziehen sollte und was passiert, wenn er am gebuchten Termin krank wird. Die Kundin eines Texters möchte vielleicht gleich beim Kaufabschluss wissen, welche Informationen sie für ihn zusammensuchen muss, damit er seine Texte gewissenhaft verfassen kann. Je leichter und klarer du diese Phase gestaltest, desto sicherer fühlen sich deine Kund*innen bei dir.

Content-Ideen für die Purchase-Phase

Wenn du alle Fragen, die dir einfallen, notiert hast, darfst du dir nun Gedanken darüber machen, wie du diese mit Inhalten auf deinen Verkaufskanälen beantworten möchtest. Werde dabei so detailliert wie möglich. Wenn du eine Sales-Page für dein Angebot auf deiner Website einrichtest, welche Informationen musst du dort zur Verfügung stellen, um den Kaufprozess so angenehm wie möglich zu gestalten?

Gibt es Wege, direkt nach dem Kaufabschluss über die nächsten Schritte zu informieren? In Tabelle 7.1 bekommst du einige Impulse dafür.

Frage oder Bedürfnis	Content-Ideen
Ist Ratenzahlung möglich?	▪ mögliche Raten beim Checkout auflisten ▪ Frage in FAQ-Bereich aufnehmen
Wie kann ich dafür bezahlen?	▪ mögliche Zahlungsformen beim Checkout auflisten
Was mache ich, wenn das Produkt doch nicht zu mir passt? Gibt es ein Rückgaberecht? Wenn ja, wie lange gilt dieses?	▪ kurze Info zur Dauer des Rückgaberechts beim Checkout auflisten ▪ detaillierte Anleitung in den FAQ-Bereich aufnehmen oder eigene Seite dafür einrichten und verlinken
Wie lange dauert es, bis ich das Produkt bekomme? Wie lange dauert es, bis du mit der Dienstleistung beginnen kannst?	▪ ungefähre Timeline auf der Sales-Page aufzeichnen ▪ Abhängigkeiten schon im Vorfeld klar aufzeigen (z. B., je länger du brauchst, mir Informationen bereitzustellen, desto länger brauche ich mit Arbeitsbeginn)
Was sind die nächsten Schritte, nachdem ich bezahlt habe?	▪ Welcome- und Onboarding-Guide mit der Zahlungsbestätigung mitschicken

Tabelle 7.1 Content-Ideen für die Purchase-Phase

Fragen und Bedürfnisse in der Consideration-Phase

Der erste Schritt ist schon geschafft. Als Nächstes wandern wir in die Consideration-Phase deiner Customer Journey, wo eine Interessentin abwägt, ob dein Angebot wirklich das richtige für sie ist. Hier werden die Fragen und Bedürfnisse schon etwas abstrakter und können sich je nach Angebot stark voneinander unterscheiden. Wir spielen diese Phase also einmal exemplarisch für eine Fotografin durch. Fragen und Bedürfnisse in ihrer Consideration-Phase könnten ungefähr so lauten:

- Kann ich dir vertrauen?
- Werden die Bilder auch schön?
- Ich bin nicht fotogen, soll ich überhaupt Bilder machen lassen?
- Soll ich wirklich Geld für Fotos ausgeben, oder ist etwas anderes nicht gerade wichtiger?

- Wie soll ich dann beim Fotoshooting posen? Ich kann das doch gar nicht.
- Ich habe so unreine Haut. Wird man das auf den Bildern sehen?

Hier werden also nicht nur alle möglichen Verkaufseinwände durchgespielt, sondern auch Ängste und Sorgen rund um das Ergebnis. Auch wenn die Fragen leicht umformuliert werden müssten, ähneln sich die zugrunde liegenden Probleme und Bedürfnisse auch bei anderen Angeboten. Wirf am besten noch einmal einen Blick in die Liste an Verkaufseinwänden in Abschnitt 4.3.2, »Consideration – das Vertrauen gewinnen«. Diese gilt es, in der Consideration-Phase zu entkräften.

Content-Ideen für die Consideration-Phase

Gleich wie zuvor überlegst du dir jetzt, wie du diese Fragen am besten vorwegnehmen kannst. Welche Inhalte kannst du erstellen, um deiner Interessentin ein gutes Gefühl zu geben, sodass sie dein Angebot wirklich bucht? Ideen bekommst du in Tabelle 7.2.

Frage oder Bedürfnis	Content-Ideen
Kann ich dir vertrauen?	■ Teile Rezensionen und Erfahrungsberichte von bestehenden Kund*innen. ■ Zeig, wie ein Fotoshooting bei dir abläuft, z. B. anhand von Bildern auf deiner Landing Page oder in kurzen Behind-the-Scenes-Videos auf Social Media.
Werden die Bilder auch schön?	■ Erstelle ein Portfolio mit den schönsten Ergebnissen aus vorherigen Fotoshootings.
Ich bin nicht fotogen, soll ich überhaupt Bilder machen lassen?	■ Teile Beispiele von Selfies und professionellen Fotos von ein und derselben Person (mit Erlaubnis!), um zu zeigen, dass jeder fotogen ist.
Soll ich wirklich Geld für Fotos ausgeben oder ist etwas anderes nicht gerade wichtiger?	■ Hebe den emotionalen Wert von guten Fotos in deinen Texten hervor. ■ Zeig verschiedene Einsatzmöglichkeiten deiner Fotos, je nach Umstand und Thema (z. B. auf Social Media, daheim aufhängen, Fotobücher gestalten etc.).

Tabelle 7.2 Content-Ideen für die Consideration-Phase einer Fotografin

Frage oder Bedürfnis	Content-Ideen
Wie soll ich dann beim Fotoshooting posen? Ich kann das doch gar nicht.	▪ Erstelle einen Posing-Guide, der mit dem Kauf mitgeschickt wird. ▪ Teile einzelne Posing-Tipps auf Social Media. ▪ Erstelle einen Blogartikel, in dem du beschreibst, was gute Posen ausmacht, und einige zeigst.
Ich habe so unreine Haut. Wird man das auf den Bildern sehen?	▪ Teile Bilder vor und nach der Retusche (mit Erlaubnis!).

Tabelle 7.2 Content-Ideen für die Consideration-Phase einer Fotografin (Forts.)

Falls es dir schwerfällt, selbst auf Ideen für diese Phase zu kommen, rate ich dir, unbedingt Zielgruppen-Interviews durchzuführen. Vielleicht gibt es bestehende Kund*innen, die bereit wären, eine halbe Stunde ihrer Zeit für dich zu opfern, um ihre Gefühle und Gedanken vor eurer Zusammenarbeit zu besprechen. Denn je mehr du darüber weißt, desto eher kannst du deine Inhalte danach ausrichten.

Fragen und Bedürfnisse in der Awareness-Phase

Gehen wir noch einen Schritt weiter, und versetzen wir uns in die Lage einer Interessentin, die ganz am Anfang deiner Customer Journey steht, also zum ersten Mal auf dich oder dein Angebot aufmerksam wird. Wie du gleich sehen wirst, sind die Fragen und Bedürfnisse hier schon ziemlich abstrakt und haben relativ wenig Bezug zu deinem Angebot. Die Awareness-Phase zu bespielen, fällt den meisten Selbstständigen deshalb irrsinnig schwer. Ich hoffe, dass dir das Beispiel die notwendigen Impulse dafür gibt, auch deine Customer Journey fertig auszuarbeiten. Das wären mögliche Fragen und Bedürfnisse in der Awareness-Phase einer Fotografin:

- Ich brauche Bilder für meine Website und mein Social Media.
- Ich möchte Erinnerungen an diese Zeit schaffen, auf die ich auch später noch gerne zurückblicken werde.
- Ich will diesen Moment einfangen.
- Ich möchte mich selbstbewusst fühlen.
- Ich möchte mich wohl in meinem Körper fühlen.
- Ich will mich so lieben, wie ich bin.

Jobs vs. Aspirations

Erinnerst du dich noch an *Jobs-to-be-Done* (JTBD), das Konzept, das ich kurz in Kapitel 2, »Erste Schritte zu deiner Marketing-Strategie«, beschrieben hatte? Dabei geht es darum, dass jedes Angebot einen konkreten Nutzen erfüllt. Zum Beispiel kann ein Milchshake dazu dienen, die Autofahrt in die Arbeit unterhaltsamer zu gestalten. Und Fotos helfen dabei, sich an einen bestimmten Moment zurückzuerinnern. Jim Kalbach, ein JTBD-Experte, unterscheidet zwischen sogenannten Jobs und Aspirations. Letzteres sind Ziele und Ambitionen, die über das einfache Angebot hinausgehen. Lass mich den Unterschied einmal veranschaulichen.

Der berühmte Business-Professor Theodore Levitt hat in einem seiner Marketing-Seminare erklärt, warum Leute einen Bohrer kaufen. Nämlich nicht, weil sie einen Bohrer haben wollen, sondern weil sie ein Loch in der Wand benötigen. Der Job eines Bohrers wäre also, das Loch in der Wand zu schaffen. Jetzt wissen wir aber noch nicht, wofür dieses Loch benötigt wird. Vielleicht möchte die Kundin ein Regal montieren. Falls ja, wofür braucht sie das Regal? Und wo wird es befestigt? Dient es nur als Ablage in der Garage, oder ist es dekorativ? Was wird auf das Regal gestellt? Nur weitere Werkzeuge oder Bücher, Vasen, Pflanzen? Legt diese Person Wert auf Ästhetik, oder möchte sie das Regal einfach nur schnell und sicher befestigt haben? All das, worüber wir gerade sprechen, sind Aspirations, also übergeordnete Ziele und Ambitionen. Ein Bohrer ist also nie nur ein Bohrer, sondern ein reines Mittel zum Zweck. Und genau den gilt es herauszufinden und über deinen Content darzustellen.

Content-Ideen für die Awareness-Phase

Sobald du beginnst, deine Inhalte von deinem Angebot zu abstrahieren, werden sie viel mehr Interessent*innen anlocken. Denn nicht jeder braucht gerade Fotos von sich. Aber jeder möchte sich selbstbewusst und wohl im eigenen Körper fühlen. Das sind also Themen, über die du eine breite Masse ansprechen kannst, genau das Ziel der Awareness-Phase. Wichtig ist aber, dass das nicht irgendwelche Themen sind, sondern dass diese aus deinem Angebot abgeleitet werden. Deshalb arbeiten wir ja die Customer-Journey-Phase von unten nach oben aus. Auch wenn »mich lieben, wie ich bin« und »mich selbstbewusst fühlen« nicht sofort mit Fotografie assoziiert wird, ist die Verbindung eindeutig. Wenn jemand einen Bohrer kauft, sind diese beiden Bedürfnisse hingegen weniger relevant. Oder kann dir das Regal an der Wand irgendwie zu mehr Selbstliebe verhelfen?

In der Awareness-Phase wird viel mit Inspirations-Content gearbeitet. Du möchtest zeigen, wie dein Angebot das Erreichen der übergeordneten Ziele und Ambitionen unterstützt. Nach diesem Prinzip sind viele berühmte Werbekampagnen gestaltet, wie *Find your Greatness* von Nike (siehe Abbildung 7.2), die während der Olympischen Spiele 2012 veröffentlicht wurde. In einem der Werbeclips sieht man einen übergewichtigen Jungen joggen, während ein Sprecher davon erzählt, dass wir Menschen uns Größe nur ausgedacht haben. Dass sie nicht nur von einigen Auserwählten empfangen werden darf, sondern wir alle die Chance haben, Großes zu leisten. Auch wenn der Junge im Video gerade in Nike-Schuhen joggt, rücken diese in den Hintergrund. Es geht vorwiegend um die Botschaft.

Abbildung 7.2 Eine Nike-Kampagne mit der Message, seine eigene Größe zu finden (youtu.be/A9pmgoETgQQ)

Auch ohne Kamerateam und Millionenbudget kannst du zeigen, wie es aussieht, wenn deine Kund*innen ihre Ambitionen erreicht haben. Die Fotografin könnte zum Beispiel Bilder von sich und ihren Kundinnen teilen, die Selbstliebe ausdrücken. Eine Physiotherapeutin könnte die Geschichte eines Klienten teilen, der sechs Monate nach einem Unfall endlich wieder schmerzfrei gehen kann. Und ein Business-Coach könnte zeigen, welches Leben er sich selbst durch seinen Unternehmenserfolg ermöglicht hat. Inhalte in der Awareness-Phase beschäftigen sich also nicht mit deinem Angebot, sondern alldem, was es anderen ermöglicht.

Fragen und Bedürfnisse von bestehenden Kund*innen

Bald bist du am Ende der Übung angekommen. Zum Schluss überlegst du dir noch, welche Fragen und Bedürfnisse auftauchen könnten, wenn jemand schon von deinem Angebot Gebrauch gemacht hat. Ist es eindeutig, wie dein Produkt eingesetzt wird? Wissen deine Kund*innen, was sie mit dem Ergebnis deiner Arbeit anfangen, oder verstaubt es in einer Schublade? Blicken wir noch ein letztes Mal aufs Beispiel der Fotografin. Fragen und Bedürfnisse in dieser Phase könnten sein:

- Darf ich die Fotos, nachdem ich sie erhalten habe, selbst bearbeiten?
- Darf ich sie auf Social Media teilen? Was muss ich dabei beachten?
- Wie bette ich die Fotos am besten auf meine Website ein?
- Wo kann ich die Fotos drucken lassen?
- Hast du Tipps zur Gestaltung eines Fotobuchs?

Eine Fotografin, die sich auch Gedanken darüber macht, was nach Abgabe ihrer Fotos geschieht, wird sich dadurch nicht nur deutlich von ihrem Wettbewerb abheben, sie bietet eindeutig einen Premium-Service und kann mitunter sogar mehr verlangen als ihre Kolleg*innen. Vielleicht konntest du schon einmal die Erfahrung machen, in einem Luxushotel zu übernachten. Dort wird jeder einzelne Schritt, den Gäste machen, durchdacht – von der Buchung bis zum Checkout – um ein möglichst entspanntes, reibungsloses Erlebnis zu bieten. Meist werden auch Leistungen übers eigene Angebot hinaus vollbracht, indem Empfehlungen oder Gutscheine für Aktivitäten und Restaurants vor Ort zur Verfügung gestellt werden. Muss das jedes Hotel machen? Nein. Doch als Gast erinnert man sich besonders an solche, die etwas mehr geboten haben als das, was man eigentlich gebucht hat.

Content-Ideen für bestehende Kund*innen

Wie kannst du also dein Angebot und deine Inhalte so gestalten, dass sich bestehende Kund*innen ganz besonders umsorgt fühlen? Welche Fragen und Bedürfnisse tauchen rund um dein Produkt oder deine Dienstleistung immer wieder auf, die du schon vorwegnehmen könntest? In Tabelle 7.3 bekommst du wieder einige Ideen am Beispiel der Fotografin präsentiert.

Frage oder Bedürfnis	Content-Ideen
Darf ich die Fotos, nachdem ich sie erhalten habe, selbst bearbeiten?	▪ Fragen zum Umgang mit dem Produkt in einem FAQ-Bereich direkt im Onboarding-Guide behandeln
Darf ich sie auf Social Media teilen? Was muss ich dabei beachten?	
Wie bette ich Fotos am besten auf meiner Website ein?	▪ E-Book mit Anleitungen zur Komprimierung und richtigen Benennung von Fotos auf der Website erstellen ▪ Social-Media-Posts mit einigen kurzen Tipps teilen
Wo kann ich die Fotos drucken lassen?	▪ PDF mit Liste an empfohlenen Druckereien in der Nähe erstellen und bei Abgabe der Fotos mitschicken

Tabelle 7.3 Content-Ideen für die bestehende Kundschaft einer Fotografin

Frage oder Bedürfnis	Content-Ideen
Hast du Tipps zur Gestaltung eines Fotobuchs?	■ Fotobuch-Vorlage als Upsell dazuschicken ■ Fotobuch-Gestaltung als zusätzlichen Service anbieten

Tabelle 7.3 Content-Ideen für die bestehende Kundschaft einer Fotografin (Forts.)

7.2 So erschaffst du Content, der Menschen begeistert

Du siehst also, sowohl dein Angebot als auch deine Inhalte sollten perfekt auf die Bedürfnisse deiner Wunschkundin abgestimmt sein. Diese zu verstehen, ist das A und O im Marketing. Denn nur so garantierst du, dass du die richtigen Menschen erreichst, begeisterst und von dir und deinem Angebot überzeugst.

7.2.1 Verstehen, was deine Wunschkundin antreibt

Du hast im Laufe dieses Buchs schon zahlreiche Tipps bekommen, wie du deine Wunschkundin besser kennen und verstehen lernen kannst. Jetzt gehen wir noch einen Schritt weiter und ordnen diese anhand neuropsychologischer Erkenntnisse einem bestimmten Typ zu, um zu visualisieren, was sie bewegt und antreibt. Immerhin geschehen viele unserer (Kauf-)Entscheidungen völlig unbewusst und werden eher von Emotionen als von unserem Verstand geleitet. Dementsprechend schwierig ist es auch, durch Umfragen und Interviews ein vollständiges Bild zu schaffen. Erkenntnisse aus der Neuropsychologie helfen dabei, verborgene Motivatoren aufzudecken und deine Wunschkundin so noch besser zu verstehen.

Das Modell, das ich dir gleich vorstellen werde, wurde vom Hirnforscher Dr. Hans-Georg Häusel entwickelt, um unser emotionales Betriebssystem zu beschreiben. Denn der Großteil unseres Denkens und Handelns wird laut Häusel von drei Emotionssystemen bestimmt[3]:

- *Stimulanz:* Wir streben nach Abwechslung, Abenteuer und Belohnung.
- *Dominanz:* Wir streben nach Macht, Status und Autonomie.
- *Balance:* Wir streben nach Sicherheit, Stabilität, Risikovermeidung, Ordnung und Geborgenheit.

3 Vielleicht entdeckst du hier einige Parallelen zu Maslows Bedürfnispyramide, die ich dir in Abschnitt 2.3.1, »Was genau will eigentlich deine Wunschkundin?«, vorgestellt habe.

In der *Limbic Map* werden diese Emotionssysteme in Relation zueinander gesetzt und durch Werte, Motive und Wünsche angereichert (siehe Abbildung 7.3).

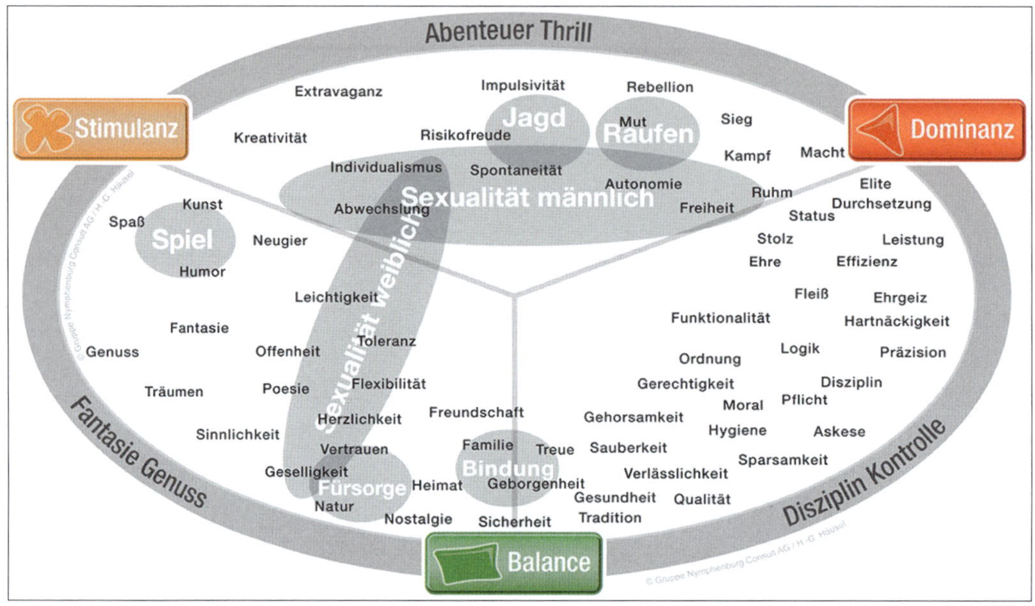

Abbildung 7.3 Die Limbic Map zeigt den Emotionsraum von Menschen auf einen Blick (nymphenburg.de/limbic-map.html).

All diese Emotionen und Werte sind in jedem von uns vorhanden, allerdings in unterschiedlicher Ausprägung. Deshalb treffen wir auch alle unterschiedliche (Kauf-)Entscheidungen. Ein Blick auf die Limbic Map erklärt vielleicht, warum dein bester Freund immer das neueste iPhone haben muss, während du weiterhin am 5 Jahre alten Samsung mit zersprungenem Display herumtippst. Er zeigt auch, warum es manche Menschen kaum erwarten können, den nächsten Fallschirm- oder Bungee-Jump zu buchen, während andere ihre Nachmittage am liebsten damit verbringen, die Küchenladen zu sortieren. Um diese verschiedenen Persönlichkeitstypen und -eigenschaften noch besser zu veranschaulichen, wurden von Häusel sogenannte *Limbic Types* beschrieben.[4] In Tabelle 7.4 habe ich sie dir in Kurzform dargestellt. Überlege beim Lesen, zu welchem Typ deine Kund*innen am ehesten gehören könnten und warum. Übrigens solltest du im Anschluss deine ausgearbeiteten Buyer Personas (siehe Abschnitt 2.4.4, »Erstelle Persona-Steckbriefe«) um diese Information ergänzen.

4 Hans-Georg Häusel, Brain View: Warum Kunden kaufen (2. Auflage), 2008, Kapitel 5

Limbic Type	Dominierendes System	Eigenschaften und Verhalten
Traditionalist*in	Balance	▪ prüft alles genau und beschäftigt sich lange mit Details ▪ eher ängstlich und vorsichtig Neuem gegenüber ▪ achtet auf Aspekte von Sicherheit, Vertrauen und Qualität ▪ richtet sich stark nach Massengeschmack ▪ Marken haben Sicherheits- und Vertrauensfunktion ▪ oft unsicher, braucht Beratung ▪ prototypischer Stammkunde
Harmonisierer*in	Balance	▪ teilt beinahe alle Eigenschaften von Traditionalist*innen ▪ vorsichtig, aber offen für andere ▪ Geborgenheit und Familie sind besonders wichtig ▪ Interesse an Produkten rund um Garten, Heim und Haustiere
Genießer*in (Offene)	Balance und Stimulanz	▪ optimistische Grundeinstellung ▪ liebt Produkte mit Genusswert, die Fantasie anregen und zum Träumen verführen ▪ achtet zwar auf Qualität und Herkunft der Produkte, aber Genuss darf nicht zu kurz kommen ▪ liebt Erlebnis-Marken ▪ kontaktfreudig, besucht gerne Events. ▪ liebt Wellness-Produkte mit hohem Wohlfühlcharakter

Tabelle 7.4 So verhalten sich die Limbic Types.

Limbic Type	Dominierendes System	Eigenschaften und Verhalten
Hedonist*in	Stimulanz	▪ immer auf der Suche nach etwas Neuem, nach der nächsten Belohnung ▪ überproportional auf Suchtstationen zu finden ▪ der eigene Körper wird zur Darstellungs- und Erlebniszone ▪ liebt das Laute, Schrille, Extravagante und Individuelle ▪ klassischer »Early Adopter«, beschäftigt sich als Erster mit Trends und neuen Produkten ▪ Markentreue eher gering ▪ klassischer Impulskäufer
Abenteurer*in	Stimulanz und Dominanz	▪ will sich durchsetzen und selbst beweisen ▪ möchte immer schneller, besser, stärker sein ▪ praktisch keinerlei Risikobewusstsein ▪ liebt Abenteuersportarten ▪ Produkte müssen befreien oder Leistung steigern ▪ Markentreue nicht vorhanden ▪ kaum Beratungsbedarf ▪ liebt laute Rabattaktionen
Performer*in	Dominanz	▪ will zeigen, dass er der Beste und Größte ist ▪ liebt Produkte, die überragende Leistung oder Status versprechen ▪ steht gerne im Vordergrund ▪ liebt exklusive Restaurants ▪ Preis wird oft gedrückt, damit Ego durchgesetzt werden kann

Tabelle 7.4 So verhalten sich die Limbic Types. (Forts.)

Limbic Type	Dominierendes System	Eigenschaften und Verhalten
Disziplinierte	Dominanz und Balance	▪ kauft nur das, was er braucht ▪ Genuss spielt eine geringe Rolle ▪ mag keinen Schnickschnack ▪ Qualitäts- und Garantieaspekte sind von großer Bedeutung ▪ vergleicht Preise und braucht sehr lange, bis Kaufentscheidung gefällt wird ▪ was die Welt berechenbarer macht, ist willkommen
Gleichgültige	Keines	▪ fällt durch nichts auf ▪ kauft ohne Anspruch an Qualität oder Innovation ▪ hat kein Interesse an Abenteuer oder einem höheren Status

Tabelle 7.4 So verhalten sich die Limbic Types. (Forts.)

7.2.2 Welche Marke passt zu welchem Limbic Type?

Nun gibt es bestimmte Produkte oder Dienstleistungen, die für einen der acht Typen prädestiniert sind. Andere gibt es wiederum in verschiedenen Ausführungen, um jeweils einen bestimmten Typ anzusprechen. Betrachten wir einmal die beiden Hautpflegemarken Nivea und LUSH. Kannst du anhand der Beispiele in Abbildung 7.4 und Abbildung 7.5 erkennen, welche unterschiedlichen Limbic Types sie ansprechen?

Abbildung 7.4 Nivea zeigt die verschiedenen Looks seiner berühmten Cremedose im Laufe der Jahre (nivea.at/ueber-uns/marken-geschichte).

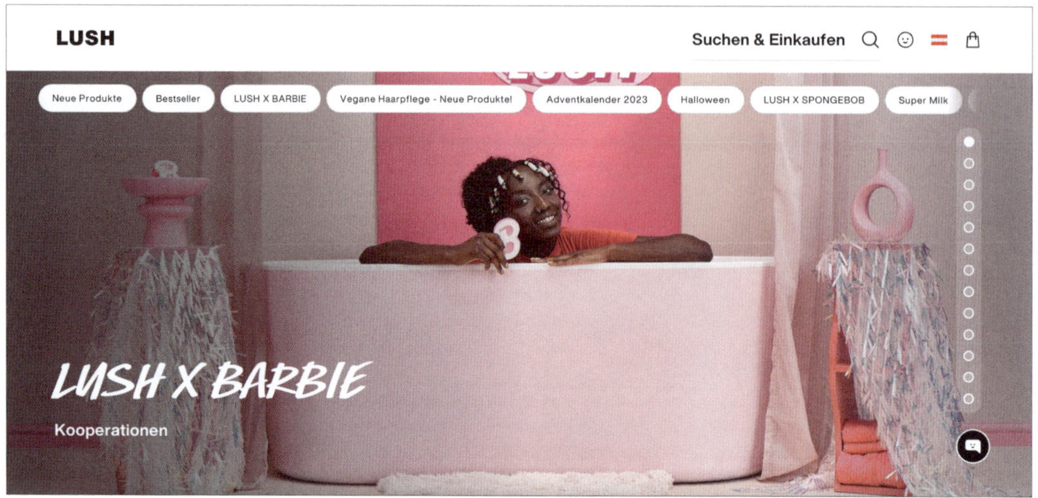

Abbildung 7.5 LUSH bewirbt wohlig duftende Badebomben im Barbie-Look (lush.com/at/de_at).

Nivea ist eine Marke mit langer Tradition. Schon 1911 wurde die erste Nivea-Creme in einer runden Blechdose verkauft, damals zwar noch nicht im typischen Nivea-Blau, jedoch zeigt ein Blick auf die Timeline in Abbildung 7.4, wie wenig sich Nivea im Laufe der Jahre gewandelt hat. Dadurch spricht Nivea vor allem Traditionalist*innen an, die auf bekannte, etablierte Marken vertrauen. Auch Disziplinierte könnten sich von der Schlichtheit der Creme angezogen fühlen. Für sie spielt Genuss und Schnickschnack keine Rolle. Eine einfache, beinahe geruchslose Creme, die noch dazu seit über 100 Jahren erfolgreich verkauft wird, ist also wie gemacht für diese beiden Typen. Auf Niveas Homepage (*nivea.at*) bestätigt sich dieser Eindruck. Das Erste, was einem ins Auge springt, ist die 100%-Geld-zurück-Garantie beim Kauf einer neuen Pflegelinie. Sowohl Traditionalist*innen als auch Disziplinierte sind eher vorsichtige Käufer. Solche Sicherheitsgarantien sind ihnen also wichtig. Weiter unten auf der Homepage werden eindrucksvolle Zahlen und Fakten zur Marke präsentiert. Mit einem globalen Team von über 1290 Wissenschaftler*innen und rund 1700 Verträglichkeitsstudien pro Jahr beweist Nivea vorsichtigen Käufern, dass sie sich mit ihrer Entscheidung sicher fühlen können.

LUSH hingegen hinterlässt einen völlig anderen Eindruck. Die Homepage (*lush.com/at/de_at*) ist bunt, laut und auffallend. LUSH hat sich 2021 äußerst medienwirksam von Social Media zurückgezogen, um Leute dazu zu animieren, wieder mehr Zeit offline zu verbringen[5], und setzt seitdem vorwiegend auf *Experiential Marketing*,

5 Hier erfährst du die Hintergründe von LUSHs Social-Media-Aus: *weare.lush.com/de/press-releases/lush-wird-anti-social/*

einer Form, bei der das Kundenerlebnis im Vordergrund steht. Jeder, der schon einmal einen LUSH-Store besucht hat, weiß genau, wovon ich spreche. Im Gegensatz zu traditionellen Hautpflegemarken, bei denen Cremes in Tuben oder Döschen verschlossen, schön ins Regal geschlichtet werden, liegen bei LUSH-Badebomben und Shampoo-Bars offen zur Schau, können angefasst, gerochen und teilweise sogar ausprobiert werden. Denn in jedem LUSH-Store befindet sich ein großes Waschbecken. Außerdem geht LUSH immer wieder Kooperationen mit bekannten Marken ein, die einige aus ihrer Kindheit kennen. Alleine 2023 gab es Produktlinien mit Super Mario, Spongebob und Barbie (siehe Abbildung 7.5). Mit dieser Information im Hinterkopf wirf noch einmal einen Blick auf die Liste der Limbic Types. Wer, denkst du, fühlt sich davon am ehesten angesprochen? Natürlich Genießer*innen. Sie lieben Produkte, die einen hohen Genusswert versprechen und sie dazu einladen, zu träumen. Der Nostalgiefaktor gepaart mit der Möglichkeit, alles vorher auszuprobieren, ist perfekt für diesen Typ.

Passt deine Marke wirklich zu deinen Kunden?

In Kapitel 3, »Selbst zur Marke werden«, hast du deine Marke mithilfe von 12 Archetypen kategorisiert. Jetzt kannst du noch einmal überprüfen, ob du auch wirklich die richtigen Kund*innen anlockst. Welche Kundenbedürfnisse werden von deinem Archetyp angesprochen, und passen diese auch zum Limbic Type deiner Zielgruppe? Eine traditionelle, sichere »Betreuer«-Marke wie Nivea wird am ehesten Traditionalist*innen anlocken, während eine »Zauberer«-Marke wie Lush am besten zu einer Zielgruppe von Genießer*innen passt. In Tabelle 7.5 bekommst du einen Überblick.

Markenarchetyp	(Kunden-)Bedürfnis	Passende Limbic Types
der Narr	Vergnügen	■ Genießer*in ■ Hedonist*in
der Jedermann	Zugehörigkeit	■ Traditionalist*in ■ Harmoniser*in
der Liebende	Nähe	■ Genießer*in ■ Hedonist*in
der Betreuer	Fürsorge	■ Traditionalist*in ■ Harmoniser*in
der Herrscher	Kontrolle	■ Performer*in

Tabelle 7.5 Der Zusammenhang zwischen Markenarchetypen und Limbic Types

Markenarchetyp	(Kunden-)Bedürfnis	Passende Limbic Types
der Schöpfer	Innovation	▪ Hedonist*in
der Unschuldige	Sicherheit	▪ Harmoniser*in ▪ Disziplinierte
der Weise	Wissen	▪ Traditionalist*in ▪ Disziplinierte
der Entdecker	Freiheit	▪ Abenteurer*in
der Rebell	Befreiung	▪ Hedonist*in ▪ Abenteurer*in
der Zauberer	Macht	▪ Performer*in ▪ Genießer*in
der Held	Herrschaft	▪ Performer*in ▪ Disziplinierte

Tabelle 7.5 Der Zusammenhang zwischen Markenarchetypen und Limbic Types (Forts.)

7.2.3 Themen finden, die deine Wunschkundin bewegen

Das Wissen, zu welchem Limbic Type deine Wunschkundin gehört, gibt dir auch Aufschluss darüber, mit welchen Themen sie sich beschäftigt. Ein Snowboarder, der zum Typ Abenteurer gehört, wird sich weniger für die vielen Sicherheitsfunktionen des neuesten Modells interessieren als für spannende Abfahrten in seiner Region. Eine Traditionalistin hat kein Interesse daran, eine IKEA-Kommode selbst umzubauen und individuell zu gestalten, sondern möchte ein sicheres, zeitloses Möbelstück, das gleich so geliefert wird, wie sie es sich vorstellt. Du siehst also, auch bei der Themenfindung beginnst du am besten zuallererst mit deiner Zielgruppe.

Als kreativer Mensch lasse ich mich aber nicht nur von meinen Kund*innen regelmäßig inspirieren, sondern finde überall Themen und Ideen für meine Inhalte. Beim Spazierengehen, in Büchern, Gesprächen oder auch in meiner Markenstrategie. Such dir so viele Inspirationsquellen wie möglich, sowohl im Innen als auch im Außen, um Themen und Content-Ideen zu finden. In Tabelle 7.6 bekommst du einige Impulse.

Ideensuche im Innen	Ideensuche im Außen
■ **Self Talks**: Denke laut beim Spazierengehen oder unter der Dusche, nimm Sprachnachrichten für dich selbst auf. ■ **Journaling**: Schreib Morgenseiten, Tagebuch oder mach explizite Schreibübungen. ■ **Stille**: Erlaube es dir, 5 Minuten am Tag einfach nur in Stille zu sitzen und zu denken, ohne vom Handy oder Fernseher abgelenkt zu werden. ■ **Deine Markenstrategie**: Welche Botschaften möchtest du vermitteln? Welche Themen lassen sich daraus ableiten?	■ **Social Media:** Welche Themen sind in deiner Branche gerade besonders beliebt? Welche Posts werden gerade viel gelikt? ■ **Kommentarspalten:** Worüber diskutiert die Community auf Social Media oder in Foren? ■ **Bücher und Podcasts:** Worüber sprechen andere Expert*innen? ■ **Weltgeschehen und News:** Welche Neuigkeiten könntest du kommentieren? ■ **Gespräche:** mit Kund*innen oder Kolleg*innen ■ **Customer Journey:** Welche Themen ergeben sich aus deiner individuellen Kundenreise?

Tabelle 7.6 So findest du spannende Themen und Ideen.

7.2.4 Zuerst brainstormen, dann bewerten

Wichtig bei der Themenfindung ist, dass du sie möglichst wertfrei gestaltest. Das heißt, dass du wirklich jede Idee, die dir in den Sinn kommt, zunächst aufschreibst. Denn der kreative Prozess ist in zwei Phasen geteilt, in denen unterschiedliche Prozesse in deinem Gehirn ablaufen. Die Phase der Ideenfindung setzt *divergentes Denken* voraus, bei dem Experimentierfreude im Vordergrund steht. In dieser Phase werden alle Ideen zugelassen, egal wie realistisch oder sinnvoll sie sind. Dadurch entsteht Freiheit im Denken, und deine Kreativität kann sich komplett entfalten. Sie wird nämlich nicht durch Logik oder den Verstand eingeschränkt, die dem entgegengesetzten *konvergenten Denken* zugeordnet werden.

7.2.5 Übung: die Themencluster-Methode

Eine Übung, die ich gerne einsetze, um möglichst viele Themen zu brainstormen, ist die Themencluster-Methode. Dabei handelt es sich um eine einfache Mind Map, so wie du sie schon aus der Schule kennst. In einer Mind Map werden im Vergleich zu normalen Texten oder Listen Informationen ähnlich strukturiert, wie das auch in unserem Gehirn passiert. Sie eignet sich also ganz hervorragend, um deiner Kreativität freien Lauf zu lassen. Schnapp dir also ein Blatt Papier und einen Stift, und schreib deinen Business-Namen in die Mitte. Als Nächstes malst du 5 bis 8

Kreise rundherum und verbindest diese mit deinem Business-Namen. In die Kreise schreibst du deine wichtigsten Kernthemen. Zwei davon sind schon vorgegeben, denn sie behandeln deine Angebote sowie Informationen zu dir und deinem Business. Die anderen unterscheiden sich natürlich je nach Branche und Business-Thema. Hier einige Beispiele:

- *Grafikdesignerin:* Angebote, Business, Entstehung von Grafiken, Einsatz von Grafiken, Grafikdesign-Fails
- *Physiotherapeut:* Angebote, Business, Schmerzbehandlung, Prävention, Anatomie, Mindset
- *Winzerin:* Angebote, Business, Weinbau, Weinherstellung, Wein-Pairings, Wein-Genuss
- *Business-Coach:* Angebote, Business, Business-Aufbau, Verkaufen, Skalieren, Mindset

Idealerweise lassen sich diese Kernthemen noch in viele weitere Unterthemen aufteilen. Sie sollten also relativ allgemein formuliert sein. Auch der Bezug zum Business sollte immer gegeben sein. Die Inhalte einer Winzerin werden sich vorwiegend mit Wein beschäftigen, weniger mit Mode oder Innendesign. Ein Physiotherapeut darf zwar zwischendurch auch mal über Ernährung sprechen, aber sollte sich vorwiegend im Themenfeld Gesundheit und Bewegung aufhalten. Bei einem Business-Coach dreht sich, je nachdem, wo er seinen Schwerpunkt gesetzt hat, alles um Unternehmensauf- und -ausbau.

Im nächsten Schritt gehst du jetzt jedes dieser Kernthemen durch und überlegst dir weitere Unterthemen dazu. Was könnte eine Grafikdesignerin alles über die Entstehung von Grafiken erzählen? Themen, die mir auf die Schnelle einfallen, sind Farblehre, Gestaltregeln oder unterschiedliche Arten von Grafiken (Logos, Icons, Piktogramme etc.). Danach geht sie noch eine Ebene tiefer und überlegt sich, was ihr alles zur Farblehre einfällt. So könnte sie die psychologische Wirkung von Farben aufzeigen, erklären, wie Farben miteinander harmonieren, oder verschiedene Farbsysteme zeigen. Wenn sie möchte, kann sie dann noch eine Ebene tiefer gehen und gleich einige Farbsysteme auflisten, die ihr in den Sinn kommen (siehe Abbildung 7.6).

Je tiefer du in die einzelnen Kernthemen eintauchst, desto mehr Ideen entstehen, die du später in Content verwandeln kannst. Aber erinnere dich, noch geht es nicht darum, deine Ideen irgendwie zu filtern. Du befindest dich noch immer in der ersten Phase des kreativen Prozesses, in der du einfach so viele Themen und Ideen wie möglich sammeln solltest.

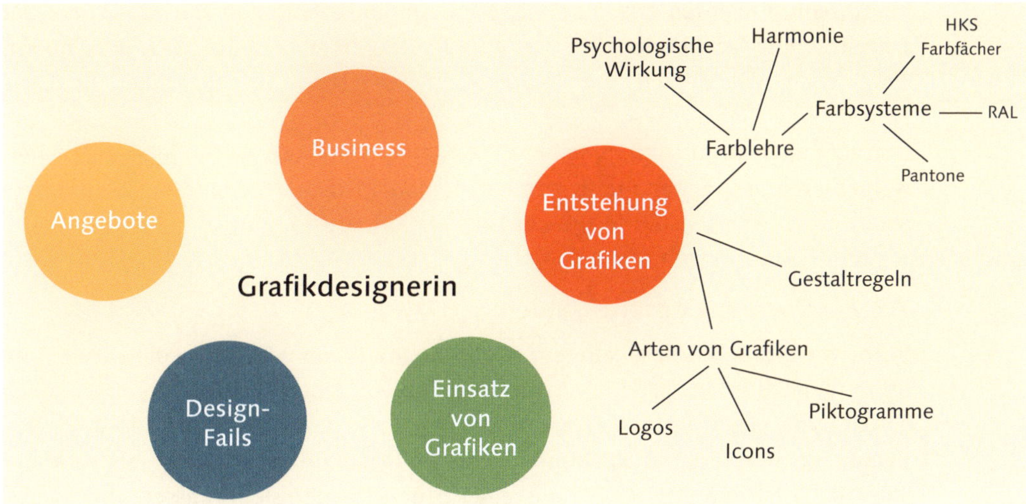

Abbildung 7.6 In Clustern werden verschiedene Kernthemen durch zahlreiche Unterthemen erweitert und anschaulich gemacht.

7.3 Von der Idee zum Plan

Lass deine Ideen dann am besten einige Tage liegen, und beschäftige dich mit anderen Dingen. Ein wenig Abstand tut gut, um einen frischen Blick darauf zu bekommen. Im nächsten Schritt geht es nämlich daran, deine Ideen zu bewerten und dir erste Gedanken zur Umsetzung zu machen.

7.3.1 Welche Ideen werden umgesetzt?

Geh nun also alle Ideen der Reihe nach durch, und überlege dir, welche du am ehesten umsetzen möchtest. Dabei kannst du entweder auf dein Bauchgefühl hören, oder du gehst etwas systematischer vor. Ich bewerte Ideen am liebsten mit dem *ICE-Score*, einer Priorisierungsmethode, die von Start-ups zur Produktentwicklung angewendet wird. Bei dieser Methode wird jede Idee auf einer Skala von 1 bis 5 anhand von drei Faktoren bewertet:

- *I = Impact (Relevanz):* Wie groß schätzt du das Interesse an diesem Thema ein, wenn du es in einem Artikel oder Social-Media-Post umsetzt?
- *C = Confidence (Vertrauen):* Wie sehr glaubst du daran, dass dieses Thema funktionieren wird?
- *E = Ease (Einfachheit der Umsetzung):* Wie einfach ist es, dieses Thema umzusetzen?

Im Anschluss werden alle Ergebnisse zusammengezählt und die Ideen mit der höchsten Punktezahl priorisiert. Der ICE-Score setzt also voraus, dass du schon in etwa weißt, wie du ein Thema umsetzen wirst (z. B. als Blogartikel, Podcast-Episode oder Social-Media-Post) und auch abschätzen kannst, wie viel Zeit die Umsetzung in Anspruch nehmen wird. Außerdem ist diese Methode erfolgreicher, wenn du ein Gespür dafür hast, welche Themen bei deiner Community ankommen. Sie ist also eher etwas für fortgeschrittenere Content-Creator.

7.3.2 Die vier Content-Säulen

Bevor wir uns damit beschäftigen, wie du deine Ideen wirklich in die Umsetzung bringst, möchte ich dir eine Methode vorstellen, sie zu kategorisieren, nämlich anhand von vier Content-Säulen. Diese eignen sich vor allem für Social-Media-Inhalte, können dir aber auch Impulse für weitere Content-Formate geben. Abgeleitet habe ich die vier Säulen aus einer Studie zu den Bedürfnissen von Social-Media-Nutzer*innen.[6] Laut Global Web Index nutzen 40 % der Deutschen soziale Netzwerke aus Langeweile. Weitere Gründe sind die Aktivität von Freunden, der Austausch mit der Peer-Gruppe, das Konsumieren von lustigen und unterhaltsamen Inhalten sowie die Suche nach Informationen über aktuelle Geschehnisse. Diese Bedürfnisse habe ich anhand von vier Säulen zusammengefasst, die du in Tabelle 7.7 aufbereitet siehst.

Content-Säule	Beschreibung	Content-Ideen
Unterhalten	Content, der gute Laune macht und Nutzerinnen zum Lachen bringt oder auf andere Art und Weise besonders unterhaltsam ist	■ Memes, Witze, lustige Sprüche ■ Tänze und Challenges ■ Sketches und Dialoge ■ lustige Tiervideos ■ Pannen und Hoppalas ■ Spiele, Quiz und Umfragen
Inspirieren	Content, der zum Nachdenken anregt und im Gedächtnis bleibt, indem er die Ziele und Wünsche deiner Zielgruppe darstellt	■ Storytelling, authentische Geschichten ■ Transformationen, Vorher/Nachher-Bilder und -Videos ■ inspirierende Zitate ■ Lifestyle-Tipps

Tabelle 7.7 Ideen für jede der vier Content-Säulen

6 Quelle: *gwi.com/reports/germany-consumers*

Content-Säule	Beschreibung	Content-Ideen
Erklären	Content, der Wissen vermittelt, die Probleme deiner Zielgruppe löst und Neuigkeiten unterhaltsam verpackt	▪ Tutorials und DIY-Tipps ▪ Mini-Trainings ▪ FAQ beantworten ▪ Newsjacking, Neuigkeiten kommentieren
Verkaufen	Content, der dein Angebot als Lösung für die Probleme deiner Zielgruppe positioniert und den Weg zum Wunschzustand zeigt	▪ Produkt in der Anwendung ▪ wichtigste Details zum Angebot ▪ Testimonials und Rezensionen ▪ User-generated Content ▪ Giveaways

Tabelle 7.7 Ideen für jede der vier Content-Säulen (Forts.)

Jeder deiner Inhalte – sei das ein Blogartikel, ein Newsletter oder ein TikTok-Video – sollte mindestens einer dieser Säulen zugeordnet werden können, also unterhalten, inspirieren, etwas erklären oder verkaufen. Idealerweise machst du dir schon im Vorfeld der Ausarbeitung Gedanken darüber, was du mit deinem Beitrag erreichen möchtest. Denn welche Säule du auswählst, hat nicht nur Einfluss darauf, wie ein Thema aufbereitet wird, sondern auch, auf welches Ziel du damit einzahlst.

7.3.3 Die vier Content-Säulen entlang der Customer Journey

Um die Strategie hinter den vier Säulen zu veranschaulichen, betrachten wir sie einmal entlang der Customer Journey. Während unterhaltsame und inspirierende Inhalte meist viel Aufmerksamkeit auf sich ziehen, eignet sich Erklär-Content vorwiegend für die Consideration-Phase, denn darüber wird Vertrauen aufgebaut. Verkaufs-Content wird dann, logischerweise, gegen Ende der Customer Journey für die Kaufabschlussphase geteilt (siehe Tabelle 7.8).

Customer-Journey-Phase	Content-Säulen
Awareness	unterhalten, inspirieren
Consideration	erklären
Purchase	verkaufen
Retention	erklären, inspirieren, verkaufen
Loyalty	unterhalten, inspirieren

Tabelle 7.8 Die vier Content-Säulen entlang der Customer Journey

7.3.4 Übung: ein Thema, vier Inhalte

Du siehst also, warum es sich auszahlt, alle vier Säulen regelmäßig zu bespielen. Content-Profis schaffen es sogar, ein einziges Thema anhand aller vier Säulen aufzubereiten. Probiere es einmal aus! Wähle eines der Themen aus deiner Mind Map und überlege dir, wie du es unterhaltsam, inspirierend oder informativ darstellen könntest. Spielen wir die Übung einmal gemeinsam für die Grafikdesignerin und das Thema »Gestaltgesetze und Weißraum« durch. In Tabelle 7.9 siehst du einige Ideen für alle vier Säulen.

Content-Säule	Ideen
Unterhalten	▪ ein lustiges Kurzvideo für TikTok oder Instagram, in dem die Designerin verzweifelt Grafiken ohne Weißraum betrachtet, die sie immer mehr in den Wahnsinn treiben ▪ ein Meme mit Woody und Buzz Lightyear aus Toy Story und der Aufschrift »Whitespace, Whitespace everywhere« (siehe *graphicmint.com/why-whitespace-in-design-is-important*)
Inspirieren	▪ Vorher/Nachher-Bilder von Websites, die die Grafikdesignerin neu gestaltet hat; dabei wird der Fokus besonders auf den Weißraum gelegt ▪ ein Zitat eines berühmten Designers zum Thema Weißraum, zu dem die Autorin ihre eigenen Gedanken teilt
Erklären	▪ eine Liste mit 5 Schritten, um mehr Weißraum auf deiner Website zu schaffen ▪ ein detaillierter Einblick in designpsychologische Grundlagen, die erklären, warum Designs überhaupt Weißraum brauchen
Verkaufen	▪ Sales-Page: Website-Designcheck mit Feedback und Verbesserungsvorschlägen als PDF ▪ Sales-Page: Website-Redesign

Tabelle 7.9 Ideen für das Thema »Weißraum« anhand der vier Säulen

Auch wenn die Content-Säulen eigentlich für Social-Media-Inhalte konzipiert wurden, können sie auch andere Formate inspirieren. Überlege dir, wie du mehr Spaß und Unterhaltung in deinen Podcast bringen kannst oder wie du einen trockenen Blogartikel durch Storytelling aufwertest. Im Laufe dieses Kapitels bekommst du noch zahlreiche Ideen für die verschiedenen Säulen und Formate, denn noch sind wir nicht bei der Umsetzung angekommen.

7.3.5 Entwickle Content-Kategorien

Wir nähern uns dieser aber Schritt für Schritt. Denn die allerbeste Strategie bringt rein gar nichts, wenn sie nur in irgendeiner Schreibtischschublade verstaubt. Mein Lieblings-Shortcut, um aktiv in die Umsetzung zu kommen und später viel Zeit zu sparen, ist die Entwicklung von *Content-Kategorien* (oder Content-Serien). Dabei handelt es sich um strategische Vorlagen, ähnlich wie die Design-Templates, die du auf Canva findest. Nur dass hier eben nicht das Design, sondern der strategische Aufbau deiner Posts ausgearbeitet wird. Das klingt noch zu abstrakt? Lass es mich einmal an einem Beispiel veranschaulichen.

Eine Content-Kategorie auf meinem Instagram-Account sind wöchentliche Story-Q&As, also Fragerunden, in denen mir meine Community Fragen zu den Themen Marketing, Instagram und Selbstständigkeit schicken kann, die ich dann gewissenhaft beantworte. Normalerweise findet mein Q&A immer montags statt und folgt einem ganz bestimmten Ablauf. Das Fragesticker wird morgens in die Story gestellt, und über den Tag werden Fragen gesammelt. Am Abend öffne ich dann noch einmal die Instagram-App und beantworte die spannendsten 5–7 Fragen öffentlich in der Story.

Eine weitere Content-Kategorie sind wöchentliche News und Empfehlungen, die ich als eigenen Abschnitt in meinem Newsletter teile. Dort verweise ich entweder auf spannende Neuigkeiten rund um Instagram oder verlinke Buchtipps, Podcasts und Blogartikel, die ich gerade gelesen habe. Beide Kategorien werden nicht nur wöchentlich wiederholt, sondern folgen auch immer demselben Aufbau. Sie basieren also beide auf einem festen System, das ich mir im Rahmen meiner Content-Strategie ausgearbeitet habe.

Eine Content-Kategorie besteht aus folgenden Elementen:

- *Grobe Idee/Content-Art:* Wie soll der Inhalt grob aufgebaut sein? Handelt es sich um ein lustiges Kurzvideo, eine Produktdemonstration oder einen Experten-Deep-Dive auf deinem Blog?
- *Phase der Customer Journey:* Darüber definiert sich auch das übergeordnete Ziel deines Inhalts. Soll er möglichst viel Reichweite bekommen, oder hoffst du, dadurch Klicks auf deine Sales-Page zu generieren?
- *Content-Säule:* Welche der vier Säulen möchtest du bespielen? Soll dein Post vorwiegend unterhalten, inspirieren, erklären oder verkaufen?
- *Format (auf einer fixen Plattform):* Wie soll dein Inhalt umgesetzt werden? Als Kurzvideo, Podcast, Blogartikel, E-Book etc.? Passt dieses Format auch zu alldem, was du bis jetzt festgelegt hast?

- *Aufbau:* Wie soll deine Idee in diesem Format umgesetzt werden? Je detaillierter du den Aufbau im Vorfeld skizzierst, desto leichter fällt dir später die Umsetzung.
- *Posting-Frequenz:* Wie oft nimmst du dir vor, diese Kategorie zu teilen? Einmal im Monat, wöchentlich, einmal am Tag etc.
- (und wenn du möchtest) *Posting-Tag:* Ordne deiner Kategorie einen bestimmten Tag zu, an dem sie veröffentlicht wird, z. B. am ersten Montag im Monat, immer donnerstags etc.

Wichtig! Kategorien sind nicht an feste Themen gebunden

Der Unterschied zwischen einer Content-Kategorie und dem umgesetzten Inhalt ist, dass eine Kategorie komplett themenunabhängig gedacht werden kann. Meine wöchentlichen Story-Q&As könnten auch Themen wie mein Studium, schwanger sein als Selbstständige oder den strategischen Aufbau einer Website behandeln. Der Ablauf wäre aber noch immer derselbe. Ein weiteres Beispiel für eine Content-Kategorie sind die »Altes Ich, neues Ich«-Posts von Too Good to Go (*@toogoodtogo.at*). In Abbildung 7.7 siehst du drei Instagram-Posts, die alle gleich aufgebaut sind und sich auch alle drei mit dem Thema Lebensmittel-Recycling beschäftigen. Jedoch behandelt jeder Post eine andere Obstsorte.

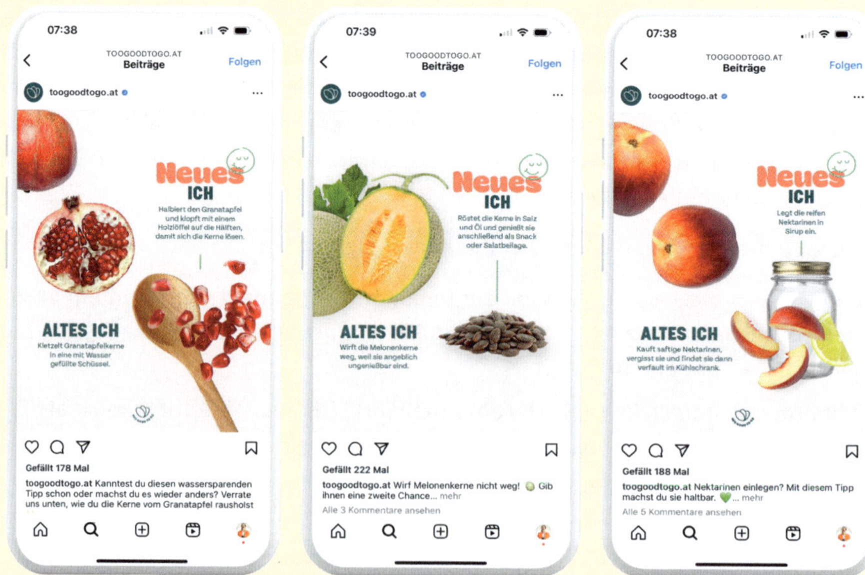

Abbildung 7.7 Die Content-Kategorie »Altes Ich, neues Ich« am Instagram-Account von Too Good to Go (instagram.com/toogoodtogo.at)

Bleiben wir kurz bei Too Good to Go. In unserer Strategie-Schablone würde diese Content-Kategorie so aussehen:

- *Content-Art:* Gegenüberstellung
- *Customer-Journey-Phasen:* Awareness, Consideration
- *Content-Säulen:* inspirieren, erklären
- *Format & Plattform:* einzelne Grafik auf Instagram
- *Aufbau:* Links oben befindet sich ein ausgeschnittenes Stock-Foto von einer Obst- oder Gemüsesorte, darunter steht in Großbuchstaben »Altes Ich«. In einem kurzen Absatz wird gezeigt, wie verschwenderisch das alte Ich mit einem Überbleibsel des Nahrungsmittels umgeht. Rechts unten wird ein weiteres Stock-Foto der Obstsorte gezeigt. Darüber steht in Großbuchstaben »Neues Ich«, wobei das Wort »Neues« visuell hervorgehoben wird. Im Absatz darunter wird eine kurze Anleitung gegeben, wie das neue Ich das Überbleibsel kreativ recycelt. Gegebenenfalls wird die Anleitung in der Caption noch einmal Schritt für Schritt erklärt.
- *Frequenz:* monatlich

Scrollst du durch den Instagram-Account von Too Good to Go, wirst du sehen, dass alle »Altes Ich, neues Ich«-Posts dieser Schablone folgen. Das heißt aber nicht, dass jeder einzelne Post auf dem Account so aussieht. Too Good to Go hat sich natürlich noch weitere Kategorien überlegt, wie Saisonkalender, Aufbewahrungstipps und schmackhafte Rezepte, in denen Überbleibsel von Nahrungsmitteln kreativ verwertet werden.

Je nachdem, welche Plattformen und Formate du bei der Entwicklung deiner Marketing-Strategie festgelegt hast, solltest du dir wie Too Good to Go feste Content-Kategorien dafür überlegen. In Tabelle 7.10 bekommst du einige Ideen und Impulse. Für welche Content-Säule und in welcher Customer-Journey-Phase du diese einsetzt, darfst du selbst entscheiden.

Content-Art	Format(e)	Beschreibung
Zitat	Grafik	ein inspirierender Gedanke oder hilfreicher Impuls zu deinem aktuellen Thema, entweder von dir selbst oder einer bekannten Expertin aus deiner Branche
Rezension, Testimonial	Grafik, Video, Audio	Feedback deiner Kund*innen zu deinem Produkt oder deiner Dienstleistung
Case Study	Text, Video, Audio	der Ablauf und das Ergebnis eines Kundenprojekts
Produktfoto	Foto	ein Bild von deinem Produkt

Tabelle 7.10 Impulse für verschiedenste Content-Kategorien

Content-Art	Format(e)	Beschreibung
Porträtfoto	Foto	ein Bild von dir
Cover	Grafik, Foto	stellt das Thema deines Beitrags dar, z. B. für einen Blogartikel oder Podcast
Gegenüberstellung	Grafik, Foto	zeigt, wie etwas vor und nach der Zusammenarbeit mit dir aussieht oder wie man etwas falsch und richtig machen kann
Tutorial	Text, Video, Audio	erklärt Schritt für Schritt, wie man etwas passend zu deinem Business-Thema umsetzen kann
Erfahrungsbericht	Text, Video, Audio	deine Erfahrungen zu einem Tool, einem Buch, einer Ausbildung etc.
Kommentar	Text, Video, Audio	deine persönliche Meinung zu einem bestimmten Thema, gerne auch leicht provokant formuliert
Diagramm, Infografik	Grafik	stellt Daten oder Informationen grafisch dar und eignet sich vor allem dazu, komplexe Sachverhalte zu visualisieren
Tipp, Empfehlung	Text, Video, Audio	eine Empfehlung zu einem Tool, einem Buch, einer Podcast-Episode, einem anderen Angebot, vielleicht in Kombination mit einem Affiliate-Link
Meme	Grafik, Video	lustige Fotos oder Videos, die mit kurzem Text versehen sind und meist kulturelle Ereignisse kommentieren oder behandeln
FAQ, Q&A	Text, Video, Audio	beantwortet die wichtigsten Fragen rund um dein Thema oder Angebot
Quiz, Umfrage	Grafik	ein interaktives Ratespiel oder eine Umfrage für mehr Interaktion
Gewinnspiel	Text, Grafik, Video, Audio	verlost ein Angebot, um das Interesse daran zu steigern
Deep-Dive, Wissenswertes	Text, Video, Audio	ein detaillierter Einblick in ein Fachthema, meist als längerer Beitrag
Lip-Sync	Video	ein unterhaltsames Video, in dem du deine Lippen zu einer Audiospur bewegst

Tabelle 7.10 Impulse für verschiedenste Content-Kategorien (Forts.)

Content-Art	Format(e)	Beschreibung
Stop Motion	Video	ein unterhaltsames Video, das aus mehreren Bildern besteht
Vlog	Video	ein Video-Tagebuch, in dem du durch deinen Tag führst
Sketch, Dialog	Video	eine lustige Szene im Bezug zu deinem Thema, schauspielerisch dargestellt
Interview	Text, Video, Audio	eine gezielte Befragung oder Unterhaltung mit einer anderen Person

Tabelle 7.10 Impulse für verschiedenste Content-Kategorien (Forts.)

7.3.6 Content-Kategorien als Bausteine

Falls du dich noch schwer damit tust, das Konzept der Content-Kategorien zu verstehen, schnapp dir ein Magazin, egal zu welchem Thema, und blättere es durch. Vielleicht hast du sogar mehrere Ausgaben zur Verfügung, um diese miteinander zu vergleichen. Fällt dir etwas auf, wenn du dessen Aufbau betrachtest? Jedes Magazin ist in verschiedene Rubriken aufgeteilt. Die österreichische WOMAN (*woman.at*) beginnt zum Beispiel wie die meisten anderen Magazine mit einem kurzen Editorial der Herausgeberin. Nach dem Inhaltsverzeichnis und einigen Werbesujets folgt dann eine Serie an (un)wichtigen Fragen, die meist aktuelle Geschehnisse und Debatten kommentieren. Danach kommen verschiedenste Reportagen, Interviews und Kolumnen, die im Grunde genommen immer gleich aufgebaut sind, sich aber immer mit anderen Themen beschäftigen. Klingt bekannt? Genau so funktionieren Content-Kategorien.

Auch wenn du nicht vorhast, ein Magazin zu veröffentlichen, kannst du dich von diesem Ansatz inspirieren lassen und deine Newsletter, Blogartikel, Podcasts oder Social-Media-Posts ähnlich aufbauen. Deine einzelnen Content-Kategorien fungieren dadurch als Bausteine, die du verschieden zusammensetzt, um den finalen Inhalt zu konstruieren. So könnte ein Blogartikel immer nach demselben Schema aufgebaut sein:

1. Titel
2. Veröffentlichungsdatum, Lesedauer
3. Cover
4. Einleitung
5. Zwischenüberschrift
6. Absatz
7. hervorgehobenes Zitat
8. Absatz
9. …

Wissenswert: Dieser Vorgang nennt sich Content Modeling

In einem Content Model werden verschiedene Content Types (also die Kategorien oder Bausteine) miteinander verbunden und visualisiert. Diesen Prozess hast du tatsächlich schon einmal durchgespielt, nämlich als du deine Website-Struktur in Kapitel 5, »Dein digitales Schaufenster: deine Website«, geplant hast. Die einzelnen Abschnitte auf deiner Start- oder About-Seite waren nichts anderes als Content-Kategorien, die du zu einem Model zusammengefügt hast.

7.3.7 Du musst das Rad nicht ständig neu erfinden

Der wohl größte Vorteil an der Arbeit mit Content-Kategorien ist, dass du dir nur einmal Gedanken darüber machen musst, wie du etwas aufbereitest. Wenn deine Case Studies immer gleich aufgebaut sind, kannst du jedes neue Kundenprojekt ohne viel Denkarbeit in die strategische Schablone einarbeiten und sparst dir dadurch irrsinnig viel Zeit.

Abbildung 7.8 Drei virale Reels auf dem Instagram-Account der Autorin Rita Hofmeister (instagram.com/rita_hofmeister)

Folgen deine Videos immer demselben Schema, steigerst du dadurch den Wiedererkennungswert und erhöhst sogar deine Chancen, viral zu gehen. Genau so ist das bei meiner Kundin, der Autorin Rita Hofmeister, passiert. Gemeinsam haben wir verschiedene Content-Kategorien für ihren Instagram-Account ausgearbeitet, unter anderem ein wöchentliches Reel, in dem Rita Mode präsentiert, die auch mit künstlichem Darmausgang getragen werden kann. Ihr *STOMA Fashion Friday* schlug so ein, dass diese Reels regelmäßig viral gingen (siehe Abbildung 7.8).

Eines der größten Missverständnisse, das ich leider immer wieder zu hören bekomme, ist, dass man jedes Thema und jede Art von Inhalt nur einmal wiederholen darf. Im Gegenteil. Die digitale Zielgruppe ist nicht so aufnahmefähig, wie du dir das vielleicht vorstellst. Gerade auf Social Media sind Nutzer*innen irrsinnig abgelenkt. Wenn du es also schaffst, deine Botschaften so zu verpacken, dass sie sich regelmäßig wiederholen, dabei aber verschiedene Bedürfnisse abdecken, zum Beispiel indem du alle vier Content-Säulen mit einem Thema bespielst oder ein Thema anhand verschiedener Formate aufbereitest, steht deinem Erfolg eigentlich nichts mehr im Weg.

Recycle deine Inhalte

Nicht jeder Beitrag muss ein komplett neues Thema behandeln oder ganz anders aufgebaut sein als der vorige, im Gegenteil. Indem du deine Inhalte wiederverwertest, sparst du nicht nur Zeit, sondern schaffst auch Wiedererkennungswert. Denn schon bald werden dich User mit einer bestimmten Content-Kategorie verknüpfen, wie das bei Rita der Fall war.

Wenn du deine Content-Kategorien planst, überlege außerdem, wie du diese strategisch miteinander verknüpfen kannst, sodass du aus einem Thema mehrere Beiträge – vielleicht sogar für verschiedene Plattformen – erstellst (siehe Abbildung 7.9). Zum Beispiel könnte Rita ihre Reels auch auf TikTok, YouTube oder Pinterest teilen. Die vielen Fashion-Tipps könnte sie dann einmal in einem umfangreichen Blogartikel sammeln, und im Newsletter könnten die beliebtesten Outfits zum Nachkaufen verlinkt werden.

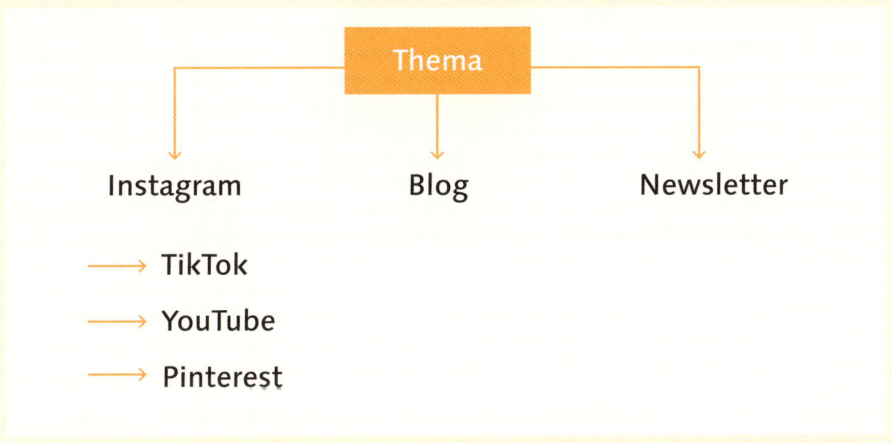

Abbildung 7.9 Überlege, wie du verschiedene Content-Kategorien miteinander verknüpfen kannst, um deine Inhalte zu recyceln.

7.3.8 Erstelle einen Monatsplan

Bevor wir uns im restlichen Kapitel damit beschäftigen, wie du deine einzelnen Kategorien und Formate erfolgreich umsetzt, legen wir noch einen kleinen Zwischenschritt ein. Denn damit deine Strategie eben nicht in einer Schreibtischschublade verkümmert, brauchst du einen Plan. Und damit meine ich nicht einen Kalender, in den du Post für Post vorher einträgst. Ob du als Selbstständige so einen detaillierten Redaktionsplan brauchst, musst du selbst entscheiden. Ich persönlich spare mir die Zeit lieber und habe mir eine einzige Monatsvorlage erstellt, die ich zurate ziehe, wenn ich mir wieder neue Inhalte überlege. Das Schöne an der Selbstständigkeit ist ja, dass wir sie so gestalten können, dass sie zu unseren Vorlieben passt. Bist du also jemand, der nur strukturiert arbeiten kann, dann erstelle einen Redaktionsplan. Bist du lieber spontan unterwegs, arbeite so wie ich mit einer Vorlage, die du je nach Lust und Laune umsetzen oder verwerfen kannst.

Tool-Tipps für deinen Redaktionsplan

Im Redaktionsplan wird jeder einzelne Beitrag, den du auf deinem Blog, in deinem Podcast oder auf Social Media postest, im Vorhinein festgehalten. Das kann händisch in einem Terminplaner geschehen, in deiner Notizen-App am Handy oder mit einem digitalen Tool wie diesen:

- *Notion* (*notion.so*) ist ein absolutes Allrounder-Tool, mit dem du auch Datenbanken und Kalenderansichten erstellen kannst, die sich hervorragend für Redaktionspläne eignen. Für Einzelpersonen ist Notion kostenfrei, für Teams ab 8 US-$/Monat erhältlich.
- *Airtable* (*airtable.com*) funktioniert ähnlich wie die Datenbanken in Notion und bietet im Grunde genommen eine verbesserte Google- oder Excel-Tabelle, mit der auch Prozesse automatisiert werden können. Für bis zu 1000 Zeilen kostenfrei, danach ab 20 US-$/Monat erhältlich.
- *Trello* (*trello.com*) arbeitet mit dem Kanban-System, das eine Alternative zur klassischen Tabelle anbietet. Viele Selbstständige schwören auf Trello, da sie bis zu 10 Boards kostenfrei erstellen können. Darüber hinaus kostet Trello auch nur 5 US-$/Monat.
- Es spricht aber rein gar nichts dagegen, deinen Redaktionsplan in einem einfachen *Google Sheet* (*sheets.google.com*) oder einer Excel-Tabelle aufzusetzen. Beides ist kostenfrei und deckt eigentlich alles ab, was ein Redaktionsplan können muss.

Viel spannender als die Frage, mit welchem Tool du das am besten machst, ist nämlich: Was gehört eigentlich in einen Redaktionsplan? Denn dieser beschreibt nicht nur, was du wann postest, sondern vor allem, warum. Genauso wie deine Content-Kategorien bildet er eine strategische Grundlage für deine weitere Umsetzung. Folgende Informationen sollte dein Redaktionsplan also unbedingt abdecken:

- *Thema*: Worum geht es in deinem Beitrag? Was soll vermittelt werden?
- *Kurze Beschreibung*: Wie ist der Beitrag aufgebaut?

- *Datum*: Wann soll er veröffentlicht werden?
- *Bearbeitungsstatus*: Hast du gerade erst mit der Bearbeitung angefangen, oder ist der Beitrag fertig für die Veröffentlichung?
- *Zielgruppe/Personas*: Wen möchtest du mit deinem Beitrag erreichen?
- *Customer Journey Phase*: Welche Phase möchtest du mit deinem Beitrag bespielen? Soll er Aufmerksamkeit schaffen, deine Community an dich binden oder ein Angebot präsentieren?
- *Content-Säule:* Soll dein Beitrag vorwiegend unterhalten, inspirieren, erklären oder verkaufen?
- *Ziel:* Aus den beiden oberen Antworten abgeleitet, was ist das Ziel deines Beitrags? Willst du deine Expertise zur Schau stellen, Interessent*innen anlocken oder neue Kundschaft gewinnen?
- *Content-Kategorie:* Welcher Kategorie gehört dieser Beitrag an, falls es eine passende dafür gibt?
- *Plattform:* Wo wird dieser Beitrag veröffentlicht? Auf deinem Blog, im Podcast, Newsletter, auf Instagram, LinkedIn etc.?
- *Format:* Handelt es sich um eine Grafik, ein Video oder Text?
- *Grafiken oder Videos:* Wird der Beitrag visuell untermalt? Wo ist die dazugehörige Grafik oder das Video gespeichert, damit du sie auch wiederfindest?
- *Beitragstext:* Was steht im Text zur Grafik oder zum Video? Für Podcasts: Was steht in den Shownotes? Für Blogartikel: Was steht in der Meta Description?
- *Verweis auf weitere Beiträge* (für deinen Blog oder Newsletter): Welche anderen Inhalte werden innerhalb deines Artikels verlinkt?
- *Link zum Beitrag:* Wenn er veröffentlicht wurde, verlinke den Beitrag am besten direkt im Redaktionsplan, damit du ihn sofort wiederfindest.

7.3.9 Um zu verkaufen, plane Kampagnen

Ziel deines Redaktionsplans ist es, aufzuzeigen, wie Inhalte ineinanderspielen und auf dein übergeordnetes Marketingziel hinarbeiten. Deshalb möchte ich dir zum Abschluss dieses Abschnitts noch zwei wichtige strategische Kategorisierungen für deine Inhalte vorstellen: *Kampagnen* und *Evergreen-Content*. Hast du es dir zum Ziel gesetzt, neue Kund*innen über deinen Content zu gewinnen, dann planst du am besten Verkaufskampagnen, die sich über mehrere Tage oder sogar Monate ziehen können. Im Marketing verstehen wir eine Kampagne als eine Reihe von Maßnahmen, die alle auf dasselbe Ziel hinarbeiten und zeitlich begrenzt sind. Eine Kampagne spielt immer die komplette Customer Journey durch, und zwar für ein Thema und ein konkretes Angebot. Größere Unternehmen planen Kampagnen meist zur Vorbereitung auf Feiertage wie Weihnachten, Black Friday oder den Muttertag. Auch Produkteinführungen oder Abverkäufe sind beliebte Anlässe. Als Selbstständige bist du meist weniger anlassgebunden, zumindest wenn du eine Dienstleistung verkaufst. Denn tolle Werbetexte oder Bewegung im Alltag werden das ganze Jahr über gebraucht, nicht erst vor Ostern oder in den Sommerferien. Trotzdem lohnt es sich auch für dich, Kampagnen zu planen. Denn dadurch fokussierst du deine Inhalte für eine Zeit lang auf ein konkretes Ziel. Nimm dir dazu noch einmal die Übung zur Customer Journey aus Abschnitt 7.1.5 zur Hand, und arbeite sie für ein spezielles Angebot aus. Wie kannst du alle Fragen und Bedürfnisse aus den verschiedenen Phasen mit deinem Content abdecken? Welche Themen und Formate kommen dafür infrage? In einer Kampagne bespielst du dann die Customer Journey von oben nach unten mit dem Ziel, am Ende dein konkretes Angebot zu verkaufen.

Um das Ganze für dich zu visualisieren, möchte ich dir eine Kampagne zeigen, die ich im Rahmen meines Onlinekurs-Launches Ende 2022 geplant habe. Das Ziel war, wie könnte es anders sein, meinen Kurs *Creative Content Lab* zu verkaufen. Da ich alles alleine gemacht habe, habe ich mich auf drei Plattformen konzentriert: Instagram, E-Mail und meine Website. Den Kurs habe ich komplett organisch beworben, also nur über meine Inhalte, und habe keine Werbeanzeigen dafür geschaltet.

Zuerst habe ich mir die wichtigsten Launch-Handlungen aufgeschrieben, z. B. wann die Warteliste öffnet oder wann der Kurs schließt. Diese bildeten den zeitlichen Rahmen und die wichtigsten Schritte meiner Kampagne ab, die vom 7. November bis zum 14. Dezember 2022 dauerte. Danach habe ich der Reihe nach Inhalte für die gesamte Customer Journey geplant. Von 7. bis 18. November habe ich Wissenswertes und Inspirierendes rund ums Thema Content-Strategie für Instagram geteilt, zum Beispiel Step-by-Step-Anleitungen, um eine Strategie zu entwickeln, den Unterschied zwischen einem Plan und einer Strategie oder die Ergebnisse meiner Content-Strategie auf Instagram (siehe Abbildung 7.10).

Achte beim Betrachten der einzelnen Post-Cover einmal darauf, wie oft die Wörter »Instagram«, »Content« und »Strategie« vorkommen. Dadurch, dass ich im Anschluss einen Content-Strategie-Kurs für Instagram verkaufen wollte, war es mir wichtig, dass meine Community versteht, wofür eine Content-Strategie gut ist und was man damit erreichen kann. Versuch auch einmal, die verschiedenen Posts den vier Content-Säulen zuzuordnen. Man erkennt es eigentlich auf den ersten Blick, auch ohne den gesamten Beitrag zu studieren. Während der Post in der Mitte »IG Marketing mit Spaß & Strategie« vor allem auf Unterhaltung abzielt, sind das Zitat unten links, die »15 Content-Ideen« darüber sowie die beiden Posts oben links und in der Mitte eher der Inspirations-Säule zuzuordnen. Der Rest fällt ganz klar in die

Erklär-Säule. Verkaufen war an dieser Stelle noch kein Thema, da ich ja zunächst die nötige Aufmerksamkeit für das Angebotsthema schaffen wollte. Bisher wurde also nur die erste Phase der Customer Journey bespielt.

Abbildung 7.10 In der Awareness-Phase habe ich versucht, Aufmerksamkeit für mein Angebotsthema zu schaffen.

Am 18. November öffnete dann die Warteliste, wir wanderten also in die Consideration-Phase. Hier verlagerte sich meine Kampagne vorwiegend in die Instagram-Storys, da sich dort diejenige Zielgruppe befindet, die am meisten Interesse an meinen Themen und Angeboten hat. In den einzelnen Storys habe ich versucht, Hype rund um mein Angebot aufzubauen, und dabei verschiedenste psychologische Trigger angewendet, die du in Abschnitt 9.4, »Den Verkauf beschleunigen: 9 psychologische Trigger«, lernen wirst. Ich habe eine große Überraschung angekündigt, den Namen meines Angebots raten lassen und die ersten Sneak-Peeks gezeigt (siehe

Abbildung 7.11). Den eigentlichen Umfang und die Inhalte des Kurses habe ich noch geheim gehalten, da das Ziel in dieser Phase noch nicht war, ihn zu verkaufen, sondern das Interesse daran zu stärken und Leute auf die Warteliste zu bringen.

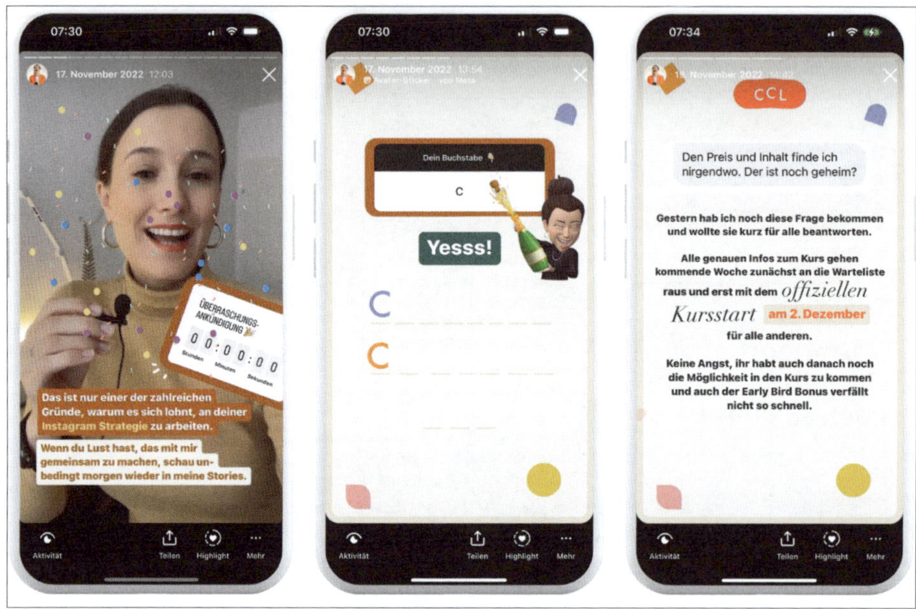

Abbildung 7.11 In der Consideration-Phase habe ich meine Storys dazu eingesetzt, Hype rund um mein Angebot aufzubauen.

Bisher hatte sich meine gesamte Kampagne auf Instagram abgespielt, und erst mit der Öffnung der Warteliste am 18. November kamen E-Mails dazu. In den folgenden zwei Wochen habe ich 5 E-Mails an die Warteliste verschickt (siehe Abbildung 7.12), die alle wichtigen Fragen, die in der Consideration-Phase auftauchen könnten, beantwortet und erste Verkaufseinwände entkräftet haben.[7] Die Inhalte und Themen aus meinen E-Mails habe ich übrigens im Anschluss auf der Verkaufsseite für den Kurs sowie meine Sales-Storys recycelt. Denn auch wenn sich das Format ändert, bleiben die Fragen und Bedürfnisse der Zielgruppe ja dieselben.

Als Überraschung begann am 30. November der Presale, exklusiv für die Warteliste. Das heißt, Interessent*innen konnten schon vor dem offiziellen Verkaufsstart am 2. Dezember zuschlagen, sich den Early-Bird-Bonus von 100 € sowie den Wartelistenbonus, ein kostenfreies Webinar, sichern. Wirf gerne einen Blick auf die CTOR (Click-to-Open-Rate)[8] in der Presale-E-Mail. Sie zeigt nämlich das Interesse an

7 Eine Anleitung zum Verfassen von solchen E-Mail-Kampagnen bekommst du in Abschnitt 8.6.3, »Sales-Kampagne«.

einem Angebot an, das im Fall meines Onlinekurses wirklich extrem hoch war. Alleine in dieser Presale-Phase konnte ich schon 27 Kursplätze verkaufen (mein Ziel waren 20 Plätze insgesamt).

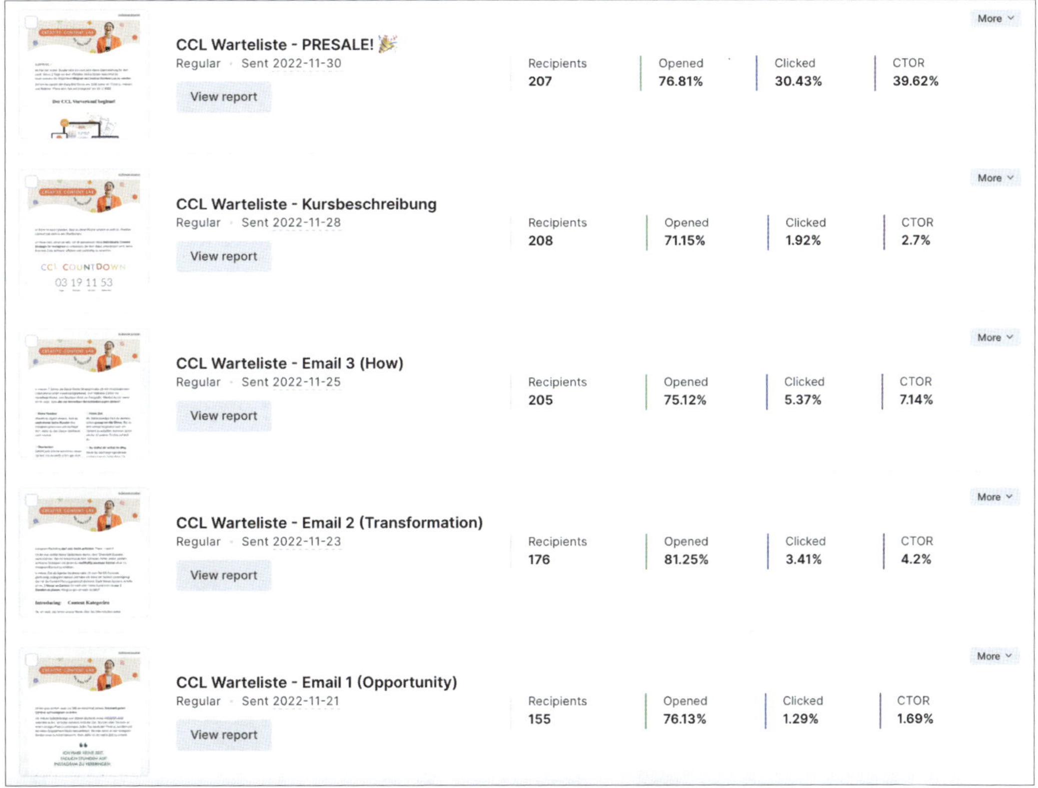

Abbildung 7.12 In der Consideration-Phase hat sich meine Kampagne vorwiegend per E-Mail und Instagram-Storys abgespielt.

Mit dem offiziellen Sales-Start am 2. Dezember wanderte ich dann auch auf Instagram in die Verkaufsphase und begann, in meinen Storys Links zur Verkaufsseite zu teilen und die wichtigsten Infos rund ums Angebot zu erklären (siehe Abbildung 7.13). Bis zum Ende der Kampagne am 14. Dezember teilte ich dann hauptsächlich Einblicke in die Kursinhalte sowie Feedback von den ersten Teilnehmer*innen. Heute würde ich die Kampagne tatsächlich schon eine Woche früher beenden, da es nicht nur unglaublich anstrengend ist, als Soloselbstständige ohne Team seine Energie so lange hochzuhalten, der Großteil der Käufe kam auch in der ersten Woche nach Verkaufsstart herein.

8 Das Verhältnis zwischen der Anzahl an E-Mail-Öffnungen und Klicks auf den Verkaufslink

Natürlich ist jede Kampagne anders und hängt auch stark von deinem Thema, dem Angebot und den eingesetzten Kanälen ab. Ich hoffe aber, dass dir dieser kleine Einblick ein Gespür dafür gegeben hat, wie du mithilfe von Content deine Zielgruppe durch die Customer Journey führen kannst. Kampagnen zahlen sich übrigens nicht nur für Onlinekurse aus, auch Dienstleistungen, die du regelmäßig durchführst, können mithilfe von Kampagnen beworben werden. Als Yogalehrerin könntest du zum Beispiel Klassen mit einem bestimmten Schwerpunkt promoten und dafür eine Kampagne planen. Als Kosmetikerin bietest du vielleicht einen monatlichen Discount für eine bestimmte Behandlung, den du mithilfe einer Kampagne bewerben kannst. Und als Webdesignerin hast du nur eine limitierte Anzahl an Plätzen im Monat zur Verfügung, die du im Rahmen deiner Kampagne als Verknappung einsetzt. Was Verknappungen sind und was diese bewirken, erfährst du in Abschnitt 9.4.8.

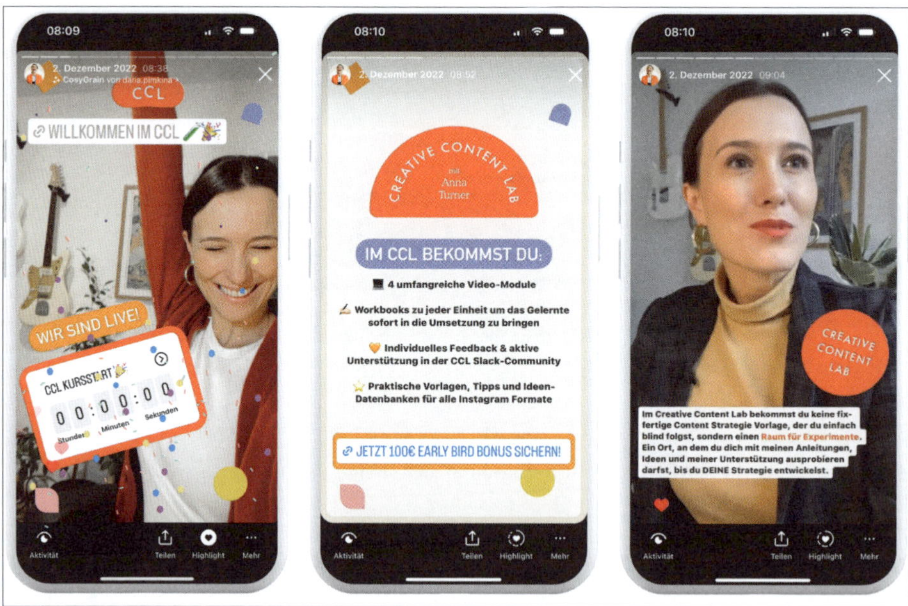

Abbildung 7.13 In der Verkaufsphase wurden dann endlich alle wichtigen Details rund ums Angebot geteilt.

Best Practice: Kampagne von The Female Company

Auch Produkt-Businesses können von solchen Verkaufskampagnen profitieren. So nutzt The Female Company zuerst Statistiken und Memes, um Aufmerksamkeit für das Angebotsthema »Starke Perioden« zu schaffen, bevor das Produkt, eine saugstarke Periodenpanty, vorgestellt wird (siehe Abbildung 7.14).

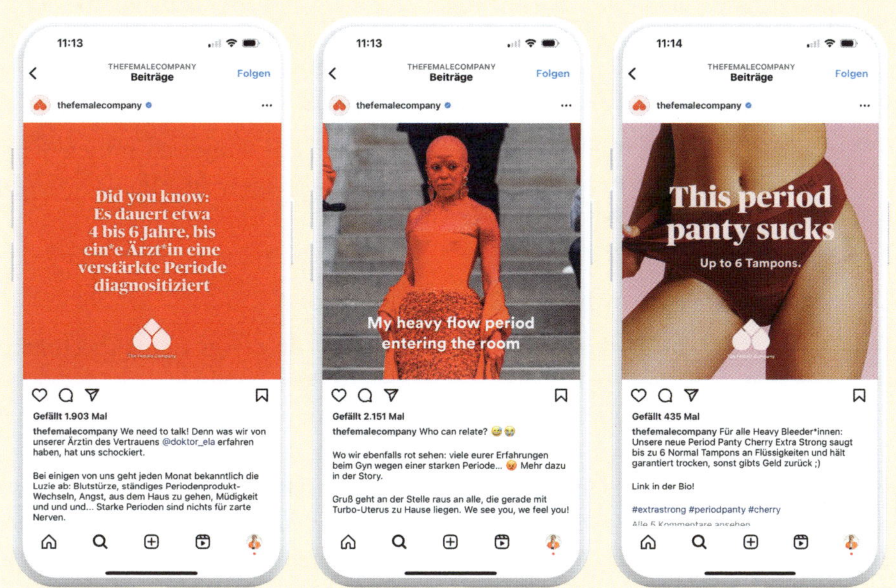

Abbildung 7.14 The Female Company durchläuft in seinen Posts die drei Phasen der Customer Journey (instagram.com/thefemalecompany).

7.3.10 Evergreen-Content: Inhalte, die immer passen

Im Gegensatz zu Kampagnen ist Evergreen-Content nicht auf ein bestimmtes Angebot ausgelegt. Das sind nämlich alle Inhalte zwischen den Kampagnen, die zwar auch strategisch geplant werden sollten, aber ein bisschen lockerer gestaltet werden dürfen. Evergreen bedeutet ja so viel wie Dauerbrenner, es handelt sich also dabei um Inhalte, die auch Jahre später noch funktionieren, zeitlos sind. Zum Ziel haben sie meistens den Ausbau der eigenen Reichweite und die Stärkung der Community, sie kommen also hauptsächlich in den ersten beiden Phasen der Customer Journey zum Einsatz – aber ohne dabei sofort auf eine Verkaufsphase hinzuarbeiten. Die Strategie hinter Evergreen-Content ist eher langfristig gedacht, deshalb findet man solche Inhalte auch vorwiegend auf Blogs, wo sie möglichst lange Traffic generieren sollten. Mit der Ausarbeitung deiner Content-Kategorien hast du dir ja schon einige Evergreen-Formate für deine Kanäle überlegt. Im Rest dieses Kapitels bekommst du noch weitere Tipps und Inspirationen.

7.4 Texten lernen

Denn jetzt machen wir uns endlich an die Umsetzung deiner Inhalte und beginnen mit dem allerwichtigsten Format. Gute Texte sind im Marketing nach wie vor omnipräsent, auch wenn von Expert*innen gerne etwas anderes behauptet wird. Ja, mittlerweile gibt es viele weitere Content-Formate (Bild, Video, Audio). Doch sie alle wären wirkungslos ohne Text. Ein Bild alleine wird keine Kundin von dir überzeugen. Auch in Videos werden meistens Textelemente oder Voiceover eingesetzt, um eine Botschaft rüberzubringen. Und ein Podcast ohne Text wäre einfach nur Stille. Gutes Marketing kann also nicht ohne gute Texte funktionieren. Wie auch du solche verfasst, lernst du in diesem Abschnitt.

7.4.1 Die Angst vorm leeren Blatt überwinden

Wenn du es nicht gewohnt bist zu schreiben, kennst du dieses Gefühl bestimmt: Das weiße Blatt starrt hämisch zurück, als würde es die gähnende Leere in deinem Kopf verspotten. Die beste Methode, um ins Schreiben zu kommen, ist tatsächlich, einfach drauflos zu kritzeln, und zwar völlig willkürlich. *Blödsinn schreiben* nennt es die Bestseller-Autorin Barbara Pachl-Eberhart und erklärt: »*Blödeln erweitert die Freiheitsgrade, die wir uns beim Dichten erobert haben, um eine weitere Dimension. Hier ist nun nichts mehr tabu. Rechtschreibung, Sinn, Gleichmäßigkeit im Stil, Rhythmus, Realitätsbezug: Auf alles darf ab jetzt gepfiffen werden.*«[9] Ignoriere also das nächste Mal, wenn du vorm leeren Blatt sitzt, bewusst alle Regeln der guten Sprache, und schreib einfach drauflos, bis es flutscht.

7.4.2 Der Schreibprozess: Ein toller Text fällt nicht vom Himmel

Natürlich zielt *Blödsinn schreiben* nicht darauf ab, am Ende einen sinnvollen Text zu verfassen, im Gegenteil. Es ist eine Aufwärmübung, um deine Schreibmuskeln zu aktivieren. Erst danach beginnst du mit der eigentlichen Arbeit. Was du aber von dieser Übung lernen kannst, ist, deinen Perfektionismus abzulegen. Dein Text muss nicht von Anfang an knallen, es gibt nicht umsonst erste und zweite Entwürfe.

Was mir beim Schreiben immer hilft, ist, gute Vorarbeit zu leisten, besonders wenn ich einen längeren Text verfasse. Erstelle zunächst einen groben Umriss, verfasse einen Arbeitstitel und halte die Gliederung für deinen Text fest. Am besten nimmst du dir auch noch die Zeit, jeden Abschnitt stichwortmäßig zusammenzufassen. Und nutzt du Wissen aus verschiedenen Quellen, notiere die Zitate, die du verwenden möchtest, in den jeweiligen Abschnitten, inklusive Verweis. Danach beginnst du zum ersten Mal, Fließtext zu verfassen, und orientierst dich an den Regeln der *Blödsinn-schreiben*-Übung. Fehlerfreiheit und ein imposanter Stil sind jetzt noch nebensächlich. Wichtig ist eher, dass du deinen Text einmal so schnell wie möglich herunterschreibst.

---

9 Barbara Pachl-Eberhart, Federleicht: Die kreative Schreibwerkstatt, 2017, S.198

Anfängerfehler: gleichzeitig schreiben und korrigieren

Viele Schreibneulinge machen den Fehler, dass sie jeden Satz sofort verbessern wollen. Denn wenn man schon schreibt, macht man es doch gleich ordentlich, oder? Was logisch klingt, ist leider in der Praxis wenig sinnvoll. Denn Schreiben ist ein kreativer Prozess und verlangt divergentes Denken, während es beim Überarbeiten und Verbessern analytisch zugeht. Dieser ständige Perspektivenwechsel ist nicht nur anstrengend, sondern führt auch dazu, dass du für jeden Text 3× so lange brauchst.

Jeder gute Text beginnt mit einem »*shitty first draft*«[10], einem grottenschlechten Erstentwurf. Das Schöne ist, dass diesen niemand zu lesen bekommt. Du darfst in dieser Phase übrigens auch Notizen im Text hinterlassen, die dir später bei der Überarbeitung helfen. Bei mir kommt es oft vor, dass vor einem Nomen im Erstentwurf noch [ADJ.] steht, da mir auf die Schnelle kein passendes Adjektiv eingefallen ist und ich die Zeit nicht aufbringen wollte, danach zu suchen. Manchmal vermerke ich einen Abschnitt auch mit [???] oder [ÜBERARBEITEN], wenn dieser noch nicht verständlich genug ist. Auch die Markieren-Funktion deines Textprogramms ist hilfreich, um bestimmte Stellen hervorzuheben, die du dir später noch einmal genauer anschauen möchtest.

Nach dem ersten Entwurf lässt du deinen Text am besten ein paar Tage lang liegen. Mit frischem Geist setzt du dich dann an die Überarbeitung, bei der du jetzt endlich auf wichtige Details wie Grammatik und Stil achtest (siehe Tabelle 7.11). Keine Angst, falls du noch keine Ahnung hast, wie du Texte sinnvoll überarbeitest. Im nächsten Abschnitt erkläre ich dir genau, worauf du achtgeben solltest.

Vorarbeit	Erstentwurf	Überarbeitung
■ Arbeitstitel ■ Gliederung ■ Stichpunkte ■ Zitate ■ Notizen	■ reiner Inhalt, ohne Fokus auf Stil und Fehlerlosigkeit	■ allgemeine Struktur ■ Inhalt ■ Sprache und Stil ■ Rechtschreibung und Grammatik ■ Layout

Tabelle 7.11 Drei Phasen, die du beim Verfassen von Texten durchläufst

Tool-Tipps für die Überarbeitung deiner Texte

Nun haben nicht alle von uns in Deutsch sehr gut abgeschnitten. Wenn du schon beim Schreiben unsicher bist, ob ein Satz grammatikalisch korrekt ist, bringt auch ein zweiter

10 Anne Lamott, Bird by Bird: Some Instructions on Writing and Life, 1995, S. 21

Blick darauf keine Erleuchtung. Zum Glück gibt es mittlerweile zahlreiche smarte Tools, die diese Aufgabe für dich übernehmen.

- *DeepL Write* (*deepl.com/de/write*) korrigiert nicht nur Rechtschreib- und Grammatikfehler, sondern bietet auch alternative Formulierungen zur Verbesserung des Leseflusses. Aktuell ist die Nutzung von DeepL Write komplett kostenfrei.
- *Language Tool* (*languagetool.org/de*) besticht durch praktische Integration mit Microsoft Word, Google Docs oder deinem E-Mail-Programm. Außerdem gibt es eine Browser-Erweiterung für Chrome, Firefox und Safari. Für kürzere Texte ist Language Tool kostenfrei, im Premium-Abo ab 4,16 €/Monat erhältlich.
- Wenn es nur darum geht, deine Rechtschreibung und Grammatik zu überprüfen, bietet sich der kostenfreie *Duden Mentor* (*mentor.duden.de*) an.

7.4.3 Was überzeugende Texte ausmacht

Texte von KI korrigieren zu lassen, ist das eine. Denn mit Hilfe von ChatGPT und Co. lassen sich heute sogar Betreffzeilen, Blog-Überschriften oder Social-Media-Captions in Sekundenschnelle verfassen. Ob diese Texte auch wirklich überzeugen, ist jedoch die andere Frage. Ich halte es mit dem amerikanischen Meisterlektor und Autoren Sol Stein, nur *»ein wirklich hervorragender Text kann uns dazu verlocken, uns mit Themen und Wissensbereichen zu befassen, die wir als völlig uninteressant abgetan hätten, wären wir nicht dem Reiz der Sprache, in die sie gekleidet sind, erlegen.«*[11] Gute Texte leisten also Überzeugungsarbeit, weshalb sie auch im Marketing unentbehrlich sind. Aber was genau macht einen überzeugenden Text aus?

Klarheit

Kraftvolle Marketing-Texte sind einfach verständlich. Genau das unterscheidet sie auch von literarischen Texten, deren Bedeutung sich oft erst durch intensive Analyse ergibt. Warum, denkst du, konnte Donald Trump 2016 die Wahl zum US-Präsidenten mit Sprüchen wie »Lock her up!« oder »Build that wall!« für sich entscheiden? Weil diese besonders einprägsam sind und mit nur drei Wörtern klar ausdrücken, wofür er steht. Auch Unternehmen wie Apple setzen auf Klarheit in ihren Werbetexten. Wirf gerne einen Blick auf die Beschreibung des MacBook Air 15" in Abbildung 7.15. Eine überwältigende Anzahl an Produktmerkmalen und Funktionen wird hier kurz und knackig zusammengefasst: »Unglaublich groß. Unfassbar dünn.« Mehr muss man auf den ersten Blick auch nicht darüber wissen.

---

11 Sol Stein, Über das Schreiben, 2015, S. 25

Abbildung 7.15 Apple besticht mit prägnanten Werbetexten (apple.com/at/macbook-air-13-and-15-m2).

Wenn du also Menschen zum Zuhören bewegen möchtest, brauchst du Klarheit in deinen Texten. Rede nicht um den heißen Brei herum, sondern komm zum Punkt. Weitere Tipps:

- *Konzentriere dich aufs Wesentliche*. Jeder Satz sollte eine einzige Botschaft haben, jeder Absatz einen roten Faden.
- *Vermeide Füllwörter.* Begriffe wie »vielleicht«, »nur« oder »eigentlich« blähen deine Texte unnötig auf. Klare Aussagen müssen nicht relativiert werden, streiche also solche Wörter, so oft es geht.
- *Schreibe aktiv.* Gerade in Werbetexten hat passive Sprache nichts verloren. Du möchtest doch die Person, deine Kundin in den Mittelpunkt der Handlung stellen.
- *Finger weg von Schachtelsätzen*. Lange Sätze sind nicht per se unklar, aber zu viele Verschachtelungen verwirren unnötig. Mach lieber zwei Sätze daraus, die dafür gleich beim ersten Lesen verstanden werden.
- *Suche nach Wörtern, die genau das ausdrücken, was du sagen möchtest.* Dazu hilft es, hin und wieder einen Blick in den Duden zu werfen oder *ChatGPT* zu befragen. Bist du dir wirklich bewusst darüber, was ein Wort bedeutet und welches Bild es im Kopf des Lesers entstehen lässt? Wörter wie »schnell« und »flink« meinen auf den ersten Blick dasselbe und sind dennoch nicht austauschbar. Sei präzise in deiner Wortwahl.

Wie du ChatGPT einsetzen kannst, um erste Textentwürfe zu verfassen

Davon, komplette Texte von ChatGPT verfassen zu lassen und diese 1:1 zu übernehmen, würde ich dir eher abraten. Dennoch kannst du KI dafür einsetzen, einen Erstentwurf zu generieren. Wichtig ist dabei, dass du deine *Prompts*, die Anleitungen, die du an ChatGPT verfütterst, auch detailliert ausformulierst. Die Texterin Karin Steiner (*contenteria.at*) überlegt sich dabei Folgendes:

- Wer schreibt den Text, also wer ist der/die Absender*in? *(Botschafter)*
- Was ist zu tun? Was ist die konkrete Aufgabe? *(Aufgabe)*
- Welche Aspekte sollen beachtet werden? *(Kriterien)*
- Was ist das Ziel, der Zweck des Textes? *(Zweck)*
- Wie ist der Umfang, das Format? *(Ausgabe)*
- Wie klingt der Text? *(Tonalität)*

Ein fertiger Prompt könnte dann zum Beispiel so formuliert sein: »Du bist Texterin und möchtest einen Blogartikel zum Thema ›Texten mit KI‹ verfassen. Gehe dabei darauf ein, dass die Arbeit mit KI ein Handwerk ist, das viel Übung erfordert und gelernt werden will. Die Leser*innen sollen dadurch verstehen, wie KI genutzt werden kann und welche Textformate damit bedient werden können. Der Blogartikel sollte ca. 800 Wörter umfassen und mit Zwischenüberschriften gegliedert werden. Schreibe seriös, aber motivierend.«

Authentizität und Verbindung

So großartig die Arbeit mit ChatGPT und Co. auch ist, es gibt etwas, was keine KI der Welt ersetzen kann: deine persönlichen Geschichten und Erfahrungen. Und genau diese sind es, die deine Texte einzigartig machen. Gerade als Soloselbstständige, die auch viel von ihrer Persönlichkeit mit einbringt, dürfen deine Texte menschlich klingen, auch wenn du dabei manchmal gegen die oben genannten Regeln verstößt. Denn wie schon Aristoteles sagte, »*das wichtigste Ziel beim Schreiben ist es, klar zu sein, ohne langweilig zu sein.*«[12] Und so gelingt dir das:

- *Kenne die wichtigsten Regeln, dann brich sie.* Ja, es gibt verbindliche Schreibregeln. Dann gibt es wieder andere, die eher als Empfehlungen gelten, zum Beispiel, Sätze nicht mit einer Konjunktion zu beginnen. Weil genau solche Sätze Texte lebendiger machen können. Und diese wie von einem Menschen, nicht von einem Roboter geschrieben klingen.
- *Vermeide Fachjargon und Expertensprache.* Sei dir dessen bewusst, wer deine Texte zu lesen bekommt. Schreibst du für Kolleg*innen, kannst du davon aus-

12 Zitiert aus Barbara Baig, Spellbinding Sentences, 2015, S. 237

gehen, dass sie Fachbegriffe verstehen. Deine Kundschaft muss vielleicht erst darüber aufgeklärt werden. Noch besser, du umschreibst Fachjargon mit Wörtern, die wirklich alle verstehen.

- *Schreibe so, wie du auch sprechen würdest.* Hab keine Angst davor, Dialektwörter einzubauen oder neue Begriffe zu schaffen. Das »Uuund« in Katjas Text in Abbildung 7.16 ist zwar nicht grammatikalisch korrekt, aber lässt eine bestimmte Melodie entstehen und wirkt sympathisch.

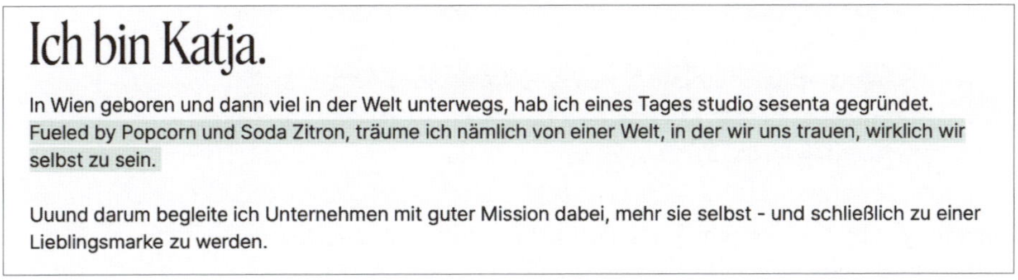

Ich bin Katja.

In Wien geboren und dann viel in der Welt unterwegs, hab ich eines Tages studio sesenta gegründet. Fueled by Popcorn und Soda Zitron, träume ich nämlich von einer Welt, in der wir uns trauen, wirklich wir selbst zu sein.

Uuund darum begleite ich Unternehmen mit guter Mission dabei, mehr sie selbst - und schließlich zu einer Lieblingsmarke zu werden.

Abbildung 7.16 Lass deine Persönlichkeit in deine Marketing-Texte mit einfließen wie Katja von Studio Sesenta (studiosesenta.com).

Sprachrhythmus und -melodie

Auch geschriebene Texte haben einen Rhythmus und eine Melodie. Lies einmal den Absatz aus Abbildung 7.17 laut vor. Erkennst du, wie er spätestens nach dem vierten Satz extrem eintönig klingt?

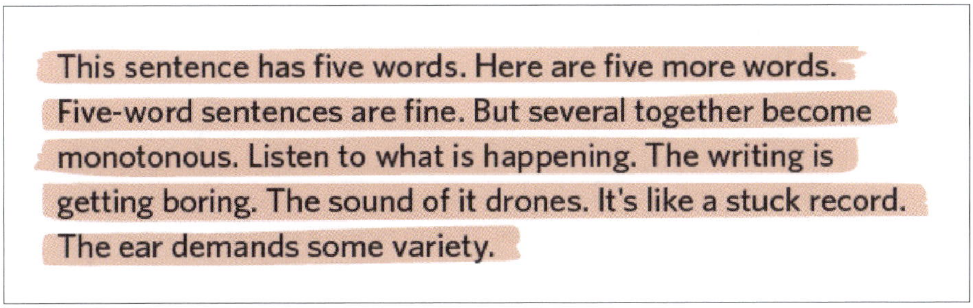

This sentence has five words. Here are five more words. Five-word sentences are fine. But several together become monotonous. Listen to what is happening. The writing is getting boring. The sound of it drones. It's like a stuck record. The ear demands some variety.

Abbildung 7.17 Mehrere Sätze in derselben Länge klingen eintönig.

Damit deine Texte auch angenehm zu lesen sind, achte auf deren Melodie. Nutze verschiedene Satzlängen, und lies zwischendurch laut mit, um zu hören, ob sich deine Sätze geschmeidig ineinanderfügen. Denn Sprache ist wie Musik. Spiele mit Betonungen oder verschiedenen Satzstrukturen, um deine Texte lebendiger zu machen (siehe Abbildung 7.18).

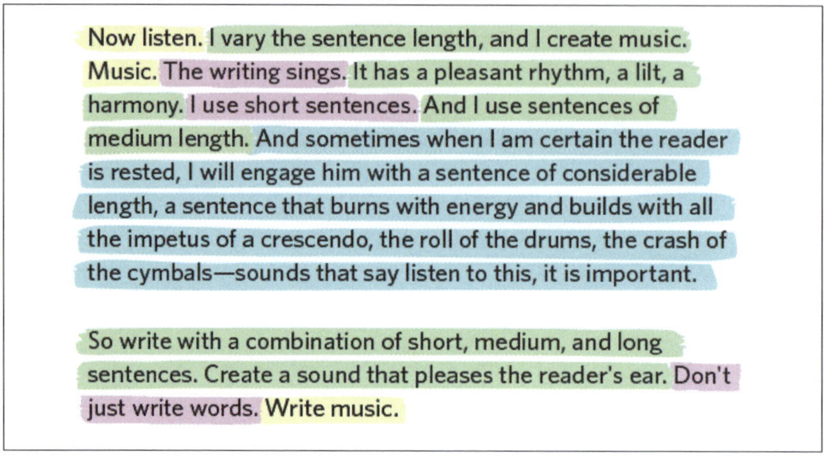

Now listen. I vary the sentence length, and I create music. Music. The writing sings. It has a pleasant rhythm, a lilt, a harmony. I use short sentences. And I use sentences of medium length. And sometimes when I am certain the reader is rested, I will engage him with a sentence of considerable length, a sentence that burns with energy and builds with all the impetus of a crescendo, the roll of the drums, the crash of the cymbals—sounds that say listen to this, it is important.

So write with a combination of short, medium, and long sentences. Create a sound that pleases the reader's ear. Don't just write words. Write music.

Abbildung 7.18 Die Sprachmelodie ändert sich, sobald Satzlängen variieren (aerogrammestudio.com/2014/08/05/this-sentence-has-five-words).

Auch im Kleinen, auf der Wortebene, kannst du wunderbare Klänge entstehen lassen, indem du bestimmte Stilmittel einsetzt. Als »Malen mit Worten« bezeichnet es die bekannte Texterin Daniela Rorig und beschreibt, weshalb die meisten Marketing-Texte so eintönig klingen. Sie sind gespickt mit Floskeln, Superlativen und Banalitäten, und mir als Leserin wird schon beim Gedanken daran langweilig. *»Hören Sie auf, Worthülsen zu verteilen, und fangen Sie an, mit Worten zu malen. Ihr Leser will vor seinem inneren Auge Bilder sehen. Es sollen sich ganze Welten auftun.«*, schreibt Rorig.[13] Mit diesen Stilmitteln lässt du Bilder und Klänge im Kopf entstehen:

- *Alliterationen* bezeichnen zwei oder mehrere Wörter, direkt hintereinandergeschrieben, die den gleichen Anfangsbuchstaben verwenden und dadurch eher bei den Lesenden hängen bleiben. Verwende Alliterationen in Überschriften oder Slogans (z. B. »Geiz ist geil«, der bekannte Werbeslogan von Saturn) oder sogar Angebotsnamen (z. B. »Mindful Marketing Monday«, mein Newsletter).
- Auch *Anaphern* oder Wortwiederholungen lassen eine Melodie entstehen und eignen sich vor allem für Überschriften (z. B. »Mein Haus, mein Auto, mein Boot« aus einem Werbespot von Sparkasse).
- *Onomatopoesie* bedeutet wortwörtlich Lautmalerei und bezeichnet solche Worte, die das Geräusch, das sie beschreiben, nachahmen. Beispiele dafür verwenden wir im täglichen Sprachgebrauch wie »klirren« oder »rascheln«. Solche Wörter erzeugen bestimmte Sinneswahrnehmungen und können eine emotio-

13 Daniela Rorig, Texten können, 2020, S. 162

nale Reaktion auf deinen Text hervorrufen (z. B. Iglo Rahmspinat, »der mit dem Blubb«).

- *Metaphern* gehören zur Königsdisziplin erfolgreicher Texte und transportieren mehr als alle anderen Stilmittel ein bestimmtes Gefühl. Dabei wird die Bedeutung eines Begriffs auf einen anderen übertragen.

Impulse für Metaphern können aus dem Alltag gegriffen werden

In einem ihrer bis heute erfolgreichsten Instagram-Posts verbindet die Content-Strategin Jessica Manolis die von vielen gehasste Alltagstätigkeit des Bügelns mit Perfektionismus im Business. Dieser Post hat so große Wellen geschlagen, weil sich fast alle in ihrer Community mit dem Bügel-Thema identifizieren konnten. Ob man seine Kleidung bügelt oder nicht, scheint eine fast grundsätzliche Lebenseinstellung zu sein wie »Katzen oder Hunde« und »Kaffee oder Tee«. Mittlerweile nutzt Jessica die Bügel-Metapher immer wieder, um zu vermitteln, dass nicht immer alles glattgebügelt laufen muss (siehe Abbildung 7.19).

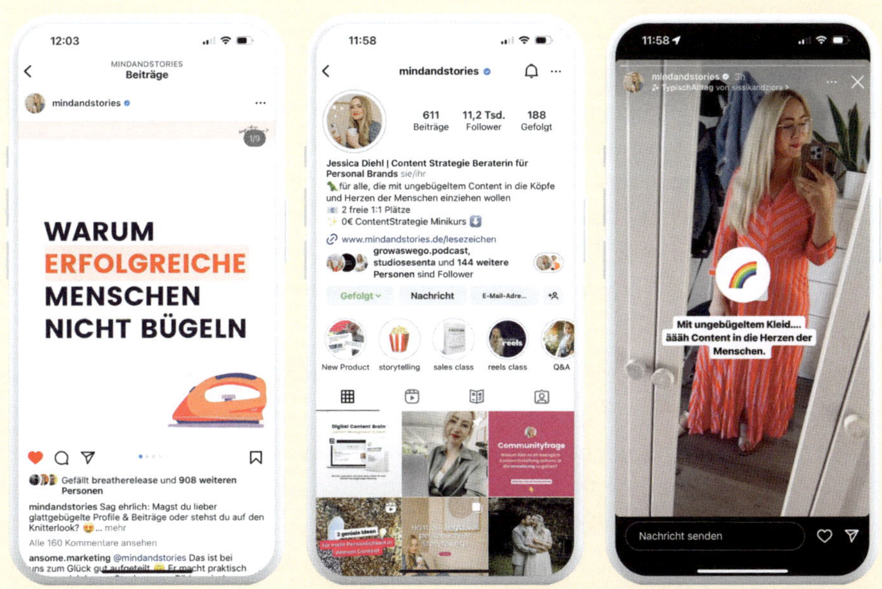

Abbildung 7.19 Wenn du merkst, dass eine Metapher bei deiner Zielgruppe zündet, darfst du sie gerne wiederholen (instagram.com/mindandstories).

7.4.4 3 Arten von Marketing-Texten, die du meistern solltest

Mit diesen Schreibtipps im Gepäck bist du auf dem besten Weg zum Textprofi. Nun gibt es ja, wie du dir vorstellen kannst, verschiedenste Textvariationen, die alle unterschiedliche Voraussetzungen und Einsatzbereiche mit sich bringen. Eine Kurznachricht auf Twitter klingt ganz anders als ein Essay auf LinkedIn. Die Gepflogenheiten auf Instagram unterscheiden sich von denen auf TikTok. Und während du bei deinen Blogartikeln SEO-Aspekte berücksichtigen solltest, sind in E-Mails starke Betreffzeilen wichtiger. Eines kann ich dir auf deinem Weg zur erfolgreichen Texterin mitgeben: Lies so viel wie möglich. Je nachdem, auf welchen Plattformen du aktiv bist, welche Taktik du nutzt – studiere Inhalte anderer. Abonniere Newsletter, speichere besonders lesenswerte Blogartikel, und betreibe Social Listening auf deinem Lieblingsnetzwerk. Je mehr Texte du selbst konsumierst, desto ausgereifter wird dein Sprachgefühl. Denn am Ende kann man auch gute Texte nicht einfach so lernen, man muss sie fühlen.

Im folgenden Abschnitt möchte ich dir jedoch noch einige Tipps und Formeln für die drei wichtigsten Marketing-Texte mitgeben: Überschriften, Elevator Pitches und Calls-to-Action. Diese kommen im Grunde genommen überall zum Einsatz, wo du deine Botschaften platzieren und über deine Angebote sprechen möchtest. Gehen wir sie einmal der Reihe nach durch.

Überschrift

Egal, ob als Blog-Titel, als Hook[14] auf Social Media oder als E-Mail-Betreffzeile, Überschriften erfüllen eine ganz bestimmte Funktion: Sie machen User auf deinen Beitrag aufmerksam und laden sie dazu ein, weiterzulesen. Für die Ausformulierung deiner Überschriften kannst du dich an den allgemeinen Text-Tipps im vorherigen Abschnitt orientieren. Literarische Stilmittel und aktiv geschriebene Sätze funktionieren hier besonders gut. Damit du aber auch weißt, was du überhaupt schreiben sollst, habe ich einige Ideen für dich gesammelt. Formuliere deine Überschriften zum Beispiel als:

- *Problem-Statement:* Sprich direkt das größte Problem deiner Wunschkundin an, z. B. »Neuer Post – schon wieder nur 3 Likes«.
- *Beschreibung des Wunschzustandes:* Zeig deiner Wunschkundin, was sie erreichen könnte, nachdem sie deinen Beitrag gelesen hat, z. B. »Endlich ein aufgeräumter Abstellraum mit diesem Trick«.
- *Frage:* Stell eine direkte Verbindung zur Leserin her, indem du ihr eine Frage stellst, z. B. »Wusstest du, dass Einwegrasierer schädliche Weichmacher beinhalten?«.
- *Empathie:* Du kannst hier sogar noch einen Schritt weitergehen und dich und deine Leserin auf eine Ebene stellen, z. B. »Geht es dir oft auch so?«.
- *Herausforderung:* Schildere eine Hürde, vor der du selbst oder deine Kundin gestanden ist, z. B. »Lisa war kurz davor, ihre Selbstständigkeit zu beenden«.

14 So bezeichnet man den ersten Satz eines Social-Media-Posts, der die Aufmerksamkeit von Nutzer*innen wie einen Fisch an der Angel fangen soll.

- *Versprechen:* Kommuniziere den Benefit deines Beitrags oder eines deiner Angebote, z. B. »In 8 Stunden zur fertigen Website«.
- *Neuigkeit:* Teile spannende News rund um dein Business-Thema, z. B. »Neue Studie: Schon 11 Minuten Bewegung pro Tag reichen aus«.
- *Geheimnis:* Mach Lesende neugierig, indem du sie in ein Geheimnis einweihst, z. B. »Diese Erkenntnis hat mein komplettes Business verändert«.
- *Provokantes Statement:* Getrau dich, deine Meinung rund um dein Business-Thema lautstark zu teilen, z. B. »Yoga ist kein Fitness-Programm«.
- *Aufforderung:* Formulierst du Überschriften rund um eine bestimmte Handlung, sei ruhig direkt, z. B. »Hör auf, dich selbst ständig hinten anzustellen«.

Call-to-Action (CTA)

Während die Überschrift User dazu einlädt, weiterzulesen, ist der Call-to-Action eine klare Handlungsaufforderung, die meist am Ende eines Textes platziert wird. Der CTA sollte die Strategie hinter deinem Beitrag verdeutlichen, er steht also im direkten Zusammenhang mit der Customer-Journey-Phase, in der sich eine Nutzerin befindet. So wird sich jemand in der Awareness-Phase noch nicht von »Jetzt buchen« angesprochen fühlen. Und ein Käufer kurz vorm Checkout ist vielleicht verwirrt, wenn du ihn dazu aufforderst »Mehr zu erfahren«. In Tabelle 7.12 bekommst du einige Impulse.

Customer-Journey-Phase	Mögliche Calls-to-Action
Awareness	▪ *(Social Media)* Folge mir für mehr Tipps ▪ Jetzt mehr erfahren ▪ Informiere mich
Consideration	▪ *(Social Media)* Speichere diesen Post, wenn er dir geholfen hat. ▪ *(Social Media)* Lass mir gerne ein Like da, wenn du zustimmst. ▪ Schreib mir in die Kommentare, wie du das siehst/was deine Erfahrung war.
Purchase	▪ Abonnieren ▪ Jetzt kaufen/kostenpflichtig buchen ▪ Angebot sichern ▪ Zahlungsvorgang abschließen

Tabelle 7.12 Einige Calls-to-Action entlang der Customer Journey

An bestimmten Stellen hast du auch die Möglichkeit, zwei Calls-to-Action zu platzieren, um verschiedene Pfade vorzugeben. So gebe ich Interessent*innen auf der Angebotsseite zu meinem Strategie-Call die Option, noch mehr zum Angebot zu erfahren oder, wenn sie schon kaufbereit sind, sofort zu buchen (siehe Abbildung 7.20).

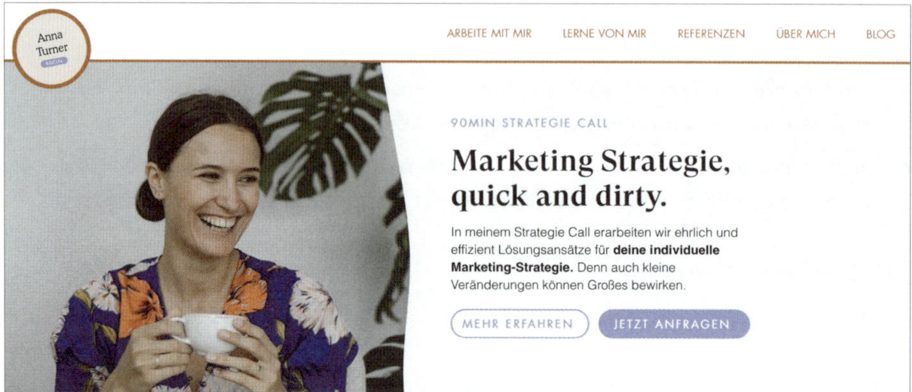

Abbildung 7.20 Du kannst auch zwei CTAs nebeneinander platzieren.

Übertreibe es jedoch nicht mit der Anzahl deiner Handlungsaufforderungen. Reflektiere immer, was der logische nächste Schritt für deine Wunschkundin wäre. Gerade auf Social Media sehe ich immer wieder Aufforderungen, einen Post zu liken, kommentieren, speichern und teilen. Alleine beim Lesen fühle ich mich schon überfordert. Wenn du in deinem Beitrag eine Diskussion angeregt hast, dann reicht es, zu einem Kommentar aufzufordern. Hast du Wissenswertes geteilt, wollen User den Post vielleicht für später speichern. Nicht jeder Call-to-Action passt also zu jedem Thema. Weitere Tipps:

- *Statt CTA, Call-to-Benefit*. Lege den Fokus nicht auf die Handlung, die vorgenommen werden soll, sondern auf den dadurch entstandenen Vorteil deiner Wunschkundin, z. B. »Jetzt Zeit sparen«.
- *Nimm die Kundenperspektive ein*. Statt deine CTAs als Aufforderung zu formulieren, wähle die Ich-Form, z. B. »Ich bin dabei«.
- *Formuliere deine CTAs unmissverständlich*. Es muss klar sein, was nach der Handlung geschieht, auch aus rechtlichen Gründen. Wird ein Angebot verbindlich gekauft, dann benenne das, z. B. »Zahlung abschließen«.

Elevator Pitch

Elevator Pitches stammen aus der Start-up-Szene und bezeichnen eine kurze, knackige Beschreibung deines Unternehmens. Die Idee dahinter ist, dass du einem Gegenüber alles, was dich ausmacht, im Zuge einer Liftfahrt erklären kannst. Elevator Pitches sind deshalb wichtig, weil die Aufmerksamkeitsspanne der digitalen

Zielgruppe der einer Person im Lift gleicht. Du hast meist nur wenige Sekunden Zeit, jemanden zu überzeugen.

Als Marketing-Texte können Elevator Pitches aber nicht nur dein Unternehmen beschreiben. Sie eignen sich hervorragend als Nachsatz zu deiner <h1> (siehe Abbildung 7.21), als kurzer Beitragstext in sozialen Netzwerken und als Produktversprechen in deinen Verkaufssätzen. Gewöhne dir an, dich kurz zu halten, aber ohne dabei an Glaubwürdigkeit zu verlieren.

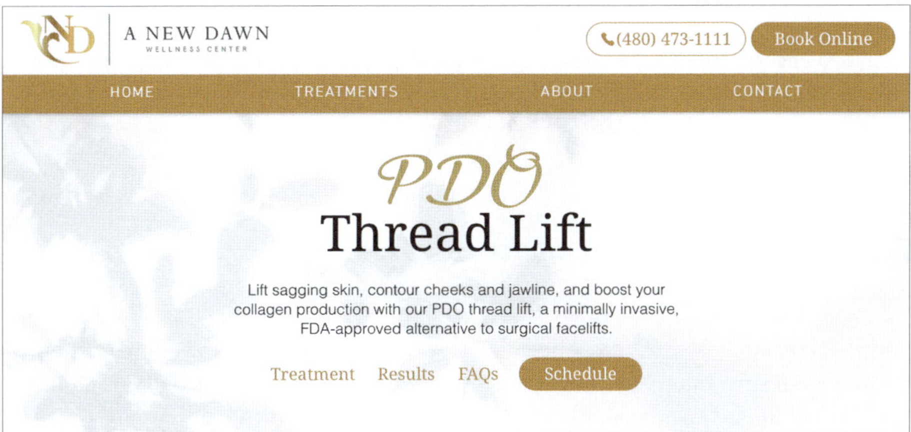

Abbildung 7.21 Im Elevator Pitch direkt unter der <h1> werden die Vorzüge der Behandlung kurz und prägnant zusammengefasst.

Am besten gelingt dir das mit der *Reverse-Snowflake-Methode*. Ich weiß, kein ansprechender Name. Das liegt daran, dass ich diesen Ansatz aus einer schon vorhandenen Methode, der Snowflake-Methode, abgeleitet habe. Dabei handelt es sich um eine Anleitung zum Verfassen von Romanen. Zunächst wird nur ein einziger Satz geschrieben, der deine Geschichte zusammenfassen soll. Danach wird er Schritt für Schritt ausgeschmückt, bis er zu einer wunderschönen Schneeflocke wird, wie in Abbildung 7.22.

Abbildung 7.22 Mithilfe der Snowflake-Methode wird aus einem Satz eine ausgeschmückte Geschichte.

Bei der Reverse-Snowflake-Methode drehst du diese Schritte einfach um. Zuerst verfasst du eine ganze Seite mit Details rund um dein Angebot. Dann versuchst du, die wichtigsten Informationen herauszufiltern, um diese in einem einzigen Absatz zu präsentieren. Dasselbe wiederholst du noch einmal, bis am Ende ein einziger Satz übrig bleibt: dein Elevator Pitch.

Nutze diese Methode zum Verfassen deiner Meta Descriptions

Die Reverse-Snowflake-Methode kannst du übrigens auch anwenden, um eine Meta Description für deine Website zu verfassen. Zur Erinnerung: Diese wird angezeigt, wenn deine Website von Suchmaschinen ausgespuckt wird. Da dir hier nur wenige Zeichen zur Verfügung stehen, solltest du dich so kurz wie möglich halten. Versuche also, den Inhalt deiner Seite in einem Satz zusammenzufassen.

7.5 Werde zum Geschichtenerzähler

Ich könnte dir jetzt verschiedenste Storytelling-Mechanismen, Handlungsstränge und Plot-Strukturen erklären. Aber ich glaube nicht daran, dass wir solche theoretischen Konzepte brauchen, um tolle Geschichten zu erzählen, vor allem nicht als Selbstständige. Wir sind alle mit Storys aufgewachsen, und der Drang, diese zu teilen, ist zutiefst menschlich. Denk einmal an deine Lieblingsgeschichte, die dir deine Eltern immer wieder vorlesen mussten, als du noch Kind warst. Welche Serie hat dich so berührt, dass du sie immer wieder anschaust? Und wann hast du das letzte Mal bei einem Film geweint? Gute Geschichten schaffen vor allem eines: Sie lösen Emotionen in uns aus und sind deshalb seit Beginn unserer Zeit wesentlicher Bestandteil unserer Kommunikation.

7.5.1 Geschichten gehören zu unserer Psychologie

Geschichten werden in unserem Gehirn völlig anders verarbeitet als trockene Daten und Fakten. Der Grund dafür sind Spiegelneuronen, kleine Nervenzellen, die dafür sorgen, dass wir die Gefühle anderer nachempfinden und uns auch in andere Menschen hineinversetzen können. Sie sind übrigens auch der Grund dafür, warum Gähnen ansteckend ist. Alleine das Wort zu lesen hat mich gerade zum Gähnen gebracht. Dich auch?

Diese Spiegelzellen werden auch stimuliert, wenn wir Geschichten lesen oder ansehen. Sie erlauben es uns, laut aufzulachen, wenn Ken in Greta Gerwigs Barbie-Film zum ersten Mal versteht, was das Patriarchat ist. Und dank ihnen beißen wir vor Spannung die Zähne zusammen, wenn Harry Potter dem wiedergeborenen Lord Voldemort zum ersten Mal auf dem Friedhof begegnet. Wir fühlen und erfahren

Storys, als würden wir sie selbst erleben. Und genau das macht sie zu einem großartigen Marketing-Tool.

7.5.2 Deine Kundin ist die Protagonistin deiner Geschichte

Mach allerdings nicht den Fehler, dich selbst in den Mittelpunkt deiner Geschichte zu stellen. Denn es geht nicht um dich. Dein Angebot ist viel eher nur ein Mittel zum Zweck für deine Wunschkundin. Sie ist die Protagonistin deiner Story. Genau so beschreibt es der amerikanische Autor und Storytelling-Experte Donald Miller, der in seinem Buch *Building a Story Brand* ein hilfreiches Framework zur Entwicklung anregender Marketing-Geschichten erstellt hat. Dieses besteht aus sieben Elementen:

1. **Die Protagonistin**

   Jede Geschichte beginnt mit einer »Heldin«, die etwas möchte. Sei es, aus ihrem Alltag ausbrechen, die wahre Liebe zu finden oder endlich den Erfolg zu feiern, den sie verdient. Was deine Kundin erreichen möchte, weißt du mittlerweile. Du stehst also schon am Beginn ihrer Geschichte.

2. **hat ein Problem**

   Richtig spannend werden Geschichten erst durch einen Konflikt. Warum gäbe es sonst Bösewichte? All die Saurons und Voldemorts spielen eine essenzielle Rolle, um die Story voranzubringen, denn ohne Konflikt herrscht vor allem eines: gähnende Langeweile.

   Auch wenn deine Kundin nicht gerade gegen einen Schurken ankämpft, ist sie mit bestimmten Problemen konfrontiert, die sie davon abhalten, ihren Wunsch zu erfüllen. Vielleicht hat sie keine Zeit, ist zu schnell abgelenkt, hat Schmerzen oder ist frustriert mit ihrer aktuellen Situation. Irgendetwas hält sie davon ab, ihren Wunschzustand zu erreichen.

3. **und trifft auf einen Guide**

   Bis du ins Spiel kommst. Denn du bist die Weise, der Guide, Gandalf oder Dumbledore, der deiner Heldin zur Hilfe eilt …

4. **der ihr einen Plan gibt**

   … und ihr das nötige Werkzeug mitgibt, den Bösewicht zu besiegen (das Problem zu überwinden) und ihren Wunschzustand zu erreichen.

5. **und sie dazu aufruft, eine Handlung vorzunehmen**

   Nun sind wir Menschen von Natur aus bequem und wollen die Strapazen, die nötig sind, um Bösewichte zu bekämpfen, nicht unbedingt in Kauf nehmen. Die Heldin braucht also eine kurze Erinnerung, was auf dem Spiel steht. Einen lieb gemeinten Tritt in den Hintern – natürlich metaphorisch gesehen.

6. **die ihr dabei hilft, Scheitern zu vermeiden**

   Erinnere die Heldin daran, was das Resultat ihres Nicht-Handelns wäre. Wie geht es ihr und allen anderen dabei, wenn der Bösewicht weiterregiert? Was hat sie zu verlieren?[15]

7. **und sie zum Erfolg führt**

   Und gleichzeitig: Wie könnte eine Welt aussehen, in der sie den Bösewicht besiegt und ihren Wunschzustand erreicht hat? Male diese aus, so bildhaft wie möglich, damit die Heldin gar nicht anders kann, als zu handeln.

Was bewegt eigentlich Menschen zum Kauf?

Natürlich geht es dir nicht darum, den nächsten Spiegel-Bestseller zu schreiben. Du möchtest doch einfach nur dein Angebot verkaufen. Doch Storytelling hilft dir dabei, deine Kundin besser zu verstehen und dich als Guide in ihrer Geschichte zu platzieren. Auch hier lohnt sich noch einmal ein Blick in die Psychologie, um zu verstehen, was Menschen dazu bewegt, eine Handlung vorzunehmen, ergo dein Angebot zu kaufen (siehe Tabelle 7.13).

Negatives vermeiden	Positives herbeiführen
▪ Geld sparen ▪ Bequemlichkeit ▪ aus Angst ▪ aus Gier ▪ aus Schuldgefühlen ▪ aus Nachhaltigkeit	▪ gemocht/geschätzt werden ▪ recht haben/sich wichtig fühlen ▪ Geld verdienen ▪ Zeit sparen ▪ sicher sein/gesund sein ▪ glücklich sein/Spaß haben ▪ Individualität ausleben ▪ Wissen vergrößern

Tabelle 7.13 Mögliche emotionale Kaufmotive deiner Kund*innen

7.5.3 Übung: Arbeite deine Kunden-Story aus

Wirf noch einmal einen Blick auf die Beschreibung des Limbic Type (siehe Abschnitt 7.2.1), zu dem deine Wunschkundin gehört, und lege fest, welche emotionalen Kaufmotive du diesem zuordnen kannst. Performer*innen möchten sich vor allem wichtig und geschätzt fühlen und legen Wert auf Prestige, während Genie-

15 1979 hat der Psychologe Daniel Kahnemann herausgefunden, dass Menschen Verluste höher gewichten als Gewinne. In der Psychologie wird das als Verlustaversion bezeichnet, die einen Teil der Verhaltensökonomik darstellt, welche von Kahnemann mitentwickelt wurde. (*lexikon.stangl.eu/6512/prospect-theory*)

ßer*innen einfach nur Spaß haben wollen. Traditionalist*innen und Harmoniser*innen hingegen brauchen ein starkes Sicherheitsgefühl und reagieren deshalb besonders emotional auf Verkaufsbotschaften, die ihre Ängste ansprechen (z. B. Produkte wie Alarmanlagen, Versicherungen etc.). Wenn du also im nächsten Schritt deine Kunden-Story ausarbeitest, solltest du ein klares Bild dieser Person vor Augen haben. Beginne zunächst damit, die Fragen in Tabelle 7.14 für deine Wunschkundin zu beantworten. Einiges davon hast du schon im Rahmen deiner Zielgruppenrecherche herausgefunden, anderes darfst du heute kreativ ergänzen. Übrigens, je anschaulicher du die verschiedenen Zustände beschreibst, desto besser. Beschreibe, wie es deiner Wunschkundin geht, bevor sie von deinem Angebot Gebrauch gemacht hat, und danach. Spüre tief hinein, was sich für sie verändert, sowohl physisch als auch emotional. Notiere alles, was dir einfällt. Es gibt hier kein Richtig oder Falsch.

	Vor deinem Angebot	Nach deinem Angebot
Wie geht es deiner Wunschkundin?		
Wie lebt sie?		
Wie verbringt sie einen durchschnittlichen Tag?		
Was besitzt sie?		
Worauf legt sie besonderen Wert?		
Was wünscht sie sich?		
Was möchte sie vermeiden?		
Was braucht sie, um zu handeln?		

Tabelle 7.14 Hilfreiche Fragen zur Entwicklung deiner Kunden-Story

Die Kundenstory von Mooja Studio

Mooja Studio (*moojastudio.com*) kennst du schon aus Kapitel 3, »Selbst zur Marke werden«, denn gemeinsam mit studio sesenta wurde die Markenstrategie für das Schmucklabel ausgearbeitet. Auch ich durfte einen Workshop mit der Gründerin des Labels halten, in dem wir unter anderen Content-Ideen für deren Instagram-Account entwickelt haben. Dabei haben wir uns vor allem Gedanken rund um die Geschichten hinter den Schmuckstücken gemacht. In welchen Situationen trägt die Kundin diese, und wie fühlt sie sich dabei? Folgende Story kam heraus:

Eine Anwältin macht sich morgens fertig für die Arbeit. In dieser männerdominierten Branche wird ihr täglicher Look zum Kostüm, in dem sie sich nicht nur schön, sondern vor allem stark fühlen möchte, ohne dabei ihre Persönlichkeit zu verstecken. Die wahre Transformation findet aber abends statt, wenn sie von der Arbeit nach Hause kommt und sich auf die Couch zu ihrem Partner kuschelt. Die Bluse zupft sie aus der Hose, die Halskette und Ohrringe werden ohne viel Nachdenken auf den Coffeetable gelegt. Sie schenkt sich ein Glas Wein ein, zündet eine Duftkerze an und verbringt einen ruhigen, entspannten Abend mit ihrem Liebsten. In diesem Moment muss sie sich nicht mehr beweisen, muss nicht mehr performen und darf ganz sie selbst sein.

7.5.4 Storys schaffen Transformationen

In dieser Story durchläuft die Heldin gleich zwei Transformationen. Die erste findet morgens statt, wenn sie ihre Arbeitskleidung überstülpt wie Spiderman seinen Spinnenanzug. Der Schmuck hilft ihr dabei, sich für den Tag gewappnet zu fühlen, ihre Business-Persona nach außen zu tragen und trotzdem sie selbst zu bleiben. Die zweite, fast noch wichtigere Transformation geschieht jedoch nach der Arbeit, wenn sie nach Hause kommt und ihr Kostüm wieder ablegt. Denn die Wunschkundin von Mooja Studio ist zwar High-Achieverin, jedoch herzlich und bewusst. Sie ist keine typische Performerin, für die nur Prestige und Status zählen. Qualität, Achtsamkeit und Entschleunigung sind ihr viel wichtiger.

In jeder Geschichte durchläuft der Held eine Art von emotionaler Verwandlung. An dieser Stelle fällt mir die klassische Trope in Christmas-Romcoms auf Netflix ein, bei denen eine ambitionierte Karrierefrau über Weihnachten nach Hause aufs Land fährt. Ihr ebenso ambitionierter Partner hat sie gerade verlassen, und sie ist zutiefst verzweifelt. Wird sie je alles bekommen? Karriere und Liebe? Oder ist das einfach nicht drin für sie? Zu Hause beschäftigt sie sich dann mit all den Dingen, die sie in den letzten Jahren verschmäht hat. Sie backt Plätzchen, dekoriert den Weihnachtsbaum und unterstützt den kleinen Laden ums Eck als Aushilfe. Denn die gebrechliche Besitzerin kann dem weihnachtlichen Ansturm nicht alleine nachkommen. Zu Hause lernt sie, sich auf die wirklich wichtigen Dinge zurückzubesinnen: Familie und Gemeinschaft. Und siehe da, genau am Weihnachtsabend betritt ein attraktiver Mann kurz vor Ladenschluss das Geschäft. In Zeitlupe dreht sie sich zu ihm um, und der Zuschauerin ist auf einen Blick klar: Das ist wahre Liebe. Diese Story habe ich mir grade ausgedacht, aber konnte innerhalb weniger Minuten gleich mehrere Netflix-Filme entdecken, die einem ähnlichen Handlungsstrang folgen.

Die emotionale Transformation in dieser Geschichte geht so tief, dass sie sich nachhaltig auf die Identität der Protagonistin auswirkt. Ab jetzt stellt sie ihre Karriere nicht mehr über alles andere und zieht vielleicht sogar zurück aufs Land zu ihrem neuen Partner. Genau solche Verwandlungen sollte auch dein Angebot hervorrufen. Wer möchte deine Kundin tief drinnen sein? Und wie kannst du ihr dabei helfen? In Tabelle 7.15 findest du weitere Beispiele, um dir die notwendigen Impulse zu verschaffen.

Unternehmen	Vor dem Angebot	Nach dem Angebot
Hundetrainer	Kundin ist frustriert und kann ihren Hund nirgends mitnehmen, weil er sich nicht benimmt. Hat aber deshalb ein schlechtes Gewissen.	Kundin fühlt sich sicher im Umgang mit ihrem Hund, zeigt ihm klare Grenzen auf und kann ihn so auch im Alltag gut mitnehmen.
Investment-Beraterin	Kunde möchte sein Geld anlegen, um fürs Alter vorzusorgen. Weiß aber nicht, wo er anfangen soll, und fühlt sich von den vielen Möglichkeiten überfordert.	Kunde hat ein erstes kleines Portfolio angelegt und weiß nun genau, welche Wertanlagen zu ihm passen und worauf er in Zukunft achten soll.
Shop für nachhaltige Deko	Das Zuhause der Kundin ist noch leer und karg. Dabei möchte sie ein ästhetisches, gemütliches Heim schaffen, in dem sie sich wohlfühlen kann. Gleichzeitig ist es ihr jedoch wichtig, damit nicht die Umwelt zu belasten.	Kundin fühlt sich wohl und geborgen, weil sie sich selbst und dem Planeten etwas Gutes getan hat. Sie geht jeden Abend durch ihr Haus, um sich an der neuen Deko zu erfreuen, und genießt es, jedes Eck zu studieren.

Tabelle 7.15 Produkte und Dienstleistungen schaffen Transformationen.

7.5.5 Wir brauchen keine Geschichten von Held*innen mehr

Nun war im vorigen Abschnitt oft von Held*innen die Rede. Denn früher war es gang und gäbe, die Protagonisten einer Geschichte auf eine Heldenreise zu schicken. Allerdings hat sich im Laufe der Zeit die Art, wie wir Geschichten erzählen, verändert. Die Helden von heute sind ganz normale Menschen wie du und ich. Unsere Welt wird immer komplexer, vielfältiger und bunter, deshalb brauchen wir auch authentische Storys, die das reflektieren.

Best Practice: Die #FeelYourWay-Kampagne von Burger King

Dass auch Unternehmen Geschichten von echten Menschen erzählen wollen, zeigte Burger King schon 2019 mit der #FeelYourWay-Kampagne, die im Rahmen des »Mental Health Awareness Month« veröffentlicht wurde.[16] Die Protagonist*innen: eine Schülerin, die offensichtlich gemobbt wird, eine Frau, die gerade von ihrem Chef entlassen wurde, ein Student, der mit Schulden kämpft, und eine Mutter, die immer wieder zu hören bekommt, dass sie zu jung sei, um ein Kind großzuziehen. Sie alle zeigen, dass das Leben nicht immer nur schön ist. Mit dieser direkten Anspielung auf den Konkurrenten McDonalds und dessen »Happy Meals« erklärt Burger King, dass nicht jeder immer glücklich sein muss, und stellt fünf neue Burger vor, die Namen wie »Blue Meal« oder »Pissed Meal« tragen. Obwohl die Reaktionen auf die Kampagne gemischt ausfielen, generierte sie auf jeden Fall Aufmerksamkeit für das Fast-Food-Restaurant und das Thema mentale Gesundheit.

16 Zu sehen auf X: *twitter.com/BurgerKing/status/1123637774773575681*

Spannende Storys kannst du also überall finden, wenn du nur Ausschau danach hältst. Vielleicht helfen dir die folgenden Impulse:

- *Außergewöhnliches:* Gibt es eine spannende Entstehungsgeschichte rund um deine Selbstständigkeit? Oder gibt es Kund*innen, die außergewöhnliche Geschichten zu erzählen haben?
- *Erfolge:* Inwiefern verändert dein Angebot das Leben deiner Kundschaft? Welche Hürden werden überwunden? Und welche Erfolge durftest du selbst in Bezug auf dein Business feiern?
- *Ängste:* Wovor fürchten sich deine Kund*innen? Gibt es etwas, vor dem du selbst Angst hast? Und wie linderst du diese Ängste?
- *Humorvolles:* Über was hast du zum letzten Mal richtig laut gelacht? Gibt es Pannen oder Hoppalas, die du teilen könntest? Fehler sind menschlich, auch in der Zusammenarbeit mit Kund*innen. Diese zu teilen, macht dich nahbar und schafft Verbindung.
- *Behind-the-Scenes:* Wie und wo wird dein Produkt produziert? Welche Geschichten können Kollegen oder Zulieferer erzählen (siehe Abbildung 7.23)? Wie genau läuft deine Dienstleistung ab? Wie sieht dein Arbeitstag aus?
- *Ziele:* Verfolgst du eine bestimmte Mission? Was möchtest du mit deinem Angebot erreichen? Inwiefern veränderst du die Welt?

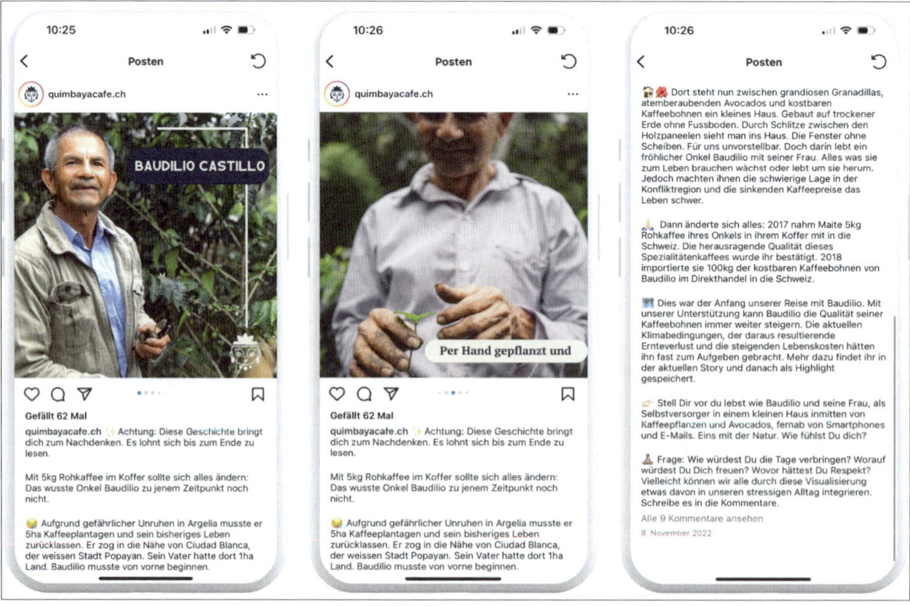

Abbildung 7.23 Quimbaya erzählt auf Instagram Geschichten rund um die Herstellung von Kaffeebohnen (instagram.com/quimbayacafe.ch).

Geschichten im Ohr: Starte einen eigenen Podcast

Gerade über deine Stimme können Geschichten noch einmal mit viel mehr Emotion aufgeladen werden. Podcasts eignen sich deshalb ganz hervorragend als Storytelling-Plattform. Natürlich startet man einen eigenen Podcast nicht einfach so, es gehört einiges an Equipment und technischem Know-how dazu. Du brauchst ein professionelles Mikrofon, ein Programm zum Schneiden deiner Audiospuren und solltest ein Cover sowie ein Podcast-Intro gestalten. Am besten informierst du dich bei Podcast-Expert*innen wie Anika Bors (*podcastwonder.com*) oder Lisa Soppa (*podcastly.de*), die sich auf Selbstständige spezialisiert haben.

7.6 Visual Storytelling

Geschichten werden aber nicht nur in Worten erzählt. Gerade wenn es darum geht, Emotionen hervorzurufen, ist (Bewegt-)Bild eine Klasse für sich. Welches Gefühl entsteht bei dir, wenn du die IKEA-Kampagne *Proudly Second Best* in Abbildung 7.24 betrachtest?

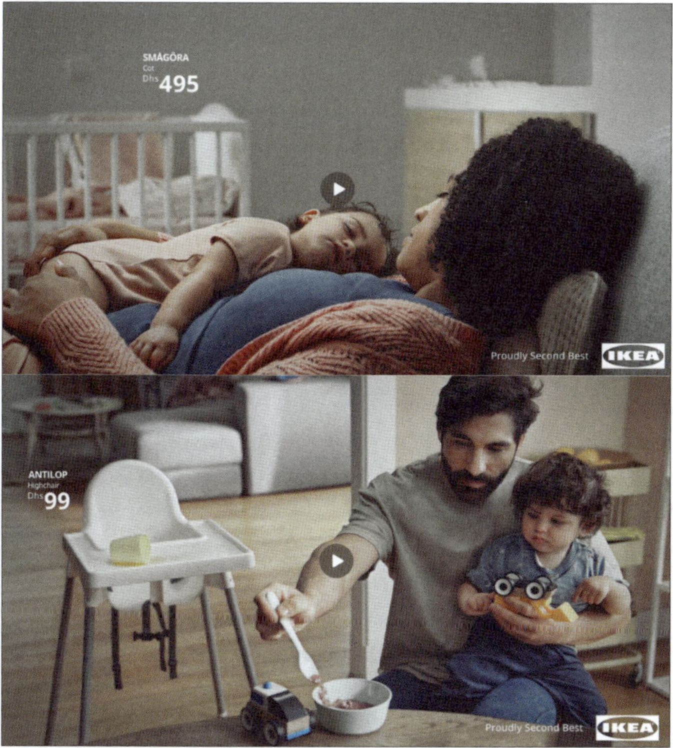

Abbildung 7.24 In einer Kampagne von IKEA rücken die Möbelstücke in den Hintergrund (adsoftheworld.com/campaigns/proudly-the-second-best).

In mehreren kurzen Videoclips werden Alltagssituationen aus dem Leben von Eltern mit ihren Kindern gezeigt. Die Möbelstücke rücken dabei bewusst in den Hintergrund, denn selbst IKEA erkennt: Wir sind nicht die Helden dieser Geschichte. Es sind die Mamas, Papas, Omas und Geschwister, die täglich als Hochstuhl oder Matratze herhalten. Da können selbst unsere großartigen Produkte nicht mithalten. In dieser Kampagne werden Kund*innen voll und ganz in den Mittelpunkt der Geschichte gerückt. Und als Betrachter reagieren wir sofort viel emotionaler als auf ein x-tes Bild von Kindern, die ruhig in ihrem Bettchen schlafen oder vergnügt im Hochstuhl ihren Brei mampfen. Wir wissen, dass das nicht dem Alltag entspricht. Und als Jedermann-Marke, die vorwiegend Harmoniser*innen anspricht, setzt IKEA genau auf solche Alltags-Storys.

7.6.1 Porträtfotos, die etwas aussagen

Natürlich wird es für dich als Soloselbstständige eher selten vorkommen, dass du komplette Werbekampagnen mit Schauspieler*innen und detaillierten Storylines planst. Und auch wenn deine Kundin im Mittelpunkt deiner Geschichte steht, wirst du nicht darum herumkommen, dich auch selbst zu inszenieren. Ich weiß, das klingt zunächst einmal unglaublich unauthentisch. Warum inszenieren, kann man nicht einfach man selbst sein? Natürlich kannst du das, und du sollst es sogar. Nur wenn du dich bis jetzt erst wenig mit deiner Außenwahrnehmung beschäftigt hast, kann es sein, dass du mitunter etwas ganz anderes aussagst, als du eigentlich möchtest. Lass es mich einmal anhand eines Beispiels visualisieren.

Best Practice: Freundin im Ohr

Annette Schuster (*freundinimohr.de*) ist psychologische Beraterin, die sich auf Stressbewältigung und mentale Gesundheit im Online-Business spezialisiert hat. Im Rahmen ihrer Markenstrategie hat sie ausgearbeitet, dass sie vertrauensvoll, empathisch, nahbar und auch einmal verletzlich wahrgenommen werden möchte. Sie will zwar als Expertin gesehen werden, aber vor allem auch als Mensch, als Freundin, die dir mit Rat und Tat zur Seite steht. In ihren Texten ist das Annette von Anfang an sehr gut gelungen. Auf Instagram teilt sie regelmäßig ungeschönte Gedanken rund um Mental Health und animiert andere Unternehmer*innen, sich mit diesem wichtigen Thema zu beschäftigen. Betrachtet man jedoch Annettes Bildsprache, entsteht ein ganz anderer Eindruck. Der Blick ist nachdenklich zur Seite gerichtet, der Betrachterin wird wortwörtlich die Schulter gekehrt (siehe Abbildung 7.25). Dieses Foto ist schön und wirkt vielleicht auch menschlich. Jedoch baut es keine Verbindung, kein Vertrauen auf. Im Gegenteil: Es entsteht Distanz. Oder würde sich deine beste Freundin von dir wegdrehen, wenn du ihr gerade deine Probleme schilderst?

Abbildung 7.25 Annettes Bildsprache kommunizierte noch nicht die angestrebten Markenwerte (instagram.com/p/CqumQyrsVo0).

In Zusammenarbeit mit der Markenstrategin Isabel Reinhard (*breathe-release.de*) wurde deshalb ein Brand-Shooting gestaltet, in dem Fotos entstanden, die auf Annettes Markenidentität aufbauen und ihre einzigartigen Stärken und Werte gezielt zum Ausdruck bringen. Reflektiere einmal, welche Geschichten die drei Fotos in Abbildung 7.26 erzählen? Während das erste Bild Annette als psychologische Beraterin zeigt, die kompetent und gleichzeitig empathisch wirkt, wirken die beiden Bilder unten gemütlich, vertrauensvoll und nahbar. Wenn ich mich selbst in die Situationen auf den Bildern hineinversetze, denke ich an chillige Abende mit meinen Freundinnen, an denen wir intime Geschichten austauschen und uns gegenseitig aus unseren Tagebüchern vorlesen. Die Marke »Freundin im Ohr« wird hier zum Leben erweckt und in jedem kleinsten Detail verkörpert.

Brand Embodiment: Du musst deine Marke verkörpern

Gerade als Personal Brand wird deine Marke nicht nur über Farben, Schriftarten und Logos kommuniziert, sondern über dein gesamtes Wesen. Deine Sprache, deine Gestik, deine Kleidung – das alles wirkt. »Alles, was du machst, sagt etwas aus«, erzählt mir Isabel. »Entweder entscheidest du, was deine Aussage ist, oder wer anderes.«

Abbildung 7.26 In ihren neuen Brand-Fotos inszeniert sich Annette als Freundin, die dir liebevoll und nahbar zur Seite steht. (Fotografin: Lisa Oeffner, loxe-photos.de)

Im Vorfeld zum Fotoshooting mit Annette wurde deshalb jedes noch so kleinste Detail inspiziert, um die gewünschten Emotionen zu transportieren. Statt strammen Blazern und satten Farben entschieden sich die beiden für helle, monochrome Looks. Außerdem achtete Isabel bei der Auswahl der Outfits auf die Stoffe. »Wenn du Nähe und Gemütlichkeit transportieren willst, solltest du steife Schnitte und Materialien vermeiden und leichte, fließende Stoffe wie Seide einsetzen.« Ihnen war wichtig, auch Annettes Persönlichkeit auszudrücken. So sagt Isabel: »Annette ist viel fröhlicher, als es auf ihren vorherigen Bildern gewirkt hat. Sie ist absolute Hedonistin, liebt das Leben, liebt Reisen und gutes Essen. Das sollte auch auf ihren Fotos rüberkommen und der Kundin zeigen: Wenn es dir mental besser geht, schaffst du es auch, wieder Genuss in dein Leben zu bringen.« Vergleichst du die beiden Fotos in Abbildung 7.27, spürst du den Unterschied, den solche Vorbereitungsarbeit ausmachen kann. Das linke Bild könnte fast aus einer Bewerbungsmappe stammen. Auch dieses Bild ist schön, Annette wirkt aufgeschlossen, kompetent und sympathisch. Jedoch kann man nicht erkennen, wer sie ist und was sie macht. Sie könnte genauso gut Lehrerin, Bankberaterin oder Kauffrau sein. Rechts kommt Annettes Persönlichkeit klar zum Vorschein: die beste Freundin, die nach deiner Party genüsslich vom Franzbrötchen beißt.

Abbildung 7.27 Das Bild links könnte von jeder x-beliebigen Business-Starterin stammen, rechts kommt Annettes Persönlichkeit zum Ausdruck.

Mach dir also bewusst, dass jedes Bild eine Aussage trifft. Nur weil du selbstständig bist, musst du nicht im Blazer mit verschränkten Armen posieren. Lass deine Persönlichkeit zum Vorschein kommen, und nutze Fotos, die wirklich dem Kern deiner Marke entsprechen. Diese Tipps helfen dir dabei:

- *Arbeite mit einer professionellen Fotografin.* Es gibt vieles, was du als Solopreneurin alleine umsetzen kannst. Deine Fotos gehören nicht dazu, es sei denn, du hast Erfahrung darin. Es heißt nicht umsonst, Bilder wirken mehr als 1000 Worte. Ein Mindestmaß an (technischer) Qualität sollte in einem Business-Kontext schon gegeben sein.
- *Reflektiere, was du vermitteln möchtest*. Wie möchtest du wirken? Nahbar oder distanziert? Freundlich und locker oder erfahren und professionell? Welche Posen eignen sich dafür? Arbeite diese schon im Vorfeld gemeinsam mit deiner Fotografin oder Markenstrategin aus.
- *Entscheide im Vorfeld, wie deine Fotos eingesetzt werden sollen*. Brauchst du neue Bilder für deine Website, sollten diese im Querformat aufgenommen werden und möglichen Weißraum miteinbeziehen, damit du gegebenenfalls auch

Textelemente in den Vordergrund rücken kannst.[17] Hast du vor, deine Fotos auf Social Media zu teilen, benötigst du Bilder im Hochformat. Soll das gesamte Foto wirken, leg Wert auf ein passendes Setting. Wirst du dein Porträt ausschneiden, schieße es lieber vor einer weißen Wand (siehe Abbildung 7.28).

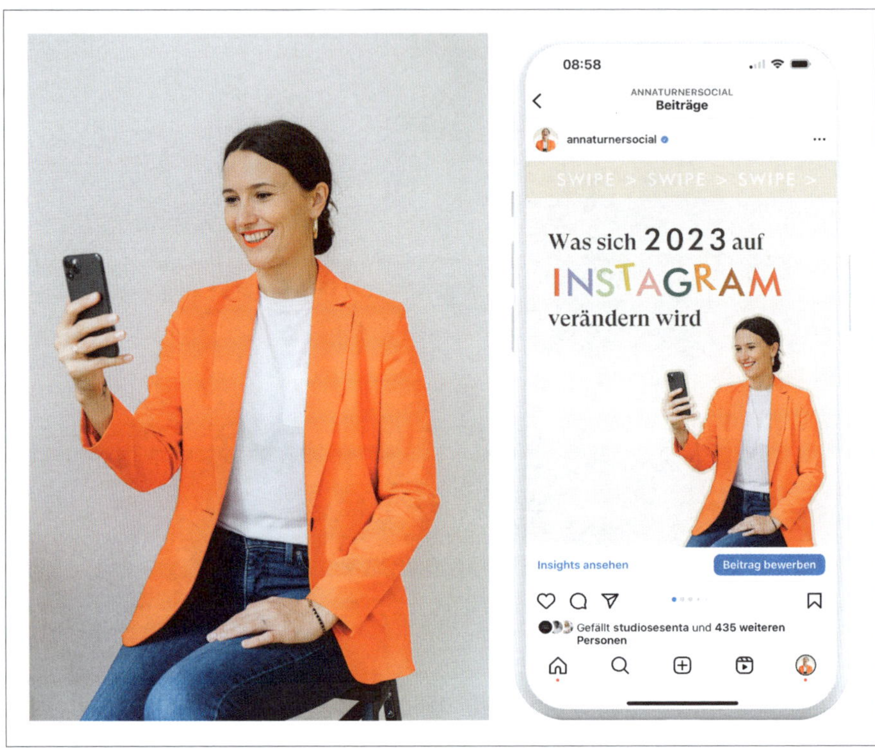

Abbildung 7.28 Das Originalfoto und die ausgeschnittene Variante, wie ich sie in meinen Instagram-Grafiken verwende

- *Erzähle Geschichten.* Ein klassisches Business-Porträt hat maximal auf deiner Über-mich-Seite Platz. Bezieh deine Kundin und deren Story immer mit ein. Vielleicht stehen dir dafür sogar weitere Models zur Verfügung, die kurzzeitig die Rolle deiner Kundschaft übernehmen können, wie bei Annette. Achte jedoch darauf, dass diese auch visuell deiner Wunschkundin entsprechen.
- *Nutze Accessoires und Requisiten.* Falls du dich unwohl vor der Kamera fühlst, mach Bilder, in denen du aktiv bist. Mir fällt es leichter, vor der Kamera zu posieren, wenn ich eine Aufgabe habe, zum Beispiel einen Text abtippe oder eine fiktive Präsentation halte. Bist du Massagetherapeutin, leg auch währen deines

17 Welche Voraussetzungen Fotos für deine Website erfüllen müssen, solltest du schon im Wireframe festgelegt haben. Nimm ihn zur Hand, und zeige ihn deiner Fotografin.

Fotoshootings Hand an. Bist du Beraterin, führe ein echtes Beratungsgespräch. Je natürlicher du in deiner Rolle eingefangen wirst, desto authentischer wirken später deine Fotos.

- *Plane deine Looks.* Wie du an Annettes Beispiel gesehen hast, hat auch deine Kleidung Auswirkung darauf, wie du später wahrgenommen wirst. Natürlich musst du dich deshalb nicht komplett neu einkleiden. Ein kurzer Kleiderschrankcheck im Vorfeld, um deine Outfits mit deinem Marken-Moodboard abzustimmen, reicht fürs Erste völlig aus.
- *Denke auch an Videos.* Je nachdem, welches Budget du für dein Brand-Shooting hast, wäre es sinnvoll noch eine zweite Person dazu zu holen, die im Hintergrund kurze Videoclips filmt. Diese könntest du dann für Plattformen wie Instagram und TikTok oder sogar auf deiner Website einsetzen (siehe Abbildung 7.29).

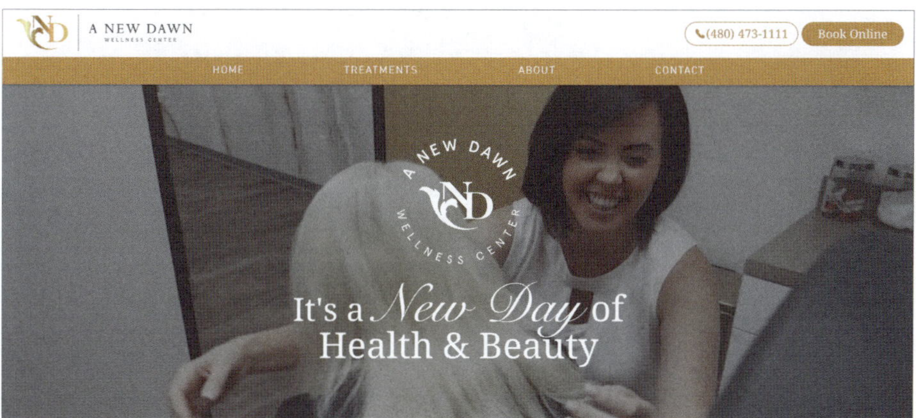

Abbildung 7.29 A New Dawn Wellness Center nutzt Video-Hintergründe auf der Website, um die Kundenstory zu erzählen.

Bau dir eine eigene Stock-Bibliothek auf

Die beste Strategie, um immer genügend Bildmaterial bereit zu haben, ist, eine eigene Sammlung an Stock-Content aufzubauen – also vorgefilmte Bilder und Videos von dir, deinem Arbeitsplatz und deinen Angeboten, die du jederzeit einsetzen kannst. Mit meinen Agentur-Kund*innen habe ich vier Mal pro Jahr einen Content-Tag geplant, an dem massenhaft neue Inhalte erstellt wurden. So waren sie immer versorgt und mussten sich nie Gedanken darüber machen, ob sie denn gerade ein passendes Bild zur Hand haben.

7.6.2 Dein Produkt gekonnt in Szene setzen

Verkaufst du nicht deine Dienstleistung, sondern ein Produkt, rückst du als Person natürlich in den Hintergrund. Auch wenn es – gerade bei kleinen Unternehmen –

schön ist, die Personen dahinter zu sehen zu bekommen, sollte die Bühne auch hier wieder deiner Kundin und ihrem Helferlein (deinem Produkt) gehören. Die Beispiele von Mooja Studio und IKEA haben dir schon gezeigt, wie du auch dein Produkt mithilfe von Storytelling in Szene setzen kannst. Gerade wenn du vorhast, es auf Social Media zu bewerben, reicht es nicht aus, nur ein Katalogbild nach dem anderen zu teilen. Social-Media-User wollen unterhalten, inspiriert und informiert werden. Bette also dein Produkt in eine übergeordnete Story ein (siehe Abbildung 7.30).

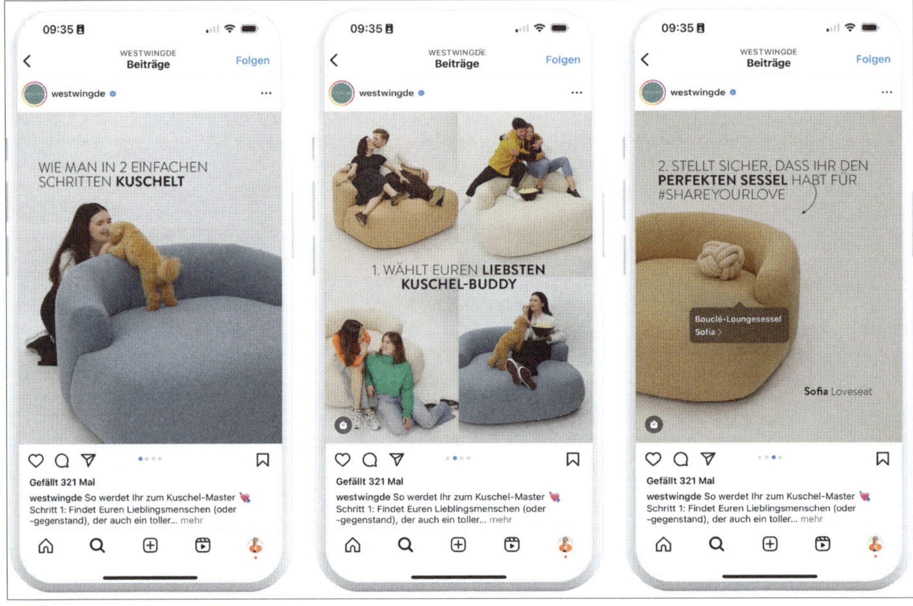

Abbildung 7.30 Der Loungesessel von Westwing wird als perfekter Ort zum Kuscheln inszeniert (instagram.com/p/CxmxZPIs-zK).

7.6.3 Visueller Content entlang der Customer Journey

Unterhaltsame und inspirierende Geschichten funktionieren vor allem in der Awareness-Phase, da sie deine Wunschkundin emotional an dein Angebot heranführen. Jedoch solltest du nicht ausschließlich auf Storytelling setzen, denn in der Consideration-Phase setzt die Ratio ein. Sie beginnt zu überlegen: »Passt dieses Produkt wirklich zu mir?« In Abschnitt 7.1.5 hast du schon verschiedene Gedanken und Fragen zu dieser Phase notiert. Überlege noch einmal, wie du die Antworten darauf in deinen Content bringst. Während Kuschelfotos mit Hund die Aufmerksamkeit von Nutzer*innen auf sich ziehen, möchte jemand, der ernsthaft in Erwägung zieht, den Sessel zu kaufen, Details rund ums Material, die Maße und den Preis erfahren. Genau diese Informationen liefert Westwing mit einem Klick aufs Produkt (siehe Abbildung 7.31).

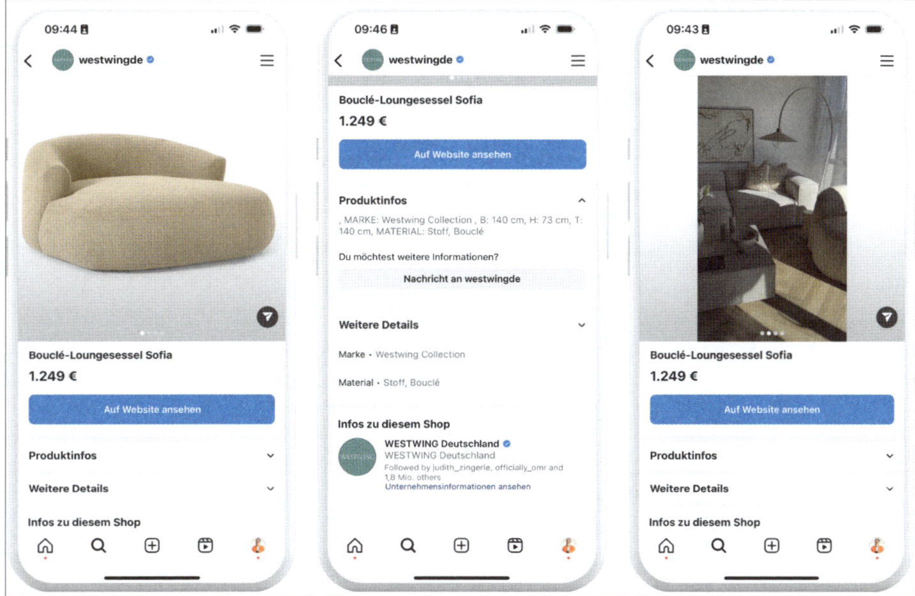

Abbildung 7.31 In der Consideration-Phase rücken Geschichten in den Hintergrund, dafür werden Katalogfotos und Produktdetails eingesetzt.

Der Sonderfall: User-generated Content

Eine Content-Art, die während der gesamten Customer Journey zum Einsatz kommen kann, ist *User-generated Content* (UGC), also Inhalte, die nicht von dir, sondern von Kund*innen oder Influencer*innen erstellt werden. Wie du in Abbildung 7.31 sehen kannst, setzt Westwing solchen Content clever ein, um das Vertrauen in sein Produkt zu stärken. Der Sessel sieht im Wohnzimmer der Nutzerin nicht nur wunderschön aus, unbewusst nehmen wir solche Beispiele auch als eine Art Social Proof wahr (mehr dazu in Abschnitt 9.4.9). Betrachte auch die verschiedenen Variationen der aufgebauten Betten in Abbildung 7.32. Merkst du, welches Gefühl sie bei dir auslösen?

Abbildung 7.32 Auf der Produktseite von Treetale werden Rezensionen mit User-generated Content angereichert (treetale.de/product/hausbett-meli).

7.6.4 Stock-Content ohne Stock im...

Leider hat Stock-Content nach wie vor einen schlechten Ruf. Wir verbinden damit unnatürliche, nichts aussagende Fotos, die rein gar nicht zum Rest eines Markenauftrittes passen. Wie so oft stechen uns leider nur die negativen Beispiele ins Auge. Denn es gibt Stock-Bilder und -Videos, die sich auf ganz natürliche Art und Weise in deine restliche Bildwelt eingliedern. Wenn du weißt, wie du diese findest.

Allerdings würde ich dir als Selbstständiger raten, immer an erster Stelle in Bilder von dir und deinem Angebot zu investieren, denn diese sind absolut notwendig, um das Vertrauen deiner Wunschkundin in dich zu stärken. Vielleicht entsteht sogar im Rahmen deines Brand-Shootings schon die Möglichkeit, eine kleine Stock-Bibliothek aufzubauen. Indem du Hintergründe oder Accessoires im selben Stil abfotografieren lässt, ohne dass du selbst darin zu sehen bist, können diese im Anschluss als neutrale Hintergrundbilder oder Mood-Shots eingesetzt werden. Die klare Verbindung zu deiner restlichen Bildsprache bleibt dadurch spürbar bestehen. Auch gut sortierte Stock-Bibliotheken wie *Shutterstock* (*shutterstock.com*), *Unsplash* (*unsplash.com*) oder *Pexels* (*pexels.com*) bieten eine Vielfalt an möglichen Szenen und Stimmungen, die du passend zu deiner Marke auswählen kannst. Wichtig ist, dass du dich auch bei der Stock-Foto-Wahl damit beschäftigst, was du am Ende aussagen möchtest. Welche Geschichte möchtest du damit erzählen, und wie ist diese in deine übergeordnete Kunden-Story eingebunden? Weitere Tipps:

- *Steht das Motiv wirklich im Zusammenhang mit deiner Marke?* Im Rahmen deiner Markenstrategie hast du vielleicht schon erste Requisiten und Objekte notiert, die deinen Brand-Vibe unterstreichen (siehe Abschnitt 3.4.3, »Bildsprache: ein Ausdruck deiner Marke«. Sind diese auf deinen Stock-Bildern zu sehen?
- *Stellt die Person wirklich deine Wunschkundin dar?* Genauso wie bei deinen eigenen Porträtfotos solltest du beim Einsatz von Stock-Fotos überlegen, was über die Kleidung, den Ausdruck und die Komposition kommuniziert wird. Je mehr das abgelichtete Model deiner Wunschkundin mit ihrer Geschichte ähnelt, desto besser.
- *Kommen deine Markenfarben vor?* Je natürlicher sich Stock-Content in deine restliche Bildsprache einfügt, desto besser. Nutze Farbfilter wie in Abbildung 7.33, um nach solchen Fotos zu suchen, die auch farblich zu deiner Marke passen.

Selbstständige erzählen: »Was authentische Stock-Fotos ausmacht«

Sophie Gerner (*darlingstock.de*) hat sich darauf spezialisiert, ästhetische Stock-Fotos für Selbstständige zu produzieren. Dabei legt sie besonderen Wert auf die Vorarbeit. Jedes Shooting hat ein bestimmtes Thema, nach dem Locations, Teilnehmer*innen und Requisiten ausgesucht werden. Statt professioneller Models werden echte Menschen abgelichtet, die auch Erfahrung rund um das Shooting-Thema mitbringen. Sophie erzählt: »Einmal haben wir eine Yoga-Kollektion fotografiert und dafür natürlich jemanden gesucht, der regelmäßig Yoga macht und die Bewegungen richtig ausführt.« So wirken die Posen und Bewegungen auf den Bildern authentisch und echt, nicht gestellt.

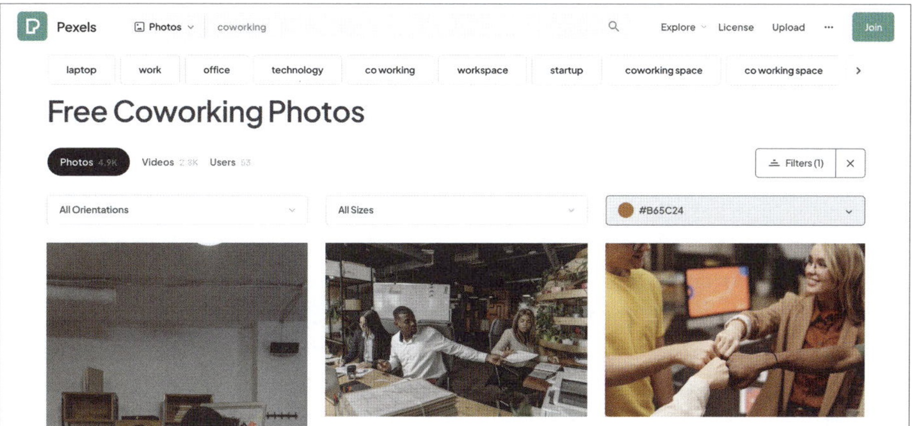

Abbildung 7.33 Pexels (pexels.com) lässt dich sogar nach Bildern zu einem bestimmten Thema in deinen Markenfarben suchen.

7.7 Wissen vermitteln

Die Inspirations-Säule hast du mittlerweile ganz gut abgedeckt. Nun kann dein Content aber noch so viel mehr. Gerade als Coach oder Beraterin, die am Ende auch ihr Wissen verkauft, solltest du auch die Erklär-Säule regelmäßig bespielen. Mit welchen Themen und welchen Formaten du das am besten umsetzt, erfährst du in diesem Abschnitt.

7.7.1 Informiere, ohne zu langweilen

Die wohl größte Schwierigkeit bei der Wissensvermittlung ist es, diese auch unterhaltsam zu gestalten. Denn nur so bleiben Informationen auch wirklich hängen. Damit habe ich mich während meiner Lehrerausbildung intensiv beschäftigt und kann dir heute einige spannende Tipps und Insights liefern. Wer so wie ich in den 2010er-Jahren Lehramt studiert hat, weiß, wie viel Wert auf die multimediale Aufbereitung von Lerninhalten gelegt wird. Auch wenn die Theorie der vier Lerntypen nie empirisch belegt wurde, fließt sie in die heutige Unterrichtspraxis mit ein und hilft dir auch dabei, deinen Content spannender aufzubereiten. In Tabelle 7.16 bekommst du einen schnellen Überblick über die vier Lerntypen nach Frederic Vester.

Lerntyp	Beschreibung
auditiver Lerntyp	lernt durch Zuhören und Sprache
optischer/visueller Lerntyp	lernt durch Sehen und Beobachten
haptischer Lerntyp	lernt durch Anfassen und Fühlen
intellektueller/kommunikativer Lerntyp	lernt durch Diskussionen und kritisches Hinterfragen

Tabelle 7.16 Laut Vester lernt jeder Mensch anders.

Nun wurde, wie gesagt, nie bewiesen, dass Menschen auf die eine oder andere Art besser lernen. Als Selbstständige hast du aber auch nicht den Anspruch, deine Kund*innen auf spätere Bildungswege vorzubereiten oder ihr Wissen rund um dein Business-Thema im Anschluss abzuprüfen. Auch lässt es sich nicht leugnen, dass wir alle unterschiedliche Menschen mit unterschiedlichen Präferenzen sind. Warum gibt es sonst Leute, die Nachrichten am liebsten im Radio hören? Andere wiederum könnten auf ihre tägliche Zeitungslektüre niemals verzichten. Und wieder andere erfahren die neuesten Schlagzeilen am liebsten auf Social Media, wo sie direkt in der Kommentarspalte an Diskussionen teilnehmen können. Um Informationen also so zu vermitteln, dass sie bei möglichst vielen Menschen, die sich für dein Thema interessieren, ankommen, solltest du sie abwechslungsreich aufbereiten.

7.7.2 Wissen unterhaltsam verpacken

Mithilfe der Themencluster-Methode aus Abschnitt 7.2.5 hast du schon einige Ideen für Wissenswertes rund um dein Business-Thema ausgearbeitet. Bleibt also nur noch die Frage: Wie wird dieses Wissen unterhaltsam verpackt? Im ersten Schritt solltest du dich noch einmal mit deinen ausgewählten Marketing-Kanälen beschäftigen. Denn diese bestimmen, welche Formate dir zur Verfügung stehen. Könntest du in einem Blogartikel dein Thema schriftlich aufbereiten, nutzt du auf Pinterest lieber Infografiken und visuelle Darstellungen. Auch die Geschwindigkeit der Plattformen spielt eine Rolle. In einem Expertenvideo auf YouTube darfst du ruhig 10–15 Minuten zu deinem Thema sprechen. Auf TikTok geht dir nach einer Minute schon die Aufmerksamkeit der Zusehenden flöten. Du siehst also, je nach Plattform muss dein Wissen unterschiedlich aufbereitet werden. Gehen wir die gängigsten Formate einmal der Reihe nach durch.

7.7.3 Das Blogging-1×1

Einen Blog zu schreiben, klingt irgendwie wie ein Relikt aus alten Zeiten. Wer hat in unserer schnelllebigen Social-Media-Welt, in der im Sekundentakt bunte Bildchen und lustige Tänzchen auf uns einprasseln, noch Interesse daran, einen geschriebenen Artikel zu lesen? Tatsächlich zeigen Statistiken, dass Deutsche knapp drei Mal so viel Zeit damit verbringen, Videos anzusehen als Blogs zu lesen.[18] Lohnt es sich also überhaupt zu bloggen?

Die Antwort lautet: ja! Allerdings unter Vorbehalt. Meines Erachtens macht ein Blog vor allem dann Sinn, wenn du SEO als Marketing-Taktik verfolgst (mehr dazu in Abschnitt 5.7, »Gefunden werden: Suchmaschinenoptimierung«). Denn um von Google und anderen Suchmaschinen als Autorität in deiner Branche angesehen zu werden, brauchst du Content. Ein weiterer Vorteil ist, dass Blogs relativ einfach und ohne große technische Vorkenntnisse umgesetzt werden können. Während du, um spannende Videos zu filmen, lernen musst, eine Kamera zu bedienen, vor dieser zu sprechen, deine fertigen Videoclips zu schneiden und zu bearbeiten, kannst du am Blog einfach drauflos schreiben. Um jedoch langfristig neue Nutzer*innen damit auf deine Website zu locken, braucht es natürlich auch hier ein wenig Know-how:

- *Wähle Themen aus, nach denen auch gesucht wird.* Wie du eine Keyword-Recherche durchführst, hast du ja schon gelernt. Setze für deine Blogartikel vorwiegend auf Informations-Keywords, um Interessent*innen aus den Problem- und Solution-Aware-Phasen anzusprechen.
- *Halte dich an den klassischen Artikelaufbau.* Ein Blogartikel beginnt immer mit einer H1-Überschrift. Danach folgt eine kurze Einleitung, in der du die Leserin auf das Thema vorbereitest. Wenn du möchtest, füge ein Inhaltsverzeichnis ein, das auf die einzelnen Unterabschnitte deines Artikels verlinkt. Der restliche Artikel ist dann in mehrere Abschnitte gegliedert, die jeweils aus einer H2-Überschrift und mehreren Absätzen bestehen. Vergiss nicht, den Artikel am Ende rund abzuschließen.
- *Gestalte deine Artikel möglichst umfangreich, aber ohne dich zu wiederholen.* Google legt Wert auf umfassende Inhalte, die die Frage einer Nutzerin zu dem jeweiligen Thema ausführlich beantworten. Unter *developers.google.com/search/docs/fundamentals/creating-helpful-content?hl=de* bekommst du weitere Impulse dafür, wie du deine Blogartikel inhaltlich gestalten kannst.
- *Baue Geschichten und Erfahrungen mit ein.* Gleichzeitig möchtest du Leser*innen nicht langweilen und deinen Text zu einem trockenen Lexikoneintrag verkümmern lassen. Reichere dein Wissen durch Storytelling, Meinungen und Erfahrungsberichte an, um die Lektüre spannender zu gestalten und eine Verbindung zu deiner Leserschaft aufzubauen.
- *Nutze Listen, Tabellen, Grafiken oder Videos, um deine Texte unterhaltsamer zu gestalten.* Visualisiere komplexe Sachverhalte in Infografiken, oder nutze GIFs und Memes, um lange, schwere Texte aufzulockern. Auch wenn hier die Wis-

18 Quelle: *de.statista.com/statistik/daten/studie/1263950/umfrage/beliebteste-aktivitaeten-der-deutschen-im-internet*

sensvermittlung im Vordergrund steht, sollte Unterhaltung in der digitalen Welt nie zu kurz kommen (siehe Abbildung 7.34).

- *Verweise auf weitere thematisch relevante Artikel*. Am Ende deines Blogartikels gibt es meist einen Abschnitt, in dem weiterführende Lektüre vorgestellt wird. Idealerweise bettest du solche Links aber auch in deinen Fließtext ein, immer wenn du ein Thema beschreibst, das schon in einem anderen Artikel von dir behandelt wurde. Auch Verweise auf externe Websites als Quellenangaben werden von Suchmaschinen gelesen und können dazu beitragen, deine Autorität und Expertise zu steigern.

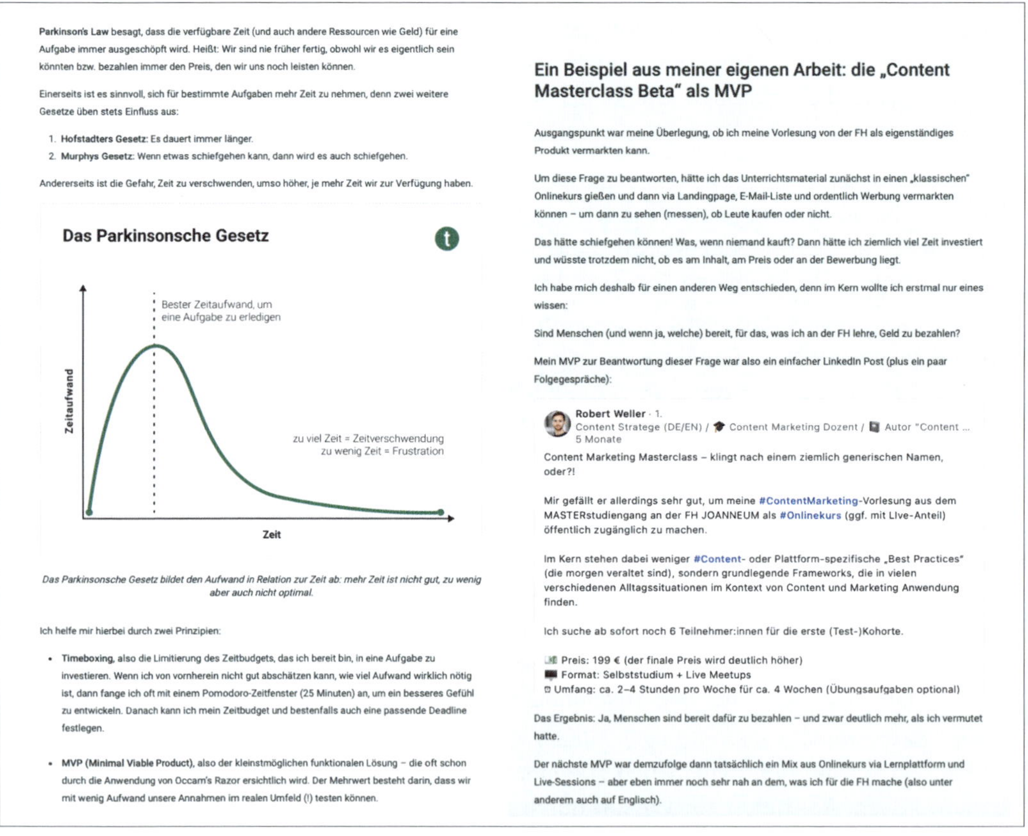

Parkinson's Law besagt, dass die verfügbare Zeit (und auch andere Ressourcen wie Geld) für eine Aufgabe immer ausgeschöpft wird. Heißt: Wir sind nie früher fertig, obwohl wir es eigentlich sein könnten bzw. bezahlen immer den Preis, den wir uns noch leisten können.

Einerseits ist es sinnvoll, sich für bestimmte Aufgaben mehr Zeit zu nehmen, denn zwei weitere Gesetze üben stets Einfluss aus:

1. **Hofstadters Gesetz:** Es dauert immer länger.
2. **Murphys Gesetz:** Wenn etwas schiefgehen kann, dann wird es auch schiefgehen.

Andererseits ist die Gefahr, Zeit zu verschwenden, umso höher, je mehr Zeit wir zur Verfügung haben.

Das Parkinsonsche Gesetz bildet den Aufwand in Relation zur Zeit ab: mehr Zeit ist nicht gut, zu wenig aber auch nicht optimal.

Ich helfe mir hierbei durch zwei Prinzipien:

- **Timeboxing**, also die Limitierung des Zeitbudgets, das ich bereit bin, in eine Aufgabe zu investieren. Wenn ich von vornherein nicht gut abschätzen kann, wie viel Aufwand wirklich nötig ist, dann fange ich oft mit einem Pomodoro-Zeitfenster (25 Minuten) an, um ein besseres Gefühl zu entwickeln. Danach kann ich mein Zeitbudget und bestenfalls auch eine passende Deadline festlegen.
- **MVP (Minimal Viable Product)**, also der kleinstmöglichen funktionalen Lösung – die oft schon durch die Anwendung von Occam's Razor ersichtlich wird. Der Mehrwert besteht darin, dass wir mit wenig Aufwand unsere Annahmen im realen Umfeld (!) testen können.

Ein Beispiel aus meiner eigenen Arbeit: die „Content Masterclass Beta" als MVP

Ausgangspunkt war meine Überlegung, ob ich meine Vorlesung von der FH als eigenständiges Produkt vermarkten kann.

Um diese Frage zu beantworten, hätte ich das Unterrichtsmaterial zunächst in einen „klassischen" Onlinekurs gießen und dann via Landingpage, E-Mail-Liste und ordentlich Werbung vermarkten können – um dann zu sehen (messen), ob Leute kaufen oder nicht.

Das hätte schiefgehen können! Was, wenn niemand kauft? Dann hätte ich ziemlich viel Zeit investiert und wüsste trotzdem nicht, ob es am Inhalt, am Preis oder an der Bewerbung liegt.

Ich habe mich deshalb für einen anderen Weg entschieden, denn im Kern wollte ich erstmal nur eines wissen:

Sind Menschen (und wenn ja, welche) bereit, für das, was ich an der FH lehre, Geld zu bezahlen?

Mein MVP zur Beantwortung dieser Frage war also ein einfacher LinkedIn Post (plus ein paar Folgegespräche):

Das Ergebnis: Ja, Menschen sind bereit dafür zu bezahlen – und zwar deutlich mehr, als ich vermutet hatte.

Der nächste MVP war demzufolge dann tatsächlich ein Mix aus Onlinekurs via Lernplattform und Live-Sessions – aber eben immer noch sehr nah an dem, was ich für die FH mache (also unter anderem auch auf Englisch).

Abbildung 7.34 Robert Weller nutzt Infografiken, Listen und farbige Blöcke, um seine Blogartikel abwechslungsreicher zu gestalten (toushenne.de/leadership-management/mental-models.html).

Für SEO-Profis: Pillars und Themencluster

Möchtest du den Effekt deiner internen Verlinkungen noch zusätzlich verstärken, dann plane deine Inhalte rund um die Themencluster, die du in Abschnitt 7.2.5 ausgearbeitet hast. Dabei erstellst du einen umfangreichen Artikel zum Kernthema (dein *Pillar* oder Pfeiler) und verlinkst von diesem aus auf weitere verwandte Themenbereiche. Unsere Grafikdesignerin könnte zum Beispiel einen detaillierten Artikel zur Farblehre verfassen, in dem sie sowohl die psychologischen Effekte als auch die zusammenhängende Wirkung von Farben und verschiedene Farbsysteme prägnant erklärt. Danach schreibt sie jeweils einen Artikel zur Farbpsychologie, der harmonischen Zusammenstellung von Farbpaletten und der Darstellung von Farbsystemen. All diese Artikel werden mithilfe von internen Links miteinander verbunden, um Suchmaschinen zu zeigen: Bei diesem Thema kennt sie sich aus.

7.7.4 Visualisiere mit Infografiken, Slideshows und Karussell-Posts

Um auditive Lerntypen anzusprechen, könntest du deine Blogartikel zusätzlich als Audio- oder Videodatei einsprechen. Visuelle Typen lieben hingegen jegliche Form von Grafiken und Diagrammen. Besonders komplexe Konzepte und Sachverhalte können dadurch anschaulich aufbereitet werden, wie das Beispiel von Robert Weller zeigt. Natürlich können Infografiken nicht nur Blogartikel ergänzen, sondern bieten ganz eigene Content-Formate zum Beispiel auf Instagram, LinkedIn oder Pinterest. So nutzt Instagram-Strategin Laura Haleydt (*instagram.com/laurahaleydt*) Listen, Mind Maps und Diagramme, um ihre Strategien kreativ darzustellen (siehe Abbildung 7.35).

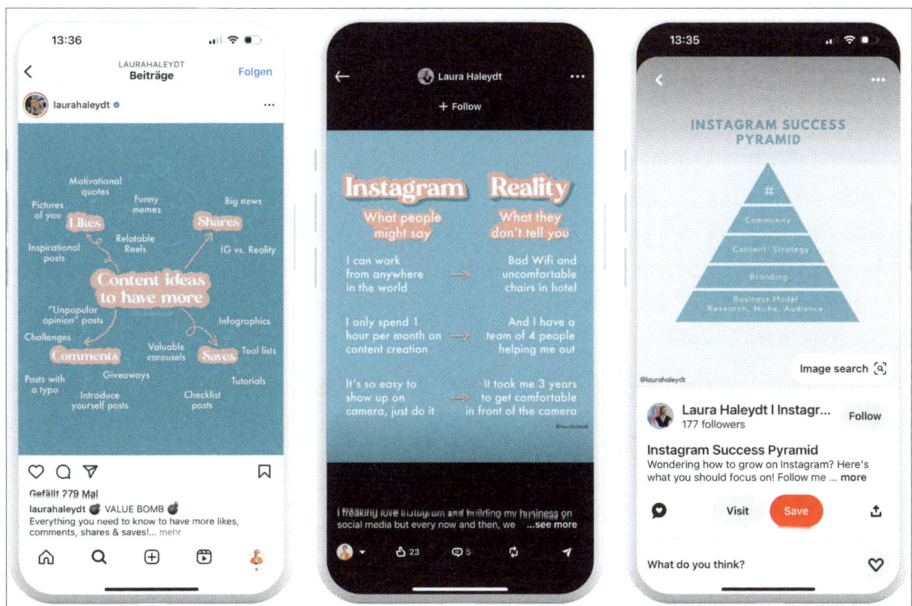

Abbildung 7.35 Verpacke dein Wissen ansprechend und unterhaltsam.

Das Erstellen solcher Grafiken ist aber gar nicht so einfach. Nicht umsonst gibt es eigene Experten, die sich mit der optimalen Visualisierung von Daten beschäftigen. Möchtest du es trotzdem selbst versuchen, befolge diese Tipps:

- *Schaffe Klarheit darüber, was du kommunizieren möchtest*. Bevor du mit dem Design beginnst, überlege genau, was du mitteilen möchtest. Welches Thema soll dargestellt werden? Welche Fragen sollen beantwortet werden und auf welche Art und Weise?
- *Wähle die richtige visuelle Darstellung*. Eine Infografik eignet sich besonders gut dazu, verschiedene Aspekte eines Themas zu beleuchten, da sie aus mehreren visuellen Elementen besteht. Diagramme zählen zwar zur Gruppe der Infografiken, stellen jedoch meist nur einen bestimmten Aspekt dar. Merksatz: Diagramme sind reine Datenvisualisierungen, während Infografiken eine Geschichte erzählen. Ideen für verschiedene Visualisierungen bekommst du in Tabelle 7.17.
- *Achte aufs passende Format.* Je nachdem, wo deine Infografik geteilt werden soll, sollte diese anders gestaltet werden. Als Faustregel gilt: Wo User Inhalte am Desktop konsumieren, erstelle Grafiken im Querformat, für mobile Geräte im Hochformat.
- *Befolge die Gestaltregeln.* Wie immer, wenn es um Design geht, solltest du Gestaltregeln wie Weißraum, Hierarchie und Kontrast beachten, die dir Katja in Abschnitt 3.4.8, »Design-Regeln, die du beachten solltest«, gezeigt hat.
- *Nutze Vorlagen.* Du musst das Rad nicht neu erfinden. Zum Glück gibt es zahlreiche Vorlagen für kreative Infografiken in *Canva* (*canva.com/templates/?query=chart*). Und wenn du es gerne noch individueller hättest, schau dich auf *Creative Market* um (*creativemarket.com/search/charts?categoryIDs=0*). Vergiss aber bitte nicht, die Vorlagen an dein Brand-Design anzupassen.
- *Mach aus deinen Diagrammen feste Content-Kategorien.* Wenn du merkst, dass eine bestimmte Art von Darstellung bei deiner Community besonders gut ankommt, überlege, wie du diese auch für weitere Themen nutzen kannst. Die Kategorie »Altes Ich, neues Ich« von Too Good to Go, die ich dir in Abbildung 7.7 gezeigt habe, funktioniert genau so.

Kategorie	Impulse
Liste	Welche Schritte muss deine Kundin durchlaufen, um an ihr Ziel zu gelangen? Gibt es 5 bis 7 To-dos zu deinem Thema, die du auflisten könntest?
Gegenüberstellung	Zeige Dinge, die deine Kundin macht, und was sie stattdessen machen könnte.

Tabelle 7.17 Impulse und Ideen für Datenvisualisierungen

Kategorie	Impulse
Kuchendiagramm	Kannst du dein Thema in verschiedene Teilbereiche herunterbrechen? Was muss deine Wunschkundin alles wissen oder machen, um ihr Ziel zu erreichen?
Balken- oder Säulendiagramm	Vergleiche unterschiedliche Lösungsansätze untereinander. Was ist höher gewichtet? Was weniger hoch?
Timeline	Welche Schritte muss deine Kundin von A nach B gehen und in welchem Zeitraum?
Mind Map	Eine weitere Möglichkeit, Teile eines Ganzen zu visualisieren und auch Zusammenhänge zwischen den einzelnen Elementen aufzuzeigen.
Pyramide	Wenn bestimmte Themen oder Schritte zum Ziel deiner Kundin aufeinander aufbauen: Was soll sie zuerst machen, was danach?

Tabelle 7.17 Impulse und Ideen für Datenvisualisierungen (Forts.)

Der Sonderfall: Karussell-Posts und Slideshows

Ein Format, das besonders auf LinkedIn und Instagram gerne zur Wissensvermittlung genutzt wird, sind sogenannte *Karussell-Posts* oder Slideshows, eine Art Mini-Präsentation mit mehreren Folien. Gute Karussell-Posts belohnen mit einer hohen Verweildauer, da sich User Seite für Seite durchswipen müssen und somit viel Zeit mit einem einzelnen Post verbringen.

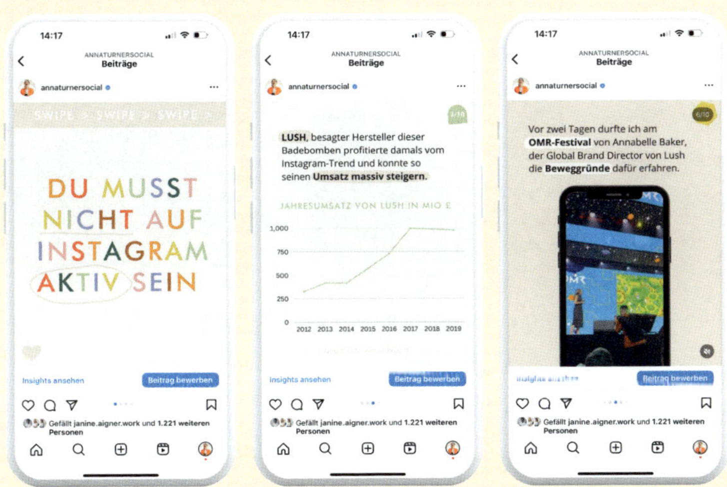

Abbildung 7.36 Ein guter Karussell-Post verbindet unterschiedliche Elemente miteinander, um möglichst abwechslungsreich Wissen zu vermitteln.

Außerdem werden hier die Vorteile von Blogartikeln mit denen von Infografiken verbunden. Statt Informationen in einem ellenlangen Text zu präsentieren, werden sie in Karussell-Posts häppchenweise, in maximal 3–4 Sätzen am Stück an die abgelenkten Social-Media-Nutzer verfüttert. Dabei wird das vermittelte Wissen zusätzlich verbildlicht, indem Infografiken, Grafiken oder sogar Bewegtbild eingesetzt werden (siehe Abbildung 7.36). Speziell für Coaches und Beraterinnen sind Karussell-Post die Crème de la Crème, das effektivste Social-Media-Format, denn nirgendwo sonst kann Wissensvermittlung so spannend und abwechslungsreich gestaltet werden.

7.7.5 Video-Learning, worauf es ankommt

Okay, fast nirgendwo sonst. Denn der unangefochtene Infotainment-König[19] heißt nach wie vor: Video. Die Kombination aus Bewegtbild und Stimme eignet sich ganz hervorragend dazu, Wissenswertes unterhaltsam aufzubereiten. Auch das möchte jedoch gelernt sein. Betrachten wir zunächst ein Beispielvideo von jemandem, der Infotainment leibt und lebt (siehe Abbildung 7.37).

Abbildung 7.37 Herr Anwalt versteht, wie Infotainment funktioniert (tiktok.com/@herranwalt).

Tim Hendrik Walter, besser bekannt als Herr Anwalt, erreicht mit seinen fesselnden TikTok-Videos mittlerweile mehr als 6 Millionen Nutzer*innen. Unter dem Hashtag

19 Information + Entertainment

#1minutejura teilt er Rechtstipps und kommentiert das aktuelle Tagesgeschehen. Der Einstieg in Walters Videos läuft immer nach demselben Schema ab: Mit einer starken Hook (siehe Abschnitt 7.4.4), die er selbst in die Kamera spricht, zieht er innerhalb von Millisekunden die Aufmerksamkeit der Zuschauer*innen in seinen Bann. Wichtig ist hier nicht nur, was Walter sagt, sondern vor allem wie das geschieht. Sein gesamter Körper bewegt sich zum Text und unterstreicht das Gesagte, zum Beispiel indem er die Zahl Drei mit seinen Fingern in die Kamera zeigt, während er sie ausspricht.

Gerade bei Sprechvideos ist die Körpersprache extrem wichtig. Sagst du deinen Text steif herunter, geht nicht nur der Lerneffekt verloren, deine Videos werden mit ziemlicher Sicherheit wenig bis gar nicht angeklickt. Folgende Tipps helfen dir dabei, deine Sprechvideos unterhaltsamer zu gestalten:

- *Skripte deine Videos.* Schreib dir im Vorfeld Satz für Satz hin, was du sagen möchtest, und filme immer nur einige Sätze am Stück. So vermeidest du Versprecher oder lange Pausen. Zur Not kannst du auch einen Teleprompter verwenden. Filmst du am Handy, gibt es diese auch als App im App oder Google Play Store.
- *Baue Bewegungen ein.* Wenn es dir schwerfällt, vor der Kamera zu gestikulieren, versuch einmal, deine Videos im Gehen aufzunehmen oder während du deine Arbeit verrichtest. Meist fühlen wir uns sicherer, wenn wir nebenbei etwas zu tun haben, weil der Fokus nicht so sehr auf unserem Körper liegt.
- *Spiele mit deiner Stimme.* Genauso wie uns langweilig wird, wenn jemand steif vor der Kamera steht, schalten wir bei zu monotonen Vorträgen ab. Versuche, möglichst melodisch zu sprechen, und leg im Vorhinein fest, welche Wörter du betonen wirst. Auch in gesprochenen Texten hilft es, längere Sätze mit kurzen Einwürfen abzuwechseln, damit eine schöne Sprachmelodie entsteht.
- *Nutze Pattern Interrupts*. Alle paar Sekunden sollte sich in deinem Video etwas verändern, das gängige Muster unterbrochen werden, damit die Aufmerksamkeit der Zusehenden gehalten wird. Filme ein und denselben Ablauf aus mehreren Kamerawinkeln, damit du ihn später aus verschiedenen Perspektiven zeigen kannst. Baue Soundeffekte, Zeitraffer oder Stock-Videos ein (siehe Abbildung 7.38), um deine Videos abwechslungsreich zu gestalten. Das gilt im Übrigen nicht nur für Kurzvideos auf TikTok, sondern auch für längere Formate.
- *Schneide alle Pausen und Unterbrechungen heraus.* Jedes »Ähm« ist ein Todesstoß für die Aufmerksamkeitsspanne deiner Zuschauer*innen. Nimm dir genug Zeit, dein Video im Anschluss zu bearbeiten.
- *Arbeite mit Texteffekten.* Gerade in Videos, in denen sonst nicht viel Bewegung herrscht, können animierte Texte mehr Schwung hineinbringen. Betone bestimmte Wörter, indem du sie als geschriebenen Text in deinem Video aufpoppen lässt, vielleicht sogar mit einem Soundeffekt untermalt.

- *Nutze Untertitel.* Bei gesprochenen Videos sollte auf Barrierefreiheit geachtet werden. Entweder du erstellst selbst Untertitel mit Apps wie *Captions* (*captions.ai*) oder *Capcut* (*capcut.com/de-de*) oder aktivierst diese innerhalb der jeweiligen Social-Media-App.

Abbildung 7.38 Claudia Rummel nutzt interaktive Elemente, um ihre Videos unterhaltsamer zu gestalten (youtube.com/watch?v=FmhDTr6E78U).

7.8 Content darf auch Spaß machen

Im Grunde genommen sollte jedem digitalen Inhalt ein gewisser Unterhaltungsfaktor beigemessen werden, um die Informationsverarbeitung zu erleichtern. Du hast im Laufe dieses Kapitels viele Tipps dafür bekommen, wie du Texte, Bilder, Videos und Audiospuren unterhaltsamer gestalten kannst. Bis jetzt war das Ziel jedoch immer ein anderes: inspirieren, erklären oder verkaufen. Zum Abschluss dieses Kapitels möchte ich dir Mut zusprechen, auch ein wenig Spaß mit der Content-Erstellung zu haben. Nicht jeder Beitrag muss bahnbrechend sein. Wenn du selbst Freude am Kreieren und Ausprobieren hast, spürt man das auch in deinen Beiträgen. Und was gibt es Schöneres, als jemanden zum Lachen zu bringen? Unterhaltungs-Content wie Sketches, Memes (siehe Abbildung 7.39) oder Tiervideos dürfen gerne auch im Business-Kontext eingesetzt werden, um ein wenig Leichtigkeit hineinzubringen. Natürlich nur, wenn es auch zu deinem Thema und deiner Marke passt. Einer meiner ehemaligen Agenturkunden führt ein Hautkrebsinstitut in Denver, Colorado. Wie du dir vorstellen kannst, war jegliche Art von Spaß und Unterhaltung bei diesem ernsten Thema fehl am Platz.

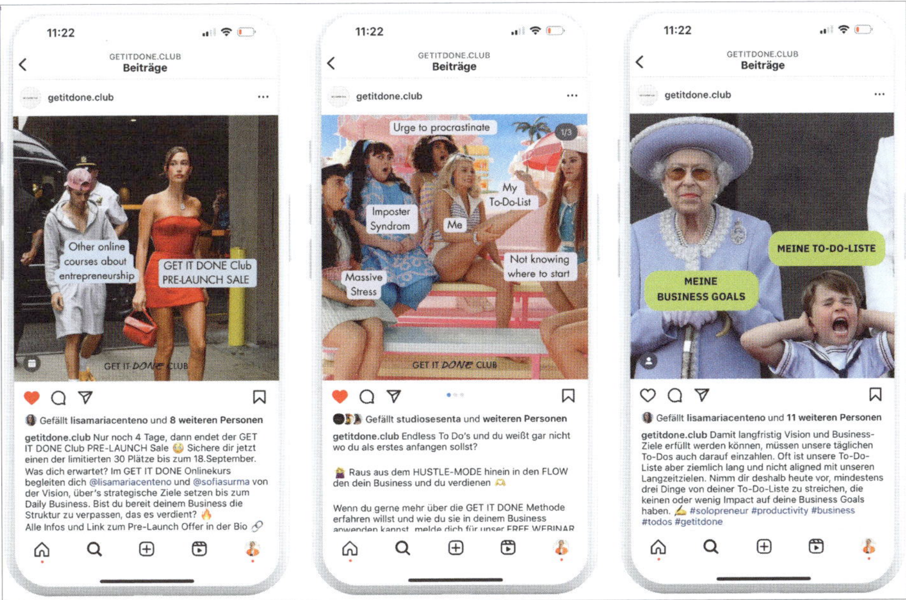

Abbildung 7.39 Sofia Surma und Lisa Centeno vom Get it Done Club nutzen Pop-Kultur-Referenzen, um ihre Membership zu bewerben (instagram.com/getitdone.club).

7.9 Finde deinen Content-Mix

Wie du siehst, darfst du auch in der Content-Erstellung deine Persönlichkeit und Marke frei ausleben. Erlaubt ist alles, was gefällt – sowohl dir selbst als auch deiner Zielgruppe. Nach Betrachten der vielen Beispiele in diesem Kapitel hast du hoffentlich erste Ideen und Impulse gesammelt, wie du dein Angebot mithilfe von kreativem Content vermarkten kannst; welche Plattformen du bespielen möchtest und welche Formate sich dafür eignen. Lass dich aber nicht zu sehr von außen beeinflussen. Die besten Ideen kommen noch immer aus deinem Inneren!

Kapitel 8

Erfolgshebel E-Mail-Marketing

Haben deine Inhalte eine Interessentin überzeugt, möchte sie vielleicht mehr von dir erfahren und erlaubt dir Zutritt in ihre Inbox. Eine E-Mail-Adresse zu erhalten, gilt im Marketing als großer Vertrauensbeweis, immerhin handelt es sich dabei um personenbezogene Daten. Du solltest also in jedem Fall achtsam damit umgehen.

Ein typischer Internetnutzer erhält pro Tag 74 E-Mails, davon sind 13 nicht gewollt.[1] Eine alarmierende Statistik, die du als Unternehmerin unbedingt kennen solltest. Denn auf keinen Fall möchtest du mit einer deiner Marketing-Taktiken zur allgemeinen Reizüberflutung beitragen. Wenn über E-Mail-Marketing gesprochen wird, werden oft die Vorteile aufgelistet. Du bist frei von Algorithmen, hast den direkten Draht zu deiner Zielgruppe und kannst nach Belieben Werbebotschaften und Links zu deinen Angeboten platzieren.

Wie ich dir im Laufe dieses Buchs jedoch schon des Öfteren nahegelegt habe, lass dich nicht zu sehr von all den schillernden Farben und Versprechen blenden. Eine E-Mail-Liste aufzubauen, ist harte Arbeit, diese bei Laune zu halten, noch viel mehr. Das Vertrauen deiner Wunschkundin ist dein wichtigstes Hab und Gut. Hast du es verloren, indem du zu viele oder irrelevante E-Mails verschickst, bekommst du es so schnell nicht wieder. Ich möchte nicht schwarzmalen, gutes E-Mail-Marketing ist eine hervorragende Taktik zur Kundengewinnung und -bindung. Du musst nur wissen, wie.

8.1 Der erste Schritt: das passende Tool wählen

Hast du dich dafür entschieden, mit E-Mail-Marketing zu beginnen, ist der erste Schritt die Auswahl eines passenden Tools. Anbieter gibt es wie Sand am Meer, deshalb hast du nun die Qual der Wahl. Im Grunde genommen kannst du aber bei der Tool-Auswahl nicht viel falsch machen, denn beinahe alle bekannten Anbieter

1 Quelle: *de.globometer.com/internet-mails.php*

decken mehr als das ab, was du als Selbstständige brauchst. Such dir also ein Tool aus, mit dem du dich wohlfühlst, durch das du leicht navigieren kannst und dessen Aufsetzung für dich am intuitivsten ist. Im folgenden Abschnitt möchte ich dir kurz vier beliebte E-Mail-Marketing-Anbieter vorstellen.

- *ActiveCampaign* (*activecampaign.com*) ist dank seiner umfassenden Automatisierungsfunktionen besonders beliebt unter Online-Marketern. Dadurch wirkt das Tool jedoch schnell überfordernd. Vor allem das User-Interface ist für Anfänger*innen wenig intuitiv. Deshalb würde ich ActiveCampaign eher fortgeschritteneren Nutzern empfehlen. In der Lite-Version ab 29 US-$/Monat erhältlich.
- *CleverReach* (*cleverreach.com*) ist als deutscher Anbieter im Gegensatz zu Active Campaign auch DSGVO-konform. Für Listen mit bis zu 250 Empfänger*innen kann CleverReach sogar dauerhaft kostenfrei genutzt werden. Ab nur 15 €/ Monat können unlimitierte E-Mails an 500 Empfänger*innen verschickt werden, je nach Listengröße steigt jedoch der Preis. Dadurch eignet sich CleverReach vor allem für Selbstständige mit kleinen Listen, die viele E-Mails versenden wollen.
- *Brevo* (*brevo.com*) ist ein weiterer deutscher Anbieter, der neben E-Mail-Marketing auch SMS- und WhatsApp-Kampagnen anbietet, die du unter anderem zum Versand von Terminerinnerungen nutzen könntest. Brevo limitiert die Anzahl seiner Kontakte nicht, jedoch die Zahl der möglichen E-Mails. In der kostenfreien Version kannst du bis zu 300 Nachrichten am Tag versenden. Um aufzustocken, zahlst du ab 19 €/Monat.
- *MailerLite* (*mailerlite.com*) ist ein besonders intuitives, nutzerfreundliches Tool, das an MailChimp erinnert. Allerdings ist MailerLite durch seine Serverstandorte innerhalb der EU DSGVO-konform. Für bis zu 1000 Abonnent*innen und 12.000 monatliche E-Mails kannst du MailerLite kostenfrei nutzen, danach zahlst du ab 8,10 €/Monat.

8.2 Deine E-Mail-Liste aufbauen

Hast du dich fürs Tool deiner Wahl entschieden und dieses eingerichtet, kannst du schon mit dem Listenaufbau loslegen. Über die Jahre hat es sich so etabliert, dass E-Mail-Adressen vorwiegend über Lead-Magneten gesammelt werden. Das sind Angebote um 0 €, die zum Erhalt der Kontaktdaten bereitgestellt werden. Früher oft Freebies genannt, darf man sie mittlerweile offiziell nicht mehr als kostenfrei oder gratis bezeichnen, da ja ein Tauschgeschäft stattfindet, nur eben mit Daten statt mit Geld. Lead-Magneten sind zwar eine sehr gute, aber nicht die einzige Möglichkeit, an E-Mail-Adressen zu kommen. Vor allem weil du abwägen solltest, wie qualitativ hochwertig die dadurch gewonnenen Leads wirklich sind, ob ehrliches Interesse an weiteren Angeboten besteht oder nur nach kostenfreien Tipps gesucht wurde. Sogenannte Freebie-Jäger schnappen sich ein 0-€-Produkt nach dem anderen und bleiben dann bestenfalls als Karteileichen in deiner Liste oder tragen sich sofort wieder aus. Diese Leute wirst du nur mit Mühe und Not zu Kund*innen konvertieren. Gleichzeitig hat sich im Laufe der Jahre eine gewisse Freebie-Verdrossenheit bei der digitalen Zielgruppe eingestellt. Die Qualität der kostenfreien Angebote lässt meist zu wünschen übrig und Workbooks, Mini-Kurse oder Checklisten verkümmern im digitalen Papierkorb. Smarte User verstehen, dass brauchbares Wissen etwas wert ist und lassen sich deshalb nicht mehr so leicht von 0-€-Angeboten verführen.

Zum Glück gibt es Alternativen zum Lead-Magneten, mit denen du deine Liste zwar nicht so schnell aufbaust. Aber schneller ist nicht zwingend gleich besser. Nachhaltiges E-Mail-Marketing zielt darauf ab, qualifizierte Leads zu generieren, die ehrliches Interesse an deinem Thema oder Angebot haben. Und so erreichst du diese:

- *Bewirb deinen Newsletter als eigenes Content-Format.* Newsletter, in denen regelmäßig Mehrwert geliefert wird, sind nach wie vor ein beliebter Weg, um Leute auf die E-Mail-Liste zu »locken«. Im Übrigen solltest du dir immer Gedanken darüber machen, was jemand davon hat, deiner Liste beizutreten. Je größer der persönliche Nutzen für deine Wunschkundin, desto eher ist sie dazu inspiriert, dir Zutritt zu ihrem Postfach zu gewähren. Ein tolles Beispiel dafür ist die Marketingberaterin Alexandra Polunin. Schau dir gerne ihre Newsletter-Seite durch, um zu lernen, wie man achtsam Abonnent*innen gewinnen kann (*alexandrapolunin.com/newsletter*).
- *Platziere eine Checkbox auf deiner Checkout-Seite.* Führst du einen Onlineshop oder verkaufst digitale Produkte, kannst du mithilfe deines digitalen Zahlungsanbieters eine Checkbox auf deiner Buchungsseite platzieren, die es Käufer*innen erlaubt, deiner Liste beizutreten. So erhalten sie Infos zu weiteren Angeboten, sofern sie Interesse daran haben.
- *Biete einen Gutschein bei Eintragung auf deine Liste.* Noch ein beliebter Tipp für Onlineshop-Inhaber*innen. Erstelle ein Pop-up auf deiner Website, das Usern einen Gutscheincode verspricht, wenn sie noch vor dem Kauf auf deine Liste kommen. Sei dir aber dessen bewusst, dass sich viele nur eintragen werden, um Geld zu sparen. Du solltest die E-Mails, die du danach versendest, also darauf ausrichten, diese Neuankömmlinge davon zu überzeugen, nicht sofort abzubestellen.
- *Platziere Banner und Sign-up-Formulare auf deiner Website.* Lass Besucher*innen wissen, was sie auf deiner E-Mail-Liste erwartet und welche Vorteile sie durch die Anmeldung gewinnen, wie Steffi Fischer in Abbildung 8.1.

Abbildung 8.1 Ein Sign-up-Formular sollte auch immer den konkreten Nutzen der Anmeldung zu deiner Liste hervorheben, wie hier bei Steffi Fischer (mentoring.sichtbarsein.com/innercircle).

Wichtig! Datenschutz-Checkbox und Double Opt-in aktivieren

Damit die Anmeldung zu deiner E-Mail-Liste auch DSGVO-konform abläuft, solltest du bei jedem deiner Anmeldeformulare eine Checkbox anführen, die auf deine Datenschutzbestimmung verweist und die ausdrückliche Zustimmung des Users zur Verarbeitung seiner Daten bestätigt.

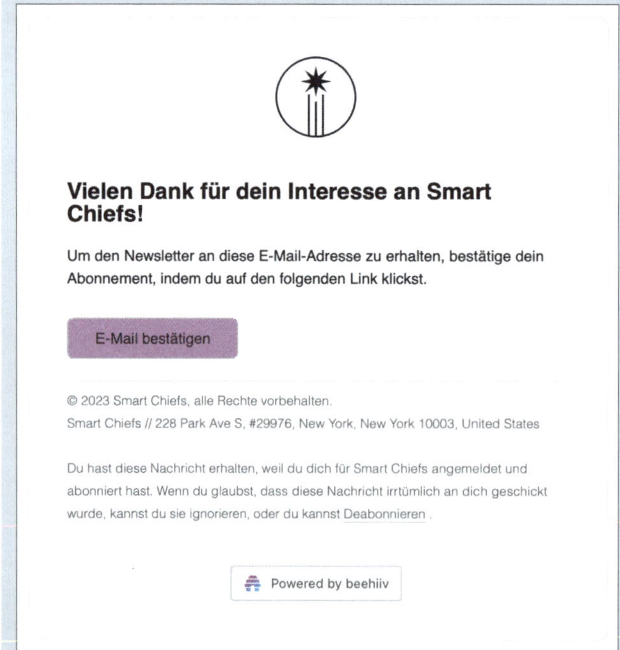

Abbildung 8.2 Deine Double-Opt-in-E-Mail sollte möglichst clean und einfach verständlich gestaltet werden (smartchiefs.beehiiv.com).

Nachdem der Nutzer die Eintragung in deine Liste abgeschlossen hat, sollte er sofort eine E-Mail von dir zugeschickt bekommen, in der die Eintragung ein weiteres Mal bestätigt wird. Dieses *Double-Opt-in*-Verfahren stellt sicher, dass niemand unbeabsichtigt werbliche E-Mails erhält. Dementsprechend darfst du in deiner Double-Opt-in-E-Mail auch noch keine Werbung für dich oder deine Angebote platzieren, sondern solltest klar und deutlich kommunizieren, was der nächste Schritt ist, wenn sich ein Nutzer wirklich zu deiner Liste anmelden möchte (siehe Abbildung 8.2).

8.3 Die wichtigsten E-Mail-Arten im Überblick

Konntest du einen User davon überzeugen, deiner Liste beizutreten, darfst du diesen ab sofort kontaktieren, und das auf verschiedenste Art und Weise. Übrigens gibt es eine E-Mail-Art, bei der das Double Opt-in nicht notwendig ist. Aber mehr dazu gleich. Zunächst gehen wir einmal davon aus, dass sich ein Interessent eingetragen hat, um Informationen zu dir und deinem Thema zu erhalten.

8.3.1 Willkommens-E-Mails

Nachdem die Eintragung in deine Liste bestätigt wurde, solltest du deinem neuen Abonnenten unbedingt eine Willkommens-E-Mail schicken. Denn zu diesem Zeitpunkt ist sein Interesse an dir und deinen Angeboten klar vorhanden. Die Wahrscheinlichkeit, dass deine E-Mail geöffnet wird, ist also besonders hoch. Mit einer herzlichen Begrüßung gewinnst du auch direkt Sympathie-Punkte und baust eine Bindung zu deinem Interessenten auf, ein idealer Beginn für eine langfristige Kundenbeziehung. Weitere Tipps für eine erfolgreiche Willkommens-E-Mail:

- *Wiederhole, was den User nach dem Eintritt auf deine Liste erwartet.* Wirst du wöchentlich Newsletter versenden, dann erkläre noch einmal, an welchen Tagen das genau passiert und welche Themen du in deinem Newsletter behandelst. Gibt es vorwiegend Infos zu deinen Angeboten, hast du hier Platz, Interesse daran zu schüren.
- *Verweise auf deine Angebote und Marketing-Kanäle.* Gib einen Überblick, wie man mit dir zusammenarbeiten kann oder wo man mehr von dir erfahren kann. Verlinke direkt auf deine Angebotsseite, oder hebe einzelne Angebote, die besonders spannend für deine Zielgruppe sein könnten, hervor. Achte jedoch darauf, dass deine Willkommens-E-Mail nicht zu werblich wird, denn es geht hier nicht vordergründig darum, zu verkaufen.
- *Kommuniziere deine Werte und Positionierung.* Mittlerweile weißt du ja, dass sich deine Markenstimme durch alle Touchpoints ziehen sollte, so auch deine E-Mails. In einer Willkommens-E-Mail hast du Platz, noch einmal deine wichtigsten Alleinstellungsmerkmale hervorzuheben und stolz zu zeigen, was dich besonders macht.

- *Lade Leser*innen dazu ein, mit dir in Kontakt zu treten.* Du bist kein riesiges Unternehmen, das Tausende E-Mails pro Tag verschickt. Als Selbstständige darfst du ruhig den persönlichen Kontakt zu deinen Abonnenten suchen und sie aktiv dazu einladen, dir zu antworten, wie Alexandra Polunin in Abbildung 8.3.

Hallo Anna,

ich möchte dich nun ganz offiziell willkommen heißen – schön, dass du Teil der Social-Media-freien Newsletter-Gang bist! 😊

Falls du mich noch nicht kennst: Mein Name ist Alex und ich bin studierte Germanistin, ehemalige Lektorin und seit 2016 selbstständig als Marketing-Beraterin tätig.

Seit 2021 geht es bei mir um eine achtsame, selbstbestimmte Selbstständigkeit ohne Social Media. 🤗

Ich glaube nämlich daran, dass Social Media keine Pflicht für Selbstständige ist, sondern nur eine von vielen **Optionen**.

Ich glaube daran, dass mit dir und mir alles in Ordnung ist, wenn wir keine Lust haben, unser Gesicht in der Instastory zu zeigen.

Glaubst du das auch?

Meine Mission ist, dir dabei zu helfen, dein Online-Business **selbstbestimmt, entspannt und *nachhaltig* erfolgreich** zu gestalten – mit so viel oder wenig Social Media, wie du willst. 😎

Schau dich dazu gerne auf meinem Blog oder in meinen Onlinekursen um.

Aber genug von mir – jetzt bin ich ganz gespannt darauf, von dir zu hören. Wer bist du und warum hast du dich zum Newsletter angemeldet?

Antworte einfach auf diese Mail und erzähle mir ein bisschen was über dich. (Ich lese jede Mail. 😊)

Liebe Grüße an dich
Alex

Abbildung 8.3 Alexandra Polunin lädt Abonnent*innen dazu ein, auf ihre E-Mail zu antworten (alexandrapolunin.com).

8.3.2 Transaktionsmails

Eine E-Mail-Art, die viele nicht am Schirm haben, sind Transaktionsmails. Dabei handelt es sich um E-Mails, die automatisch versendet werden, wenn jemand eine bestimmte Handlung ausführt, z. B. ein Produkt kauft oder einen Termin mit dir bucht. Unter diese Kategorie fallen also Bestellbestätigungen, Benachrichtigungen zur Lieferung oder das Versenden von Honorarnoten. Transaktionsmails sind keine Marketing-E-Mails, denn sie dienen vorwiegend dazu, ein Geschäft abzuwickeln. Das heißt, sie bedürfen auch keines Double Opt-in. Dass sie dennoch in diesem E-Mail-Marketing-Kapitel angeführt werden, liegt daran, dass du auch bei Transaktionsmails unbedingt deine Werte und Positionierung kommunizieren solltest. Auch wenn du darin nicht für andere Angebote wirbst, kannst du mit deinen Formulierungen oder dem E-Mail-Design dazu beitragen, dass deine Marke wahrgenommen wird, und dich aus dem Einheitsbrei abheben. Weitere Ideen:

- *Kommuniziere in Bestellbestätigungen die nächsten Schritte*. Deine Kundin möchte sich auch nach dem Kauf noch sicher fühlen. Wenn du ein Produkt versendest, teile noch einmal die ungefähre Versanddauer. Für Dienstleistungen oder digitale Angebote erkläre, was als Nächstes kommt, wie ich in Abbildung 8.4.

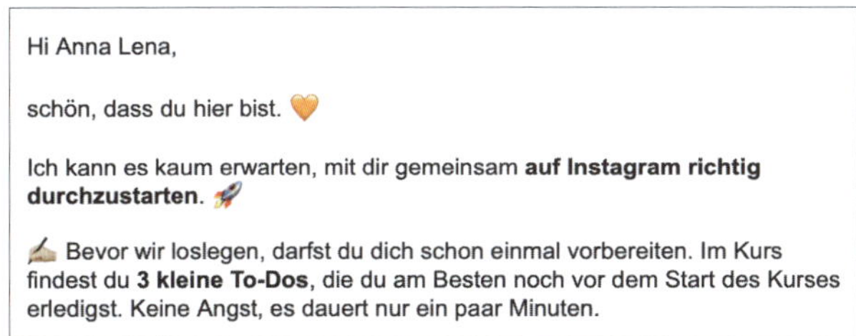

Abbildung 8.4 In der Bestellbestätigung für meinen Onlinekurs versuche ich, Vorfreude zu wecken und die nächsten Schritte aufzuzeigen.

- *Erwecke Vorfreude auf dein Angebot*. Jemand, der gerade von dir gekauft hat, freut sich wahrscheinlich ungemein. Mach dir diese positiven Gefühle rund um dich und dein Angebot zunutze, und verstärke sie in deinem Text.
- *Lade Käufer*innen ein, Teil deiner Community zu werden*. Bestellbestätigungen sind der erste Touchpoint nach dem Kaufabschluss und können deine Kundschaft elegant in die nächste Phase der Customer Journey weiterleiten (siehe Abbildung 8.5).
- *Gestalte auch Transaktionsmails in deinem Brand-Design*. Nicht nur in Worten, sondern auch in der Gestaltung deiner E-Mails kannst du die Wahrnehmung deiner Marke beeinflussen. Färbe Buttons in deinen Brand-Farben, baue dein Logo ein, und nutze weitere Brand-Elemente, um auf einen Blick klarzustellen: Diese E-Mail stammt von dir.

Brauchen Transaktionsmails einen Unsubscribe-Button?

Aus werblichen E-Mails müssen sich deine Empfänger*innen mit einem Klick austragen können. Für Transaktionsmails gilt diese Regelung aber nicht, da sie zur Beziehung einer

Leistung notwendig sind. Dementsprechend benötigen sie auch keinen Unsubscribe-Button. Sobald du aber Informationen über die Angebotsabwicklung hinaus einbaust (z. B. einen Link zu deiner Facebook-Gruppe), solltest du auf Nummer sicher gehen und das Opt-out ermöglichen.

Abbildung 8.5 Shaktimat lädt User direkt nach dem Kauf dazu ein, der eigenen Facebook-Gruppe beizutreten (shaktimat.de).

8.3.3 Mehrwert-E-Mails oder Newsletter

Ich habe ja so meine Schwierigkeiten mit dem Wort »Mehrwert«, denn wer sagt, dass eine Produktwerbung keinen Mehrwert bieten kann? Aber zum leichteren Verständnis wollen wir E-Mails, die die Content-Säulen Unterhalten, Inspirieren und Erklären abdecken, zusammengefasst als Mehrwert-E-Mails bezeichnen. Solche Mails können einerseits im Rahmen einer Engagement-Kampagne eingesetzt werden und bilden andererseits das Hauptformat für Newsletter. Newsletter und E-Mail-Marketing werden oft synonym verwendet, bezeichnen aber eigentlich etwas ganz anderes. Denn E-Mail-Marketing ist der übergeordnete Begriff für alle Taktiken, die ich dir in diesem Kapitel vorstelle. Newsletter sind nur eine davon.

Für Selbstständige sind Newsletter oft ein einfacher Einstieg ins E-Mail-Marketing, denn sie sind relativ leicht aufzusetzen. Du sammelst E-Mail-Adressen von Interessent*innen, die alle auf dieselbe Liste kommen, und schickst ihnen in regelmäßigen Abständen wissenswerte Infos zu deinem Business-Thema. In Newslettern wird meist nicht segmentiert oder übermäßig personalisiert[2], die Arbeit im Hintergrund hält sich also in Grenzen.

Newsletter und Mehrwert-E-Mails eignen sich beide für die unteren Phasen der Customer Journey, in denen ein User schon erstes Interesse an deinen Angeboten gezeigt hat. Denn wie kommt er sonst auf deine E-Mail-Liste? Es geht also vorwiegend darum, das Vertrauen in dich und dein Angebot zu stärken und eine Bindung zur Zielgruppe aufzubauen. Inhaltlich kannst du dich dabei auf all das stützen, was du in Kapitel 7, »Veröffentliche deine ersten Inhalte«, gelernt hast.

8.3.4 Promo-E-Mails

Obwohl auch in Newslettern Angebote beworben werden können, sollten Promo-E-Mails als eigene Kategorie gesehen werden. Denn ihr Zweck ist eindeutig: Du möchtest ein Produkt oder eine Dienstleistung verkaufen. Promo-E-Mails werden also in der Kaufabschluss-Phase deiner Customer Journey eingesetzt und beinhalten deshalb immer einen konkreten Call-to-Action, eine Handlungsaufforderung, die der User vornehmen sollte. Da wir uns in Kapitel 9, »Selbstbewusst verkaufen«, mit dem Aufbau von Verkaufsbotschaften beschäftigen, die auch in Promo-E-Mails eingesetzt werden, wandern wir vorerst weiter zur nächsten Kategorie.

8.3.5 Bewertungsmails

Wenn du nur einen einzigen E-Mail-Ablauf automatisieren kannst, dann bitte diesen. Versende nach jeder abgeschlossenen Dienstleistung oder nach jeder Auslieferung deines Produkts eine Bewertungs-E-Mail. In dieser fragst du explizit um einen Erfahrungsbericht bzw. eine Bewertung deiner Kundin – entweder öffentlich auf deinem *Google-My-Business*-Profil (*google.com/intl/de_at/business*), deiner *Trustpilot*-Seite (*de.trustpilot.com*) oder direkt in deinem Onlineshop (siehe Abbildung 8.6). Positive Rezensionen und Testimonials sind eines der wichtigsten verkaufsfördernden Argumente für neue Kund*innen, deshalb solltest du so früh wie möglich beginnen, diese zu sammeln.

Möchtest du ungeschöntes Feedback abfragen und dieses lieber nicht veröffentlichen, bietet es sich an, einen kurzen Fragebogen zu erstellen und diesen an deine Kund*innen zu versenden. Mit Tools wie *Typeform* (*typeform.com*) oder *Google Forms* (*google.de/intl/de/forms/about*) dauert das nur wenige Minuten, und du sammelst wertvolle Erfahrungen und Verbesserungsvorschläge zu deinem Angebot.

2 Mehr dazu in Abschnitt 8.4

Abbildung 8.6 Westwing bittet einige Tage nach dem Kauf um eine Bewertung des gekauften Produkts (westwing.de).

> **Mach es deiner Kundschaft so einfach wie möglich, dich zu bewerten**
> Wenn du um eine Google-Rezension bittest, verlinke direkt zu deinem Unternehmensprofil. Wenn du einen Fragebogen versendest, gestalte diesen so kurz und knackig wie möglich. Du möchtest doch deine neu gewonnene Kundschaft nicht belästigen. Jeder Klick mehr könnte dazu führen, dass jemand den Bewertungsvorgang nicht durchführt. Hier gilt also: Weniger ist mehr.

8.3.6 Retargeting-E-Mails

Die bekannteste Art von Retargeting-E-Mails ist die Warenkorbabbruch-E-Mail, in der potenzielle Kund*innen daran erinnert werden, zur Kasse zurückzukehren, wenn sie ein Produkt in den Warenkorb gegeben, aber nicht gekauft haben. In Abbildung 8.7 siehst du wieder ein Beispiel vom Onlineshop Westwing, der mich daran erinnert, dass ich Interesse an einer weiteren Kissenhülle hatte.

Abbildung 8.7 Eine klassische Warenkorbabbruch-E-Mail von Westwing

Retargeting reagiert also immer auf bestimmte Verhaltensweisen und versucht, weitere Schritte zu beeinflussen. Um Retargeting-E-Mails für Handlungen auf deiner Website oder in deinem Onlineshop einzusetzen, brauchst du aber nicht nur Informationen über das Verhalten von Usern, sondern auch deren ausdrückliche Erlaubnis, sie zu Angeboten und produktbezogenen Updates zu kontaktieren. Meist können solche E-Mails also nur an Bestandskunden gesendet werden, die schon ein Profil in deinem Onlineshop erstellt haben und eingeloggt sind.

Retargeting-E-Mails beziehen sich aber nicht nur auf die Verhaltensweisen auf deiner Website. Auch innerhalb deines E-Mail-Tools bekommst du zahlreiche spannende Informationen über das Verhalten deiner Abonnent*innen. Wer hat welche E-Mail geöffnet und wer nicht? Wer hat auf einen Link geklickt und wer nicht? Solche Fragen helfen dir dabei, deine E-Mails besser an die Bedürfnisse deiner Zielgruppe anzupassen, und kommen im weiteren Verlauf dieses Kapitels noch öfter zum Einsatz.

8.3.7 Re-Subscribtion-E-Mails

Im Grunde genommen zählt diese Kategorie ebenfalls zu den Retargeting-E-Mails, denn auch hier wird sich auf ein bestimmtes Verhalten von Nutzer*innen bezogen, nämlich deren Inaktivität. Eine gute E-Mail-Liste wird regelmäßig gepflegt und bereinigt. Das heißt, dass du User, die schon seit längerer Zeit inaktiv sind, aus deiner Liste entfernst. Dadurch hältst du nicht nur deine Liste (und die damit assoziierten Kosten) klein und erhöhst deine Öffnungsrate, du vermeidest auch, dass solche User von dir hören, die kein Interesse mehr an deinem Thema haben. Reflektiere einmal dein eigenes E-Mail-Verhalten. Wie viele Nachrichten liegen einfach ungeöffnet in deinem Postfach? Wie oft hast du schon ein Produkt gekauft, um erst Monate später aus dem Verteiler des Onlineshops auszutreten? Bei der Reinigung einer E-Mail-Liste werden genau solche Kontakte aus der Datenbank entfernt.

Wie entferne ich inaktive Kontakte?

Die meisten E-Mail-Tools bieten eine eigene Funktion dafür an, in der inaktive Kontakte anhand bestimmter Parameter gefiltert und mit einem Klick entfernt werden können. Hier bekommst du Anleitungen für die bekanntesten Anbieter:

- *Active Campaign*: *help.activecampaign.com/hc/en-us/articles/360006718779-Why-and-how-to-clean-your-contact-lists-for-better-email-deliverability*
- *CleverReach*: *support.cleverreach.de/hc/de/articles/9458850445074-Empfänger-in-großer-Anzahl-löschen*
- *Brevo*: *help.brevo.com/hc/de/articles/5981839739538-Ihre-Kontaktliste-optimieren-und-bereinigen-um-die-E-Mail-Zustellbarkeit-zu-verbessern*
- *MailerLite*: *mailerlite.com/help/how-to-clean-up-inactive-subscribers*

Bevor du aber sofort loslegst und deine E-Mail-Liste einem Frühjahrsputz unterziehst, überlege, ob es nicht Sinn machen würde, eine Re-Subscription-Kampagne zu starten. Diese wird explizit an inaktive Kontakte versendet, in der Hoffnung, sie wieder zurückzugewinnen. Solche Kampagnen solltest du ungefähr zwei Mal pro Jahr durchführen und dabei Folgendes beachten:

- *Stell sicher, dass deine Kampagne wirklich nur an inaktive Kontakte versendet wird.* Filtere solche Kontakte, die deine E-Mails seit mehreren Monaten nicht mehr geöffnet haben oder, falls du nur wenige E-Mails schreibst, schon über 10 Nachrichten von dir ignoriert haben.
- *Frag nach, ob noch Interesse an deinen E-Mails besteht.* Und gib Usern die Möglichkeit, dich zu kontaktieren, um dir Feedback zu geben. Gibt es einen bestimmten Grund, warum sie aufgehört haben, deine Nachrichten zu öffnen? Wenn ja, hilft es, diesen zu kennen, um die Qualität deiner E-Mails in Zukunft zu verbessern.

- *Biete ein kleines Geschenk an, um die Person zurückzugewinnen*. Sei es ein Gutscheincode für deinen Onlineshop oder ein 15-minütiges Beratungsgespräch mit dir. Überlege aber im Vorfeld, wie wichtig es dir wirklich ist, diesen Kontakt auf deiner Liste zu behalten.
- *Akzeptiere, wenn das Interesse nicht mehr da ist*. Am Ende des Tages entscheiden User noch immer selbst, ob sie von dir hören möchten oder nicht. Ist das nicht der Fall und wird auch deine Re-Subscription E-Mail nicht geöffnet, informiere User darüber, dass sie aufgrund von Inaktivität aus deiner Liste ausgetragen werden, und entferne sie.

8.3.8 Marktforschungsmails

Die letzte E-Mail-Kategorie, die ich dir vorstellen möchte, sind Marktforschungsmails, die zum Ziel haben, deine Community besser kennen und verstehen zu lernen. Auch wenn du auf E-Mails, anders als auf Social Media, meist keine Reaktionen bekommst, stellen sie einen direkten Draht zu deiner Community dar. Nutze diesen! Erstelle eine Umfrage, oder lade deine Abonnent*innen ein, an Interviews teilzunehmen, wie Lotuscrafts in Abbildung 8.8. Wenn du dich langfristig erfolgreich vermarkten möchtest, solltest du in den regelmäßigen Austausch mit deiner Wunschkundin gehen, um sicherzustellen, dass deine Angebote und Marketing-Taktiken auch perfekt auf ihre Bedürfnisse abgestimmt sind.

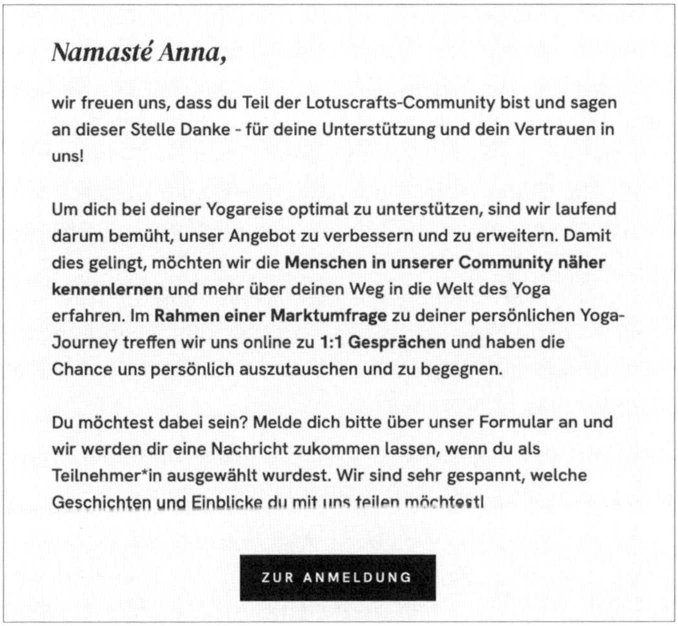

Namasté Anna,

wir freuen uns, dass du Teil der Lotuscrafts-Community bist und sagen an dieser Stelle Danke - für deine Unterstützung und dein Vertrauen in uns!

Um dich bei deiner Yogareise optimal zu unterstützen, sind wir laufend darum bemüht, unser Angebot zu verbessern und zu erweitern. Damit dies gelingt, möchten wir die **Menschen in unserer Community näher kennenlernen** und mehr über deinen Weg in die Welt des Yoga erfahren. Im **Rahmen einer Marktumfrage** zu deiner persönlichen Yoga-Journey treffen wir uns online zu **1:1 Gesprächen** und haben die Chance uns persönlich auszutauschen und zu begegnen.

Du möchtest dabei sein? Melde dich bitte über unser Formular an und wir werden dir eine Nachricht zukommen lassen, wenn du als Teilnehmer*in ausgewählt wurdest. Wir sind sehr gespannt, welche Geschichten und Einblicke du mit uns teilen möchtest!

ZUR ANMELDUNG

Abbildung 8.8 Lotuscrafts (lotuscrafts.eu) führt regelmäßig Zielgruppenbefragungen durch, die über E-Mails beworben werden.

8.4 Tipps zur Segmentierung

Nachdem du nun über die verschiedenen E-Mail-Arten Bescheid weißt, bist du bereit, deine erste E-Mail(-Kampagne) zu planen. Davor möchte ich dir aber noch Einblicke in ein wichtiges Thema geben. *Segmentierung* ist ein wesentlicher Bestandteil von E-Mail-Marketing und bezeichnet den Vorgang, deine Liste in verschiedene Gruppen bzw. Segmente einzuteilen. Der Vorteil liegt auf der Hand. So kannst du deine Botschaften an die Bedürfnisse einer bestimmten Gruppe anpassen und erhöhst damit die Wahrscheinlichkeit, dass deine E-Mails geöffnet werden. Klassische Segmentierungskriterien wäre demografische Eigenschaften wie das Geschlecht oder Alter deiner Abonnent*innen. Allerdings stellt sich die Frage, wie sinnvoll diese Kriterien für dich wirklich sind. Betreibst du einen Friseursalon oder ein Modelabel, mag es durchaus sein, dass es einen Unterschied macht, ob du eine E-Mail an männlich oder weiblich gelesene Personen schickst. Eine Frau wird sich höchstwahrscheinlich nicht für Bartpflege interessieren, und ein Mann hat kaum Bedarf an BHs, es sei denn als Geschenk. In den meisten Fällen sind aber demografische Eigenschaften relativ unwichtig und sollten von dir im Sinne des Datensparsamkeitsprinzips auch nicht bei der Anmeldung auf deine Liste abgefragt werden.

Viel eher rate ich dir dazu, nach bestimmten Verhaltensweisen oder Interessen zu segmentieren. Zum Beispiel hat das Wellness-Center, für das ich als Marketing-Managerin gearbeitet habe, jeweils eine Usergruppe pro Behandlung erstellt. Alle Patient*innen, die schon einmal eine Botox-Behandlung bekommen hatten, kamen in die Botox-Gruppe. Leute, die regelmäßig HydraFacials genossen, kamen in die HydraFacial-Gruppe und so weiter. Als Nächstes analysierten wir, welche Gruppe am lukrativsten wäre, und überlegten, welche Themen und Angebote für diese Gruppe interessant sein könnten. Genau diese Angebote bekamen Gruppenmitglieder dann über eine spezielle E-Mail-Kampagne ausgespielt. Eine weitere Form von Segmentierung, die wir vorgenommen hatten, war, jeden Monat die Top-5-Patient*innen, die am meisten für Behandlungen ausgegeben hatten, ausfindig zu machen und ihnen einen Gutschein als Dankeschön zu schicken. Außerdem versendeten wir zwei Mal pro Jahr Einladungen für eine Gratis-Gesichtsbehandlung an Patient*innen, die das Wellness-Center schon seit 6 Monaten nicht mehr besucht hatten, um diese erneut von uns zu überzeugen.

Erkennst du, warum solche Art der Segmentierung viel sinnvoller ist? Hier einige Ideen für Parameter, nach denen du deine Liste segmentieren könntest:

- *Käufer*innen und Nicht-Käufer*innen:* Wer hat schon von deinen Produkten oder Dienstleistungen Gebrauch gemacht und wer noch nicht? Diese Art von Segmentierung ist hilfreich, wenn du einen speziellen Gutschein oder ein kleines Geschenk als Dankeschön für bestehende Kund*innen versenden möchtest.

- *Gekauftes Produkt oder Dienstleistung:* Wenn jemand zur Gruppe der Käufer*innen gehört, kannst du diese noch weiter spezifizieren. Welche Produkte oder Dienstleistungen wurden gekauft, und zu welchen Kategorien gehören sie? Diese Art von Segmentierung ist irrsinnig spannend für Up- oder Cross-Sell-Kampagnen, bei denen ein weiteres, ähnliches Angebot beworben wird.
- *Preisspanne für gekaufte Produkte:* Kund*innen, die schon sehr viel Geld für deine Dienstleistungen oder Produkte bezahlt haben, könnten auf eine eigene VIP-Liste gesetzt werden, über die sie exklusive Angebote und Goodies von dir zugesendet bekommen.
- *Dauer des Kundenverhältnisses:* Auch treue Kund*innen, die schon sehr lange mit dir zusammenarbeiten, könnten zwischendurch belohnt werden.
- *Inaktive Kund*innen:* Im Gegensatz dazu könntest du frühere Kundschaft, die schon lange nichts mehr von dir gekauft hat, in einer eigenen Gruppe bündeln, um sie mit einer Retargeting-Kampagne oder einem exklusiven Angebot erneut von dir zu überzeugen.
- *Heruntergeladenes 0-€-Produkt*: Bietest du ein Freebie an, solltest du User, die dieses heruntergeladen haben, unbedingt in eine eigene Gruppe geben, um sie mit einer Kampagne zu Käufer*innen zu konvertieren.
- *Wartelisten:* Dieses Segment lässt sich über ein eigenes Sign-up-Formular erstellen, über das sich User auf die Warteliste für ein neues Angebot setzen können. Das ist vor allem dann sinnvoll, wenn du im Vorfeld das Interesse an deinem Angebot abschätzen möchtest (siehe Abbildung 8.9).
- *Zeitpunkt der Anmeldung:* Wenn jemand neu auf deine Liste kommt, möchtest du vielleicht nicht sofort etwas verkaufen, sondern zunächst einmal über dich informieren, um eine Bindung aufzubauen.

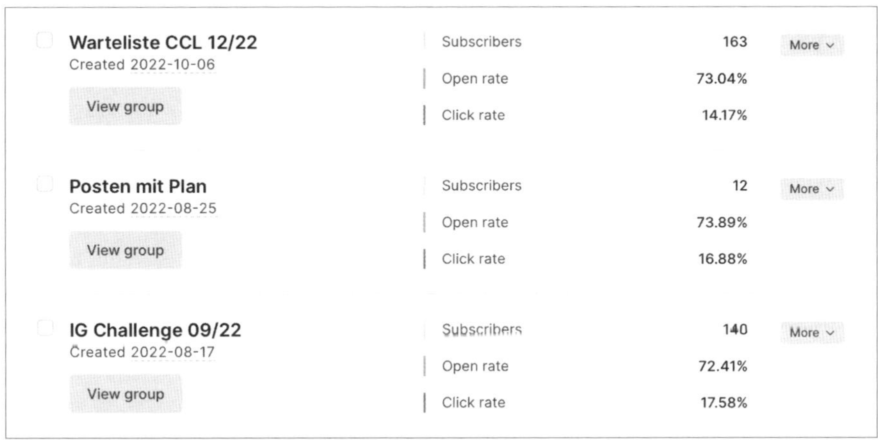

Abbildung 8.9 Ich habe meine E-Mail-Liste unter anderem anhand von Freebies, Produktarten und Wartelisten segmentiert.

- *Interaktionen:* Wer hat deine letzte E-Mail aufgemacht und wer noch nicht? Und wer hat den Link in deiner E-Mail geklickt? Diese Informationen sind vor allem für die Planung von automatisierten Kampagnen hilfreich. Mehr dazu erfährst du in Abschnitt8.6.
- *Interessen:* Bietest du verschiedenste Produkte oder Dienstleistungen an, könnte es auch spannend sein, die Interessen und Vorlieben deiner Abonnent*innen rund um dein Angebot abzufragen, um später gezielt Kampagnen auf sie zuzuschneiden.

Anleitung: Segmente erstellen

Um solche Segmente erstellen zu können, benötigst du natürlich auch relevante Informationen rund um das Verhalten deiner Zielgruppe. Idealerweise ist dein E-Mail-Programm mit deinem CRM verknüpft, und die Segmentierung geschieht automatisch. Ist das nicht möglich, kannst du auch manuell Kundenlisten erstellen und hochladen. Achte jedoch immer darauf, dass deine Kund*innen dem Erhalt werblicher E-Mails explizit zugestimmt haben.

Hier findest du Anleitungen zur Segmentierung innerhalb verschiedener Tools:

- *Active Campaign*: *help.activecampaign.com/hc/en-us/articles/221483407-How-to-create-segments-in-ActiveCampaign*
- *CleverReach*: *support.cleverreach.de/hc/de/articles/202372911-Filtern-segmentieren-von-Empfängerlisten*
- *Brevo*: *help.brevo.com/hc/de/articles/7943906808594-Ein-Segment-erstellen-um-Kontakte-zu-filtern*
- *MailerLite*: *mailerlite.com/help/how-to-create-and-use-segments*

8.5 So erstellst du E-Mails, die gelesen werden

E-Mails nur an solche Personen zu versenden, die wirklich Interesse daran haben, ist einer der wichtigsten Faktoren, um zu garantieren, dass sie auch gelesen werden. Mit deiner Listen-Segmentierung bist du also schon einen wichtigen Schritt in diese Richtung gegangen. Es gibt aber noch weitere Stellschrauben, an denen du drehen kannst. Hier einige Tipps:

- *Vermeide zu hohe E-Mail-Frequenzen.* Die Hälfte aller Empfänger*innen behauptet, dass das Ärgerlichste an E-Mail-Marketing sei, zu viele E-Mails zu bekommen.[3] Versende ein, maximal zwei E-Mails pro Woche, und halte die Frequenz zu Beginn lieber bewusst niedrig. Steigern kannst du dich später noch immer.
- *Verfasse Betreffzeilen, die zum Lesen einladen.* Halte dich an die Tipps zum Verfassen von aussagekräftigen Überschriften aus Abschnitt 7.4.4, »3 Arten von Marketing-Texten, die du meistern solltest«.

3 Quelle: *thrivemyway.com/email-marketing-stats/#b2c-email-marketing-statistics*

- *Gestalte deine E-Mails abwechslungsreich*. Überlege dir eigene Content-Kategorien für deine Newsletter, und setze deine E-Mails aus verschiedensten Bausteinen zusammen, um sie unterhaltsam zu gestalten. Nutze Bilder, Videos, Animationen, Diagramme, Listen, Links oder Countdowns, um deine Texte visuell zu umrahmen.
- *Gestalte deine E-Mails.* Damit einher geht auch dein E-Mail-Design. Manche Unternehmer*innen schwören darauf, ihre E-Mails rein als Text zu verfassen, ohne viel Schnickschnack. Dadurch entsteht das Gefühl, du bekommst gerade eine Nachricht von einer Freundin. Ich persönlich mag es lieber, auch E-Mails ansprechend zu gestalten. Denn übers Design kannst du deine Marke kommunizieren. So stechen deine E-Mails aus dem Einheitsbrei hervor. In Abbildung 8.10 siehst du zwei Beispiele für erfolgreiche Marketing-E-Mails, einmal mit und einmal ohne Design. Entscheide selbst, welche Variante dir eher zusagt.
- *Sprich deine Empfänger*innen mit ihrem Vornamen an.* Gängige E-Mail-Tools bieten eigene Formeln dafür, die du ganz einfach in deine Texte einfügen kannst, um deine Nachricht zu personalisieren.

#DESIGNMITKATHY

news

Hola Anna,

einige reden von Authentizität auf Instagram, aber **versteckem sich dabei hinter Beauty-Filtern.**

→ Ganz ehrlich: Zu denen gehörte ich früher auch.

Wieso ich erst ein **schocking-Erlebnis** brauchte um endlich auf Story-Filter zu verzichten, aber wieso ich sie so lange für mein Ego brauchte - *lass heute mal darüber ehrlich sprechen, ok?*

Die Wahrheit hinter den Beauty-Filtern

Früher habe ich in meinen **InstaStorys immer Filter benutzt** und wollte genauso glatte Haut und strahlend aussehen, wie mir der Bildschirm fälschlicherweise suggerierte.

Ich war so daran gewöhnt, mich mit einem Beauty-Filter in der InstaStory zu sehen, dass mein Selbstbild ins Wanken kam, wenn ich plötzlich die normale Handkamera öffnete.

Diese Beauty-Filter **verändern unsere Wahrnehmung** so sehr, dass wir uns ohne sie plötzlich nicht mehr so wohl in unserer Haut fühlen. Ich meine, hallo? Wer hat denn diese unnatürlich langen Wimpern und die porenfreie Haut in echt? *Ich sicherlich nicht!*

Und wenn wir ständig diese Bilder von uns mit Beauty-Filter sehen, dann verlieren wir irgendwie den Blick für das, **was wirklich echt ist**. Es ist fast so, als ob wir vergessen, wie wir tatsächlich aussehen. *Weißt du, was ich meine?*

Ich grüß dich aus Bangkok, Anna. Hier bin ich seit circa einer Woche, weil ich mir den Ort als "Konzentrier dich richtig auf den Launch und arbeite fokussiert"-Ort ausgesucht habe.

Die Stadt wär für viele wohl die absolute Ablenkung. Mich versetzt sie in den absoluten Arbeitsmodus.

Durch die Zeitverschiebung bin ich wach, wenn ihr noch lange schlaft und kann ohne Ablenkung schonmal 5 Stunden arbeiten. Wenn dann hier die Wichtigen in Anzügen super Business-mäßig durch die Großstadt hetzen, fühl ich mich wie Carrie aus Sex and the City und kann gar nicht anders als ranklotzen. ;)

Perfekter Ort also, um an meinem neuen Onlinekurs zu arbeiten. Der öffnet am 10. November und ... das ist nicht mehr viel Zeit, hehe.

Heißen wird er "Inbox Formel" und dir beibringen, **wie du bessere E-Mails schreibst, die verkaufen.**

inbox FORMEL

Ich weiß, dass es vielen aus meiner Community schwer fällt, regelmäßige Newsletter zu schreiben. Das jede Woche religiös umzusetzen, schaffen viele (die meisten) nicht. Auf der To-Do-Liste steht es - aber immer kommt etwas dazwischen und andere, wichtige Dinge im Business müssen geregelt werden. Und schwups ist wieder 4 Wochen kein Newsletter rausgegangen.

Kennste auch?

In meiner neuen Podcastfolge habe ich Susanne Schaffer zu Gast, die ihren Kund*innen zeigt, wie sie den Business-Alltag strukturieren, damit sie mehr geschafft kriegen.

Abbildung 8.10 Ein Newsletter von Kathy Ursinus (kathyursinus.de) und Anna-Lena Eckstein (annalenaeckstein.de)

8.6 3 E-Mail-Kampagnen, die du kennen solltest

Nachdem du einige Methoden an der Hand hast, um die Öffnungsrate deiner E-Mails zu erhöhen, widmen wir uns dem eigentlichen Kern von E-Mail-Marketing: deiner Kampagnenplanung. So wie es unterschiedliche E-Mail-Arten gibt, kannst du auch Kampagnen für verschiedenste Ziele planen, zum Beispiel um eine neue Abonnentin willkommen zu heißen, die Bindung deiner Community zu stärken oder ein bestimmtes Angebot zu verkaufen. Der große Vorteil von E-Mail-Kampagnen ist, dass sie – wenn du sie einmal aufgesetzt und getestet hast – komplett automatisiert ablaufen können. Das heißt, du investierst einmal ein paar Stunden und kannst dann auf unbegrenzte Zeit davon profitieren.

Wie erstelle ich Automatisierungen in meinem E-Mail-Tool?

Die meisten E-Mail-Tools bieten Automatisierungsfunktionen für ihre bezahlten Pläne an. Zur Sicherheit informiere dich noch einmal bei deinem Anbieter. Sollten dir Automatisierungen zur Verfügung stehen, bekommst du hier Anleitungen, wie du diese aufsetzt:

- *Active Campaign*: *help.activecampaign.com/hc/de/articles/218788687-Erstellen-Sie-eine-Marketing-Automation-von-Grund-auf-in-ActiveCampaign*
- *CleverReach*: *support.cleverreach.de/hc/de/articles/115000121053-Die-einfache-Automationskette*
- *Brevo*: *help.brevo.com/hc/de/articles/208775609-Einführung-in-Marketing-Automation-Teil-1-Was-ist-Marketing-Automation*
- *MailerLite*: *mailerlite.com/help/how-to-create-an-automation-workflow*

Ich würde dir raten, dich langsam an Automatisierungen heranzutasten und erst einmal 1, 2 Kampagnen »live« durchzuführen, bevor du alles automatisch ablaufen lässt. Denn die Gefahr dabei ist, dass du vergisst, auszuwerten, wie gut deine Kampagnen eigentlich performen. Doch erst durch die Auswertung lernst du, was funktioniert hat und was nicht, und du kannst gegebenenfalls beim nächsten Mal Änderungen vornehmen.

Solltest du dich schon bereit fühlen, eine automatisierte Kampagne aufzusetzen, gehe dabei folgendermaßen vor:

1. *Definiere dein Kampagnenziel.* Bevor du dir Gedanken darüber machst, welche E-Mail wann rausgeschickt wird, solltest du einmal festlegen, welches Ziel du überhaupt verfolgst. Möchtest du neue Abonnent*innen willkommen heißen, Käufer dazu animieren, noch ein weiteres Produkt zu kaufen, oder deine Kundenbindung stärken?
2. *Erstelle passende Segmente, wenn nötig*. Je nachdem, welche Art von Kampagne du planst, kann es sein, dass diese nur für einen Teil deiner Liste relevant ist.

Überlege also, ob es Sinn macht, bestimmte Segmente für deine Kampagne einzurichten. Wie das geht, weißt du ja mittlerweile.

3. *Plane deine Kampagne Schritt für Schritt.* Dazu zeichnest du am besten ein Flowchart. Überlege dir genau, wie deine Kampagne ausgelöst werden soll und wie sie endet. Auch Verzweigungen sind möglich und sinnvoll, dazu erfährst du aber gleich noch mehr.
4. *Erstelle die einzelnen E-Mails.* Jetzt bist du bereit, deine eigentlichen Inhalte zu gestalten. Erstelle eine E-Mail nach der anderen, und nutze *A/B-Tests*, um verschiedene Varianten einer Nachricht zu testen.
5. *Teste die Automatisierung.* Bevor du sie veröffentlichst, solltest du selbstverständlich sichergehen, dass jeder Schritt deiner Automatisierung auch funktioniert.
6. *Werte sie regelmäßig aus.* Definiere im Vorfeld relevante KPI, und schau regelmäßig in deine E-Mail-Analytics, um zu sehen, welche Abschnitte deiner Automatisierungen vielleicht noch verbesserungswürdig sind.

Was sind A/B-Tests?

In A/B-Tests werden zwei oder mehrere Varianten eines Inhalts zur gleichen Zeit ausgespielt und miteinander verglichen. Dadurch kann man erkennen, ob eine Variante besser funktioniert hat als die andere. A/B-Tests können für Werbeanzeigen, Website-Elemente und auch deine E-Mails eingesetzt werden. Zum Beispiel könntest du zwei Betreffzeilen formulieren oder visuelle Elemente deiner E-Mail unterschiedlich aufbereiten, um zu testen, was für deine Community besser funktioniert. Du weißt ja, dass erfolgreiches Marketing immer wie ein Experiment betrachtet werden sollte. Ausführliches Testen gehört also zur Tagesordnung.

8.6.1 Willkommenskampagne

Die einfachste Kampagne für Automations-Neulinge ist eine kurze Willkommensserie, in der neue Abonnent*innen begrüßt werden. Im Gegensatz zu einer einzigen Willkommens-E-Mail hast du hier die Möglichkeit, User anhand mehrerer Nachrichten an dein Unternehmen heranzuführen. Der Aufwand, eine Willkommenskampagne einzurichten, ist relativ gering, denn meist handelt es sich nur um eine Abfolge von 2, 3 E-Mails (siehe Abbildung 8.11).

Abbildung 8.11 In einer Willkommenskampagne stellst du dich vor und baust du eine Bindung zu deiner Zielgruppe auf.

Wie du sehen kannst, besteht diese Serie aus einem Trigger, drei E-Mails und einer darauffolgenden Handlung. Sobald ein Abonnent auf die Liste kommt, wird die Willkommenskampagne aktiviert. Gleich am ersten Tag nach der Anmeldung bekommt der neue Abonnent eine Vorstellungs-E-Mail, in der du, wie der Name schon sagt, zusammenfassen könntest, wer du bist und was dich ausmacht. Danach verstreichen drei Tage, bevor eine weitere E-Mail versandt wird, in der du versuchst, eine Verbindung zu deinem Leser herzustellen, indem du zeigst, was ihn im weiteren Verlauf erwartet. Außerdem hast du hier die Möglichkeit, auf weitere Marketing-Kanäle wie deinen Blog oder soziale Netzwerke zu verweisen, sofern du dort regelmäßig aktiv bist. Nach vier Tagen wird noch eine letzte Begrüßungsmail verschickt, in der du einen Überblick über deine Angebote gibst. Erst danach kommt der Abonnent auf deine normale Newsletter-Liste. Wichtig ist, dass Personen, die diese Willkommenskampagne durchlaufen, noch von deinem normalen Newsletter ausgenommen sind, um Überschneidungen zu vermeiden. Weitere Tipps:

- *Nutze die Willkommenskampagne, um deine Zielgruppe besser kennenzulernen.* Verlinke eine Umfrage und biete dafür ein kleines Geschenk an. Die Ergebnisse daraus kannst du dazu verwenden, um deine E-Mail-Liste nach Interessen zu segmentieren.
- *Kommuniziere deine Marke.* Diese sollte in jedem einzelnen Touchpoint spürbar sein, auch in deiner Willkommensserie. Zeig stolz deine Besonderheiten, besinne dich auf deine Werte, und lass deine E-Mails so klingen, dass sie von keiner anderen Person stammen könnten.
- *Biete auch hier konkreten Mehrwert für deine Leser*innen.* Verweise auf spannende Podcast-Episoden oder hilfreiche Blogartikel, um sofort zu zeigen: Hier wird nicht nur Werbung gemacht.
- *Biete ein kleines Geschenk zur Begrüßung an.* Auch wenn du nicht im Vorfeld damit geworben hast, könntest du neuen Abonnent*innen eine kleine Überraschung zukommen lassen, zum Beispiel einen Minikurs oder eine Checkliste zu deinem Thema.

8.6.2 Engagement-Kampagne

Diese Art von Kampagne bespielt die Consideration-Phase der Customer Journey und soll Abonnent*innen nach und nach auf den Kauf vorbereiten. Das Ziel ist meistens, Vertrauen aufzubauen, deshalb werden hier sehr viele Inhalte eingesetzt, die die Content-Säulen Inspirieren und Erklären abdecken. Solche Kampagnen werden auch *Lead-Nurturing* genannt, denn genau darum geht es. Die Beziehung zur Community soll gestärkt werden. Lead-Nurturing kann entweder über regelmäßig versendete Newsletter geschehen oder in automatisierten Kampagnen, zum Beispiel nachdem jemand ein Freebie heruntergeladen hat (siehe Abbildung 8.12).

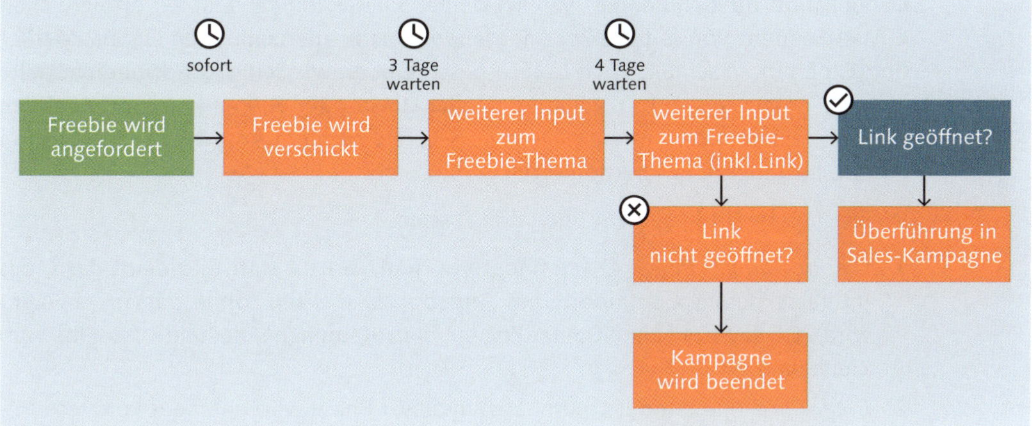

Abbildung 8.12 In einer Engagement-Kampagne wird durchs Vermitteln wertvoller Inhalte das Vertrauen in dich gestärkt.

In diesem Beispiel erhält ein Abonnent in den darauffolgenden Tagen, nachdem ein 0-€-Produkt heruntergeladen wurde, zwei E-Mails mit weiteren Tipps zum selben Thema. In der zweiten E-Mail wird auf einen externen Inhalt verlinkt, also ein Video, einen Blogartikel oder eine Podcast-Episode. Ist das Interesse an diesem Thema vorhanden, also wird der Link geklickt, dann wird der Abonnent in eine weitere Automation überführt, in der im Anschluss ein Angebot beworben wird. Ist kein Interesse da, wird die Kampagne beendet. Hier findet also eine Verzweigung statt, es gibt zwei verschiedene Endpunkte für diese Kampagne.

Natürlich handelt es sich hierbei nur um ein einfaches Beispiel, und die einzelnen Schritte müssten gegebenenfalls angepasst werden. Auch könntest du dir überlegen, ob du, statt die Kampagne zu beenden, noch weitere Nurturing-E-Mails einsetzt, bis der Abonnent kaufbereit ist. Am besten beginnst du aber klein und weitest deine Kampagne sukzessive aus, denn irgendwer muss ja diese vielen Inhalte auch erstellen.

8.6.3 Sales-Kampagne

Eine der wichtigsten Kampagnenarten ist natürlich die, die sich dem Verkaufen widmet. Statt dein Angebot in einer einzigen E-Mail zu bewerben, bereitest du deine Community strategisch auf den Kauf vor. Eine Faustregel im Marketing lautet, dass es bis zu 8 Touchpoints braucht, bis jemand wirklich von dir kauft.[4] Eine einzige E-Mail zu deinem Angebot ist also mitunter zu wenig, um Interessent*innen wirklich zu überzeugen.

4 Heutzutage sprechen Marketer aufgrund der digitalen Reizüberflutung schon von bis zu 20 Touchpoints.

Dabei kannst du dich bei der Planung deiner Sales-Kampagne an der erfolgreichen E-Mail-Sequenz von Jeff Walker orientieren, einem amerikanischen Online-Marketing-Experten. In seinem Buch *Launch* beschreibt er, wie seine Kund*innen mithilfe seiner Sequenz schon 400 Millionen Dollar Umsatz generieren konnten. Auch ich bin bei meinem ersten erfolgreichen Kurs-Launch seinem Ansatz gefolgt. Ich kann dir also bestätigen: Er funktioniert!

Walker beschreibt in seinem Buch drei Phasen:

1. *Die Pre-Launch-Phase:* Diese findet vor dem Verkauf statt und dient dazu, das Interesse deiner Community am Angebot zu wecken (ohne dass es erwähnt wird). Diese Phase ähnelt einer Engagement-Kampagne, da beide dasselbe zum Ziel haben.
2. *Die Launch-Phase* (oder Open Cart): In dieser Phase wird dann das konkrete Angebot beworben, und verschiedenste psychologische Trigger werden eingesetzt, die du in Kapitel 9, »Selbstbewusst verkaufen«, kennenlernst.
3. *Die Post-Launch-Phase:* Im Anschluss an deinen Launch stärkst du die Bindung sowohl zu vorhandenen Kund*innen als auch den Leuten auf deiner Liste, die nicht von dir gekauft haben.

Jede dieser Phasen verfolgt ein anderes Ziel und nutzt unterschiedliche Abläufe. Außerdem ist es egal, ob es sich dabei wirklich um einen Launch (also die Markteinführung eines neuen Produkts) oder eine Verkaufskampagne für ein bestehendes Produkt handelt. Die zugrunde liegenden Schritte sind nämlich immer relevant. In Tabelle 8.1 siehst du sie beispielhaft aufgelistet.

Phase	E-Mail	Beschreibung
Pre-Launch	1. Möglichkeit	Noch bevor du über dein Angebot sprichst, verbildliche das größte Problem und den angestrebten Wunschzustand deiner Zielgruppe. Gib erste Impulse, wie dieser erreicht werden kann, aber noch keine konkreten Tipps.
	2. Transformation	Diese sparst du dir für deine zweite E-Mail auf. Zeig die ersten Schritte Richtung Wunschzustand auf, vielleicht anhand einer spannenden Case Study.
	3. Ownership Experience	Lade deine Community dazu ein, selbst aktiv zu werden, um ihren Wunschzustand zu erreichen, indem sie sich auf eine Warteliste setzen lassen. Erwähne, dass du bald über ein spannendes Angebot sprechen wirst, und nutze einen Countdown, um Spannung aufzubauen.

Tabelle 8.1 Beispiel für eine Launch-Sequenz

Phase	E-Mail	Beschreibung
Launch	4. Benefits	Ab dieser E-Mail verlinkst du dein Angebot, es kann also ab jetzt gekauft werden. Konzentriere dich zuerst darauf, den einzigartigen Nutzen deines Angebots herauszuarbeiten und gegebenenfalls Verknappungen zu kommunizieren (siehe Abschnitt 9.4.8).
	5. Social Proof	Teile Erfolgsstorys und Erfahrungsberichte von bereits vorhandenen Kund*innen, die das Vertrauen in dein Angebot stärken.
	6. Verkaufseinwände	In dieser E-Mail widmest du dich den wichtigsten Einwänden rund um den Kauf deines Angebots und versuchst, diese zu entkräften.
	7. Countdown	Als letzten »Push« teilst du noch eine E-Mail, in der die wichtigsten Infos zum Angebot zusammengefasst wurden, inklusive Countdown, bis wann dein Angebot (oder Bonus) verfügbar ist.
Post-Launch	8. Warteliste	An diejenigen, die nicht gekauft haben, verschickst du nach der Sales-Kampagne eine weitere E-Mail, um sie auf eine Warteliste hinzuweisen, in die sie sich eintragen können, sollten sie beim nächsten Mal zuschlagen wollen.

Tabelle 8.1 Beispiel für eine Launch-Sequenz (Forts.)

Natürlich darfst du die einzelnen Schritte auch abändern und an deine Bedürfnisse anpassen. Verkaufst du ein physisches Produkt, wird deine Sales-Kampagne etwas anders aussehen als bei einer Dienstleistung. Der grobe Ablauf zeigt dir jedoch hoffentlich, wie du unterschiedliche E-Mails aufeinander aufbauen kannst und Segmente dazu nutzen kannst, deine Botschaften nur an solche Leute zu versenden, die auch wirklich Interesse daran haben. Achte darauf, dass du immer einige Tage zwischen deinen E-Mails pausierst, diese sollten auf keinen Fall alle an aufeinanderfolgenden Tagen geteilt werden. Idealerweise verstreichen zwischen jeder E-Mail 2–3 Tage. Den für dich passenden Rhythmus findest du mit der Zeit selbst heraus, indem du das Ergebnis deiner Kampagne regelmäßig auswertest.

8.7 E-Mail-Erfolge auswerten

Je nach Kampagnen- oder E-Mail-Art solltest du den Fokus auf verschiedene KPI legen. Während es in einer Willkommenskampagne vor allem darum geht, möglichst viele Öffnungen zu erzielen, legt die Engagement-Kampagne Wert darauf, dass innerhalb der E-Mails auf einen Link zu weiterführendem Content geklickt wird. Und der Hauptfokus der Sales-Kampagne sind natürlich Verkäufe. In Tabelle 8.2 habe ich dir die wichtigsten Kennzahlen für jede Art aufgelistet.

Kampagnen- oder E-Mail-Art	Kennzahlen
Double Opt-in	▪ Double-Opt-in-Rate
Willkommenskampagne	▪ Zustellrate ▪ Öffnungsrate
Engagement-Kampagne	▪ Öffnungsrate ▪ Click-to-Open Rate (CTO) ▪ Unsubscribe-Rate
Sales-Kampagne	▪ Öffnungsrate ▪ Conversion-Rate ▪ Unsubscribe-Rate
Re-Subscription-E-Mail	▪ Click-to-Open-Rate (CTO) ▪ Unsubscribe-Rate
Bewertungsmail	▪ Click-to-Open-Rate (CTO)

Tabelle 8.2 Die wichtigsten Kennzahlen fürs E-Mail-Marketing

Notiere dir die Ergebnisse jeweils für eine einzelne E-Mail sowie im Durchschnitt für eine gesamte Kampagne. So lernst du zu verstehen, welche E-Mails besonders gut funktioniert haben, und kannst thematisch ähnliche Kampagnen untereinander vergleichen. Und je mehr du übst und analysierst, desto besser wirst du darin, erfolgreiche E-Mails zu schreiben.

Kapitel 9

Selbstbewusst verkaufen

Bis jetzt hast du gelernt, dich über deine Website und Social-Media-Kanäle sichtbar zu machen und Interessent*innen durch die ersten beiden Phasen der Customer Journey zu begleiten. Jetzt geht es darum, sie zu überzeugen, den Kauf auch wirklich abzuschließen.

Viele Selbstständige haben überhaupt kein Problem damit, unterhaltsamen, inspirierenden oder hilfreichen Content zu erstellen. Aber sobald es darum geht, ihr Angebot zu verkaufen, zieht sich innerlich etwas in ihnen zusammen. Gedanken und Ängste wie »Was, wenn mein Gegenüber Nein sagt?« oder »Es fühlt sich komisch an, über mein Angebot zu sprechen« kommen auf, und das hart erarbeitete Selbstbewusstsein geht flöten. Oft liegt es aber gar nicht am Angebot selbst, sondern daran, wie wir versuchen, es zu verkaufen. Introvertierte Solopreneure wie ich finden es vielleicht unangenehm, im Austausch mit ihren Kund*innen über Angebote zu sprechen, und bevorzugen es, ihre Verkaufstexte auf einer Website niederzuschreiben. Andere brauchen dafür das direkte Gespräch und kommen erst dadurch so richtig in Fahrt.

Ich hoffe, dass dir die Übungen und Beispiele in diesem Buch bis jetzt gezeigt haben, dass es nicht den einen richtigen Weg gibt, auch wenn uns das gerne eingeredet wird. Egal, ob du dein Angebot über einen Onlineshop verkaufst, in deinen Instagram-Storys verlinkst oder direkt im Einzelgespräch mit deinen Kund*innen vertreibst, zahlreiche Wege führen zu demselben Ziel. Die Tipps in diesem Kapitel sind deshalb so ausgerichtet, dass du sie für möglichst viele verschiedene Marketing-Kanäle anwenden kannst.

9.1 Dein Sales-Mindset

Bevor wir uns damit beschäftigen, wie du dein Angebot verkaufst, reflektieren wir noch einmal gemeinsam, warum sich Verkaufen überhaupt so unangenehm anfühlen kann. Du hast bestimmt schon einmal die Erfahrung gemacht, dass du gemütlich durch einen Markt schlenderst und dir von links und rechts Dutzende Kostproben vor die Nase gehalten werden. Ein bisschen kandierter Ingwer hier, eine Olive da und zum Abschluss ein Stückchen Schokolade. Nichts passt zusammen, und auf nichts hast du so richtig Lust. Den Marktbetreibern ist das scheinbar egal, denn auch wenn du schon an ihrem Stand vorbeigezogen bist, rufen sie dir nach und versuchen dich zu überreden, stehen zu bleiben und zu kosten.

Genau an solche Marktschreier denken viele Selbstständige, wenn sie das Wort »Verkaufen« hören. Verkaufen ist aufzwängen, Manipulation, anderen etwas andrehen, was sie gar nicht haben wollen (Stichwort: Kaltakquise). Zugegeben, auch ich hatte lange dieses Gefühl, weil ich solche Verkaufssituationen oft erlebt habe und als äußerst unangenehm und übergriffig empfinde. Heute weiß ich aber, dass diese eine Ausnahme nicht die Regel darstellen. Und dass sich, ähnlich wie im Marketing, gutes Verkaufen gar nicht anfühlt wie Verkaufen. Denn, ohne jetzt die gesamte Leier zu wiederholen, die du schon kennst, auch gutes Verkaufen ist kundenzentriert. Es ist kein Zutexten, sondern Zuhören, mehr Fragen als Antworten.

Vielleicht hilft dir dieser Gedanke, um mit Selbstsicherheit in deine Verkaufsgespräche zu gehen: Du musst niemanden manipulieren und nimmst niemandem etwas weg. Im Gegenteil. Wenn du die Tipps aus diesem Buch anwendest, dann hast du schon sehr viel gegeben, noch bevor du irgendetwas zurückbekommst. Du kennst mittlerweile den Unterschied zwischen Push- und Pull-Marketing. Durch deinen Content ziehst du Personen an, die schon ein grundsätzliches Interesse an deinem Angebot haben, und begleitest sie vertrauenerweckend durch den Kaufabschluss. Denn auch beim Verkaufen kannst du dir aussuchen, ob du deine Botschaft wie ein Marktschreier laut durch die Gegend posaunst oder achtsam die Wünsche deiner Zielgruppe erfüllst.

9.2 Verfasse deine Sales-Botschaft

Egal, wie du sie kommunizierst, ob im persönlichen Erstgespräch oder in einer E-Mail, erfolgreiche Verkaufsbotschaften beantworten im Grunde genommen drei Fragen:

1. Was bringt mir dieses Angebot?
2. Warum soll ich dieses Angebot kaufen, nicht das von XY?
3. Warum soll ich dieses Angebot jetzt kaufen und nicht später?

In der ersten Frage dreht sich alles um den Nutzen deines Angebots. Welches Problem löst dieses für deine Zielgruppe, oder welches Bedürfnis deckt es ab? Schau noch einmal in die Notizen aus deinen Zielgruppenbefragungen, um deinen konkreten Angebotsnutzen auszuarbeiten. Hast du noch keine Befragung durchgeführt, solltest du das schleunigst nachholen. Die Anleitung dafür findest du in

Abschnitt 2.4.2, »Deine Wunschkundin befragen«. Die zweite Frage beleuchtet deinen USP, also was dein Angebot besonders macht und von dem deiner Konkurrenz abhebt. Auch damit hast du dich hoffentlich schon beschäftigt. Um die letzte Frage zu beantworten, helfen dir die Übungen aus diesem Kapitel. Diese Frage ist vor allem dann wichtig, wenn du deine Produkte oder Dienstleistungen digital verkaufst. In einem physischen Laden ergibt sich die Antwort nämlich von alleine. Sofern ich nicht in unmittelbarer Nähe des Geschäftes lebe, werde ich ein Produkt, für das ich mich interessiere, sofort kaufen, um nicht noch einmal extra dorthin fahren zu müssen. Wenn wir online einkaufen, kommt es leider durchaus vor, dass wir kurz vor dem Kaufabschluss abgelenkt werden und es einfach vergessen.

Stichwort »Cart Abandonment«: Wusstest du, dass knapp 70 % der Online-Warenkörbe liegen gelassen werden?[1]

Tools wie *Shopify* (*shopify.com*) oder *WooCommerce* (*woocommerce.com*), mit denen Onlineshops eingerichtet werden können, bieten deshalb Funktionen, um automatisierte Erinnerungs-E-Mails zu versenden und Kunden daran zu erinnern, zur Kasse zurückzukehren. Auch in solchen E-Mails kannst du die Sales-Taktiken, die du im Laufe dieses Kapitels lernst, anwenden. Bitte achte aber darauf, diese Taktiken immer achtsam einzusetzen. Ein kurzes Nachfragen, ob denn die Kundin den Kauf absichtlich abgebrochen hat, reicht völlig aus. Denn möchte jemand dein Angebot doch nicht konsumieren, muss dieses »Nein« widerstandslos akzeptiert werden.

9.2.1 Übung: Feature, Ergebnis und emotionaler Benefit

Deine Verkaufstexte sollen also alle drei der oben genannten Fragen beantworten. Bleiben wir aber vorerst noch einmal beim Angebotsnutzen. Der größte Anfängerfehler beim Verfassen von Verkaufsbotschaften ist es, rein über Produktmerkmale zu sprechen. Zum Beispiel: »Dieses PDF umfasst 30 Seiten und ist sogar ausfüllbar.« Überzeugt dich das? Mich nicht so wirklich. Besonders meine Kund*innen aus dem medizinischen Bereich durfte ich diesbezüglich des Öfteren liebevoll daran erinnern. Patienten interessieren sich nicht zwingend für die Beschaffenheit der eingesetzten Werkzeuge, sondern eher für die Frage: »Inwiefern helfen mir diese, mich besser zu fühlen?« Erinnere dich, du verkaufst nicht Produkte oder Dienstleistungen, sondern Transformationen.

Bevor du dich also hinsetzt, um deine Verkaufstexte zu schreiben, solltest du dir diese Transformationen noch einmal deutlich machen. Dabei hilft die Übung *Feature, Ergebnis und emotionaler Benefit* der Textkoryphäe Daniela Rorig.[2] Liste zunächst alle

1 Die durchschnittliche Warenkorbabbruchrate liegt laut einer Studie des Baymard Institute bei 69,9 %. (baymard.com/lists/cart-abandonment-rate)

2 Daniela Rorig, Texten können, 2022, S. 36f.

wichtigen Produktmerkmale, also die »Features« deines Angebots auf. Danach überlegst du dir, was genau diese bewirken, am besten für jedes Merkmal einzeln. Und zum Schluss reflektierst du, was sich dadurch für deine Wunschkundin verändert. Dazu musst du dich wirklich tief in sie hineinversetzen und verstehen, welche emotionalen Auswirkungen deine Produktmerkmale und Ergebnisse wirklich haben. Achte darauf, diese auch wahrheitsgetreu zu formulieren. Ein 30-seitiges PDF wird nicht mein Leben verändern, aber kann mir dabei helfen, mich rasch in ein Thema einzuarbeiten (siehe Tabelle 9.1).

Feature (Was ist es?)	**Ergebnis (Was macht es?)**	**Emotionaler Benefit (Was verändert sich für die Kundin dadurch?)**
30-seitiges PDF	kann in weniger als zwei Stunden durchgearbeitet werden, aber behandelt das Thema dennoch ausführlich	muss sich nicht zu viel Zeit freischaufeln, um dieses Thema auszuarbeiten, und braucht keine weiteren Ressourcen
ausfüllbar	Die Übungsblätter können direkt am Computer ausgearbeitet werden.	kann effizient damit arbeiten und muss es nicht ausdrucken
mit Checklisten	erleichtern die Umsetzung und können jederzeit wieder zur Hand genommen werden	weiß genau, welche Schritte sie in welcher Reihenfolge durchführen muss

Tabelle 9.1 Mögliche Features, Ergebnisse und Benefits für ein E-Book

9.2.2 Übung: pro und kontra

Eine weitere Übung für bessere Verkaufstexte ist es, eine Pro- und Kontra-Liste für dein Angebot zu verfassen. Auch hier musst du dich in die Gedankenwelt deiner Wunschkundin hineinversetzen und dir überlegen, aus welchen Gründen sie dein Angebot kaufen würde und aus welchen eben nicht. Einige allgemeine *Verkaufseinwände* habe ich dir schon in Abschnitt 4.3.2, »Consideration – das Vertrauen gewinnen«, vorgestellt, du solltest diese aber auf jeden Fall noch im konkreten Bezug auf dein Angebot ausarbeiten. Wenn du Kontras notierst, überleg im selben Zug auch, welche Produkte oder Dienstleistungen deine Kundin stattdessen interessieren könnten (siehe Tabelle 9.2). Oft liegt es nämlich gar nicht am Inhalt, sondern am Format eines Angebots. Auch wenn das Thema deines E-Books für eine potenzielle Kundin interessant ist, könnte es sein, dass sie sich umfangreicheres Wissen wünscht, wie sie es zum Beispiel in einem Onlinekurs bekommen würde. Oder sie hat womöglich überhaupt kein Interesse daran, die Inhalte aus deinem E-Book selbst auszuarbeiten, sondern sucht nach jemandem, der ihr die Arbeit abnehmen kann. Es spricht überhaupt nichts dagegen, auf deiner Sales Page oder in einem Verkaufsgespräch auch auf weitere Angebote hinzuweisen, gerade wenn es sich dabei um Up-Sells handelt.

Pro (Warum sollte jemand dein Angebot erwerben?)	**Kontra (Was hält diese Person davon ab, zu kaufen, und welches Angebot würde sie eher interessieren?)**
■ günstig ■ einfach umzusetzen ■ Wissen kann direkt in die Praxis umgesetzt werden ■ Thema ist relevant	■ möchte noch tiefere Einblicke ins Thema bekommen (kauft vielleicht eher einen Onlinekurs) ■ kein Interesse daran, alles selbst auszuarbeiten (sucht nach einer Dienstleisterin, die es für sie macht)

Tabelle 9.2 Mögliche Pros und Kontras für den Kauf eines E-Books

9.3 Platziere deine Sales-Botschaft

Nachdem du diese beiden Übungen abgeschlossen hast, geht es daran, die Ergebnisse auszuformulieren und am Verkaufskanal deiner Wahl zu platzieren. Auch wenn ich dir gleich ein Beispiel für eine Sales Page auf meiner Website zeige, heißt das nicht, dass dies die einzige Möglichkeit darstellt, dein Angebot zu präsentieren. Du kannst deine Verkaufsbotschaft genauso auf mehrere Social-Media-Posts verteilen, in E-Mails packen, oder im direkten Gespräch mit Interessent*innen anbringen. Denn auch wenn sich diese vom Format her unterscheiden, der eigentliche Inhalt bleibt derselbe.

Außerdem möchte ich betonen, dass das Beispiel meiner Sales-Page nicht gewählt wurde, um Werbung für meinen Kurs zu machen, den gibt es gar nicht mehr. Da du aber in Kapitel 5, »Dein digitales Schaufenster: deine Website«, schon Beispiele für verschiedenste Websites bekommen hast, wollte ich dir hier noch einmal zeigen, wie eine einzige Seite strukturiert und gestaltet werden könnte. Und da ich wirklich alle Elemente, die ich dir in diesem Abschnitt vorstelle, selbst eingebaut habe, lag meine eigene Verkaufsseite natürlich nahe.

9.3.1 Hero Section: Headline, Versprechen und Call-to-Action

Gehen wir sie also einmal von oben bis unten durch. Das Erste, was Nutzer*innen sehen, wenn sie deine Sales Page besuchen, ist die Überschrift `<h1>`. Deren Hauptaufgabe ist es, die Aufmerksamkeit deiner Leserinnen zu gewinnen und sie dazu animieren, weiterzulesen. Am besten formulierst du deine Überschrift so, dass auf einen Blick klar wird, was du anbietest. Für weitere Tipps zum Verfassen deiner Headlines schau noch einmal in Abschnitt 7.4.4, »3 Arten von Marketing-Texten, die du meistern solltest«. Zusätzlich zur Überschrift solltest du »above the fold« auf deiner Sales Page in maximal drei Sätzen beschreiben, welche Transformation dein Angebot ermöglicht. Direkt darunter platzierst du deinen ersten Call-to-Action-Button, der auf einen Anker auf der Stelle deiner Sales Page verweist, wo du deine Interessentin zum Kauf weiterleitest (siehe Abbildung 9.1).

Nutze zwei CTA-Buttons

Wenn du möchtest, kannst du neben deinem Haupt-CTA, der zum Kauf deines Angebots einlädt, noch einen weiteren Button hinzufügen, der auf einen weiteren Abschnitt deiner Sales Page verweist, in dem die wichtigsten Benefits deines Angebots aufgelistet werden. Dieser Button soll solche User ansprechen, die noch nicht bereit sind, sofort auf »Kaufen« zu klicken.

Abbildung 9.1 Die Hero Section der Sales Page für meinen Onlinekurs

9.3.2 Die aktuellen Herausforderungen beschreiben

Hat deine Headline überzeugt, scrollt die Nutzerin weiter zum nächsten Abschnitt deiner Sales Page, in dem du sofort eine persönliche Verbindung schaffst. Hier beschreibst du nämlich die aktuelle Situation deiner Wunschkundin genau so, wie du sie in deinen Befragungen geschildert bekommen hast. Vor welchen Problemen und Herausforderungen steht sie gerade? Wie fühlt sie sich, und was geht ihr durch den Kopf? Dein Ziel in diesem Abschnitt ist es, bei der Leserin ein Gefühl von »genau so fühle ich mich« auszulösen, wie ich in Abbildung 9.2.

Abbildung 9.2 Die Herausforderungen meiner Zielgruppe mit Instagram

9.3.3 Den Wunschzustand aufzeigen

Nach den Pain Points springst du sofort in den Wunschzustand deiner Zielgruppe. Was wäre, wenn all ihre Probleme in Luft aufgelöst wären? Wie würde ihr Leben aussehen? Du sprichst an dieser Stelle noch nicht über dein Angebot, sondern behältst den Fokus bei deiner Wunschkundin. Dennoch solltest du darauf achten, den Bezug zu deinem Angebot deutlich zu machen und nicht das Blaue vom Himmel zu versprechen. Drei relevante Ziele sind wirkungsvoller als Dutzende leere Versprechen (siehe Abbildung 9.3).

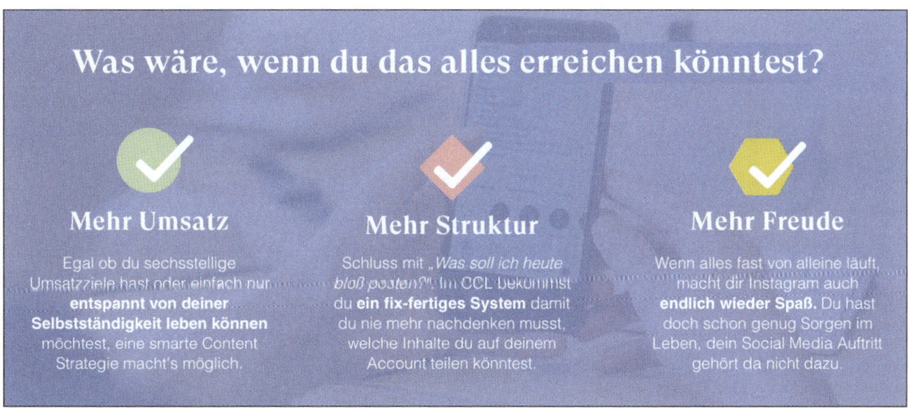

Abbildung 9.3 Die drei größten Ziele meiner Wunschkundin

9.3.4 Ergebnisse und Benefits deines Angebots

Jetzt spannst du die Brücke vom Ist- zum Wunschzustand. Und diese Brücke ist nichts anderes als dein Angebot. Konzentriere dich zunächst noch darauf, die Ergebnisse und Benefits in den Vordergrund zu stellen, die du vorhin ausgearbeitet hast. In Abbildung 9.4 siehst du drei von sechs Merkmalen meines Onlinekurses, die Interessent*innen vor dem Kauf kennen sollten. Lies nicht nur die Überschriften, sondern auch die Beschreibungen, um zu sehen, wie du emotionale Benefits subtil vermitteln kannst.

Abbildung 9.4 Ergebnisse und Benefits für meinen Onlinekurs

9.3.5 Eine Aufzählung der Features

Erst jetzt teilst du die wichtigsten Produktmerkmale, um zu zeigen, was genau dein Angebot alles beinhaltet (siehe Abbildung 9.5). Speziell rationale Käufertypen fühlen sich dadurch angesprochen.

Abbildung 9.5 Die wichtigsten Features meines Onlinekurses

Die vier Käufertypen

Die Business-Mentorin Lena Moroselia (*lenamoroselia.com*) unterscheidet zwischen vier Typen von Käufer*innen, von denen du so viele wie möglich mit deiner Verkaufsbotschaft ansprechen solltest:

1. **Die Prahlerin** (schnell und rational): Sie entscheidet schnell, um sich einen klaren Wettbewerbsvorteil zu schaffen. Dieser Typ legt Wert auf Qualität und sucht vor allem nach Angeboten, die möglichst effektiv sind.
2. **Die Spontane** (schnell und emotional): Auch sie entscheidet sich rasch, etwas zu kaufen, jedoch eher aus einem Bauchgefühl heraus. Dieser Typ ist irrsinnig schnell gelangweilt, überspringt unnötige Details und fühlt sich eher von bunten Grafiken und aussagekräftigen CTAs angesprochen.
3. **Die Misstrauische** (langsam und rational): Dieser Typ liest deine Sales Page von oben bis unten, bevor eine Entscheidung getroffen wird. Sie möchte jedes einzelne Detail zu deinem Angebot wissen und stellt dir vorab viele Fragen.
4. **Die Harmonische** (langsam und emotional): Ihr fällt es schwer, sich zu entscheiden. Deshalb ist sie immer eine der Letzten, die von dir kauft. Sie möchte wissen, wie es anderen Kund*innen ergangen ist und braucht das Gefühl, dir vertrauen zu können.

9.3.6 FAQ-Bereich

Ein weiterer wichtiger Abschnitt auf deiner Sales Page sind die FAQ, in denen du die brennendsten Fragen rund um dein Angebot beantwortest. Hier hast du die Möglichkeit, Verkaufseinwände zu entkräften, die du dir in der »Pro und Kontra«-Übung notiert hast, und jede noch so kleine Frage, die der Misstrauischen durch den Kopf gehen könnte, zu beantworten. FAQ werden normalerweise ganz unten auf einer Sales Page platziert, da sie eher als Ergänzung zu den eigentlichen Verkaufsbotschaften gesehen werden. In Abbildung 9.6 siehst du zum Beispiel eine Frage rund um Ratenzahlungen für meinen Onlinekurs. Diese soll den Verkaufseinwand »ich habe kein Geld« entkräften.

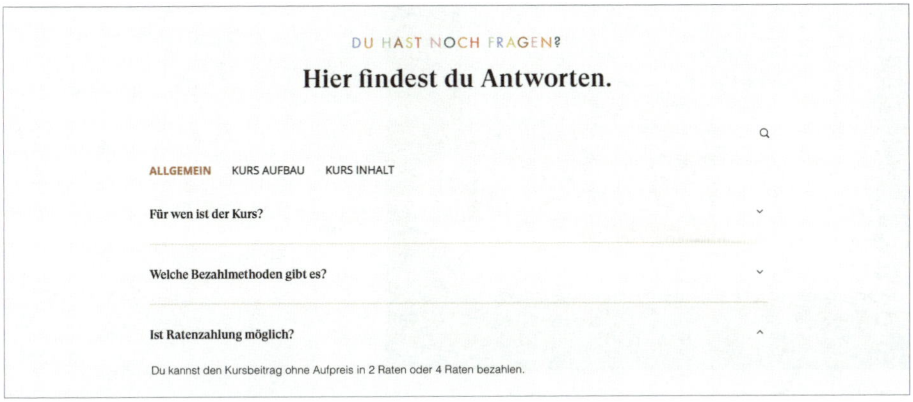

Abbildung 9.6 Der FAQ-Bereich auf meiner Sales Page

An dieser Stelle möchte ich jedoch betonen, dass es natürlich völlig legitim ist, kein Geld für etwas zu haben und ein Angebot, für das man sich zwar eigentlich interessiert, aus diesem Grund nicht zu kaufen. Noch einmal: Du möchtest niemanden überreden oder manipulieren, nur mögliche Lösungswege aufzeigen.

9.3.7 Dein Angebot auf einen Blick

Zum Schluss oder kurz vor dem FAQ-Bereich fasst du noch einmal die wichtigsten Infos rund um dein Angebot zusammen (siehe Abbildung 9.7). Alle CTA-Buttons, die du im Laufe deiner Sales Page platziert hast, führen hierher. Denn an dieser Stelle leitest du die Interessentin weiter zur Check-out- oder Kontakt-Seite, auf der sie dein Angebot schlussendlich erwerben oder dich kontaktieren kann. Du musst hier zwar kaum mehr Überzeugungsarbeit leisten, hast aber noch immer die Möglichkeit, ein, zwei psychologische Trigger einzubauen, die ich dir im nächsten Abschnitt vorstellen werde.

Abbildung 9.7 Ein Überblick über die Inhalte und Boni meines Onlinekurses inklusive CTA-Button zur Check-out-Seite

Wichtig! Kommuniziere hier den Preis deines Angebots

Preistransparenz schafft Vertrauen. Deshalb solltest du (auch im B2B) den Brutto-Preis deines Angebots schon auf der Sales Page anführen, nicht erst beim Check-out. Verkaufst du wie ich digitale Dienstleistungen oder Produkte in verschiedene Länder, berechne den Brutto-Preis mit der Umsatzsteuer aus deinem Land. Vermerke ihn mit einem Hinweis, dass Steuersätze je nach Wohnsitz der Käuferin variieren können. Das sorgt von vornherein für eine klare Erwartungshaltung, und du vermeidest böse Überraschungen beim Checkout.

9.4 Den Verkauf beschleunigen: 9 psychologische Trigger

Deine Kundin kennt dein Angebot nun in- und auswendig und ist vielleicht schon kurz davor, es zu kaufen. Ein paar Asse haben wir aber noch in unserem Sales-Ärmel. Dabei bedienen wir uns wieder an Erkenntnissen aus der Psychologie. Der US-amerikanische Neurophysiologe Benjamin Libet fand heraus, dass unser Gehirn schon Bereitschaftspotenzial für eine bestimmte Handlung zeigt, noch bevor wir uns bewusst dafür entscheiden.[3] Das heißt, viele unserer Entscheidungen passieren größtenteils unbewusst. Genau darauf zielen sogenannte psychologische Verkaufstrigger ab und versuchen, die Kaufentscheidungen von Interessent*innen zu deinen Gunsten ausfallen zu lassen. Wie du dir vorstellen kannst, sollten solche Trigger mit Vorsicht eingesetzt werden. Zum einen, weil wir niemanden zum Kauf manipulieren wollen und zum anderen, weil zu viele oder zu offensichtlich platzierte Trigger auch das Gegenteil bewirken können. Nutzt du psychologische Verkaufstrigger, dann nicht, um deine Kunden zu überreden, sondern um ihnen dabei zu helfen, eine für sich stimmige Entscheidung zu treffen. Behalte das immer im Hinterkopf.

9.4.1 Autorität und Expertise

Käufertypen, die eher rationale Entscheidungen treffen, achten darauf, den Expertenstatus des Gegenübers zu überprüfen. Gerade als Beraterin oder Coach profitierst du davon, als Autorität auf deinem Gebiet angesehen zu werden, und auch bestimmte Produkt-Unternehmen (zum Beispiel im medizinischen Bereich) können sich die Empfehlungen von Expert*innen zunutze machen. Belege deine Expertise wenn möglich mit Zahlen und Fakten, auch auf der Sales Page. Zum Beispiel:

- einschlägige Aus- und Weiterbildungen
- Jahre an Erfahrung auf deinem Gebiet

3 Hier erfährst du mehr über Libets Experiment: *planet-wissen.de/natur/forschung/hirnforschung/pwiedaslibetexperiment100.html*

- Logos von namhaften Kunden, mit denen du zusammengearbeitet hast, oder Expertinnen, die dein Produkt empfehlen
- Case Studies oder Erfolgsgeschichten von Kundenprojekten
- Auszeichnungen oder Qualitätssiegel
- Logos bekannter Magazine oder Blogs, in denen du zu sehen warst, wie in Abbildung 9.8

Abbildung 9.8 Auf der Sales Page zu meinem Onlinekurs zeige ich Logos von Blogs und Magazinen, in denen ich erschienen bin.

9.4.2 Reziprozität

Reziprozität oder Gegenseitigkeit gilt als eines der Grundprinzipien menschlichen Handelns. Wenn uns jemand viel gibt, fühlen wir uns irgendwann verpflichtet, auch etwas zurückzugeben. Gehst du großzügig mit deinem Wissen um oder machst du deiner Kundschaft immer wieder kleine Geschenke, wird sich diese höchstwahrscheinlich auch erkenntlich zeigen.

9.4.3 Vertrauen

Vertrauen ist das A und O in der Beziehung zu deinen Kund*innen. Wer dir nicht vertraut, wird auch nicht von dir kaufen. Das Fundament dafür hast du schon mit den vielen Taktiken, die ich dir bis jetzt vorgestellt habe, gelegt.

Abbildung 9.9 Für meinen Onlinekurs biete ich eine freiwillige 14-tägige Geld-zurück-Garantie, um das Vertrauen meiner Kundschaft zu stärken.

Doch auch bei der Kaufabwicklung kannst du einen Vertrauensvorschuss aufbauen, gerade wenn sie online stattfindet. Siegel für sichere Zahlungsmethoden, transparente Preise und Geld-zurück-Garantien (siehe Abbildung 9.9) helfen deiner Kundschaft dabei, sich in ihrer Kaufentscheidung sicher zu fühlen.

9.4.4 Vorfreude

Erinnerst du dich noch an die Zeit vor Netflix und Co., dann weißt du, wie es sich anfühlt, Woche für Woche aufs Erscheinen der nächsten Folge deiner Lieblingsserie zu warten. Vorfreude ist nicht nur die schönste Freude, sondern auch ein starker Verkaufstrigger. Oder wie erklärst du dir sonst die langen Schlangen vor Apple Stores weltweit, kurz bevor ein neues iPhone erscheint? In der ersten Verkaufskampagne zu meinem Onlinekurs (siehe Abschnitt 7.3.9, »Um zu verkaufen, plane Kampagnen«) habe ich diesen Trigger eingesetzt, indem ich die Produktankündigung spielerisch gestaltet habe. In meinen Instagram-Storys hatte ich zunächst nur angekündigt, dass es bald ein neues Angebot geben wird, ohne dessen Namen oder Inhalt zu nennen. Dann habe ich ein Spiel mit meiner Community veranstaltet. Mit dem Fragesticker konnte jede Person Buchstaben vorschlagen und so nach und nach den Namen meines Kurses erraten. Solche spielerischen Elemente werden übrigens als *Gamification* bezeichnet und können Kund*innen dazu motivieren, mehr Interesse an deinem Angebot zu zeigen. Mein Plan ist natürlich aufgegangen, denn über 150 Leute haben Buchstaben mitgeraten, und ca. 40 meiner Follower haben mich direkt angeschrieben, was denn das letzte Wort sei. »Creative« und »Content« wurden nämlich sehr schnell erraten, aber auf »Lab« ist nur eine Person gekommen. Eine Followerin hat mir sogar geschrieben, dass ich das Rätsel unbedingt noch am selben Tag auflösen muss, sonst würde ich ihr eine schlaflose Nacht bereiten. Du siehst, es zahlt sich aus, auch deine Verkaufskampagnen unterhaltsam und spielerisch anzugehen.

9.4.5 Sympathie

Gerade bei Dienstleister*innen und Coaches darf ein gewisser Sympathie-Faktor nicht unterschätzt werden. Denn, wie du bereits zu Beginn dieses Abschnitts gelernt hast, wird ein Großteil der Kaufentscheidungen unbewusst, aus dem Bauch heraus, gefällt. Eigentlich ist es ja wenig verwunderlich, dass wir eher von Menschen und Marken kaufen, die wir sympathisch finden, als umgekehrt.

Grundsätzlich finden wir solche Menschen besonders sympathisch, die uns ähnlich sind. Dieses Phänomen wird als soziale Homophilie bezeichnet und kann sich auf das Aussehen, die Sprache, Werte und Hobbys anderer beziehen. Deshalb ist es wichtig, dass du so viel wie möglich über deine Zielgruppe in Erfahrung bringst und deine Marke und Verkaufsbotschaften komplett auf diese ausrichtest. Verwende

Bilder von Menschen, die deiner Wunschkundin ähnlich sehen, und sprich deren Sprache für weitere Sympathie-Punkte.

Soziale Homophilie, Homogenität und Diversität

Gerade weil wir die Tendenz haben, uns mit solchen Menschen zu umgeben, die uns ähnlich sind, ist es wichtig, auch den Schattenseiten dieses Phänomens Beachtung zu schenken. Denn Homophilie darf nicht zur Homogenität ausarten. Als Unternehmer*innen tragen wir auch eine gesellschaftliche Verantwortung, und dazu gehört es, eine Vielfalt an Lebensrealitäten abzubilden.[4]

9.4.6 Events und Rituale

Unternehmen wie Lush, Rituals, Douglas oder Sephora verstehen es schon lange, einen Besuch in ihren Läden zu einem richtigen Event zu machen. Dieser Trigger hat sogar eine eigene Strömung, nämlich *Experiential Marketing* oder *Erlebnismarketing*. Du kennst doch bestimmt den Duft, der von Lush-Stores ausströmt und einen regelrecht hineinzieht. Drinnen angekommen laden dekorative Waschbecken dazu ein, die Produkte zu riechen, fühlen und ausprobieren. Solche Erlebnisse bleiben der Kundschaft natürlich noch länger im Kopf und können auch den Kauf beschleunigen.

9.4.7 Community

Was wir kaufen, ist durch unser soziales Umfeld und unsere Bindung zur Marke beeinflusst. Die Macht einer starken Community haben wir schon in Abschnitt 4.3.5, »Loyalty – wenn Kund*innen zu Fans werden«, ausführlich behandelt, deshalb springen wir an dieser Stelle gleich weiter zum nächsten Trigger.

9.4.8 Verknappung

Verknappung ist einer der stärksten psychologischen Verkaufstrigger, die du dir zunutze machen kannst. Aufgrund seiner Effektivität solltest du Verknappung aber mit Bedacht einsetzen. Die zugrunde liegende Idee ist, dass Leute eher handeln, wenn sie das Gefühl haben, etwas zu verpassen. Du erzeugst also bei deiner Kundschaft eine gewisse Dringlichkeit, die Antwort auf die dritte Frage, die ich dir ganz oben aufgelistet habe. »Warum soll ich dieses Angebot jetzt kaufen und nicht später?« Ganz einfach, weil es vielleicht später nicht mehr in dieser Form verfügbar ist.

4 Eine spannende Abhandlung zu Marketing und Diversität findest du unter *content-marketing.com/diversity-marketing*.

Es gibt vier verschiedene Formen von Verknappungen, die je nach Angebot mehr oder weniger Sinn machen können:

- *Zeitliche Verknappung* bedeutet, dass das Angebot selbst nur für einen gewissen Zeitraum verfügbar ist, wie das bei Konzerten oder Events ganz natürlich der Fall ist. Im Online-Business wird zeitliche Verknappung gerne künstlich hervorgerufen, indem der Zugriff zu Kursen oder anderen digitalen Produkten nur für einen bestimmten Zeitraum angeboten wird.
- Ganz ähnlich funktioniert die *Limitierung der Stückzahl oder Plätze* zum Beispiel für Workshops oder Seminare. Auch Produkt-Unternehmen können sich diese Strategie zunutze machen, indem sie eine Limited Edition ihres Angebots herausbringen. Kasnudl (*kasnudl.com*), ein Hersteller von österreichischen Teigtaschen, entwickelt zum Beispiel regelmäßig saisonale Sorten, die immer nur für einen bestimmten Zeitraum zur Verfügung stehen. Im Frühjahr gibt es frische Bärlauch-Nudel, im Herbst dafür Butternuss und Steinpilz. Wer zu spät kauft, hat Pech gehabt.
- Sollte sich keine dieser beiden Varianten für dein Angebot eignen, gibt es noch den Ansatz der *preislichen Verknappung.* Hier wird der Preis für einen bestimmten Zeitraum heruntergesetzt, wie das in Schlussverkäufen oder saisonalen Kampagnen rund um Ostern, Muttertag und Weihnachten oft der Fall ist.
- Eine letzte Variante der Verknappung, die ich dir noch vorstellen möchte, ist es, einen bestimmten *Bonus* oder ein *Geschenk* zum Kauf anzubieten, natürlich wieder für einen begrenzten Zeitraum.

Du kannst auch mehrere Verknappungen miteinander kombinieren

Fortgeschrittene Marketer setzen gleich mehrere Verknappungstaktiken ein, um den gefühlten Wert des Angebots noch mehr zu steigern. In der ersten Verkaufskampagne zu meinem Onlinekurs habe ich gleich drei der oben genannten Taktiken angewendet. Die Anmeldung zum Kurs war nur für zwei Wochen offen *(zeitliche Verknappung)*. Wer vor offizieller Öffnung des Kurses gekauft hatte, bekam einen Frühbucherbonus *(preisliche Verknappung)*, und wer davor schon auf der Warteliste stand, bekam ein kostenloses Webinar obendrauf *(Verknappung über einen Bonus)*.

Nutze Verknappungen aber bitte so, dass sie auch Sinn machen. Steigt der Preis zu einem gewissen Datum, weil ab dann die Kursinhalte zur Verfügung stehen, ist das völlig in Ordnung. Unangekündigte oder grundlose Preissteigerungen könnten dich allerdings das Vertrauen deiner Wunschkundin kosten. Auch hier gilt also: Sei achtsam mit dir und deiner Community! Wer echtes Interesse an deinem Angebot hat, wird auch ohne künstlichen Druck zuschlagen.

9.4.9 Social Proof

Der letzte Trigger, den ich dir vorstellen möchte, ist Social Proof, also soziale Bestätigung. Stell dir vor, du bist im Urlaub und spazierst durch die Gassen auf der Suche nach einem tollen Restaurant fürs Abendessen. Du entdeckst gleich zwei Lokale, die gut aussehen, und siehe da, beide sind gerade geöffnet. Im einen haben sich schon einige Gäste eingefunden und knabbern genüsslich an ihren Vorspeisen, während im anderen noch gähnende Leere herrscht. Wenn du nichts weiter über die beiden Restaurants weißt, für welches wirst du dich wohl entscheiden? Höchstwahrscheinlich für das, in dem schon einige Leute sitzen.

Du bist damit nicht alleine, denn wir sind psychologisch darauf ausgerichtet, Dinge zu mögen, die auch anderen gefallen. Deshalb solltest du auch jede deiner Sales-Botschaften durch Kundenfeedback und Rezensionen ergänzen. Führst du einen Onlineshop, hast du die Möglichkeit, Sternebewertungen für deine Produkte anzeigen zu lassen. Als Dienstleisterin baust du dafür Screenshots von Kundennachrichten (mit deren Erlaubnis!) oder Video-Rezensionen auf deiner Sales Page ein, wie ich in Abbildung 9.10.

Abbildung 9.10 Feedback meiner Onlinekurs-Kundinnen

Je mehr psychologische Trigger du anwendest, desto stärker wird das Vertrauen in dich und dein Angebot und desto weniger »Überzeugungsarbeit« musst du leisten. Mit diesem Wissen im Gepäck ist der erste Kaufabschluss bestimmt nicht mehr weit entfernt. Du wirst sehen, am Ende war das Verkaufen nur halb so schlimm, wie du es dir vorgestellt hast.

Kapitel 10

Ads als Sales-Booster

Irgendwann hast du in deiner Selbstständigkeit einen Punkt erreicht, an dem du nicht mehr dauernd selbst aktiv sein möchtest. Du postest regelmäßig Inhalte, hast erste Verkaufskampagnen durchgeführt und bist bereit, diese Prozesse zu beschleunigen und automatisieren. Schließlich ist deine Zeit ja auch etwas wert. Wie heißt es so schön? »Werbung ist teuer, keine Werbung ist noch teurer.« – Paolo Bulgari

Bis jetzt sind wir ja hauptsächlich auf Pull-Marketing eingegangen, und du hast gelernt, wie du über Content und SEO Interessent*innen organisch anziehst. In diesem Kapitel liegt der Fokus auf Push-Marketing, der Art, bei der du deine Botschaften und Inhalte aktiv vor deiner Zielgruppe platzierst. Push- oder Outbound-Marketing ist natürlich ein umfangreiches Fachgebiet. Dessen komplette Abhandlung würde leider den Rahmen dieses Buchs sprengen. Deshalb konzentrieren wir uns an dieser Stelle auf eine Taktik, die sich besonders sinnvoll in deine digitale Marketing-Strategie einfügt: Onlinewerbung.

10.1 Wann es Sinn macht, Ads zu schalten

Viele Selbstständige, die es leider nicht besser wissen, begehen gleich am Anfang einen gravierenden Fehler beim Schalten von Werbeanzeigen auf Instagram und Co. Sie setzen diese vorwiegend ein, um schlecht performenden Content zu pushen. Wenn ein Instagram-Post weniger Leute erreicht als sonst, wird dieser mit dem »Beitrag bewerben«-Button um ein paar Euro künstlich angefeuert (siehe Abbildung 10.1). Leider könntest du genauso gut Geld zum Fenster hinauswerfen. Schlecht performender Content wird durch einen bezahlten Reichweiten-Boost nicht effektiver. Im Gegenteil. Wenn schon die organische Reichweite ausbleibt, gibt es einen Grund dafür. Dieser Post hat einfach nicht das Interesse deiner Zielgruppe geweckt.

Auch beim Schalten von Werbeanzeigen hilft es also, strategisch vorzugehen. Idealerweise hast du schon erste Erfolge mit deinen organischen Taktiken gefeiert; du verstehst, welche Inhalte in welcher Phase der Customer Journey relevant sind, und hast sowohl deine Website als auch deine Social-Media-Kanäle und E-Mail-Liste eingerichtet. Bezahlte Werbeanzeigen sind keinesfalls der richtige Weg, um zu testen, ob sich dein Angebot überhaupt verkauft. Sie sind ein Sales-Booster und helfen dir, schon funktionierende Taktiken zu skalieren und zu automatisieren.

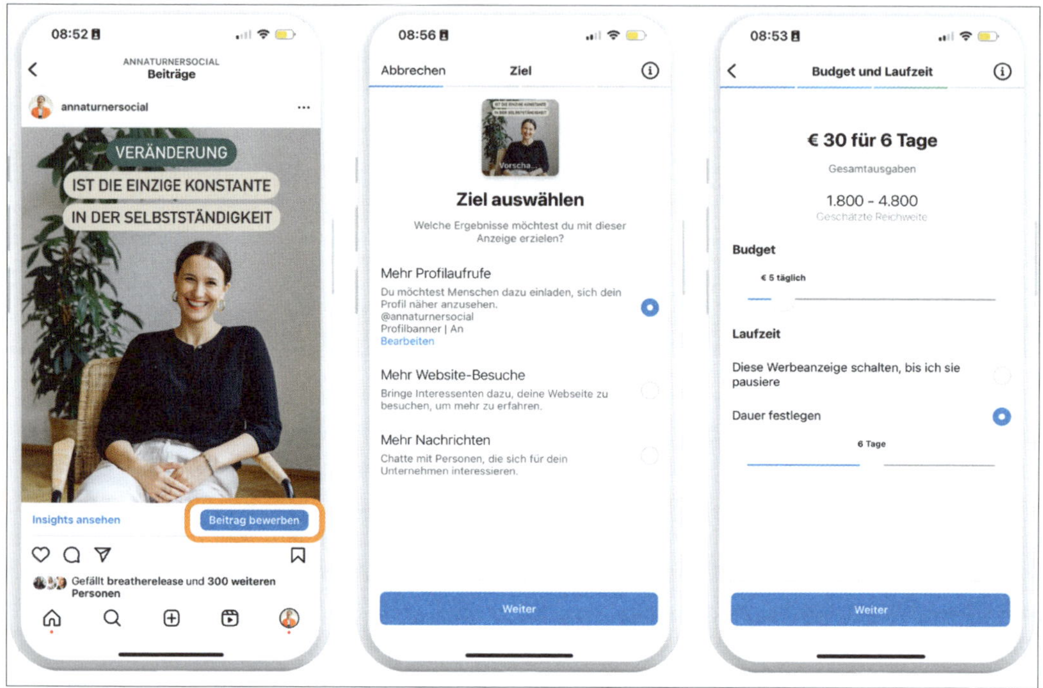

Abbildung 10.1 Willkürlich Beiträge zu bewerben, ist wenig sinnvoll.

Eine einzelne Werbeanzeige hie und da mag zwar sinnvoll sein, wenn du gerade ein saisonales Angebot bewirbst oder ein Event veranstaltest. Noch besser wäre es aber, ein komplettes System zu schaffen, mit dem du deine Wunschkundin gezielt durch die gesamte Customer Journey führst, wie in Tabelle 10.1, wo eine beispielhafte Kundenreise über verschiedene Meta-Werbeanzeigen dargestellt wird. Keine Angst, falls die erwähnten Begriffe noch für Verwirrung sorgen. Sie werden in den nächsten Abschnitten genau erklärt.

Customer Journey Phase	Mögliche Zielgruppe	Ziel	Gestaltung der Werbeanzeige
Awareness	Lookalike Audience	Bekanntheit/ Interaktionen	unterhaltsames Video, das auf ein Problem der Zielgruppe aufmerksam macht

Tabelle 10.1 Eine Reihe an Ads führt potenzielle Kund*innen gezielt durch die Customer Journey.

Customer Journey Phase	Mögliche Zielgruppe	Ziel	Gestaltung der Werbeanzeige
Consideration	Custom Audience, Video Views	Traffic	Infografik, die erste Schritte zur Problemlösung aufzeigt und auf einen Blogartikel verlinkt
Purchase	Custom Audience, Website-Besuche	Leads/Sales	Video mit aussagekräftigen Testimonials von glücklichen Kunden und Link zum Angebot, inklusive Verknappung
Retention	Custom Audience, Kaufabschlüsse	Leads/Sales	Karussell mit Infos zu weiteren Angeboten und exklusivem Gutschein
Loyalty	/	/	/

Tabelle 10.1 Eine Reihe an Ads führt potenzielle Kund*innen gezielt durch die Customer Journey. (Forts.)

Hier werden also mehrere Ads strategisch aufeinander aufgebaut. Die erste Anzeige, ein unterhaltsames Video, wird einer möglichst breiten Usergruppe ausgespielt mit dem Ziel, Bekanntheit für die eigene Marke zu gewinnen. In dem Video wird spielerisch auf ein konkretes Problem der Zielgruppe aufmerksam gemacht, ohne dass das eigene Angebot oder eine mögliche Lösung dafür präsentiert werden. Genauso, wie du das schon von deinem organischen Content kennst. Alle weiteren Anzeigen arbeiten dann mit verschiedenen *Retargeting*-Funktionen und versuchen so, die potenzielle Kundin Richtung Kaufentscheidung zu locken. Zur Erinnerung: Beim Retargeting werden Informationen über das Verhalten einer bestimmten Person genutzt, um dieser eine passgenaue Werbeanzeige auszuspielen.

10.2 Wo kannst du Ads schalten?

Bevor wir aber tiefer in die Materie rund ums Targeting eintauchen, lass uns erst einmal einen Blick auf die verfügbaren Plattformen werfen, auf denen du Ads schalten kannst.

10.2.1 Meta-Ads: Facebook und Instagram

Wenn du »Werbeanzeigen« hörst, denkst du wahrscheinlich zuerst an Facebook und Instagram, denn zusammen bilden die beiden die zweitgrößte Online-Werbeplattform. Knapp 120 Milliarden US-Dollar im Jahr werden über Meta-Werbeanzeigen umgesetzt.[1] Wenig verwunderlich, da Facebook und Instagram nach wie vor zu den weltweit meistgenutzten sozialen Netzwerken gehören. Bist du selbst auf einem der beiden Netzwerke aktiv, lohnt es sich, deine *Meta Business Suite* (*business.facebook.com*) einzurichten, auch wenn du vorerst noch keine Werbeanzeigen schaltest.

10.2.2 Google Ads

Die weltweit größte Plattform zum Schalten von Online-Werbeanzeigen ist mit mehr als 220 Milliarden US-Dollar Umsatz im Jahr Google.[2] Das ist wenig verwunderlich, denn die Google-Ads-Plattform umfasst nicht nur Werbeanzeigen in der Google-Suche oder Google Maps, sondern auch ein breites Displaynetzwerk, mit dem du Banner-Anzeigen auf verschiedenen Partner-Websites schalten kannst. Außerdem gehört YouTube zu Google. Deshalb werden auch Ads für die Videoplattform über den *Google Ad Manager* geschaltet. Um diesen einzurichten, besuche *ads.google.com* und logge dich mit deinem Google-Konto ein, falls du schon eines besitzt. Falls nicht, kannst du dieses unter *myaccount.google.com* einrichten.

Wichtig! Zweistufige Authentifizierung aktivieren

Gerade wenn du finanzielle Daten teilst, um für Ads zu bezahlen, solltest du deine Accounts gut absichern. Aktiviere deshalb sofort die zweistufige Authentifizierung, eine Sicherheitsfunktion, bei der neben deinem Passwort auch noch ein Sicherheitscode abgefragt wird, wenn sich eine Person über einen unbekannten Browser mit deinem Account anmeldet. Anleitungen bekommst du unter:

- *Meta: facebook.com/help/148233965247823#*
- *Google: support.google.com/google-ads/answer/12864186?hl=de*

10.2.3 Weitere Plattformen

Natürlich gibt es Werbeanzeigenmanager nicht nur für Meta oder Google. Auch auf allen anderen gängigen Social-Media-Plattformen kannst du Werbeanzeigen schalten. Da eine detaillierte Betrachtung jeder einzelnen Plattform jedoch zu umfangreich wäre, habe ich hier zumindest die Links zu den einzelnen Ads-Managern für dich gesammelt:

1 Quelle: *de.statista.com/statistik/daten/studie/1352865/umfrage/werbeumsatz-von-meta-weltweit*

2 Quelle: *de.statista.com/statistik/daten/studie/75188/umfrage/werbeumsatz-von-google-seit-2001*

- *LinkedIn: business.linkedin.com/de-de/marketing-solutions*
- *TikTok: getstarted.tiktok.com/de-brand?lang=de*
- *Pinterest: business.pinterest.com/de/advertise*
- *X: ads.twitter.com/login?lang=de*

10.3 Kampagne, Budget, Zielgruppe – was du beim Aufsetzen deiner Ads beachten musst

Im Grunde genommen ist es völlig egal, auf welcher Plattform du am Ende deine Werbeanzeigen schaltest. Wenn du einmal das System dahinter verstanden hast, kannst du es auf verschiedensten Kanälen anwenden. Im folgenden Abschnitt zeige ich dir deshalb, wie du erfolgreiche Ads für die Meta-Plattformen sowie die Google-Suche erstellst.

10.3.1 Meta-Ads: deine Werbeanzeige einrichten

Wenn du deine Meta Business Suite eingerichtet, dein Facebook-Konto mit Instagram verknüpft und deine Website erfolgreich verbunden hast, bist du bereit, deine erste Werbeanzeige zu erstellen. Klick dazu in der Seitenleiste deiner Meta Business Suite auf ALLE TOOLS und dann auf WERBEANZEIGENMANAGER, wo du deine erste Anzeige einrichten kannst. Diese umfasst, wie du in Abbildung 10.2 sehen kannst, drei Ebenen:

1. *Kampagnen:* Hier wählst du das übergeordnete Ziel deiner Werbeanzeige sowie dein Budget aus.
2. *Anzeigengruppen:* Jeder Kampagne wird mindestens eine Anzeigengruppe zugeordnet, in der du deine Zielgruppe sowie mögliche Platzierungen festlegst.
3. *Anzeigen:* Jeder Anzeigengruppe wird mindestens eine Anzeige zugeordnet, die du visuell gestalten kannst.

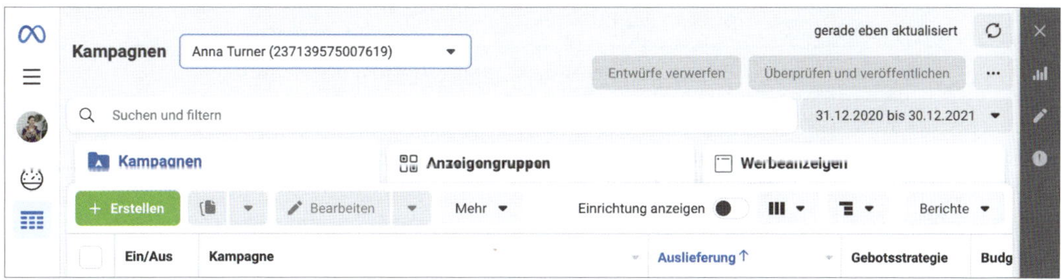

Abbildung 10.2 Die drei Ebenen einer Meta-Werbeanzeige

Übung: Unterscheide zwischen Kampagne, Anzeigengruppe und Anzeige

Beantworte diese Fragen, bevor du weiterliest[3]:

1. Wenn du eine Anzeige nur an Frauen ausspielen lassen möchtest, stellst du das in der _______ um.
2. Wenn deine Anzeige gut läuft, kannst du das Budget der _______ erhöhen.
3. Du hast dich am Produktfoto in deiner Werbeanzeige sattgesehen, also änderst du dieses in der _______.

1. Kampagnenziele einrichten

Wenn du eine Werbeanzeige für Facebook oder Instagram erstellen möchtest, beginnst du auf der Kampagnen-Ebene. Klick den grünen + ERSTELLEN-Button in deinem Werbeanzeigenmanager, und wähle zunächst eines der sechs verfügbaren Kampagnenziele (siehe Tabelle 10.2) aus, je nachdem, welche Customer-Journey-Phase du mit deiner Anzeige ansprechen möchtest. Für Ads in der Awareness-Phase sind Ziele wie BEKANNTHEIT und INTERAKTIONEN sinnvoll. In der Consideration-Phase möchtest du vielleicht User auf deine Website locken und wählst deshalb TRAFFIC. Danach soll es zum Kaufabschluss kommen, du wählst deshalb UMSATZ, wenn man direkt über deine Website kaufen kann, oder LEADS, wenn du im persönlichen Gespräch durch den Kaufprozess führst. Du kannst das Kampagnenziel übrigens später noch einmal ändern, wenn du möchtest.

Ziel	Beschreibung
Bekanntheit	Erreiche so viele Personen wie möglich, die sich dann an dich und deine Marke erinnern.
Traffic	Bringe Personen dazu, auf einen Link zu klicken.
Interaktionen	Sorge dafür, dass Personen mit deiner Werbeanzeige interagieren oder eine Unterhaltung mit dir beginnen.
Leads	Bringe Personen dazu, ihre Kontaktinformationen direkt in Facebook oder Instagram mit dir zu teilen.
App-Promotion	Bringe Personen dazu, deine App zu installieren.
Umsatz	Bringe Personen dazu, einen Kauf zu tätigen.

Tabelle 10.2 Mögliche Kampagnenziele für Meta-Ads

3 Lösung: 1. Anzeigengruppe, 2. Kampagne, 3. Anzeige

2. Kampagnen-Details auswählen

Als Nächstes hast du die Möglichkeit, verschiedene Details zu deiner Kampagne anzugeben. Zuerst möchtest du ihr einen Namen geben, anhand dessen du sie von anderen Kampagnen unterscheiden kannst. Ich wähle hier gerne eine Kombination aus dem beworbenen Angebot und Kampagnenziel, zum Beispiel »CreativeContentLab_Umsatz«. Außerdem kannst du einen A/B-Test einrichten und dein Kampagnenbudget festlegen. Hier gibt es zwei Möglichkeiten:

- *Tagesbudget:* wie viel du pro Tag ausgeben möchtest
- *Laufzeitbudget:* wie viel du für die gesamte Kampagne ausgeben möchtest

Tagesbudgets sind insofern flexibler, als du mit dieser Einstellung deine Kampagne auch ohne Enddatum laufen lassen kannst und weißt, welche Kosten dich jede Woche erwarten. Bei Laufzeitbudgets musst du später sowohl ein Start- als auch ein Enddatum für deine Kampagne auswählen, über dessen Laufzeit sich dann dein ganzes Budget ungleichmäßig verteilt. Denn bei dieser Einstellung optimiert Facebook die Ausspielung deiner Anzeige, je nachdem, wie hoch die Erfolgschancen stehen. Du siehst, beide Optionen haben Vor- und Nachteile.

Wie viel soll ich für meine Ads ausgeben?

Die wohl wichtigste Frage an dieser Stelle, auf die es leider keine eindeutige Antwort gibt. Denn das passende Budget hängt von verschiedensten Faktoren ab, u. a. der Größe deiner Zielgruppe und der Laufzeit deiner Anzeige. Facebook hilft dir dabei, das Ergebnis deiner Kampagne grob einzuschätzen, die Ergebnisse weichen aber teilweise stark von den vorher getätigten Schätzungen ab. Leg dir deshalb zunächst ein Testbudget zur Seite, um eine erste Kampagne laufen zu lassen. Basierend auf deren Ergebnis kannst du dann besser abschätzen, wie viel Geld du einsetzen musst, um dein Kampagnenziel zu erreichen.

3. Anzeigengruppe einrichten

Nachdem du deine Kampagne fertig eingerichtet hast, wanderst du weiter auf die Ebene der Anzeigengruppe. Auch hier kannst du wieder einen eigenen Namen auswählen und führst am besten ein Merkmal an, nach dem sich deine verschiedenen Anzeigengruppen unterscheiden.

Kampagnenziel – Unterziel

Je nachdem, welches Kampagnenziel du ausgewählt hast, kannst du jetzt bestimmte Unterziele bestimmen (siehe Abbildung 10.3). So kannst du zum Beispiel im Kampagnenziel »Bekanntheit« die reine Reichweite deiner Anzeige maximieren oder sichergehen, dass sie hauptsächlich an solche User ausgespielt wird, die mindestens 15 Sekunden deines Videos ansehen, solltest du eine Video-

Anzeige planen. Mit dem Kampagnenziel »Interaktionen« kannst du auswählen, wo genau du deine Interaktionen steigern möchtest, zum Beispiel direkt in deiner Werbeanzeige, auf deiner Facebook-Seite oder im Messenger. Wählst du als Kampagnenziel »Umsatz«, musst du entscheiden, ob du User auf deine Website oder in deinen Messenger locken möchtest, um sie dann dort zu konvertieren.

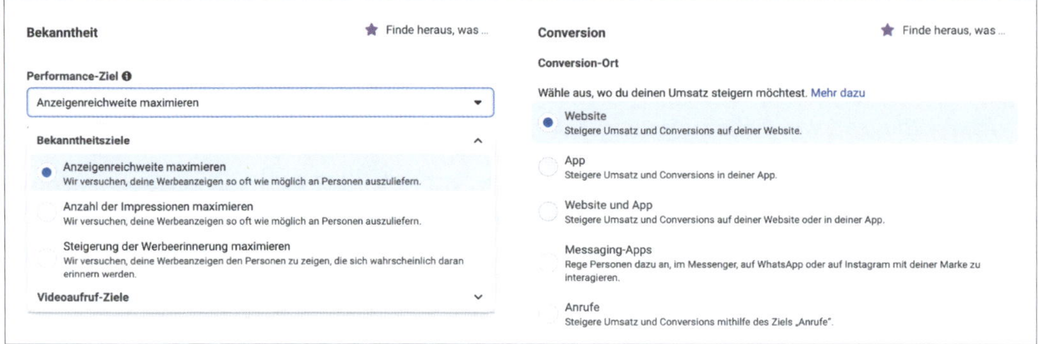

Abbildung 10.3 Links siehst du die Unterziele für das Kampagnenziel »Bekanntheit«, rechts für das Ziel »Umsatz«.

Zeitplan

Je nachdem, welche Art von Budget du vorhin ausgewählt hast, legst du hier das Start- oder zusätzlich ein Enddatum für deine Kampagne fest.

Zielgruppe

Eine der wichtigsten Einstellungen für deine Anzeigengruppe ist die Zielgruppe. Hier legst du fest, wer deine Werbeanzeige später zu sehen bekommt, und kannst ganz schön ins Detail gehen (siehe Tabelle 10.3). Die Zielgruppe eignet sich übrigens ganz hervorragend als Merkmal, um verschiedene Anzeigengruppen zu erstellen. So kannst du später zum Beispiel den Anzeigentext für Personen je nach deren Standort anpassen oder spezielle Anzeigen für deine männlichen Kunden und wieder andere für deine weiblichen Kundinnen erstellen.

Dir stehen drei Arten von Zielgruppenbestimmungen zur Auswahl:

- *Saved Audiences:* basieren auf demografischen Eigenschaften sowie Interessen
- *Custom Audiences:* basieren auf bestimmten Verhaltensweisen, die du anhand von externen sowie Meta-internen Quellen bestimmst
- *Lookalike Audiences*: eine Art Zwillings-Zielgruppe, die einer von dir bestimmten Zielgruppe ähnelt

Zielgruppe	Kategorie	Wichtigste Auswahlmöglichkeiten	Beschreibung
Saved Audience	(Ohne)	Standort	der Wohnort oder kürzlich besuchte Ort einer Person
		Alter	das Mindest- und Höchstalter deiner Zielgruppe
		Geschlecht	das Geschlecht deiner Zielgruppe
		detailliertes Targeting	Verfeinere deine Zielgruppe, indem du Interessen bestimmst
		Sprachen	welche Sprache deine Zielgruppe spricht
Custom Audience	deine Quellen	Website	basierend auf dem Verhalten auf deiner Website
		Kundenliste*	basierend auf einer anonymisierten Kundenliste, die du selbst hochlädst
	Meta-Quellen	Facebook-Seite	Personen, die mit deiner Facebook-Seite interagiert haben oder dir folgen
		Instagram-Konto	Personen, die mit deinem Instagram-Konto interagiert haben oder dir folgen
		Video	Personen, die sich dein Video auf Facebook oder Instagram angesehen haben
		Veranstaltungen	Personen, die mit deinem Facebook-Event interagiert haben
		Lead-Formular	Personen, die dein Lead-Formular geöffnet oder ausgefüllt haben
Lookalike Audience	(Ohne)	(Ohne)	Facebook erstellt eine eigene Zielgruppe, die deiner Vorauswahl aus den oben genannten Quellen ähnelt.

Tabelle 10.3 Die verschiedenen Zielgruppeneinstellungen für Meta-Ads

***Datenschutzverstöße bei Custom Audiences**

Meta gibt zwar an, dass Kundenlisten, die du selbst hochlädst, anonymisiert werden, allerdings ist diese Funktion datenschutzrechtlich äußerst bedenklich, da die Listen personenbezogene Daten wie E-Mail-Adressen involvieren. Laut dem GDM (Gesetz über digitale Märkte) dürfen solche Daten nämlich nur mit ausdrücklicher Einwilligung der Betroffenen genutzt werden. Weitere Einblicke in dieses Thema gibt es auf *dr-datenschutz.de/facebook-custom-audiences-vereinbar-mit-dem-datenschutz*. Um einen möglichen Verstoß gegen Datenschutzrechte zu vermeiden, rate ich dir, diese Art von Zielgruppenbestimmung zu vermeiden und lieber auf andere Quellen zu setzen.

Bevor du deine Anzeige im Werbeanzeigenmanager erstellst, lohnt es sich, zunächst einmal eine Vielfalt möglicher Zielgruppen einzurichten, die du immer wieder verwenden kannst. Klick dazu in der Seitenleiste deiner Meta Business Suite auf ALLE TOOLS und dann auf ZIELGRUPPEN. Folgende vordefinierte Zielgruppen sind besonders hilfreich:

- Saved Audiences basierend auf *deinen Personas* (inkl. demografischer Eigenschaften und Interessen)
- Saved Audience basierend auf *deinem genauen Standort* (z. B. wenn du ein Restaurant oder einen Friseursalon besitzt)
- Custom Audiences basierend auf *Interaktionen mit deinen Instagram- oder Facebook-Beiträgen* (im Zeitraum von 180 Tagen)
- Custom Audiences basierend auf *Personen, die mindestens 25 % deines Videos angesehen haben* (im Zeitraum von 180 Tagen)
- Custom Audiences basierend auf *Personen, die dir eine Nachricht gesendet haben* (im Zeitraum von 180 Tagen)
- Custom Audiences basierend auf *Website-Besuchern der letzten 30 Tage* (für bestimmte Unterseiten)
- Custom Audiences basierend auf *Warenkorbabbrechern* (wenn du einen Onlineshop führst)
- Custom Audiences basierend auf *Kaufabschlüssen* (im Zeitraum von 30 Tagen)
- Lookalike Audiences für *alle der oben genannten Zielgruppen*

Übung: Zielgruppen entlang der Customer Journey

Lies dir die oben genannten Zielgruppen noch einmal durch und versuche, diese jeweils einer Customer-Journey-Phase zuzuordnen. Welche Zielgruppen passen in die Awareness-Phase? Wen würdest du in der Consideration-Phase ansprechen, und wer steht kurz vor oder nach dem Kauf?

Platzierungen

Die letzte Einstellung auf der Ebene der Anzeigengruppe ist die Platzierung deiner Anzeige. Diese kannst du entweder von Meta automatisch bestimmen lassen oder manuell auswählen, zum Beispiel wenn du deine Anzeigen nur auf Facebook oder nur auf Instagram ausspielen lassen möchtest. Es geht sogar noch detaillierter: Hier kannst du einstellen, dass deine Anzeigen ausschließlich in Instagram-Storys zu sehen sind oder spezielle Reels-Ads erstellen. Auch Platzierungen eignen sich hervorragend als Merkmal, um verschiedene Anzeigengruppen zu erstellen. So kannst du später nämlich die Anzeigengestaltung je nach Platzierung optimieren.

4. Anzeige einrichten

Du hast es fast geschafft. Jetzt bist du auf der letzten Ebene angekommen, wo du deine eigentliche Anzeige einrichtest. Damit meine ich die Bilder, Videos und Texte, die User dann ausgespielt bekommen. Auch auf dieser Ebene kannst du wieder einen eigenen Namen auswählen, um verschiedene Anzeigen voneinander zu unterscheiden. Hier bestätigst du auch noch einmal, auf welcher Facebook- und Instagram-Seite deine Anzeige ausgespielt wird. Da du wahrscheinlich nur eine Seite betreust, wird diese automatisch angezeigt. Für Leute wie mich, die mit ihrem Werbeanzeigenmanager auch Kundenaccounts betreuen, scheinen hier zahlreiche Seiten auf.

Als Nächstes wählst du das Format deiner Werbeanzeige. Hier hast du die Auswahl zwischen einzelnen Bildern oder Videos, Karussell-Ads, die mehrere Bilder oder Videos kombinieren (siehe Abbildung 10.4) und Kollektionen, bei denen mehrere Produkte aus deinem Meta-Produktkatalog angezeigt werden.

Je nach Format hast du nun auch unterschiedliche Möglichkeiten, deine Werbeanzeige zu gestalten. Füge ein oder mehrere Medien hinzu und verfasse deine Anzeigentexte. Hier einige Tipps für die einzelnen Bestandteile:

1. *Primärer Text:* Wähle hier einen guten Aufhänger, so wie du es in Abschnitt 7.4, »Texten lernen«, gelernt hast. Achtung! Längere Texte werden mitunter nicht vollständig angezeigt. Formuliere also deinen Einstieg so, dass er User zum Weiterlesen inspiriert.
2. *Medien:* Auch wenn der primäre Text ganz oben angezeigt wird, springt unser Auge sofort auf das dazugehörige Bild oder Video deiner Anzeige. Auch hier kannst du dich an den Vorgaben aus dem Content-Kapitel orientieren und Taktiken wie schnelle Videoschnitte, Selfies oder kontrastreiche Grafiken einsetzen, um mehr Aufmerksamkeit für deine Anzeige zu schaffen. Meta selbst gibt dir übrigens Auskunft darüber, welche Bildgrößen für deine gewählten Platzierungen passend sind.

3. *Call-to-Action:* Wähle aus der vorgegebenen Liste den Call-to-Action aus, der am besten zu deiner Anzeige passt. Schickst du User auf eine Info-Seite, dann wähle »Weitere Infos«, geht es gleich auf die Verkaufsseite, wähle »Jetzt kaufen« oder »Jetzt bestellen«.
4. *Überschrift:* Nutze hier am besten aktive Sprache und wiederhole das Versprechen deiner Werbeanzeige, zum Beispiel »[E-Book] Gassi gehen ohne Leine« oder »0-€-Checkliste für mehr Ordnung«.

Abbildung 10.4 Ein Karussell-Ad von Westwing Deutschland

> **Tipp: Erstelle mehrere Text-Optionen und nutze die Vorschau-Funktion**
>
> Für Meta-Ads kannst du bis zu fünf verschiedene Überschriften und primäre Texte hinzufügen. Diese werden dann dynamisch kombiniert und ausgespielt, je nachdem, was am besten bei Nutzer*innen ankommt. Aktiviere in deiner Anzeigen-Einstellung auch unbedingt die Vorschaufunktion, damit du sehen kannst, wie dein Ad am Ende aussehen wird.

Nun bist du bereit, deine Werbeanzeige zu veröffentlichen. Nachdem diese von Facebook überprüft wurde, wird sie deiner Zielgruppe ausgespielt, und du kannst beginnen, sie zu beobachten und zu analysieren.

10.3.2 Google Ads: deine Werbeanzeige einrichten

Bevor wir uns der Auswertung deiner Ads widmen, werfen wir noch einen Blick in den Google Ads Manager. Tatsächlich gibt es hier einige Parallelen zu Meta, aber auch gravierende Unterschiede. Auch bei Google beginnst du zunächst auf der Kampagnen-Ebene, wo du aus verschiedenen Zielen auswählen kannst (siehe Abbildung 10.5). Klicke in deiner Übersicht auf den großen + ERSTELLEN-Button links, um deine Auswahl zu treffen.

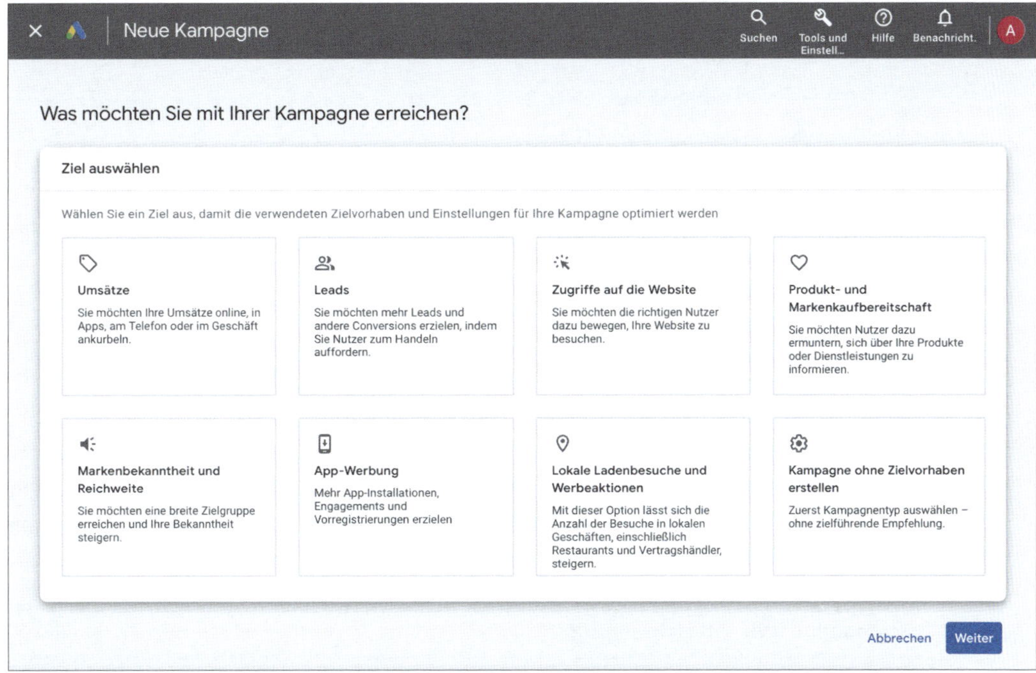

Abbildung 10.5 Die verschiedenen Kampagnenziele für Google Ads

Die meisten ähneln den Zielen, die ich dir schon in den Meta-Kampagnen vorgestellt habe, mit einer Ausnahme: LOKALE LADENBESUCHE UND WERBEAKTIONEN. Diese richten sich speziell an lokale Unternehmen und setzen eine Registrierung bei *Google My Business* voraus.

Exkurs: Google My Business einrichten

Vor allem Unternehmen mit einer physischen Adresse sollten unbedingt ihre Google-My-Business-Seite (*business.google.com*) einrichten. Nur so kannst du sicherstellen, dass du auch auf *Google Maps* aufscheinst und wertvolle Kundenrezensionen sammelst. Darüber hinaus kannst du verschiedene Einstellungen vornehmen, um dein Unternehmen attraktiv zu präsentieren. Du kannst Bilder aus deinem Lokal einfügen (siehe Abbildung 10.6), dein Logo hochladen und deine aktuellen Öffnungszeiten angeben.

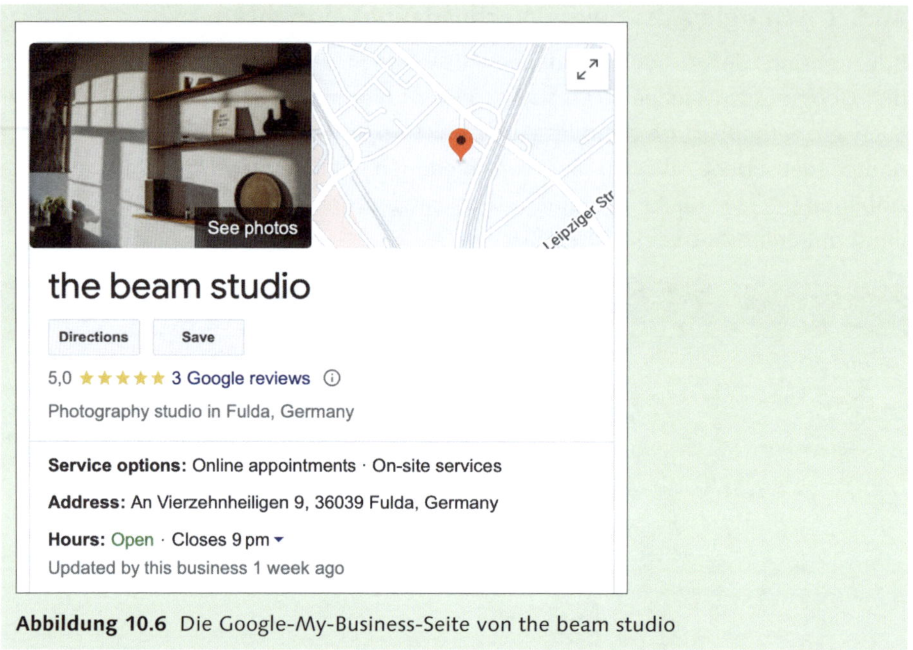

Abbildung 10.6 Die Google-My-Business-Seite von the beam studio

Nachdem du dich für ein Kampagnenziel entschieden hast, wählst du deinen passenden Kampagnentyp. Auch hier unterscheidet sich Google sehr stark von Meta-Anzeigen, da diese natürlich auf völlig unterschiedlichen Plattformen ausgespielt werden. In Tabelle 10.4 bekommst du einen Überblick über die verschiedenen Kampagnentypen.

Kampagnentyp	Beschreibung
Suche	einfache Textanzeigen in Suchergebnissen für bestimmte Keywords
Display	Bildanzeigen auf verschiedenen Websites, die zum Google-Partnernetzwerk gehören
Shopping	Bei dieser Kampagnenart werden Produkteinträge im Google-Shopping-Tab präsentiert.
Video	Videoanzeigen, die auf YouTube ausgespielt werden
App	Steigere deine App-Installationen, indem du Ads in der Google-Suche und Google Play ausspielst.
Smart	eine Lösung für kleine Unternehmen, bei der die Kampagnenerstellung teilweise automatisiert wird

Tabelle 10.4 Die verschiedenen Kampagnentypen für Google Ads

Kampagnentyp	Beschreibung
Performance Max-Kampagne	Bei dieser Kampagnenart kannst du auf mehrere unterschiedliche Anzeigetypen innerhalb einer Kampagne zugreifen, z. B. Suchanzeigen und Display-Ads.

Tabelle 10.4 Die verschiedenen Kampagnentypen für Google Ads (Forts.)

Hast du ein Kampagnenziel und einen -typ ausgewählt, hast du ähnlich wie bei Meta die Möglichkeit, verschiedene Anzeigengruppen zu erstellen. Eine Gruppe besteht für Suchanzeigen aus bestimmten Keywords und den eigentlichen Anzeigen. Bei Display- oder Shopping-Ads reicherst du diese auch durch Bilder, bei Videoanzeigen logischerweise durch Videos an. Aus Platzgründen werden wir im folgenden Abschnitt nur die Einrichtung einer normalen Suchkampagne behandeln. Anleitungen für alle weiteren Kampagnentypen findest du auf *support.google.com/google-ads*.

Deine Google-Suchkampagne

Für Suchkampagnen kommen drei der oben abgebildeten Kampagnenziele infrage: Umsätze, Leads und Zugriffe auf die Website. Überlege dir schon im Vorfeld genau, für welche Suchintention deine Anzeige ausgespielt werden soll, und wirf dafür noch einmal einen Blick auf die 5 Stufen des Bewusstseins, die ich dir in Abschnitt 4.3.1, »Awareness – deine Wunschkundin auf dich aufmerksam machen«, vorgestellt habe. Zielst du eher auf Personen ab, die auf der Suche nach Lösungsansätzen für ein bestimmtes Problem sind, oder auf solche, die die Lösung schon kennen und nur noch einen passenden Anbieter suchen? Je nachdem, wen du erreichen möchtest, solltest du dein Kampagnenziel, die ausgewählten Keywords, Anzeigentexte und natürlich die Seite, auf die du verweist, anpassen (siehe Tabelle 10.5).

Bewusstseinsstufe	Kampagnenziel	Keywords und Anzeigentexte	Mögliche Seite
Unaware	/	/	/
Pain/Problem Aware	Zugriffe auf die Website	*Keywords:* verschiedene Varianten des Problems *Texte:* Losung anteasern	Blogartikel, in dem verschiedene Lösungsansätze und deren Vor und Nachteile präsentiert werden

Tabelle 10.5 Verschiedene Kampagnenziele für 3 der 5 Bewusstseinsstufen

Bewusstseinsstufe	Kampagnenziel	Keywords und Anzeigentexte	Mögliche Seite
Solution Aware	Leads	*Keywords:* verschiedene Lösungen *Texte:* Vorteile deiner Lösung in den Vordergrund stellen	Landing Page für ein 0-€-Angebot, in dem erste Schritte zur Lösung des Problems präsentiert werden
Product Aware	Umsätze	*Keywords:* deine Lösung und die deiner Konkurrenz *Texte:* Verknappung kommunizieren	Sales Page, auf der alle Vorteile deiner Lösung zusammengefasst werden, inklusive Verknappung
Most Aware	/	/	/

Tabelle 10.5 Verschiedene Kampagnenziele für 3 der 5 Bewusstseinsstufen (Forts.)

Du siehst also, auch Google Ads sollten nicht einfach so mir nichts, dir nichts eingerichtet werden. Erst wenn alle Elemente strategisch aufeinander abgestimmt sind, läuft deine Kampagne wirklich zielgerichtet.

Darf ich den Namen meiner Konkurrenz für meine Ads verwenden?

Tatsächlich spricht nichts dagegen, den Namen eines Konkurrenzprodukts auch in deiner Keywordliste anzuführen, im Anzeigentext ist das jedoch nicht erlaubt und auch nicht sinnvoll.

Keywords bestimmen

Das wahrscheinlich wichtigste Element deiner Suchanzeige sind deine ausgewählten Keywords. Diese haben nicht nur einen Einfluss auf die Kosten deiner Werbeanzeige, sondern auch auf deren Leistung. Bei deiner Keyword-Recherche darfst du ähnlich vorgehen, wie ich dir das schon in Abschnitt 5.7.4, »Passende Keywords finden«, gezeigt habe. Nutze den *Google Keyword Planner* oder ein Keyword-Tool deiner Wahl, um passende Begriffe zu finden.

Anders als bei SEO kannst du bei Suchanzeigen ganz gezielt festlegen, wie genau ein Keyword mit der Suchanfrage eines Google-Users übereinstimmen soll. Zu breite Keywords führen dazu, dass Leute mit der falschen Suchintention auf deine Website kommen und du sehr viel Geld für deine Anzeigen ausgibst. Zu enge Keywords können dazu führen, dass deine Anzeige kaum ausgespielt wird. Wie immer ist es also wichtig, eine gesunde Balance zu finden. In Tabelle 10.6 siehst du die verschiedenen Keyword-Optionen für den Begriff »Facelift«. Stell dir beim Lesen vor, eine Anzeige für ein Wellness-Center soll bei Suchanfragen rund um diesen Begriff ausgespielt werden.

Option	Eingabeformat	Beschreibung	Beispiele
weitgehend passend	Facelift	Suchanfragen zu diesem oder verwandten Begriffen	Tight Skin, Thread Lift
passende Wortgruppe	»Facelift«	Suchanfragen mit genau diesem Begriff und beliebigen Erweiterungen	Facelift Cost, Results Facelift
genau passend	[Facelift]	Suchanfragen mit genau diesem Begriff ohne Erweiterungen	Facelift, Facelifts
auszuschließendes Keyword	»Facelift«	Bei Suchanfragen mit genau diesem Begriff und beliebigen Erweiterungen wird die Anzeige nicht ausgespielt	▪ *angezeigt:* Thread Lift ▪ *nicht angezeigt:* Facelift

Tabelle 10.6 Verschiedene Keyword-Optionen in Google-Suchanzeigen[4]

Kosten sparen und Conversion erhöhen dank passender Keywords

Die Werbeanzeige aus dem Beispiel existiert natürlich wirklich. Sie wurde für das Wellness-Center, in dem ich gearbeitet habe, zum Bewerben einer Behandlung namens »PDO Thread Lift« eingestellt. Dabei handelt es sich um ein Fadenlifting, also eine minimal-invasive Methode zur Gesichtsverjüngung. Als »Facelift« hingegen bezeichnet man einen operativen Eingriff, bei dem das Gesicht permanent gestrafft wird. Ich erkläre dir das deshalb, weil ich möchte, dass du kurz reflektierst, welche dieser Keyword-Optionen am sinnvollsten wäre, um Interessenten auf die Website des Wellness-Centers zu locken. Was denkst du?

Natürlich kommt es ganz darauf an, welche Bewusstseinsstufe gerade angesprochen werden soll. Befinden wir uns in der Problem-Aware-Stufe, könnte es durchaus Sinn machen, das Keyword *weitgehend passend* einzustellen, um auf einen Blogartikel zu verweisen, der die Resultate operativer Eingriffe mit denen minimal-invasiver Methoden vergleicht. Tatsächlich war das Ziel der Anzeige jedoch, auf die Behandlungsseite zu

4 Aktuell testet Google eine neue Kampagneneinstellung bei der alle anderen Keyword-Optionen auf »weitgehend passend« umgestellt werden. Genauere Informationen dazu bekommst du hier: *support.google.com/google-ads/answer/13389795?hl=de*

führen, wo »PDO Thread Lifts« vorgestellt werden, um schnell neue Kund*innen zu gewinnen. Welche Option wäre also deiner Meinung nach die beste?

Richtig, das Keyword »Facelift« muss ausgeschlossen werden. Denn Leute, die sich für einen operativen Eingriff interessieren, müssten erst einmal davon überzeugt werden, dass auch ein Fadenlifting zu den gewünschten Resultaten führen kann. Sie sind noch viel weiter weg vom Kaufabschluss und würden ziemlich wahrscheinlich unsere Seite schon nach wenigen Sekunden wieder verlassen. Deshalb schließen wir sie bewusst aus und konzentrieren uns vorwiegend auf die Zielgruppe, die »PDO Thread Lifts« schon kennt und Interesse daran hat.

Du siehst also, die richtigen Keywords und Keyword-Optionen festzulegen, bedarf ganz schön viel Denkarbeit. Aber keine Sorge, nach ein paar Anzeigen hast du den Dreh bestimmt heraus.

Anzeige gestalten

Die größte Schwierigkeit beim Gestalten deiner Anzeigentexte ist der akute Platzmangel. Im Anzeigentitel (siehe Abbildung 10.7), der groß und blau aufscheint, stehen dir nur 30 Zeichen zur Verfügung, also gerade so viel wie im vorherigen Gliedsatz. In der Beschreibung, dem Text direkt darunter, hast du zwar sogar drei Mal so viel Platz, doch auch 90 Zeichen reichen nicht aus, um jedes Detail zu deinem Angebot zu präsentieren. Du musst also lernen, Klartext zu schreiben, kurz und knackig.

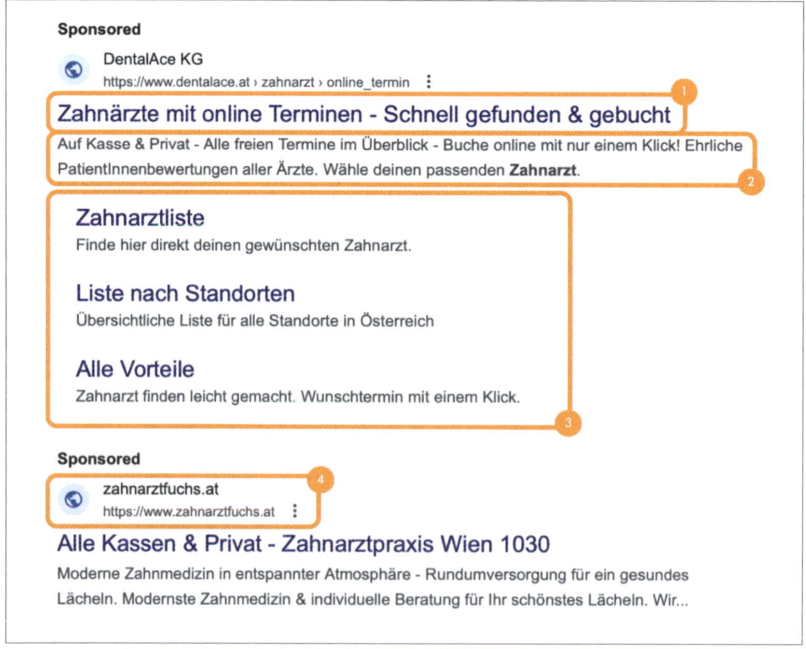

Abbildung 10.7 Elemente einer Google-Suchanzeige

Achte beim Verfassen deiner Anzeigentexte auf Folgendes:

1. *Anzeigentitel:* Dieser wird als Erstes gelesen, sollte also möglichst prägnant sein. Außerdem lohnt es sich, hier dein wichtigstes Keyword noch einmal aufzugreifen, damit eine klare Verbindung zwischen der Suchanfrage und deiner Anzeige geschaffen wird. Du hast zwar pro Anzeigentitel nur wenige Zeichen zur Verfügung, am Ende werden jedoch immer mehrere Titel nebeneinander angeführt. Hier hast du also auch noch Platz, deine Qualitätsmerkmale hervorzuheben oder einen Call-to-Action einzusetzen.
2. *Beschreibung:* Auch deine Anzeigen-Beschreibungen werden immer mehrfach angezeigt und beliebig miteinander kombiniert. Achte also darauf, jede Beschreibung unterschiedlich zu gestalten. Füge hier weitere Keywords ein und beschreibe, was dein Angebot einzigartig macht. Du musst auch keine vollständigen Sätze schreiben, ein paar aussagekräftige Auflistungen und Phrasen sind sicher effektiver.
3. *Sitelinks:* Für bestimmte Anzeigen ist es auch sinnvoll, weitere Seiten auf deiner Website zu verlinken. Nutze dazu die Sitelink-Erweiterung.
4. *Finale URL und angezeigter Pfad:* Über deinem Anzeigentitel wird normalerweise die URL, also der Link der Seite, angezeigt, auf die du gerne verweisen möchtest. Damit diese auch schön aussieht und zum restlichen Anzeigentext passt, hast du hier die Möglichkeit, einen eigenen Pfad einzustellen, indem du unbedingt wieder dein wichtigstes Keyword verwenden solltest. Das nimmt Usern die Angst, auf deine Anzeige zu klicken, weil sie genau sehen können, was sie auf deiner Website erwartet.

Bevor du deine Anzeige veröffentlichen kannst, musst du nur noch das Tagesbudget festlegen. Da das Google-Anzeigensystem auf einem PPC-Modell (Pay-per-Click), basiert, zahlst du nur dann, wenn jemand deine Anzeige auch wirklich anklickt. Wie viel du letztendlich pro Klick zahlst, kann im Vorfeld nicht festgelegt werden. Denn das hängt unter anderem davon ab, wie hoch deine Konkurrenz ist. Bei jeder Suchanfrage findet eine Art Auktion statt, bei der Google innerhalb kürzester Zeit ermittelt, wer die besten Anzeigenplätze bekommt. Dabei wird nicht nur auf die Qualität deiner Kampagne, sondern auch auf dein Budget geachtet. Wer mehr zahlt, wird höher gereiht. Hast du also viel Konkurrenz, solltest du dein Budget dementsprechend anpassen.[5]

5 Einen hilfreichen Guide zur Bestimmung deines Google-Ads-Budgets findest du bei Melanie Haux: *melaniehaux.com/google-ads-budget*

10.4 Funktioniert deine Werbeanzeige?

Nun ist deine Werbeanzeige startklar und vielleicht sogar schon ein paar Tage angelaufen. Noch solltest du dich aber nicht zurücklehnen. Gerade wenn du zum ersten Mal Anzeigen schaltest, solltest du diese regelmäßig überprüfen und gegebenenfalls anpassen. Wenn du merkst, dass deine Anzeige noch nicht so läuft, wie du es dir vorgestellt hast, atme erst einmal tief durch. Experimentieren gehört zum Marketing wie Salz in die Suppe. Da Werbeanzeigen aus vielen verschiedenen Elementen bestehen, gibt es auch hier zahlreiche Stellschrauben, an denen du drehen kannst. Die wichtigsten habe ich dir in Tabelle 10.7 angeführt.

Stellschraube	Beschreibung	Tipps
Zielgruppe	an wen deine Anzeige ausgespielt wird	▪ Kannst du deine Zielgruppe noch genauer einstellen? ▪ Passt deine Anzeigengestaltung auch zur ausgewählten Zielgruppe? ▪ Kannst du mehrere Anzeigen gestalten, die deine Zielgruppe nach und nach durch die Customer Journey führen?
Keywords	bei welchen Suchbegriffen deine Anzeige ausgespielt wird (Google)	▪ Scheint deine Anzeige für irrelevante Keywords auf? ▪ Gibt es Keywords, die du noch hinzufügen könntest?
Anzeige	deine Anzeigentexte oder beigefügte Medien	▪ Erstelle mehrere Variationen deiner Anzeigentexte oder -grafiken, um zu sehen, welche am besten ankommen.
Landing Page	auf welche Seite deiner Website die Anzeige verweist	▪ Stimmen die Inhalte auf deiner Landing Page mit denen, die in der Anzeige versprochen wurden, überein? ▪ Passen die Inhalte auf deiner Landing Page zur Suchintention deiner Zielgruppe? ▪ Hast du genug Calls-to-Action eingebaut? ▪ Ist für Besucher klar, was die nächsten Schritte sind? ▪ Hast du die Gestaltregeln beachtet (siehe Abschnitt 5.6.2, »Gestaltregeln für Websites«)?

Tabelle 10.7 Stellschrauben, um deine Kampagnen zu optimieren

Kapitel 11

Zeitmanagement und Produktivitätstipps

Chaos ist der Endgegner von Produktivität oder wie Marie Kondo es ausdrückt: »Clutter is a magnet for misery«.

In ihrem Buch *Joy at Work* zeigt die beliebte Aufräum-Expertin Marie Kondo auf, wo Unordnung an unseren Arbeitsplätzen herrscht, nicht nur physisch, sondern auch digital. Wie viele Stunden verschwenden wir damit, eine verschollene Datei im Google-Drive-Ordner zu suchen oder unser gesamtes Postfach nach dem Briefing eines Kunden zu durchforsten, bis wir uns daran erinnern, dass er es per WhatsApp geschickt hat? Es gab eine Zeit, in der ich mit ein und derselben Kundin über fünf verschiedene Kanäle kommuniziert habe: E-Mail, WhatsApp, SMS, Slack und Instagram-Direktnachrichten. So kann man kaum effizient zusammenarbeiten.

11.1 Radikal digital ausmisten

Chaos hat bewiesenermaßen Auswirkungen auf unsere Gesundheit, Produktivität und unser allgemeines Wohlbefinden. Deshalb verfolge ich seit geraumer Zeit den Ansatz des *digitalen Minimalismus*. Diese vom US-amerikanischen Autor Cal Newport entwickelte Philosophie basiert auf drei Prinzipien[1]:

1. *Unordnung ist kostspielig.* Je mehr Geräte, Apps und Software wir verwenden, desto mehr Zeit verschwenden wir. Und Zeit ist bekanntermaßen Geld.
2. *Optimierung ist wichtig.* Es reicht nicht aus, ein Tool nur für eine einzige Aufgabe einzusetzen. Wir sollten dessen volle Funktionen ausnutzen, sofern diese unseren Arbeitsalltag erleichtern.
3. *Tu alles mit Intention.* Wir sollten reflektieren und festlegen, wofür wir welche Tools verwenden, und diese auch sinnvoll einsetzen.

Du musst natürlich nicht zur digitalen Minimalistin werden, aber die Wahrscheinlichkeit ist hoch, dass du zumindest von einem digitalen Frühjahrsputz profitieren könntest. Und so gehst du dabei vor.

1 Cal Newport, Digital Minimalism, 2019, S. 35–36

11.1.1 Digitaler Audit

Beginne dein digitales Entrümpeln mit einem Audit, einer Art Inventur aller Tools, Apps und Softwares, die du verwendest. Schreib diese in eine Tabelle und beantworte folgende Fragen:

- Wofür verwende ich dieses Tool?
- Wie viel bezahle ich für dieses Tool?
- Wie oft verwende ich dieses Tool?
- Könnte ich ohne dieses Tool leben/arbeiten?
- Könnte dieses Tool mit einem anderen kombiniert werden?
- Gibt es günstigere/umfangreichere/bessere Tools, die ich stattdessen verwenden könnte?

11.1.2 Miste aus, was nicht sinnvoll ist

Studiere deine Tabelle und sei ehrlich mit dir selbst. Ist die Design-App, die dich 5 € im Monat kostet, die du aber nur einmal im Quartal verwendest, es wirklich wert, oder machst du in Zukunft lieber alles in Canva? Brauchst du unbedingt ein bezahltes Tool zum automatischen Posten deiner Social-Media-Beiträge, oder reicht die kostenfreie Meta Business Suite? Könntest du deine Dateien nicht alle in einer Cloud speichern, oder brauchst du sowohl Google Drive als auch Dropbox?

11.2 Feste Systeme schaffen

Nach deinem digitalen Downsizing geht es daran, festzulegen, wie du deine verbleibenden Tools möglichst effizient einsetzen kannst. Entwickle *Standard Operating Procedures* (SOP), das sind feste Regeln und Vorgaben, die deine Arbeitsabläufe bestimmen.[2] Normalerweise werden SOP in Unternehmen eingesetzt, die mehrere Mitarbeitende beschäftigen, aber auch als Soloselbstständige kannst du davon profitieren. SOP sind wie ein Cheat-Sheet an Tagen, an denen du unkonzentriert bist, eine Checkliste zur Kontrolle, ob du eine bestimmte Aufgabe auch richtig durchgeführt hast, und ein Onboarding-Guide, solltest du irgendwann dein Team vergrößern. Vielleicht arbeitest du sogar schon mit bestimmten SOP, ohne es zu wissen. Selbstständige im Gesundheitsbereich bekommen zum Beispiel im Rahmen ihrer Ausbildung wichtige Abläufe beigebracht, denen sie bei jedem Kundentermin folgen. Genau das solltest du auch für deine digitale Arbeit definieren.

2 Ein großartiges Video, in dem SOP für Selbstständige erklärt werden, findest du auf YouTube am Unternehmerkanal: *youtube.com/watch?v=kuqpKjsdhNM*

11.2.1 SOP für deine Tools

Was digitale Minimalisten laut Newport ausmacht, ist, dass sie genau wissen, wann, warum und wofür sie ein Tool verwenden. Sie würden niemals sagen, »Ich verwende Facebook, um mein soziales Leben aufrechtzuerhalten«, sondern, »Ich schaue jeden Samstag auf meinem Computer auf Facebook, um zu sehen, was meine Freunde und Familie treiben, ich habe die Facebook-App nicht am Handy und habe meine Freundesliste nur auf meine engsten Bekanntschaften reduziert«.[3] Geh deine Tool-Liste noch einmal durch und lege genau fest, wie du welches Tool verwenden möchtest.

11.2.2 SOP für deine Arbeitsprozesse

Dasselbe Prinzip kannst du auch für deine Arbeitsprozesse und -abläufe umsetzen, egal wie groß oder klein diese sind. Als Marketing-Managerin eines Wellness-Centers habe ich zum Beispiel SOP dafür entwickelt, wie wir monatliche Reports erstellen oder wie das Team auf Slack miteinander kommuniziert, aber auch, wie Vorher/Nachher-Bilder in Canva erstellt und wie Dokumente im Google-Drive-Ordner benannt werden sollen, damit sie später von allen wiedergefunden werden können. Auch für mein eigenes Unternehmen habe ich SOP festgelegt, zum Beispiel, welche Schritte bei der Anmeldung zu einem meiner Angebote durchlaufen werden, wie du in Abbildung 11.1 sehen kannst.

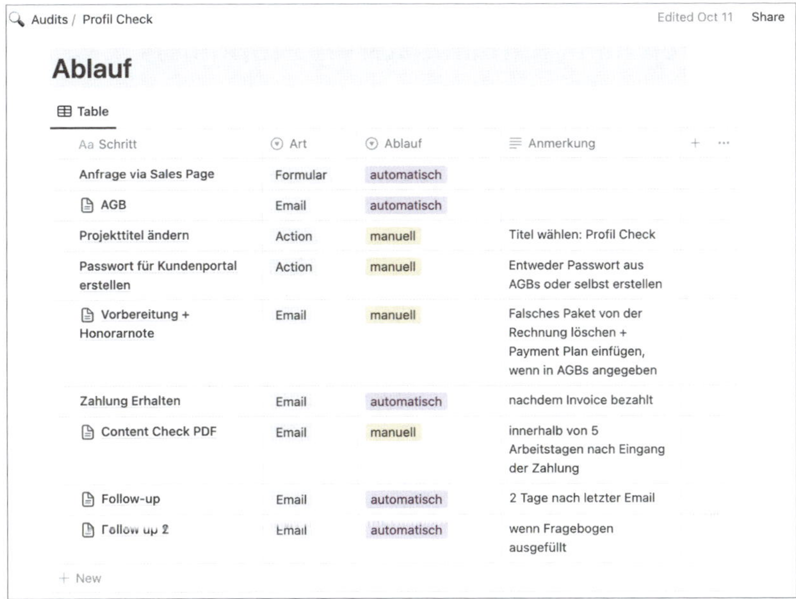

Audits / Profil Check — Edited Oct 11 — Share

Ablauf

Table

Schritt	Art	Ablauf	Anmerkung
Anfrage via Sales Page	Formular	automatisch	
AGB	Email	automatisch	
Projekttitel ändern	Action	manuell	Titel wählen: Profil Check
Passwort für Kundenportal erstellen	Action	manuell	Entweder Passwort aus AGBs oder selbst erstellen
Vorbereitung + Honorarnote	Email	manuell	Falsches Paket von der Rechnung löschen + Payment Plan einfügen, wenn in AGBs angegeben
Zahlung Erhalten	Email	automatisch	nachdem Invoice bezahlt
Content Check PDF	Email	manuell	innerhalb von 5 Arbeitstagen nach Eingang der Zahlung
Follow-up	Email	automatisch	2 Tage nach letzter Email
Follow-up 2	Email	automatisch	wenn Fragebogen ausgefüllt

+ New

Abbildung 11.1 SOP für eines meiner Angebote

3 Cal Newport, Digital Minimalism, 2019, S. 77

Du siehst, SOP können unglaublich vielseitig sein und variieren von Business zu Business.Hier eine Auswahl an hilfreichen SOP, die du als Selbstständige festlegen könntest:

- der genaue Ablauf einer Terminbuchung oder eines Kaufprozesses bei dir
- wie du deinen Arbeitstag beginnst und beendest (dazu noch mehr in Abschnitt 11.6)
- wann und wie oft du an deinem Business arbeitest statt an Kundenprojekten
- zu welcher Tageszeit du Anfragen und E-Mails beantwortest
- zu welcher Tageszeit du auf Social Media aktiv bist
- wie deine Angebote auf deiner Website präsentiert werden
- wie bestimmte Content-Kategorien umgesetzt werden
- wie du Inhalte und Dateien sammelst und benennst

Wann macht es überhaupt Sinn, SOP festzulegen?

Sinnvoll sind feste SOP für alle komplexen Prozesse, die regelmäßig oder ständig durchgeführt werden, wie solche, die ich dir oben aufgelistet habe. Aufgaben, die nur unregelmäßig anstehen oder selbsterklärend sind, brauchst du als Soloselbstständige nicht unbedingt dokumentieren. Hast du aber vor, irgendwann dein Team zu vergrößern, könnte sich auch das lohnen, damit du einfache Funktionen besser auslagern kannst.

11.3 Zeit sparen dank automatisierter Workflows

Wiederkehrende Aufgaben zu standardisieren, ist großartig, aber richtig viel Zeit sparst du erst, wenn diese auch ohne dich ablaufen. Aufgaben wie Terminplanungen, Erinnerungs-E-Mails oder Honorarnoten können mittlerweile ganz einfach mit den entsprechenden Tools automatisiert werden. Wirf noch einmal einen Blick auf die dritte Spalte der Tabelle in Abbildung 11.1. Dort siehst du genau, welche Schritte meines Angebotsprozesses automatisch ablaufen und welche ich noch manuell durchführen muss. Um das alles aufzusetzen, verwende ich das Tool *Dubsado*, welches ich dir schon in Kapitel 1, »Start in die Selbstständigkeit«, vorgestellt habe. Gehen wir die Schritte einmal der Reihe nach durch:

1. Über das Kontaktformular auf meiner Website fragen Interessent*innen für meinen Profil-Check an. Dieses habe ich in Dubsado erstellt und per HTML-Code auf meiner Website eingebettet. Sobald eine Person das Formular abschickt, erscheint sie als *Lead* in meinem System.
2. Danach wird sofort eine E-Mail versendet, in der ich die Person begrüße und meine AGB zusende, die unterzeichnet werden müssen, bevor ich mit meiner Arbeit beginne. Dieser Schritt passiert komplett automatisch, wie du in Abbildung 11.2 sehen kannst.

3. Danach folgen einige manuelle Schritte, in denen ich zum Beispiel die automatisch erstellte Honorarnote anpasse, je nachdem, ob in den AGB die Einmal- oder die Ratenzahlung ausgewählt wurde.
4. Als Nächstes bestätige ich, dass die vorgefertigte E-Mail mit der Honorarnote und einem Fragebogen, in dem ich Informationen zum Instagram-Account abfrage, abgeschickt werden kann, und beginne mit meiner Arbeit.
5. Sobald die Kundin das Honorar überwiesen hat, markiere ich die Honorarnote als bezahlt, was eine automatische Zahlungsbestätigungs-E-Mail triggert.
6. Zum Schluss passe ich noch eine vorgefertigte E-Mail leicht an und sende den fertigen Profil-Check als PDF an meine Kundin.
7. Zwei Tage darauf wird automatisch eine E-Mail mit einem Feedback-Bogen verschickt, und wenn die Kundin diesen ausfüllt, folgt direkt im Anschluss eine weitere E-Mail mit einem kleinen Geschenk.

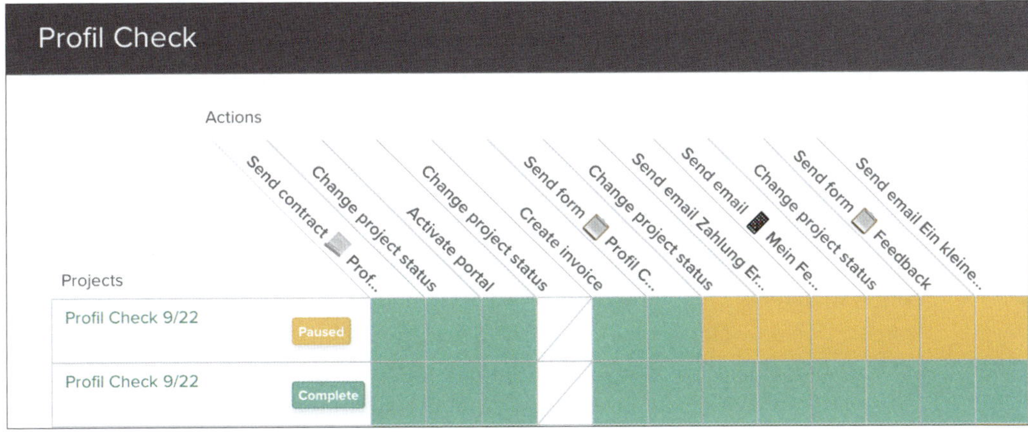

Abbildung 11.2 Automatisierter Workflow in Dubsado

Diese ganzen E-Mail-Vorlagen, Fragebögen und Workflows aufzusetzen, war natürlich zeitintensiv, aber überlege dir einmal, ich müsste das bei jedem Profil-Check aufs Neue wiederholen. Automatisierte Abläufe sind ein Muss für alle Selbstständigen, die ein smartes Business führen wollen.

Ähnlich wie mit SOP ist es undenkbar, eine vollständige Liste an möglichen Automatisierungen zu erstellen, da diese für jedes Business anders aussehen könnten. Vielleicht inspirieren dich aber einige dieser Ideen. Automatisiere

- Terminbuchungen und Erinnerungs-E-Mails,
- E-Mail-Serien nach Eintragung in deinen Newsletter,
- den Transfer neuer Leads in dein Projektmanagement-Tool,

- die Erstellung von Angeboten oder Honorarnoten,
- Datentransfers zwischen verschiedenen Apps,
- Erinnerungen an Deadlines oder Termine.

11.4 Weg mit der To-do-Liste: Tipps zur besseren Aufgabenplanung

Ich geb's zu, ich bin ein Fan von To-do-Listen. Schon als Kind musste meine Mama meine wöchentlichen Aufgaben auf einem großen Whiteboard in der Küche notieren, und nichts gab mir mehr Befriedigung, als eine nach der anderen abzuhaken. Mit dem Alter stieg aber auch die Komplexität meiner Aufgaben und eine einfache Liste reicht heute nicht mehr aus.

11.4.1 »Work Smarter not Harder« mit dem Full-Focus-System

Mittlerweile habe ich verschiedenste Methoden ausprobiert, um meine To-dos festzuhalten, von Wandkalendern über Handy-Apps bis zu einfachen Post-its. Leider hat keine davon so richtig für mich funktioniert, bis ich in meiner Zeit in den USA das Full-Focus-System kennengelernt habe. Bevor wir gemeinsam darin eintauchen, möchte ich aber darauf hinweisen, dass es nur eine von zahlreichen Methoden darstellt, die deine Aufgabenplanung erleichtern können. Nur weil dieses System für mich funktioniert, heißt es nicht, dass du es auch genau so umsetzen musst. Wie an vielen anderen Stellen in diesem Buch gilt auch hier wieder: Nimm mit, was dir sinnvoll erscheint, alles andere darfst du gerne ignorieren. Falls du lieber weiterhin zum Schmierzettel greifst, der neben dir auf dem Schreibtisch liegt, ist das vollkommen in Ordnung. Hauptsache, du kommst gut damit zurecht.

Die Grundlagen des Full-Focus-Systems

Das Full-Focus-System wurde vom US-amerikanischen Unternehmer Michael Hyatt entwickelt und bietet eine Kombination aus langfristiger Zielsetzung, regelmäßiger Reflexion und täglicher Aufgabenplanung. Genau das macht es auch so besonders, da es nicht wie viele andere Planer und Methoden rein auf kurzfristige To-dos ausgerichtet ist. Auf *fullfocus.co/system* bekommst du eine detaillierte Einführung, hier die wichtigsten Schritte im Überblick:

Schritt 1: Lege 8–12 Jahresziele fest

In seinem Buch *Your Best Year Ever* beschreibt Hyatt, warum es so wichtig ist, sich konkrete Ziele zu setzen und diese auch zu notieren. Laut einer Studie der Professorin Gail Matthews führt alleine das Aufschreiben von Zielen dazu, dass diese mit 42 % höherer Wahrscheinlichkeit erreicht werden.[4] Formuliere deine Jahresziele mit der SMART-Methode, die ich dir schon in Abschnitt 2.7.6 »SMARTe Business-Ziele festlegen«, vorgestellt habe, und verteile sie gleichmäßig übers Jahr. Du solltest pro Quartal maximal drei Ziele verfolgen (deine »Quarterly Big 3«), um dich nicht zu überfordern. Wichtig ist auch, dass du dir nicht nur Ziele für dein Business setzt, sondern alle relevanten Bereiche deines Lebens abdeckst (siehe Abbildung 11.3). Als Selbstständige können wir Berufliches und Privates nie ganz klar voneinander abgrenzen, aber dazu später noch mehr.

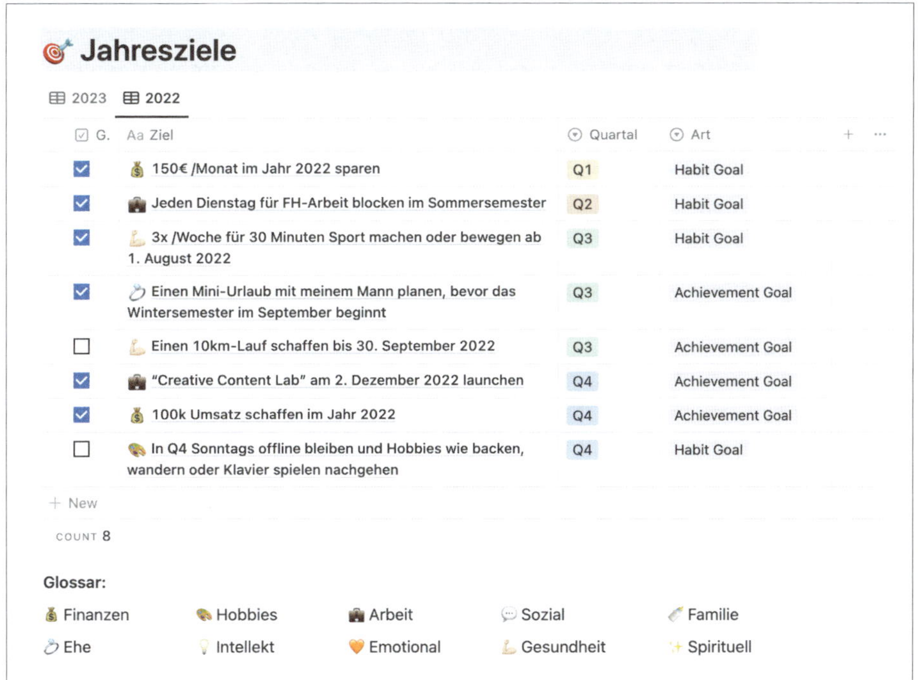

Abbildung 11.3 Meine Jahresziele 2022

Hyatt unterscheidet zwischen zwei Arten von Zielen: sogenannten *Habit Goals* und *Achievement Goals*. Bei Ersteren handelt es sich um Dinge, die du regelmäßig machen möchtest, während letztere einmalige Leistungen beschreiben. Welche der beiden Arten sich besser für dich eignet, entscheidest ganz alleine du selbst. So könntest du im Bereich Gesundheit ein Habit Goal definieren, indem du dir vornimmst, dich mehrmals pro Woche zu bewegen. Gleichzeitig könntest du ein

4 Quelle: *scholar.dominican.edu/cgi/viewcontent.cgi?article=1002&context=psychology-faculty-conference-presentations*

Achievement Goal anpeilen, wie ich in Q3 2022, einen 10-Kilometer-Lauf zu schaffen. Am besten wählst du eine gute Balance aus beiden Arten und überlegst dir auch, wie du deine Ziele miteinander kombinieren kannst. Drei Mal pro Woche Sport zu betreiben, hätte mich auf den 10-Kilometer-Lauf vorbereiten sollen, den ich dann dank einer Corona-Erkrankung im September 2022 leider nicht geschafft habe.

Schritt 2: Definiere deine »Weekly Big 3«

Wie du schon in Kapitel 2, »Erste Schritte zu deiner Marketing-Strategie«, anhand der OKR-Methode gelernt hast, hilft es, ein größeres Ziel in kleinere Teilziele herunterzubrechen, um dieses realisierbarer zu machen. Auch wenn es hier anders benannt wird, verfolgt das Full-Focus-System im Grunde genommen genau dasselbe Prinzip. Aus übergeordneten Jahreszielen werden »Weekly Big 3«, also wöchentliche Teilziele, auf die du hinarbeitest. In Abbildung 11.4 siehst du meine drei Wochenziele für die KW 47 im November 2022. Die ersten beiden waren Teil des Jahresziels, meinen Onlinekurs *Creative Content Lab* zu launchen, und das dritte Teil des Habit Goals, 3× pro Woche Sport zu betreiben.

Abbildung 11.4 Meine »Weekly Big 3« im November 2022

Schritt 3: Definiere deine »Daily Big 3«

Zum Schluss gehst du noch eine Ebene tiefer und definierst drei Tagesziele, deine »Daily Big 3« (siehe Abbildung 11.5). Diese können, müssen aber nicht auf deine Wochenziele ausgerichtet sein, denn manchmal gibt es auch andere wichtige To-dos, die erledigt werden sollen. Als ich noch in den USA gelebt habe, habe ich das Full-Focus-System mit dem dazugehörigen Planer (*fullfocusstore.com/collections/planners*) angewendet, der leider in Europa aktuell noch nicht verkauft wird. Das soll dich aber nicht davon abhalten, diese Schritte trotzdem durchzuführen. Notiere deine Jahres- und Wochenziele einfach in deinem Kalender oder erstelle dir, so wie ich, eine digitale Vorlage im Tool deiner Wahl.

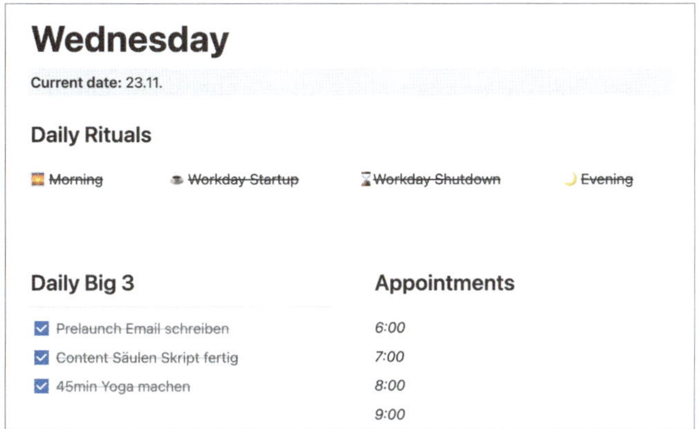

Abbildung 11.5 Meine »Daily Big 3« am 23. November 2022

Schritt 4: Reflektiere, wie deine Woche gelaufen ist, und wiederhole die Schritte 2 bis 3

Das Besondere am Full-Focus-System ist, dass es Planung mit Reflexion verbindet. Am Ende jeder Woche nimmst du dir 20 Minuten Zeit, um deine Big 3 der vorigen Woche durchzugehen und festzuhalten, inwieweit du sie erreicht hast, was gut funktioniert hat und was weniger gut. Plane diese Reflexionszeiten am besten fix im Kalender ein, denn aus Erfahrung weiß ich, dass wir uns als Selbstständige gerne für alles andere Zeit nehmen, aber nie uns selbst.

11.5 Effektive Zeitmanagement-Methoden im Überblick

Du hast deine To-dos notiert, jetzt geht es daran, diese auch umzusetzen. Als Solopreneure sind wir, wenn wir nicht gerade von einem Kundentermin zum nächsten hetzen, selbst Chef*innen über unsere Zeit. Genau diese Freiheit bietet den Reiz der Selbstständigkeit, kann aber auch zu unserem größten Verhängnis werden. An manchen Tagen mangelt es an Selbstdisziplin, und man findet nur schwer in die Arbeit, an anderen ist man hingegen so im Flow, dass es beinahe unmöglich erscheint, abends abzuschalten. Ganz zu schweigen von den vielen Ablenkungen, denen wir tagtäglich ausgesetzt sind. Ständig bimmelt und leuchtet irgendetwas. Hier muss eine E-Mail beantwortet werden, und dort nähert sich eine Deadline schneller, als es einem lieb ist.

11.5.1 Fokuszeiten festlegen

Der größte Zeitfresser am Arbeitsplatz ist Unkonzentriertheit. Eine Studie der britischen Plattform *Vouchercloud*, in der knapp 2000 Angestellte zu ihrer Produktivität und ihren Gewohnheiten befragt wurden, kam zu dem ernüchternden Ergebnis, dass an einem durchschnittlichen Arbeitstag nur für 2 Stunden und 53 Minuten produktiv gearbeitet wird.[5] Bei Selbstständigen sieht die Sache wahrscheinlich nicht anders aus. Jede E-Mail, jeder Anruf und jede Instagram-Benachrichtigung sind ein Störfaktor für deine Konzentration und führen zum sogenannten Sägeblatt-Effekt. Dieser besagt, dass deine Leistungsfähigkeit bei jeder Unterbrechung auf null sinkt und eine gewisse Anlaufzeit benötigt, um wieder dorthin zu kommen, wo sie vor der Unterbrechung war. Dein großer Vorteil als Selbstständige ist natürlich, dass du dir deine Zeit frei einteilen kannst und es meist leichter für dich ist, solche Störfaktoren zu eliminieren, zumindest wenn du nicht gerade im Co-Working Space sitzt oder parallel deine Kinder betreuen musst.

Sofern es für dich möglich ist, plane einmal am Tag feste Fokuszeiten, in denen du dein Handy in den Flugmodus stellst und alle Apps, die dich ablenken könnten (Slack, E-Mails, LinkedIn usw.), zumachst. In dieser Zeit arbeitest du ohne Unterbrechung an deinen wichtigsten To-dos. Beginne mit einer Stunde und steigere deine Fokuszeiten, wenn nötig, auf bis zu vier Stunden. Laut aktueller Forschung sind wir nämlich gar nicht dazu fähig, noch länger konzentriert zu arbeiten.

Arbeite mit deinem Biorhythmus

Wann du deine Fokuszeiten einplanst, darfst du gerne von deinem Biorhythmus abhängig machen. Jeder von uns erlebt über den Tag verteilt Leistungshochs und -tiefs, doch nicht bei jeder Person passieren diese zur selben Zeit. Manche Leute lieben es, bis in die tiefe Nacht hineinzuarbeiten, während andere morgens am konzentriertesten sind. Probiere am besten verschiedene Zeitfenster aus, bevor du dich für eines entscheidest.

11.5.2 Die Pomodoro-Methode

Es kann natürlich auch vorkommen, dass du überhaupt nicht so lange am Stück konzentriert bleiben kannst. In diesem Fall kann ich dir die Pomodoro-Methode ans Herz legen, die seit den 1980ern als eine der einfachsten und effektivsten Zeitmanagement-Methoden gilt. Sie geht auf den italienischen Unternehmer Francesco Cirillo zurück, der seine Küchenuhr in Tomatenform dafür verwendete, in festen Zeitintervallen zu arbeiten und zwischendurch auch Pausen zu machen. Heute wird die Küchenuhr zwar durch Apps wie *Focus Keeper* (*focuskeeper.co*) oder meinen Favoriten, den *Bear Focus Timer* (*bearfocustimer.com*), ersetzt, das System dahinter bleibt aber dasselbe:

1. Zuerst formulierst du eine Aufgabe, der du in einem bestimmten Zeitintervall nachgehen möchtest (z. B. eine deiner »Daily Big 3«).

5 Quelle: *vouchercloud.com/resources/office-worker-productivity*

2. Dann stellst du deinen Timer auf 20–30 Minuten.
3. Sobald der Timer herunterzählt, arbeitest du konzentriert an deiner Aufgabe, bis er klingelt.
4. Dann machst du 5 Minuten Pause und stellst den nächsten Timer.
5. Nach vier solchen Zeitblöcken machst du eine längere Pause.

11.5.3 Die Batching-Methode

Eine weitere Methode, die in meinem Arbeitsalltag oft zum Einsatz kommt, ist *Batching*. Du hast doch bestimmt schon einmal gehört, dass wir Menschen eigentlich gar nicht multitaskingfähig sind. Niemand kann mehrere Tätigkeiten gleichzeitig ausführen, vor allem nicht, wenn diese komplex sind. Beim Batching erledigst du deshalb nur solche Aufgaben, die einander ähnlich sind, in einem Zug. Ich setze die Batching-Methode zum Beispiel gerne dafür ein, Videos für meinen Instagram-Kanal zu filmen. Wenn ich auf einen Schlag mehrere Videos vorplane und durchskripte und diese erst im nächsten Schritt alle nacheinander filme und schneide, bin ich nämlich schneller, als wenn ich all diese Schritte für jedes Video separat durchlaufe.

11.5.4 Die Get-it-Done-Later-Methode

Seien wir uns ehrlich, manchmal gibt es Tage, da will nichts so richtig klappen. Die Konzentration hält nicht länger an als 2 Minuten, die Kreativität lässt sich nicht blicken und ganz allgemein ist uns eher danach, auf der Couch zu gammeln als adrett im Bürostuhl zu posieren. Ich finde es wichtig, seine Selbstbestimmtheit als Selbstständige auch zu leben. Denn abgesehen von Tagen, an denen wir Kundenterminen nachgehen oder wichtige Deadlines einhalten müssen, schreibt uns niemand vor, wann wir wie zu arbeiten haben. Ja, prokrastinieren ist schlecht, aber genauso sinnlos ist es, sich zu zwingen, stundenlang vorm Laptop zu sitzen, wenn einfach nichts weitergeht. Deshalb gehört für mich zu effektivem Zeitmanagement auch die Möglichkeit, mal einfach Pause zu machen, sich anderen Dingen zu widmen und seine To-dos auf später (oder morgen) zu verschieben.

11.6 Erschaffe deine Life-Life-Balance

Die wohl größte Schwierigkeit für uns Selbstständige ist es, eine gesunde Balance zu schaffen. Da wir für uns selbst arbeiten und oft mehr emotional mit unserer Arbeit verbunden sind, als das in einem herkömmlichen Angestelltenverhältnis der Fall ist, fällt es uns schwer, Arbeit und Privates klar voneinander zu trennen, erklärt mir die systemische Coachin und Gründerin des Happiness Institute Valerie Junger (*thehappinessinstitute.at*). Weiterhin betont sie: »Die Arbeit ist nicht einfach nur ein Job, sondern auch eine Leidenschaft und eine Berufung. Daher ist es wichtig, bewusst Zeit für sich selbst und für private Dinge einzuplanen, um nicht in einem ständigen Arbeitsmodus zu bleiben.«

11.6.1 Plane deine ideale Woche

Eine Übung, die mir dabei unglaublich geholfen hat, die ich auch im Coaching mit Valerie durchgeführt habe, ist es, eine ideale Woche zu planen. Auch wenn diese kaum einmal so stattfinden wird, hilft die Planung dabei, die richtigen Prioritäten zu setzen. Meine ideale Woche beginnt zum Beispiel mit einem ausgedehnten Spaziergang mit meiner Hündin Abby Montagfrüh und endet mit einer Reflexion und einem entspannten Bad am Sonntagabend. Erstelle dir am besten eine Art Stundenplan, wie du ihn noch aus Schulzeiten kennst, und schreibe einmal grob auf, was du in einer idealen Woche alles erledigen möchtest, und wann.

Ordne jedem Tag ein bestimmtes Thema zu

In der Zeit, in der ich Kundenprojekte, die Arbeit an meinem eigenen Unternehmen und ein Vollzeitstudium balancieren musste, hat es mir geholfen, jeden Wochentag einem bestimmten Thema zuzuordnen. Zum Beispiel:

- **Montag** ist Orga-Tag, an dem ich die wichtigsten To-dos und Deadlines der Woche plane. Montage sind immer für mich geblockt, und ich nehme keine Calls oder Kundentermine an.
- Auch **Dienstag** ist für Kundentermine geblockt, denn ich arbeite an Aufgaben für mein Studium.
- Am **Mittwoch, Donnerstag und Freitag** habe ich Kundenmeetings und arbeite an Projekten für mich oder meine Kund*innen.
- **Samstags** erstelle ich Content für mich oder arbeite fürs Studium.
- **Sonntag** ist mein Offline-Tag, und ich arbeite nicht.

Du kannst deine Woche so grob oder so detailliert planen, wie du es als hilfreich empfindest. Um deinen Wochenplan dann auch umzusetzen, empfiehlt Valerie, deine wichtigsten Aufgaben als Termine in deinen Kalender einzutragen. »Was im Kalender vermerkt wird, wird Realität.« Am besten nimmst du dir sonntags 30 Minuten lang Zeit, um die Folgewoche kurz durchzuplanen und dabei wirklich sicherzustellen, dass du selbst nicht zu kurz kommst. »Blocke nicht nur Zeitfenster für deine beruflichen To-dos, sondern schenke deinen privaten Tasks ebenso viel Aufmerksamkeit«, sagt Valerie.

Nutze Farbcodes in deinem Kalender für verschiedene Bereiche

Arbeitest du mit einem digitalen Kalender, hilft es dir vielleicht, Kategorien in verschiedenen Farben für die unterschiedlichen Bereiche deines Alltags aufzusetzen. In meinem Kalender trenne ich zum Beispiel Arbeitstermine für mein eigenes Business, Arbeitstermine für verschiedene Kund*innen, private Termine nur für mich, private Termine gemeinsam mit meinem Mann, Termine fürs Studium und solche für meine verschiedenen Netzwerke farblich voneinander (siehe Abbildung 11.6). Das schafft nicht nur mehr Überblick, ich kann so auch bestimmte Bereiche ein- oder ausblenden. Dazu nutze ich den integrierten Kalender auf meinem Mac. Doch auch *Google Calendar* (*calendar.google.com*) und weitere digitale Kalendertools haben ähnliche Funktionen.

Abbildung 11.6 Aufgaben und Termine in meinem Kalender farblich sortiert

11.6.2 Gesunde Routinen und Rituale

Um deine ideale Woche leichter umzusetzen, kann es auch helfen, feste Routinen und Rituale zu etablieren. Ein Teil des Full-Focus-Systems ist es, Morgen- und Abendroutinen sowie Rituale zum Beginn und Abschluss des Arbeitstags zu etablieren. Egal, ob du deinen Tag am liebsten mit einer Sporteinheit beginnst oder gemütlich beim Frühstück Zeitung liest, wichtig ist nur, dass du es mit Intention tust. Genauso verhält es sich abends, wenn du deinen Arbeitstag beendest. Mir ist es lange schwergefallen, meine Arbeit abends liegen zu lassen. Vor allem gedanklich kreiste weiterhin alles um meine Projekte und To-dos, auch wenn ich das Büro schon längst verlassen hatte. Seitdem habe ich es mir zur Routine gemacht, meinen Schreibtisch bewusst aufzuräumen, alle Apps am Laptop zu schließen und Bücher oder Notizzettel schön am Schreibtischrand zu stapeln. Das dauert nicht länger als zwei Minuten, aber hilft mir dabei, abzuschalten.

Weitere Tipps von Valerie:

- *Setze klare Grenzen.* Das bedeutet zum Beispiel, klare Arbeitszeiten festzulegen und in der Freizeit nicht ständig deine E-Mails zu checken.
- *Wenn möglich, trenne deinen Arbeitsplatz von privaten Bereichen.* Alleine diese räumliche Trennung kann dabei helfen, mehr Balance zwischen Arbeit und Privatleben zu schaffen.
- *Beende deinen Arbeitstag bewusst.* Dreh deinen Lieblingssong auf und tanze dir den Stress aus dem Körper. Das macht nicht nur Spaß, sondern erdet dich und lässt angestaute Energie aus deinem Körper fließen.

Kapitel 12

So skalierst du dein Solo-Business

Du bist am Ende deiner Marketing-Reise angekommen und hast jetzt das Werkzeug zur Hand, selbst ein erfolgreiches Angebot zu entwickeln und zu vermarkten. Zum Schluss möchte ich dir noch einige Alternativen für Zeit-gegen-Geld-Geschäfte mitgeben. Schließlich bist du jetzt Solopreneurin und gestaltest dein Business smart und skalierbar.

Zu Beginn dieses Buchs sind wir schon tief ins Konzept von Solopreneurship eingetaucht. Dabei geht es nicht darum, dein Business komplett zu digitalisieren oder ein Online-Angebot nach dem anderen herauszubringen, weil es einem gerade jeder einredet. Solopreneurin zu sein heißt, innovativ zu denken, dein Angebot laufend weiterzuentwickeln und das eigene Business wie eine Spielwiese zu betrachten. Ich weiß, das sagt sich leicht. Wenn man aber eine Familie zu versorgen und Rechnungen zu bezahlen hat, fühlt sich Arbeit weniger nach Spaß, sondern einfach nur nach Arbeit an. Ich hoffe, dass die Anleitungen und Impulse in diesem Buch wieder frischen Wind in deine Selbstständigkeit gebracht haben, sodass du es dir erlaubst, Freude am Experimentieren zu haben – ganz so, als ob du nichts zu verlieren hättest.

In diesem letzten Kapitel dreht sich alles ums Skalieren. Meine Co-Autorin Lisa Koch und ich wollen dir dabei helfen, aus dem Business-Hamsterrad auszubrechen und smarte Angebote zu entwickeln, die dich wirklich weiterbringen. Danke, dass ich dich auf deiner Reise begleiten durfte. Jetzt hol noch einmal tief Luft, die letzten Meter laufen wir noch gemeinsam!

12.1 Vom Service zum standardisierten Produkt – von Lisa Koch

Nicht nur das richtige Werben für die eigenen Leistungen kann neue Kunden und Marktvorteile bringen. Auch die aktive Gestaltung der angebotenen Leistungen birgt große Potenziale in sich, die ich dir in diesem Gastkapitel gern aufzeigen möchte. Als Dienstleister*innen, Solopreneure und Freiberufler*innen arbeiten wir nah am Kunden. Besonders zu Beginn der Selbstständigkeit nehmen wir gern viele Aufträge unterschiedlichster Natur an, bis das Leistungsspektrum irgendwann riesig erscheint und die erste klare Positionierung notwendig wird. In der Regel wird für jeden neuen Auftrag ein individuelles Angebot für die Zusammenarbeit erstellt, der Prozess neu durchdacht, ein eigener Ablauf geplant und ein Preis kalkuliert. In einem Auftrag steckt also nie nur die Leistungserbringung an sich, sondern immer auch ein umfangreicher Teil individueller Planung und Konzeption. Der große Nachteil: Wenn wir unser Angebot bewerben wollen, können wir oft keine konkreten Aussagen über den Preis, den genauen Inhalt, den Ablauf oder die Dauer der Zusammenarbeit treffen, wenn sie von Kund*innen angefragt werden. Es ist und bleibt immer ein »Alles ist möglich« und »Das müsste ich erst mal kalkulieren«. Zusätzlich besteht das Risiko, dass der geschmiedete Plan nicht aufgeht, was sich oft in deutlich schlechterer Bezahlung pro geleisteter Stunde und einem sich immer weiter verzögernden Projektabschluss zeigt. Es fehlen schlicht Erfahrungswerte für jeden neuen »Sonderfall«. Nun kennen wir es von uns selbst: Je schneller wir ein Angebot mit seinen Inhalten, dem Preis und zeitlichen Vorzügen verstehen, desto einfacher Können wir »ja« dazu sagen. Die große Frage ist also: Kann das Konzept der klassischen Dienstleistung noch verbessert werden? Ja, es kann. Und ich möchte dir zeigen, wie.

Das Konzept des *Productized Service* ermöglicht es uns, klassische Dienstleistungen so greifbar wie Produkte im Supermarktregal anzubieten. Die Idee dahinter ist, die inhaltliche Leistung und den Ablauf zu standardisieren, um dadurch den Zeitaufwand und Preis klar definieren zu können. Es entsteht eine Dienstleistung, bei der der Inhalt, der Ablauf der Zusammenarbeit, die zeitliche Planung und der Preis von vornherein für deine Kund*innen definiert sind. Mit jedem Ablauf können mehr Erfahrungswerte gesammelt werden, wodurch das Produkt an sich stetig verbessert wird.

12.1.1 Funktionsweise – wie können Angebote standardisiert werden?

Als Dienstleister*in das eigene Angebot zu standardisieren, mag sich zunächst schräg anfühlen. Ist doch jeder unserer Aufträge von Singularität bestimmt: Wir schaffen einmalige Ergebnisse mit und für unsere Kund*innen, und das ist gut so. Warum sollte man das ändern? Die Standardisierung deines Angebots zielt vor allem darauf ab, Zeit und Ressourcen zu sparen. Denn jeder Auftrag trägt auch wiederkehrende Komponenten in sich, wie zum Beispiel die Planung des Auftragsinhalts, die Konzeption des idealen Ablaufs, die Zeitplanung und die Preiskalkulation des Projekts – für die speziell geplanten Inhalte. Wie wäre es also, wenn die individuelle Lösung als Komponente bestehen bleibt, das Grundgerüst aber vereinfacht wird und damit deutlich weniger »Fleißarbeit« benötigt? Willkommen im Konzept von Productized Services.

Ein Productized Service setzt sich aus 4 Ebenen zusammen. Die erste Ebene ist die *Inhaltsebene*, auf der ein fester Inhalt für die Dienstleistung festgelegt wird. Auf der zweiten Ebene, der *Prozessebene*, betrachten wir den idealen Ablauf der Leistung. Die dritte Ebene beschäftigt sich mit einem festen zeitlichen Rahmen für den Leistungsablauf, nennen wir sie *Zeitebene*. Auf der vierten Ebene, der *Preisebene*, wird ein fester Preis definiert. Tauchen wir gemeinsam in die einzelnen Ebenen ein, und ergründen wir, wie ein Angebot mit ihrer Hilfe standardisiert werden kann.

12.1.2 Inhaltsebene – Standardisierung durch einen festen Inhalt

Wenn du dich schon länger mit Marketing beschäftigst, sind dir die Themen *Zielgruppe* und *Nische* sicher ein Begriff. Durch eine klare Ansprache unserer gewünschten Kunden, großes Wissen in einem Fachbereich und berufshandwerkliches Können entsteht ein Expertenstatus.

Dieser Status bringt in der Regel klare Inhalte mit, die dein Leistungsangebot umfassen. Eine Grafikerin mit Fokus auf Markengestaltung wird sich im Bereich des Logodesigns bestens auskennen und viele Aufträge erhalten. Ein Coach mit Schwerpunkt Persönlichkeitsentwicklung wird bei privaten Herausforderungen zu Rate gezogen. Eine Marketingberaterin mit Schwerpunkt Suchmaschinenoptimierung wird vor allem am Ranking für Webseiten arbeiten. Das bedeutet: Mit einer klaren Positionierung und Zielgruppenansprache ist die erste Ebene, die Inhaltsebene, bereits zur Hälfte erfüllt.

Tauchen wir nun in die Standardisierung ein. Auch dafür ist es besonders wichtig, seine Zielgruppe gut zu kennen. Auf der Inhaltsebene wollen wir nun feste Inhalte für standardisierte Produkte definieren. Dazu werden die häufigsten Leistungsbereiche genauer betrachtet und Pakete geschnürt, die den Bedürfnissen der Zielgruppe am meisten entsprechen. Dadurch ist der Leistungsumfang nicht mehr für jeden Auftrag individuell erstellt, wird dadurch aber replizierbar. Es ist das Ziel, den Leistungsumfang so passgenau wie möglich für die eigene Zielgruppe festzulegen, um das standardisierte Produkt für viele Kunden anbieten zu können.

Mögliche Inhalte für Productized Services

Schauen wir uns drei Beispiele für ein einfaches Verständnis an:

- *Grafikdesignerin*: Ein Paket aus Beratung, 3 Logo-Entwürfen, einem finalen Logo, Farben & Schriften; inklusive sind 2 Korrekturschleifen und ein Styleguide
- *Coach*: 3 Coaching-Sessions zum Thema Resilienz im Alltag inkl. Mini-Booklet mit Tools und Übungen für jeden Tag
- *Marketingberaterin*: Erstellen von 3 Werbeanzeigen auf Facebook, Betreuung über eine Laufzeit von 2 Wochen, Auswertung inkl. 1 Stunde Beratung zum Abschluss

Das Ziel der standardisierten Inhaltsebene ist also, klar zu definieren, welche Leistungen standardmäßig in dem Angebot abgedeckt sind. So wird der inhaltliche Planungsaufwand nur einmal fällig, das Produkt ist für viele Kunden genauso relevant. Wichtig ist, dass der Inhalt zum Bedürfnis der Kund*innen passt. Der Inhalt kann natürlich später durch Erfahrungswerte feinjustiert und ergänzt werden.

So planst du den Inhalt

Nimm dir zunächst deine Zielgruppe und Positionierung zur Hand und vertiefe erneut dein Wissen über sie. Unsere Angebote sind dann besonders relevant, wenn sie ein konkretes Bedürfnis erfüllen, das wir gerade haben. Um die Bedürfnisse etwas einfacher definieren zu können, können dir die Entwicklungsphasen deiner Kund*innen eine Hilfe sein. Orientiere dich dazu gern an diesen Fragen:

Entwicklungsphase 1:

- Wann nimmt mein Kunde sein Bedürfnis das erste Mal wahr? In welcher Situation befindet er sich zu diesem Zeitpunkt?

  Beispiel: Ein Coach möchte für seine Leistungen Werbeanzeigen auf Google und Facebook schalten und merkt, dass er zu wenig Wissen hat, um selbst gute Anzeigen zu schalten.

- Welches Bedürfnis hat er?

  Beispiel: Er hat das Bedürfnis, wirkungsvolle Anzeigen zu erhalten, die ihm neue Kunden bringen. Dazu möchte er sich aber nicht erst stundenlang einarbeiten. Er sucht Hilfe zur Umsetzung von einem Experten und möchte gut beraten werden.

- Wie kann ich das konkrete Bedürfnis lösen?

  Beispiel: Einem Kunden in dieser Entwicklungsphase kann angeboten werden: Planung, Einrichtung und Durchführung einer Werbekampagne für eine bestimmte Laufzeit inklusive Performancebericht.

Entwicklungsphase 2 und folgende:

- Welche Situation entsteht nun für meinen Kunden?

  Beispiel: Der Coach hat nun erste Kund*innen über seine Werbeanzeige gewinnen können und war mit der Zusammenarbeit zufrieden. Nun möchte er den Werbekanal weiterhin nutzen.

- Welche neuen Bedürfnisse entstehen?

  Beispiel: Da dem Coach noch immer Zeit und Wissen fehlt, wünscht er sich eine langfristige Betreuung und Optimierung der laufenden Werbeanzeigen. Zusätzlich möchte er Anzeigen für besondere Aktionen schalten und auch hierfür professionell betreut werden.

- Wie kann ich das konkrete Bedürfnis nun lösen?

  Beispiel: Diesem Kunden könnte man anschließend an die erste Zusammenarbeit ein monatliches Paket anbieten, das laufende Anzeigen überwacht und optimiert. Zusätzlich kann dieser Kunde ein Festpreis-Paket für kleine Sonder-Kampagnen brauchen, die bei Bedarf hinzugebucht werden können.

Wie du siehst, gibt uns die Entwicklungsphase deiner Kund*innen sehr konkrete Einblicke darüber, welche deiner Leistungen zu welchem Zeitpunkt relevant sind. Orientiere dich für die Gestaltung deiner Productized Services also immer an einem konkreten Bedürfnis. Sobald du dieses in den unterschiedlichen Entwicklungsphasen definiert hast, kannst du daraus Ideen für dein Produkt entwerfen. Sammle zunächst alle Ideen, die dir in den Kopf kommen. Erst im zweiten Schritt sortierst du dann aus, welche Produktidee das Bedürfnis deiner Kund*innen am treffendsten lösen wird. Entwirf daraus einen konkreten Inhalt für die enthaltenen Leistungen deines Productized Service. Diese Fragen können dir helfen:

- **Sammle:** Was kann ich anbieten, um das Bedürfnis meiner Kund*innen in der Entwicklungsphase zu befriedigen?

  Für unsere Werbeanzeigen-Expertin könnte das sein:

  - Video-Anleitung »Anzeigenmanager einrichten«
  - Dienstleistung Anzeigenmanager einrichten
  - Fragebogen zur Zielgruppe
  - Dienstleistung Zielgruppenrecherche
  - Anzeigenplanung für die erste Kampagne
  - Gestalten der Anzeigen für die erste Kampagne
  - Planung und Monitoring der ersten Kampagne
  - Abschlussbericht und Empfehlungen

- **Sortiere:** Welche Angebote sind dabei besonders relevant für meine Kunden?

  Für unsere Werbeanzeigen-Expertin könnten das sein:

  - Fragebogen zur Zielgruppe
  - Dienstleistung Anzeigenmanager einrichten
  - Anzeigenplanung für die erste Kampagne
  - Gestalten der Anzeigen für die erste Kampagne
  - Planung und Monitoring der ersten Kampagne
  - Abschlussbericht und Empfehlungen

- **Wähle aus:** Welche Lösung bietet das ideale Produktpaket für ihr Bedürfnis?

  Für unsere Werbeanzeigen-Expertin könnte das sein:
  - Set-up: Fragebogen zur Zielgruppe + Einrichten des Anzeigenmanagers
  - Planung und Gestaltung der Kampagne
  - Durchführung der Kampagne inkl. Abschlussbericht
- **Definiere:** Welche Leistung wird in meinem Productized Service enthalten sein?

  Für unsere Werbeanzeigen-Expertin könnte das sein:
  - Fragebogen
  - Einrichtung
  - planen und gestalten
  - durchführen und berichten

Nun solltest du konkret definierte Inhalte für dein erstes Productized Service vorliegen haben und kannst dich der Planung des idealen Ablaufs widmen.

12.1.3 Prozessebene – Standardisierung durch einen festen Ablauf

Sobald die Inhaltsebene definiert ist, kann die Prozessebene betrachtet werden. Nun steht die Frage im Raum: Wie kann die Leistung am effizientesten erbracht werden? Was brauchst du als Dienstleister*in, um den Auftrag bestmöglich auszuführen? Was brauchen die Kund*innen, um bestmöglich mitwirken zu können? Hilfreich ist es hier, den Prozess aus den zwei Blickwinkeln »Eigenperspektive« und »Kundenperspektive« zu planen und diese Planung später an Kund*innen zu kommunizieren.

Um die Prozessplanung an sich zu vereinfachen, kann sie in drei Phasen geteilt werden: die Vorbereitung, die Umsetzung und die Übergabe der Leistung. In der Vorbereitungsphase werden alle Aufgaben geplant, die für eine gelungene Durchführung der Leistung gebraucht werden. Das können Briefings sein, Übergabe von Dokumenten oder auch das Bereitstellen von Zugängen. In der Umsetzungsphase wird dann die eigentliche und noch immer individuelle Dienstleistung erbracht. Auch dafür ist es sinnvoll, den idealen Prozessablauf einmal im Detail zu durchdenken. In welcher Reihenfolge ist die Umsetzung der Teilaufgaben am effizientesten? An welchen Stellen sind Kund*innen aktiv beteiligt? Gibt es Phasen, in denen keine Beteiligung deiner Kund*innen notwendig ist? In der Umsetzungsphase passiert die eigentliche Dienstleistung, die weiterhin individuell für deine Kunden erbracht wird – wie zum Beispiel das Planen einer individuellen Anzeigenkampagne zu dem gewünschten Thema. Abschließend wird in der Übergabephase durchdacht, wann und wie das Ergebnis der Leistung überliefert wird. In dieser Phase eignen sich zusätzliche Boni oder Upsell-Angebote besonders gut.

So planst du den Ablauf

Wählen wir zunächst, wie in der Einleitung beschrieben, die zwei Blickwinkel, die es zu durchdenken gilt. Am besten betrachten wir sie während der Prozessplanung parallel. Als Erstes starten wir mit der Planung der Vorbereitungsphase aus Eigenperspektive und Kundenperspektive.

In der Vorbereitungsphase durchdenkst du alle Prozessschritte, die zur idealen Vorbereitung auf die Zusammenarbeit mit deinen Kundinnen notwendig werden. Der Prozess beginnt, sobald eine Kundin dem Auftrag zugesagt hat. Nun kann es notwendig sein, bestimmte Informationen einzuholen, Materialien anzufragen oder Gesprächstermine zu vereinbaren. Halte diese Prozessschritte fest. Diese Fragen können dir helfen:

Eigenperspektive:

- Was benötige ich für einen idealen Start in die Zusammenarbeit?

  Beispiel: ein Briefing über den konkreten Bedarf + bestehendes Material
- Welche Abhängigkeiten gibt es dabei voneinander?

  Beispiel: Ich muss zunächst den Bedarf kennen, um das benötigte Material benennen zu können.

Kundenperspektive:

- Was benötigen meine Kundinnen für einen idealen Start in die Zusammenarbeit?

  Beispiel: einen Rahmen für ein zielgerichtetes Briefing, eine Anleitung, wer an der Zusammenarbeit beteiligt sein soll, eine Entscheiderin, einen Ablaufplan für interne Zeitplanung
- Welche Abhängigkeiten gibt es dabei voneinander?

  Beispiel: Zunächst muss das Team entscheiden, wer am Prozess beteiligt sein wird. Im Team wird dann eine Entscheiderin gewählt. Danach kann ein Briefing ausgefüllt und das Projekt mithilfe des Ablaufplans geplant werden.

Zusammenarbeit:

- Welche Reihenfolge bildet den idealen Prozess? Nun führst du die Erkenntnisse aus beiden Perspektiven zusammen und planst, wann welcher Schritt zur Vorbereitung notwendig ist.

  Beispiel:

  - Kunden erhalten Anleitung, ein Team zu bilden und eine Entscheiderin zu wählen.
  - Ich übersende ein Briefing, in dem die wichtigsten Informationen abgefragt werden. Zusätzlich erstelle ich eine Liste, welche Materialien ich benötige.

- Ich erhalte das Briefing und die Materialien und kann gegebenenfalls Rückfragen stellen oder beantworten.
- Die Umsetzungsphase kann beginnen.

In der Umsetzungsphase startet nun die eigentliche Leistungserbringung deines Productized Service. Auch hier planst du, welche Schritte zur Umsetzung notwendig sind. Nimm dir dazu den geplanten Inhalt für dein Productized Service zur Hand. Frag dich bei der Ausarbeitung:

Eigenperspektive:

- Was benötige ich für eine ideale Umsetzung?
- Welche Abhängigkeiten gibt es dabei voneinander?

Kundenperspektive:

- Was benötigen meine Kund*innen für eine ideale Umsetzung?
- Welche Abhängigkeiten gibt es dabei voneinander?

Zusammenarbeit:

- Welche Reihenfolge bildet den idealen Prozess?

  Nun führst du die Erkenntnisse aus beiden Perspektiven erneut zusammen und planst, wann welcher Schritt zur Zusammenarbeit notwendig ist.

Ideen für die Übergabephase

Bei manchen Leistungen ist die Übergabe Teil der Umsetzungsphase. In einem Coaching entstehen die Erkenntnisse zum Beispiel während des Gesprächs und nicht erst danach. Jedoch bieten Überlegungen zur Übergabe Potenzial für nützliche Extras für deine Kund*innen, zum Beispiel eine Übersicht der Erkenntnisse oder eine Übergabe der gemeinsam erarbeiteten Übersicht.

Die Übergabephase bildet den Abschluss der Zusammenarbeit und ist in der Regel einfach erledigt. Dennoch verdient diese Phase deine Aufmerksamkeit, da es gegebenenfalls der letzte direkte Kontaktpunkt mit deinen Kund*innen ist. Es bietet sich zum Abschluss dieser Phase besonders gut an, für mögliche Anschlussprodukte zu werben. Auch hier kannst du diese Fragen durchdenken:

Eigenperspektive:

- Was benötige ich für eine ideale Übergabe?
- Welche Abhängigkeiten gibt es dabei voneinander?

Kundenperspektive:

- Was benötigen meine Kund*innen für eine ideale Übergabe?
- Welche Abhängigkeiten gibt es dabei voneinander?

Übergabe:

- Welche Reihenfolge bildet den idealen Prozess?

  Nun führst du die Erkenntnisse aus beiden Perspektiven erneut zusammen und planst, wann welcher Schritt zur Übergabe notwendig ist.

Die Ausarbeitung des Prozessablaufs wird sich vielleicht etwas kleinlich anfühlen. Allerdings gibt dir diese konkrete Auflistung einen konkreten, greifbaren Rahmen für die Zusammenarbeit mit deinen Kundinnen. Wenn im Vorgespräch eine Detailfrage wie »Was muss ich vorbereiten?« gestellt wird, kannst du eine verlässliche Aussage darüber treffen, weil der Prozess der Vorbereitung bereits fertig durchdacht und geplant ist. Zusätzlich bietet der feste Ablauf Platz im Kopf, dich ganz auf die eigentliche Leistungserbringung zu fokussieren und keine Energie für »Fleißarbeit« und Organisation zu verbrauchen. Als Bonus kannst du nun noch einmal deine Ausarbeitung durchgehen und prüfen, ob du bestimmte Prozessschritte mithilfe von Tools oder Vorlagen vereinfachen kannst. So könntest du einen Fragebogen erstellen, den alle deine Kundinnen vor der Zusammenarbeit erhalten. Oder du entwirfst einen Projektplan, auf dem die Zeiten und Phasen der Zusammenarbeit nachvollziehbar für deine Kundinnen abgebildet sind und die du zum Start der Zusammenarbeit verwendest. Überlege dir, wo du »Fleißarbeit« durch standardisierte Formulare, Dokumente oder Tools einsparen könntest. Denn der standardisierte Prozess ermöglicht es dir, auch mit diesen Hilfsmitteln Ressourcen zu sparen. Nun bist du bereit, die Zeitplanung für dein Productized Service aufzustellen.

12.1.4 Zeitebene – Standardisierung durch einen festen zeitlichen Rahmen

Sobald nun klar ist, welche Inhalte die standardisierte Leistung hat und wie die Umsetzung erfolgen soll, lässt sich auch der zeitliche Aufwand deutlich einfacher kalkulieren. Im Productized Service spielt der feste zeitliche Rahmen aber eine weitere große Rolle: Er bestimmt darüber, wie viele Projekte gleichzeitig angenommen werden können. So entsteht eine deutlich bessere Planbarkeit für Auftraggeber*innen und Auftragnehmer*innen. Auch hier empfiehlt sich die Einteilung in Phasen für leichtere Planbarkeit: Vorbereitungsphase, Umsetzungsphase und Übergabephase.

So planst du den zeitlichen Aufwand

Nimm dir zur zeitlichen Planung deines Productized Service deinen Prozessablauf zur Hand. Nun kannst du wie aus klassischen Aufträgen gewohnt kalkulieren, wie lange jeder einzelne Prozessschritt brauchen wird. Dadurch lässt sich ein ziemlich konkreter Zeitplan schmieden, den du mit jedem Durchlauf deines Productized Service testen kannst. Nutze deine Ausarbeitungen des Prozessablaufs für die Zeitplanung deines Produkts. Notiere hinter jedem Prozessschritt die Zeit, die zur Umsetzung der Aufgabe benötigt wird, wie in Tabelle 12.1.

Schritt	Dauer
Fragebogen zu relevanten Kundendaten versenden und Antwort durcharbeiten	2 Std.
Einrichten des Anzeigenmanagers	1 Std.
Zielgruppenrecherche	2 Std.
Briefing mit dem Kunden vor Kampagnenplanung	2 Std.
= Summe der benötigten Vorbereitungszeit	**7 Std.**

Tabelle 12.1 Ungefähre Dauer des Prozessschrittes Vorbereitungszeit

Addiere am Ende alle Zeiten zusammen, dadurch gewinnst du eine realistische Einschätzung, wie lange die Umsetzung deines Productized Service brauchen wird. Anders als bei klassischen Dienstleistungsaufträgen kannst du nun mit jedem Durchlauf deines Productized Service prüfen, ob deine Zeitkalkulation aufgeht oder angepasst werden muss.

Der zeitliche Rahmen als USP

Manche Productized Services definieren sich nicht nur durch die inhaltliche Idee, sondern durch einen zeitlichen Rahmen. So erstelle ich zum Beispiel individuelle Logodesigns oder moderne Webseiten innerhalb von 8 Stunden (siehe Abbildung 12.1). Wie kann das gelingen? Auch eine klare Zeitvorgabe kann für Kunden ein entscheidender Kaufgrund sein, den du aus den Bedürfnissen deiner Zielgruppe ablesen kannst. Eine konkrete Dauer für die Leistungserbringung könnte also auch über den Prozessablauf entscheiden.

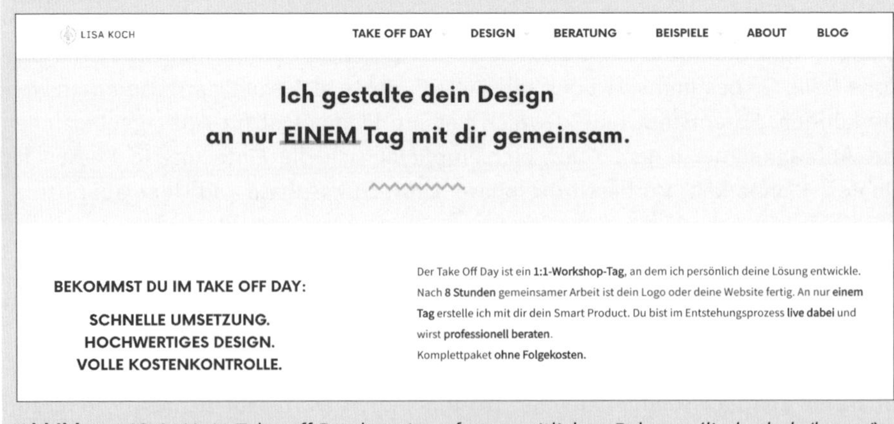

Abbildung 12.1 Mein Take-off Day hat einen festen zeitlichen Rahmen (*lisakoch.de/logo-ci*).

12.1.5 Preisebene – Standardisierung durch einen festen Preis

Auch die Kalkulation eines Preises ist für viele Dienstleister*innen eine wiederkehrende Herausforderung. Ganz klar: Wenn jeder Auftrag im Inhalt, Zeitaufwand und Ablauf individuell ist, lassen sich nur schwer verlässliche Erfahrungswerte sammeln. Durch die klare Definition der Inhaltsebene, Zeitebene und Prozessebene gelingt es nun aber, eine sichere Preiskalkulation aufzustellen und diese mit jedem Durchlauf des Productized Services zu verbessern. Je öfter der Productized Service gebucht wird, desto mehr verlässliche Erfahrungswerte entstehen. Zusätzlich sind viele Kund*innen heute dankbar, wenn sie den finanziellen Aufwand für einen Auftrag direkt abschätzen können.

So kalkulierst du den Preis

Grundsätzlich kannst du den Preis wie in früheren Angeboten kalkulieren und den Aufwand zur Erbringung der Leistung mit deinem Stundensatz multiplizieren. Dennoch setzt sich der Preis für ein Produkt aus verschiedenen Komponenten zusammen. Zusätzlich in Betracht ziehen solltest du den Marktwert deiner Arbeit, die Zahlungsbereitschaft deiner Zielgruppe und den Wert deiner Leistung für deine Kund*innen. Durch das Modell des Productized Service entstehen weitere Vorteile für deine Kund*innen, die sich ebenfalls einpreisen lassen. Das könnte zum Beispiel sein, dass das Resultat schneller verfügbar ist oder die Leistung zu einem festen Preis angeboten wird. Diese Fragen können dir bei der Kalkulation helfen:

- Wie viel Zeit benötigst du für die Umsetzung des Productized Service? Kalkuliere die Stunden und multipliziere mit deinem Stundensatz.

  Beispiel: 7 Stunden + Stundensatz 140 € = 980 €.
- Welchen Wert hat das Ergebnis für deine Kundinnen (auch langfristig gesehen)? Welchen Preis müsste das Produkt eigentlich haben?

  Beispiel: Kunde gewinnt selbst mehr Kunden, steigert dadurch seine Bekanntheit und kann künftig höhere Preise verlangen. Geschätzter Wert: 1.100 €.
- Wie hoch ist die Zahlungsbereitschaft deiner Kundinnen? Welche Summe würden sie vermutlich bezahlen?

  Beispiel: Kolleginnen berichten, dass Kunden bei ihnen für die Leistung 1.300 € bezahlen.
- Welche Vorteile entstehen durch das Productized Service für deine Kundinnen?

  Beispiel: Zeitliche Planbarkeit, fester Preis oder Klarheit über den Inhalt. Geschätzter Wert: 1.230 €.

Danach berechnest du den Durchschnitt der verschiedenen Werte:

(980 € + 1.100 € + 1.300 € + 1.230 €) : 4 = 1.152,50 €

Das Angebot könnte also in etwa 1.150 € kosten.

Wenn du dir noch unsicher bist, wie viel dein Angebot kosten soll

In den Beratungen mit meinen Kund*innen stelle ich fest, dass sie zur Einführung eines neuen Angebots oft Sorge haben, den eigentlich geplanten Preis zu nehmen und diesen direkt zu kommunizieren. Daher empfehle ich sowohl in meiner Beratung als auch dir jetzt, über einen Einführungspreis nachzudenken. So kannst du die Relevanz am Markt testen und einfacher erste Kund*innen gewinnen. Der Einführungspreis sollte bei etwa 75 % des finalen Preises liegen und begrenzt sein. So kannst du zum Beispiel festlegen, dass nur die ersten 10 Kund*innen das Angebot zum Einführungspreis erhalten oder der Preis nur bis zu einem bestimmten Datum gilt und danach steigt. So förderst du die Entscheidung deiner Kund*innen, den Kauf abzuschließen.

12.1.6 Fallbeispiele für Productized Services

Hier findest du drei schöne Beispiele für Productized Services. Wie überall gilt: nicht kopieren, nur inspirieren lassen. Du kennst deine Zielgruppe und ihre Bedürfnisse am besten und kannst mit deinen Besonderheiten passgenaue Angebote erstellen.

Für Kreative

Als Grafikerin hast du dich auf die Erstellung von Marketingunterlagen spezialisiert. Deine Leidenschaft für Podcasts ist groß. Du hast festgestellt, dass es wenige Grafiker auf dem Markt gibt, die Marketingunterlagen für Podcaster erstellen, und bietest hier ein Komplettpaket an. Die Ausarbeitung deiner Kundenbedürfnisse hat gezeigt: Deine Kunden benötigen vor allem zum Start ihres Podcasts Hilfe für ihre Marketingmaterialien wie Cover, Episodencover, Landingpage und Werbebanner. Dein Productized Service könnte so aussehen:

- Komplettpaket Grafikunterlagen für Podcast-Start
- 3 Cover-Entwürfe, eine finale Version
- 3 Episodencover-Vorlagen (Interview, Solofolge, Sonderfolge)
- 1 kleine Landingpage
- 5 Posting-Vorlagen zum Podcast-Launch
- 3 Posting-Vorlagen zur Episoden-Promo

Für Heilberufe

Als Coach hast du dich auf das Thema »Liebeskummer« spezialisiert. In der Ausarbeitung der Bedürfnisse deiner Klientinnen hat sich vor allem eine Akut-Begleitung während und nach der Trennung als besonders relevant gezeigt. Dazu bietest du ein 10-Wochen-Intensiv-Coaching an, dass deine Klientinnen durch die erste Phase des Liebeskummers begleitet. Enthalten sein könnten beispielsweise:

- 1× Coaching pro Woche
- eine geführte Wochenreflexion per Workbook
- 2 aufgezeichnete Meditationen pro Woche

Für Marketingberufe

Als Beraterin bist du auf Instagram spezialisiert und hilfst deinen Kund*innen, auf dem Kanal aktiv zu verkaufen. In den Bedürfnissen deiner Kund*innen hat sich gezeigt, dass ihnen sowohl Know-how zum Kanal Instagram fehlt als auch selbstbewusstes Auftreten immer wieder eine Hürde darstellt. Deshalb bietest du ein Paket aus Bildung und Coaching an, das folgende Inhalte haben könnte:

- 5 aufgezeichnete Videos, um Instagram als Kanal tiefer zu verstehen
- 5 Formatvorlagen, an denen deine Kundinnen üben können, gute Postings zu erstellen
- 2 Feedback-Sessions zu erstellten Posting-Inhalten
- 3 Coaching-Sessions zum Thema selbstbewusstes Auftreten und Verkauf

12.1.7 Productized Services als Anschlussprodukte an klassische Dienstleistungen

Solltest du bereits Dienstleistungen anbieten, kann ein Productized Service ein wunderbares Anschlussprodukt darstellen, das du zusätzlich entwickelst. Deine Angebotspalette muss nicht ausschließlich aus Productized Services bestehen, du kannst das Konzept auch erst mal in kleinem Umfang testen. Dafür habe ich dir hier drei Beispiele aufgeführt.

Für Kreative

Für deine Kunden aus dem Mittelstand übernimmst du regelmäßige Aufträge unterschiedlicher Art – Gestalten einer Präsentation, Entwerfen eines Flyers, was so anfällt. Du beobachtest, dass jedes Unternehmen regelmäßig neue Visitenkarten für neue Mitarbeiter*innen benötigt. Du könntest ein Productized Service entwickeln, bei dem du neue Visitenkarten für neue Mitarbeiter*innen beispielsweise innerhalb von 7 Tagen gestaltest und in das Unternehmen lieferst. Das Unternehmen kann den Productized Service pro Mitarbeitenden bestellen.

Für Heilberufe

Als Coach hast du mit deinem Klienten in Einzelsessions gearbeitet und viele Knoten lösen können. Nun wünscht sich dein Klient eine langfristige, aber wenig intensive Begleitung. Hier bietet sich ein Gruppenprogramm an, in dem frühere Klient*innen beispielsweise einmal im Monat zu einer gemeinsamen Session zusammenkommen und gute Coaching-Inhalte von dir erhalten. Dafür zahlen sie einen monatlichen Beitrag.

Für Marketingberufe

Als Marketingberaterin hast du dich auf den Kanal Pinterest spezialisiert und betreust deine Kundinnen manchmal langfristig, manchmal auch nur kurzfristig. Die Plattform entwickelt sich stetig weiter, und du hast Freude daran, die technischen Neuerungen auszuprobieren und ihr Potenzial zu testen. Du könntest diese Neugier zu einem Anschlussprodukt wandeln, in dem du eine monatliche »Was ist neu auf Pinterest«-Session anbietest, die sowohl für bestehende Kundinnen relevant ist, aber auch als Kundenakquise für deine Dienstleistungen dienen kann.

12.1.8 Vorteile von Productized Services im Marketing nutzen

Nun hast du gelernt, wie du ein Productized Service erstellen kannst. Zu Beginn dieses Kapitels habe ich dich darauf aufmerksam gemacht, dass nicht nur das richtige Werben für deine Leistungen neue Kunden und Marktvorteile bringen kann. Nun weißt du, wie du deine Leistungen aktiv gestalten und damit weitere Potenziale ausschöpfen kannst. Schauen wir uns abschließend trotzdem einmal die Vorzüge an, die ein Productized Service für dein Marketing mit sich bringt. Zunächst kann das Leistungsangebot klar kommuniziert und damit natürlich deutlich klarer beworben werden. Die Vorteile des Produkts können so konkret aufgezählt werden, dass Kund*innen leichter »Ja« dazu sagen können. Letztendlich gelingt mit Productized Service ein Alleinstellungsmerkmal gegenüber Kolleg*innen am Markt, das dich abhebt.

So kannst du dein Productized Service konkret vermarkten

Für die abschließenden Tipps zur Vermarktung deiner Leistung können wir erneut die vier Ebenen des Productized Service nutzen. Um den Inhalt deines Productized Service zu vermarkten, kannst du konkret nennen, welche Leistungen in deinem Produkt enthalten sind. Es ist für Kund*innen hilfreich, zu erkennen, welches Ziel sie mit deiner Leistung erreichen können. Ein zusätzlicher Marketing-Tipp: Gib deinem Productized Service einen Namen, unter dem du es bekannt machst (siehe Abbildung 12.2).

Auch die Prozessebene deines Productized Service lässt sich wunderbar für dein Marketing nutzen. Deine Kund*innen möchten wissen: Wie läuft die Zusammenarbeit ab? Was erwartet mich? Wann muss ich was tun? In deinem Marketing auf Social Media, deiner Website und Co. kannst du nun einen konkreten Einblick geben, wie die Zusammenarbeit mit dir im Detail ablaufen wird (siehe Abbildung 12.3). Das schenkt Vertrauen, macht den Auftrag planbar, erhöht deinen Profi-Status und hinterlässt eine strukturierte Wirkung.

Abbildung 12.2 Ein fester Inhalt und Name helfen dir dabei, dein Productized Service besser zu vermarkten.

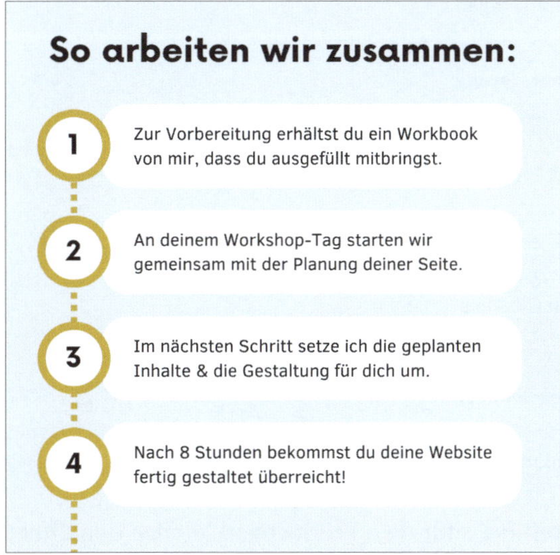

Abbildung 12.3 Ein fester Prozess schafft eine klare Erwartungshaltung.

Oft können Productized Services die Verkürzung einer klassischen Dienstleistung ermöglichen, was erhebliche Zeitersparnisse für dich und deine Kund*innen bedeutet. Was für ein wunderbares Verkaufsargument für dein Marketing! Kommuniziere offen und klar die geplante Zeit als zusätzliches Verkaufsargument. Fokus-Worte wie »nur« in Abbildung 12.4 helfen, einzusortieren, ob der Zeitumfang klein oder groß ist.

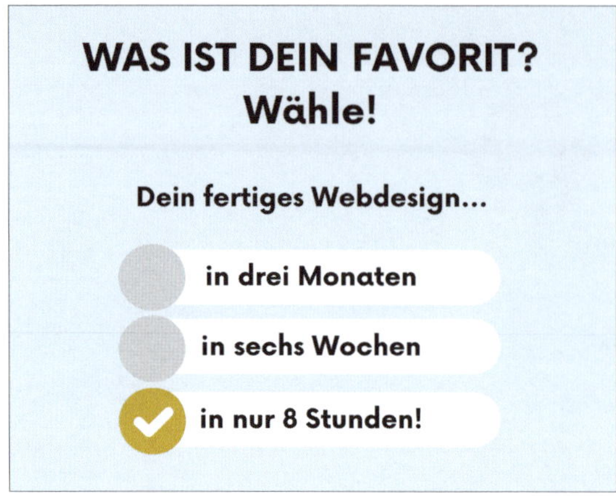

Abbildung 12.4 Schaffe einen festen zeitlichen Rahmen für deine Angebote.

Auch die wichtige Frage »Was kostet das denn?« kannst du direkt beantworten und dadurch schnelle Vergleichbarkeit für deine Kund*innen schaffen (Abbildung 12.5).

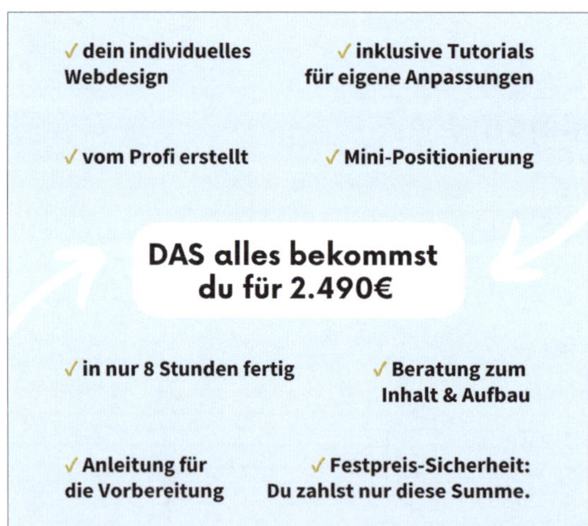

Abbildung 12.5 Ein fester preislicher Rahmen schafft Vergleichbarkeit.

Zusätzlich kannst du mit einem festen Preis für dein Productized Service den Effekt des »Ankerns« nutzen, indem du mit dem offen kommunizierten Preis eine einschätzbare Richtung für die Investition deiner Kundinnen hinterlässt – besonders wenn sie mit Aufträgen deiner Leistungskategorie keine Erfahrungen haben. Schlussendlich ist der Festpreis auch ein bewährtes Mittel, eine weitere offene Frage direkt zu klären, die einer Buchung im Weg stehen könnte. Wichtig: Nur weil eine Leistung schneller oder effizienter erbracht wird, muss sie nicht günstiger sein. Behalte immer die Vorteile deines Productized Services im Kopf, und schaffe Preise, die auch für dich fair sind.

12.1.9 Entwickle Productized Services nach und nach

Nachdem du diesen Abschnitt gelesen hast, musst du nicht sofort deine gesamte Angebotspalette umwerfen. Deutlich geeigneter ist es, ein Productized Service nach dem anderen zu entwickeln. Sobald du dich an die Umsetzung einer Idee für ein Productized Service machst und auswählen willst, welche Idee du als Erstes umsetzen solltest, beachte diese drei Entscheidungsfaktoren:

- Das Produkt hat voraussichtlich das größte Potenzial.
- Das Produkt hat voraussichtlich die größte Zielgruppe (Käuferschaft)
- und das Produkt ist voraussichtlich am schnellsten umgesetzt.

Ich wünsche dir viel Freude beim Kreieren und Planen!

Erfahre mehr zu Productized Services

Du möchtest noch tiefer in dieses Thema einsteigen? In *Productize your Service – Dienstleistungen neu gedacht* (siehe Abbildung 12.6) führt dich Lisa detailliert durch die Erstellung eines Productized Service, das deine Kund*innen überzeugt – mit weiteren Insider-Tipps und zahlreichen greifbaren Beispielen.

Abbildung 12.6 Lerne, wie du aus klassischen Dienstleistungen Produkte kreierst, die überzeugen (lisakoch.de/productize-your-service-buch).

12.2 Digitale Produkte als Umsatzbooster

Die Standardisierung deiner Angebote ist ein erster wichtiger Schritt Richtung Skalierung. Denn den Aufwand, den du dir zukünftig sparst, um individuelle Angebote zu schreiben, kannst du in Zukunft nutzen, um an deinem Business zu arbeiten. Natürlich sind Productized Services, wie sie dir Lisa vorgestellt hat, nur einer von vielen Wegen, mehr Umsatz in weniger Zeit zu erwirtschaften. Ich persönlich bin ein riesiger Fan von digitalen Produkten als Ergänzung zu deinem aktuellen Angebotsportfolio. Produkte wie E-Books, Webinare oder aufgezeichnete Kurse eignen sich wunderbar als Einstieg in deine Produkt-Treppe und können theoretisch ins Unendliche skaliert werden. Sind sie einmal erstellt, kannst du sie so oft verkaufen, wie du schaffst, ohne zusätzlichen Zeitaufwand von deiner Seite.

Die Lüge vom passiven Einkommen

Ich möchte dich an dieser Stelle jedoch davor warnen, in die Falle des Wunschtraumes vom »passiven Einkommens« zu tappen, der auf Social Media von zahlreichen Coaches angepriesen wird. Denn auch digitale Produkte müssen von irgendwem erstellt werden, und das mit teilweise erheblichem Zeitaufwand – vor allem wenn du Wert auf die Qualität deiner Angebote legst. Für wahrlich passives Einkommen benötigst du außerdem ein System von automatisierten Funnels, das jeden Schritt von der Kundenakquise bis zum Verkaufsabschluss für dich übernimmt. So ein System aufzusetzen, setzt jahrelange Erfahrung voraus und geht auch nicht von heute auf morgen.

12.2.1 Wann macht ein digitales Produkt Sinn?

Trotzdem macht es Sinn, darüber nachzudenken, wie du digitale Produkte in dein Business integrieren könntest – übrigens auch wenn deine Dienstleistungen vorwiegend offline stattfinden. Stell dir vor, du bist Personal Trainer und triffst dich drei Mal pro Woche mit deinen Kund*innen im Gym. Welche digitalen Produkte könntest du als Ergänzung zu deiner Dienstleistung entwickeln? Deine bestehende Kundschaft, die dich ja schon regelmäßig besucht, könnte sich vielleicht auch für kurze Home-Sessions interessieren, die sie an den Tagen durchführt, an denen sie nicht zu dir ins Fitnessstudio kommt. Eine Reihe an 15-minütigen Workout-Videos mit Körpergewicht für alle wichtigen Muskelgruppen wäre doch ein großartiger Upsell für Bestandskund*innen. Gleichzeitig könntest du mit einem niedrigpreisigen digitalen Produkt Interessentinnen anlocken, die sich zwar für deinen Service interessieren, aber noch unsicher sind, ob sie wirklich einen Personal Trainer brauchen. Wie wär's mit einem E-Book für Anfänger, in dem 10 Übungen vorgestellt werden, die den kompletten Körper trainieren? Und wenn du neue Zielgruppen für dich erschließen möchtest, könntest du eine wöchentliche Online-Session via Zoom anbieten für diejenigen, die nicht in der Nähe deines Gyms wohnen.

Du siehst also, digitale Produkte bieten vielfältige Möglichkeiten, dein Angebotsportfolio zu erweitern. Lass uns die verschiedenen Einsatzbereiche noch einmal separat betrachten:

- *Als Einstieg in deine Produkt-Treppe:* Digitale Produkte können viel günstiger verkauft werden als 1:1 Services. Mit der Erstellung eines niedrigpreisigen digitalen Produkts holst du vielleicht Interessent*innen ab, die nicht das Budget haben, deine Signature-Angebote zu kaufen.
- *Integriert in deine Productized Services:* Überlege, welche Schritte deines Prozesses du mithilfe eines digitalen Produkts komplett automatisieren könntest. Muss dein Onboarding immer am Telefon stattfinden, oder könntest du auch ein Workbook verschicken, das deine Kundin durch die nächsten Steps führt? Müssen Anleitungen und Tutorials wirklich in einem Video-Call besprochen werden oder könntest du eine Art Mini-Kurs erstellen, den du in deine Dienstleistung integrierst? Durch digitale Produkte wirkt dein Angebot im Übrigen auch hochwertiger, und du kannst sie im Preis mit einkalkulieren, wie Lisa dir das gezeigt hat.
- *Als möglicher Upsell für bestehende Kund*innen:* Genauso gut könntest du einen Kurs, ein Webinar oder deine Membership speziell für bestehende Kundschaft erstellen und diese nach erfolgreich abgeschlossener Zusammenarbeit verkaufen.
- *Als Ersatz für deine Dienstleistung:* Vielleicht kommt irgendwann der Punkt, an dem du bereit bist, weniger direkt mit Kunden zusammenzuarbeiten. Hast du jahrelange Erfahrung als Dienstleisterin oder Coach, pack dein Wissen in ein Buch oder einen Online-Kurs, mit dessen Hilfe deine Kundschaft selbst aktiv werden kann.

Mein Weg zu digitalen Produkten

Ich habe mich 2016 selbstständig gemacht und zunächst Social-Media-Management und Content-Creation als Dienstleistung angeboten. Nach einigen Jahren merkte ich, dass es an der Zeit war, nicht mehr nur Inhalte für andere zu erstellen, sondern mich ein wenig aus der Umsetzung zurückzuziehen. 2021 begann ich dann, 1:1-Beratungen und später auch Workshops via Zoom zu halten. Schon damals wusste ich, dass ich mit Beratungen mehr Geld verdienen konnte, weil erstens der Stundensatz dafür höher war und ich zweitens mehr Kund*innen damit abdecken konnte. Denn Content für andere zu erstellen, ist gar nicht so einfach. Man verbringt viel Zeit damit, die Themen zu recherchieren und Zielgruppen kennenzulernen. Zeit, die nicht unbedingt reduziert werden kann, es sei denn, die Content-Qualität leidet darunter. Nachdem ich mich zwei Jahre lang als Beraterin etabliert hatte, beschloss ich, meine Erfahrungen in einen Online Kurs zu packen. Ende 2022 launchte ich dann mein allererstes digitales Produkt *Creative Content Lab*, einen Content-Strategie-Kurs für Instagram, von dem du in diesem Buch schon öfter gelesen hast. Durch diese kontinuierliche Weiterentwicklung meiner Angebote konnte ich im Lauf der Jahre meine Umsätze erheblich steigern, und das bei weitgehend gleichbleibenden Ausgaben und niedrigerem Zeitaufwand. Ich habe mich also im Lauf der Jahre von der Dienstleisterin zur Beraterin zur Unternehmerin weiterentwickelt.

12.2.2 Das passende Produkt entwickeln

Sobald du beginnst, darüber nachzudenken, wie du mehr Umsatz in weniger Zeit erwirtschaften kannst, denkst du also unternehmerisch. Und was machen smarte Unternehmer*innen? Sie entwickeln Angebote, die auf die Bedürfnisse des Markts abgestimmt sind. Wenn du damit liebäugelst, ein digitales Produkt anzubieten, dann nimm dir bitte genug Zeit im Vorfeld. Arbeite aus, für wen, warum und wie dieses Produkt angeboten werden soll. Nur so kannst du garantieren, dass die viele Zeit, die du in die Ausarbeitung investierst, später auch entlohnt wird. Meine Lieblingsmethode, um neue Produktideen zu entwickeln, ist *Design Thinking*, ein iterativer Prozess, der die Bedürfnisse deiner Zielgruppe in den Mittelpunkt stellt.

Bevor ich dir gleich die einzelnen Schritte dieser Methode zeige, möchte ich aber noch einmal auf ein Konzept eingehen, das ich dir schon in Kapitel 2, »Erste Schritte zu deiner Marketing-Strategie«, vorgestellt habe, nämlich *First Principle Thinking*. Zur Erinnerung: Dabei nimmst du eine sokratische Haltung ein und gehst einmal grundsätzlich davon aus, dass du nichts weißt. Es ist unglaublich wichtig, unvoreingenommen in deinen Angebotsentwicklungsprozess hineinzugehen. Denn nur so kannst du Ideen auch objektiv bewerten. Starte also mit einem »Beginner's Mind«, um dann Schritt für Schritt den Design-Thinking-Prozess für dein Thema durchzuspielen. Die sechs Phasen des Design-Thinking-Prozesses:

1. **Verstehen**
   die Zielgruppe und deren konkretes Problem bzw. ihren Wunschzustand definieren
2. **Beobachten**
   Erfahrungen von Kund*innen einholen, durch Interviews, Fokus-Gruppen oder Umfragen
3. **Sortieren**
   die Ergebnisse aus den Interviews sortieren und clustern, um ein klares Gesamtbild herauszuarbeiten
4. **Skizzieren**
   verschiedene Ideen brainstormen, bewerten und priorisieren, wie das Problem deiner Zielgruppe durch ein digitales Produkt gelöst werden könnte
5. **Testen**
   eine erste Version deines Produktes erstellen, die du direkt mit Kund*innen testen kannst, und Feedback dazu einholen
6. **Implementieren**
   das Feedback deiner Test-Kund*innen einarbeiten und dein finales Produkt auf den Markt bringen

Du siehst, smarte Unternehmer*innen lassen sich Zeit in ihrer Produktentwicklung und testen ihre Ideen in mehreren Etappen, um sicherzugehen, dass sich die Zeit, die sie investieren, am Ende auch lohnt. Wenn du noch einmal meinen beruflichen Werdegang durchliest, dann siehst du, dass ich es genau so gemacht habe. Noch bevor ich einen Online-Kurs erstellt habe, habe ich über Umfragen, Interviews und meinen Social-Media-Content Marktforschung betrieben. Nachdem ich herausgearbeitet hatte, was meine Zielgruppe braucht, habe ich meine Lösungsansätze zunächst in 1:1-Beratungen getestet. Denn an dieser Stelle wäre es noch viel zu riskant gewesen, einen Kurs zu auszuarbeiten. Alleine die Umsetzung hat nämlich knapp 6 Monate gedauert, und ich wollte sichergehen, dass ich diesen zeitlichen Aufwand entlohnt bekommen würde. Mein Prototyp waren also mehr als 100 Beratungsgespräche, nach denen ich jedes Mal um Feedback gebeten habe. Dieses habe ich ausgewertet und später bei meiner Kurserstellung berücksichtigt (siehe Abbildung 12.7). Und genau so könntest du auch vorgehen.

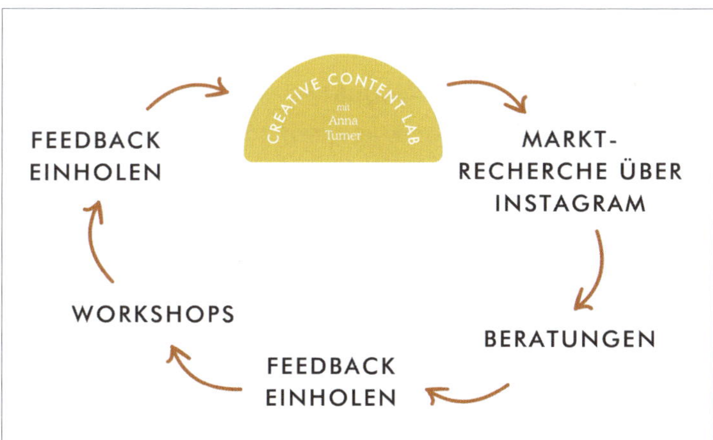

Abbildung 12.7 Die Idee für meinen Online-Kurs wurde zuerst auf Instagram, dann in Beratungen und Workshops getestet.

Produktideen einfach und kostengünstig testen

Nun kann nicht jeder Beratungen oder Coachings anbieten, um seine Ideen zu testen. Deshalb möchte ich dir ein weiteres Konzept aus der Startup-Szene vorstellen, nämlich das *Minimum Viable Product* (MVP). Dabei handelt es sich um eine erste, ziemlich rudimentäre Version deines Angebots, das mit potenziellen Kund*innen getestet werden kann. Ziel ist es, so wenig Zeit mit der Produktentwicklung wie möglich zu verbringen, damit schnell Feedback eingeholt werden kann. So vermieteten die beiden Gründer von Airbnb zuerst ihre eigene Wohnung, um ihr Konzept zu testen, bevor sie die heute berühmte Plattform entwickelten. Und der Gründer von Zappos, einem Onlineshop für Schuhe, machte zuerst einfach nur Fotos von Schuhen aus verschiedensten Geschäften und lud diese auf eine Website, um zu testen, ob überhaupt irgendjemand Schuhe online kaufen wollte. 2009 wurde Zappos übrigens für 1,2 Milliarden US-$ an Amazon verkauft, seine Idee scheint also funktioniert zu haben. Hier einige weitere Impulse zur Entwicklung deines MVP:

- *Erstelle eine Verkaufsseite für dein Produkt, die auf eine Warteliste weiterleitet*. Folge dazu den Anleitungen aus Kapitel 9, »Selbstbewusst verkaufen«, und bewirb die Sales Page so, als wäre dein Produkt schon fertig entwickelt. Je mehr Leute sich in der Warteliste eintragen, desto höher das Interesse an deinem Angebot und desto niedriger das Risiko, es wirklich zu erstellen.
- *Arbeite einen Teil deines Angebots aus, aber noch nicht alles*. Für einen Onlinekurs könnte das das erste Modul sein, für ein E-Book das erste Kapitel. Verbringe so wenig Zeit wie möglich mit der Ausarbeitung, gerade so viel, dass du ehrliches Feedback einholen kannst.
- *Teste deine Produktidee auf Social Media*. Erstelle Content rund um dein Produkt-Thema und werte aus, wie gut dieser ankommt. Wie viele Likes und Kommentare bekommst du auf deine Beiträge rund um dieses Thema? Welche Fragen werden dir dazu gestellt? Soziale Netzwerke bieten Feedback in Echtzeit, allerdings brauchst du auch die nötige Community dafür.

12.2.3 Tipps und Ideen für digitale Produkte

Produktideen zu entwickeln und testen, gehört ab sofort zu deinem unternehmerischen Alltag. Am besten nimmst du dir einmal im Quartal Zeit für ein intensives Brainstorming und notierst dir so viele Produktideen wie möglich, die du anschließend mithilfe des *ICE-Score* bewertest und priorisierst (siehe Abschnitt 7.3.1, »Welche Ideen werden umgesetzt?«). Die folgenden Produktkategorien helfen dir vielleicht dabei, auf spannende Ideen zu kommen.

Verkaufsplattformen für digitale Produkte

Dein Aufwand, ein digitales Produkt zu verkaufen, sollte minimal sein. Zum Glück gibt es mittlerweile zahlreiche Verkaufsplattformen, die die Zahlungsabwicklung schnell und sicher für dich übernehmen, zum Beispiel:

- *Elopage* (*elopage.com*), eine All-in-one-Plattform für Erstellung, Vertrieb und Vermarktung von digitalen Produkten; ab 33 €/Monat erhältlich (plus Provision pro verkauftem Produkt)
- *Digistore24* (*digistore24.com*) ist im Gegensatz dazu reiner Zahlungsanbieter, das heißt, du müsstest deine Produkte anderweitig zur Verfügung stellen. Für Digistore zahlst du allerdings keine monatlichen Gebühren, sondern eine variable Provision pro Transaktion.
- Auch mit *Copecart* (*copecart.com*) entstehen für dich keine Gebühren, sofern du nichts verkaufst. Doch auch hier musst du dich anderweitig um das Hosting deiner Produkte kümmern.
- *Thrivecart* (*thrivecart.com*) bezieht im Vergleich zu anderen Plattformen keine Provision, sondern wirbt mit einer einzigen Lifetime-Zahlung. Für 495 US-$ hast du also lebenslang Zugriff auf Funktionen wie Checkout-Seiten, Sales Funnels, Order Bumps und Affiliate-Programmen (die alle anderen Tools im übrigen auch abdecken).

Checklisten und Workbooks

Die wohl einfachste Möglichkeit, ein digitales Produkt zu erstellen, ist, eine Checkliste oder ein Workbook zu gestalten. Dafür brauchst du auch keine großartigen grafischen Kenntnisse, denn Vorlagen gibt es auf *Canva* (*canva.com/templates/?query=checklist*) zuhauf. Oder du gestaltest eine interaktive Checkliste mithilfe von Programmen wie *Notion* (*notion.so*). Checklisten und Workbooks eignen sich zwar weniger als Stand-alone-Angebot, können aber dein Hauptangebot ganz großartig ergänzen. Hier einige Ideen:

- *Gestalte eine Onboarding-Checkliste,* damit deine Kund*innen genau wissen, welche Schritte sie noch vor der Zusammenarbeit mit dir umsetzen müssen (siehe Abbildung 12.8). Darin listest du alles auf, vom Unterzeichnen des Vertrages bis zum Bezahlen der Honorarnote. So hat deine Kundschaft immer im Überblick, was du von ihr brauchst, und fühlt sich gleichzeitig gut bei dir aufgehoben.

Abbildung 12.8 Im Vorfeld zu meinem Strategie-Call bekommen Kund*innen eine Step-by-Step-Checkliste mit Verantwortlichkeiten, im Anschluss ein Workbook, um die Inhalte aus dem Call noch weiter auszuarbeiten.

- *Erstelle ein Workbook zu deinen Coaching-Inhalten*, das Kunden im Anschluss an eure gemeinsame Session bekommen. Dadurch können sie die Inhalte aus dem Coaching noch weiter festigen und behalten sie länger in Erinnerung. Außerdem bietest du dadurch weitere Berührungspunkte mit dir und deiner Arbeit und stärkst so das Vertrauen deiner Kundschaft.
- *Bewirb eine Checkliste oder ein Workbook als 0-€-Produkt*, um darüber Leads zu generieren. Solche Mini-Produkte eignen sich hervorragend als Freebies, um die Eintragung in deine E-Mail-Liste zu forcieren.

E-Books

Schon etwas umfangreicher in der Erstellung sind E-Books. Sie eignen sich besonders für den Einstieg in deine Produkt-Treppe, wenn du darüber deine Expertise zu deinem Business-Thema festhalten möchtest. Dass ein E-Book nur dann Sinn macht, wenn du gerne schreibst, ist, glaube ich, selbsterklärend. Außer du stellst eine Ghostwriterin ein. Allerdings kommen dadurch Kosten auf dich zu, die du so schnell erst wieder hereinbekommen musst.

Selbstständige erzählen: »Warum ich ein Buch verfasst habe«

Lisas Kochs Buch *Productize your Service* und die wichtigsten Konzepte daraus hat sie dir schon in Abschnitt 12.1 vorgestellt. Ihre Beweggründe, dieses Thema in Buchform aufzubereiten, waren vielfältig. Zum einen wollte Lisa ein Einstiegsangebot kreieren, das ihre Kund*innen auch ohne großes finanzielles Investment nutzen können. »Ich hätte die Inhalte des Buchs auch in einen Onlinekurs packen können, aber mir war es wichtig, die Zugänglichkeit zu Wissen zu ermöglichen.« Außerdem genießen Bücher – vor allem in gedruckter Form – nach wie vor hohes Ansehen. »Bücher zu schreiben, hat eine lange Historie. Damit geht auch ein gewisses Maß an Prestige einher. Autor*innen gelten nach wie vor als Expert*innen zu einem Thema«, erzählt sie mir.

Hast du dich wie Lisa dazu entschieden, dein eigenes Buch zu schreiben, warten einige spannende Schritte auf dich. Unter anderem musst du dich entscheiden, ob du dein Buch nur als PDF über deinen eigenen Onlineshop verkaufst oder auch über Plattformen wie Amazon bewerben möchtest. Amazon nutzt übrigens sein ganz eigenes E-Book-Format, was du bei der Gestaltung deines Buchs berücksichtigen müsstest. Ansonsten helfen dir die Tipps aus Kapitel 7, »Veröffentliche deine ersten Inhalte«, um dein E-Book-Projekt umzusetzen. Denn das Schreiben und Geschichtenerzählen hast du ja mittlerweile ganz gut gelernt.

Onlinekurse und Masterclasses

Stehst du selbst eher auf Videos oder bietet es sich an, dein Angebot im Video-Format zu präsentieren, könntest du dir überlegen, eine eigene Masterclass oder einen Onlinekurs zu gestalten. Das Wort »Masterclass« stammt ursprünglich aus der Kunst und bezeichnete einen Kurs, der von einem Meister-Künstler gehalten wird. Mittlerweile wird der Begriff aber auch in anderen Branchen genutzt, um eine Art von Wissensvermittlung zu beschreiben, die in kurzer Zeit stattfindet (meistens in einem 60- bis 90-minütigen Video). Im Vergleich dazu besteht ein Onlinekurs aus mehreren Videos und Modulen, ist also dementsprechend umfangreicher.

Voraufgezeichnet oder live?

Zu beiden gibt es auch Pendants, die live stattfinden: Webinare und Gruppenprogramme. Diese würde ich aber nicht unbedingt in die Kategorie »digitale Produkte« einordnen, da sie ja noch immer an deine eigene Zeit gebunden sind. Masterclasses und Onlinekurse sind typischerweise voraufgezeichnet. Du filmst sie also einmal und kannst sie dann, so oft es geht, verkaufen.

Wenn du noch Video-Anfängerin bist, würde ich dir auf jeden Fall raten, klein zu beginnen. Filme 1, 2 Kurzvideos für TikTok oder Instagram, oder probiere dich mit Zoom-Calls und Webinaren aus, bevor du einen kompletten Onlinekurs aufnimmst. Denn um dein Wissen wirklich spannend und unterhaltsam rüberzubringen, benötigt es einiges an Know-how. Hier nur ein kleiner Ausschnitt an Dingen, die du bei der Erstellung von digitalen Lerninhalten beachten solltest:

- *Der didaktische Aufbau:* Wie bereitest du deinen Kurs oder deine Masterclass auf? Welche Methoden wendest du an? Was sind deine Lernziele? Onlinekurse sollten nicht nur erstellt werden, um damit möglichst viel Geld zu verdienen, sondern echten Mehrwert für deine Zielgruppe liefern. Im Übrigen verkaufen sie sich auch nur dann gut.
- *Die Gestaltung der Inhalte:* Wie setzt du deinen Kurs um? Nutzt du Präsentationen, um deine Lerninhalte zu visualisieren? Oder setzt du auf Talking-Head-Videos, bei denen du in die Kamera sprichst, um eine persönliche Verbindung zu deinen Lernenden aufzubauen? Oder vielleicht sogar eine Kombination aus beidem (siehe Abbildung 12.9)?
- *Community:* Soll dein Kurs wirklich rein im Selbststudium absolviert werden, oder bietest du eine Plattform für Austausch und Feedback? Wenn ja, wo geschieht dieser Austausch und in welcher Frequenz?
- *Equipment:* Wie wirst du deinen Kurs aufzeichnen? Hast du die passenden Tools dazu, oder weißt du, woher du diese bekommst? Hast du eine Webcam, Kamera oder ein Mikrofon? Vor allem die Wichtigkeit der Audioqualität bei aufgezeichneten Kursinhalten sollte nicht unterschätzt werden. Jedes Störgeräusch oder Rauschen im Hintergrund kann den Lernerfolg negativ beeinflussen.
- *Kursproduktion:* Schreibst du dir vorher ein Skript, oder möchtest du frei sprechen? Fühlst du dich sicher vor der Kamera? Wie gestaltest du dein Set? Und

was geschieht nach der Aufnahme? Schneidest du deine Videos selbst oder lässt du das jemand anderen übernehmen?[1]

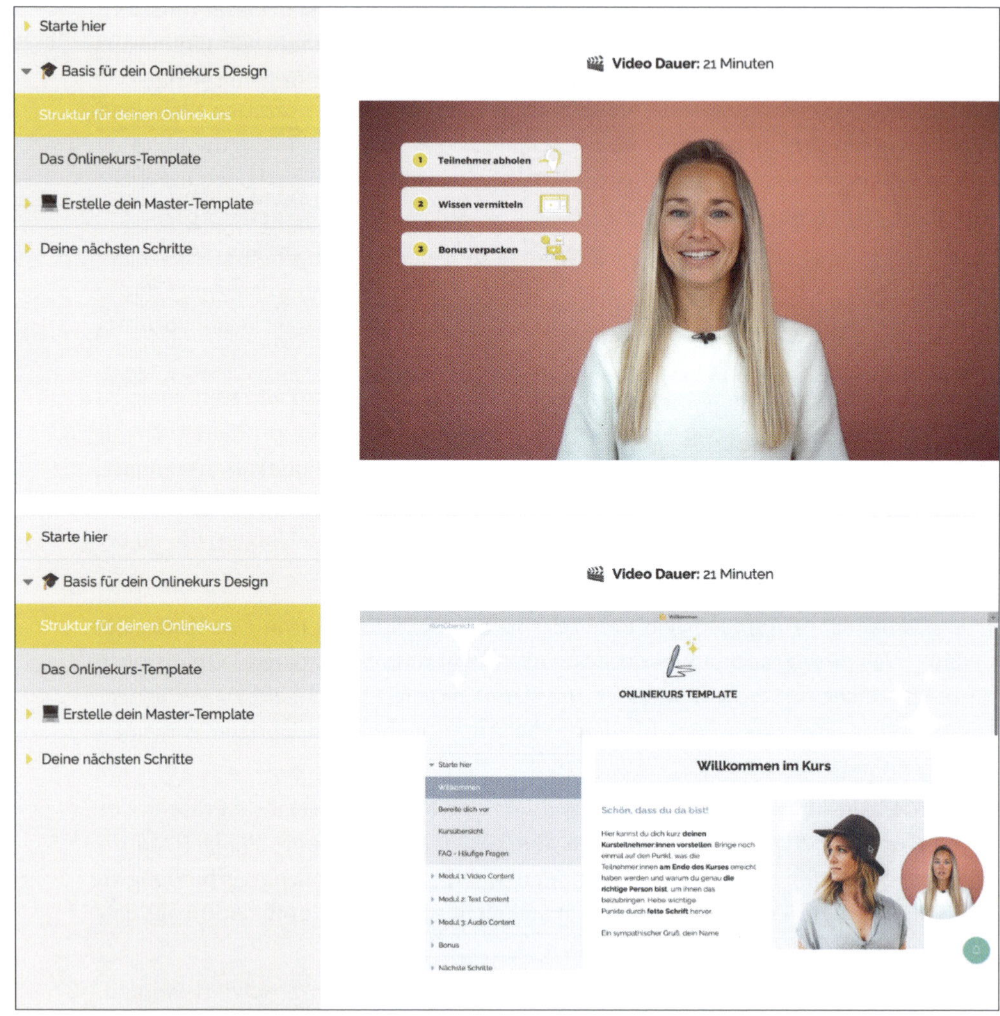

Abbildung 12.9 Kathy Ursinus (kathyursinus.de) nutzt in ihrem Onlinekurs eine Mischung aus Talking-Head-Videos, Animationen und Screencasts

- *Kurshosting:* Auf welcher Plattform sollen deine Kursvideos gespeichert sein? Bettest du sie in deine eigene Website ein, oder nutzt du eine Kursplattform wie *Elopage* (*elopage.com*), *Kajabi* (*kajabi.com*) oder *Circle* (*circle.so*)? Oder möchtest

1 Im Podcast »Online Kurse Produzieren« bekommst du wöchentlich hilfreiche Tipps rund um die Planung und Produktion von Onlinekursen: *plus.rtl.de/podcast/online-kurse-produzieren-zu-br9i1dekxer*

du deinen Kurs überhaupt auf einer Lernplattform wie *Udemy* (*udemy.com*) oder *Skillshare* (*skillshare.com*) zur Verfügung stellen?

- *Boni und Add-ons:* Je höher die Preisklasse deines Kurses, desto höher die Erwartungshaltung der Interessent*innen. Kannst du auch etwas über die Kursvideos hinaus anbieten, z. B. weitere digitale Produkte wie Workbooks oder Checklisten?
- *Vermarktung des Kurses:* Je höher der Produktionsaufwand, desto mehr solltest du auch im Anschluss mit deinem Kurs erwirtschaften. Mithilfe dieses Buchs hast du dir schon einige Marketing-Skills angeeignet, um deinen Kurs zu vertreiben. Allerdings möchte ich noch einmal wiederholen: Fang besser klein an, mit einem Webinar oder einer Masterclass. Diese sind nicht nur einfacher in der Erstellung, sondern auch in der Vermarktung. Du hast alle Zeit der Welt, dich nach und nach zu steigern.

Du siehst also, es gibt ganz schön vieles, worüber du dir Gedanken machen solltest, bevor du einen Onlinekurs aufzeichnest. Einiges davon ist auch für eine Masterclass relevant (Didaktik, Produktion, Hosting, Vermarktung), allerdings auf einer viel kleineren Skala.

Templates

Je vielfältiger und umfangreicher die Programme geworden sind, die wir als Selbstständige nutzen, desto größer wurde auch der Bedarf an hilfreichen Vorlagen. Beinahe für jedes Tool und Thema gibt es mittlerweile Templates zu kaufen, von Social-Media-Posts über Websites bis zu Projektmanagement-Vorlagen. Und sogar Muster oder Anleitungen für Offline-Produkte wie Makramee oder Strickjacken können digital vertrieben werden. Damit wird zwar selten das große Geld verdient, jedoch kann der Verkauf von Templates durchaus eine lukrative Nebenerwerbsquelle darstellen. Ob du diese direkt über deinen eigenen Shop vertreibst oder Plattformen wie *Creative Market* (*creativemarket.com*) oder *Etsy* (*etsy.com*) dazu nutzt, bleibt ganz dir selbst überlassen.

Selbstständige erzählen: »Warum ich Notion-Vorlagen verkaufe«

Jessica Manolis verkauft Notion-Vorlagen zur Content- und Produktplanung, die sich vor allem an andere Solopreneure richten (siehe Abbildung 12.10). »Templates für bestehende Tools sind eine tolle Möglichkeit, anderen Unternehmer*innen einen bestimmten Kenntnisstand zu ermöglichen und direkt einzusteigen, weil das Einarbeiten in Tools meist eine sehr lästige Aufgabe ist.« Gerade zu Beginn ihrer Selbstständigkeit hätte sich Jessica genau so ein Tool gewünscht.

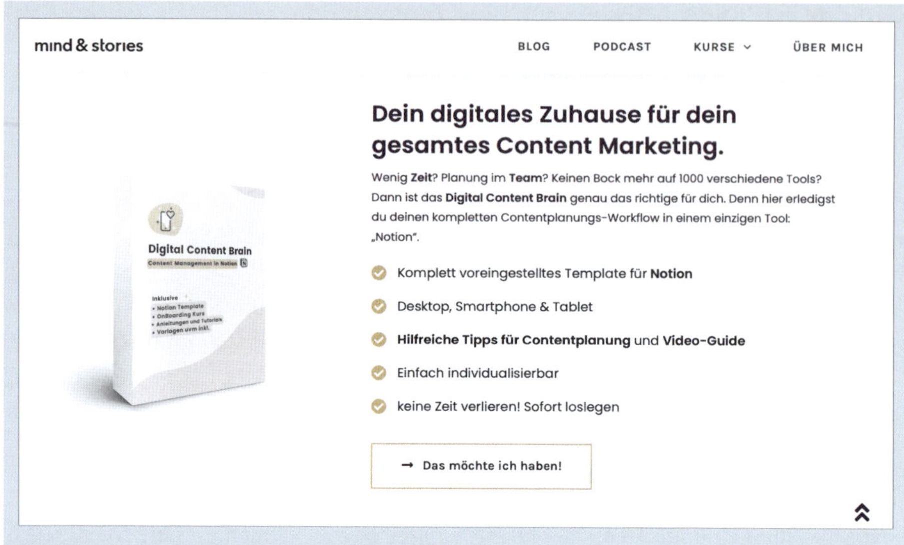

Abbildung 12.10 Mithilfe des Digital Content Brain (mindandstories.de/digital-content-brain) können Selbstständige ihre Inhalte in Notion planen.

Quiz

Hierbei handelt es sich weniger um ein Produkt als um eine Marketing-Taktik zur Lead-Generierung. Vor allem amerikanische Solopreneure setzen gerne auf Quiz und Tests, um E-Mail-Adressen zu sammeln und direkt mehr über ihre Zielgruppe zu erfahren. Dabei wird einer Interessentin ein spannender Einblick in ein bestimmtes Thema versprochen, das sich rund um ihr aktuelles Problem oder den Wunschzustand bewegt. Die Beantwortung einiger gezielter Fragen soll mehr Klarheit schaffen. Der Clou an der ganzen Sache ist aber, dass das Ergebnis am Ende nur geteilt wird, wenn die Interessentin ihre E-Mail-Adresse eingibt. Quiz sind deshalb so ein großartiges Marketing-Tool, weil du durch die Beantwortung der Fragen irrsinnig viel über deine Zielgruppe herausfinden und diese direkt innerhalb deiner E-Mail-Liste nach ihren Antworten segmentieren kannst. Da es sich hierbei um eine fortgeschrittene Taktik handelt, würde eine detaillierte Beschreibung den Rahmen dieses Buchs sprengen.[2]

Memberships

Statt deine digitalen Produkte einzeln zu verkaufen, bietet es sich auch an, mehrere Angebote zusammenzuschließen und über eine Art Abo-Modell zu vertreiben. Dabei zahlen Kund*innen einen monatlichen Beitrag, um Zugriff zu deinen Produk-

2 Tipps zum Erstellen eines automatisierten Quiz-Funnel bekommst du hier: *onlinemarketing-mastermind.de/funnel/quiz-funnel-erstellen-software-tools-vorlagen-beispiele*

ten zu erhalten, wie bei Netflix oder Amazon Prime. Der Vorteil für dich liegt natürlich auf der Hand: planbare und vor allem regelmäßige Einnahmen. Memberships für digitale Produkte sind im DACH-Raum noch nicht ganz so weit verbreitet wie zum Beispiel in den USA. Hierzulande kennen wir sie eher als Community-Angebot zum Netzwerken und gegenseitigen Austauschen, wie im Business Besties Club (*business-besties.de*) oder bei Webdesign Women (*webdesign-women.de*). Für einen kleinen Mitgliedsbeitrag im Monat erhalten Teilnehmer*innen Zugriff zur Community und den dort gebotenen Inhalten.

Selbstständige erzählen: »Warum ich eine Membership anbiete«

Dass Abo-Modelle auch für digitale Produkte lukrativ sein können, zeigt Manu Muraro, die mit Your Social Team (*yoursocial.team*), einer Membership für Instagram-Masterclasses, und Your Template Club (*yourtemplate.club*), einem Abo für Canva-Templates (siehe Abbildung 12.11), sechsstellige Einnahmen im Monat generiert. Tatsächlich kommen 75 % ihres Gesamtumsatzes über diese beiden Produkte herein, wie sie mir erzählt. Der größte Vorteil eines Membership-Modells ist für Manu – neben den regelmäßigen Einnahmen – der geringe Verkaufsaufwand. Während einzelne Produkte jedes Mal aufs Neue beworben werden müssen, wiederholen sich in Membership-Modellen die Verkäufe automatisch im Monatszyklus. Das ist vor allem hilfreich für kleine Unternehmer*innen, die sich noch schwertun damit, ihre Angebote zu bewerben. Allerdings möchte Manu davor warnen, zu hohe Erwartungen an dieses Business-Modell zu schüren. »Die Conversion-Rate für Abo-Modelle liegt ca. bei 1 %. Dementsprechend viele Leads und Interessent*innen brauchst du auch, um ein profitables Business darüber aufzubauen.«

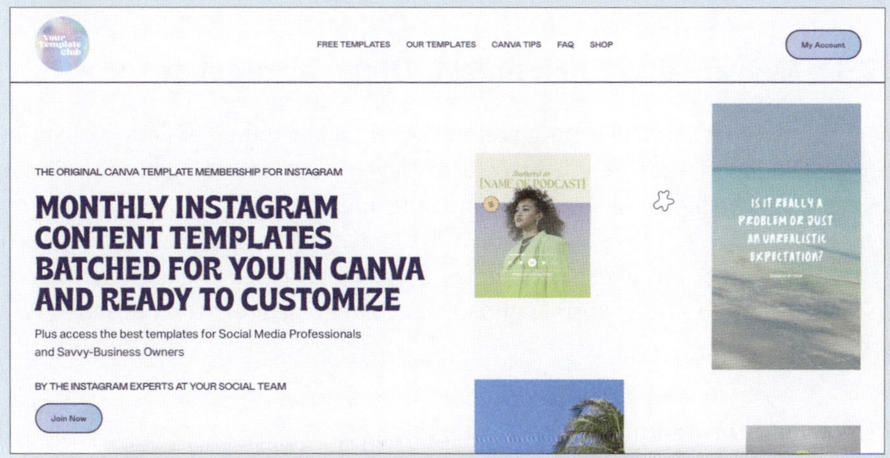

Abbildung 12.11 In einer ihrer beiden Memberships verkauft Manu Muraro kreative Canva-Vorlagen für Instagram.

Premium Content

Nutzt du bestimmte Content-Formate als Marketing-Kanal (z. B. Podcasts, YouTube oder Newsletter) und hast dir darüber eine aktive Community aufgebaut, könnte es sich für dich lohnen, exklusive Inhalte für bezahlte Kund*innen zurückzubehalten. Plattformen wie *Patreon* (*patreon.com*), *Steady* (*steadyhq.com*), *Substack* (*substack.com*) oder *Beehiiv* (*beehiiv.com*) erlauben es Creators, ihren Content zu monetarisieren und dadurch eine weitere Einkommensquelle aufzubauen.

Exkurs: ein Content-Unternehmen aufbauen

In einer zunehmend digitalisierten Welt verschwimmen die Grenzen zwischen traditionellen und Medien-Unternehmen. Marken wie Red Bull (*redbull.com/at-de*) sind längst nicht mehr nur für ihre Getränke bekannt, sondern für Inhalte jeglicher Form, zu denen mit *Servus TV* ein eigener Fernsehsender sowie ein monatlich erscheinendes Magazin *The Red Bulletin* gehören. Beide fungieren als eigenständige Angebote, nicht in etwa als Marketingkanäle, um den Absatz von Getränkedosen zu steigern. Das macht Red Bull zu einem Medien- oder, wenn man so möchte, einem Content-Unternehmen.[3]

Genau mit diesem Thema habe ich mich in meiner Masterarbeit für das Content-Strategie-Studium an der FH Joanneum beschäftigt. Natürlich haben wir als Selbstständige nicht dieselben Ressourcen wie Red Bull. Dennoch war es noch nie leichter, ein Solo-Content-Business aufzubauen. Mithilfe der smarten Tools, automatisierten Prozesse und spannenden Produkt-Ideen, die ich dir im Laufe dieses Buchs vorgestellt habe, eröffnen sich dir unendliche Möglichkeiten, dein Business (und Leben) komplett nach deinen Vorlieben zu gestalten.

12.3 Warum du lernen musst, Dinge abzugeben

Wir haben uns im Laufe dieses Kapitels bisher vor allem mit einer Form des Skalierens beschäftigt, die auf mehr Umsatz (bzw. Gewinn) abzielt. Nun gibt es aber Solopreneure, die völlig zufrieden mit ihren Einnahmen sind und sich vor allem eines wünschen: mehr Zeit. Wie du bereits in der Einleitung zu diesem Kapitel gelesen hast, möchten wir uns als Selbstständige auf keinen Fall ein eigenes Hamsterrad erschaffen. Unsere Zeit ist kostbar und darf auch dementsprechend behandelt werden.

12.3.1 Finde deine Zone of Genius

Hast du dich gerade frisch selbstständig gemacht, bist du wahrscheinlich zunächst überfordert von den vielen Aufgaben, die auf dich zukommen. Auch wenn du dein

3 Buchtipp, falls du noch tiefer in dieses Thema eintauchen möchtest: Killing Marketing von Joe Pulizzi und Robert Rose

Marketing mittlerweile durchblickst, gibt es noch zig andere Dinge, die dir den Kopf zerbrechen. Die Buchhaltung steht an, die eine Honorarnote müsste dringend verschickt werden, und eigentlich wolltest du dich schon längst daransetzen, deine Willkommenskampagne auszuarbeiten. Hol einmal tief Luft und sprich laut mit: »Ich muss nicht alles machen. Ich muss nicht alles können.« Jede von uns hat verschiedene Stärken und auch Schwächen. Diese zu kennen und sein eigenes Business dahin gehend zu gestalten, zählt zu den wichtigsten Erkenntnissen einer Unternehmerin. Welchen Teil deiner Arbeit machst du so richtig gerne? Worin gehst du auf? Und was würdest du lieber links liegen lassen oder abgeben, wenn du es könntest?

Erstelle eine Liste all der Dinge, die du als Selbstständige tagtäglich erledigst, und kategorisiere sie dann anhand der folgenden vier Zonen:

- *Zone of Incompetence:* Dinge, die dir überhaupt nicht liegen und für die du auch keine besonderen Fähigkeiten oder Fachkenntnisse besitzt
- *Zone of Competence:* Dinge, die du zwar gut kannst, die du aber nicht besonders magst oder andere noch besser können als du
- *Zone of Excellence:* Dinge, die du sehr gut kannst, die dir aber nicht unbedingt Freude bereiten
- *Zone of Genius:* Dinge, die du sehr gut kannst und die dir Energie und Freude bringen

Diese vier Zonen sind vom amerikanischen Psychologen Gay Hendricks entwickelt worden, der in seinem Buch *The Big Leap* dafür plädiert, dass wir den Großteil unserer (Arbeits-)Zeit in der Zone of Genius verbringen sollen. Nur dann sind wir am Ende des Arbeitstages glücklich, zufrieden und ausgeglichen, behauptet Hendricks. In der Realität einer Soloselbstständigen ist es natürlich kaum möglich, nur noch solche Dinge auszuführen, die dir richtig gut liegen und dir Freude bereiten. Doch vielleicht bietet dir das Wissen über deine persönliche Zone of Genius einen Ansporn, darauf hinzuarbeiten.

12.3.2 Automatisiere alles, was du automatisieren kannst

Dein erster Schritt auf diesem Weg sollte es sein, feste SOP zu entwickeln und diese, sobald es geht, zu automatisieren. Die Anleitung dafür hast du schon in Kapitel 11, »Zeitmanagement und Produktivitätstipps«, bekommen. Falls du dir zum Aufsetzen deiner Automatisierungen Hilfe von einem Coach oder einer Dienstleisterin holen musst, ist das auf alle Fälle gut investiertes Geld. Denn je mehr wiederkehrende Aufgaben völlig ohne Arbeitsaufwand von deiner Seite ablaufen, desto mehr Zeit hast du für deine Zone-of-Genius-Arbeiten.

12.3.3 Tipps zur Arbeit mit Freelancer*innen

Natürlich kannst du bestimmte Arbeiten auch sofort an eine virtuelle Assistentin abgeben. Jedoch ist dadurch dein finanzieller Invest höher. Schließlich muss sie noch immer jede Aufgabe, die du abgibst, manuell umsetzen. Das kostet sie Zeit und dich Geld. Die Zusammenarbeit mit Freelancer*innen und VAs würde ich mir deshalb bis zu dem Zeitpunkt aufsparen, an dem alles, was in deinem Möglichkeitsbereich steckt, automatisiert wurde.

Selbstständige erzählen: »Wann ich mir Support geholt habe«

Als ich die Webdesignerin und Online-Unternehmerin Victoria Weber (*victoriaweber.de*) fragte, zu welchem Zeitpunkt sie sich zum ersten Mal Unterstützung geholt hatte, war ihre Antwort ganz eindeutig: »Viel zu spät!« Zu lange dachte sie, sie müsse alles alleine machen. Deshalb würde sie allen Selbstständigen raten, sich so bald als möglich Hilfe zu holen (zum Beispiel sobald du deinen Break-Even-Point überschritten hast). Weiters erzählt sie: »Als ich plötzlich meine E-Mails nicht mehr selbst beantworten musste, wurde so viel Energie für anderes frei. Das ist 10× so viel wert, wie man für jemanden zahlt, der einem 2–3 Stunden pro Woche hilft.«

Du siehst, bei diesem Thema gehen die Meinungen auseinander. Ich glaube, wie bei so vielen Dingen im Leben liegt die Wahrheit in der Mitte. Wichtig ist, dass du dich für einen Weg entscheidest, der zu dir und deinem Business passt. Dann kann gar nichts schief gehen. Hast du dich dazu entschlossen, dir Unterstützung von einer Freelancerin zu holen, beachte Folgendes:

- *Such dir jemanden, der etwas besser kann als du.* Die ersten Dinge, die du abgeben solltest, sind aus deiner Zone of Incompetence. Wenn du also keine Ahnung von Steuern hast, deine Website nicht selbst gestalten möchtest oder keinen Bock auf Kundenakquise hast, suche dir Experten-Hilfe auf Projektbasis für genau diese Bereiche.
- *Bitte um ein Testpaket.* Die meisten Freelancer bieten Probepakete mit einem geringen Stundenumfang an, um die Zusammenarbeit zu testen. Ob ihr danach nach Stunden oder auf Projektbasis abrechnet, müsst ihr euch selbst ausdiskutieren.
- *Erstelle klare Briefings.* Je genauer du beschreibst, was du haben möchtest, desto zufriedener wirst du auch mit der Umsetzung sein. Ich habe selbst jahrelang als Dienstleisterin gearbeitet und weiß, wie wertvoll gute Briefings sein können – vor allem, um Kund*innen am Ende wirklich zufrieden zu stellen.
- *Vergiss nicht die rechtlichen Aspekte nicht.* Kommt die Freelancerin in Kontakt mit Kundendaten, musst du einen Auftragsverarbeitungsvertrag mit ihr abschließen. Außerdem solltest du dich rechtlich insofern absichern, dass deine Kund*innen nicht abgeworben werden dürfen. Informiere dich also unbedingt im Vorfeld bei Rechtsexpert*innen, und schließe einen Vertrag ab, bevor du die Zusammenarbeit beginnst.

12.3.4 Entscheidungshilfe: Erster Mitarbeiter oder staying solo?

Wenn du merkst, dass du selbst mit 2, 3 freiberuflichen Assistenten noch immer dauernd an deine Grenzen stößt, ist vielleicht die Zeit gekommen, um über die Anstellung deines ersten Mitarbeiters nachzudenken. Denn auch die smartesten Solopreneure verstehen, dass man nicht für immer alleine bleiben muss. Der wohl größte Vorteil von festen Mitarbeiter*innen ist, dass diese langfristig in dein Unternehmen eingebunden werden und es aktiv mitgestalten können. Während eine Freelancerin zwar deine Projekte ordentlich abarbeitet, wird sie sich nie voll und ganz mit deinem Unternehmen identifizieren, wie das ein Mitarbeiter tut. Schließlich hat sie neben dir noch viele andere Kund*innen und ihre eigene Selbstständigkeit, um die sie sich kümmert.

Selbstständige erzählen: »Wann ich die erste Mitarbeiterin eingestellt habe«

Der Online-Business Mentorin Tanja Lenke (*she-preneur.de*) fiel die Entscheidung, ihre erste Mitarbeiterin einzustellen, nicht schwer. »Ich war einfach bereit, nicht nur einzelne Aufgaben, sondern komplette Verantwortungsbereiche an jemand anderes abzugeben.« Tanja wollte sich nach und nach aus den operativen Tätigkeiten zurückziehen und die Verantwortung voll und ganz abgeben. »Die größte Entlastung für mich war es zu wissen, dass die einzelnen Bereiche wirklich gewissenhaft umgesetzt werden und ich nicht jedes Mal noch einmal nachkontrollieren muss.«

12.4 Erfolgreich selbstständig: Was bedeutet das für dich?

Egal, wie du am Ende dein Business gestaltest, ob du gemütlich 20 Stunden pro Woche dahinarbeitest oder ein riesiges Imperium aufbauen möchtest, Erfolg ist, wie du ihn definierst. Das kann anhand von Umsatzzahlen geschehen oder auch Zeit, die du mit deiner Familie verbringst. Du kannst den Erfolg deiner Kund*innen messen oder den Spaß, den du an deiner Arbeit hast. Erfolgreich sein muss nicht zwingend heißen, dass du ausgebucht bist. Schon eine einzige Kundin, die du gewonnen hast, ist für mich ein Erfolg, der es wert ist, zu feiern.

Zum Abschluss möchte ich dir deshalb mitgeben, dass du all deine Erfolge feierst, egal wie groß oder klein diese sind. Sei stolz auf dich, dass du dich traust, deiner Leidenschaft nachzugehen. Dass du Neues und auch viel Unbequemes ausprobierst. Hättest du zu Beginn unserer Reise gedacht, dass du einmal deine eigene Website strukturieren würdest? Dass du Kundeninterviews führen, deinen Markenarchetypen festlegen und deine Marketing-Kanäle strategisch auswählen würdest? Wirf noch einmal einen Blick zurück auf all die Stationen, die wir gemeinsam durchlaufen sind, und sei stolz darauf, wie weit du schon gekommen bist. Ich bin es auf alle Fälle.

Biografie Katja Hatvan

Katja Hatvan ist Markenstrategin und -designerin. In Wien geboren und dann viel in der Welt unterwegs, hat sie eines Tages »studio sesenta« gegründet. Dabei träumt sie von einer Welt, in der wir erkennen, was wirklich in uns steckt.

Unter dem Motto »Werde, wer du bist.« begleitet sie mit ihren Partner*innen im 1:1 Unternehmen aus den unterschiedlichsten Branchen dabei, mehr sie selbst – und schließlich zu einer Lieblingsmarke zu werden. Bedeutungsvolles Branding ist ihre Geheimwaffe dafür. Dabei kombiniert sie ihre Erfahrung aus Luxus-Hotellerie und Touristik mit Markenstrategie und -design und schafft so Marken-Erlebnisse, die begeistern.

Die Erfolge ihrer Kund*innen dürfen sich sehen lassen: 800 % mehr Käufe zum Vorjahr, Umsatzsteigerungen, besser performendes Marketing, Vergrößerung von Team und Community und Presse-Features in namhaften Medien. Und vor allem: außergewöhnlich gute Kundenrezensionen.

In ihrem Positionierungskurs MAKE IT POP gibt Katja Gründer*innen und Solo-Selbstständigen wertvolle Markenentwicklungs-Geheimnisse an die Hand, mit denen ihre Marke unwiderstehlich wird.

Auf Instagram postet sie unter *@studiosesenta* behind-the-scenes und Ergebnisse aus umgesetzten Projekten und klärt zum Thema Branding auf.

www.studiosesenta.com

www.studiosesenta.com/make-it-pop/

Biografie Lisa Koch

Lisa Koch ist selbstständige Designerin, sie gestaltet Logodesigns und Websites für Solopreneure, Freiberuflerinnen und Dienstleister. Zusätzlich berät Lisa ihre Kundinnen zu der Erstellung ansprechender Produktangebote.

Wie viele andere Dienstleisterinnen auf dem freiberuflichen Markt musste auch Lisa eine Positionierung finden, die sie von ihren Design-Kolleginnen abhebt. So entschied sie sich in 2017 ein gänzlich neues Konzept zur Erstellung ihrer Designs zu entwickeln. Mit ihren 1-Tages-Workshops namens »Take Off Day« konzipierte Lisa ein System, durch das sie ein individuelles Logo oder eine professionelle Website für ihre Kunden an nur einem Tag erschaffen kann. Seither bietet Lisa ihre Designleistungen ausschließlich im Take Off Day Format an. Mehr Infos unter *www.lisakoch.de*

Ausgehend von dem großen Erfolg und dem positiven Anklang des Take Off Days begann Lisa in 2021 zusätzlich mit der Beratung anderer Selbstständiger, die ebenfalls auf der Suche nach innovativen Angebotsideen waren. Gemeinsam mit ihren Kundinnen konzipiert Lisa greifbare Produktangebote für Dienstleisterinnen mit rotem Faden. Aus diesem Feld ist auch ihre Spezialisierung auf das Thema Productized Services entstanden, weshalb sie in diesem Buch als Gastautorin zu finden ist, und zu dem sie im Herbst 2023 ebenfalls ihr eigenes Buch mit dem Titel »Productize your Service – Dienstleistungen neu gedacht!« veröffentlichte.

Lisa ist auf den Sozialen Kanälen Instagram (*@dielisakoch*) und LinkedIn (»Lisa Koch«) aktiv und teilt dort Arbeitsproben ihrer Designs sowie Impulse über den Aufbau einer wirkungsvollen Marke. Zusätzlich finden sich dort Beiträge zur Konzeption eines überzeugenden Produktangebots für Selbstständige. Tiefergreifende Anleitungen und spannende Gespräche mit anderen Expertinnen veröffentlicht Lisa auf ihrem Podcast »Frei – der Podcast rund um dein Business und Brand Design«.

Index

#AmazonFinds ... 56
#TikTokMadeMeBuyIt ... 56
0-€-Produkt (Freebie) ... 30
1CRM ... 33
404-Seite ... 213
5 Stufen des Bewusstseins ... 158, 234, 284, 421
80/20-Regel ... 259

A

A/B-Test ... 385, 413
About-Seite → Über-mich-Seite
Above the fold ... 180
ActiveCampaign ... 368
Adobe ... 39
Illustrator ... 124
Ads ... 407
Kampagnenziele ... 412
Stellschrauben ... 426
Suchkampagne ... 421
Advertising ... 42
Affiliate Marketing ... 150
Airtable ... 36, 318
Amberscript ... 64
Angebotsseite → Sales-Page
Anzahl der Besuche ... 89, 169, 239
Archetypen ... 107
Asana ... 35
Audit ... 428
Authentizität ... 101, 133
Autorität → Expertise
Average Order Value ... 88, 169
Awareness ... 69, 157, 169, 239, 279, 284, 309, 335, 352, 408

B

Backlinks ... 142
Bamminger, Kerstin ... 139
Banner ... 213
Barrierefreiheit ... 131, 223, 364
Bear Focus Timer ... 436
Beta-Tester ... 167
Bewertungsmail ... 375
Bildsprache ... 117
Bing ... 38
Blödsinn schreiben ... 326
Blog ... 207
Blogartikel ... 209
Bounce-Rate ... 89, 169, 239
Branding ... 93, 96
Brand Embodiment ... 347
Brand-Guide ... 132, 224
Logo ... 124
Markenelemente ... 125
Markenfarben ... 118
Markenkern ... 104
Markenpersönlichkeit ... 101
Markenschriften ... 121
Markentonalität ... 104, 114
Markenwerte ... 100
Personal Brand ... 96, 124
visueller Auftritt ... 112
Break-Even-Point ... 51, 88
Brevo ... 368
Bullseye-Framework ... 83, 136, 155, 157, 208, 263
Bunzel, René ... 274
Burger King ... 343
Business Besties Club ... 469
Business-Partnerschaft ... 148
Business-Ziel ... 79, 85
Buyer Persona ... 67, 298

C

Calendly ... 34, 59
Call-to-Action ... 163, 196, 335, 375, 396, 418
Canva ... 67, 72, 121, 124, 176, 268, 273, 360, 463
Capcut ... 364
Captions ... 364
Case Study ... 207
ChatGPT ... 38, 329–330
Checkliste ... 463

Christensen, Clayton 56
Churn-Rate 88, 169
Circle 246, 466
Cirillo, Francesco 436
Claim → Why-Statement
CleverReach 368
Clickskeks 214
Click-Through-Rate 89, 169
Click-to-Open-Rate 90, 323, 390
Clickup 34
Colour Contrast 223
Community 404
Community-Building 154
Consideration 69, 160, 169, 239, 280, 288, 309, 335, 352, 386, 409
Consumer Market Snapshot 2022 242
Conta Gromberg, Brigitte 24
Conta Gromberg, Ehrenfried 24
Content 230
User-generated Content 309
Content-Kategorien 311, 383
Content-Marketing 146, 283
Content Modeling 316
Content-Säulen 308, 374
Content-Unternehmen 470
Conversion-Rate 79, 88, 155, 169, 239, 390
Cookies 145
Cookie-Consent-Tools 213
Cookie Script 214
Coolors 121
Copecart 462
Cordes, Matthias 248
Cost-per-Click 89
Cost-per-Lead 88, 169
Creative Direction 115
Creative Lunch Club 149
Creative Market 215, 360, 467
CRM 33, 58, 202
Cross-Selling 166, 381
Cross-Selling-Rate 88, 169
CTA-Button 181, 188
Design 188
CTR 239
Customer Acquisition Cost 88, 155, 169
Customer Journey 69, 156, 238, 279, 284, 309, 335, 352, 375, 408
Map 71, 167, 289
Touchpoints 71
Customer Lifetime Value 88

D

Dall-E 38, 118
dariadéh 90
Darlingstock 118, 354
Datenschutz 203, 267, 370, 416
Datenschutzerklärung 213
Deceptive Patterns 222
DeepL Write 328
Descript 64
Design-Regeln 128, 220, 285
Balance 131
Harmonie 131
Hierarchie 130, 221
Kontinuität 222
Kontrast 131, 221, 285
Nähe 222
Pattern Interrupt 285
Weißraum 129, 221
Design Thinking 460
Dib, Allan 42, 46, 48, 55, 85
Digistore24 .... 151, 191, 462
Digitaler Minimalismus 427
Direkter Vertrieb 149
Discord 38, 246
Display Ads 144, 410
Domain verifizieren 236
Dotcal 34
Double Opt-in 371
Rate 90, 390
Down-Selling 166
Down-Selling-Rate 88, 169
Dropbox 36, 136
Dropdown-Menü 177, 179
Dubsado 34, 59, 202, 430
Duden Mentor 328

E

Earned Media 155
E-Book 464
Editorial Stock Images 118
EEAT 230
Einzelne Besucher 89, 239
Elevator Pitch 187, 336
Elly Magpie 78, 187
Elopage 151, 191, 462, 466
E-Mail-Design 383

E-Mail-Marketing ... 147
Anbieter ... 367
auswerten ... 389
Kampagnen ... 384
Liste aufbauen ... 368
Segmentierung ... 380
Emotionale Kaufmotive ... 340
Empfehlungsmarketing ... 138
Engagement-Rate ... 89, 280
Engineering as Marketing ... 147
Erlebnismarketing → Experiential Marketing
Etsy ... 215, 467
Events ... 153
Events und Rituale ... 404
Evergreen Content ... 325
Existing Platforms ... 151
Experiential Marketing ... 302, 404
Expertise ... 401

F

Facebook ... 154, 243, 261, 265–266, 268, 409
Business-Seite einrichten ... 243
Gruppen ... 245
Farbpalette ... 121
Farbpsychologie ... 119
First Principle Thinking ... 81, 84
Fischer, Steffi ... 197, 369
Fitzpatrick, Rob ... 66
Fiverr ... 170
Focus Keeper ... 436
Fokusgruppe ... 62
Follower-Growth-Rate ... 89, 169, 280
Fragebogen ... 59
Freelance.de ... 170
Friedel, Steffi ... 193, 224
Fritsch, Maria ... 165
Full Focus System ... 432, 439

G

Gamification ... 403
Gastartikel ... 142, 236
Gestaltungsprinzipien → Design-Regeln
Gewinnmarge ... 47, 88
Google ... 228–229, 231
Ad Manager ... 410
Ads ... 410, 419
Analytics ... 58, 239, 281
Calendar ... 439
Fonts ... 121
Forms ... 60, 165, 375
Keyword Planner ... 160, 233, 422
My Business ... 114, 165, 190, 375, 419
Search Console ... 236
Sheets ... 318
Trends ... 159
Google Forms ... 165, 375
GoSpeech ... 64
Grabner, Lisa-Marie ... 191, 198
Gruppenprogramm ... 465

H

H1-Überschrift ... 181, 186, 198, 208
H2–H6-Überschriften ... 181
Hashtags ... 260, 273
Hatvan, Katja ... 93, 213
Häusel, Hans-Georg ... 297
Heatmaps ... 239
Hendricks, Gay ... 471
Hero Section ... 395
Hero Section → Above the fold
Hero Shot ... 181, 185, 197
Herr Anwalt ... 362
Hofmeister, Rita ... 140, 316
Homepage ... 175, 185
Hotjar ... 239
HTTPS ... 172
Hubspot ... 33, 67, 202
Hyatt, Michael ... 432

I

ICE-Score ... 307, 462
IKEA ... 345
Impressionen ... 169, 239
Impressum ... 211, 267
Inbound-Marketing ... 136
Influencer-Marketing ... 152
Informationsarchitektur ... 176

Instagram 246, 262, 265–266, 268, 361, 409
Algorithmus 275
Community-Aufbau 246
Interview 62
kodieren 64

J

Jobs to be done 57, 294
Jung, Carl Gustav 107
Junger, Valerie 437

K

Kajabi 466
Kalbach, Jim 294
Kaltakquise 150, 282, 392
Kampagnen 319
Kandziora, Sissi 199, 251
Karussell-Posts 361
Käufertypen 399
Kennzahlen → KPI
Keyword 177, 194, 198, 229, 422
Kategorien 233
Keyword-Länge 232
Keyword-Matching 259
Keyword-Recherche 230, 422
Kiener, Julia 271
Kilter, Mirjam 205
Koch, Lisa 162, 441, 464
Kondo, Marie 427
Konkurrenzanalyse 74
Kontaktformular 202
Kontaktseite 202
KPI 80, 87, 168, 389
Kunden
Kundenbindung 46
Kundengewinnung 46
Kunden-Story 340

L

Language Tool 328
Later 273
Launch 388
Lead-Nurturing 386
Lenke, Tanja 51, 473
Levitt, Theodore 294
Libet, Benjamin 401
Limbic Map 298
Limbic Types 298
Limited Edition 405
LinkedIn 248, 262, 265, 267–268, 361, 411
Algorithmus 277
Liquid Death 95
Logodesign 124
Long-Tail-Keywords 232, 274
Lotuscrafts 379
Loyalty 70, 169, 309
LUSH 301
Lush 404

M

MailerLite 368
Mangools 233
Manolis, Jessica 194, 333, 467
Mares, Justin 83, 136
Mark, Margaret 107
Marken-Archetypen → Archetypen
Marketing 42, 44
Brand-Marketing 55, 93
Marketing-Strategie 43–44, 81, 87
Marketing-Strategie-Statement 91
Marketingziele 85
Massenmarketing 47
Nischenmarketing 48
Marketing-Kanäle 136, 391
Marketingland 20
Märkte 152
Marktforschungsmails 379
Maslow, Abraham 54
Maslowsche Bedürfnispyramide 54
Masterclass 464
Matomo 58, 239, 281
Medium-Tail-Keywords 232
Meerman Scott, David 53
Membership 469
Messen 152
Meta 243
Business Suite 273, 410
Werbeanzeigen 243, 410–411

Micheel, Marie ... 212
Michl, Irene ... 91
Midjourney ... 38, 118
Mighty ... 246
Miller, Donald ... 339
Minimum Viable Product ... 461
Miro ... 72, 176
Mom Test ... 67
Moodboard ... 115
Mooja Studio ... 100, 105, 341
Moroselia, Lena ... 399
Muraro, Manu ... 263, 469
My Social Boutique ... 147

N

Net Promoter Score ... 88, 169
Network-Marketing ... 151
Neumeier, Marty ... 93
Neuroflash ... 38
Newport, Cal ... 427
Newsjacking ... 309
Newsletter ... 374
Nike ... 294
Nische ... 110
Nivea ... 301
noindex-Tag ... 209
Notion ... 36, 67, 318, 463
Not Just Analytics ... 281
Nutzerfreundlichkeit ... 178

O

Öffentlichkeitsarbeit ... 140
Offline-Werbung ... 145
Öffnungsrate ... 90, 378, 390
OKR-Methode ... 86, 434
Onboarding ... 59
Onepager ... 174
Onlinekurs ... 464
Open Cart ... 388
Opt-out ... 373–374
Outbound-Marketing ... 135
Owned Media ... 155

P

Pachl-Eberhart, Barbara ... 326
Page Depth ... 89, 239
Paid Media ... 155
Pareto-Effekt ... 31, 156
Patreon ... 470
Pattern Interrupt ... 363
Pearson, Carol ... 107
Pexels ... 118, 354
Pinterest ... 121, 257, 262, 265, 267–268, 411
Rich-Pins ... 259
SEO ... 258
Planoly ... 273
Podcast ... 345
Polunin, Alexandra ... 369, 372
Pop-up-Fenster ... 213
Portfolio ... 206
Positionierung ... 110
Positionierungskreuz ... 111
Positionierungsstatement ... 113
Productized Service ... 442
Produktentwickelung ... 460
Produkt-Treppe ... 26, 458
Profilbesuche ... 169
Promo-E-Mails ... 375
Promotion ... 42
Prompts ... 330
Publicity ... 42
Public Relations ... 42, 140
Pull-Marketing ... 136, 392
Purchase ... 162, 169, 239, 280, 288, 309, 335, 409
Push-Marketing ... 135, 392, 407

Q

Quiz ... 468

R

Reach-Rate ... 89, 280
Redaktionsplan ... 318
Red Bull ... 470
Reddit ... 154
Reimann, Katharina ... 104

Reinhard, Isabel ... 347
Repurchase-Rate ... 79, 88, 169
Responsive Design ... 222
Responsive Test Tool ... 222
Re-Subscribtion-E-Mails ... 378
Retargeting ... 144, 409
Retargeting-E-Mails ... 376
Retention ... 70, 169, 309, 409
Return on Investment ... 88, 155
Reverse-Snowflake-Methode ... 337
Reziprozität ... 402
Rorig, Daniela ... 332, 393

S

Sacher, Hanna ... 245
Sales ... 42
Sales-Page ... 204, 290, 395
Scannen ... 200
Schriftenpalette ... 123
Schuster, Annette ... 346
Schwartz, Eugene ... 158
Search Engine Advertising ... 143
SEOptimizer ... 195
SEO → Suchmaschinenoptimierung
ShaktiMat ... 164
Sheridan, Marcus ... 161
Shitstorm ... 82
Shopify ... 191, 393
Short-Tail-Keywords ... 232
Showit ... 209, 217
Shutterstock ... 354
Sinek, Simon ... 99, 287
Sitelink ... 203
Slack ... 246
Smart Business Concepts ... 24
SMARTe Ziele ... 85, 433
Social Ads ... 144
SocialBlade ... 281
Social Media
Algorithmen ... 275
Analyse-Tools ... 281
Beiträge vorplanen ... 272
Fake-Accounts ... 278
Hasskommentare ... 278
Kanalauswahl ... 261
Kennzahlen ... 279
Nutzungsbedingungen ... 265
Posting-Frequenz ... 261, 272
Profil einrichten ... 264
Social Listening ... 269
Social-Media-Insights ... 57
Social Proof ... 161, 188, 199, 353, 406
Solopreneurship ... 21
Soziale Homophilie ... 403
Spotify ... 151
Squarespace ... 58, 173, 196, 209, 216, 236
Standard Operating Procedure (SOP) ... 163, 428
Stapela, Jutta ... 224
Stärker-Bross, Sabine ... 225
Statista ... 58
Statista Global Consumer Survey ... 139
Statistik Austria ... 58
Statistisches Bundesamt ... 58
Staub, Deborah ... 139
Steady ... 470
Steiner, Karin ... 330
Stilmittel
Alliterationen ... 332
Anaphern ... 332
Metaphern ... 333
Onomatopoesie ... 332
Stock-Content ... 354
Storytelling ... 308, 338
Studio Cotton ... 177, 233, 271
Studio Mirna ... 116
studio sesenta ... 117, 123
Substack ... 470
Suchmaschinenoptimierung ... 143, 227, 229
Backlinks ... 235
interne Verlinkungen ... 234
Keyword-Stuffing ... 229
Off-Page-SEO ... 229
On-Page-SEO ... 228
Sympathie ... 403

T

Template ... 467
Tenzer, Carina ... 227
The Female Company ... 324
Themencluster-Methode ... 305
Themen finden ... 304
Threads ... 260

Thrivecart ... 462
TikTok ... 254, 262, 265, 267–268, 411
Community-Funktionen ... 254
Videobearbeitung ... 256
Too Good to Go ... 312
Tosev, Trajan ... 193
Traffic-Quellen ... 89, 239
Transaktionsmails ... 372
Trello ... 35, 318
Trusted Shops ... 190
Trustpilot ... 165, 190, 375
Twitter → X
Typeform ... 60, 165, 375
Typografie ... 121, 287

U

Über-mich-Seite ... 197
Überschrift ... 334
Ubersuggest ... 233
Udemy ... 467
Umfrage ... 59
UmfrageOnline ... 60
Umsatzziel ... 88
Unconventional PR ... 141
Unsplash ... 118, 354
Unsubscribe-Rate ... 90, 390
Unsubscribe → Opt-out
Up-Selling ... 166, 381, 395, 458
Up-Selling-Rate ... 88, 169
Upwork ... 170
User-generated Content ... 165, 353
USP ... 74, 201, 393

V

Verkaufen
Emotionaler Benefit ... 394, 398
Ergebnis ... 394, 398
Feature, Produktmerkmal ... 394, 398
Psychologische Verkaufstrigger ... 401
Verkaufsbotschaft ... 392, 399
Verkaufseinwände ... 161, 394, 399
Verknappung ... 404
Vertrauen ... 402
Verweildauer ... 89, 169, 239
Vester, Frederic ... 355
Vier Lerntypen ... 355
Vision ... 99
Vorfreude ... 403
Vorträge ... 154
Vöslauer ... 95

W

Walker, Jeff ... 388
Walter, Tim Hendrik → Herr Anwalt
WAVE ... 223
Webdesign Women ... 469
Weber, Victoria ... 194, 216, 472
Webflow ... 196, 209, 219, 237
Webinar ... 465
Website
Analytics ... 58, 238
Baukastensysteme ... 215
Design ... 214, 220
Domain ... 171
Footer ... 183, 211
Header ... 182
Hosting ... 173
Konzept ... 173
Layout ... 181
Menü ... 176
Meta Description ... 181, 196, 201, 229, 338
Navigationsstruktur ... 174
Title ... 181, 194, 201, 229
Vorlagen ... 215
Weinberg, Gabriel ... 83, 136
Weller, Robert ... 81, 285, 359
Wemakefuture ... 36
Werbeanzeigen → Ads
Werte ... 100
Westwing ... 352, 376–377
Wettbewerbsvorteil ... 44
WhatsApp ... 246
Why-Statement ... 99
Wiederkehrende Besucher ... 89
Willkommens-E-Mail ... 371
Wireframe ... 184
Wix ... 58, 173, 196, 209, 218, 237
Wonderlink ... 268
Woocommerce ... 393
WordPress ... 196, 209, 215–216, 236
Elementor ... 215
Workbook ... 463

X

X 259, 262, 265, 267–268, 411

Y

YOGA DEALEREI 102, 112, 114–115
Your Social Team 469
Your Template Club 469
YouTube 251, 262, 265, 267–268, 410
SEO 252

Z

Zaltman, Gerald 95
Zapier 35
Zeitmanagement 435
Batching-Methode 437
Fokuszeiten festlegen 435
Pomodoro-Methode 436
Zero-Effort-Content 272
Ziele
Achievement Goals 433
Habit Goals 433
Zielgruppe 46, 50, 52, 57
Demografische Merkmale 53
Kaufverhalten 53
Psychografische Merkmale 53
Sozioökonomische Merkmale 53
Zielgruppenanalyse 56
Fragenkatalog 65
Zoho 33
Zone of Genius 110, 470
Zoom 63
Zustellrate 90, 390
Zweistufige Authentifizierung 410